보다 **빨리** ㅣ 보다 **쉽게** ㅣ 보다 **완벽하게**

MATH PAIN ZERO

수학 수 근 애피

ZER

대 수

밥북
B·B·K

己所不欲 勿施於人
기소불욕 물시어인
-논어(論語)-

見利思義 見危授命
견리사의 견위수명
-안중근(安重根)-

人一能之 己百之 人十能之 己千之
인일능지 기백지 인십능지 기천지

果能此道矣 雖愚必明 雖柔必强
과능차도의 수우필명 수유필강
-중용(中庸)-

過而不改 是謂過矣
과이불개 시위과의
-논어(論語)-

見賢思齊焉 見不賢而內自省也
견현사제언 견불현이내자성야
-논어(論語)-

踏雪野中去 不須胡亂行
답설야중거 불수호난행

今日我行跡 遂作後人程
금일아행적 수작후인정
-백범 김구(白凡 金九)-

보다 **빨리** | 보다 **쉽게** | 보다 **완벽하게**

MPZ

대 수

수고zero 대수

| 집필진

구서영 김수영 김재현 김태영 권진혁 류경곤 문승민 문창숙 서기영
서동범 안상훈 양현덕 오지연 이새순 정재우 조신근 최은숙

수학고통제로 시리즈를 업그레이드 시켜주신
모든 선생님께 깊이 감사드립니다.

강민종 | 명석학원
강병중 | AMPKOR
고은우 | 다원수학
구서영 | 시크릿아카데미학원
김동영 | 이룸수학학원
김범진 | 라플라스수학학원
김수영 | 봉덕김쌤수학학원
김재현 | 타임영수학원
김지은 | 최고수학학원
김철호 | 더블랙에듀학원
김태영 | 김태영수학
김태훈 | 베리타스수학학원
김호영 | 미래영재학원
권세욱 | 하피수학학원
권진혁 | MVP수학학원
노명훈 | 노명훈쌤의 알수학학원
류경곤 | 클라비스교육학원
문승민 | 더바른수학전문학원
문창숙 | 지엔비스페셜입시학원
박주현 | 장훈고등학교
서경도 | 보승수학study
서기영 | 영인학원
서동범 | 더블랙에듀학원
서평승 | 신의학원

성명현 | 수학코칭과외
성준우 | 광양제철고등학교
손충모 | 공감수학
신재섭 | 뉴fine수학학원
안상훈 | 영인학원
양현덕 | 클라비스교육학원
엄태경 | 린파수학
여준영 | 더블랙에듀학원
오지연 | 오지연수학
우성훈 | 상승에듀
윤여창 | 매스원수학학원
이경민 | 더블랙에듀학원
이새순 | 신화수학전문학원
이승연 | 다빈치영재학원
이주연 | 에스학원
이하랑 | 쌤쌔미수학
조성율 | 국립인천해사고등학교
조신근 | 조쌤수학
정민기 | 더블랙에듀학원
최은숙 | 오리날다학원
최정원 | 다오름수학
최재욱 | 몬스터수학학원
한성필 | 더프라임학원

저작권등록 제 C-2015-001128 호

보다 **빨리** | 보다 **쉽게** | 보다 **완벽하게**

MPZ

대 수

● 중위권 학생

오로지 문제만 많이 푸는 무식한 방법이 아니라 한 문제를 풀어도 개념이 잡히고 하면 할수록 쉬워지는 수학 공부 방법으로 다시 시작해 보자!

1) 많은 문제를 푸는 데도 왜 실력은 늘지 않고 제자리이거나 점점 내려갈까?

무조건 많은 양을 풀어야 실력이 는다고 생각하는 것은 착각이다.

⇨ 우리가 배우는 개념이 나오는 문제, 즉 중요한 개념이 포함되어 있는 문제를 잘 해결할 수 있는 능력을 기르는 게 핵심이다.

따라서 반드시 해야 할 문제(중요한 개념이 포함되어 있는 문제)를 확실히 공부해야 한다.

(∵ 시험에서 묻는 1순위이기 때문)

2) 공부해놓고 점수를 얻지 못하는 억울한 경우 이것도 실력이다!

시간이 5분만 더 있었으면, 아! 이건 빼기를 나누기로 잘못 봤잖아 ㅜㅜ; 등과 같은 실수를 줄이려면 숙달되어야 한다.

숙달은 본인이 눈이 아닌 직접 손으로 정답까지 구해내는 반복된 과정에서 자연스럽게 형성된다.

3) 수학에서 안다는 것은 눈으로 한번 보고 '아! 그렇구나' 하는 수준이 아니라 자신의 말로 설명할 수 있어야 하고 중요 공식은 입에서 **술술 나올 정도가 되어야 한다.**

4) 수학은 정의, 정리, 성질, 공식을 이해하고 있지 않으면 시작할 수 없는 과목이다.

왜냐하면 수학은 정의, 정리, 성질, 공식을 알고 있어야 비로소 수학 문제와 의사소통이 가능해지기 때문이다.

5) 각 단원에서 가장 중요한 뼈대(개념)가 무엇인지 알아야 한다.

뼈대 문제만 잘 해도 중위권은 유지된다.

6) 중학과정은 기본 정의나 정리를 적용해서 쉽게 문제가 풀리도록 되어 있기 때문에 이해보다는 외우는 데 초점이 맞춰져 있다.

고등과정은 암기보다 이해에 더 초점이 맞춰져 있다.

하지만 어느 과정이든 개념과 공식을 반드시 내 것으로 만들어야 한다.

7) 개념과 공식을 내 것으로 만든다는 것은 문제와 별개로 이것만을 달달 외우는 것이 아니다.

개념과 공식을 이용하여 문제를 풀면... 시행착오를 겪으면서 개념과 공식이 명확하게 분석되고 정리되어 내 것이 된다.

8) 개념과 공식을 안다면 설명할 수 있어야 한다.

설명이 제대로 된다는 것은 머릿속에 명확하게 정리되어 있다는 것을 뜻하며 문제를 풀 때 쉽게 떠올려서 바로 써먹을 수 있다는 뜻이기도 하다.

9) **수학은 공부하는 당사자가 *직접 문제를 풀면서 실력을 키우는 과목이다.**

자신의 힘만으로 문제를 처음부터 끝까지 풀어서 답을 구했을 때 비로소 자신의 실력이 된다.

– 이런 경우 다시 문제를 풀어야 한다 –

i) 직접 풀이 과정을 적지 않고 눈으로만 푼 문제

ii) 풀다가 막혀서 풀이 과정을 보면서 푼 문제

iii) 남에게 도움을 받아서 푼 문제

따라서 스스로 끝까지 풀어내는 것... 이것이 공부했던 문제를 시험에서 다시 만났을 때 막히지 않고 풀 수 있는 비결이다.

10) **문제를 풀면서 생긴 의문을 지나치지 않고 파고드는 것이 수학을 정상으로 이끄는 힘이다.**

시간이 많이 걸려 귀찮게 느껴질 때도 있지만 이 의문을 해결하기 위해 질문하고 고민하고 생각하면서 수학 실력이 향상된다.

11) **문제지 선택 요령**

고른 문제지의 30%도 제대로 풀어내지 못하면 쉽게 지치고 재미도 없게 된다.

따라서 본인이 풀 수 있는 문제가 60~80% 정도인 문제지가 난이도로 적당하다.

12) **문제지는 몇 개 정도가 적당한가?**

기본서(수학고통제로)와 교과서는 기본으로 깔리게 되므로... 문제지는 2~3권 정도 더 선정한다.

13) **기본서와 문제지를 지그재그 식으로 번갈아 가면서 푸는 게 좋다.**

기본서와 문제지를 왔다 갔다 하면서 풀면 중요한 문제(대개 중복되는 문제)를 쉽게 알 수 있고 재차 반복하는 셈이어서 효과적이다.

14) **틀린 문제는 표시해 두었다가 시험 공부할 때나 학기가 끝났을 때 다시 반복한다.**

수학 실력은 그만큼 더 완벽해진다.

15) **본인에게 너무 어려운 문제는 지나칠 수 있는 용기가 필요하다.**

해설서를 봐도 모르겠고 선생님이나 친구에게 설명을 들어도 이해가 안 되면 자신의 능력 밖이므로 그 문제는 포기할 줄도 알아야 한다.

지금은 못 풀지만 좀 더 실력이 쌓이면 그때 쉽게 해결되는 경우가 많다.

16) **고등수학 문제는 풀이 방법이 4~5개까지 되는 것도 많다.**

한 가지 방법이 막혀도 당황하지 말고 다른 방법을 시도한다. 이렇게 하면 문제를 푸는 기술도 늘어나고, 어떻게 풀어나갈 것인가를 생각하는 능력도 커진다.

따라서 문제가 풀리지 않는다고 바로 해설서를 보지 말고 최소 3번까지는 생각해 보고 그래도 풀리지 않으면 그때 풀이를 본다.

17) **문제의 지문이 복잡하면 밑줄이나 슬래시(/)를 적절히 그으면서 읽어나간다.**

이것이 문제의 지문이 복잡해도 해결할 수 있는 최선의 방법이다.

📑 수학 문제에서 쓸데없이 주는 조건은 없다.

● 상위권 학생

수학에 약점이 없는 학생은 거의 없다. 그런데 그 약점을 그대로 놔두는 학생이 의외로 많다.
자신의 약점을 인정하고 그것에 적극적으로 대처하여 약점을 그대로 놔두지 않아야 한다.
시험을 칠 때, 많은 문제를 새로 보는 것 같지만 그중에는 한 번 정도는 풀었던 문제이거나 그 비슷한 문제가 대부분이다.
그런데 또 틀리는 것은 약점을 고치지 않았기 때문이다.
반드시 약점을 기록해서 해결해야 한다. 이때, 오답노트가 효과적이다.

오답노트를 만드는 요령

1) 오답노트는 풀고 있는 문제지에 만든다.
   ⇨ 다른 공책에 만들면 문제와 그림을 옮겨 적거나 그려야 하므로 많은 시간과 노력이 낭비된다.
2) 문제는 직접 문제지 위에 샤프로 풀이를 적어가며 푼다.
   ⇨ 풀이를 샤프로 적으면 문제지의 종이 전체가 검은색을 띄게 된다.
   이때, 틀린 문제의 풀이를 지우개로 지우고 파란색 볼펜으로 오답풀이를 정리해 놓으면 틀린 문제가 눈에 확 들어오는 장점이 생긴다.
3) 채점은 빨간색 색연필로 하되 맞은 문제의 번호에 ○ 표시를 하지 않고, 틀린 문제의 번호에만 / 표시를 한다.
   ⇨ 일반적으로 틀린 문제가 또 틀리므로 오답문제만 잘 챙기면 된다.
4) 해답지 풀이를 보고 이해가 되면 틀린 문제의 / 표시를 ☆로 만든 후, 해답지를 덮고 연습장에 본인이 직접 풀어 정답을 구한다.
   ⇨ 문제지의 틀린 풀이를 지우개로 지운 후, 연습장에서 바르게 푼 풀이를 파란색 볼펜으로 문제지에 깨끗이 옮겨 적는다.
   틀린 문제를 다시 풀 때는 파란색 볼펜으로 정리해 놓은 풀이를 4등분으로 접은 A_4용지로 가리고 이 용지 위에 풀이를 적어가며 푼다.
5) 계산 실수이거나 단순한 착각으로 틀린 경우는 틀린 문제의 / 표시를 △로 만든다.
   ⇨ 굳이 문제지에 풀이 과정을 정리할 필요는 없다.
6) 해답지를 보고도 이해가 안되면 틀린 문제의 / 표시를 ✗로 만든다.
   ⇨ 지금은 풀지 못해 일단은 넘어가지만 실력이 쌓여 풀 수 있게 되면 ✗ 표시를 ✡로 만들고 4)번과 같은 방법으로 문제지에 오답풀이를 정리한다.
⭐ 틀린 문제는 시험 공부할 때와 학기가 끝났을 때 푼다. 수시로 반복하여 풀면 더 좋다.
   틀리는 문제까지 정복하라.

고등수학을 할 수 있게 만드는 방법

● 하위권 학생

수학은 앞부분, 즉 기초를 모르면 그다음의 내용을 제대로 공부할 수 없게 만들어져 있는 과목이다. 자신이 모르는 내용이면 초등학교 교재라도 다시 들춰봐야 한다.

또한 모르는 것이 이해될 때까지 끊임없이 친구나 선생님에게 질문해야 한다.

한 예로 이차함수를 배울 때, 중학교 때 배우는 이차함수가 전혀 되어 있지 않다면 중학교 이차함수 개념을 잡고 고등학교로 넘어와야 한다.

지금 다시 중학교 교재를 본다면 한번 배웠던 것이고 필요한 것만 공부하기 때문에 분량도 그리 많지 않아 여러분의 생각보다 훨씬 쉽게 목표한 것을 끝낼 수 있다.

저학년 기초 파트는 기본 개념, 공식, 기본 문제만 공부해도 충분하다.

고등학교 때 필요하지 않은 부분은 과감히 건너뛰고 연습 문제, 종합 문제와 같은 부수적인 문제들은 풀 필요도 없다.

수학을 공부하는 자세

1) 무식하다는 것을 솔직히 인정하라!

2) 저학년 교재를 보면서도 당당하라!

3) 모르는 것은 이해될 때까지 집요하게 질문하라!

이런 식으로 공부하면 진도를 나가면 나갈수록 점차 모르는 것이 줄어들게 되고 머지않아 배우는 내용에서 기초적인 것을 모르는 일은 더 이상 생기지 않게 된다.

수학을 공부하는 자세(재차 강조)

모르는 것, 특히 개념은 알 때까지 질문하여 해결한다.

진도를 나가다가 모르는 부분이 나오면 관련된 저학년 교과서나 참고서로 내려간다.

기초가 많이 부족하면 저학년 과정을 먼저 공부한다. 이때, 현재 공부하는 것과 관련된 것을 중심으로 빠르게 공부한다.

책의 구성과 특징

- **집필의도**

  선생님들의 수학적 능력을 속성으로 전수시켜 줄 목적으로 집필했습니다.

- **＊수학 개념과 공식을 친구들의 이름 외우듯이 무작정 외우면 안됩니다.**

  ⇨ 수학 개념과 공식은 친구의 별명처럼 특징을 잘 파악하여 이해하면 쉽게 체득됩니다.

  참고 몇 년 후 만난 친구들... 이름은 가물가물해도 별명은 바로 떠오르죠. 이처럼 수학 개념과 공식도 친구의 별명처럼 특징을 잘 파악하여 이해하면 쉽게 익혀지고 이렇게 체득된 개념과 공식은 절대 잊지 않게 된다.

  ※ 이 노하우를 책에 담았습니다.

- **중요도에 따라 아래와 같이 표시했습니다.**

  ① (＊)=(빨간색 글)=(빨간색 선)=(바탕이 빨간색인 내용)은 완벽히 익혀야 합니다.

  　　⇨ 각 단원에서 가장 중요한 부분이며 쉽게 익힐 수 있도록 도와 드립니다.

  ② (＊)=(녹색 글)=(녹색 선)=(바탕이 녹색인 내용)은 주로 이해를 해야 합니다.

  　　⇨ 빨간색 다음으로 중요한 부분이며 빨간색만큼 철저히 익힐 필요는 없지만 충분히 이해는 하고 있어야 합니다.

  ③ 바탕이 노란색인 내용은 암기할 필요는 없지만 충분히 이해는 하고 있어야 합니다.

- **기존의 기본서와 차이점** ⇨ **개념과 공식을 쉽게 내 것으로 만드는 노하우를 담았습니다.**

  기존의 기본서와 다르게 개념 설명과 공식 유도만으로 끝내지 않고 익히는 방법 이나 핵심 , 결정 , 주의 , 참고 등을 추가하여 개념과 공식을 쉽게 내 것으로 만들 수 있게 했습니다.

- **문제를 풀면서 개념과 공식이 자연스럽게 익혀지도록 했습니다.**

  익히는 방법 이나 핵심 , 결정 , 주의 , 참고 등을 통해 쉽게 체득한 개념과 공식을...

  아주 쉬운 「씨앗 문제」를 통하여 어렴풋이나마 문제에 적용할 수 있게 한 다음 뿌리 및 줄기 문제를 풀면서 어렴풋이 알고 있던 개념과 공식을 명확하게 알게 되게 했습니다.

  즉, 개념과 공식이 문제를 풀면서 자연스럽게 익혀지도록 했습니다.

  따라서 뿌리 문제 나 줄기 문제 는 개념 확립과 공식을 적용하는 능력을 기르기 위해 반드시 풀어야 하는 문제들로 엄선했습니다.

- 기발한 풀이 방법이 많습니다.
  보다 빨리, 보다 쉽게, 보다 완벽하게 문제를 푸는 선생님들의 노하우가 담겨 있습니다.

- 『씨앗 문제』는 체득한 개념과 공식을 문제에 적용할 수 있도록 돕는 <u>기초 문제</u>입니다.

- 뿌리 문제 는 개념과 공식을 본인의 것으로 만들기 위해 꼭 풀어야 하는 <u>기본 문제</u>입니다.

- 줄기 문제 는 뿌리 문제에서 한 단계 더 발전하기 위해 풀어야 하는 <u>유제 문제</u>입니다.

- 잎 문제 는 학습한 내용을 마무리하는 <u>연습 문제</u>입니다.
  수능과 교육청·평가원의 모의고사 기출문제를 중심으로 출제 가능성이 높은 대표 유형을 선별하여 다루었습니다.
  궁극적으로 학교시험과 수능에서 변별력이 높은 고난도 문제를 대비할 수 있게 했습니다.

- 첨삭지도 하는 내용 설명

  익히는방법 수학 개념과 공식이 쉽게 익혀지도록 저자가 자의적으로 만든 내용으로 수학적이지 않은 경우도 극히 드물지만 존재합니다.

  따라서 수학적으로 검증하려 하거나 참·거짓을 따지려 하지 말고 그냥 쉽게 익히는 요령 정도로 받아 들여야 합니다.

  증명 공식이 유도되는 과정을 보여줍니다.

  핵심 전반적인 내용을 한 두 단어나 한 두 문장으로 압축한 것입니다.

  참고 반드시 참고해야 할 내용으로 엄선했습니다.

  주의 실수하기 쉬운 부분입니다.

  결론 최종적 결론을 내린 것으로 이것만으로도 충분하다는 의미입니다.

  cf) 서로 비교해보고 꼭 구분해서 익혀야 할 것들입니다.

대수 목차

늘 생각하고 되새기며 삶의 지침으로 삼을 만한 문구

過而不改

是謂過矣

(과이불개 시위과의)

-論語-

잘못을 저지르고서도 고치지 않는 것

이것이 바로 잘못이다.

-논어-

1. 지수

01 거듭제곱과 거듭제곱근

02 지수의 확장

연습문제

01 거듭제곱과 거듭제곱근

1 거듭제곱 ※'거듭'은 '어떤 일을 되풀이 하여'라는 뜻이다.

실수 a와 자연수 n에 대하여 a를 n번 곱하는 것을 a의 n제곱이라 하고 a^n으로 나타낸다.
a^2을 a의 (이)제곱, a^3을 a의 세제곱, a^4를 a의 네제곱, a^5를 a의 오제곱, ⋯ 이라 하고 $a^1 = a$로
나타내므로 $a, a^2, a^3, a^4, \cdots$을 통틀어 a의 **거듭제곱**이라 한다.

2 지수의 정의(약속)

어떤 수나 문자의 오른쪽 어깨 위에 붙어
그 수나 문자 (밑)의 거듭제곱을 나타내는
숫자나 문자를 **지수**라 한다.

$$a^n \leftarrow \text{지수} \quad ※ 지(指): 지시할 지, 수(數): 수 수$$
$$\underset{\uparrow}{\text{밑}}$$

익히는 방법
지수는 위에서 아랫것 (밑)을 몇 개 곱하라고 지시한다.

3 지수가 자연수일 때의 지수법칙 ※ (자연수) = (양의 정수)

a, b가 실수이고 m, n이 자연수 (양의 정수)일 때
1) $a^m a^n = a^{m+n}$

익히는 방법
$x \times x = x^{1+1} = x^2 (\bigcirc), \ x \times x = x^{1 \times 1} = x^1 (\times)$

2) $(a^m)^n = a^{mn}$

증명 $\overbrace{a^m \times a^m \times \cdots \times a^m}^{n개} = a^{m+m+\cdots+m} = a^{mn}$

3) $(ab)^n = a^n b^n$

증명 $\overbrace{ab \times ab \times \cdots \times ab}^{n개} = (\overbrace{a \times a \times \cdots \times a}^{n개})(\overbrace{b \times b \times \cdots \times b}^{n개}) = a^n b^n$

4) $\left(\dfrac{a}{b}\right)^n = \dfrac{a^n}{b^n}$ (단, $b \neq 0$ ∵ 분모는 0이 될 수 없다.)

증명 $\overbrace{\dfrac{a}{b} \times \dfrac{a}{b} \times \cdots \times \dfrac{a}{b}}^{n개} = \dfrac{\overbrace{a \times a \times \cdots \times a}^{n개}}{\underbrace{b \times b \times \cdots \times b}_{n개}} = \dfrac{a^n}{b^n}$

5) $a^m \div a^n = \dfrac{a^m}{a^n} = \begin{cases} a^{m-n} & (m > n) \\ 1 & (m = n) \quad (\text{단}, \ a \neq 0 \ \because \text{분모는 } 0\text{이 될 수 없다.}) \\ \dfrac{1}{a^{n-m}} & (m < n) \end{cases}$

지수의 확장(p.21)에서 배울 내용을 언급하면 ($\because$ 곧 이 방법을 이용해야 한다.)

$\longrightarrow a^m \div a^n = a^{m-n}$ 은 $^\star m, n$의 대소에 관계없이 성립한다. (단, $a \neq 0$)

예) $a^5 \div a^2 = a^{5-2} = a^3$, $a^3 \div a^3 = a^{3-3} = a^0 = 1$, $^\star a^2 \div a^5 = a^{2-5} = a^{-3} = \dfrac{1}{a^3}$

(익히는 방법)

$x \div x = x^{1-1} = x^0 = 1 \,(\bigcirc)$, $x \div x = x^{1 \div 1} = x^1 \,(\times)$

---

4 **거듭제곱근** ※근 : 방정식을 성립시키는 미지수의 값을 '근'이라 한다.

임의의 실수 a와 2 이상의 자연수 n에 대하여 n제곱하여 a가 되는 수, 즉 방정식 $x^n = a$를 만족하는 x를 **a의 n제곱근**이라 한다. 즉, 제곱하여 a가 되는 수를 a의 제곱근, 세제곱하여 a가 되는 수를 a의 세제곱근, 네제곱하여 a가 되는 수를 a의 네제곱근, $\cdots$ 이라 하며 a의 제곱근, a의 세제곱근, a의 네제곱근, $\cdots$을 통틀어 **a의 거듭제곱근**이라 한다.

$cf \begin{cases} a\text{의 } n\text{제곱근} : \text{방정식 } x^n = a\text{일 때}, \ x\text{를 } a\text{의 } n\text{제곱근이라 한다.} \\ a\text{의 } n\text{제곱} : a^n, \ n\text{제곱근 } a : \sqrt[n]{a} \end{cases}$

(익히는 방법)

<u>a의 n제곱</u>근은 x를 n제곱하여 a가 되는 방정식 $\boxed{x}^n = a$의 근이다.

따라서 a의 n제곱근에서 'a의' 밑에 <u>＿</u>을, '근'에 $\square$를 치면 안 헷갈린다.

$cf)$ a의 n제곱은 a^n이고, n제곱근 a는 $\sqrt[n]{a}$이다.

🐝참고 **특별한 언급이 없을 때, 방정식의 근의 범위**

1) 다항방정식 (분모와 근호 안에 변수가 없다.) ex) $\dfrac{x}{3} + 7 = 2x^2 - 5$, $x^4 = 16$, $\sqrt{3}\,x = 5$

　　$\Rightarrow$ 복소수의 범위에서 정의된다.　$\therefore$ 실근뿐만 아니라 허근도 근이다.

2) 분수방정식 (분모에 변수가 있고 근호 안에 변수가 없다.) ex) $\dfrac{4}{x} + 3 = \sqrt{2}\,x$, $\dfrac{2x^2}{\sqrt{3}\,(x-1)} = 5$

　　$\Rightarrow$ 복소수의 범위에서 정의된다.　$\therefore$ 실근뿐만 아니라 허근도 근이다.

※ (유리방정식) = (다항방정식) $\cup$ (분수방정식)

3) 무리방정식 (근호 안에 변수가 있다.) ex) $\sqrt{x} = 2$, $\dfrac{x}{\sqrt{5x-3}} = 4$, $\sqrt{3x+6} + 2x = 1$

　　$\Rightarrow$ 실수의 범위에서 정의된다.　$\therefore$ 실근만 근이다.

✓*거듭제곱근을 구하는 문제는 다항방정식 $(x^n = a)$에 해당이 되므로 복소수의 범위에서 근을 구한다.

씨앗. 1 ┚ 다음 거듭제곱근을 구하여라. (단, $i = \sqrt{-1}$)

　　1) 8의 세제곱근　　　2) 16의 네제곱근　　　3) 81의 네제곱근 중 실수인 것

핵심 방정식을 성립시키는 미지수의 값을 '근'이라 한다.

풀이 1) 8의 세제곱근은 방정식 $\boxed{x}^3 = 8$의 근이므로

$x^3 - 8 = 0,\ (x-2)(x^2+2x+4)=0$　∴ $x = 2$ 또는 $x = -1 \pm \sqrt{3}\,i$

따라서 8의 세제곱근은 $2,\ -1+\sqrt{3}\,i,\ -1-\sqrt{3}\,i$이다.

2) 16의 네제곱근은 방정식 $\boxed{x}^4 = 16$의 근이므로

$x^4 - 16 = 0,\ (x^2-4)(x^2+4)=0,\ (x-2)(x+2)(x-2i)(x+2i)=0$

∴ $x = \pm 2$ 또는 $x = \pm 2i$

따라서 16의 네제곱근은 $2,\ -2,\ 2i,\ -2i$이다.

3) 81의 네제곱근은 방정식 $\boxed{x}^4 = 81$의 근이므로

$x^4 - 81 = 0,\ (x^2-9)(x^2+9)=0,\ (x-3)(x+3)(x-3i)(x+3i)=0$

∴ $x = \pm 3$ 또는 $x = \pm 3i$

따라서 81의 네제곱근 중에서 실수인 것은 $3,\ -3$이다.

5 실수 a의 n제곱근 중 실수인 것의 개수

실수 a의 n제곱근, 즉 $x^n = a$의 근은 복소수의 범위에서 n개 존재한다. [대수학의 기본정리 p.16 참고]

실수 a의 n제곱근 중 실수인 것, 즉 $\boxed{x}^n = a$의 실근은 다음과 같다.

1) **n이 짝수**일 때, $x^n = a$에서 $x = \pm \sqrt[n]{a}$

　① $a > 0$이면 $x = \pm \sqrt[n]{a}$ 인 실근 2개가 존재한다.

　　예) $x^2 = 4 \Rightarrow x = \pm \sqrt{4} = \pm 2,\ \ x^4 = 16 \Rightarrow x = \pm \sqrt[4]{16} = \pm 2$

　② $a = 0$이면 $x = 0$인 실근 1개가 존재한다. (단, ★중근은 하나의 근으로 본다.)

　　예) $x^6 = 0 \Rightarrow x = 0$

　③ $a < 0$이면 실근이 존재하지 않는다.

　　예) $x^2 = -4$를 만족하는 실근이 존재하지 않는다.

　따라서 실근은 2개 이하로 존재한다.

2) **n이 홀수**일 때, $x^n = a$에서 $x = \sqrt[n]{a}$

　예) $x^3 = 8 \Rightarrow x = \sqrt[3]{8} = 2,\ \ x^3 = -8 \Rightarrow x = \sqrt[3]{-8} = -2,\ \ x^3 = 0 \Rightarrow x = 0$

　따라서 실근은 1개만 존재한다. (단, ★중근은 하나의 근으로 본다.)

※ 실수 a의 n제곱근 중 실수인 것, 즉 $x^n = a$의 실근을 표로 정리하면 다음과 같다.

	$a > 0$	$a = 0$	$a < 0$	실근의 개수(단, 중근은 하나의 근으로 본다.)
n이 짝수	$\sqrt[n]{a},\ -\sqrt[n]{a}$	0	없다.	실근은 2개 이하로 존재한다.
n이 홀수	$\sqrt[n]{a}$	0	$\sqrt[n]{a}$	실근은 1개만 존재한다.

씨앗. 2 다음 예문에서 참, 거짓을 말하여라. (단, $i = \sqrt{-1}$)

1) 16의 네제곱은 ± 2 이다.   (   )

2) 81의 네제곱근은 ± 3 이다.   (   )

3) -9 의 제곱근은 $\pm 3i$ 이다.   (   )

4) -2 는 16의 네제곱근이다.   (   )

5) 9의 네제곱근 중 실수인 것은 2개다.   (   )

6) -81 의 네제곱근 중 실수인 것은 $\sqrt[4]{-81}$ 이다.   (   )

7) n 이 짝수일 때, 7의 n 제곱근 중 실수인 것은 2개다.   (   )

풀이

1) 16의 네제곱은 16^4 **(거짓)**

2) 81의 네제곱**근**을 x 라 하면

    $\boxed{x}^4 = 81 > 0$ 은 사차방정식이므로 4개의 근 (실근 2개, 허근 2개)을 갖는다. 따라서
    81의 네제곱근은 $\pm 3, \pm 3i$ 이다. **(거짓)**

3) -9 의 제곱**근**을 x 라 하면

    $\boxed{x}^2 = -9$ $\therefore x = \pm\sqrt{-9} = \pm 3i$ **(참)**

4) 16의 네제곱**근**을 x 라 하면

    $\boxed{x}^4 = 16$ 에서 $(-2)^4 = 16$ 이므로 -2 는 16의 네제곱근이다. **(참)**

5) $x^n = a$ (단, ★n은 짝수, a는 실수)의 근 중 실수인 것
    $\Rightarrow x = \pm\sqrt[n]{a}$ i) $a > 0$일 때 2개, ii) $a = 0$일 때 실근 1개 (단, 중근은 하나의 근으로 본다.)

    $x^4 = 9 > 0$ 은 사차방정식이므로 4개의 근 (실근 2개, 허근 2개)을 갖는다. **(참)**

6) $x^4 = -81 < 0$ 은 사차방정식이므로 4개의 근 (허근 4개)을 갖는다. **(거짓)**

7) $x^n = 7 > 0$ (n은 짝수)은 n차방정식이므로 n개의 근 (실근 2개, 허근 $n-2$개)을 갖는다. **(참)**

주의 $x^2 = 4$의 근은 $x = 2$이다. **(거짓)** $x^2 = 4$의 근은 $x = \pm 2$이다. **(참)**
$x = 2$는 $x^2 = 4$의 근이다. **(참)** $x = \pm 2$는 $x^2 = 4$의 근이다. **(참)**

씨앗. 3 다음 예문에서 참, 거짓을 말하여라. (단, $i = \sqrt{-1}$)

1) -7의 세제곱근 중 실수인 것은 $\sqrt[3]{-7}$ 뿐이다.   (   )

2) -8의 오제곱근 중 허수인 것은 1개이다.   (   )

3) n이 홀수일 때, 16의 n제곱근 중 실수인 것은 2개다.   (   )

4) $\sqrt{71}$ 의 세제곱근은 3개이다.   (   )

핵심 $x^n = a$ (단, ★n이 홀수, a는 실수)의 근 중 실수인 것
    $\Rightarrow x = \sqrt[n]{a}$ (실근은 1개만 존재한다. 단, 중근은 하나의 근으로 본다.)

풀이

1) $x^3 = -7$ $\therefore x = \sqrt[3]{-7}$ **(참)**

2) $x^5 = -8$ 은 오차방정식이므로 5개의 근 (실근 1개, 허근 4개)을 갖는다. **(거짓)**

3) $x^n = 16$ (n은 홀수)은 n차방정식이므로 n개의 근 (실근 1개, 허근 $n-1$개)을 갖는다. **(거짓)**

4) $x^3 = \sqrt{71}$ 은 삼차방정식이므로 3개의 근 (실근 1개, 허근 2개)을 갖는다. **(참)**

6 −16의 네제곱근 ⇨ 고등과정의 범위 밖이다.

$x^4 = -16$, $x^4 + 16 = 0$, $x^4 - 16i^2 = 0$, $(x^2 - 4i)(x^2 + 4i) = 0$ (단, $i = \sqrt{-1}$)

$x^2 = i$일 때 $x = \pm\left(\dfrac{1+i}{\sqrt{2}}\right)$, $x^2 = -i$일 때 $x = \pm\left(\dfrac{1-i}{\sqrt{2}}\right)$

$x^2 = 4i$일 때 $x = \pm\sqrt{4}\left(\dfrac{1+i}{\sqrt{2}}\right)$, $x^2 = -4i$일 때 $x = \pm\sqrt{4}\left(\dfrac{1-i}{\sqrt{2}}\right)$

따라서 −16의 네제곱근은 $\sqrt{2}(1+i)$, $-\sqrt{2}(1+i)$, $\sqrt{2}(1-i)$, $-\sqrt{2}(1-i)$이다.

주의 $\sqrt[4]{-16}$, $-\sqrt[4]{-16}$ 은 −16의 네제곱근이 아니다.

※ $\sqrt[n]{(음수)}$ $(n = 4, 6, 8, \cdots)$ 는 정의되지 않는다. ∴ $\pm\sqrt[4]{-16}$ 은 존재하지 않는 수이다.

참고 [대수학의 기본정리] ※ 대(代): 대신할 대, 수(數): 수 수, 학(學): 학문 학
n차방정식은 복소수의 범위에서 n개의 근을 갖는다.

7 $\sqrt[n]{-a} = -\sqrt[n]{a}$ (단, ★n은 홀수)

$\sqrt[3]{-8} = -\sqrt[3]{8} = -\sqrt[3]{2^3} = -2$

증명 $x^3 = 8$의 실근은 $x = \sqrt[3]{8} = 2$이고, $x^3 = -8$의 실근은 $x = \sqrt[3]{-8} = -2$이므로
$\sqrt[3]{8} = 2$, $\sqrt[3]{-8} = -②$에서 $\sqrt[3]{-8} = -\sqrt[3]{8}$

(비슷한 예)
$(-2x)^3 = -(2x)^3$, $(-3x)^5 = -(3x)^5$, $\cdots$

씨앗. 4 ▎ 다음 예문에서 참, 거짓을 말하여라. (단, $i = \sqrt{-1}$)

　　1) $\sqrt[4]{-81}$ 은 −81의 네제곱근 중의 하나이다.　　　　(　)

　　2) 세제곱근 −27은 −3이고, 네제곱근 81은 3이다.　　　(　)

풀이 　1) $x^4 = -81$, $x^4 + 81 = 0$, $x^4 - (9i)^2 = 0$, $(x^2 - 9i)(x^2 + 9i) = 0$ ∴ $x^2 = 9i$ 또는 $x^2 = -9i$
　　　　$x^2 = 9i$일 때 $x = \pm 3\left(\dfrac{1+i}{\sqrt{2}}\right)$, $x^2 = -9i$일 때 $x = \pm 3\left(\dfrac{1-i}{\sqrt{2}}\right)$

　　　　따라서 −81의 네제곱근은 $3\left(\dfrac{1+i}{\sqrt{2}}\right)$, $-3\left(\dfrac{1+i}{\sqrt{2}}\right)$, $3\left(\dfrac{1-i}{\sqrt{2}}\right)$, $-3\left(\dfrac{1-i}{\sqrt{2}}\right)$이다. **(거짓)**

　　　1) $\sqrt[n]{(음수)}$ $(n = 4, 6, 8, \cdots)$ 는 정의되지 않으므로 $\sqrt[4]{-81}$ 은 존재하지 않는 수이다. **(거짓)**

　　2) $\sqrt[3]{-27} = -\sqrt[3]{27} = -\sqrt[3]{3^3} = -3$, $\sqrt[4]{81} = \sqrt[4]{3^4} = 3$ **(참)**

증명 i) n제곱근 a : $\sqrt[n]{a}$　ii) a의 n제곱 : a^n　iii) a의 n제곱근 : n제곱하여 a가 되는 수

8 거듭제곱근의 성질

$a>0, b>0$이고 m, n이 2 이상의 정수일 때

1) $\star \sqrt[n]{a} = a^{\frac{1}{n}}$

증명 유리수인 지수의 정의에서 증명했다. [p.23 ⑤]

2) $(\sqrt[n]{a})^n = a$

증명 $(a^{\frac{1}{n}})^n = a^{\frac{1}{n} \times n} = a^1 = a$

3) $\sqrt[n]{a}\,\sqrt[n]{b} = \sqrt[n]{ab}$

증명 $a^{\frac{1}{n}} b^{\frac{1}{n}} = (ab)^{\frac{1}{n}} = \sqrt[n]{ab}$

4) $\dfrac{\sqrt[n]{a}}{\sqrt[n]{b}} = \sqrt[n]{\dfrac{a}{b}}$

증명 $\dfrac{a^{\frac{1}{n}}}{b^{\frac{1}{n}}} = \left(\dfrac{a}{b}\right)^{\frac{1}{n}} = \sqrt[n]{\dfrac{a}{b}}$

5) $(\sqrt[n]{a})^m = \star \sqrt[n]{a^m} = a^{\frac{m}{n}}$

증명 $(a^{\frac{1}{n}})^m = a^{\frac{m}{n}} = \sqrt[n]{a^m}$

6) $\sqrt[m]{\sqrt[n]{a}} = \sqrt[mn]{a}$

증명 $(a^{\frac{1}{n}})^{\frac{1}{m}} = a^{\frac{1}{n} \times \frac{1}{m}} = a^{\frac{1}{mn}} = \sqrt[mn]{a}$

7) $\sqrt[np]{a^{mp}} = \sqrt[n]{a^m}$ (단, p는 자연수)

증명 $(a^{mp})^{\frac{1}{np}} = a^{mp \times \frac{1}{np}} = a^{\frac{mp}{np}} = a^{\frac{m}{n}} = \sqrt[n]{a^m}$

※ 2)~7)의 증명은 지수가 유리수일 때의 지수법칙을 이용했다. [p.24 ⑧]

씨앗. 5 ◘ 다음 값을 구하여라.

1) $\sqrt[4]{(-3)^4}$ 　　 2) $\sqrt[3]{-27}$ 　　 3) $-\sqrt[7]{(-6)^7}$

핵심 $\sqrt[n]{a} = a^{\frac{1}{n}}$ (단, $\star a>0$), $\sqrt[n]{a^m} = a^{\frac{m}{n}}$ (단, $\star a>0$), $\sqrt[n]{-a} = -\sqrt[n]{a}$ (단, $\star n$은 홀수)

풀이 1) $\sqrt[4]{(-3)^4} = \sqrt[4]{3^4} = 3^{\frac{4}{4}} = 3$ 　　　 2) $\sqrt[3]{-27} = -\sqrt[3]{27} = -\sqrt[3]{3^3} = -3^{\frac{3}{3}} = -3$

　　 3) $-\sqrt[7]{(-6)^7} = -\sqrt[7]{-6^7} = \sqrt[7]{6^7} = 6^{\frac{7}{7}} = 6$

---

9 $\sqrt[n]{a^n}$

1) n이 홀수일 때, $\sqrt[n]{a^n} = a$

　 ex) $\sqrt[3]{x^3} = x$, $\sqrt[5]{x^5} = x$, $\sqrt[7]{(-2)^7} = -2$, $\sqrt[9]{(-5)^9} = -5$

2) n이 짝수일 때, $\sqrt[n]{a^n} = |a|$

　 ex) $\sqrt{x^2} = |x|$, $\sqrt[4]{x^4} = |x|$, $\sqrt[6]{(-3)^6} = |-3| = 3$, $\sqrt[8]{(-6)^8} = |-6| = 6$

익히는 방법

1) n이 홀수일 때, $\sqrt[n]{a^n} = a$ (a가 홀로 나온다.)

2) n이 짝수일 때, $\sqrt[n]{a^n} = |a|$ (a가 절댓값 기호와 짝을 이뤄 나온다.)

씨앗. 6 ▫ 다음 식을 간단히 하여라.

1) $\sqrt[6]{(-2)^6}$ 2) $-\sqrt[3]{-27}$ 3) $-\sqrt[4]{(-3)^4}$

4) $\sqrt[14]{a^{14}}$ 5) $\sqrt[27]{-a^{27}}$

핵심 n이 짝수일 때, $\sqrt[n]{a^n}=|a|$ (a가 절댓값 기호와 짝을 이뤄 나온다.)
n이 홀수일 때, $\sqrt[n]{a^n}=a$ (a가 홀로 나온다.)

풀이 1) $\sqrt[6]{(-2)^6}=|-2|=\mathbf{2}$ 2) $-\sqrt[3]{-27}=-\sqrt[3]{(-3)^3}=-(-3)=\mathbf{3}$

3) $-\sqrt[4]{(-3)^4}=-|-3|=\mathbf{-3}$ 4) $\sqrt[14]{a^{14}}=\boldsymbol{|a|}$

5) $\sqrt[27]{-a^{27}}=\sqrt[27]{(-a)^{27}}=\boldsymbol{-a}$

뿌리 1-1 **거듭제곱근의 계산(1)**

다음 식을 간단히 하여라.

1) $\sqrt[4]{81^3}$ 2) $(\sqrt[8]{16})^2$ 3) $\sqrt[3]{\sqrt{8}}$ 4) $\dfrac{\sqrt[3]{81}}{\sqrt[3]{3}}$

5) $\dfrac{\sqrt[5]{64}}{\sqrt[5]{2}}$ 6) $\sqrt[4]{2}\times\sqrt[4]{2^3}$ 7) $\sqrt[9]{5^3}\times\sqrt[12]{5^8}$ 8) $\sqrt[3]{128}-\sqrt[3]{16}$

핵심 거듭제곱근의 성질[p.17 8]만을 이용하면 문제를 풀기 힘든 경우가 많이 생긴다. 따라서 $\sqrt[n]{a}=a^{\frac{1}{n}}$ (단, ★$a>0$), $\sqrt[n]{a^m}=a^{\frac{m}{n}}$ (단, ★$a>0$)과 지수가 유리수일 때의 지수법칙[p.24 8]을 함께 이용하는 습관을 지금부터 들여야 한다.

풀이 1) $\sqrt[4]{81^3}=81^{\frac{3}{4}}=(3^4)^{\frac{3}{4}}=3^{4\times\frac{3}{4}}=3^3=\mathbf{27}$

2) $(\sqrt[8]{16})^2=(\sqrt[8]{2^4})^2=(2^{\frac{4}{8}})^2=2^{\frac{4}{8}\times 2}=2^1=\mathbf{2}$

3) $\sqrt[3]{\sqrt{8}}=\sqrt[3]{\sqrt{2^3}}=\sqrt[3]{2^{\frac{3}{2}}}=(2^{\frac{3}{2}})^{\frac{1}{3}}=2^{\frac{3}{2}\times\frac{1}{3}}=2^{\frac{1}{2}}=\sqrt{2}$

3) $\sqrt[3]{\sqrt{8}}=\sqrt[6]{8}=\sqrt[6]{2^3}=2^{\frac{3}{6}}=2^{\frac{1}{2}}=\sqrt{2}$ **참고** $\sqrt[m]{\sqrt[n]{a}}=\sqrt[mn]{a}$ (단, ★$a>0$)

4) $\dfrac{\sqrt[3]{81}}{\sqrt[3]{3}}=\dfrac{\sqrt[3]{3^4}}{\sqrt[3]{3}}=\dfrac{3^{\frac{4}{3}}}{3^{\frac{1}{3}}}=3^{\frac{4}{3}-\frac{1}{3}}=3^1=\mathbf{3}$ / $\dfrac{\sqrt[3]{81}}{\sqrt[3]{3}}=\sqrt[3]{\dfrac{3^4}{3}}=\sqrt[3]{3^3}=\mathbf{3}$

5) $\dfrac{\sqrt[5]{64}}{\sqrt[5]{2}}=\dfrac{\sqrt[5]{2^6}}{\sqrt[5]{2}}=\dfrac{2^{\frac{6}{5}}}{2^{\frac{1}{5}}}=2^{\frac{6}{5}-\frac{1}{5}}=2^1=\mathbf{2}$ / $\dfrac{\sqrt[5]{64}}{\sqrt[5]{2}}=\sqrt[5]{\dfrac{2^6}{2}}=\sqrt[5]{2^5}=\mathbf{2}$

6) $\sqrt[4]{2}\times\sqrt[4]{2^3}=2^{\frac{1}{4}}\times 2^{\frac{3}{4}}=2^{\frac{1}{4}+\frac{3}{4}}=2^1=\mathbf{2}$ / $\sqrt[4]{2}\times\sqrt[4]{2^3}=\sqrt[4]{2\times 2^3}=\sqrt[4]{2^4}=|2|=\mathbf{2}$

7) $\sqrt[9]{5^3}\times\sqrt[12]{5^8}=5^{\frac{3}{9}}\times 5^{\frac{8}{12}}=5^{\frac{1}{3}+\frac{2}{3}}=5^1=\mathbf{5}$

8) $\sqrt[3]{128}-\sqrt[3]{16}=\sqrt[3]{2^7}-\sqrt[3]{2^4}=2^{\frac{7}{3}}-2^{\frac{4}{3}}=2^2\cdot 2^{\frac{1}{3}}-2\cdot 2^{\frac{1}{3}}=(2^2-2)\cdot 2^{\frac{1}{3}}=2\cdot 2^{\frac{1}{3}}=\mathbf{2\sqrt[3]{2}}$

뿌리 1-2 **거듭제곱근의 계산(2)**

다음 식을 간단히 하여라.

1) $\sqrt[4]{16^3} \div (\sqrt[4]{2})^8 - \sqrt{\sqrt[3]{64}}$

2) $\sqrt[4]{(-2)^4} - \sqrt[5]{-32} + \sqrt{\sqrt[3]{64}}$

핵심 $\sqrt[m]{\sqrt[n]{a}} = \sqrt[mn]{a}$ (단, ★$a>0$), $\sqrt[n]{a} = a^{\frac{1}{n}}$ (단, ★$a>0$), $\sqrt[n]{a^m} = a^{\frac{m}{n}}$ (단, ★$a>0$)과 지수가 유리수일 때의 지수법칙[p.24 ⑧]을 함께 이용하는 습관을 지금부터 들여야 한다.

풀이 1) (주어진 식)$= 16^{\frac{3}{4}} \div (2^{\frac{1}{4}})^8 - \sqrt[6]{64} = (2^4)^{\frac{3}{4}} \div 2^{\frac{1}{4} \times 8} - 64^{\frac{1}{6}} = 2^{4 \times \frac{3}{4}} \div 2^2 - (2^6)^{\frac{1}{6}}$

$= 2^3 \div 2^2 - 2^{6 \times \frac{1}{6}} = 2^{3-2} - 2^1 = 2 - 2 = 0$

2) (주어진 식)$= \sqrt[4]{(-2)^4} - \sqrt[5]{(-2)^5} + \sqrt[6]{64}$

$= |-2| - (-2) + \sqrt[6]{2^6} = 2 + 2 + |2| = 6$

[줄기1-1] 다음 식을 간단히 하여라.

1) $\sqrt[5]{32^4} \div (\sqrt[3]{2})^9 \times \sqrt[4]{\sqrt{256}}$

2) $(\sqrt[4]{3} - 1)(\sqrt[4]{3} + 1)$

3) $\sqrt[3]{\sqrt[4]{216}}$

뿌리 1-3 **거듭제곱근의 대소 비교**

다음 수의 대소를 비교하여라.

1) $\sqrt[5]{\sqrt{3}}$, $\sqrt[4]{\sqrt[3]{4}}$

2) $\sqrt{3}$, $\sqrt[3]{2}$, $\sqrt[4]{5}$, $\sqrt[6]{4}$

풀이 1) $\sqrt[5]{\sqrt{3}} = \sqrt[10]{3}$, $\sqrt[4]{\sqrt[3]{4}} = \sqrt[12]{4}$ 에서 10, 12의 최소공배수는 60이므로

$\sqrt[5]{\sqrt{3}} = \sqrt[10]{3} = \sqrt[60]{3^6}$, $\sqrt[4]{\sqrt[3]{4}} = \sqrt[12]{4} = \sqrt[60]{4^5}$ ➡ 수의 크기의 순위를 아래에 적으면

　　　　　　　　　　2위　　　　　　　　　　1위　　　　　답을 구하기가 쉬워진다.

$\therefore \sqrt[5]{\sqrt{3}} < \sqrt[4]{\sqrt[3]{4}}$

2) 2, 3, 4, 6의 최소공배수는 12이므로

$\sqrt{3} = \sqrt[12]{3^6}$, $\sqrt[3]{2} = \sqrt[12]{2^4}$, $\sqrt[4]{5} = \sqrt[12]{5^3}$, $\sqrt[6]{4} = \sqrt[12]{4^2}$ ➡ 수의 크기의 순위를 아래에 적으면

　　1위　　　　　3위　　　　　2위　　　　　3위　　　　답을 구하기가 쉬워진다.

$\therefore (\sqrt[3]{2} = \sqrt[6]{4}) < \sqrt[4]{5} < \sqrt{3}$

[줄기1-2] 다음 수의 대소를 비교하여라.

1) $\sqrt[3]{3}$, $\sqrt{2}$

2) $\sqrt{3}$, $\sqrt[4]{8}$, $\sqrt[3]{5}$

3) $\sqrt{3}$, $\sqrt[3]{4}$, $\sqrt[4]{5}$, $\sqrt[6]{7}$

뿌리 1-4 거듭제곱근의 계산(3)

다음 식을 간단히 하여라. (단, $a>0$)

1) $\sqrt[4]{a\sqrt[3]{a\sqrt{a}}}$ 2) $\sqrt{\dfrac{\sqrt[6]{a}}{\sqrt[3]{a}}}\times\sqrt[3]{\dfrac{\sqrt{a}}{\sqrt[4]{a}}}$

3) $\sqrt{4a\sqrt{a\sqrt{a}}}$ 4) $\sqrt{\sqrt{\sqrt{\sqrt{a}}}}\times\sqrt[4]{\sqrt[4]{\sqrt[4]{a}}}$

핵심 $\sqrt[m]{\sqrt[n]{a}}=\sqrt[mn]{a},\ \sqrt[k]{\sqrt[m]{\sqrt[n]{a}}}=\sqrt[kmn]{a},\ \sqrt[t]{\sqrt[k]{\sqrt[m]{\sqrt[n]{a}}}}=\sqrt[tkmn]{a}$ (단, $\star a>0$)

풀이
1) $\sqrt[4]{a\sqrt[3]{a\sqrt{a}}}=\sqrt[4]{a}\times\sqrt[4\times3]{a}\times\sqrt[4\times3\times2]{a}=a^{\frac14+\frac1{12}+\frac1{24}}=a^{\frac9{24}}=a^{\frac38}=\sqrt[8]{a^3}$ ← 「강추」

1) $\sqrt[4]{a\sqrt[3]{a\sqrt{a}}}=\sqrt[4]{a}\times\sqrt[4]{\sqrt[3]{a}}\times\sqrt[4]{\sqrt[3]{\sqrt{a}}}=\sqrt[4]{a}\times\sqrt[12]{a}\times\sqrt[24]{a}=a^{\frac14+\frac1{12}+\frac1{24}}=a^{\frac9{24}}=a^{\frac38}=\sqrt[8]{a^3}$

1) $\sqrt[4]{a\sqrt[3]{a\sqrt{a}}}=\left\{a\times\left(a\times a^{\frac12}\right)^{\frac13}\right\}^{\frac14}=\left\{a\times\left(a^{\frac32}\right)^{\frac13}\right\}^{\frac14}=\left(a\times a^{\frac12}\right)^{\frac14}=\left(a^{\frac32}\right)^{\frac14}=a^{\frac38}=\sqrt[8]{a^3}$

2) $\sqrt{\dfrac{\sqrt[6]{a}}{\sqrt[3]{a}}}\times\sqrt[3]{\dfrac{\sqrt{a}}{\sqrt[4]{a}}}=\dfrac{\sqrt[2\times6]{a}}{\sqrt[2\times3]{a}}\times\dfrac{\sqrt[3\times2]{a}}{\sqrt[3\times4]{a}}=\dfrac{\sqrt[12]{a}}{\sqrt[6]{a}}\times\dfrac{\sqrt[6]{a}}{\sqrt[12]{a}}=1$

3) $\sqrt{4a\sqrt{a\sqrt{a}}}=\sqrt{4a}\times\sqrt[2\times2]{a}\times\sqrt[2\times2\times2]{a}=2\sqrt{a}\times\sqrt[4]{a}\times\sqrt[8]{a}=2a^{\frac12+\frac14+\frac18}=2a^{\frac78}=2\sqrt[8]{a^7}$

4) $\sqrt{\sqrt{\sqrt{\sqrt{a}}}}\times\sqrt[4]{\sqrt[4]{\sqrt[4]{a}}}=\sqrt[2\times2\times2\times2]{a}\times\sqrt[4\times4\times4]{a}=\sqrt[16]{a}\times\sqrt[64]{a}=a^{\frac1{16}+\frac1{64}}=a^{\frac5{64}}=\sqrt[64]{a^5}$

참고 거듭제곱근의 성질[p.17 [8]]만을 이용하면 문제를 풀기 힘든 경우가 많이 생긴다. 따라서
$\sqrt[n]{a}=a^{\frac1n}$ (단, $\star a>0$), $\sqrt[n]{a^m}=a^{\frac mn}$ (단, $\star a>0$)과 지수가 유리수일 때의 지수법칙[p.24 [8]]을 함께 이용하는 습관을 지금부터 들여야 한다.
↳곧 이 방법을 쓰게 된다. 매도 먼저 맞는 게 낫다고 미리 이용하여 익숙해지게 한다. ^^

[줄기1-3] 다음 식을 간단히 하여라. (단, $a>0$)

1) $\sqrt{\dfrac{\sqrt[4]{a}}{\sqrt[5]{a}}}\times\sqrt[5]{\dfrac{a}{\sqrt[4]{a}}}\times\sqrt[4]{\dfrac{\sqrt[5]{a}}{\sqrt{a}}}$ 2) $\sqrt[4]{\dfrac{\sqrt[3]{a}}{\sqrt{a}}}\times\sqrt[3]{\dfrac{\sqrt{a}}{\sqrt[4]{a}}}\times\sqrt{\dfrac{\sqrt[4]{a}}{\sqrt[3]{a}}}$

3) $\sqrt[4]{\dfrac{\sqrt[3]{a}}{\sqrt{a}}}\div\sqrt[3]{\dfrac{\sqrt{a}}{\sqrt[4]{a}}}\div\sqrt{\dfrac{\sqrt[4]{a}}{\sqrt[3]{a}}}$

팁 $2^{6}=64,\ 2^{10}=1024,\ 2^8=(2^4)^2=16^2=256$을 기억하고 있으면 계산이 빨라지듯이
$3^4=81,\ 3^5=243$ (35평으로 **이사함**), $3^6=729$ (6 다음은 **7이구**요)도 기억해야 하고
$5^3=125,\ 5^4=625$ (**오싹**한 **육이오**전쟁)도 기억하고 있어야 지수의 계산이 편해진다.

⑫ 지수의 확장

1   지수의 확장

중학교 과정에서는 지수가 자연수(양의 정수)인 경우만을 생각하였지만, 고등학교 과정부터는 **지수의 범위를** 정수, 유리수, 더 나아가 **실수의 범위까지 확장한다.**

2   지수의 정의 (약속)

어떤 수나 문자의 오른쪽 어깨 위에 붙어
그 수나 문자 (밑)의 거듭제곱을 나타내는
숫자나 문자를 **지수**라 한다.

$$a^{n \leftarrow \text{지수}}$$
$$\underset{\uparrow}{}$$
밑

3   0 또는 음의 정수인 지수의 정의 (약속)

$a \neq 0$이고 n이 양의 정수일 때, 0 또는 음의 정수인 지수는 다음과 같이 정의한다.

$$a^0 = 1, \ a^{-n} = \frac{1}{a^n}$$

증명) $a \neq 0$이고 양의 정수 m, n에 대하여 $m > n$일 때의 지수법칙은
$a^m \div a^n = a^{m-n}$
이 법칙이 $m = n$, $m < n$일 때도 성립한다고 하면
i) $m = n$일 때, $a^m \div a^n = a^{m-n} = a^0$이고 $a^m \div a^n = 1$이므로 $a^0 = 1$
ii) $m = 0$일 때, $a^0 \div a^n = a^{0-n} = a^{-n}$이고 $a^0 \div a^n = 1 \div a^n = \frac{1}{a^n}$이므로 $a^{-n} = \frac{1}{a^n}$

참고) 분모가 0인 수는 정의되지 않듯이, 밑이 0일 때 지수가 0 또는 음수인 수도 정의되지 않는다.

따라서 $\dfrac{3}{0}, \dfrac{-2}{0}, \dfrac{0}{0}, \cdots, 0^0, 0^{-2}, 0^{-5}, 0^{-\frac{1}{4}}, 0^{-\sqrt{3}}, \cdots$ 등은 존재하지 않는 수이다.

$cf)$ $0^1 = 0$, $0^2 = 0$ ($\because 0 \times 0 = 0$), $0^5 = 0$ ($\because 0 \times 0 \times 0 \times 0 \times 0 = 0$)

4 $a^m \div a^n = a^{m-n}$은 m, n의 대소에 관계없이 성립한다.

증명) $a \neq 0$이고 양의 정수 m, n에 대하여 $a^0 = 1$, $a^{-n} = \frac{1}{a^n}$이므로
i) $m > n$일 때, $a^m \div a^n = a^{m-n}$
ii) $m = n$일 때, $a^m \div a^n = a^{m-n} = a^0 = 1$
iii) $m < n$일 때, $a^m \div a^n = \dfrac{1}{a^{n-m}} = a^{-(n-m)} = a^{m-n}$

씨앗. 1 」다음 값을 구하여라.

1) $(3.1245)^0$ 2) $(-13)^0$ 3) 2^{-3}

4) $\left(\dfrac{2}{3}\right)^{-2}$ 5) $(-2)^{-6}$ 6) $\left(-\dfrac{1}{3}\right)^{-4}$

풀이 1) $(3.1245)^0 = \mathbf{1}$

2) $(-13)^0 = \mathbf{1}$

3) (주어진 식)$= \dfrac{1}{2^3} = \dfrac{\mathbf{1}}{\mathbf{8}}$

3) (주어진 식)$= (2^{-1})^3 = \left(\dfrac{1}{2}\right)^3 = \dfrac{1^3}{2^3} = \dfrac{\mathbf{1}}{\mathbf{8}}$

4) (주어진 식)$= \dfrac{1}{\left(\dfrac{2}{3}\right)^2} = \dfrac{1}{\dfrac{4}{9}} = \dfrac{\mathbf{9}}{\mathbf{4}}$

4) (주어진 식)$= \left\{\left(\dfrac{2}{3}\right)^{-1}\right\}^2 = \left(\dfrac{3}{2}\right)^2 = \dfrac{3^2}{2^2} = \dfrac{\mathbf{9}}{\mathbf{4}}$

5) (주어진 식)$= \dfrac{1}{(-2)^6} = \dfrac{1}{2^6} = \dfrac{\mathbf{1}}{\mathbf{64}}$

5) (주어진 식)$= \{(-2)^{-1}\}^6 = \left(-\dfrac{1}{2}\right)^6 = \left(\dfrac{1}{2}\right)^6 = \dfrac{1^6}{2^6} = \dfrac{\mathbf{1}}{\mathbf{64}}$

6) (주어진 식)$= \dfrac{1}{\left(-\dfrac{1}{3}\right)^4} = \dfrac{1}{\left(\dfrac{1}{3}\right)^4} = \dfrac{1}{\dfrac{1}{3^4}} = \dfrac{1}{\dfrac{1}{81}} = \mathbf{81}$

6) (주어진 식)$= \left\{\left(-\dfrac{1}{3}\right)^{-1}\right\}^4 = (-3)^4 = 3^4 = \mathbf{81}$

씨앗. 2 」다음 값을 구하여라.

1) $\left(-\dfrac{7}{13}\right)^{-2}$ 2) $(-2)^{-5}$ 3) $\left(-\dfrac{3}{2}\right)^{-3}$

풀이 1) (주어진 식)$= \left(-\dfrac{13}{7}\right)^2 = \left(\dfrac{13}{7}\right)^2 = \dfrac{13^2}{7^2} = \dfrac{\mathbf{169}}{\mathbf{49}}$

2) (주어진 식)$= \dfrac{1}{(-2)^5} = \dfrac{1}{-2^5} = -\dfrac{\mathbf{1}}{\mathbf{32}}$

2) (주어진 식)$= \left(-\dfrac{1}{2}\right)^5 = -\left(\dfrac{1}{2}\right)^5 = -\dfrac{1^5}{2^5} = -\dfrac{\mathbf{1}}{\mathbf{32}}$

3) (주어진 식)$= \left(-\dfrac{2}{3}\right)^3 = -\left(\dfrac{2}{3}\right)^3 = -\dfrac{2^3}{3^3} = -\dfrac{\mathbf{8}}{\mathbf{27}}$

5 유리수인 지수의 정의 (약속)

$a>0$이고 $m, n\,(n\geq 2)$이 정수일 때, 유리수인 지수는 다음과 같이 정의한다.

1) $\sqrt[n]{a^m}=a^{\frac{m}{n}}$　　　　2) $\sqrt[n]{a}=a^{\frac{1}{n}}$

◆ 1) $a>0$이고 $m, n\,(n\geq 2)$이 정수일 때의 지수법칙
$$(a^m)^n=a^{mn}$$
이 지수가 유리수 $\dfrac{m}{n}$인 경우에도 성립한다고 하면
$$(a^{\frac{m}{n}})^n=a^{\frac{m}{n}\times n}=a^m$$
이때, $a^{\frac{m}{n}}>0$이므로 $a^{\frac{m}{n}}$ 은 $\underline{a^m}$의 양의 n제곱[근]이 된다.
$$\therefore a^{\frac{m}{n}}=\sqrt[n]{a^m}$$
ex) $\sqrt{2^3}=\sqrt[2]{2^3}=2^{\frac{3}{2}}$, $\sqrt[3]{5^2}=5^{\frac{2}{3}}$, $\sqrt[6]{15^7}=15^{\frac{7}{6}}$

2) $\sqrt[n]{a^m}=a^{\frac{m}{n}}$ 에서 $m=1$을 대입하면 $\sqrt[n]{a}=a^{\frac{1}{n}}$
ex) $\sqrt{2}=\sqrt[2]{2}=2^{\frac{1}{2}}$, $\sqrt[3]{5}=5^{\frac{1}{3}}$, $\sqrt[6]{15}=15^{\frac{1}{6}}$

6 지수가 자연수일 때의 지수법칙　※(자연수) = (양의 정수)

$\underline{a\neq 0,\ b\neq 0}$이고 m, n이 자연수일 때, 다음 지수법칙이 성립한다.

1) $a^m a^n=a^{m+n}$　　2) $(a^m)^n=a^{mn}$　　3) $(ab)^n=a^n b^n$　　4) $a^m \div a^n=a^{m-n}$

예) $(-2)^3 \times (-2)^6=(-2)^{3+6}=(-2)^9=-2^9$
$\{(-3)^2\}^3=(-3)^{2\times 3}=(-3)^6=3^6$

★지수가 자연수일 때는 밑이 음수이어도 지수법칙이 성립한다.

7 지수가 정수일 때의 지수법칙

$\underline{a\neq 0,\ b\neq 0}$이고 t, k가 정수일 때, 다음 지수법칙이 성립한다.

1) $a^t a^k=a^{t+k}$　　2) $(a^t)^k=a^{tk}$　　3) $(ab)^k=a^k b^k$　　4) $a^t \div a^k=a^{t-k}$

예) $(-2)^{-3} \times (-2)^6=(-2)^{-3+6}=(-2)^3=-2^3$
$\{(-3)^{-2}\}^{-3}=(-3)^{(-2)\times(-3)}=(-3)^6=3^6$

★지수가 정수일 때는 밑이 음수이어도 지수법칙이 성립한다.

8 지수가 유리수일 때의 지수법칙

$a>0$, $b>0$이고 p, q가 유리수일 때, 다음 지수법칙이 성립한다.

1) $a^p a^q = a^{p+q}$ 2) $(a^p)^q = a^{pq}$ 3) $(ab)^p = a^p b^p$ 4) $a^p \div a^q = a^{p-q}$

증명 $a>0$, $b>0$이고 p, q가 유리수일 때, 정수 m, n, t, k에 대하여 $p=\dfrac{n}{m}$, $q=\dfrac{k}{t}$ $(m>0, t>0)$라 하면 다음과 같이 지수법칙이 성립함을 증명할 수 있다.

1) $a^p a^q = a^{\frac{n}{m}} a^{\frac{k}{t}} = a^{\frac{nt}{mt}} a^{\frac{mk}{mt}} = \sqrt[mt]{a^{nt}} \sqrt[mt]{a^{mk}} = \sqrt[mt]{a^{nt+mk}} = a^{\frac{nt+mk}{mt}} = a^{\frac{n}{m}+\frac{k}{t}} = a^{p+q}$

2) $(a^p)^q = (a^{\frac{n}{m}})^{\frac{k}{t}} = \sqrt[t]{(a^{\frac{n}{m}})^k} = \sqrt[t]{(\sqrt[m]{a^n})^k} = \sqrt[t]{\sqrt[m]{a^{nk}}} = \sqrt[mt]{a^{nk}} = a^{\frac{nk}{mt}} = a^{\frac{n}{m}\times\frac{k}{t}} = a^{pq}$

3) $(ab)^p = (ab)^{\frac{n}{m}} = \sqrt[m]{(ab)^n} = \sqrt[m]{a^n b^n} = \sqrt[m]{a^n} \sqrt[m]{b^n} = a^{\frac{n}{m}} b^{\frac{n}{m}} = a^p b^p$

4) $a^p \div a^q = a^{\frac{n}{m}} \div a^{\frac{k}{t}} = a^{\frac{nt}{mt}} \div a^{\frac{mk}{mt}} = \dfrac{\sqrt[mt]{a^{nt}}}{\sqrt[mt]{a^{mk}}} = \sqrt[mt]{\dfrac{a^{nt}}{a^{mk}}} = \sqrt[mt]{a^{nt-mk}} = a^{\frac{nt-mk}{mt}} = a^{\frac{n}{m}-\frac{k}{t}} = a^{p-q}$

따라서 지수가 유리수일 때, <u>밑이 양수이면</u> 지수법칙이 성립한다.

예) $\{(-3)^2\}^{\frac{1}{2}} = (-3)^{2\times\frac{1}{2}} = -3$ ⇨ 잘못된 계산

$\{(-3)^2\}^{\frac{1}{2}} = (3^2)^{\frac{1}{2}} = 3^{2\times\frac{1}{2}} = 3$ ⇨ 바른 계산

☆ *지수가 정수가 아닌 유리수일 때는 밑이 음수이면 지수법칙이 성립하지 않는다.
따라서 지수가 정수가 아닌 유리수일 때는 밑을 양수로 만든 후 지수법칙을 이용한다.

9 지수가 실수일 때의 지수법칙

$a>0$, $b>0$이고 x, y가 실수일 때, 다음 지수법칙이 성립한다.

1) $a^x a^y = a^{x+y}$ 2) $(a^x)^y = a^{xy}$ 3) $(ab)^x = a^x b^x$ 4) $a^x \div a^y = a^{x-y}$

증명 지수를 실수의 범위까지 확장하기 위하여 지수가 무리수인 $2^{\sqrt{2}}$의 값을 생각해 보자.
공학용 계산기를 이용하면 $2^{\sqrt{2}} = 2^{1.414\cdots} = 2.665\cdots$의 어떤 일정한 수에 한없이 가까워지고, 이 일정한 수를 $2^{\sqrt{2}}$로 정의한다. 이와 같은 방법을 이용하여 $a>0$일 때 실수 x에 대하여 a^x를 정의할 수 있다.
따라서 지수가 실수일 때, <u>밑이 양수이면</u> 지수법칙이 성립한다.

예) $\{(-3)^2\}^{\frac{\sqrt{2}}{2}} = (-3)^{2\times\frac{\sqrt{2}}{2}} = (-3)^{\sqrt{2}}$ ⇨ 잘못된 계산

$\{(-3)^2\}^{\frac{\sqrt{2}}{2}} = (3^2)^{\frac{\sqrt{2}}{2}} = 3^{2\times\frac{\sqrt{2}}{2}} = 3^{\sqrt{2}}$ ⇨ 바른 계산

☆ *지수가 무리수일 때는 밑이 음수이면 지수법칙이 성립하지 않는다.
따라서 지수가 무리수일 때는 밑을 양수로 만든 후 지수법칙을 이용한다.

익히는 방법
밑이 양수일 때, 지수가 실수의 범위까지 확장되어도 지수의 법칙이 성립한다.
따라서 *밑이 양수이면, 지수가 실수일 때 지수법칙을 이용할 수 있다.

뿌리 2-1 **지수법칙**

다음 식을 간단히 하여라.

1) $2^3 \times 2^{-6} \times 2^5$

2) $\left[\left\{\left(-\dfrac{3}{5}\right)^2\right\}^{-\frac{3}{4}}\right]^{\frac{2}{3}}$

3) $\sqrt{3\sqrt{3\sqrt{3}}}$

4) $\left\{\left(\dfrac{4}{9}\right)^{-\frac{2}{3}}\right\}^{\frac{3}{4}}$

5) $\sqrt{2\sqrt[3]{4\sqrt[4]{16}}}$

6) $\left\{(-\sqrt{2})^{24}\right\}^{-\frac{1}{4}}$

풀이 1) (주어진 식) $= 2^{3+(-6)+5} = 2^2 = \mathbf{4}$

2) 지수가 정수가 아닌 유리수일 때는 반드시 밑을 양수로 만든 후 지수법칙을 이용한다.

$$(\text{주어진 식}) = \left[\left\{\left(\dfrac{3}{5}\right)^2\right\}^{-\frac{3}{4}}\right]^{\frac{2}{3}} = \left(\dfrac{3}{5}\right)^{2\times\left(-\frac{3}{4}\right)\times\frac{2}{3}} = \left(\dfrac{3}{5}\right)^{-1} = \dfrac{\mathbf{5}}{\mathbf{3}}$$

3) $\sqrt[m]{\sqrt[n]{a}} = \sqrt[mn]{a}$, $\sqrt[k]{\sqrt[m]{\sqrt[n]{a}}} = \sqrt[kmn]{a}$, $\sqrt[t]{\sqrt[k]{\sqrt[m]{\sqrt[n]{a}}}} = \sqrt[tkmn]{a}$, $\cdots$ (단, $\star a > 0$)

$$\sqrt{3\sqrt{3\sqrt{3}}} = \sqrt{3} \times \sqrt[2\times 2]{3} \times \sqrt[2\times 2\times 2]{3} = 3^{\frac{1}{2}+\frac{1}{4}+\frac{1}{8}} = 3^{\frac{7}{8}} = \sqrt[8]{3^7}$$ 「강조」

3) $\sqrt{3\sqrt{3\sqrt{3}}} = \sqrt{3} \times \sqrt{\sqrt{3}} \times \sqrt{\sqrt{\sqrt{3}}} = \sqrt{3} \times \sqrt[4]{3} \times \sqrt[8]{3} = 3^{\frac{1}{2}+\frac{1}{4}+\frac{1}{8}} = 3^{\frac{7}{8}} = \sqrt[8]{3^7}$

3) $\sqrt{3\sqrt{\boxed{3\sqrt{3}}}} = \left\{3\times\left(\boxed{3\times 3^{\frac{1}{2}}}\right)^{\frac{1}{2}}\right\}^{\frac{1}{2}} = \left\{3\times\left(\boxed{3^{\frac{3}{2}}}\right)^{\frac{1}{2}}\right\}^{\frac{1}{2}} = \left(3\times 3^{\frac{3}{4}}\right)^{\frac{1}{2}} = \left(3^{\frac{7}{4}}\right)^{\frac{1}{2}} = 3^{\frac{7}{8}} = \sqrt[8]{3^7}$

4) (주어진 식) $= \left(\dfrac{2}{3}\right)^{2\times\left(-\frac{2}{3}\right)\times\frac{3}{4}} = \left(\dfrac{2}{3}\right)^{-1} = \dfrac{\mathbf{3}}{\mathbf{2}}$

5) $\sqrt{2\sqrt[3]{4\sqrt[4]{16}}} = \sqrt{2} \times \sqrt[2\times 3]{2^2} \times \sqrt[2\times 3\times 4]{2^4} = \sqrt{2} \times \sqrt[6]{2^2} \times \sqrt[24]{2^4} = 2^{\frac{1}{2}+\frac{2}{6}+\frac{4}{24}} = 2^1 = \mathbf{2}$

6) 지수가 정수가 아닌 유리수일 때는 반드시 밑을 양수로 만든 후 지수법칙을 이용한다.

$$(\text{주어진 식}) = \left\{(\sqrt{2})^{24}\right\}^{-\frac{1}{4}} = 2^{\frac{1}{2}\times 24\times\left(-\frac{1}{4}\right)} = 2^{-3} = \dfrac{\mathbf{1}}{\mathbf{8}}$$

참고 밑이 양수이면, 지수가 실수일 때 지수법칙을 이용할 수 있다.

[줄기2-1] 다음 식을 간단히 하여라. (단, $a > 0$, $b > 0$)

1) $a^4 \div a^{-2} \times a^3$

2) $a^{-3} \div a^2 \div a^{-4}$

3) $\sqrt{a\sqrt{a\sqrt{a\sqrt{a}}}}$

4) $(a^{-2}b^4)^{-\frac{3}{2}}$

5) $\left\{(a^2 b^{-3})^{-3}\right\}^{-1}$

6) $\sqrt[5]{a^2} \div \sqrt{a}$

7) $\sqrt[4]{a^3 b^7} \div \sqrt[3]{a^2 b}$

8) $\sqrt{\dfrac{\sqrt{a}}{a} \times \sqrt[3]{a}}$

9) $a\sqrt{a^3} \times \sqrt[4]{a^3} \div \sqrt[4]{a}$

뿌리 2-2 지수법칙을 이용하여 유리수인 지수 계산하기 feat 곱셈 공식, 인수분해 공식

다음 식을 간단히 하여라. (단, $a>0, b>0$)

1) $(a-b^{-1}) \div (a^{\frac{1}{2}} - b^{-\frac{1}{2}})$

2) $(a+b) \div (a^{\frac{1}{3}} + b^{\frac{1}{3}})$

3) $(a-b^{-1}) \div (a^{\frac{1}{3}} - b^{-\frac{1}{3}})$

4) $(a^{\frac{1}{3}} - b^{-\frac{1}{3}})(a^{\frac{2}{3}} + a^{\frac{1}{3}} b^{-\frac{1}{3}} + b^{-\frac{2}{3}})$

5) $(a^{\frac{1}{8}} - b^{\frac{1}{8}})(a^{\frac{1}{8}} + b^{\frac{1}{8}})(a^{\frac{1}{4}} + b^{\frac{1}{4}})(a^{\frac{1}{2}} + b^{\frac{1}{2}})$

핵심 $x^2 - y^2 = (x-y)(x+y)$, $x^3 - y^3 = (x-y)(x^2+xy+y^2)$, $x^3 + y^3 = (x+y)(x^2-xy+y^2)$

풀이

1) $a - b^{-1} = (a^{\frac{1}{2}})^2 - (b^{-\frac{1}{2}})^2 = (a^{\frac{1}{2}} - b^{-\frac{1}{2}})(a^{\frac{1}{2}} + b^{-\frac{1}{2}})$이므로

(주어진 식)$= (a^{\frac{1}{2}} - b^{-\frac{1}{2}})(a^{\frac{1}{2}} + b^{-\frac{1}{2}}) \div (a^{\frac{1}{2}} - b^{-\frac{1}{2}}) = \boldsymbol{a^{\frac{1}{2}} + b^{-\frac{1}{2}}}$

2) $a + b = (a^{\frac{1}{3}})^3 + (b^{\frac{1}{3}})^3 = (a^{\frac{1}{3}} + b^{\frac{1}{3}})(a^{\frac{2}{3}} - a^{\frac{1}{3}} b^{\frac{1}{3}} + b^{\frac{2}{3}})$이므로

(주어진 식)$= (a^{\frac{1}{3}} + b^{\frac{1}{3}})(a^{\frac{2}{3}} - a^{\frac{1}{3}} b^{\frac{1}{3}} + b^{\frac{2}{3}}) \div (a^{\frac{1}{3}} + b^{\frac{1}{3}}) = \boldsymbol{a^{\frac{2}{3}} - a^{\frac{1}{3}} b^{\frac{1}{3}} + b^{\frac{2}{3}}}$

3) $a - b^{-1} = (a^{\frac{1}{3}})^3 - (b^{-\frac{1}{3}})^3 = (a^{\frac{1}{3}} - b^{-\frac{1}{3}})(a^{\frac{2}{3}} + a^{\frac{1}{3}} b^{-\frac{1}{3}} + b^{-\frac{2}{3}})$이므로

(주어진 식)$= (a^{\frac{1}{3}} - b^{-\frac{1}{3}})(a^{\frac{2}{3}} + a^{\frac{1}{3}} b^{-\frac{1}{3}} + b^{-\frac{2}{3}}) \div (a^{\frac{1}{3}} - b^{-\frac{1}{3}}) = \boldsymbol{a^{\frac{2}{3}} + a^{\frac{1}{3}} b^{-\frac{1}{3}} + b^{-\frac{2}{3}}}$

4) (주어진 식)$= (a^{\frac{1}{3}})^3 - (b^{-\frac{1}{3}})^3 = \boldsymbol{a - b^{-1}}$

5) (주어진 식)$= \left\{ (a^{\frac{1}{8}})^2 - (b^{\frac{1}{8}})^2 \right\} (a^{\frac{1}{4}} + b^{\frac{1}{4}})(a^{\frac{1}{2}} + b^{\frac{1}{2}})$

$= (a^{\frac{1}{4}} - b^{\frac{1}{4}})(a^{\frac{1}{4}} + b^{\frac{1}{4}})(a^{\frac{1}{2}} + b^{\frac{1}{2}}) = \left\{ (a^{\frac{1}{4}})^2 - (b^{\frac{1}{4}})^2 \right\} (a^{\frac{1}{2}} + b^{\frac{1}{2}})$

$= (a^{\frac{1}{2}} - b^{\frac{1}{2}})(a^{\frac{1}{2}} + b^{\frac{1}{2}}) = (a^{\frac{1}{2}})^2 - (b^{\frac{1}{2}})^2 = \boldsymbol{a - b}$

참고 $a>0, b>0$이므로 주어진 식의 밑이 모두 양수이다.
따라서 지수가 실수일 때 지수법칙을 이용할 수 있다.

[줄기2-2] 다음 식을 간단히 하여라. (단, $a>0, b>0$)

1) $(a+b^{-1}) \div (a^{\frac{1}{3}} + b^{-\frac{1}{3}})$

2) $(a^{\frac{1}{3}} + b^{\frac{1}{3}})(a^{\frac{2}{3}} - a^{\frac{1}{3}} b^{\frac{1}{3}} + b^{\frac{2}{3}})$

3) $(a^{\frac{1}{2}} - a^{\frac{1}{4}} b^{\frac{1}{4}} + b^{\frac{1}{2}})(a^{\frac{1}{2}} + a^{\frac{1}{4}} b^{\frac{1}{4}} + b^{\frac{1}{2}})$

4) $(a^{\frac{2}{3}} + a^{-\frac{2}{3}} + 1)(a^{\frac{2}{3}} - a^{-\frac{2}{3}})(a^{\frac{2}{3}} + a^{-\frac{2}{3}} - 1)$

뿌리 2-3 합과 곱의 값을 알면 답을 구할 수 있다.

다음 물음에 답하여라. (단, $x > 0$)

1) $x^{\frac{1}{2}} + x^{-\frac{1}{2}} = 2$일 때, $x + x^{-1}$, $x^2 + x^{-2}$, $x^{\frac{3}{2}} + x^{-\frac{3}{2}}$의 값을 구하여라.

2) $x + x^{-1} = 4$일 때, $x^{\frac{1}{2}} + x^{-\frac{1}{2}}$의 값을 구하여라.

핵심 $a^2 + b^2 = (a+b)^2 - 2ab$, $a^3 + b^3 = (a+b)^3 - 3ab(a+b)$

풀이 1) $x^{\frac{1}{2}} + x^{-\frac{1}{2}} = 2$ (합의 값), $x^{\frac{1}{2}}x^{-\frac{1}{2}} = 1$ (곱의 값)

i) $x + x^{-1} = (x^{\frac{1}{2}} + x^{-\frac{1}{2}})^2 - 2x^{\frac{1}{2}}x^{-\frac{1}{2}} = 2^2 - 2 \cdot 1 = \mathbf{2}$

ii) $x^2 + x^{-2} = (x + x^{-1})^2 - 2xx^{-1} = 2^2 - 2 \cdot 1 = \mathbf{2}$

iii) $x^{\frac{3}{2}} + x^{-\frac{3}{2}} = (x^{\frac{1}{2}})^3 + (x^{-\frac{1}{2}})^3 = (x^{\frac{1}{2}} + x^{-\frac{1}{2}})^3 - 3x^{\frac{1}{2}}x^{-\frac{1}{2}}(x^{\frac{1}{2}} + x^{-\frac{1}{2}}) = 2^3 - 3 \cdot 1 \cdot 2 = \mathbf{2}$

2) $x + x^{-1} = 4$ (합의 값), $xx^{-1} = 1$ (곱의 값)

방법 I ⇨ 지수의 절댓값이 큰 식의 합과 곱의 값을 이용하여 지수의 절댓값이 작은 식의 값은 구할 수 없다. ㅠㅠ

2) $x^{\frac{1}{2}} + x^{-\frac{1}{2}} = k$ (합의 값), $x^{\frac{1}{2}}x^{-\frac{1}{2}} = 1$ (곱의 값)

방법 II ⇨ ★지수의 절댓값이 작은 식의 합과 곱의 값을 이용하여 지수의 절댓값이 큰 식의 값을 구할 수 있다. ^^

$(x^{\frac{1}{2}} + x^{-\frac{1}{2}})^2 = x + x^{-1} + 2x^{\frac{1}{2}}x^{-\frac{1}{2}}$

$k^2 = 4 + 2 \cdot 1 = 6$

$\therefore k = \sqrt{6}$ $(\because \sqrt{x} + \frac{1}{\sqrt{x}} = k > 0)$

참고 합과 곱의 값을 알면 곱셈 공식을 이용하여 답을 구할 수 있다.

[줄기2-3] 다음 물음에 답하여라. (단, $x > 0$)

1) $\sqrt{x} + \frac{1}{\sqrt{x}} = 3$일 때, $x + \frac{1}{x}$, $x^2 + \frac{1}{x^2}$, $x\sqrt{x} + \frac{1}{x\sqrt{x}}$의 값을 구하여라.

2) $x + \frac{1}{x} = 6$일 때, $\sqrt{x} + \frac{1}{\sqrt{x}}$의 값을 구하여라.

뿌리 2-4 $\dfrac{a^x - a^{-x}}{a^x + a^{-x}}$ 꼴의 식의 값 구하기

$a^{2x} = 3$일 때, 다음 식의 값을 구하여라. (단, $a > 0$)

1) $\dfrac{a^x - a^{-x}}{a^{3x} - a^{-3x}}$ 2) $\dfrac{a^x + a^{-x}}{a^x - a^{-x}}$ 3) $\left(\dfrac{1}{a^6}\right)^{-5x}$

핵심   주어진 식의 분모 속에 있는 분모를 먼저 없애 본다.

풀이   1) ★주어진 식의 분모 $a^{3x} - a^{-3x}$ 속에 있는 a^{-3x}, 즉 $\dfrac{1}{a^{3x}}$ 의 분모를 먼저 없애 본다.

따라서 주어진 식의 분모, 분자에 a^{3x}를 곱하면

$$(\text{주어진 식}) = \frac{(a^x - a^{-x})a^{3x}}{(a^{3x} - a^{-3x})a^{3x}} = \frac{a^{4x} - a^{2x}}{a^{6x} - 1} = \frac{(a^{2x})^2 - a^{2x}}{(a^{2x})^3 - 1} = \frac{3^2 - 3}{3^3 - 1} = \frac{6}{26} = \frac{3}{13}$$

2) ★주어진 식의 분모 $a^x - a^{-x}$ 속에 있는 a^{-x}, 즉 $\dfrac{1}{a^x}$ 의 분모를 먼저 없애 본다.

따라서 주어진 식의 분모, 분자에 a^x를 곱하면

$$(\text{주어진 식}) = \frac{(a^x + a^{-x})a^x}{(a^x - a^{-x})a^x} = \frac{a^{2x} + 1}{a^{2x} - 1} = \frac{3 + 1}{3 - 1} = 2$$

3) $(\text{주어진 식}) = (a^{-6})^{-5x} = a^{30x} = (a^{2x})^{15} = 3^{15}$

참고 $\dfrac{a^x - a^{-x}}{a^x + a^{-x}}$ 꼴은 분모 속에 있는 분모를 먼저 없애 본다.

[줄기2-4] $x^{-2} = 3$일 때, 다음 식의 값을 구하여라. (단, $x > 0$)

1) $\dfrac{x^3 + x^{-3}}{x - x^{-1}}$ 2) $\dfrac{x^3 - x^{-3}}{x^3 + x^{-3}}$ 3) $\dfrac{x^3 + x^{-3}}{x + x^{-1}}$

[줄기2-5] $9^{-x} = 5$일 때, $\dfrac{27^x - 27^{-x}}{3^x + 3^{-x}}$ 의 값을 구하여라.

[줄기2-6] $\dfrac{a^{3x} + a^{-3x}}{a^x + a^{-x}} = 1$일 때, a^x의 값을 구하여라. (단, $a > 0$)

뿌리 2-5 밑이 다른 조건식이 주어진 경우 ⇨ 밑을 같게 할 수 있는 경우(1)

$12^x = 32$, $3^y = 16$을 만족하는 실수 x, y에 대하여 $\dfrac{5}{x} - \dfrac{4}{y}$의 값을 구하여라.

핵심 조건식의 밑이 다른 경우 다음을 이용하여 밑을 통일한다.
$$a^x = b \Leftrightarrow (a^x)^{\frac{1}{x}} = b^{\frac{1}{x}} \Leftrightarrow a = b^{\frac{1}{x}} \ (\text{단,} *a>0, b>0, x \neq 0)$$

방법 I $12^x = 32$에서 $12 = 32^{\frac{1}{x}} = (2^5)^{\frac{1}{x}} = 2^{\frac{5}{x}}$ ⋯ ㉠

$3^y = 16$에서 $3 = 16^{\frac{1}{y}} = (2^4)^{\frac{1}{y}} = 2^{\frac{4}{y}}$ ⋯ ㉡

㉠ ÷ ㉡을 하면 $4 = 2^{\frac{5}{x}} \div 2^{\frac{4}{y}}$

$2^{\frac{5}{x} - \frac{4}{y}} = 2^2$ ∴ $\dfrac{5}{x} - \dfrac{4}{y} = \mathbf{2}$

방법 II 로그를 이용하면 더 쉽게 풀 수 있다. ^^; (로그를 배운 후 꼭 해보자!)
「강추」

$12^x = 32$에서 $x = \log_{12} 32$

$3^y = 16$에서 $y = \log_3 16$

$\dfrac{5}{x} - \dfrac{4}{y} = \dfrac{5}{\log_{12} 32} - \dfrac{4}{\log_3 16} = 5\log_{32} 12 - 4\log_{16} 3 = 5\log_{2^5} 12 - 4\log_{2^4} 3$

$= \dfrac{5}{5} \log_2 12 - \dfrac{4}{4} \log_2 3 = \log_2 12 - \log_2 3 = \log_2 \dfrac{12}{3} = \log_2 4$

$= \log_2 2^2 = 2\log_2 2 = \mathbf{2}$

[줄기2-7] $272^m = 64$, $34^n = 8$일 때, $\dfrac{6}{m} - \dfrac{3}{n}$의 값을 구하여라.

뿌리 2-6 밑이 다른 조건식이 주어진 경우 ⇨ 밑을 같게 할 수 없는 경우

세 양수 a, b, c에 대하여 $a^7 = 2$, $b^2 = 5$, $c^8 = 13$일 때, $(abc)^n$이 자연수가 되도록 하는 최소의 자연수 n의 값을 구하여라.

풀이 $a^7 = 2$, $b^2 = 5$, $c^8 = 13$에서 $a = 2^{\frac{1}{7}}$, $b = 5^{\frac{1}{2}}$, $c = 13^{\frac{1}{8}}$

∴ $(abc)^n = (2^{\frac{1}{7}} \cdot 5^{\frac{1}{2}} \cdot 13^{\frac{1}{8}})^n = 2^{\frac{n}{7}} \cdot 5^{\frac{n}{2}} \cdot 13^{\frac{n}{8}}$

이때 $(abc)^n$, 즉 $2^{\frac{n}{7}} \cdot 5^{\frac{n}{2}} \cdot 13^{\frac{n}{8}}$이 자연수가 되려면 $\dfrac{n}{7}$, $\dfrac{n}{2}$, $\dfrac{n}{8}$이 모두 자연수이어야 한다.

따라서 최소의 자연수 n은 7, 2, 8의 최소공배수이므로 $n = 56$

[줄기2-8] $2^3 = a$, $3^5 = b$일 때, 12^{10}을 실수 a, b로 나타내어라.

뿌리 2-7 **밑이 다른 조건식이 주어진 경우** ⇨ 밑을 같게 할 수 있는 경우 (2)

세 양수 a, b, c에 대하여 $abc = 8$, $a^x = b^y = c^z = 4$일 때, $\dfrac{1}{x} + \dfrac{1}{y} + \dfrac{1}{z}$의 값을 구하여라.

핵심 $a^x = b^y = c^z = 4$에서 $a^x = 4$, $b^y = 4$, $c^z = 4$임을 이용한다.

방법 I $a^x = 4$에서 $a = 4^{\frac{1}{x}} = (2^2)^{\frac{1}{x}} = 2^{\frac{2}{x}}$ ⋯ ㉠

$b^y = 4$에서 $b = 4^{\frac{1}{y}} = (2^2)^{\frac{1}{y}} = 2^{\frac{2}{y}}$ ⋯ ㉡

$c^z = 4$에서 $c = 4^{\frac{1}{z}} = (2^2)^{\frac{1}{z}} = 2^{\frac{2}{z}}$ ⋯ ㉢

㉠ × ㉡ × ㉢을 하면 $abc = 2^{\frac{2}{x}} \times 2^{\frac{2}{y}} \times 2^{\frac{2}{z}}$

이때 $abc = 8$이므로 $8 = 2^{\frac{2}{x} + \frac{2}{y} + \frac{2}{z}}$

$2^{\frac{2}{x} + \frac{2}{y} + \frac{2}{z}} = 2^3$ ∴ $\dfrac{2}{x} + \dfrac{2}{y} + \dfrac{2}{z} = 3$ ∴ $\dfrac{1}{x} + \dfrac{1}{y} + \dfrac{1}{z} = \dfrac{3}{2}$

방법 II 로그를 이용하면 더 쉽게 풀 수 있다. ^^; (로그를 배운 후 꼭 해보자!)
「강추」

$a^x = 4$에서 $x = \log_a 4$

$b^y = 4$에서 $y = \log_b 4$

$c^z = 4$에서 $z = \log_c 4$

$$\dfrac{1}{x} + \dfrac{1}{y} + \dfrac{1}{z} = \dfrac{1}{\log_a 4} + \dfrac{1}{\log_b 4} + \dfrac{1}{\log_c 4}$$

$$= \log_4 a + \log_4 b + \log_4 c$$

$$= \log_4 abc = \log_4 8 \;(\because abc = 8)$$

$$= \log_{2^2} 2^3 = \dfrac{3}{2}\log_2 2 = \dfrac{3}{2}$$

참고 조건식의 밑이 다른 경우 다음을 이용하여 밑을 통일한다.

$a^x = k \Longleftrightarrow (a^x)^{\frac{1}{x}} = k^{\frac{1}{x}} \Longleftrightarrow a = k^{\frac{1}{x}}$ (단, $^*a > 0$, $k > 0$, $x \neq 0$)

[줄기2-9] 실수 x, y, z에 대하여 $2^x = 4^y = 8^z$일 때, $xy + yz - 2zx$의 값을 구하여라.

(단, $xyz \neq 0$)

1 지수

정답 및 풀이 ▶ 6p

잎 1-1

$\sqrt[n]{2} \times \sqrt[n]{8} = \sqrt[8]{2}$ 를 만족시키는 자연수 n의 값을 구하여라. [교육청 기출]

잎 1-2

$a>0, a\neq1$에 대하여 $\left\{ \dfrac{\sqrt{a^3}}{\sqrt{\sqrt[3]{a^4}}} \times \sqrt{\left(\dfrac{1}{a}\right)^{-4}} \right\}^6 = a^k$일 때, 상수 k의 값을 구하여라. [교육청 기출]

잎 1-3

$1 \leq m \leq 3$, $1 \leq n \leq 8$인 두 자연수 m, n에 대하여 $\sqrt[3]{n^m}$ 이 자연수가 되도록 하는 순서쌍 (m, n)의 개수를 구하여라. [평가원 기출]

잎 1-4

$3^x + 3^{1-x} = 10$일 때, $9^x + 9^{1-x}$의 값은? [교육청 기출]

① 91　　② 92　　③ 93　　④ 94　　⑤ 95

● 잎 1-5

실수 a가 $\dfrac{2^a + 2^{-a}}{2^a - 2^{-a}} = -2$를 만족시킬 때, $4^a + 4^{-a}$의 값은? [평가원 기출]

① $\dfrac{5}{2}$ ② $\dfrac{10}{3}$ ③ $\dfrac{7}{4}$ ④ $\dfrac{26}{5}$ ⑤ $\dfrac{37}{6}$

● 잎 1-6

$3^{2x} - 3^{x+1} = -1$일 때, $\dfrac{3^{4x} + 3^{-4x} + 1}{3^{2x} + 3^{-2x} + 1}$의 값을 구하여라. [교육청 기출]

● 잎 1-7

양의 실수 전체의 집합에서 연산 $\diamond$을 $a \diamond b = a^b b^{-\frac{a}{2}}$으로 정의하자. $(2 \diamond 4) \diamond x = 8x^{-2}$일 때, x의 값을 구하여라. [평가원 기출]

● 잎 1-8

$a = \sqrt{2}$, $b^3 = \sqrt{3}$일 때, $(ab)^2$의 값은? (단, b는 실수이다.) [수능기출]

① $2 \cdot 3^{\frac{1}{3}}$ ② $2 \cdot 3^{\frac{2}{3}}$ ③ $2^{\frac{1}{2}} \cdot 3^{\frac{1}{3}}$ ④ $3 \cdot 2^{\frac{1}{3}}$ ⑤ $3 \cdot 2^{\frac{2}{3}}$

● 잎 1-9

실수 x에 대하여 $3^{x+1} - 3^x = a$, $2^{x+1} + 2^x = b$일 때, 12^x를 a, b를 이용하여 나타낸 것은?

[교육청 기출]

① $\dfrac{ab}{6}$ ② $\dfrac{a^2 b}{18}$ ③ $\dfrac{a^2 b}{12}$ ④ $\dfrac{ab^2}{18}$ ⑤ $\dfrac{ab^2}{12}$

● 잎 1-10

$(2^{x+y}+2^{x-y})^2-(2^{x+y}-2^{x-y})^2$ 을 간단히 한 것은? [평가원 기출]

① 2^{2x} ② 2^{2x+2} ③ 2^{2x+2y} ④ 2^{-2y} ⑤ 2^{-2y+2}

● 잎 1-11

2의 네제곱근 중 양수인 것을 x라 할 때, x^n이 세 자리의 자연수가 되도록 하는 자연수 n의 값의 합은? [교육청 기출]

① 96   ② 97   ③ 98   ④ 99   ⑤ 100

● 잎 1-12

$\left(\dfrac{1}{1024}\right)^{\frac{1}{n}}$ 이 자연수가 되도록 하는 정수 n의 값을 모두 구하여라.

● 잎 1-13

세 양수 a,b,c에 대하여 $a^8=3$, $b^5=5$, $c^4=13$일 때, $(abc)^n$이 자연수가 되도록 하는 자연수 n의 최솟값을 구하여라.

● 잎 1-14

$2\le n\le 100$인 자연수 n에 대하여 $\left(\sqrt[3]{3^5}\right)^{\frac{1}{2}}$ 이 어떤 자연수의 n제곱근이 되도록 하는 n의 개수를 구하여라. [수능 기출]

● 잎 1-15

이차방정식 $x^2 - 4\sqrt[3]{2}\,x + \sqrt[3]{4} = 0$의 두 근을 α, β라 할 때, $\alpha^3 + \beta^3$의 값을 구하여라.

● 잎 1-16

$a^{\frac{1}{2}} + a^{-\frac{1}{2}} = \sqrt{5}$ 일 때, $a^{\frac{3}{2}} - a^{-\frac{3}{2}}$의 값을 구하여라. (단, $a > 0$)

● 잎 1-17

$a^2 + a^{-2} = 14$일 때, $\dfrac{a + a^{-1}}{a^{\frac{1}{2}} + a^{-\frac{1}{2}}}$의 값을 구하여라. (단, $a > 0$)

● 잎 1-18

세 실수 x, y, z에 대하여 $2^x = 9^y = 12^z$이고 $\dfrac{2a}{x} + \dfrac{1}{y} = \dfrac{2}{z}$일 때, 상수 a의 값을 구하여라.

[로그를 이용하면 더 쉽게 풀 수 있다. ⇨ 정답 및 풀이의 방법Ⅱ 참조]

● 잎 1-19

세 실수 a, b, c에 대하여 $3^a = 4^b = 5^c$이고 $ac = 2$일 때, $4^{ab + bc}$의 값을 구하여라. [교육청 기출]

[로그를 이용하면 풀기 힘든 문제도 있다. ⇨ 정답 및 풀이의 방법Ⅱ 참조]

2. 로그

❶ 로그의 정의

1 로그의 정의(약속)

$a>0$, $a\neq1$일 때, 양수 b에 대하여 $a^x=b$를 만족시키는 실수 x는 오직 하나 존재한다.

이 수 x를 $x=\log_a b$로 나타내고, a를 밑으로 하는 b의 로그라 한다. 이때, b를 $\log_a b$의 진수라

한다. 이 내용을 다시 정리하면 다음과 같다.

$a>0$, $a\neq1$, $b>0$일 때 $\Rightarrow$ $a^{\overset{\text{지수}}{x}}=b \Leftrightarrow x=\log_a b \leftarrow$진수

⌞밑의 조건 ⌞진수의 조건 밑 밑

⭐*로그는 지수를 바닥에 내려놓는 도구이다.

(익히는 방법)

$a^x=b$를 로그로 나타내는 방법

i) 지수를 바닥에 내려놓고 우변 b에 $\log$를 붙인다.

$\quad x=\log_\star b$

ii) 지수가 바닥에 놓이므로 필요 없게 된 밑을 $\log$의 밑으로 옮긴다.

$\quad x=\log_a b \Rightarrow$ '밑은 밑으로'

---

2 $\log_{\text{밑}}(\text{진수})$가 정의되기 위한 조건

$\log_{\text{밑}}(\text{진수})$가 정의되기 위한 두 조건은

1) (밑)>0, (밑)$\neq1$ 2) (진수)>0

증명 1) $\log_a 3=x$에 대하여

    i) $a=$(음수)일 때, (음수)$^x=3$

    ii) $a=0$일 때, $0^x=3$

    iii) $a=1$일 때, $1^x=3$

    을 만족시키는 실수 x는 존재하지 않는다.

    $\therefore a>0$, $a\neq1$

    이상에서 로그의 밑은 1이 아닌 양수이다.

    $\therefore$ (밑)>0, (밑)$\neq1$

  2) $\log_3 b=x$에 대하여

    i) $b=$(음수)일 때, $3^x=$(음수)

    ii) $b=0$일 때, $3^x=0$

    을 만족시키는 실수 x는 존재하지 않는다.

    $\therefore b>0$

    이상에서 로그의 진수는 양수이다.

    $\therefore$ (진수)>0

씨앗. 1 다음 등식을 로그를 사용하여 나타내어라.

1) $4^3 = 64$　　　　2) $4^{-2} = \dfrac{1}{16}$　　　　3) $8^{\frac{1}{3}} = 2$

4) $7^1 = 7$　　　　5) $5^0 = 1$

핵심 log는 지수를 바닥에 내려놓는 도구이다.

풀이 1) i) 지수를 바닥에 내려놓고 우변 64에 log를 붙인다.

$$3 = \log_\star 64$$

ii) 밑은 밑으로

$$3 = \log_4 64$$

2) i) $-2 = \log_\star \dfrac{1}{16}$　　ii) $-2 = \log_4 \dfrac{1}{16}$

3) i) $\dfrac{1}{3} = \log_\star 2$　　ii) $\dfrac{1}{3} = \log_8 2$

4) i) $1 = \log_\star 7$　　ii) $1 = \log_7 7$

5) i) $0 = \log_\star 1$　　ii) $0 = \log_5 1$

씨앗. 2 다음 등식을 $a^x = b$ 꼴로 나타내어라.

1) $\log_2 16 = 4$　　　　2) $\log_{\frac{1}{2}} 8 = -3$　　　　3) $\log_{\sqrt{2}} 4 = 4$

4) $\log_{13} 1 = 0$　　　　5) $\log_9 9 = 1$　　　　6) $\log_{\frac{1}{3}} \dfrac{1}{81} = 4$

핵심 log는 지수를 바닥에 내려놓는 도구이다.
따라서 log를 없애면 바닥에 놓인 수는 다시 밑의 오른쪽 어깨 위로 올라가 지수가 된다.

풀이 1) $\log_2 16 = 4$에서 log를 없애면 4는 다시 밑의 오른쪽 어깨 위로 올라가 지수가 되므로

$$2^4 = 16$$

2) $\left(\dfrac{1}{2}\right)^{-3} = 8$

3) $(\sqrt{2})^4 = 4$

4) $13^0 = 1$

5) $9^1 = 9$

6) $\left(\dfrac{1}{3}\right)^4 = \dfrac{1}{81}$

뿌리 1-1 로그의 정의

다음 등식을 만족시키는 실수 x의 값을 구하여라.

1) $\log_x 9 = 2$ 2) $\log_{16} x = \dfrac{1}{4}$ 3) $\log_x 9 = \dfrac{2}{3}$ 4) $\log_{\sqrt{3}} 27 = x$

5) $\log_x 16 = \dfrac{4}{3}$ 6) $\log_{\frac{1}{5}} x^4 = 0$ 7) $\log_{13} x = 1$ 8) $\log_{\frac{1}{2}} \dfrac{1}{2} = x$

핵심 밑의 조건 : (밑)>0, (밑)≠1, 진수의 조건 : (진수)>0

풀이 1) $\log_x 9 = 2$에서 $x^2 = 9$ ∴ $x = \mathbf{3}$ ($\because x$는 밑, 즉 $x>0, x\neq1$)

2) $\log_{16} x = \dfrac{1}{4}$에서 $x = 16^{\frac{1}{4}}$ ∴ $x = (2^4)^{\frac{1}{4}} = \mathbf{2}$

3) $\log_x 9 = \dfrac{2}{3}$에서 $x^{\frac{2}{3}} = 9$

$(x^{\frac{2}{3}})^{\frac{3}{2}} = (3^2)^{\frac{3}{2}}$ ∴ $x = 3^3 = \mathbf{27}$

4) $\log_{\sqrt{3}} 27 = x$에서 $(\sqrt{3})^x = 27$

$(3^{\frac{1}{2}})^x = 3^3,\ 3^{\frac{1}{2}x} = 3^3$ ∴ $\dfrac{1}{2}x = 3$ ∴ $x = \mathbf{6}$

5) $\log_x 16 = \dfrac{4}{3}$에서 $x^{\frac{4}{3}} = 16$

$x^{\frac{4}{3}} = 2^4,\ (x^{\frac{4}{3}})^{\frac{3}{4}} = (2^4)^{\frac{3}{4}}$ ∴ $x = 2^3 = \mathbf{8}$

6) $\log_{\frac{1}{5}} x^4 = 0$에서 $x^4 = \left(\dfrac{1}{5}\right)^0$

$x^4 = 1$ ∴ $x = \pm\sqrt[4]{1} = \mathbf{\pm1}$

7) $\log_{13} x = 1$에서 $x = 13^1$ ∴ $x = \mathbf{13}$

8) $\log_{\frac{1}{2}} \dfrac{1}{2} = x$에서 $\left(\dfrac{1}{2}\right)^x = \dfrac{1}{2}$ ∴ $x = \mathbf{1}$

참고 $\log_a b = x \Leftrightarrow a^x = b$

[줄기1-1] 다음 등식을 만족시키는 실수 x의 값을 구하여라.

1) $\log_{16} 0.25 = x$ 2) $\log_{\frac{1}{8}} \dfrac{1}{16} = x$ 3) $\log_x 16 = -\dfrac{4}{3}$

4) $\log_{101} x = 0$ 5) $\log_{17} x = 1$ 6) $\log_3 (\log_8 x) = -1$

7) $\log_2 (\log_x 4) = 1$

뿌리 1-2 로그의 밑과 진수의 조건

다음 식의 값이 정의되기 위한 실수 x의 값의 범위를 구하여라.

1) $\log_4 x$ 　　　　　　2) $\log_x \dfrac{1}{2}$ 　　　　　　3) $\log_3 \left(x - \dfrac{3}{2}\right)^2$

4) $\log_x (x^2 - 8x + 12)$ 　　5) $\log_{-x+1}(-x^2 - 2x + 3)$

풀이 1) (진수)>0에서 $x>0$

2) (밑)>0, (밑)$\neq 1$에서 $x>0$, $x \neq 1$

3) (진수)>0에서 $\left(x - \dfrac{3}{2}\right)^2 > 0$ 　　$\therefore x \neq \dfrac{3}{2}$인 모든 실수

4) i) (밑)>0, (밑)$\neq 1$에서 $x>0$, $x \neq 1$ 　　$\therefore 0<x<1$ 또는 $x>1$ …㉠

　　ii) (진수)>0에서 $x^2 - 8x + 12 > 0$이므로
　　　$(x-2)(x-6) > 0$ 　　$\therefore x<2$ 또는 $x>6$ …㉡
　　㉠, ㉡의 공통범위를 구하면 $0<x<1$ 또는 $1<x<2$ 또는 $x>6$

5) i) (밑)>0, (밑)$\neq 1$에서 $-x+1>0$, $-x+1 \neq 1$이므로
　　　$x<1$, $x \neq 0$ 　　$\therefore x<0$ 또는 $0<x<1$ …㉠

　　ii) (진수)>0에서 $-x^2 - 2x + 3 > 0$이므로
　　　$x^2 + 2x - 3 < 0$, $(x+3)(x-1) < 0$ 　　$\therefore -3<x<1$ …㉡
　　㉠, ㉡의 공통범위를 구하면 $-3<x<0$ 또는 $0<x<1$

참고 로그가 정의되기 위한 조건
i) 밑의 조건: (밑)>0, (밑)$\neq 1$
ii) 진수의 조건: (진수)>0

[줄기1-2] 다음 물음에 답하여라.

1) $\log_a a$가 정의되도록 하는 실수 a의 값의 범위를 구하여라.

2) $\log_{b-1}(-2b^2 + 7b - 5)$의 값이 존재하기 위한 실수 b의 값의 범위를 구하여라.

[줄기1-3] $\log_x(-x^2 + x + 6)$이 의미를 갖기 위한 실수 x의 값의 범위를 구하여라.

[줄기1-4] 모든 실수 x에 대하여 $\log_a(x^2 - 2ax + 3a + 10)$가 정의되도록 하는 실수 a의 값의 범위를 구하여라.

② 로그의 성질

1 로그의 성질

$a > 0$, $a \neq 1$ ($\because$ 밑의 조건), $x > 0$, $y > 0$ ($\because$ 진수의 조건)일 때, 다음이 성립한다.

1) $\log_a a = 1$, $\log_a 1 = 0$

증명 $a^1 = a$, $a^0 = 1$이므로 로그의 정의에 의하여 $1 = \log_a a$, $0 = \log_a 1$ $\therefore \log_a a = 1$, $\log_a 1 = 0$

2) $\star \log_a xy = \log_a x + \log_a y$

증명 $\log_a x = m$, $\log_a y = n$이라 하면 로그의 정의에 의하여 $x = a^m$, $y = a^n$ $\therefore xy = a^{m+n}$ … ㉠
㉠을 $\log$ 꼴로 나타내면 $m + n = \log_a xy$이므로

$\log_a x + \log_a y = \log_a xy$ $\therefore \log_a xy = \log_a x + \log_a y$

3) $\star \log_a \dfrac{x}{y} = \log_a x - \log_a y$

증명 $\log_a x = m$, $\log_a y = n$이라 하면 로그의 정의에 의하여 $x = a^m$, $y = a^n$ $\therefore \dfrac{x}{y} = a^{m-n}$ … ㉡

㉡을 $\log$ 꼴로 나타내면 $m - n = \log_a \dfrac{x}{y}$이므로

$\log_a x - \log_a y = \log_a \dfrac{x}{y}$ $\therefore \log_a \dfrac{x}{y} = \log_a x - \log_a y$

4) $\log_a x^n = n \log_a x$ (n은 실수)

증명 2)번의 성질에 의하여 $\log_a x \cdot x = \log_a x + \log_a x$, $\log_a x \cdot x \cdot x = \log_a x + \log_a x + \log_a x$, $\cdots$ 이므로

$$\log_a x^n = \log_a \overbrace{x \cdot x \cdot \cdots \cdot x}^{n개} = \overbrace{\log_a x + \log_a x + \cdots + \log_a x}^{n개} = n \log_a x$$

익히는 방법

1) $\log$에서 밑과 진수가 같으면 로그의 값이 1이 된다. $\Rightarrow \log_a a = 1$
$\log$에서 진수가 1이면 로그의 값이 0이 된다. $\Rightarrow \log_a 1 = 0$

2) '$\log$의 진수의 곱'은 '$\log$의 합'으로 분리가 가능하다.
$\Rightarrow \log_a xy = \log_a x + \log_a y$
역으로 '$\log$의 합'은 '$\log$의 진수의 곱'으로 합체도 가능하다. (단, $\star$밑이 같을 때)
$\Rightarrow \log_a x + \log_a y = \log_a xy$

3) '$\log$의 진수의 나누기'는 '$\log$의 차'로 분리가 가능하다.
$\Rightarrow \log_a \dfrac{x}{y} = \log_a x - \log_a y$
역으로 '$\log$의 차'는 '$\log$의 진수의 나누기'로 합체도 가능하다. (단, $\star$밑이 같을 때)
$\Rightarrow \log_a x - \log_a y = \log_a \dfrac{x}{y}$

4) $\log_a x^n = n \log_a x$

씨앗. 1 다음 값을 구하여라.

1) $\log_2 1$　　　　　　2) $\log_{0.1} 1$　　　　　　3) $\log_6 6$

4) $\log_2 8$　　　　　　5) $\log_a \dfrac{1}{a^3}$ (단, $a>0$, $a \neq 1$)

풀이 1) 진수가 1이면 0이 된다.　2) 진수가 1이면 0이 된다.　3) 밑과 진수가 같으면 1이 된다.

4) (주어진 식)$= \log_2 2^3 = ③\log_2 2 = $ **3**　5) (주어진 식)$= \log_a a^{-3} = -3\log_a a = $ **-3**

씨앗. 2 다음 식을 계산하여라.

1) $\log_2 12 - \log_2 6$　　　　2) $\log_3 6 + \log_3 \dfrac{3}{2}$　　　　3) $\log_3 18 + \log_3 \dfrac{3}{2}$

4) $\log_3 24 + \log_3 \left(\dfrac{3}{2}\right)^3$　　　　5) $\log_5 2\sqrt{5} - 2\log_5 \sqrt{10}$

핵심 'log의 차'는 '진수의 나누기'로 합체도 가능하다. (단, ★밑이 같을 때)
'log의 합'은 '진수의 곱'으로 합체도 가능하다. (단, ★밑이 같을 때)

풀이 1) (주어진 식)$= \log_2 \dfrac{12}{6} = \log_2 2 = $ **1**

2) (주어진 식)$= \log_3 \left(6 \cdot \dfrac{3}{2}\right) = \log_3 9 = \log_3 3^2 = 2\log_3 3 = $ **2**

3) (주어진 식)$= \log_3 \left(18 \cdot \dfrac{3}{2}\right) = \log_3 27 = \log_3 3^3 = 3\log_3 3 = $ **3**

4) (주어진 식)$= \log_3 24 + \log_3 \dfrac{27}{8} = \log_3 \left(24 \cdot \dfrac{27}{8}\right) = \log_3 81 = \log_3 3^4 = 4\log_3 3 = $ **4**

5) (주어진 식)$= \log_5 2\sqrt{5} - \log_5 (\sqrt{10})^2 = \log_5 2\sqrt{5} - \log_5 10 = \log_5 \dfrac{2\sqrt{5}}{10}$

$= \log_5 \dfrac{\sqrt{5}}{5} = \log_5 \dfrac{1}{\sqrt{5}} = \log_5 5^{-\frac{1}{2}} = -\dfrac{1}{2}\log_5 5 = -\dfrac{1}{2}$

주의 ★**로그의 계산에서 실수하기 쉬운 것들 !!!**

1) $\log_1 1 \neq 1$, $\log_1 1 \neq 0$ ($\because$ 밑이 1인 로그는 정의되지 않는다.)

2) $\log_a (x+y) \neq \log_a x + \log_a y$
$\log_a x \cdot \log_a y \neq \log_a x + \log_a y$ $\Big]$ ($\because \log_a xy = \log_a x + \log_a y$)

3) $\log_a (x-y) \neq \log_a x - \log_a y$
$\dfrac{\log_a x}{\log_a y} \neq \log_a x - \log_a y$ $\Big]$ ($\because \log_a \dfrac{x}{y} = \log_a x - \log_a y$)

4) $(\log_a x)^n \neq n\log_a x$ ($\because \log_a x^n = n\log_a x$)

2 로그의 밑의 변환 공식

$a > 0$, $a \neq 1$ ($\because$ 밑의 조건), $b > 0$ ($\because$ 진수의 조건)일 때, 다음이 성립한다.

1) $\log_a b = \dfrac{\log_c b}{\log_c a}$ (단, $c > 0$, $c \neq 1$ $\because$ 밑의 조건)

◆ 증명 $\log_a b = x \cdots \bigcirc$ 라 하면 $a^x = b \cdots \bigcirc\hspace{-0.3em}\bigcirc$

$\bigcirc\hspace{-0.3em}\bigcirc$의 양변에 c를 밑으로 하는 로그를 취하면 $\log_c a^x = \log_c b$

$x \log_c a = \log_c b$ $\quad \therefore x = \dfrac{\log_c b}{\log_c a}$

$x = \log_a b \cdots \bigcirc$이므로 $\log_a b = \dfrac{\log_c b}{\log_c a}$

2) $\log_a b = \dfrac{1}{\log_b a}$ (단, $b > 0$, $b \neq 1$ $\because$ 밑의 조건)

◆ 증명 $\log_a b = \dfrac{\log_c b}{\log_c a} = \dfrac{1}{\dfrac{\log_c a}{\log_c b}} = \dfrac{1}{\log_b a}$ (단, $c > 0$, $c \neq 1$ $\because$ 밑의 조건)

익히는 방법

1) $\log_a b$를 분수 꼴로 만들 수 있다. $\Rightarrow \log_a b = \dfrac{\log_\star b}{\log_\star a}$

2) $\log_a b = \dfrac{\log_\star b}{\log_\star a}$, $\log_b a = \dfrac{\log_\star a}{\log_\star b}$ $\quad \therefore \log_a b = \dfrac{1}{\log_b a}$

씨앗. 3 ▣ 다음 식을 간단히 하여라.

1) $\log_2 5 \cdot \log_5 2$
2) $\log_5 4 \cdot \log_4 3 \cdot \log_3 2$

3) $\log_5 15 - \dfrac{1}{\log_3 5}$
4) $\log_3 6 - \dfrac{1}{\log_{18} 3}$

풀이 1) (주어진 식) $= \dfrac{\log_{10} 5}{\log_{10} 2} \cdot \dfrac{\log_{10} 2}{\log_{10} 5} = 1$

2) (주어진 식) $= \dfrac{\log_{10} 4}{\log_{10} 5} \cdot \dfrac{\log_{10} 3}{\log_{10} 4} \cdot \dfrac{\log_{10} 2}{\log_{10} 3} = \dfrac{\log_{10} 2}{\log_{10} 5} = \log_5 2$

3) (주어진 식) $= \log_5 15 - \log_5 3 = \log_5 \dfrac{15}{3} = \log_5 5 = 1$

4) (주어진 식) $= \log_3 6 - \log_3 18 = \log_3 \dfrac{6}{18} = \log_3 \dfrac{1}{3} = \log_3 3^{-1} = -1 \log_3 3 = -\log_3 3 = -1$

$a>0$, $a \neq 1$, $b>0$, $b \neq 1$, $c>0$, $c \neq 1$, $d>0$일 때, 다음이 성립한다.

1) $\log_a b \cdot \log_b a = 1$, $\log_a b \cdot \log_b c \cdot \log_c a = 1$, $\log_a b \cdot \log_b c \cdot \log_c d = \log_a d$

증명 밑의 변환 공식을 이용하여 밑을 x $(x>0, x \neq 1)$로 같게 하면

$$\frac{\log_x b}{\log_x a} \cdot \frac{\log_x a}{\log_x b} = 1, \quad \frac{\log_x b}{\log_x a} \cdot \frac{\log_x c}{\log_x b} \cdot \frac{\log_x a}{\log_x c} = 1, \quad \frac{\log_x b}{\log_x a} \cdot \frac{\log_x c}{\log_x b} \cdot \frac{\log_x d}{\log_x c} = \frac{\log_x d}{\log_x a} = \log_a d$$

2) $\log_{a^m} b^n = \dfrac{n}{m} \log_a b$ (단, $m \neq 0$)

증명 밑의 변환 공식을 이용하여 밑을 x $(x>0, x \neq 1)$로 같게 하면

$$\log_{a^m} b^n = \frac{\log_x b^n}{\log_x a^m} = \frac{n\log_x b}{m\log_x a} = \frac{n}{m} \cdot \frac{\log_x b}{\log_x a} = \frac{n}{m} \log_a b$$

3) $a^{\log_c b} = b^{\log_c a}$

증명 $a^{\log_c b}$에 c를 밑으로 하는 로그를 취하면

$$\log_c a^{\log_c b} \Leftrightarrow \log_c b \cdot \log_c a \Leftrightarrow \log_c a \cdot \log_c b \Leftrightarrow \log_c b^{\log_c a}$$

즉, $\log_c a^{\log_c b} = \log_c b^{\log_c a}$이므로 $\boxed{a}^{\log_c \boxed{b}} = b^{\log_c a}$

4) $a^{\log_a b} = b$

증명 3)번의 성질에 의하여 지수가 로그일 때, ⃝밑과 지수인 로그의 □진수는 위치를 서로 바꿀 수 있으므로

$$\boxed{a}^{\log_a \boxed{b}} = b^{\log_a a} = b^1 = b$$

[익히는 방법]

2) $\log_{a^m} b^n = \dfrac{n}{m} \log_a b$

3) $\boxed{a}^{\log_c \boxed{b}} = b^{\log_c a}$

지수가 로그일 때, ⃝밑과 지수인 로그의 □진수는 위치를 서로 바꿀 수 있다.

4) 지수가 로그일 때, ⃝밑과 지수인 로그의 □진수는 위치를 서로 바꿀 수 있다.

씨앗. 4 ▟ 다음 식을 간단히 하여라.

1) $\log_3 8 \cdot \log_4 9$　　　2) $\log_{27} 2^2 \cdot \log_{2^3} 25 \cdot \log_{5^3} 3^4$　　　3) $4^{\log_2 3}$

풀이 1) (주어진 식)$= \dfrac{\log_{10} 2^3}{\log_{10} 3} \cdot \dfrac{\log_{10} 3^2}{\log_{10} 2^2} = \dfrac{3\log_{10} 2}{\log_{10} 3} \cdot \dfrac{2\log_{10} 3}{2\log_{10} 2} = \mathbf{3}$

2) (주어진 식)$= \dfrac{\log_{10} 2^2}{\log_{10} 3^3} \cdot \dfrac{\log_{10} 5^2}{\log_{10} 2^3} \cdot \dfrac{\log_{10} 3^4}{\log_{10} 5^3} = \dfrac{2\log_{10} 2}{3\log_{10} 3} \cdot \dfrac{2\log_{10} 5}{3\log_{10} 2} \cdot \dfrac{4\log_{10} 3}{3\log_{10} 5} = \dfrac{\mathbf{16}}{\mathbf{27}}$

3) $④^{\log_2 \boxed{3}} = 3^{\log_2 4} = 3^{\log_2 2^2} = 3^{2\log_2 2} = 3^2 = \mathbf{9}$

뿌리 2-1 **로그를 문자로 나타내기** ⇨ 조건식의 진수가 소수인 경우

$\log_{10} 2 = a$, $\log_{10} 3 = b$라 할 때, 다음을 a, b로 나타내어라.

1) $\log_{10} 5$　　　　　　2) $\log_{10} 1200$　　　　　　3) $\log_{10} 0.36$

풀이　1) $\log_{10} 5 = \log_{10} \dfrac{10}{2} = \log_{10} 10 - \log_{10} 2 = 1 - \log_{10} 2 = \mathbf{1 - a}$

　　　2) $\log_{10} 1200 = \log_{10} (2^2 \cdot 3 \cdot 10^2) = \log_{10} 2^2 + \log_{10} 3 + \log_{10} 10^2$

　　　　　　　　　$= 2\log_{10} 2 + \log_{10} 3 + 2 = \mathbf{2a + b + 2}$

　　　3) $\log_{10} 0.36 = \log_{10} \dfrac{36}{100} = \log_{10} \dfrac{2^2 \cdot 3^2}{10^2} = \log_{10} 2^2 + \log_{10} 3^2 - \log_{10} 10^2$

　　　　　　　　　$= 2\log_{10} 2 + 2\log_{10} 3 - 2 = \mathbf{2a + 2b - 2}$

참고　$\log_{10} 2 = a$, $\log_{10} 3 = b$, *$\log_{10} 10 = 1$이므로 세 조건이 주어진 것이다.
　　⇨ 문자로 나타내어야 할 로그의 진수를 2, 3, 10의 곱과 나누기로 변형한다.

[줄기2-1] $\log_{10} 2 = a$, $\log_{10} 3 = b$라 할 때, 다음을 a, b로 나타내어라.

1) $\log_{10} \sqrt[3]{60^2}$　　　　　2) $\log_{10} (3 \div 5)^{-10}$　　　　　3) $\log_{10} \dfrac{10}{9 \times 2}$

뿌리 2-2 **로그를 문자로 나타내기** ⇨ 조건식의 진수가 소수가 아닌 경우

$a = \log_3 6$일 때, $\log_3 144$를 a로 나타내어라.

핵심　조건식의 진수를 소수로 변형하고, 문자로 나타내어야 하는 식의 진수를 소인수분해한다.

방법Ⅰ　$\log_3 6 = a$, $\log_3 3 = 1$ ⇨ 두 조건이 주어진 것이다.

　　　$\log_3 144$에서 144를 3, 6의 곱과 나누기로 변형한다.

　　　⇨ 변형이 쉽지 않다. ㅜㅜㅜ ($\because$ *6은 소수가 아니기 때문이다.)

방법Ⅱ　6을 소인수분해하면 $2 \cdot 3$이므로

　　　$a = \log_3 6 = \log_3 (2 \cdot 3) = \log_3 2 + 1$

　　　$\therefore \log_3 2 = a - 1$

　　　$\log_3 2 = a - 1$, $\log_3 3 = 1$ ⇨ 두 조건이 주어진 것이다.

　　　$\log_3 144$에서 144를 2, 3의 곱으로 변형한다. 즉, 소인수분해한다.

　　　$\log_3 144 = \log_3 (2^4 \cdot 3^2) = \log_3 2^4 + \log_3 3^2 = 4\log_3 2 + 2\log_3 3$

　　　　　　　$= 4(a - 1) + 2 = \mathbf{4a - 2}$

뿌리 2-3 로그를 문자로 나타내기 ⇨ 조건식과 구하는 식의 밑이 다른 경우

$\log_2 6 = a$일 때, $\log_{12} 72$를 a로 나타내어라.

풀이 6을 소인수분해하면 $2 \cdot 3$이므로
$a = \log_2 6 = \log_2 (2 \cdot 3) = 1 + \log_2 3$

$\therefore \log_2 3 = a - 1$

$\log_2 3 = a - 1, \; \log_2 2 = 1 \Rightarrow$ 두 조건이 주어진 것이다.

$\log_{12} 72 = \dfrac{\log_2 72}{\log_2 12} = \dfrac{\log_2 (2^3 \cdot 3^2)}{\log_2 (2^2 \cdot 3)} = \dfrac{\log_2 2^3 + \log_2 3^2}{\log_2 2^2 + \log_2 3} = \dfrac{3 + 2\log_2 3}{2 + \log_2 3}$

$\qquad\qquad = \dfrac{3 + 2(a-1)}{2 + (a-1)} = \dfrac{2a+1}{a+1}$

참고 조건식과 구하는 식의 밑이 다를 때에는 밑의 변환 공식을 이용하여 밑을 같게 한다.

[줄기2-2] 다음 물음에 답하여라.

1) $\log_{10} \dfrac{1}{4} = a$, $\log_{10} 9 = b$일 때, $\log_{144} 36$의 값을 a, b로 나타내어라.

2) $\log_5 \left(1 - \dfrac{1}{3}\right) = a$, $\log_5 \left(1 - \dfrac{1}{9}\right) = b$일 때, $\log_5 \left(1 - \dfrac{1}{81}\right)$을 a, b로 나타내어라.

뿌리 2-4 로그의 계산(1)

다음 식을 간단히 하여라.

1) $\dfrac{1}{3} \log_3 3 + 2 \log_3 \sqrt[4]{2} - \log_3 \sqrt{6}$

2) $\log_{27} (\sqrt{2} - 1) + \log_{27} (\sqrt{2} + 1) - 2 \log_{27} 2\sqrt{2}$

핵심 $\log_a x^n = n \log_a x, \; \log_{a^m} b^n = \dfrac{n}{m} \log_a b$

풀이 1) (주어진 식)$= \dfrac{1}{3} + 2\log_3 2^{\frac{1}{4}} - \log_3 (2 \cdot 3)^{\frac{1}{2}} = \dfrac{1}{3} + 2 \cdot \dfrac{1}{4} \log_3 2 - \dfrac{1}{2}(\log_3 2 + \log_3 3)$

$\qquad\qquad\quad = \dfrac{1}{3} + \dfrac{1}{2}\log_3 2 - \dfrac{1}{2}\log_3 2 - \dfrac{1}{2} = \dfrac{1}{3} - \dfrac{1}{2} = -\dfrac{1}{6}$

2) (주어진 식)$= \log_{27} (\sqrt{2} - 1)(\sqrt{2} + 1) - 2\log_{27} 2^{\frac{3}{2}}$

$\qquad\qquad\quad = \log_{27} 1 - 2\log_{3^3} 2^{\frac{3}{2}} = -2 \cdot \dfrac{\frac{3}{2}}{3} \log_3 2 = -\log_3 2 = -\mathbf{\log_3 2}$

2) (주어진 식)$= \log_{27} (\sqrt{2} - 1)(\sqrt{2} + 1) - \log_{27} (2\sqrt{2})^2$

$\qquad\qquad\quad = \log_{27} 1 - \log_{27} 8 = -\log_{27} 8 = -\log_{3^3} 2^3 = -\dfrac{3}{3}\log_3 2 = -\mathbf{\log_3 2}$

뿌리 2-5 로그의 계산(2)

다음 식을 간단히 하여라. (단, $a>0$, $a \neq 1$)

1) $3^{2\log_3 5 + \log_3 4 - 3\log_3 10}$

2) $a^{\frac{\log_{10}(\log_3 a)}{\log_{10} a}}$

3) $5^{2\log_5 2 - 3\log_5 2 + \frac{1}{2}\log_5 2}$

핵심 $a^{\log_c b} = b^{\log_c a}$, $a^{k\log_c b} = b^{k\log_c a}$

⇨ 지수가 로그일 때, 밑과 지수인 로그의 진수는 위치를 서로 바꿀 수 있다.

풀이

1) (주어진 식)$= 3^{\log_3 5^2 + \log_3 4 - \log_3 10^3} = 3^{\log_3 \frac{5^2 \cdot 4}{10^3}} = \left(\frac{5^2 \cdot 4}{10^3}\right)^{\log_3 3} = \left(\frac{5^2 \cdot 4}{10^3}\right)^1 = \frac{1}{10}$

2) (주어진 식)$= a^{\log_a (\log_3 a)} = (\log_3 a)^{\log_a a} = (\log_3 a)^1 = \log_3 a$

3) (주어진 식)$= 5^{\log_5 2^2 - \log_5 2^3 + \log_5 2^{\frac{1}{2}}} = 5^{\log_5 \frac{2^2 \cdot 2^{\frac{1}{2}}}{2^3}} = \left(\frac{2^2 \cdot 2^{\frac{1}{2}}}{2^3}\right)^{\log_5 5} = (2^{-\frac{1}{2}})^1 = \frac{1}{\sqrt{2}} = \frac{\sqrt{2}}{2}$

3) (주어진 식)$= 5^{\left(2-3+\frac{1}{2}\right)\log_5 2} = 5^{-\frac{1}{2}\log_5 2} = 2^{-\frac{1}{2}\log_5 5} = 2^{-\frac{1}{2}} = \frac{1}{\sqrt{2}} = \frac{\sqrt{2}}{2}$ ← 「강추」

참고 $2^{3\log_2 x} = 2^{\log_2 x^3} = (x^3)^{\log_2 2} = x^3$ (비추) vs $2^{3\log_2 x} = x^{3\log_2 2} = x^3$ (강추)

⇨ 지수가 로그일 때, 밑과 지수인 로그의 진수는 위치를 서로 바꿀 수 있다.

뿌리 2-6 로그와 이차방정식

이차방정식 $x^2 + 5x - 5 = 0$의 두 근을 α, β라 할 때,

$\log_8(\alpha + \beta^{-1}) + \log_8(\beta + \alpha^{-1}) + \log_8 \alpha\beta$의 값을 구하여라.

풀이 $x^2 + 5x - 5 = 0$의 두 근이 α, β이므로 근과 계수의 관계에 의하여

$\alpha + \beta = -5$, $\alpha\beta = -5$

$(\alpha + \beta^{-1})(\beta + \alpha^{-1})\alpha\beta = \left(\alpha + \frac{1}{\beta}\right)\left(\beta + \frac{1}{\alpha}\right)\alpha\beta = \left(\alpha\beta + 1 + 1 + \frac{1}{\alpha\beta}\right)\alpha\beta$

$= (\alpha\beta)^2 + 2\alpha\beta + 1 = (-5)^2 + 2 \cdot (-5) + 1 = 16$

$\therefore \log_8(\alpha + \beta^{-1}) + \log_8(\beta + \alpha^{-1}) + \log_8 \alpha\beta = \log_8 16 = \log_{2^3} 2^4 = \frac{4}{3}\log_2 2 = \frac{4}{3}$

[줄기2-3] 다음 물음에 답하여라.

1) 이차방정식 $x^2 - 5x + 5 = 0$의 두 근 α, β에 대하여 $a = \alpha - \beta$라 할 때, $\log_a \alpha + \log_a \beta$의 값을 구하여라.

2) 이차방정식 $x^2 - 9x + 4 = 0$의 두 근을 α, β라 할 때, $\log_{\frac{2}{5}}\left(\alpha + \frac{1}{\beta}\right) + \log_{\frac{2}{5}}\left(\beta + \frac{1}{\alpha}\right)$의 값을 구하여라.

밑의 변환(1)

다음 물음에 답하여라.

1) $a = \log_6 3$일 때, $\log_2 6$을 a로 나타내어라.

2) $x > 0$, $x \neq 1$인 x에 대한 등식 $\dfrac{2}{\log_2 x} + \dfrac{2}{\log_3 x} + \dfrac{1}{\log_4 x} = \dfrac{2}{\log_a x}$ 가 성립할 때, 양수 a의 값을 구하여라.

3) $2^x = a$, $4^y = b$, $8^z = c$일 때, $\log_{bc^2} \sqrt{a}$ 를 x, y, z로 나타내어라.

핵심 밑이 다를 때 $\Rightarrow$ 밑을 같게 변형한다. (단, ★밑은 소수일 때 계산이 편하다.)
cf) 뿌리 2-2)는 조건식과 구하는 식의 밑이 같다.

풀이 1) $a = \log_6 3$에서 $\dfrac{1}{a} = \log_3 6 = \log_3 (2 \cdot 3) = \log_3 2 + 1$ $\therefore \log_3 2 = \dfrac{1}{a} - 1 = \dfrac{1-a}{a}$

$$\log_2 6 = \dfrac{\log_3 6}{\log_3 2} = \dfrac{\log_3 (2 \cdot 3)}{\log_3 2} = \dfrac{\log_3 2 + \log_3 3}{\log_3 2} = \dfrac{\dfrac{1-a}{a} + 1}{\dfrac{1-a}{a}} = \dfrac{\left(\dfrac{1-a}{a} + 1 \right) \times a}{\left(\dfrac{1-a}{a} \right) \times a}$$

$$= \dfrac{1-a+a}{1-a} = \dfrac{1}{1-a}$$ ※ 뿌리 2-3)보다 난이도가 더 높은 문제이다.

2) 주어진 식의 로그의 밑을 같게 변형하면

$2\log_x 2 + 2\log_x 3 + \log_x 4 = 2\log_x a$

$\therefore \log_x (2^2 \cdot 3^2 \cdot 4) = \log_x a^2$

$\therefore a^2 = 2^2 \cdot 3^2 \cdot 2^2$ $\therefore a^2 = (2 \cdot 3 \cdot 2)^2$ $\therefore a = 2 \cdot 3 \cdot 2 \ (\because a > 0)$ $\therefore \boldsymbol{a = 12}$

3) 주어진 조건식의 밑을 같게 변형하면

$2^x = a$, $2^{2y} = b$, $2^{3z} = c$

$\therefore x = \log_2 a$, $2y = \log_2 b$, $3z = \log_2 c$

$$\therefore \log_{bc^2} \sqrt{a} = \dfrac{\log_2 \sqrt{a}}{\log_2 bc^2} = \dfrac{\dfrac{1}{2}\log_2 a}{\log_2 b + 2\log_2 c} = \dfrac{\dfrac{1}{2}x}{2y + 2(3z)} = \dfrac{x}{4y + 12z}$$

밑의 변환(2)

$(\log_3 2)(\log_{75} x) = \log_9 2$일 때, x의 값을 구하여라.

풀이 $(\log_3 2)(\log_{75} x) = \log_{3^2} 2$에서 $(\log_3 2)(\log_{75} x) = \dfrac{1}{2}\log_3 2 \ (\because \log_3 2 \neq 0)$

$\therefore \log_{75} x = \dfrac{1}{2}$ $\therefore x = 75^{\frac{1}{2}} = (3 \cdot 5^2)^{\frac{1}{2}}$ $\therefore x = 3^{\frac{1}{2}} \cdot 5 = \boldsymbol{5\sqrt{3}}$

팁 고등수학부터는 언급되지 않는 조건도 철저히 따지는 습관을 길러야 한다.
$\log_5 x$에서 x는 진수이므로 $x > 0$라는 조건이 자동으로 주어진 것이다.
이 문제에서는 필요 없지만 항상 따지는 습관을 갖자!

뿌리 2-9 밑의 변환(3)

다음 물음에 답하여라.

1) $36^x = 9^y = 8$일 때, $\dfrac{1}{x} - \dfrac{1}{y}$의 값을 구하여라.

2) $x>0, y>0, z>0$이고 $\log_2 x + 3\log_8 y + 5\log_{32} z = 3$을 만족시킬 때, $\{(2^x)^y\}^z$의 값을 구하여라.

3) a, b, c가 양의 실수이고 $a^x = b^y = c^z = 9$, $\log_3 abc = 4$일 때, $\dfrac{1}{x} + \dfrac{1}{y} + \dfrac{1}{z}$의 값을 구하여라.

풀이 1) $36^x = 8$에서 $x = \log_{36} 8$ $\therefore \dfrac{1}{x} = \log_8 36$

$9^y = 8$에서 $y = \log_9 8$ $\therefore \dfrac{1}{y} = \log_8 9$

$\dfrac{1}{x} - \dfrac{1}{y} = \log_8 36 - \log_8 9 = \log_8 \dfrac{36}{9} = \log_8 4 = \log_{2^3} 2^2 = \dfrac{2}{3}\log_2 2 = \dfrac{2}{3}$

2) $\log_2 x + 3\log_{2^3} y + 5\log_{2^5} z = 3$에서 $\log_2 x + \dfrac{3}{3}\log_2 y + \dfrac{5}{5}\log_2 z = 3$

따라서 $\log_2 x + \log_2 y + \log_2 z = 3$에서 $\log_2 xyz = 3$ $\therefore xyz = 2^3 = 8$

$\therefore \{(2^x)^y\}^z = 2^{xyz} = 2^8 = \mathbf{256}$

3) $a^x = 9$에서 $x = \log_a 9$ $\therefore \dfrac{1}{x} = \log_9 a$

$b^y = 9$에서 $y = \log_b 9$ $\therefore \dfrac{1}{y} = \log_9 b$

$c^z = 9$에서 $z = \log_c 9$ $\therefore \dfrac{1}{z} = \log_9 c$

$\dfrac{1}{x} + \dfrac{1}{y} + \dfrac{1}{z} = \log_9 a + \log_9 b + \log_9 c = \log_9 abc = \log_{3^2} abc = \dfrac{1}{2}\log_3 abc = \dfrac{1}{2} \cdot 4 = \mathbf{2}$

참고 밑이 다를 때 ⇨ *밑을 같게 변형하여 계산한다.

[줄기 2-4] 다음 물음에 답하여라.

1) $48^x = 8$, $6^y = 32$일 때, $\dfrac{3}{x} - \dfrac{5}{y}$의 값을 구하여라.

2) $\log_3 7 = a$, $\log_7 5 = b$일 때, $\log_7 \dfrac{175}{27}$를 a, b의 식으로 나타내어라.

3) $\log_a b + \log_b a = \dfrac{5}{2}$이고 $\log_a b > 1$일 때, $\dfrac{a^6 + b}{a^2 + b^3}$의 값을 구하여라.

4) $f(x) = \dfrac{3}{2}\log_8 \sqrt{x}$, $g(x) = 2^{2x}$일 때, $g(f(x))$를 구하여라. (단, $x>0$)

4 **로그의 정수 부분과 소수 부분**

정수 n에 대하여 $n \leq \log_a b < n+1$ $(a>0, a \neq 1, b>0)$일 때, $\log_a b$의 정수 부분은 n, 소수 부분은 $\log_a b - n$이다.

주의 소수 부분과 소수는 다르다.
$0 \leq (\text{소수 부분}) < 1, \ 0 < (\text{소수}) < 1$

참고 소수(小數)와 소수(素數)는 다르다. ※ 소(小): 작을 소, 소(素): 바탕 소, 수(數): 수 수
1) 소수(小數): 0보다 크고 1보다 작은 실수로 0 다음에 점을 찍어 나타낸다.
  ex) $0.1, 0.36, 0.9586, 0.0414, \cdots$ 즉, $0 < (\text{소수}) < 1$
2) 소수(素數): 1보다 큰 자연수 중 1과 자신의 수만을 약수로 가지는 수를 말한다.
  ex) $2, 3, 5, 7, 11, 13, 17, 19, 23, \cdots$

뿌리 2-10 **로그의 정수 부분과 소수 부분**

다음 물음에 답하여라.

1) $\log_2 14$의 정수 부분을 a, 소수 부분을 b라 할 때, $4(3^a + 2^b)$의 값을 구하여라.

2) $\log_5 100$의 소수 부분을 α라 할 때, $16^{\frac{1}{\alpha}}$의 값을 구하여라.

3) $\log_{10} 30 = n + \alpha$ $(n$은 정수, $0 \leq \alpha < 1)$일 때, $\dfrac{10^n - 10^\alpha}{10^n + 10^\alpha}$의 값을 구하여라.

풀이 1) $\log_2 8 = 3$, $\log_2 16 = 4$이므로 $3 < \log_2 14 < 4$

즉, $\log_2 14$의 정수 부분이 3이므로

$a = 3$, $b = \log_2 14 - 3 = \log_2 14 - \log_2 2^3 = \log_2 \dfrac{14}{8} = \log_2 \dfrac{7}{4}$

$\therefore 4(3^a + 2^b) = 4\left(3^3 + 2^{\log_2 \frac{7}{4}}\right) = 4\left(27 + \dfrac{7}{4}\right) = \mathbf{115}$

2) $\log_5 25 = 2$, $\log_5 125 = 3$이므로 $2 < \log_5 100 < 3$

즉, $\log_5 100$의 정수 부분이 2이므로

$\alpha = \log_5 100 - 2 = \log_5 100 - \log_5 5^2 = \log_5 \dfrac{100}{25} = \log_5 4$

$\therefore 16^{\frac{1}{\alpha}} = 16^{\frac{1}{\log_5 4}} = 16^{\log_4 5} = 2^{4\log_2 5} = 2^{2\log_2 5} = 5^{2\log_2 2} = \mathbf{25}$

3) $\log_{10} 10 = 1$, $\log_{10} 100 = 2$이므로 $1 < \log_{10} 30 < 2$

즉, $\log_{10} 30$의 정수 부분이 1이므로

$n = 1$, $\alpha = \log_{10} 30 - 1 = \log_3 30 - \log_{10} 10 = \log_{10} \dfrac{30}{10} = \log_{10} 3$

$\therefore \dfrac{10^n - 10^\alpha}{10^n + 10^\alpha} = \dfrac{10^1 - 10^{\log_{10} 30}}{10^1 + 10^{\log_{10} 30}} = \dfrac{10 - 3}{10 + 3} = \dfrac{\mathbf{7}}{\mathbf{13}}$

⑬ 상용로그

1 **상용로그** ※상(常): 항상 상, 용(用): 이용할 용

흔히 쓰이는 밑이 10인 로그, 즉 $\log_{10} N \, (N > 0)$을 **상용로그**라 하고 보통 밑을 생략하여 $\log N$으로 표기한다. (비슷한 예) $+3 \Leftrightarrow 3$, $\sqrt[2]{5} \Leftrightarrow \sqrt{5}$

씨앗. 1 다음 값을 구하여라.

1) $\log_{10} 10$ 2) $\log 10$ 3) $\log_{10} 1000$

4) $\log 1000$ 5) $\log_{10} 0.01$ 6) $\log 0.01$

[정답] 1) 1   2) 1   3) 3   4) 3   5) -2 6) -2

---

2 **상용로그표**

상용로그표는 0.01의 간격으로
*1.00에서 9.99까지의 수에 대한
상용로그의 값을 소수점 아래
다섯째 자리에서 반올림하여
구한 근삿값을 나타낸 것이다.
예를 들어 우측 상용로그표에서
$\log 5.13$의 값은 5.1의 가로줄과
3의 세로줄이 만나는 곳의 수를
찾으면 된다.
즉, $\log 5.13 = 0.7101$ 이다.

수	0	1	2	3		8	9
1.0 →	.0000	.0043	.0086	.0128		.0334	.0374
1.1	.0414	.0453	.0492	.0531		.0719	.0755
⋮	⋮	⋮	⋮	⋮		⋮	⋮
5.0	.6990	.6998	.7007	.7016		.7059	.7067
5.1	.7076	.7084	.7093	.7101		.7143	.7152
5.2	.7160	.7168	.7177	.7185		.7226	.7235
9.8	.9912	.9917	.9921	.9926		.9948	.9952
9.9	.9956	.9961	.9965	.9969		.9991	.9996

⚘ 상용로그표에 있는 상용로그의 값은 근삿값이므로 $\log 5.13 \fallingdotseq 0.7101$로 나타내야 맞지만 편의상 $\log 5.13 = 0.7101$과 같이 나타낸다. 또, .7101은 0.7101을 의미한다.

씨앗. 2 위에 있는 상용로그표를 이용하여 다음 값을 구하여라.

1) $\log 5.28$ 2) $\log 1.00$ 3) $\log 9.99$

핵심 상용로그표를 이용할 수 있는 진수의 범위는 *1.00에서 9.99까지의 수이다.

[정답] 1) 0.7226   2) $0.0000 = 0$ 3) 0.9996

씨앗. 3 ⌐ p.50에 있는 상용로그표를 이용하여 다음 물음에 답하여라.

    1) $\log 11$의 값을 구하여라.

    2) $\log 0.11$의 값을 구하여라.

    3) $\log 982$의 값을 구하여라.

풀이 1) 상용로그표를 이용할 수 있는 진수의 범위는 *1.00에서 9.99까지의 수이므로

    $\log 11 = \log(10 \times 1.1) = \log 10 + \log 1.10 = 1 + 0.0414 = \textbf{1.0414}$

    2) 상용로그표를 이용할 수 있는 진수의 범위는 *1.00에서 9.99까지의 수이므로

    $\log 0.11 = \log(0.1 \times 1.1) = \log 10^{-1} + \log 1.10 = (-1) + 0.0414 = \textbf{-0.9586}$

    3) 상용로그표를 이용할 수 있는 진수의 범위는 *1.00에서 9.99까지의 수이므로

    $\log 982 = \log(100 \times 9.82) = \log 10^2 + \log 9.82 = 2 + 0.9921 = \textbf{2.9921}$

---

3 상용로그의 정수 부분과 소수 부분

양수 N은 $N = 10^{⓷} \times \triangle{a}$ (단, n은 정수, $1 \le \triangle{a} < 10$)와 같이 나타낼 수 있다.

예) $28 = 10^① \times \overline{2.8}$, $7300 = 10^③ \times \overline{7.3}$, $0.17 = 10^{-①} \times \overline{1.7}$, $0.032 = 10^{-②} \times \overline{3.2}$

양수 N에 대하여 상용로그는 다음과 같이 나타낼 수 있다.

$\log N = \log(10^{⓷} \times \triangle{a}) = \log 10^{⓷} + \log \triangle{a} = ⓷ + \boxed{\log a}$ (n은 정수, $0 \le \boxed{\log a} < 1$)

즉, $\log N = ⓷ + \boxed{\alpha}$ (n은 정수 부분, α는 $0 \le \alpha < 1$인 소수 부분)로 표현할 수 있다.

(익히는 방법)

양수 N에 상용로그를 취하면 (정수 부분) + (소수 부분)으로 나타낼 수 있고, N은 진수가 된다.

⇨ $\log N =$ (정수 부분) + (소수 부분)

                  정수 $0 \le$(소수 부분)< 1

🌱 양수 N이 진짜 주인공이다!

⇨ 정수 부분과 소수 부분은 주인공(진수 N)을 알게 해주는 조연에 지나지 않는다.

$cf \begin{cases} \text{정수 부분 : 양수 } N \text{에 상용로그를 취하면 나오는 정수} \\ \text{소수 부분 : 양수 } N \text{에 상용로그를 취하면 나오는 0 이상 1 미만의 실수, 즉 } 0 \le \text{(소수 부분)} < 1 \end{cases}$

주의 소수 부분과 소수는 다르다. [p.49 주의]

$0 \le$(소수 부분)< 1, $0 <$(소수)< 1

씨앗. 4 ┛ 양수 N에 대하여 $\log N$의 값이 다음과 같을 때, $\log N$의 정수 부분과 소수 부분을 구하여라.

    1) 3.6998 2) $-5+0.4786$ 3) -5.4786 4) -2.2903

풀이 1) 정수 부분은 정수, 소수 부분은 $0\le$(소수 부분)<1이므로

    $3.6998=3+0.6998$

    따라서 **정수 부분 : 3, 소수 부분 : 0.6998**

2) 정수 부분은 정수, 소수 부분은 $0\le$(소수 부분)<1이므로

    $-5+0.4786$

    따라서 **정수 부분 : -5, 소수 부분 : 0.4786**

3) 정수 부분은 정수, 소수 부분은 $0\le$(소수 부분)<1이므로

    $-5+(-0.4786)=-5-1+(1-0.4786)$

                       $=-6+0.5214$

    따라서 **정수 부분 : -6, 소수 부분 : 0.5214**

4) 정수 부분은 정수, 소수 부분은 $0\le$(소수 부분)<1이므로

    $-2+(-0.2903)=-2-1+(1-0.2903)$

                       $=-3+0.7097$

    따라서 **정수 부분 : -3, 소수 부분 : 0.7097**

씨앗. 5 ┛ $\log 5.12=0.7093$을 이용하여 다음 상용로그의 값과 정수 부분과 소수 부분을 구하여라.

    1) $\log 512$ 2) $\log 51.2$ 3) $\log 0.512$ 4) $\log 0.0512$

핵심 양수 N일 때, $\log N=$ (정수 부분) $+$ (소수 부분)

                          정수 $0\le$(소수 부분)<1

풀이 1) $\log(100\times5.12)=\log 10^2+\log 5.12=2+0.7093=$ **2.7093**

    ∴ **정수 부분 : 2, 소수 부분 : 0.7093**

2) $\log(10\times5.12)=\log 10+\log 5.12=1+0.7093=$ **1.7093**

    ∴ **정수 부분 : 1, 소수 부분 : 0.7093**

3) $\log(0.1\times5.12)=\log 10^{-1}+\log 5.12=(-1)+0.7093=$ **-0.2907**

    ∴ **정수 부분 : -1, 소수 부분 : 0.7093**

4) $\log(0.01\times5.12)=\log 10^{-2}+\log 5.12=(-2)+0.7093=$ **-1.2907**

    ∴ **정수 부분 : -2, 소수 부분 : 0.7093**

TIP $\sqrt{2}\fallingdotseq1.414$, $\sqrt{3}\fallingdotseq1.732$를 기억해야 하듯이 $\log 2=0.3010$, $\log 3=0.4771$도 기억하고 있어야 한다. (∵ $\sqrt{2}$와 $\sqrt{3}$의 값과 마찬가지로 $\log 2$와 $\log 3$의 근삿값을 알고 있어야 풀리는 문제가 많다.)

4 상용로그의 정수 부분과 소수 부분의 성질

양수 N은 $N = 10^n \times a$ (단, n은 정수, $1 \le a < 10$)와 같이 나타낼 수 있으므로

$\log N = n + \log a = (정수\ 부분) + (소수\ 부분)$과 같이 나타낼 수 있다.

1) $\log N$의 정수 부분의 성질 ⇨ ★진수 N의 **자릿수**를 알려준다.

　i) $\log N$의 정수 부분이 (n) $(n \ge 0)$이면 양수 N은 정수 부분이 $n+1$자리인 수이다.

　　ex) $10^{(0)}$: 1자리, $10^{(1)}$: 2자리, $10^{(2)}$: 3자리, 10^3: 4자리, $\cdots$

　ii) $\log N$의 정수 부분이 $(-n)$ $(n > 0)$이면 양수 N은 소수점 아래 n째 자리에서 처음으로 0이 아닌 숫자가 나타난다.

　　ex) $10^{(-1)}$: 소수점 아래 1째 자리에서..., $10^{(-2)}$: 소수점 아래 2째 자리에서..., $\cdots$

2) $\log N$의 소수 부분의 성질 ⇨ ★진수 N의 **숫자 배열** $(1 \le a < 10)$을 알려준다.

　양수 A, B의 숫자 배열이 같으면 $\log A$, $\log B$의 소수 부분이 같다.

　예) $A = 2180$, $B = 0.218$이면 숫자 배열이 2.18로 같으므로 $\log A$, $\log B$의 소수 부분이 같다.

(익히는 방법)

1) $\log N$의 정수 부분의 성질 ⇨ 양수 N의 자릿수를 알려준다.

　i) $\log N$의 정수 부분이 0이면 $N = 10^{(0)} \times a$ $(1 \le a < 10)$이므로 N은 정수 부분이 1자리인 수이다.

　　$\log N$의 정수 부분이 1이면 $N = 10^{(1)} \times a$ $(1 \le a < 10)$이므로 N은 정수 부분이 2자리인 수이다.

　　$\log N$의 정수 부분이 2이면 $N = 10^{(2)} \times a$ $(1 \le a < 10)$이므로 N은 정수 부분이 3자리인 수이다.

　　∴ $\log N$의 정수 부분이 n $(n \ge 0)$이면 10^n이므로 N은 정수 부분이 $(n+1)$자리인 수이다.

　ii) $\log N$의 정수 부분이 -1이면 $N = 10^{(-1)} \times a$ $(1 \le a < 10)$이므로 N은 **소수 1째 자리에서 처음으로 0이** ...

　　$\log N$의 정수 부분이 -2이면 $N = 10^{(-2)} \times a$ $(1 \le a < 10)$이므로 N은 **소수 2째 자리에서 처음으로 0이** ...

　　$\log N$의 정수 부분이 -3이면 $N = 10^{(-3)} \times a$ $(1 \le a < 10)$이므로 N은 **소수 3째 자리에서 처음으로 0이** ...

　　∴ $\log N$의 정수 부분이 $-n$ $(n > 0)$이면 10^{-n}이므로 N은 **소수 n째 자리에서 처음으로 0이 아닌 숫자가** 나온다.

예) 상용로그의 정수 부분과 소수 부분의 성질

① $2180 = \underset{자릿수}{10^3} \times \underset{1 \le (숫자\ 배열) < 10}{2.18}$

　$\log 2180 = \log 10^3 + \log 2.18$
　$\quad\quad\quad = \underset{정수\ 부분}{3} + \underset{0 \le (소수\ 부분) < 1}{\log 2.18} = 3 + 0.3385$　※ $\log 2.18 = 0.3385$

② $0.218 = \underset{자릿수}{10^{-1}} \times \underset{1 \le (숫자\ 배열) < 10}{2.18}$

　$\log 0.218 = \log 10^{-1} + \log 2.18$
　$\quad\quad\quad = \underset{정수\ 부분}{-1} + \underset{0 \le (소수\ 부분) < 1}{\log 2.18} = -1 + 0.3385$　※ $\log 2.18 = 0.3385$

씨앗. 6 ▮ $\log 3.42 = 0.5340$일 때, 다음 식을 만족하는 x의 값을 구하여라.

1) $\log x = 3.5340$ 2) $\log x = -2 + 0.5340$

핵심 i) 상용로그의 소수 부분이 같으면 진수의 숫자 배열(1≤(숫자 배열)<10)이 같다.
ii) 상용로그표를 이용하므로 진수의 숫자 배열은 ＊1.00에서 9.99까지의 수를 이용한다. [p.50 ②]

풀이 1) 정수 부분이 ③이므로 진수 x는 4자리의 수이다.
($\because 10^1$: 2자리, 10^2: 3자리, $10^③$: 4자리)
소수 부분이 0.5340로 $\log 3.42 = 0.5340$과 같으므로 진수 x의 숫자 배열은 3.42이다.
$\therefore x = 10^3 \times 3.42 = 1000 \times 3.42 = \mathbf{3420}$

2) 정수 부분이 $\ominus 2$이므로 진수 x는 소수점 아래 2째 자리에서 처음으로 0이 아닌 숫자가 나타난다.
($\because 10^{-1}$: 소수 1째 자리에서, $10^{\ominus 2}$: 소수 2째 자리에서)
소수 부분이 0.5340로 $\log 3.42 = 0.5340$과 같으므로 진수 x의 숫자 배열은 3.42이다.
$\therefore x = 10^{-2} \times 3.42 = 0.01 \times 3.42 = \mathbf{0.0342}$

뿌리 3-1 **상용로그의 정수 부분과 소수 부분을 이용하여 진수 구하기**

$\log 316 = 2.4997$를 이용하여 x의 값을 구하여라.

1) $\log x = 5.4997$ 2) $\log x = -1 + 0.4997$ 3) $\log x = -2.5003$

풀이 상용로그의 소수 부분이 같으면 진수의 숫자 배열(1≤(숫자 배열)<10)이 같고, 상용로그표를
이용하므로 진수의 숫자 배열은 ＊1.00에서 9.99까지의 수를 이용한다. [p.50 ②]
$\log 316 = 2.4997$에서 $\log 3.16 = 0.4997$ ⇨ 숫자 배열 ＊3.16을 이용한다.

1) 정수 부분이 ⑤이므로 진수 x는 6자리의 수이다.
($\because 10^1$: 2자리, 10^2: 3자리, $\cdots$, $10^⑤$: 6자리)
소수 부분이 0.4997로 $\log 3.16 = 0.4997$과 같으므로 진수 x의 숫자 배열은 3.16이다.
$\therefore x = 10^5 \times 3.16 = 100000 \times 3.16 = \mathbf{316000}$

2) 정수 부분이 $\ominus 1$이므로 진수 x는 소수점 아래 1째 자리에서 처음으로 0이 아닌 숫자가 나타난다.
($\because 10^{\ominus 1}$: 소수 1째 자리에서)
소수 부분이 0.4997로 $\log 3.16 = 0.4997$과 같으므로 진수 x의 숫자 배열은 3.16이다.
$\therefore x = 10^{-1} \times 3.16 = 0.1 \times 3.16 = \mathbf{0.316}$

3) $-2 + (-0.5003) = -2 - 1 + (1 - 0.5003)$ ($\because$ 0≤(소수 부분)<1)
$= -3 + 0.4997$
정수 부분이 $\ominus 3$이므로 진수 x는 소수점 아래 3째 자리에서 처음으로 0이 아닌 숫자가 나타난다.
($\because 10^{-1}$: 소수 1째 자리에서, 10^{-2}: 소수 2째 자리에서, $10^{\ominus 3}$: 소수 3째 자리에서)
소수 부분이 0.4997로 $\log 3.16 = 0.4997$과 같으므로 진수 x의 숫자 배열은 3.16이다.
$\therefore x = 10^{-3} \times 3.16 = 0.001 \times 3.16 = \mathbf{0.00316}$

[줄기3-1] $\log 62.5 = 1.7959$를 이용하여 다음 x의 값을 구하여라.

1) $\log x = 5.7959$ 2) $\log x = -2 + 0.7959$ 3) $\log x = -4.2041$

뿌리 3-2 거듭제곱의 꼴로 나타내어진 수의 자릿수

$\log 2 = 0.3010$, $\log 3 = 0.4771$일 때, 다음 물음에 답하여라.

1) 6^{100}은 몇 자리 정수인지를 구하여라.

2) $\left(\dfrac{1}{5}\right)^{10}$은 소수점 아래 몇 째 자리에서 처음으로 0이 아닌 숫자가 나타나는지 구하여라.

풀이 1) $\log 6^{100} = 100\log(2\times 3) = 100(\log 2 + \log 3) = 100(0.3010+0.4771) = 77.81$

$\log 6^{100}$의 정수 부분이 77이므로 6^{100}은 **78자리**의 정수이다.

($\because 10^1: 2$자리, $10^2: 3$자리, $\cdots$, $10^{\overline{77}}: 78$자리)

2) $\log\left(\dfrac{1}{5}\right)^{10} = 10\log\dfrac{2}{10} = 10(\log 2 - \log 10) = 10(0.3010-1) = -6.990$

$\qquad = -6-1+(1-0.990) = -7+0.010$ ($\because 0 \le$ (소수 부분) < 1)

$\log\left(\dfrac{1}{5}\right)^{10}$의 정수 부분이 -7이므로 $\left(\dfrac{1}{5}\right)^{10}$은 **소수점 아래 7째 자리**에서 처음으로 0이 아닌 숫자가 나타난다.

($\because 10^{-1}$: 소수 1째 자리에서, 10^{-2}: 소수 2째 자리에서, $\cdots$, $10^{\overline{-7}}$: 소수 7째 자리에서)

[줄기3-2] $\log 2 = 0.3010$, $\log 3 = 0.4771$일 때, 다음 물음에 답하여라.

1) $2^{10} \times 3^{100}$은 몇 자리 정수인지 구하여라.

2) 5^{20}은 몇 자리 정수인지 구하여라.

뿌리 3-3 상용로그의 정수 부분과 소수 부분

다음 물음에 답하여라.

1) $\log_3 6$의 정수 부분을 α, 소수 부분을 β라 할 때, $4^{\alpha}+3^{\beta}$의 값을 구하여라.

2) $\log 200$의 정수 부분을 a, 소수 부분을 b라 할 때, $3^a - 10^b$의 값을 구하여라.

풀이 1) $\log_3 3 < \log_3 6 < \log_3 3^2$에서 $1 < \log_3 6 < 2$이므로

$\alpha = 1$, $\beta = \log_3 6 - 1 = \log_3 6 - \log_3 3 = \log_3 2$

따라서 $4^{\alpha} = 4^1 = 4$, $3^{\beta} = 3^{\log_3 2} = 2^{\log_3 3} = 2^1 = 2$

$\therefore 4^{\alpha} + 3^{\beta} = 4 + 2 = \mathbf{6}$

2) $\log 10^2 < \log 200 < \log 10^3$에서 $2 < \log 200 < 3$이므로

$a = 2$, $b = \log 200 - 2 = \log 200 - \log 10^2 = \log 2$

따라서 $3^a = 3^2 = 9$, $10^b = 10^{\log 2} = 2^{\log 10} = 2^1 = 2$

$\therefore 3^a - 10^b = 9 - 2 = \mathbf{7}$

뿌리 3-4 거듭제곱의 꼴로 나타내어진 수의 최고 자리의 숫자

$\log 2 = 0.3010,\ \log 3 = 0.4771,\ \log 7 = 0.8451$일 때, 다음 물음에 답하여라.

1) $\left(\dfrac{4}{3}\right)^{20}$의 최고 자리의 숫자를 구하여라.

2) $7^{20} \div 9^{20}$은 소수점 아래 n째 자리에서 처음으로 0이 아닌 숫자 a가 나타난다. 이때, a, n의 값을 구하여라.

풀이 1) $\log \left(\dfrac{4}{3}\right)^{20} = 20\log \dfrac{2^2}{3} = 20(2\log 2 - \log 3) = 20(0.6020 - 0.4771) = 2.498$

$\log \left(\dfrac{4}{3}\right)^{20}$의 정수 부분이 ②이므로 $\left(\dfrac{4}{3}\right)^{20}$의 소수점 앞의 자릿수는 3자리이다.

($\because 10^1$: 2자리, $10^{②}$: 3자리)

$\log \left(\dfrac{4}{3}\right)^{20}$의 소수 부분이 $\boxed{0.498}$이고 $\log 3 = 0.4771$, $\log 4 = 2\log 2 = 0.6020$이므로

$0.4771 < \boxed{0.498} < 0.6020$

$\log 3 < \boxed{0.498} < \log 4$ $\quad \therefore \log 3 < \log 3.\times\times < \log 4$

따라서 $\left(\dfrac{4}{3}\right)^{20}$의 숫자 배열이 $3.\times\times$임을 알 수 있다.

즉, $\left(\dfrac{4}{3}\right)^{20} = (3.\times\times) \times 10^2$이므로 최고 자리의 숫자는 **3**이다.

2) $\log \left(\dfrac{7}{9}\right)^{20} = 20\log \dfrac{7}{3^2} = 20(\log 7 - 2\log 3) = 20(0.8451 - 0.9542) = -2.182 = -3 + 0.818$

$\log \left(\dfrac{7}{9}\right)^{20}$의 정수 부분이 -3이므로 $\left(\dfrac{7}{9}\right)^{20}$는 소수점 아래 3째 자리에서 처음으로 0이 아닌 숫자가 나타난다. $\quad \therefore n = 3$

($\because 10^{-1}$: 소수 1째 자리, 10^{-2}: 소수 2째 자리, 10^{-3}: 소수 3째 자리)

$\log \left(\dfrac{7}{9}\right)^{20}$의 소수 부분이 $\boxed{0.818}$이고

$\log 6 = \log 2 + \log 3 = 0.3010 + 0.4771 = 0.7781,\ \log 7 = 0.8451$이므로

$0.7781 < \boxed{0.818} < 0.8451$

$\log 6 < \boxed{0.818} < \log 7$ $\quad \therefore \log 6 < \log 6.\times\times < \log 7$

따라서 $\left(\dfrac{7}{9}\right)^{20}$의 숫자 배열이 $6.\times\times$임을 알 수 있다.

즉, $\left(\dfrac{7}{9}\right)^{20} = (6.\times\times) \times 10^{-3}$이므로 소수점 아래 3째 자리에서 처음으로 나타나는 0이 아닌 수 6이 나온다. $\quad \therefore a = 6$

[줄기3-3] $\log 2 = 0.3010,\ \log 3 = 0.4771$일 때, 3^{16}의 최고 자리의 숫자를 구하여라.

뿌리 3-5 자릿수 결정

다음 물음에 답하여라.

1) 13^{100}이 112자리의 정수일 때, 13^{25}은 몇 자리의 정수인지 구하여라.

2) 6^{50}이 39자리의 정수일 때, 6^{15}는 몇 자리의 정수인지 구하여라.

풀이 1) 13^{100}이 112자리의 정수이므로 $\log 13^{100}$의 정수 부분은 111이다.

$111 \leq \log 13^{100} < 112$

$111 \leq 100 \log 13 < 112$ ⇨ 각 변을 100으로 나누면

$1.11 \leq \log 13 < 1.12$ ⇨ 각 변에 25를 곱하면

$1.11 \times 25 \leq 25 \log 13 < 1.12 \times 25$ ∴ $27.75 \leq \log 13^{25} < 28$ ∴ $\log 13^{25} = 27.\times\times\times\times$

따라서 $\log 13^{25}$의 정수 부분이 27이므로 13^{25}은 **28자리**의 정수이다.

2) 6^{50}이 39자리의 정수이므로 $\log 6^{50}$의 정수 부분은 38이다.

$38 \leq \log 6^{50} < 39$

$38 \leq 50 \log 6 < 39$ ⇨ 각 변을 50으로 나누면

$0.76 \leq \log 6 < 0.78$ ⇨ 각 변에 15를 곱하면

$0.76 \times 15 \leq 15 \log 6 < 0.78 \times 15$ ∴ $11.4 \leq \log 6^{15} < 11.7$

∴ $\log 6^{15} = 11.\times\times\times\times$

따라서 $\log 6^{15}$의 정수 부분이 11이므로 6^{15}은 **12자리**의 정수이다.

[줄기3-4] $\log_3 (\log x) = 4$를 만족하는 x는 몇 자리 정수인지 구하고, 이때 x의 최고 자리의 숫자도 구하여라.

뿌리 3-6 상용로그의 정수 부분, 소수 부분과 이차방정식

$\log A$의 정수 부분과 소수 부분이 이차방정식 $3x^2 + 5x + k = 0$의 두 근일 때, 상수 k의 값을 구하여라.

풀이 $\log A = n + \alpha$ (n은 정수, $0 \leq \alpha < 1$)라 하면 n과 α는 이차방정식 $3x^2 + 5x + k = 0$의 두 근이므로 근과 계수의 관계에 의하여

$n + \alpha = -\dfrac{5}{3}, \ n\alpha = \dfrac{k}{3}$

이때 $n + \alpha = -\dfrac{5}{3} = -2 + \dfrac{1}{3}$ ($\because n$은 정수, $0 \leq \alpha < 1$)   ∴ $n = -2, \ \alpha = \dfrac{1}{3}$

∴ $k = 3n\alpha = 3 \cdot (-2) \cdot \dfrac{1}{3} = -2$

[줄기3-5] $\log A$의 정수 부분과 소수 부분이 이차방정식 $2x^2 - 7x + k = 0$의 두 근일 때, 상수 k의 값을 구하여라.

뿌리 3-7 두 상용로그의 소수 부분이 같을 때

$10 \leq x < 100$이고 $\log x$의 소수 부분과 $\log x^3$의 소수 부분이 같을 때, 실수 x의 값을 모두 구하여라.

핵심 두 상용로그 $\log A$, $\log B$의 소수 부분이 같다.
⇨ (두 상용로그의 차)=(정수), 즉 $\log A - \log B =$(정수)

풀이 두 상용로그의 소수 부분이 같으면 (두 상용로그의 차)=(정수)이므로
$\log x^3 - \log x = 3\log x - \log x = 2\log x$ $\therefore \boxed{2\log x = \text{(정수)}}$
$10 \leq x < 100$에 상용로그를 취하면
$\log 10 \leq \log x < \log 10^2$ $\therefore 1 \leq \log x < 2 \cdots \bigcirc$
$\bigcirc$의 각 변에 2를 곱하면 $2 \leq \boxed{2\log x} < 4$
이때, $2\log x$는 정수이므로 $2\log x = 2$ 또는 $2\log x = 3$
$\therefore \log x = 1$ 또는 $\log x = \dfrac{3}{2}$
$\therefore x = 10$ 또는 $x = 10^{\frac{3}{2}} = 10\sqrt{10}$

주의 두 상용로그의 소수 부분이 같은 경우
⇨ 두 상용로그 중에서 소수 부분이 0인 상용로그가 포함되어도 괜찮다. cf) p.59
  ($\because$ 두 상용로그의 소수 부분이 모두 0인 경우도 두 상용로그의 소수 부분이 같은 경우이다.)

[줄기3-6] $1 < x < 1000$이고, $\log x$와 $\log \sqrt{x}$의 소수 부분이 서로 같을 때, 실수 x의 값을 구하여라.

[줄기3-7] 세 자리 양수인 x에 대하여 $\log x^2$와 $\log \dfrac{1}{x}$의 소수 부분이 같을 때, 실수 x의 값을 모두 구하여라.

뿌리 3-8 두 상용로그의 소수 부분의 합이 1일 때

$\log x$의 정수 부분이 2이고 $\log x$와 $\log \sqrt{x}$의 소수 부분의 합이 1일 때, 실수 x의 값을 구하여라.

핵심 두 상용로그 $\log A$, $\log B$의 소수 부분의 합이 1이다.
⇨ (두 상용로그의 합)=(정수), 즉 $\log A + \log B$=(정수)

풀이 두 상용로그의 소수 부분의 합이 1이면 (두 상용로그의 합)=(정수)이므로

$$\log x + \log \sqrt{x} = \log x + \frac{1}{2}\log x = \frac{3}{2}\log x \qquad \therefore \boxed{\frac{3}{2}\log x = (\text{정수})}$$

$\log x$의 정수 부분이 2이므로 $2 \le \log x < 3$ (✕)

(∵ $\log x = 2$는 소수 부분이 0이므로 $\log \sqrt{x}$의 소수 부분과 합이 1이 될 수 없다.)

$2 < \log x < 3$ (◯) ⋯㉠

㉠의 각 변에 $\frac{3}{2}$를 곱하면 $3 < \boxed{\frac{3}{2}\log x} < \frac{9}{2}$

이때, $\frac{3}{2}\log x$는 정수이므로 $\frac{3}{2}\log x = 4$

$$\therefore \log x = \frac{8}{3} \qquad \therefore x = 10^{\frac{8}{3}} = \sqrt[3]{10^8}$$

주의 두 상용로그의 소수 부분의 합이 1인 경우
⇨ 두 상용로그 중에서 소수 부분이 0인 상용로그가 포함되지 않도록 한다. *cf*) p.58
(∵ 둘 중 한 상용로그의 소수 부분이 0이면 두 소수 부분을 더해서 1이 될 수 없다.)

$cf \begin{cases} \text{두 상용로그의 소수 부분의 합이 1인 경우} ⇨ \text{소수 부분이 0인 상용로그가 있으면 안 된다.} \\ \text{두 상용로그의 소수 부분이 같은 경우} ⇨ \text{소수 부분이 0인 상용로그가 있어도 괜찮다.} \end{cases}$

[줄기3-8] $100 < x \le 1000$이고, $\log x$의 소수 부분과 $\log x^3$의 소수 부분의 합이 1일 때, 실수 x의 값을 모두 구하여라.

[줄기3-9] 네 자리 양수인 x에 대하여 $\log x$와 $\log x^2$의 소수 부분의 합이 1일 때, 실수 x의 값을 모두 구하여라.

[줄기3-10] 여섯 자리 양수인 x에 대하여 $\log x$와 $\log \sqrt{x}$의 소수 부분의 합이 1일 때, 실수 x의 값을 구하여라.

뿌리 3-9 상용로그의 실생활에의 활용

다음 물음에 답하여라.

1) 어떤 용액의 수소 이온 농도를 $[H^+]$라 할 때, 이 용액의 산성도를 나타내는 pH는 $pH = -\log[H^+]$로 정의한다. 이때, pH가 2.5인 오렌지 주스의 수소 이온 농도는 pH가 3.4인 사과 주스의 수소 이온 농도의 몇 배인지 구하여라.

2) 미국은 매년 일정한 비율로 산유량을 증가시켜 20년 후의 산유량을 올해 산유량의 2배가 되도록 하려고 한다. 미국은 산유량을 매년 몇 %씩 증가시켜야 하는지 구하여라. (단, $\log 1.035 = 0.015$, $\log 2 = 0.3$으로 계산한다.)

3) 일정한 온도에서 어느 세균을 배양하면 10분마다 그 숫자는 2배가 된다. 이 세균 10마리를 일정한 온도에서 배양하면 2시간 30분 후 세균은 10^k마리가 된다. 이때, k의 값을 구하여라. (단, $\log 2 = 0.3$으로 계산한다.)

풀이 1) pH가 2.5인 오렌지 주스와 pH가 3.4인 사과 주스의 수소 이온 농도를 각각 a, b라 하면

$2.5 = -\log a \cdots \text{⊙}$, $3.4 = -\log b \cdots \text{⊙}$

⊙$-$⊙을 하면 $0.9 = -\log b + \log a = \log \dfrac{a}{b}$, $\dfrac{a}{b} = 10^{0.9}$ $\therefore a = 10^{0.9}b$

따라서 오렌지 주스의 수소 이온 농도는 사과 주스의 수소 이온 농도의 $10^{0.9}$배이다.

2) 올해 산유량을 a, 산유량이 매년 r%씩 증가한다고 하면

$$a\left(1 + \dfrac{r}{100}\right)^{20} = 2a \qquad \therefore \left(1 + \dfrac{r}{100}\right)^{20} = 2$$

이 식의 양변에 상용로그를 취하면 $20\log\left(1 + \dfrac{r}{100}\right) = \log 2$

$\therefore \log\left(1 + \dfrac{r}{100}\right) = \dfrac{1}{20}\log 2 = \dfrac{1}{20} \times 0.3 = 0.015$

이때, $\log 1.035 = 0.015$이므로 $1 + \dfrac{r}{100} = 1.035$ $\therefore r = 3.5$

따라서 산유량을 매년 **3.5%**씩 증가시켜야 한다.

3) 10마리의 세균을 2시간 30분, 즉 150분 동안 배양하면 전체 세균의 수는 $10 \cdot 2^{15}$마리이다.

$10 \cdot 2^{15}$에 상용로그를 취하면 $\log(10 \cdot 2^{15}) = 1 + 15\log 2 = 1 + 15 \times 0.3 = 5.5$

$\therefore 10 \cdot 2^{15} = 10^{5.5}$

따라서 2시간 30분 후 세균의 수는 $10^{5.5}$마리이므로 $k = $ **5.5**

[줄기3-11] 화재가 발생한 화재실의 온도는 시간에 따라 변한다. 어떤 화재실의 초기 온도를 $T_0(^\circ\text{C})$, 화재가 발생한 지 t분 후의 온도를 $T(^\circ\text{C})$라 할 때, 다음 식이 성립한다고 한다.

$T = T_0 + k\log(8t + 1)$ (단, k는 상수이다.)

초기 온도가 20°C인 이 화재실에서 화재가 발생한 지 $\dfrac{9}{8}$분 후의 온도를 365°C이었고, 화재가 발생한지 a분 후의 온도는 710°C이었다. a의 값은? [수능 기출]

① $\dfrac{99}{8}$ ② $\dfrac{109}{8}$ ③ $\dfrac{119}{8}$ ④ $\dfrac{129}{8}$ ⑤ $\dfrac{139}{8}$

● **잎 2-1**

$\log_{x-3}(-x^2+11x-24)$가 정의되기 위한 모든 정수 x의 합을 구하여라. [교육청 기출]

● **잎 2-2**

$\log_3 4^3 \times \log_2 9^3$의 값을 구하여라. [교육청 기출]

● **잎 2-3**

실수 a, b에 대하여 $3^a=12^b=6$이 성립할 때, $\dfrac{1}{a}+\dfrac{1}{b}$의 값은? [교육청 기출]

① 2 ② $\dfrac{5}{3}$ ③ $\dfrac{4}{3}$ ④ 1 ⑤ $\dfrac{2}{3}$

● **잎 2-4**

두 양수 a, b에 대하여 $2^a=c, 2^b=d$일 때, 아래에서 참, 거짓을 말하여라. [교육청 기출]

ㄱ. $c^b=d^a$　　　　　(　　)

ㄴ. $a+b=\log_2 cd$　　(　　)

ㄷ. $\dfrac{a}{b}=\log_c d$　　　(　　)

● **잎 2-5**

세 양수 a, b, c에 대하여 $\begin{cases} \log_2 ab + \log_2 bc = 5 \\ \log_2 bc + \log_2 ca = 8 \\ \log_2 ca + \log_2 ab = 7 \end{cases}$ 이 성립할 때, $a+b+c$의 값을 구하여라.

[교육청 기출]

● 잎 2-6

$a = 2\log_2(\sqrt{2}-1)$일 때, $2^a + 2^{-a}$의 값을 구하여라.

● 잎 2-7

1보다 큰 세 실수 a, b, c에 대하여 $\log_a 2 = \log_b 5 = \log_c 10 = \log_{abc} x$가 성립할 때, 실수 x의 값은? [교육청 기출]

① $\dfrac{1}{10}$　　　② $\sqrt{10}$　　　③ 10　　　④ $10\sqrt{10}$　　　⑤ 100

● 잎 2-8

두 양수 a, b에 대하여 $5^{\log b} = a^{2\log 5}$이고 $2a - b = 0$일 때, 상수 a, b의 값을 구하여라.

● 잎 2-9

이차방정식 $x^2 - 9x + 4 = 0$의 두 근을 $\log a$, $\log b$라 할 때, $\log_a b + \log_b a$의 값을 구하여라.

● 잎 2-10

$\log 2 = a$, $\log 3 = b$일 때, $\log_{12} 180$을 a, b에 대한 식으로 나타내어라.

● 잎 2-11

집합 $A = \{2^n \mid n$은 자연수$\}$의 원소 중에서 상용로그의 정수 부분이 1인 모든 원소의 합은?

① 112　　　② 114　　　③ 116　　　④ 118　　　⑤ 120　　　[교육청 기출]

● 잎 2-12

자연수 n에 대하여 $\log n$의 소수 부분을 $f(n)$이라 할 때, 집합
$A = \{ f(n) \mid 1 \leq n \leq 150,\ n$은 자연수$\}$의 원소의 개수는? [수능 기출]

① 131   ② 133   ③ 135   ④ 137   ⑤ 139

● 잎 2-13

$\log x = -\dfrac{4}{5}$일 때, x^2은 소수점 아래 a번째 자리에서 처음으로 0이 아닌 숫자 b가 나타난다.
$a + b$의 값은? (단, $\log 2 = 0.30$, $\log 3 = 0.48$로 계산한다.) [평가원 기출]

① 2   ② 4   ③ 6   ④ 8   ⑤ 10

● 잎 2-14

다음 물음에 답하여라.

1) $\log N$의 정수 부분이 3일 때, 자연수 N의 개수를 구하여라.

2) $\log \dfrac{1}{N}$의 정수 부분이 -3일 때, 자연수 N의 최댓값과 최솟값을 구하여라.

3) $\log n$의 소수 부분이 $\log \dfrac{1}{2}$의 소수 부분보다 작은 두 자리 자연수 n의 개수를 구하여라. [평가원 기출]

● 잎 2-15

$\log x$의 정수 부분이 3이고, $\log x$의 소수 부분과 $\log \sqrt{x}$의 소수 부분의 합이 $\dfrac{4}{5}$일 때, $\log \sqrt{x}$의 소수 부분을 구하여라.

● 잎 2-16

$\log A$의 소수 부분이 방정식 $3x^2 - ax - 2 = 0$의 한 근이고 $[\log A] + \log \dfrac{1}{A} = -\dfrac{2}{3}$가 성립할 때, 실수 a의 값을 구하여라. (단, $[x]$는 x보다 크지 않은 최대의 정수이다.)

• 잎 2-17

다음 조건을 만족시키는 x의 값을 모두 구하여라. (단, $[x]$는 x보다 크지 않은 최대의 정수이다.)

(가) $[\log x] = 2$

(나) $\log x^{15} - [\log x^{15}] = \log x^{13} - [\log x^{13}]$

• 잎 2-18

100보다 작은 두 자연수 a, b $(a < b)$에 대하여 $\log a$의 소수 부분과 $\log b$의 소수 부분의 합이 1이 되는 순서쌍 (a, b)의 개수는? [평가원 기출]

① 2   ② 4   ③ 6   ④ 8   ⑤ 10

• 잎 2-19

다음 물음에 답하여라.

1) $\log x$의 정수 부분이 2이고, $\log x^2$과 $\log \sqrt{x}$ 의 소수 부분의 합이 1일 때, 실수 x의 값을 구하여라.

2) $\log x$의 정수 부분이 2이고, $\log x^2$의 소수 부분과 $\log \sqrt{x}$ 의 소수 부분이 같을 때, 실수 x의 값을 구하여라.

• 잎 2-20

$1 < a < b$인 두 실수 a, b에 대하여 $\dfrac{3a}{\log_a b} = \dfrac{b}{2\log_b a} = \dfrac{3a+b}{3}$ 가 성립할 때, $10\log_a b$의 값을 구하여라. [수능 기출]

• 잎 2-21

소리의 세기가 $I\,(\mathrm{W/m^2})$인 음원으로부터 $r\,(\mathrm{m})$만큼 떨어진 지점에서 추정된 소리의 상대적 세기 P (데시벨)는 $P = 10\left(12 + \log\dfrac{I}{r^2}\right)$이다. 어떤 음원으로부터 $1\,\mathrm{m}$만큼 떨어진 지점에서 측정된 소리의 상대적 세기가 80 (데시벨)일 때, 같은 음원으로부터 $10\,\mathrm{m}$만큼 떨어진 지점에서 측정된 소리의 상대적 세기가 a (데시벨)이다. a의 값은? [교육청 기출]

① 50   ② 55   ③ 60   ④ 65   ⑤ 70

3. 지수함수

⑪ 지수함수의 뜻과 그래프

1 지수함수의 뜻

임의의 실수 x에 대하여 $y=a^x$ $(a>0,\ a\neq1)$의 값은 단 하나로 정해지므로 x에 a^x를 대응시키면 $y=a^x$ $(a>0,\ a\neq1)$은 x에 대한 **일대일함수**이다. 이 함수를 a를 밑으로 하는 **지수함수**라 한다.

> $y=a^x$에서 $a=1$이면 모든 실수 x에 대하여 $y=1^x=1$이 되므로 상수함수가 된다.
> 따라서 $a=1$인 경우는 지수함수에서 제외한다.

2 지수함수 $y=a^x\,(a>0,\ a\neq1)$의 성질

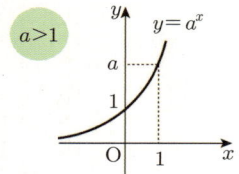 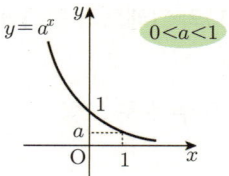

1) **정의역과 공역은 실수 전체의 집합**이고, **치역은 양의 실수 전체**의 집합이다.

2) $a>1$일 때, x의 값이 **증가**하면 y의 값도 **증가**한다. (증가함수)

   $0<a<1$일 때, x의 값이 **증가**하면 y의 값은 **감소**한다. (감소함수)

3) **일대일함수**이다. ($\because x_1\neq x_2$이면 $a^{x_1}\neq a^{x_2}$이다.)

> $a>0$일 때, 모든 실수 x에 대하여 $a^x>0$이다.

※ 함수에서 정의역이나 공역이 주어져 있지 않은 경우
  정의역은 함수가 정의되는 모든 실수의 집합으로, 공역은 실수 전체의 집합으로 생각한다.

3 지수함수 $y=a^x\,(a>0,\ a\neq1)$의 그래프의 평행이동과 대칭이동

지수함수 $y=a^x$의 그래프를 평행이동 또는 대칭이동한 그래프의 식은 다음과 같다.

1) x축의 방향으로 m**만큼**, y축의 방향으로 n**만큼** 평행이동

   $\Rightarrow y-n=a^{x-m}$, 즉 $y=a^{x-m}+n \Leftrightarrow {}^\star y=k\cdot a^x+n\,(k>0)$

2) x**축**에 대하여 대칭이동 $\Rightarrow -y=a^x$, 즉 $y=-a^x$

3) y**축**에 대하여 대칭이동 $\Rightarrow y=a^{-x}$, 즉 $y=\left(\dfrac{1}{a}\right)^x$

4) **원점**에 대하여 대칭이동 $\Rightarrow -y=a^{-x}$, 즉 $y=-\left(\dfrac{1}{a}\right)^x$

함수와 함수의 그래프의 관계

함수를 좌표 위에서 그림으로 표현한 것이 함수의 그래프이므로 함수의 **식**과 함수의 **그래프**는 **동전의 양면** 같이 떼려야 뗄 수 없는 관계이다.

(비슷한 예)
동전의 숫자면을 함수라고 생각하면 동전의 그림면은 함수의 그래프에 해당된다.

씨앗. 1 다음 함수의 그래프를 그리고, 정의역, 공역, 치역, 점근선을 구하여라.

1) $y = \left(\dfrac{1}{2}\right)^x$ 2) $y = -2^x$ 3) $y = 2^{x-1}$ 4) $y = 2^{x+1} + 1$

풀이 1) $y = \left(\dfrac{1}{2}\right)^x$ 에서 $y = 2^{-x}$ 이므로 $y = \left(\dfrac{1}{2}\right)^x$ 의 그래프는

$y = 2^x$ 의 그래프를 y축에 대하여 대칭이동한 것이다.

따라서 $y = \left(\dfrac{1}{2}\right)^x$ 의 그래프는 오른쪽 그림과 같다.

정의역은 실수 전체의 집합, **공역**은 실수 전체의 집합,
치역은 양의 실수 전체의 집합, **점근선**은 x축 (직선 $y = 0$)이다.

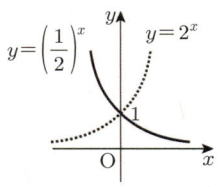

2) $y = -2^x$ 에서 $-y = 2^x$ 이므로 $y = -2^x$ 의 그래프는
$y = 2^x$ 의 그래프를 x축에 대하여 대칭이동한 것이다.
따라서 $y = -2^x$ 의 그래프는 오른쪽 그림과 같다.
정의역은 실수 전체의 집합, **공역**은 실수 전체의 집합,
치역은 음의 실수 전체의 집합, **점근선**은 x축 (직선 $y = 0$)이다.

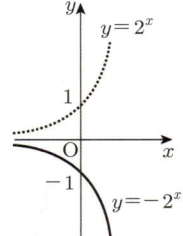

3) $y = 2^{x-1}$ 의 그래프는 $y = 2^x$ 의 그래프를 x축의 방향으로 1만큼 평행이동한 것이다.
따라서 $y = 2^{x-1}$ 의 그래프는 오른쪽 그림과 같다.
정의역은 실수 전체의 집합, **공역**은 실수 전체의 집합,
치역은 양의 실수 전체의 집합, **점근선**은 x축 (직선 $y = 0$)이다.

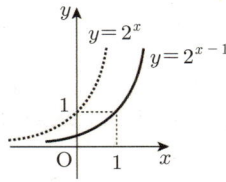

4) $y = 2^{x+1} + 1$ 의 그래프는 $y = 2^x$ 의 그래프를 x축의 방향으로 -1만큼, y축의 방향으로 1만큼 평행이동한 것이다.
따라서 $y = 2^{x+1} + 1$ 의 그래프는 오른쪽 그림과 같다.
정의역은 실수 전체의 집합, **공역**은 실수 전체의 집합,
치역은 $\{y \mid y > 1\}$, **점근선**은 직선 $y = 1$이다.

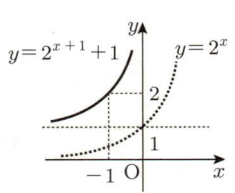

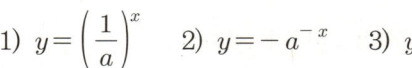 지수함수 $y=a^x$의 그래프의 평행이동과 대칭이동

지수함수 $y=a^x$의 그래프가 오른쪽 그림과 같을 때, 다음 함수의 그래프를 그리고, 정의역, 공역, 치역, 점근선을 구하여라.

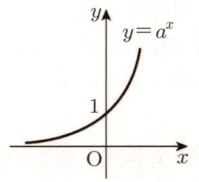

1) $y=\left(\dfrac{1}{a}\right)^x$ 2) $y=-a^{-x}$ 3) $y=a^{x-1}-1$

풀이 1) $y=\left(\dfrac{1}{a}\right)^x$에서 $y=a^{-x}$이므로 $y=\left(\dfrac{1}{a}\right)^x$의 그래프는

$y=a^x$의 그래프를 y축에 대하여 대칭이동한 것이다.

따라서 $y=\left(\dfrac{1}{a}\right)^x$의 그래프는 오른쪽 그림과 같다.

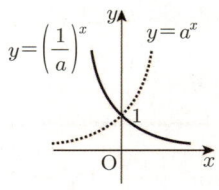

정의역은 실수 전체의 집합, **공역**은 실수 전체의 집합, **치역**은 양의 실수 전체의 집합, **점근선**은 x축 (직선 $y=0$)이다.

2) $y=-a^{-x}$에서 $-y=a^{-x}$이므로 $y=-a^{-x}$의 그래프는 $y=a^x$의 그래프를 원점에 대하여 대칭이동한 것이다.

따라서 $y=-a^{-x}$의 그래프는 오른쪽 그림과 같다.

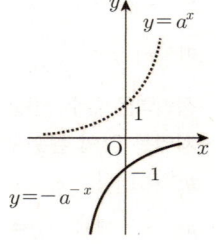

정의역은 실수 전체의 집합, **공역**은 실수 전체의 집합, **치역**은 음의 실수 전체의 집합, **점근선**은 x축 (직선 $y=0$)이다.

3) $y=a^{x-1}-1$의 그래프는 $y=a^x$의 그래프를 x축의 방향으로 1만큼, y축의 방향으로 -1만큼 평행이동한 것이다.

따라서 $y=a^{x-1}-1$의 그래프는 오른쪽 그림과 같다.

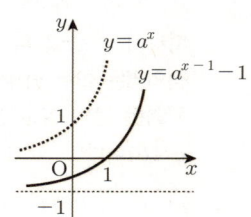

정의역은 실수 전체의 집합, **공역**은 실수 전체의 집합, **치역**은 $\{y\,|\,y>-1\}$, **점근선**은 직선 $y=-1$이다.

---

5 **지수함수의 그래프를 그리는 아주 쉬운 요령**

지수함수의 그래프는 증가함수 (⌣ , ⌢)와 감소함수 (⌣ , ⌢)뿐임에 착안하여 그린다.

1st **점근선**을 그린다. ※ 점근선은 함수의 그래프가 한없이 근접하는 가상의 직선이다.

2nd 함수의 y**절편**과 그래프 위의 임의의 **한 점**을 잡는다.

3rd 함수의 y**절편**과 그래프 위의 임의의 한 점을 **연결**하면 증가함수인지, 감소함수인지 파악할 수 있다.

이때, 점근선을 고려하여 **지수함수의 그래프를 그린다.**

뿌리 1-2 지수함수의 그래프를 그리는 아주 쉬운 요령

다음 함수의 그래프를 그려라.

1) $y = 2^x + 1$　　　　2) $y = 2^{x-1} - 1$　　　　3) $y = 2^{1-x} - 1$

4) $y = -2^{-x}$　　　　5) $y = \left(\dfrac{1}{4}\right)^{x-1} + 1$　　　　6) $y = -\left(\dfrac{1}{4}\right)^{-x} - 1$

풀이 1) **1st** 모든 실수 x에서 $2^x > 0$이므로 점근선은 직선 $y = 1$이다.

2nd y절편은 2, 그래프 위의 임의의 한 점의 좌표는 $(1, 3)$

3rd y절편 2와 점 $(1, 3)$을 연결하면 증가함수이고,
점근선 $y = 1$을 고려하여 그래프를 그린다.

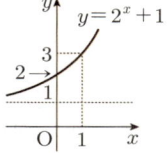

2) **1st** 모든 실수 x에서 $2^{x-1} > 0$이므로 점근선은 직선 $y = -1$이다.

2nd y절편은 $-\dfrac{1}{2}$, 그래프 위의 임의의 한 점의 좌표는 $(1, 0)$

3rd y절편 $-\dfrac{1}{2}$과 점 $(1, 0)$을 연결하면 증가함수이고,
점근선 $y = -1$을 고려하여 그래프를 그린다.

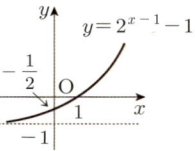

3) **1st** 모든 실수 x에서 $2^{1-x} > 0$이므로 점근선은 직선 $y = -1$이다.

2nd y절편은 1, 그래프 위의 임의의 한 점의 좌표는 $(1, 0)$

3rd y절편 1과 점 $(1, 0)$을 연결하면 감소함수이고,
점근선 $y = -1$을 고려하여 그래프를 그린다.

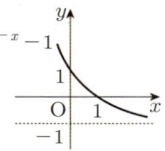

4) **1st** 모든 실수 x에서 $-2^{-x} < 0$이므로 점근선은 직선 $y = 0$이다.

2nd y절편은 -1, 그래프 위의 임의의 한 점의 좌표는 $\left(1, -\dfrac{1}{2}\right)$

3rd y절편 -1과 점 $\left(1, -\dfrac{1}{2}\right)$을 연결하면 증가함수이고,
점근선 $y = 0$을 고려하여 그래프를 그린다.

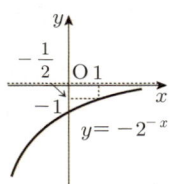

5) **1st** 모든 실수 x에서 $\left(\dfrac{1}{4}\right)^{x-1} > 0$이므로 점근선은 직선 $y = 1$이다.

2nd y절편은 5, 그래프 위의 임의의 한 점의 좌표는 $(1, 2)$

3rd y절편 5와 점 $(1, 2)$를 연결하면 감소함수이고,
점근선 $y = 1$을 고려하여 그래프를 그린다.

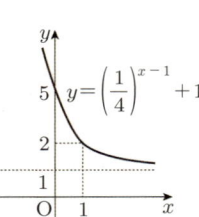

6) **1st** 모든 실수 x에서 $-\left(\dfrac{1}{4}\right)^{-x} < 0$이므로 점근선은 직선 $y = -1$이다.

2nd y절편은 -2, 그래프 위의 임의의 한 점의 좌표는 $(1, -5)$

3rd y절편 -2와 점 $(1, -5)$를 연결하면 감소함수이고,
점근선 $y = -1$을 고려하여 그래프를 그린다.

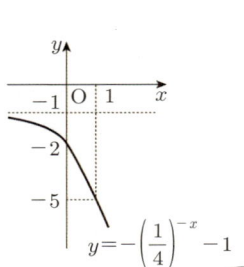

뿌리 1-3 지수함수의 성질(1)

함수 $f(x) = \left(\dfrac{1}{2}\right)^x$ 의 그래프에 대한 보기의 설명 중 옳은 것을 모두 고르시오.

── 〈보기〉 ──
ㄱ. 그래프는 점 $(0, 1)$을 지난다.
ㄴ. 그래프의 점근선은 y축이다.
ㄷ. $x_1 < x_2$이면 $f(x_1) < f(x_2)$이다.
ㄹ. 임의의 두 실수 x_1, x_2에 대하여 $f(x_1) = f(x_2)$이면 $x_1 = x_2$이다.

풀이 ㄱ. 그래프는 점 $(0, 1)$을 지난다. (참)

ㄴ. 모든 실수 x에 대하여 $\left(\dfrac{1}{2}\right)^x > 0$이므로 점근선은 직선 $y = 0$ (x축)이다. (거짓)

ㄷ. $0 < (밑) = \dfrac{1}{2} < 1$이므로 x의 값이 증가하면 y의 값은 감소한다.
　 따라서 $x_1 < x_2$이면 $f(x_1) > f(x_2)$이다. (거짓)

ㄹ. 함수 $y = \left(\dfrac{1}{2}\right)^x$ 은 실수 전체의 집합에서 일대일대응이므로 임의의 실수 x_1, x_2에 대하여
　 $x_1 \neq x_2$이면 $f(x_1) \neq f(x_2)$, 즉 $f(x_1) = f(x_2)$이면 $x_1 = x_2$이다. (참)

따라서 옳은 것은 ㄱ, ㄹ이다.

뿌리 1-4 지수함수의 성질(2)

함수 $f(x) = 3^x$ 의 그래프에 대한 보기의 설명 중 옳은 것을 모두 고르시오.

── 〈보기〉 ──
ㄱ. 그래프는 점 $(1, 0)$을 지난다.
ㄴ. 그래프의 점근선은 x축이다.
ㄷ. 그래프는 제3사분면을 지난다.
ㄹ. x의 값이 증가하면 y의 값도 증가한다.

풀이 ㄱ. 그래프는 점 $(0, 1)$을 지난다. (거짓)

ㄴ. 모든 실수 x에 대하여 $3^x > 0$이므로 점근선은 직선 $y = 0$ (x축)이다. (참)

ㄷ. 그래프는 제1사분면, 제2사분면을 지난다. (거짓)

ㄹ. $(밑) > 1$이므로 x의 값이 증가하면 $f(x)$의 값도
　 증가한다. (참)

따라서 옳은 것은 ㄴ, ㄹ이다.

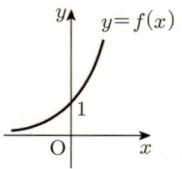

뿌리 1-5 지수함수의 그래프의 평행이동과 대칭이동

다음 물음에 답하여라.

1) 함수 $y=2^x$의 그래프를 x축의 방향으로 3만큼, y축의 방향으로 2만큼 평행이동한 후, x축에 대하여 대칭이동한 그래프의 식이 $y=a\cdot2^x+b$일 때, 상수 a, b의 값을 각각 구하여라.

2) 함수 $y=\left(\dfrac{3}{2}\right)^x$의 그래프를 x축의 방향으로 -2만큼, y축의 방향으로 3만큼 평행이동한 후, y축에 대하여 대칭이동한 그래프의 식이 $y=a\cdot\left(\dfrac{2}{3}\right)^x+b$일 때, 상수 a, b의 값을 각각 구하여라.

풀이 1) $y=2^x$의 그래프를 x축의 방향으로 3만큼, y축의 방향으로 2만큼 평행이동한 그래프의 식은

$y-2=2^{x-3}$ $\therefore y=2^{x-3}+2 \cdots \bigcirc$

$\bigcirc$의 그래프를 x축에 대하여 대칭이동한 그래프의 식은 $-y=2^{x-3}+2$

즉, $y=-2^x\cdot2^{-3}-2=-\dfrac{1}{8}\cdot2^x-2$ $\therefore a=-\dfrac{1}{8}, b=-2$

2) $y=\left(\dfrac{3}{2}\right)^x$의 그래프를 x축의 방향으로 -2만큼, y축의 방향으로 3만큼 평행이동한 그래프의 식은

$y-3=\left(\dfrac{3}{2}\right)^{x+2}$ $\therefore y=\left(\dfrac{3}{2}\right)^{x+2}+3 \cdots \bigcirc$

$\bigcirc$의 그래프를 y축에 대하여 대칭이동한 그래프의 식은 $y=\left(\dfrac{3}{2}\right)^{-x+2}+3$

즉, $y=\dfrac{9}{4}\cdot\left(\dfrac{3}{2}\right)^{-x}+3=\dfrac{9}{4}\cdot\left(\dfrac{2}{3}\right)^x+3$ $\therefore a=\dfrac{9}{4}, b=3$

뿌리 1-6 지수함수의 그래프

함수 $y=3^{-x+2}+a$의 그래프가 제1사분면을 지나지 않도록 상수 a의 최댓값을 구하여라.

풀이 모든 실수 x에서 $3^{-x+2}>0$이므로 점근선은 직선 $y=a$이다.

y절편은 $a+9$, 그래프 위의 임의의 한 점의 좌표는 $(2, a+1)$

따라서 그래프가 제1사분면을 지나지 않으려면 오른쪽 그림과 같아야 하므로 $a+9\le0$ $\therefore a\le-9$

따라서 a의 최댓값은 -9이다.

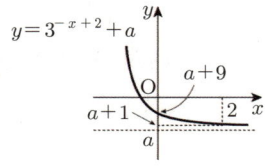

[줄기1-1] 함수 $f(x)=2^{-x+a}-b$의 그래프가 오른쪽 그림과 같을 때, 상수 a, b의 값을 각각 구하여라.

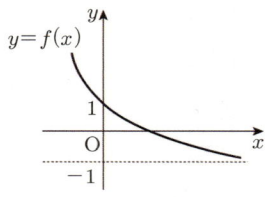

뿌리 1-7 지수함수를 이용한 수의 대소 비교(1)

다음 세 수의 대소를 비교하여라.

1) $\sqrt[4]{27}$, $\sqrt{3}$, $\sqrt[3]{81}$　　　　　　　2) 0.2^{-2}, $0.2^{-0.5}$, 0.2^{-3}

핵심 1) $a>1$일 때, $x_1<x_2$이면 $a^{x_1}<a^{x_2}$
2) $0<a<1$일 때, $x_1<x_2$이면 $a^{x_1}>a^{x_2}$

풀이 1) $\sqrt[4]{27}=\sqrt[4]{3^3}=3^{\frac{3}{4}}$, $\sqrt{3}=3^{\frac{1}{2}}$, $\sqrt[3]{81}=\sqrt[3]{3^4}=3^{\frac{4}{3}}$

$\dfrac{1}{2}<\dfrac{3}{4}<\dfrac{4}{3}$에서 $y=3^x$은 x의 값이 증가하면 y의

값도 증가하므로

$3^{\frac{1}{2}}<3^{\frac{3}{4}}<3^{\frac{4}{3}}$

$\therefore \sqrt{3}<\sqrt[4]{27}<\sqrt[3]{81}$

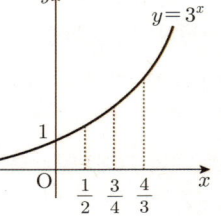

2) $-3<-2<-0.5$에서 $y=0.2^x$은 x의 값이 증가하면 y의 값은 감소하므로

$0.2^{-3}>0.2^{-2}>0.2^{-0.5}$

$\therefore 0.2^{-0.5}<0.2^{-2}<0.2^{-3}$

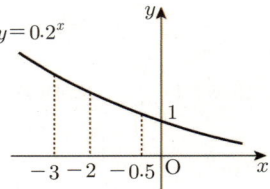

뿌리 1-8 지수함수를 이용한 수의 대소 비교(2)

$0<a<1$일 때, 세 수 a, a^a, a^{a^a}의 대소를 비교하여라.

풀이 $0<a<1$일 때, $y=a^x$은 x의 값이 증가하면 y의 값은 감소하므로

i) ⓪$<$☐$a$$<$△에서 $a^{⓪}>a^{a}>a^{△}$　　$\therefore a<a^a<1$

ii) ⓐ$<$☐$a^a$$<$△에서 $a^{ⓐ}>a^{a^a}>a^{△}$　　$\therefore a<a^{a^a}<a^a$

뿌리 1-9 지수함수를 이용한 수의 대소 비교(3)

함수 $y=(a^2-a+1)^x$에서 x의 값이 증가할 때, y의 값은 감소하도록 하는 실수 a의 값의 범위를 구하여라.

풀이 $y=(a^2-a+1)^x$에서 x의 값이 증가할 때 y의 값을 감소하려면
$0<a^2-a+1<1$

i) $0<a^2-a+1$에서 $a^2-a+1=\left(a-\dfrac{1}{2}\right)^2+\dfrac{3}{4}>0$이므로 항상 성립한다.

ii) $a^2-a+1<1$에서 $a^2-a<0$, $a(a-1)<0$　　$\therefore 0<a<1$

i), ii)에서 $0<a<1$

02 지수함수의 최대·최소

1 지수함수의 최대·최소

정의역 $\{x \mid m \leq x \leq n\}$인 지수함수 $y = a^x$은

1) $a > 1$일 때, **증가함수**이므로

$x = m$에서 최솟값 a^m을 갖고,

$x = n$에서 최댓값 a^n을 갖는다.

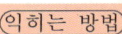

(밑)>1이면 증가함수이므로 지수가 커질수록 함숫값이 커진다.

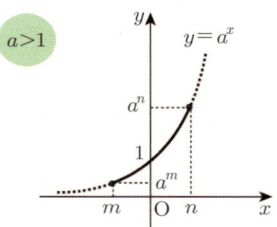

2) $0 < a < 1$일 때, **감소함수**이므로

$x = m$에서 최댓값 a^m을 갖고,

$x = n$에서 최솟값 a^n을 갖는다.

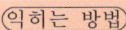

$0 < $(밑)$< 1$이면 감소함수이므로 지수가 커질수록 함숫값이 작아진다.

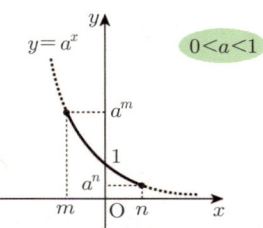

씨앗. 1 ▪ 정의역이 $\{x \mid -1 \leq x \leq 2\}$일 때, 다음 함수의 최댓값과 최솟값을 구하여라.

1) $y = 2^x$

2) $y = \left(\dfrac{1}{3}\right)^x$

풀이 1) (밑)>1인 증가함수이므로 지수가 커질수록 함숫값이 커진다.

i) $x = -1$일 때, 최솟값 $2^{-1} = \dfrac{1}{2}$

ii) $x = 2$일 때, 최댓값 $2^2 = 4$

∴ **최댓값: 4, 최솟값: $\dfrac{1}{2}$**

2) $0 < $(밑)$< 1$인 감소함수이므로 지수가 커질수록 함숫값이 작아진다.

i) $x = -1$일 때, 최댓값 $\left(\dfrac{1}{3}\right)^{-1} = 3$

ii) $x = 2$일 때, 최솟값 $\left(\dfrac{1}{3}\right)^2 = \dfrac{1}{9}$

∴ **최댓값: 3, 최솟값: $\dfrac{1}{9}$**

뿌리 2-1 **지수함수의 최대·최소**

정의역이 $\{x \mid -1 \leq x \leq 2\}$ 일 때, 다음 함수의 최댓값과 최솟값을 구하여라.

1) $y = 2^{2x} \cdot 3^{2-x}$ 2) $y = 2^{2-x}$ 3) $y = 2^x \cdot 3^{1-x}$

풀이 1) $y = 2^{2x} \cdot 3^{2-x} = 4^x \cdot 3^2 \cdot 3^{-x} = 9\left(\dfrac{4}{3}\right)^x$ 에서 (밑)>1인 증가함수이므로

      $x = -1$일 때 **최솟값** $9\left(\dfrac{4}{3}\right)^{-1} = \dfrac{27}{4}$, $x = 2$일 때 **최댓값** $9\left(\dfrac{4}{3}\right)^2 = 16$

   2) $y = 2^{2-x} = 2^2 \cdot 2^{-x} = 4\left(\dfrac{1}{2}\right)^x$ 에서 $0 <$(밑)< 1인 감소함수이므로

      $x = -1$일 때 **최댓값** $2^3 = 8$, $x = 2$일 때 **최솟값** $2^0 = 1$

   3) $y = 2^x \cdot 3^{1-x} = 2^x \cdot 3 \cdot 3^{-x} = 3\left(\dfrac{2}{3}\right)^x$ 에서 $0 <$(밑)< 1인 감소함수이므로

      $x = -1$일 때 **최댓값** $3\left(\dfrac{2}{3}\right)^{-1} = \dfrac{9}{2}$, $x = 2$일 때 **최솟값** $3\left(\dfrac{2}{3}\right)^2 = \dfrac{4}{3}$

뿌리 2-2 **지수함수의 최대·최소 (a^x꼴이 반복되는 경우)**

정의역이 $\{x \mid -1 \leq x \leq 2\}$ 일 때, 다음 함수의 최댓값과 최솟값을 구하여라.

1) $y = 4^x - 2^{x+1}$ 2) $y = \left(\dfrac{1}{4}\right)^x - 6\left(\dfrac{1}{2}\right)^x + 2$

풀이 1) $y = 4^x - 2^{x+1} = (2^x)^2 - 2(2^x)$

      $2^x = t \ (t > 0)$로 놓으면 $-1 \leq x \leq 2$에서 $2^{-1} \leq 2^x \leq 2^2$ $\therefore \star \dfrac{1}{2} \leq t \leq 4$

      이때, 주어진 함수는 $y = t^2 - 2t = (t-1)^2 - 1$ $(\star \dfrac{1}{2} \leq t \leq 4)$

      i) 대칭축 $t = 1$이 t의 범위 $(\dfrac{1}{2} \leq t \leq 4)$의 내에 있으므로 $t = 1$에서 **최솟값** -1 $(\because \lor)$

      ii) 대칭축 $t = 1$과 t의 범위 $(\dfrac{1}{2} \leq t \leq ④)$ 중에서 가장 멀리 있는 $t = 4$에서 **최댓값** 8

   2) $y = \left(\dfrac{1}{4}\right)^x - 6\left(\dfrac{1}{2}\right)^x + 2 = \left\{\left(\dfrac{1}{2}\right)^x\right\}^2 - 6\left(\dfrac{1}{2}\right)^x + 2$

      $\left(\dfrac{1}{2}\right)^x = t \ (t > 0)$로 놓으면 $-1 \leq x \leq 2$에서 $\left(\dfrac{1}{2}\right)^{-1} \geq \left(\dfrac{1}{2}\right)^x \geq \left(\dfrac{1}{2}\right)^2$ $\therefore \star 2 \geq t \geq \dfrac{1}{4}$

      이때, 주어진 함수는 $y = t^2 - 6t + 2 = (t-3)^2 - 7$ $(\star \dfrac{1}{4} \leq t \leq 2)$

      대칭축 $t = 3$이 t의 범위 $(\dfrac{1}{4} \leq t \leq 2)$의 밖에 있으므로

      i) 대칭축 $t = 3$과 t의 범위 $(\dfrac{1}{4} \leq t \leq ②)$ 중에서 가장 가까운 $t = 2$에서 **최솟값** -6 $(\because \lor)$

      ii) 대칭축 $t = 3$과 t의 범위 $(④ \leq t \leq 2)$ 중에서 가장 멀리 있는 $t = \dfrac{1}{4}$에서 **최댓값** $\dfrac{9}{16}$

뿌리 2-3 지수함수 $y=a^{f(x)}$의 꼴의 최대·최소

다음 물음에 답하여라.

1) 함수 $y=a^{x^2-2x+4}$ $(a>1)$의 최솟값이 8일 때, 상수 a의 값을 구하여라.

2) 함수 $y=\left(\dfrac{1}{2}\right)^{-x^2+4x-1}$ 이 $x=a$에서 최솟값 b를 가질 때, a,b의 값을 구하여라.

3) 정의역이 $\{x\,|\,-1\leq x\leq 3\}$인 함수 $y=3^{x^2-4x+1}$이 $x=a$에서 최솟값 b를, $x=c$에서 최댓값 d를 가질 때, a,b,c,d의 값을 각각 구하여라.

풀이

1) $f(x)=x^2-2x+4$로 놓으면 $f(x)=(x-1)^2+3$ $\therefore f(x)\geq 3$

$y=a^{x^2-2x+4}=a^{f(x)}$에서 $a>1$이면 증가함수이므로 함수 $y=a^{f(x)}$은 $f(x)=3$일 때 최솟값 8을 갖는다. 즉, $a^3=8$ $\therefore a=2$ ($\because a$는 실수)

⚠️ 허수는 대소 관계가 없으므로 부등식 $a>1$에 있는 문자 a는 실수이다.

2) $f(x)=-x^2+4x-1$로 놓으면 $f(x)=-(x-2)^2+3$ $\therefore f(x)\leq 3$

$y=\left(\dfrac{1}{2}\right)^{-x^2+4x-1}=\left(\dfrac{1}{2}\right)^{f(x)}$에서 $0<$(밑)<1인 감소함수이므로 함수 $y=\left(\dfrac{1}{2}\right)^{f(x)}$은

$f(x)=3$, 즉 $x=2$일 때 최솟값 $\left(\dfrac{1}{2}\right)^3$을 갖는다. $\therefore a=2, b=\dfrac{1}{8}$

3) $f(x)=x^2-4x+1$로 놓으면 $f(x)=(x-2)^2-3$

$-1\leq x\leq 3$일 때, $f(x)$는 $x=2$에서 최솟값 -3, $x=-1$에서 최댓값 6을 가지므로

$-3\leq f(x)\leq 6$

$y=3^{x^2-4x+1}=3^{f(x)}$에서 (밑)>1인 증가함수이므로 함수 $y=3^{f(x)}$은 $f(x)=-3$ 즉 $x=2$

일 때 최솟값 3^{-3}, $f(x)=6$ 즉 $x=-1$일 때 최댓값 3^6을 갖는다.

$\therefore a=2, b=\dfrac{1}{27}, c=-1, d=729$

[줄기2-1] 다음 물음에 답하여라.

1) 함수 $y=a^{-x^2+2x+3}$ $(0<a<1)$의 최솟값이 $\dfrac{1}{16}$일 때, a의 값을 구하여라.

2) 정의역이 $\{x\,|\,-1\leq x\leq 2\}$인 함수 $y=\left(\dfrac{1}{3}\right)^{-x^2+6x-9}$ 의 최솟값을 구하여라.

3) 정의역이 $\{x\,|\,-2\leq x\leq 1\}$인 함수 $y=2^{|x|}$이 $x=a$에서 최솟값 b를, $x=c$에서 최댓값 d를 가질 때, a,b,c,d의 값을 각각 구하여라.

[줄기2-2] 다음 물음에 답하여라.

1) 함수 $y=4^x-2^{x-a}+5$의 최솟값이 1일 때, 상수 a의 값을 구하여라.

2) 함수 $y=2+k\cdot 3^{x+1}-9^x$의 최댓값이 11일 때, 상수 k의 값을 구하여라.

뿌리 2-4 산술평균과 기하평균을 이용하는 지수함수의 최대·최소

다음 물음에 답하여라.

1) 함수 $y = 5^x + 5^{-x}$이 $x = a$에서 최솟값 b를 가질 때, a, b의 값을 구하여라.

2) 함수 $y = 3^x + 3^{1-x}$이 $x = a$에서 최솟값 b를 가질 때, a, b의 값을 구하여라.

3) 함수 $y = 4^x + 4^{-x} + 4(2^x + 2^{-x})$이 $x = a$에서 최솟값 b를 가질 때, a, b의 값을 구하여라.

풀이

1) $5^x > 0, 5^{-x} > 0$이므로 산술평균과 기하평균의 관계에 의하여

$$5^x + 5^{-x} \geq 2\sqrt{5^x \cdot 5^{-x}} \text{ (단, 등호는 } \underline{5^x = 5^{-x}}, \text{ 즉 } x = 0 \text{일 때 성립)}$$
$$= 2 \qquad \qquad \quad \overset{\llcorner}{} x = -x,\ 2x = 0 \quad \therefore x = 0$$

$\therefore a = 0, b = 2$

2) $3^x > 0, 3^{1-x} > 0$이므로 산술평균과 기하평균의 관계에 의하여

$$3^x + 3^{1-x} \geq 2\sqrt{3^x \cdot 3^{1-x}} \text{ (단, 등호는 } \underline{3^x = 3^{1-x}}, \text{ 즉 } x = \frac{1}{2} \text{일 때 성립)}$$
$$= 2\sqrt{3} \qquad \qquad \overset{\llcorner}{} x = 1-x,\ 2x = 1 \quad \therefore x = \frac{1}{2}$$

$\therefore a = \dfrac{1}{2},\ b = 2\sqrt{3}$

3) $2^x + 2^{-x} = t$라 하면 $2^x > 0, 2^{-x} > 0$이므로 산술평균과 기하평균의 관계에 의하여

$$2^x + 2^{-x} \geq 2\sqrt{2^x \cdot 2^{-x}} \text{ (단, 등호는 } \underline{2^x = 2^{-x}}, \text{ 즉 } x = 0 \text{일 때 성립)}$$
$$= 2 \qquad \qquad \quad \overset{\llcorner}{} x = -x,\ 2x = 0 \quad \therefore x = 0$$

$\therefore {}^\star t \geq 2$

이때 $y = 4^x + 4^{-x} + 4(2^x + 2^{-x})$

$\qquad = (2^x + 2^{-x})^2 - 2 + 4(2^x + 2^{-x})$

$\qquad = t^2 + 4t - 2$

$\qquad = (t+2)^2 - 6 ({}^\star t \geq 2)$

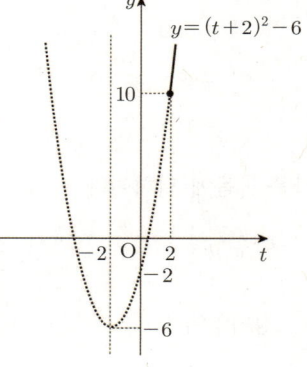

따라서 주어진 함수는 $t = 2\ (x = 0)$에서
최솟값 $(2+2)^2 - 6 = 10$을 갖는다.

$\therefore a = 0,\ b = 10$

참고 $4^x + 4^{-x} = (2^x + 2^{-x})^2 - 2$이므로 공통부분 $2^x + 2^{-x}$을 t로 치환하되 t의 값의 범위에 유의한다.

[줄기2-3] 다음 물음에 답하여라.

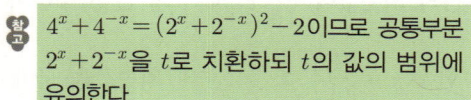

1) 함수 $y = 5^{2x-2} + 5^{4-2x}$이 $x = a$에서 최솟값 b를 가질 때, a, b의 값을 구하여라.

2) 함수 $y = \left(\dfrac{1}{9}\right)^x + \left(\dfrac{1}{9}\right)^{-x} - 4\left\{\left(\dfrac{1}{3}\right)^x + \left(\dfrac{1}{3}\right)^{-x}\right\} + 4$의 최솟값을 구하여라.

ⓞ③ 지수방정식

지수방정식

방정식 $2^x = 4, 3^{x+1} = 5^{2x-1}, 4^x - 5 \cdot 2^x + 6 = 0$과 같이 지수에 미지수가 있는 방정식을 **지수방정식**이라 한다.

cf) 방정식 $x^2 = 4$와 같이 지수에 미지수가 없는 방정식은 지수방정식이 아니다.

2 **지수방정식의 풀이**

1) 밑을 같게 할 수 있을 때

$$a^{f(x)} = a^{g(x)} (a>0) \Leftrightarrow {}^\star a = 1 \text{ 또는 } f(x) = g(x)$$

익히는 방법

$a^{f(x)} = a^{g(x)}$ 꼴의 방정식은 밑이 같으므로 밑이 1이거나 지수가 같다.

참고 지수방정식에서 밑이 같을 때에는 밑이 1인지 아닌지 반드시 조사해야 한다.
($\because 1^2 = 1^7$과 같이 밑이 1일 때에는 지수가 같지 않아도 등식이 성립한다.)

주의 지수함수에서는 (밑)$\neq$1이지만 지수방정식에서는 (밑)=1일 수 있다.

2) 지수를 같게 할 수 있을 때

$$a^{f(x)} = b^{f(x)} (a>0, b>0) \Leftrightarrow {}^\star f(x) = 0 \text{ 또는 } a = b$$

익히는 방법

$a^{f(x)} = b^{f(x)}$ 꼴의 방정식은 지수가 같으므로 지수가 0이거나 밑이 같다.

참고 지수방정식에서 지수가 같을 때에는 지수가 0인지 아닌지 반드시 조사해야 한다.
($\because 3^0 = 5^0$과 같이 지수가 0일 때에는 밑이 같지 않아도 등식이 성립한다.)

3) 밑도 지수도 같게 할 수 없을 때 ⇨ 양변에 로그를 취하여 푼다.

$$a^{f(x)} = b^{g(x)} (a>0, b>0) \Leftrightarrow \log_a a^{f(x)} = \log_a b^{g(x)} \Leftrightarrow \log_b a^{f(x)} = \log_b b^{g(x)}$$

4) a^x 꼴이 반복될 때

$a^x = t \ (t>0)$로 **치환**하여 t에 대한 방정식을 푼다.

씨앗. 1 ▟ 다음 지수방정식을 풀어라.

$$1) \ 2^x = \frac{1}{32} \qquad 2) \ 9^x - 27 = 0 \qquad 3) \ \left(\frac{1}{5}\right)^x = 125 \qquad 4) \ \left(\frac{1}{2}\right)^x - \frac{1}{16} = 0$$

풀이 1) $2^x = 2^{-5}$ $\quad \therefore x = -5$ 　　　　　2) $9^x = 27, \ 3^{2x} = 3^3, \ 2x = 3$ $\quad \therefore x = \dfrac{3}{2}$

3) $5^{-x} = 5^3$ $\quad \therefore x = -3$ 　　　　　4) $\left(\dfrac{1}{2}\right)^x = \dfrac{1}{16}, \ \left(\dfrac{1}{2}\right)^x = \left(\dfrac{1}{2}\right)^4$ $\quad \therefore x = 4$

씨앗. 2 ┛ 다음 지수방정식을 풀어라.

    1) $3^{2x} - 3^x - 6 = 0$ 2) $4^x - 2 \cdot 2^x - 8 = 0$

풀이 1) $(3^x)^2 - 3^x - 6 = 0$에서 $3^x = t$ $(t > 0)$라 하면
        $t^2 - t - 6 = 0$, $(t+2)(t-3) = 0$ $\therefore t = 3$ $(\because t > 0)$ $\therefore 3^x = 3$ $\therefore x = 1$
    2) $(2^x)^2 - 2(2^x) - 8 = 0$에서 $2^x = t$ $(t > 0)$라 하면
        $t^2 - 2t - 8 = 0$, $(t+2)(t-4) = 0$ $\therefore t = 4$ $(\because t > 0)$ $\therefore 2^x = 4$ $\therefore x = 2$

뿌리 3-1 **밑을 같게 할 수 있는 지수방정식**

다음 방정식을 풀어라.

    1) $4^{x^2 - 1} = 8^x$ 2) $9^{-x+3} = \dfrac{1}{81}$

풀이 1) $4^{x^2 - 1} = 8^x$에서 $(2^2)^{x^2 - 1} = (2^3)^x$, $2^{2x^2 - 2} = 2^{3x}$
        $2x^2 - 2 = 3x$, $2x^2 - 3x - 2 = 0$, $(2x+1)(x-2) = 0$ $\therefore x = -\dfrac{1}{2}$ 또는 $x = 2$
    2) $9^{-x+3} = \dfrac{1}{81}$에서 $(3^2)^{-x+3} = \dfrac{1}{3^4}$, $3^{-2x+6} = 3^{-4}$, $-2x + 6 = -4$ $\therefore x = 5$

뿌리 3-2 **밑에 미지수가 있는 지수방정식**

다음 방정식을 풀어라.

    1) $(2x+1)^x = 5^x$ 2) $(x-5)^{2x-1} = 2^{2x-1}$ (단, $x > 5$)
    3) $x^{2x+1} = x^{3x-1}$ (단, $x > 0$)   4) $(x-2)^{3x+1} = (x-2)^{2x}$ (단, $x > 2$)

풀이 1) 지수가 같으면 지수가 0이거나 밑이 같으므로
        i) 지수가 0일 때, 즉 $x = 0$이면 $1^0 = 5^0$이므로 등식이 성립한다. $\therefore x = 0$
        ii) 밑이 같을 때, 즉 $2x + 1 = 5$이므로 $x = 2$
    2) 지수가 같으면 지수가 0이거나 밑이 같으므로
        i) 지수가 0일 때, 즉 $2x - 1 = 0$이면 $x = \dfrac{1}{2}$ $(\times)$ $(\because x > 5)$
        ii) 밑이 같을 때, 즉 $x - 5 = 2$이므로 $x = 7$
    3) 밑이 같으면 밑이 1이거나 지수가 같으므로
        i) 밑이 1일 때, 즉 $x = 1$이면 $1^3 = 1^2$이므로 등식이 성립한다. $\therefore x = 1$
        ii) 지수가 같을 때, 즉 $2x + 1 = 3x - 1$이므로 $x = 2$
    4) 밑이 같으면 밑이 1이거나 지수가 같으므로
        i) 밑이 1일 때, 즉 $x - 2 = 1$이면 $1^{10} = 1^6$이므로 등식이 성립한다. $\therefore x = 3$
        ii) 지수가 같을 때, 즉 $3x + 1 = 2x$이면 $x = -1$ $(\times)$ $(\because x > 2)$

뿌리 3-3 a^x꼴이 반복되는 지수방정식

다음 방정식을 풀어라.

1) $9^x - 4 \times 3^{x+1} + 27 = 0$　　　　2) $2^x - 2^{3-x} = 2$

풀이 1) $9^x - 4 \times 3^{x+1} + 27 = 0$에서 $(3^x)^2 - 12 \cdot 3^x + 27 = 0$

$3^x = t\,(t > 0)$라 하면

$t^2 - 12t + 27 = 0,\ (t-3)(t-9) = 0$　　$\therefore t = 3$ 또는 $t = 9$

즉, $3^x = 3$ 또는 $3^x = 9$　　$\therefore x = 1$ 또는 $x = 2$

2) $2^x - 2^{3-x} = 2$에서 $2^x - \dfrac{2^3}{2^x} = 2$

분수가 있으면 계산이 쉽지 않으므로 양변에 2^x을 곱하면

$(2^x)^2 - 8 = 2 \cdot 2^x$

$(2^x)^2 - 2 \cdot 2^x - 8 = 0$에서 $2^x = t\,(t > 0)$라 하면

$t^2 - 2t - 8 = 0,\ (t+2)(t-4) = 0$　　$\therefore t = 4\ (\because t > 0)$

$2^x = 4$　　$\therefore x = 2$

[줄기3-1] 다음 방정식을 풀어라.

1) $\left(\dfrac{1}{4}\right)^x + \left(\dfrac{1}{2}\right)^x = 6$　　　　2) $3^{-2x+1} - 10 \cdot 3^{-x} + 3 = 0$

뿌리 3-4 지수방정식 (연립방정식)

연립방정식 $\begin{cases} 2^{x+1} + 3^{y-1} = 9 \\ 2^x - 3^{y+1} = -5 \end{cases}$ 의 근을 $x = \alpha,\ y = \beta$라 할 때, $\alpha + \beta$의 값을 구하여라.

풀이 $\begin{cases} 2 \cdot 2^x + \dfrac{1}{3} \cdot 3^y = 9 \\ 2^x - 3 \cdot 3^y = -5 \end{cases}$ 에서 $2^x = X\,(X > 0),\ 3^y = Y\,(Y > 0)$라 하면 $\begin{cases} 2X + \dfrac{1}{3}Y = 9 \\ X - 3Y = -5 \end{cases}$

이 연립방정식을 풀면 $X = 4,\ Y = 3$

$2^x = 4,\ 3^y = 3$　　$\therefore x = 2,\ y = 1$

따라서 $\alpha = 2,\ \beta = 1$이므로 $\alpha + \beta = 2 + 1 = 3$

[줄기3-2] 연립방정식 $\begin{cases} 2^{x+2} + 2^{y+2} = 48 \\ 2^{x+y-3} = 4 \end{cases}$ 의 근을 $x = \alpha,\ y = \beta$라 할 때, $\alpha^2 + \beta^2$의 값을 구하여라.

뿌리 3-5 **지수방정식의 활용(1)**

방정식 $4^x - 2^{x+1} + 8 = 0$의 두 근을 α, β라 할 때, $\alpha + \beta$의 값을 구하여라.

풀이 $4^x - 2^{x+1} + 8 = 0$에서 $(2^x)^2 - 2 \cdot 2^x + 8 = 0$

$2^x = t \, (t > 0)$로 놓으면 $t^2 - 2t + 8 = 0 \cdots \bigcirc$

방정식 $\bigcirc$의 두 근이 $2^\alpha, 2^\beta$이므로 이차방정식의 근과 계수의 관계에 의하여

(이차방정식 $\bigcirc$의 두 근의 곱)$= 2^\alpha \cdot 2^\beta = 8$, $2^{\alpha+\beta} = 2^3$ ∴ $\alpha + \beta = 3$

뿌리 3-6 **지수방정식의 활용(2)**

방정식 $9^x - 2k \cdot 3^x - k + 6 = 0$의 서로 다른 두 실근을 갖기 위한 실수 k의 값을 구하여라.

풀이 $9^x - 2k \cdot 3^x - k + 6 = 0$에서 $(3^x)^2 - 2k \cdot 3^x - k + 6 = 0 \cdots \bigcirc$

$3^x = t \, (t > 0)$로 놓으면 $t^2 - 2kt - k + 6 = 0 \cdots \bigcirc$

방정식 $\bigcirc$이 서로 다른 두 실근을 가지려면 방정식 $\bigcirc$이 서로 다른 두 양의 실근을 가져야 하므로

i) 이차방정식 $\bigcirc$의 판별식을 D라 하면

$\dfrac{D}{4} = k^2 + k - 6 > 0$, $(k+3)(k-2) > 0$ ∴ $k < -3$ 또는 $k > 2$

ii) (이차방정식 $\bigcirc$의 두 근의 합)$= 2k > 0$ ∴ $k > 0$

iii) (이차방정식 $\bigcirc$의 두 근의 곱)$= -k + 6 > 0$ ∴ $k < 6$

이상에서 $2 < k < 6$

줄기3-3 지수방정식 $9^x - 3^{x+2} + 8 = 0$의 두 근을 α, β라 할 때, $3^{2\alpha} + 3^{2\beta}$의 값을 구하여라.

[평가원 기출]

줄기3-4 방정식 $2^x + 2^{2-x} = 5$의 두 근을 α, β라 할 때, $\alpha + \beta$의 값을 구하여라.

04 지수부등식

1 지수부등식

부등식 $2^x < 4$, $3^{x+1} \geq 5^{2x-1}$, $4^x - 5 \cdot 2^x + 6 \leq 0$와 같이 지수에 미지수가 있는 부등식을 **지수부등식**이라 한다.

cf) 부등식 $x^2 < 4$와 같이 지수에 미지수가 없는 부등식은 지수부등식이 아니다.

2 지수부등식의 성질

지수부등식을 풀 때에는 지수함수 $y = a^x$ $(a > 0, a \neq 1)$의 그래프에서 다음의 지수부등식의 성질이 성립함을 이용한다.

1) $a > 1$이면 $y = a^x$가 증가함수이므로
$$a^{x_1} < a^{x_2} \Leftrightarrow x_1 < x_2$$

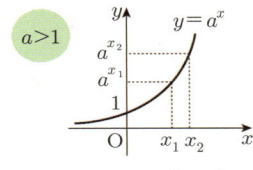

$$x_1 < x_2 \Leftrightarrow a^{x_1} < a^{x_2}$$

익히는 방법
(밑)>1이면 증가함수이므로 지수의 대소는 지수부등식의 부등호의 방향과 같다.

2) $0 < a < 1$이면 $y = a^x$가 감소함수이므로
$$a^{x_1} < a^{x_2} \Leftrightarrow x_1 > x_2$$

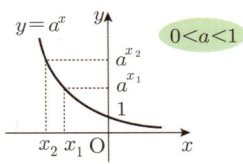

$$x_2 < x_1 \Leftrightarrow a^{x_2} > a^{x_1}$$

익히는 방법
$0 < $(밑)$< 1$이면 감소함수이므로 지수의 대소는 지수부등식의 부등호의 방향과 반대이다.

3 지수부등식의 풀이

1) **밑을 같게 할 수 있을 때**, 밑을 같게 한 후 다음을 이용한다.

$a > 1$이면 $y = a^x$가 증가함수이므로 $a^{f(x)} < a^{g(x)} \Leftrightarrow f(x) < g(x)$

$0 < a < 1$이면 $y = a^x$가 감소함수이므로 $a^{f(x)} < a^{g(x)} \Leftrightarrow f(x) > g(x)$

2) a^x **꼴이 반복될 때**

$a^x = t$ $(t > 0)$로 **치환**하여 t에 대한 부등식을 푼다.

이때, $a^x > 0$이므로 $t > 0$임에 주의한다.

3) **밑에도 미지수가 있을 때**

i) $0 < $(밑)$< 1$, ii) (밑)$=1$, iii) (밑)$>1$인 경우로 나누어 푼다.

⚠주의 지수함수에서는 (밑)$\neq 1$이지만 지수부등식에서는 (밑)$=1$일 수 있다.

81

뿌리 4-1 밑을 같게 할 수 있는 지수부등식

다음 부등식을 풀어라.

1) $3^{2x-3} \geq 81$ 2) $\left(\dfrac{1}{3}\right)^{2x} < \dfrac{1}{27}$ 3) $\left(\dfrac{1}{5}\right)^{x-1} > \sqrt[3]{5} \geq \left(\dfrac{1}{25}\right)^{2x-1}$

풀이 1) $3^{2x-3} \geq 81$에서 $3^{2x-3} \geq 3^4$

(밑)>1이면 지수의 대소는 지수부등식의 부등호의 방향과 같으므로 $2x-3 \geq 4$ $\therefore x \geq \dfrac{7}{2}$

2) $\left(\dfrac{1}{3}\right)^{2x} < \dfrac{1}{27}$에서 $\left(\dfrac{1}{3}\right)^{2x} < \left(\dfrac{1}{3}\right)^3$

0<(밑)<1이면 지수의 대소는 지수부등식의 부등호의 방향과 반대이므로 $2x>3$ $\therefore x > \dfrac{3}{2}$

3) $\left(\dfrac{1}{5}\right)^{x-1} > \sqrt[3]{5} \geq \left(\dfrac{1}{25}\right)^{2x-1}$에서 $(5^{-1})^{x-1} > 5^{\frac{1}{3}} \geq (5^{-2})^{2x-1}$, $5^{-x+1} > 5^{\frac{1}{3}} \geq 5^{-4x+2}$

(밑)>1이면 지수의 대소는 지수부등식의 부등호의 방향과 같으므로 $-x+1 > \dfrac{1}{3} \geq -4x+2$

i) $-x+1 > \dfrac{1}{3}$, $-x > -\dfrac{2}{3}$ $\therefore x < \dfrac{2}{3}$

ii) $\dfrac{1}{3} \geq -4x+2$, $4x \geq \dfrac{5}{3}$ $\therefore x \geq \dfrac{5}{12}$

따라서 i), ii)에서 $\dfrac{5}{12} \leq x < \dfrac{2}{3}$

[줄기4-1] 연립부등식 $\begin{cases} \dfrac{1}{27} < \dfrac{1}{3^x} < \dfrac{1}{9} \\ \left(\dfrac{1}{2}\right)^x < 16 < \left(\dfrac{1}{4}\right)^{x-5} \end{cases}$의 해를 구하여라.

뿌리 4-2 밑에 미지수가 포함된 지수부등식

다음 부등식을 풀어라.

1) $x^{2x-3} > x^{x+1}$ (단, $x>0$)   2) $x^{x^2} \geq x^{2x}$ (단, $x>0$)

3) $(x-2)^{x-1} < (x-2)^3$ (단, $x>2$)

핵심 밑에도 미지수가 있을 때에는 i) $0<$(밑)<1, ii) (밑)$=1$, iii) (밑)>1인 경우로 나누어 푼다.

풀이 1) $x^{2x-3} > x^{x+1}$ ($x>0$)에서

i) $0<x<1$일 때, $0<$(밑)<1이므로

$\quad 2x-3 < x+1 \quad \therefore x<4$

그런데 $0<x<1$이므로 $0<x<1$

ii) $x=1$일 때, $1^{-1} > 1^2$이므로 부등식이 성립하지 않는다.

iii) $x>1$일 때, (밑)>1이므로

$\quad 2x-3 > x+1 \quad \therefore x>4$

그런데 $x>1$이므로 $x>4$

따라서 i), iii)에서 **$0<x<1$ 또는 $x>4$**

2) $x^{x^2} \geq x^{2x}$ ($x>0$)에서

i) $0<x<1$일 때, $0<$(밑)<1이므로

$\quad x^2 \leq 2x, \ x(x-2) \leq 0 \quad \therefore 0 \leq x \leq 2$

그런데 $0<x<1$이므로 $0<x<1$

ii) $x=1$일 때, $1^1 \geq 1^2$이므로 부등식이 성립한다.

iii) $x>1$일 때, (밑)>1이므로

$\quad x^2 \geq 2x, \ x(x-2) \geq 0 \quad \therefore x \leq 0$ 또는 $x \geq 2$

그런데 $x>1$이므로 $x \geq 2$

따라서 i), ii), iii)에서 **$0<x\leq 1$ 또는 $x \geq 2$**

3) $(x-2)^{x-1} < (x-2)^3$ ($x>2$)에서

i) $0<x-2<1$ ($2<x<3$)일 때, $0<$(밑)<1이므로

$\quad x-1 > 3 \quad \therefore x>4$

그런데 $2<x<3$이므로 부등식이 성립하지 않는다.

ii) $x-2=1$ ($x=3$)일 때, $1^2 < 1^3$이므로 부등식이 성립하지 않는다.

iii) $x-2>1$ ($x>3$)일 때, (밑)>1이므로

$\quad x-1 < 3 \quad \therefore x<4$

그런데 $x>3$이므로 $3<x<4$

따라서 iii)에서 **$3<x<4$**

[줄기 4-2] 다음 물음에 답하여라.

1) 부등식 $x^{x^2-4} > x^{3x}$을 풀어라. (단, $x>0$)

2) 부등식 $(x^2-2x+1)^{x-1} < 1$을 풀어라. (단, $x \neq 1$)

뿌리 4-3 a^x 꼴이 반복되는 지수부등식

다음 부등식을 풀어라.

1) $4^x + 2^{x+1} - 24 < 0$

2) $\left(\dfrac{1}{3}\right)^{2x} + \left(\dfrac{1}{3}\right)^{x+2} > \left(\dfrac{1}{3}\right)^{x-2} + 1$

핵심 a^x 꼴이 반복될 때에는 $a^x = t \ (t > 0)$로 치환하여 t에 대한 부등식을 푼다.

풀이 1) $4^x + 2^{x+1} - 24 < 0$에서 $(2^x)^2 + 2 \cdot 2^x - 24 < 0$

$2^x = t \ (t > 0)$라 하면 $t^2 + 2t - 24 < 0$, $(t+6)(t-4) < 0$ $\quad \therefore -6 < t < 4$

그런데 $t > 0$이므로 $0 < t < 4$

즉, $0 < 2^x < 4$이므로 $0 < 2^x < 2^2$

(밑)>1이므로 $\boldsymbol{x < 2}$

2) $\left(\dfrac{1}{3}\right)^{2x} + \left(\dfrac{1}{3}\right)^{x+2} > \left(\dfrac{1}{3}\right)^{x-2} + 1$에서 $\left\{\left(\dfrac{1}{3}\right)^x\right\}^2 + \dfrac{1}{9} \cdot \left(\dfrac{1}{3}\right)^x - 9 \cdot \left(\dfrac{1}{3}\right)^x - 1 > 0$

$\left(\dfrac{1}{3}\right)^x = t \ (t > 0)$라 하면 $t^2 - \dfrac{80}{9}t - 1 > 0$

$9t^2 - 80t - 9 > 0$, $(9t+1)(t-9) > 0$ $\quad \therefore t < -\dfrac{1}{9}$ 또는 $t > 9$

그런데 $t > 0$이므로 $t > 9$

즉, $\left(\dfrac{1}{3}\right)^x > 9$이므로 $\left(\dfrac{1}{3}\right)^x > \left(\dfrac{1}{3}\right)^{-2}$

$0 < ($밑$) < 1$이므로 $\boldsymbol{x < -2}$

[줄기4-3] 부등식 $\left(\dfrac{1}{4}\right)^x - 3 \cdot \left(\dfrac{1}{2}\right)^{x-2} + 32 < 0$을 풀어라.

[줄기4-4] 연립부등식 $\begin{cases} 3^{2x} + 3^{x+2} > 3^{x-2} + 1 \\ \left(\dfrac{1}{3}\right)^{2x+1} < \left(\dfrac{1}{3}\right)^{3x-4} \end{cases}$ 을 풀어라.

뿌리 4-4 지수부등식이 항상 성립할 조건(1)

> 모든 실수 x에 대하여 부등식 $4^x - 2^{x+2} + 2k \geq 0$이 성립하도록 하는 실수 k의 값의
> 범위를 구하여라.

풀이 $4^x - 2^{x+2} + 2k \geq 0$에서 $(2^x)^2 - 4 \cdot 2^x + 2k \geq 0$
$2^x = t\,(t>0)$라 하면 $t^2 - 4t + 2k \geq 0$ ··· ㉠
$f(t) = t^2 - 4t + 2k = (t-2)^2 + 2k - 4$로 놓으면
대칭축 $t=2$가 t의 범위 $(t>0)$ 내에 있으므로
$t=2$에서 최솟값 $2k-4$을 갖는다. $(\because \vee)$
따라서 $t>0$인 모든 실수 t에 대하여 부등식 ㉠
이 성립하려면
$2k - 4 \geq 0$ $\quad \therefore k \geq 2$

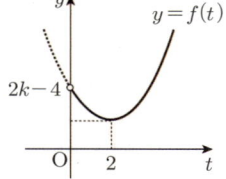

뿌리 4-5 지수부등식이 항상 성립할 조건(2)

> 모든 실수 x에 대하여 부등식 $4^x - 2k \cdot 2^x + 9 \geq 0$이 성립하도록 하는 실수 k의 값의
> 범위를 구하여라.

핵심 i) $t>0$일 때, 대칭축 $t=k$가 t의 범위 내에 있다. ⇨ $k>0$ ··· Ⓐ
ii) $t>0$일 때, 대칭축 $t=k$가 t의 범위 밖에 있다. ⇨ $k \leq 0$ ($\because$ ★Ⓐ를 제외한 범위)

풀이 $4^x - 2k \cdot 2^x + 9 \geq 0$에서 $(2^x)^2 - 2k \cdot 2^x + 9 \geq 0$
$2^x = t\,(t>0)$라 하면 $t^2 - 2kt + 9 \geq 0$ ··· ㉠
$f(t) = t^2 - 2kt + 9 = (t-k)^2 - k^2 + 9$로 놓으면
i) 축 $t=k$가 t의 범위 $(t>0)$ 내에 있을 때, 즉 $k>0$일 때 ··· ㉡
   $t=k$에서 최솟값 $-k^2 + 9$을 갖는다. $(\because \vee)$
   따라서 $t>0$인 모든 실수 t에 대하여 부등식 ㉠이 성립하려면
   $-k^2 + 9 \geq 0$, $k^2 - 9 \leq 0$, $(k-3)(k+3) \leq 0$ $\quad \therefore -3 \leq k \leq 3$
   그런데 $k>0$이므로 $0 < k \leq 3$

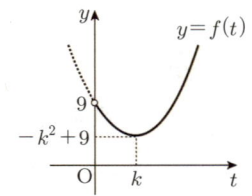

ii) 축 $t=k$가 t의 범위 $(t>0)$ 밖에 있을 때, 즉 $k \leq 0$일 때 ($\because$ ★㉡을 제외한 범위)
   축 $t=k$와 t의 범위 $(t>0)$ 중에서 가장 가까운 $t=0$에서
   9를 갖는다.
   따라서 $k \leq 0$일 때 $t>0$인 모든 실수 t에 대하여 부등식 ㉠
   이 성립한다.
i), ii)에서 k의 값의 범위는 $k \leq 3$

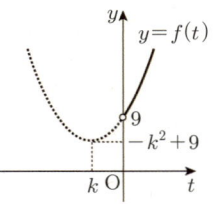

[줄기4-5] 모든 실수 x에 대하여 부등식 $9^x - 2k \cdot 3^x + 16 > 0$이 성립하도록 하는 실수 k의 값의
범위를 구하여라.

● 잎 3-1

지수함수 $y = a^{3x-1} + 3$의 그래프는 a의 값에 관계없이 항상 일정한 점 (α, β)를 지날 때, α, β의 값을 구하여라. (단, $a > 0, a \neq 1$)

● 잎 3-2

좌표평면에서 지수함수 $y = a^x$의 그래프를 y축에 대하여 대칭이동시킨 후, x축의 방향으로 3만큼, y축의 방향으로 2만큼 평행이동시킨 그래프가 점 $(1, 4)$를 지난다. 양수 a의 값은? [수능 기출]

① $\sqrt{2}$ ② 2 ③ $2\sqrt{2}$ ④ 4 ⑤ $4\sqrt{2}$

● 잎 3-3

지수함수 $f(x) = 3^{-x}$에 대하여 $a_1 = f(2)$, $a_{n+1} = f(a_n)$ $(n = 1, 2, 3)$일 때, a_2, a_3, a_4의 대소관계를 옳게 나타낸 것은? [평가원 기출]

① $a_2 < a_3 < a_4$ ② $a_4 < a_3 < a_2$ ③ $a_2 < a_4 < a_3$
④ $a_3 < a_2 < a_4$ ⑤ $a_3 < a_4 < a_2$

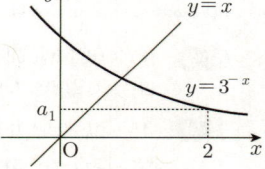

● 잎 3-4

실수 전체의 집합에서 양의 실수의 집합으로 대응되는 함수 $f(x)$가 임의의 실수 a, b에 대하여 $f(ab) = \{f(b)\}^a$을 만족할 때, $f\left(\dfrac{1}{2}\right) + f\left(\dfrac{1}{3}\right) + f\left(\dfrac{1}{6}\right)$의 값은? (단, $f(1) = 64$) [교육청 기출]

① 12 ② 13 ③ 14 ④ 15 ⑤ 16

● 잎 3-5

그림과 같이 두 곡선 $y = 2^x$, $y = 2^{x-2}$과 직선 $y = k$의 교점을 각각 P_k, Q_k라 하고, 삼각형 $OP_k Q_k$의 넓이를 A_k라 하자. $A_1 + A_4 + A_7 + A_{10}$의 값을 구하여라. [교육청 기출]

(단, k는 자연수이고, O는 원점이다.)

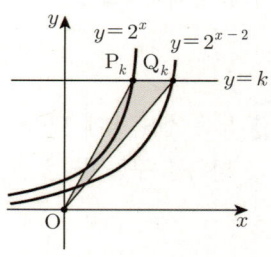

● 잎 3-6

두 지수함수 $f(x) = a^{bx-1}$, $g(x) = a^{1-bx}$ 이 다음 조건을 만족시킨다.

> (가) 함수 $y = f(x)$의 그래프와 $y = g(x)$의 그래프는 직선 $x = 2$에 대하여 대칭이다.
>
> (나) $f(4) + g(4) = \dfrac{5}{2}$

두 상수 a, b의 합 $a + b$의 값은? (단, $0 < a < 1$) [수능 기출]

① 1　　　② $\dfrac{9}{8}$　　　③ $\dfrac{5}{4}$　　　④ $\dfrac{11}{8}$　　　⑤ $\dfrac{3}{2}$

● 잎 3-7

지수함수 $f(x) = a^{x-m}$의 그래프와 그 역함수의 그래프가 두 점에서 만나고, 두 교점의 x좌표가 1과 3일 때, $a + m$의 값은? [수능 기출]

① $2 - \sqrt{3}$　　② 2　　③ $1 + \sqrt{3}$　　④ 3　　⑤ $2 + \sqrt{3}$

● 잎 3-8

함수 $f(x) = 2^x$의 그래프를 x축의 방향으로 m만큼, y축의 방향으로 n만큼 평행이동시키면 함수 $y = g(x)$의 그래프가 되고, 이 평행이동에 의하여 점 $A(1, f(1))$이 점 $A'(3, g(3))$으로 이동된다. 함수 $y = g(x)$의 그래프가 점 $(0, 1)$을 지날 때, $m + n$의 값은? [수능 기출]

① $\dfrac{11}{4}$　　　② 3　　　③ $\dfrac{13}{4}$　　　④ $\dfrac{7}{2}$　　　⑤ $\dfrac{15}{4}$

● 잎 3-9

함수 $f(x)$는 모든 실수 x에 대하여 $f(x+2) = f(x)$를 만족시키고

$$f(x) = \left| x - \frac{1}{2} \right| + 1 \left(-\frac{1}{2} \le x < \frac{3}{2} \right)$$

이다. 자연수 n에 대하여 지수함수 $y = 2^{\frac{x}{n}}$의 그래프와 함수 $y = f(x)$의 그래프의 교점의 개수가 5가 되도록 하는 모든 n의 값의 합은? [평가원 기출]

① 7　　　② 9　　　③ 11　　　④ 13　　　⑤ 15

● **함수의 대칭성(Ⅰ)**

1) **기함수** ※기(奇): 홀수 기

$f(-x)=-f(x)$를 만족하는 함수로 **원점**에 대하여 대칭이다.

예) $y=x$, $y=x^3$, $y=x^5$, $y=x^7$, …

> 익히는 방법
> $f(-x)=-f(x)$와 같이 $-$가 밖으로 **기**어 나오므로 **기**함수이다.

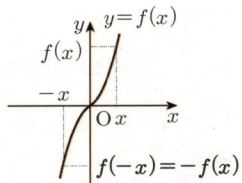

2) **우함수** ※우(偶): 짝수 우, 짝 우, 배우자 우

$f(-x)=f(x)$를 만족하는 함수로 **y축**에 대하여 대칭이다.

예) $y=|x|$, $y=x^2$, $y=x^4$, $y=x^6$, …

> 익히는 방법
> $f(-x)=f(x)$와 같이 $-$가 안에서 **우**그러지므로 **우**함수이다.

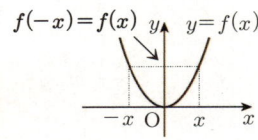

3) **직선 $x=a$에 대하여 대칭**

오른쪽 그림과 같이 $f(a+x)=f(a-x)$를 만족하는 함수이다.

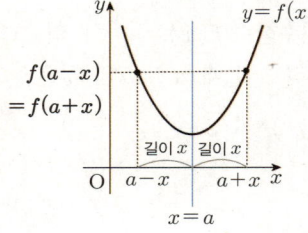

> 익히는 방법
> $f(t+x)=f(k-x)$를 만족하는 함수 $f(x)$는
> i) $f(t+x)=f(k-x)$, 즉 $f(x)=f(-x)$ 꼴인 선대칭이다.
> ii) 직선 $x=\dfrac{(t+x)+(k-x)}{2}=\dfrac{t+k}{2}$에 대하여 대칭이다.

예) $f(3+x)=f(5-x)$를 만족하는 함수 $f(x)$는 직선 $x=4$에 대하여 대칭이다.
　　 i) $f(3+x)=f(5-x)$, 즉 $f(x)=f(-x)$ 꼴인 선대칭이다.
　　 ii) 직선 $x=\dfrac{(3+x)+(5-x)}{2}=4$에 대하여 대칭이다.

● **함수의 대칭성(Ⅱ)** 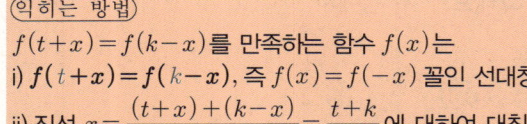 p.92에 있다.

● 잎 **3-10**

실수 전체의 집합에서 정의된 함수 f가 다음 조건을 만족시킨다.

> (가) $-2\le x\le0$일 때, $f(x)=|x+1|-1$
> (나) 모든 실수 x에 대하여 $f(x)+f(-x)=0$
> (다) 모든 실수 x에 대하여 $f(2-x)=f(2+x)$

$-10\le x\le10$에서 $y=f(x)$의 그래프와 $y=\left(\dfrac{1}{2}\right)^x$의 그래프의 교점의 개수는? [교육청 기출]

① 2　　　② 3　　　③ 4　　　④ 5　　　⑤ 6

● 잎 **3-11**

방정식 $\left(\dfrac{1}{\sqrt{3}}\right)^{3x}=9^{3-x}$의 해를 구하여라. [교육청 기출]

● 잎 3-12

지수방정식 $(2^x-8)(3^{2x}-9)=0$의 두 실근을 α, β라 할 때, $\alpha^2+\beta^2$의 값을 구하여라.

[평가원 기출]

● 잎 3-13

지수방정식 $2^x+2^{2-x}=5$의 모든 실근의 합은? [수능 기출]

① -2 ② -1 ③ 0 ④ 1 ⑤ 2

● 잎 3-14

연립방정식 $\begin{cases} 3\cdot2^x-2\cdot3^y=6 \\ 2^{x-2}-3^{y-1}=-1 \end{cases}$ 의 해가 $x=\alpha$, $y=\beta$일 때, $\alpha^2+\beta^2$의 값을 구하여라.

● 잎 3-15

좌표평면에서 두 점 $(2, 0)$, $(0, 4)$를 지나는 직선 위의 점 $P(a, b)$가 등식 $4^a-2^b=6$을 만족할 때, 4^a+2^b의 값은? [교육청 기출]

① 8 ② 9 ③ 10 ④ 11 ⑤ 12

● 잎 3-16

조개류는 현탁물을 여과한다. 수온이 $t\,(°C)$이고 개체중량이 $w\,(g)$일 때, A 조개와 B 조개가 1시간 동안 여과하는 양 (L)을 각각 Q_A, Q_B라고 하면 다음과 같은 관계식이 성립한다고 한다.

$$Q_A=0.01\,t^{1.25}\,w^{0.25}, \quad Q_B=0.05\,t^{0.75}\,w^{0.30}$$

수온이 $20\,°C$이고 A 조개와 B 조개의 개체중량이 각각 $8\,g$일 때, $\dfrac{Q_A}{Q_B}$의 값은 $2^a\times5^b$이다. $a+b$의 값은? (단, a, b는 유리수이다.) [수능 기출]

① 0.15 ② 0.35 ③ 0.55 ④ 0.75 ⑤ 0.95

● 잎 3-17

과거 n년 동안 매출액이 a원에서 b원으로 변했을 때 연평균 성장률은

(연평균 성장률)$=\left(\dfrac{b}{a}\right)^{\frac{1}{n}}-1$로 나타내어진다. 다음은 두 회사 A, B의 매출액을 나타낸 표이다.

회사명	1998년 말	2008년 말
A	100	200
B	121	484

이때, 1998년 말부터 2008년 말까지 10년 동안 B회사의 연평균 성장률은 A회사의 k배이다.

$100k$의 값을 구하여라. (단, $2^{\frac{11}{10}}=2.14$로 계산한다.) [교육청 기출]

● 잎 3-18

인구가 매년 일정한 비율로 증가하는 어느 도시가 있다. 2006년 말 현재 이 도시의 인구는 15년 전인 1991년 말 인구의 2배라고 한다. 1997년 말 이 도시의 인구는 1991년 말 인구보다 몇 % 증가하였는지 우측 상용로그표를 이용하여 구한 것은? [교육청 기출]

〈상용로그표〉

x	$\log x$
1.26	0.10
1.32	0.12
1.38	0.14
2.00	0.30

① 26% ② 29% ③ 32%
④ 35% ⑤ 38%

● 잎 3-19

다음은 어느 지역의 방음벽, 배수로, 도로를 나타낸 평면도이다. 평면도에서 방음벽을 x축, 방음벽과 수직으로 건설된 배수로를 y축으로 할 때, 도로의 중앙선은 곡선 $y=a^x+2\,(a>1)$의 일부로 나타내어진다.

$\overline{AB}=\overline{BC}=2$를 만족시키는 x축 위의 세 점 A, B, C를 지나고 x축에 수직인 세 직선을 그어 곡선 $y=a^x+2$와 만나는 점을 각각 D, E, F라 하자.

$\overline{AD}=\dfrac{12}{5}$, $\overline{BE}=\dfrac{9}{2}$, $\overline{CF}=h$일 때, 상수 h의 값은?

(단, 방음벽, 배수로, 도로의 중앙선의 폭은 무시한다.) [교육청 기출]

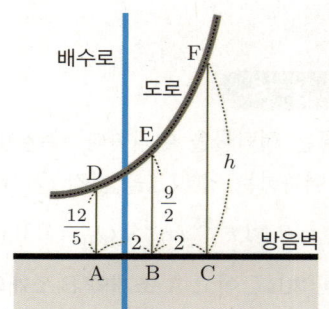

① $\dfrac{121}{8}$ ② $\dfrac{125}{8}$ ③ $\dfrac{137}{8}$ ④ $\dfrac{141}{8}$ ⑤ $\dfrac{155}{8}$

● **잎 3-20**

지수부등식 $(3^x - 5)(3^x - 100) < 0$을 만족시키는 모든 자연수 x의 값의 합은? [교육청 기출]

① 5　　　② 7　　　③ 9　　　④ 11　　　⑤ 13

● **잎 3-21**

실수 전체의 집합에서 정의된 함수 $f(x) = \dfrac{8}{2^x + 2^{-x}}$의 최댓값을 구하여라.

● **잎 3-22**

함수 $y = 9^x + 9^{-x} - 2k(3^x + 3^{-x}) - 1$의 최솟값이 -3일 때, 실수 k의 값을 구하여라. (단, $k < 2$)

● **잎 3-23**

모든 실수 x에 대하여 부등식 $k \cdot 2^x \leq 4^x - 2^x + 4$가 성립하도록 하는 실수 k의 값의 범위는?

① $k \leq -1$　　② $-4 \leq k \leq 3$　　③ $-1 \leq k \leq 3$　　④ $k \leq 3$　　⑤ $k \geq 0$

[교육청 기출]

● **잎 3-24**

어느 나라의 올해 물가지수는 전년도에 비해 4% 상승하였다. 이 나라의 물가지수가 매년 이러한 비율로 상승한다고 할 때, 물가지수가 처음으로 올해의 2배 이상이 되는 해는 앞으로 몇 년 후인가? (단, $\log 2 = 0.301$, $\log 1.04 = 0.017$로 계산한다.) [교육청 기출]

① 16　　　② 18　　　③ 20　　　④ 22　　　⑤ 24

● **잎 3-25**

어느 제과점에서는 다음과 같은 방법으로 빵의 가격을 실질적으로 인상한다.

　빵의 개당 가격을 유지하고, 무게를 그 당시 무게에서 10% 줄인다.

이 방법을 n번 시행하면 빵의 단위 무게당 가격이 처음의 1.5배 이상이 된다. n의 최솟값은?

(단, $\log 2 = 0.3010$, $\log 3 = 0.4771$로 계산한다.) [평가원 기출]

① 3　　　② 4　　　③ 5　　　④ 6　　　⑤ 7

- **함수의 대칭성(Ⅱ)** ⇨ p.88에 연결되는 내용이다.

  4) **점 $(a, 0)$에 대하여 대칭**

  오른쪽 그림과 같이 $f(a+x)=-f(a-x)$를 만족하는 함수이다.

  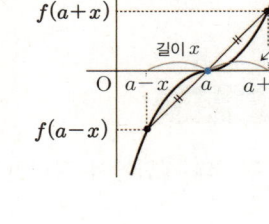

  > (익히는 방법)
  > $f(t+x)=-f(k-x)$를 만족하는 함수 $f(x)$는
  > i) $f(t+x)=-f(k-x)$, 즉 $f(x)=-f(-x)$ 꼴인 점대칭이다.
  > ii) 점 $\left(\dfrac{(t+x)+(k-x)}{2}, 0\right)=\left(\dfrac{t+k}{2}, 0\right)$에 대하여 대칭이다.

  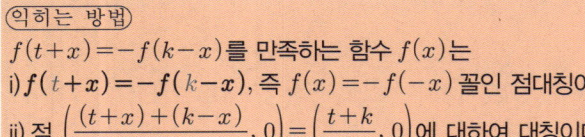

  예) $f(-3+x)=-f(-3-x)$를 만족하는 함수 $f(x)$는 점 $(-3, 0)$에
  대하여 대칭이다.
  i) $f(-3+x)=-f(-3-x)$, 즉 $f(x)=-f(-x)$ 꼴인 점대칭이다.
  ii) 점 $\left(\dfrac{(-3+x)+(-3-x)}{2}, 0\right)=(-3, 0)$에 대하여 대칭이다.

  5) **점 (a, b)에 대하여 대칭**

  오른쪽 그림과 같이 $f(a+x)+f(a-x)=2b$를 만족하는 함수이다.

  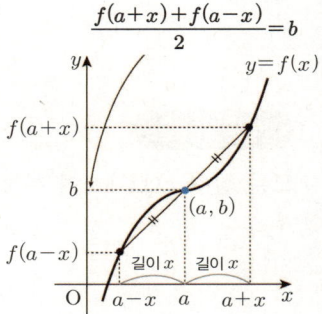

  > (익히는 방법)
  > $f(t+x)+f(k-x)=m$을 만족하는 함수 $f(x)$는
  > i) $f(t+x)+f(k-x)=m$, 즉 $f(x)+f(-x)=0$ 꼴인 점대칭이다.
  > ii) 점 $\left(\dfrac{(t+x)+(k-x)}{2}, \dfrac{m}{2}\right)=\left(\dfrac{t+k}{2}, \dfrac{m}{2}\right)$에 대하여 대칭이다.

  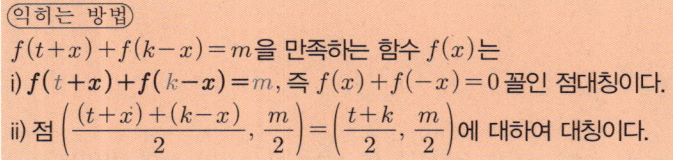

  예) $f(x)+f(-8-x)-6=0$을 만족하는 함수 $f(x)$는 점 $(-4, 3)$에
  대하여 대칭이다.
  i) $f(x)+f(-8-x)=6$, 즉 $f(x)+f(-x)=0$ 꼴인 점대칭이다.
  ii) 점 $\left(\dfrac{x-8-x}{2}, \dfrac{6}{2}\right)=(-4, 3)$에 대하여 대칭이다.

- **함수의 그래프의 오목과 볼록**

  임의의 실수 x_1, x_2에 대하여 함수 $y=f(x)$의 그래프의 개형은
  다음을 만족시킨다.

  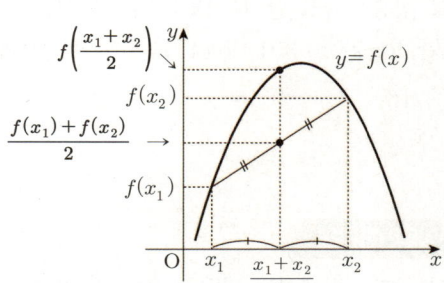

  ① $f\left(\dfrac{x_1+x_2}{2}\right) \geq \dfrac{f(x_1)+f(x_2)}{2}$ (단, 등호는 $x_1=x_2$일 때 성립)

  ⇔ $y=f(x)$의 그래프는 **위로 볼록**한 곡선이다.

  ② $f\left(\dfrac{x_1+x_2}{2}\right) = \dfrac{f(x_1)+f(x_2)}{2}$

  ⇔ $y=f(x)$의 그래프는 **직선**이다.

  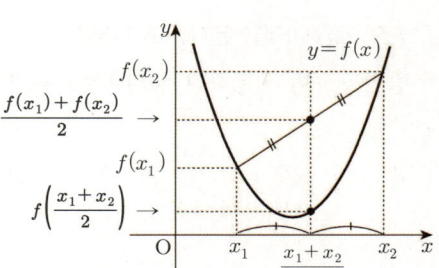

  ③ $f\left(\dfrac{x_1+x_2}{2}\right) \leq \dfrac{f(x_1)+f(x_2)}{2}$ (단, 등호는 $x_1=x_2$일 때 성립)

  ⇔ $y=f(x)$의 그래프는 **아래로 볼록**한 곡선이다.

4. 로그함수

①1 로그함수의 뜻과 그래프

1 로그함수의 뜻

지수함수 $y = a^x\ (a > 0,\ a \neq 1)$은 실수 전체의 집합에서 양의 실수 전체의 집합으로의 일대일대응이므로 역함수가 존재한다.

$y = a^x$에서 로그의 정의에 의하여 $x = \log_a y$이고, 이 등식에서 x와 y를 서로 바꾸면

$y = \log_a x\ (a > 0,\ a \neq 1)$

따라서 $y = a^x$의 역함수는 $y = \log_a x$이고, 이 함수를 a를 밑으로 하는 **로그함수**라 한다.

> **참고 역함수 $y = f^{-1}(x)$**
> 함수를 나타낼 때 일반적으로 정의역의 원소를 x, 치역의 원소를 y로 나타내므로
> 함수 $y = f(x)$의 역함수 $x = f^{-1}(y)$의 경우도 x와 y를 서로 바꾸어 $y = f^{-1}(x)$와 같이 나타낸다.

> 예) $y = f(x) \Leftrightarrow y = 2x + 1$
> $x = f^{-1}(y) \Leftrightarrow x = \dfrac{1}{2}y - \dfrac{1}{2}$ ⎫ 역함수의 정의
> $y = f^{-1}(x) \Leftrightarrow y = \dfrac{1}{2}x - \dfrac{1}{2}$ ← 역함수

> **주의** '역함수의 정의'와 '역함수'의 차이를 알아야 한다.

2 로그함수 $y = \log_a x\ (a > 0,\ a \neq 1)$의 성질

로그함수 $y = \log_a x\ (a > 0,\ a \neq 1)$는 지수함수 $y = a^x\ (a > 0,\ a \neq 1)$의 역함수이므로 $y = \log_a x$의 그래프는 $y = a^x$의 그래프와 직선 $y = x$에 대하여 대칭이다.

따라서 로그함수 $y = \log_a x$의 그래프는 a의 값의 범위에 따라 다음과 같다.

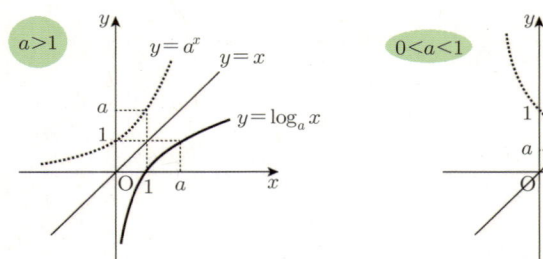

1) **정의역은 양의 실수 전체**의 집합이고, **공역과 치역은 실수 전체**의 집합이다.
2) $a > 1$일 때, x의 값이 **증가**하면 y의 값도 **증가**한다. (증가함수)
   $0 < a < 1$일 때, x의 값이 **증가**하면 y의 값은 **감소**한다. (감소함수)
3) 양의 실수 전체의 집합에서 실수 전체의 집합으로의 **일대일대응**이다.
4) 그래프는 **점 $(1, 0)$**을 지나고, **y축**(직선 $x = 0$)을 점근선으로 한다.

3 로그함수 $y=\log_a x\,(a>0,\,a\neq1)$의 그래프의 평행이동과 대칭이동

로그함수 $y=\log_a x$의 그래프를 평행이동 또는 대칭이동한 그래프의 식은 다음과 같다.

1) x축의 방향으로 m만큼, y축의 방향으로 n만큼 평행이동
   $\Rightarrow y-n=\log_a(x-m)$, 즉 $y=\log_a(x-m)+n$

2) x축에 대하여 대칭이동 $\Rightarrow -y=\log_a x$, 즉 $y=\log_a \dfrac{1}{x}$

3) y축에 대하여 대칭이동 $\Rightarrow y=\log_a(-x)$

4) 원점에 대하여 대칭이동 $\Rightarrow -y=\log_a(-x)$, 즉 $y=\log_a\left(-\dfrac{1}{x}\right)$

5) 직선 $y=x$에 대하여 대칭이동 $\Rightarrow x=\log_a y$, 즉 $y=a^x$

씨앗. 1 ⬛ 로그함수 $y=\log_2 x$의 그래프를 이용하여 다음 함수의 그래프를 그리고, 정의역, 공역, 치역, 점근선을 구하여라.

  1) $y=\log_{\frac{1}{2}} x$ 2) $y=\log_2(-x)$ 3) $y=\log_2(x-1)$

풀이 1) $y=\log_{\frac{1}{2}} x=\log_{2^{-1}} x=\dfrac{1}{-1}\log_2 x=-\log_2 x$

$y=\log_{\frac{1}{2}} x$에서 $-y=\log_2 x$이므로 $y=\log_{\frac{1}{2}} x$의 그래프는
$y=\log_2 x$의 그래프를 x축에 대하여 대칭이동한 것이다.
따라서 $y=\log_{\frac{1}{2}} x$의 그래프는 오른쪽 그림과 같다.
정의역은 양의 실수 전체의 집합, **공역**은 실수 전체의 집합,
치역은 실수 전체의 집합, **점근선**은 y축(직선 $x=0$)이다.

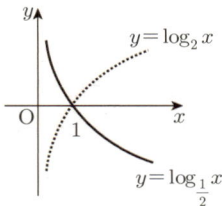

2) $y=\log_2(-x)$의 그래프는 $y=\log_2 x$의 그래프를 y축에 대
하여 대칭이동한 것이다.
따라서 $y=\log_2(-x)$의 그래프는 오른쪽 그림과 같다.
정의역은 음의 실수 전체의 집합, **공역**은 실수 전체의 집합,
치역은 실수 전체의 집합, **점근선**은 y축(직선 $x=0$)이다.

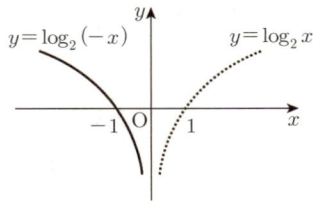

3) $y=\log_2(x-1)$의 그래프는 $y=\log_2 x$의 그래프를 x축의
방향으로 1만큼 평행이동한 것이다.
따라서 $y=\log_2 x$의 그래프는 오른쪽 그림과 같다.
정의역은 $\{x\,|\,x>1$인 실수$\}$, **공역**은 실수 전체의 집합,
치역은 실수 전체의 집합, **점근선**은 직선 $x=1$이다.

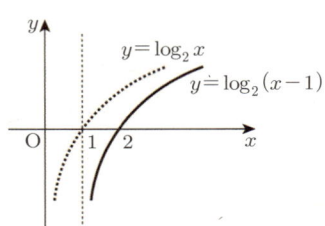

4 **로그함수의 그래프를 그리는 아주 쉬운 요령**

로그함수의 그래프는 증가함수 ($\diagup$, $\diagup$)와 감소함수 ($\diagdown$, $\diagdown$)뿐임에 착안하여 그린다.

1st **점근선**을 그린다. ※ 점근선은 함수의 그래프가 한없이 근접하는 가상의 직선이다.

   ↳ 점근선의 방정식은 (진수)>0이므로 직선 (진수)=0이다.

2nd 진수의 값이 1일 때 지나는 점과 진수와 밑의 값이 같을 때 지나는 점을 잡는다.

3rd 이 두 점을 **연결**하면 증가함수인지, 감소함수인지 파악할 수 있다.

   이때, 점근선을 고려하여 **로그함수의 그래프를 그린다.**

뿌리 1-1 **로그함수의 그래프를 그리는 아주 쉬운 요령**

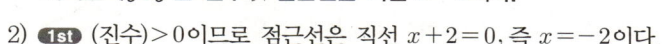

다음 함수의 그래프를 그리고, 정의역, 공역, 치역, 점근선을 구하여라.

1) $y = \log_5 3x$ 2) $y = \log_3 (x+2) - 1$ 3) $y = \log_3 (1-x) - 1$

풀이 1) **1st** (진수)>0이므로 점근선은 직선 $3x=0$, 즉 $x=0$이다.

    2nd 그래프 위의 임의의 두 점의 좌표는 $\left(\dfrac{1}{3}, 0 \right)$, $\left(\dfrac{5}{3}, 1 \right)$

    3rd 두 점을 연결하면 증가함수이고, 점근선 $x=0$을 고려하여
       그래프를 그린다.

    따라서 $y=\log_5 3x$의 그래프는 오른쪽 그림과 같다.

    정의역은 (진수)>0이므로 $\{x \mid x>0\}$, **공역**은 $\{y \mid y$는 실수$\}$,
    치역은 $\{y \mid y$는 실수$\}$, **점근선**은 **직선** $x=0$이다.

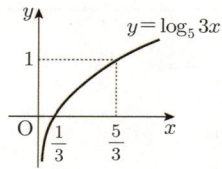

2) **1st** (진수)>0이므로 점근선은 직선 $x+2=0$, 즉 $x=-2$이다.

    2nd 그래프 위의 임의의 두 점의 좌표는 $(-1, -1)$, $(1, 0)$

    3rd 두 점을 연결하면 증가함수이고, 점근선 $x=-2$를 고려하여
       그래프를 그린다.

    따라서 $y=\log_3(x+2)-1$의 그래프는 오른쪽 그림과 같다.

    정의역은 (진수)>0이므로 $\{x \mid x>-2\}$, **공역**은 $\{y \mid y$는 실수$\}$,
    치역은 $\{y \mid y$는 실수$\}$, **점근선**은 **직선** $x=-2$이다.

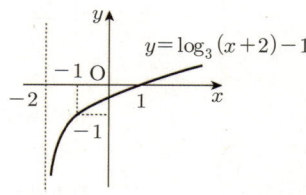

3) **1st** (진수)>0이므로 점근선은 직선 $1-x=0$, 즉 $x=1$이다.

    2nd 그래프 위의 임의의 두 점의 좌표는 $(0, -1)$, $(-2, 0)$

    3rd 두 점을 연결하면 감소함수이고, 점근선 $x=1$을 고려하여
       그래프를 그린다.

    따라서 $y=\log_3(1-x)-1$의 그래프는 오른쪽 그림과 같다.

    정의역은 (진수)>0이므로 $\{x \mid x<1\}$, **공역**은 $\{y \mid y$는 실수$\}$,
    치역은 $\{y \mid y$는 실수$\}$, **점근선**은 **직선** $x=1$이다.

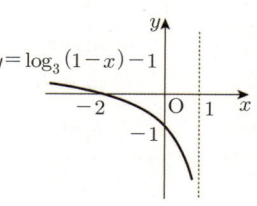

뿌리 1-2 로그함수의 성질(1)

다음 보기 중 함수 $y = \log_3 (2-x) + 1$에 대한 설명으로 옳은 것을 모두 골라라.

---- ⟨보기⟩ ----

ㄱ. 정의역은 $\{\, x \mid x < 2 \,\}$이다.

ㄴ. 그래프의 점근선은 직선 $x = 2$이다.

ㄷ. 그래프는 점 $(-1, 2)$를 지난다.

ㄹ. x의 값이 증가하면 y의 값은 감소한다.

ㅁ. 그래프는 함수 $y = \log_3 x$의 그래프를 평행이동하면 겹쳐진다.

풀이 $y = \log_3 (2-x) + 1$의 그래프는 오른쪽 그림과 같다.

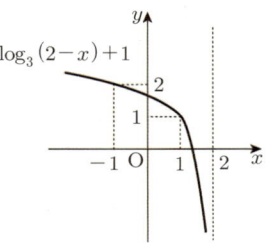

ㄱ. (진수)>0이므로 정의역은 $\{\, x \mid 2-x > 0 \,\}$, 즉 $\{\, x \mid x < 2 \,\}$ (참)

ㄴ. (진수)>0이므로 점근선은 직선 $2-x = 0$, 즉 $x = 2$이다. (참)

ㄷ. 그래프는 점 $(-1, 2)$를 지난다. ($\because 2 = \log_3 \{2 - (-1)\} + 1$) (참)

ㄹ. 오른쪽 그래프에서 x의 값이 증가하면 y의 값은 감소한다. (참)

ㅁ. $y = \log_3 (-x)$의 그래프를 x축의 방향으로 2만큼, y축의 방향으로
   1만큼 평행이동한 것이다. (거짓)

따라서 옳은 것은 ㄱ, ㄴ, ㄷ, ㄹ이다.

뿌리 1-3 로그함수의 성질(2)

다음 보기 중 함수 $f(x) = \log_{\frac{1}{3}} (2-x) + 1$에 대한 설명으로 옳은 것을 모두 골라라.

---- ⟨보기⟩ ----

ㄱ. 정의역은 $\{\, x \mid x < 2 \,\}$이다.

ㄴ. 그래프의 점근선은 직선 $x = 2$이다.

ㄷ. 그래프는 점 $(1, 1)$을 지난다.

ㄹ. $f(x_1) = f(x_2)$이면 $x_1 = x_2$이다.

ㅁ. $x_1 > x_2$이면 $f(x_1) < f(x_2)$이다.

풀이 $f(x) = \log_{\frac{1}{3}} (2-x) + 1$의 그래프는 오른쪽 그림과 같다.

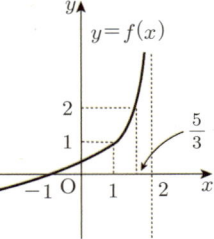

ㄱ. (진수)>0이므로 정의역은 $\{\, x \mid 2-x > 0 \,\}$, 즉 $\{\, x \mid x < 2 \,\}$ (참)

ㄴ. (진수)>0이므로 점근선은 직선 $2-x = 0$, 즉 $x = 2$이다. (참)

ㄷ. 그래프는 점 $(1, 1)$을 지난다. ($\because 1 = \log_{\frac{1}{3}} (2-1) + 1$) (참)

ㄹ. 로그함수는 일대일대응이므로 $f(x_1) = f(x_2)$이면 $x_1 = x_2$이다. (참)

ㅁ. 오른쪽 그래프에서 x의 값이 증가하면 $f(x)$의 값도 증가하므로
   $x_1 > x_2$이면 $f(x_1) > f(x_2)$이다. (거짓)

따라서 옳은 것은 ㄱ, ㄴ, ㄷ, ㄹ이다.

뿌리 1-4 로그함수의 그래프의 평행이동과 대칭이동

함수 $y = \log_7 x$의 그래프를 x축의 방향으로 -2만큼, y축의 방향으로 3만큼 평행이동한 후, 직선 $y = x$에 대하여 대칭이동한 그래프의 식을 구하여라.

풀이 $y = \log_7 x$의 그래프를 x축, y축의 방향으로 각각 -2, 3만큼 평행이동하면

$y = \log_7 (x+2) + 3 \cdots ㉠$

㉠의 그래프를 직선 $y = x$에 대하여 대칭이동하면

$x = \log_7 (y+2) + 3$

$x - 3 = \log_7 (y+2), \ y+2 = 7^{x-3} \quad \therefore \boldsymbol{y = 7^{x-3} - 2}$

뿌리 1-5 로그함수의 그래프의 평행이동

다음 물음에 답하여라.

1) 함수 $y = \log_2 3x$의 그래프를 x축의 방향으로 m만큼, y축의 방향으로 n만큼 평행이동한 그래프의 식이 $y = \log_2 (6x - 24)$일 때, 상수 m, n의 값을 구하여라.

2) 함수 $y = \log_2 x$의 그래프를 x축의 방향으로 a만큼, y축의 방향으로 b만큼 평행이동한 그래프의 식이 $y = \log_2 (8x - 3) + 1$일 때, 상수 a, b의 값을 구하여라.

풀이 1) $\log_2 3x$의 그래프를 x축의 방향으로 m만큼, y축의 방향으로 n만큼 평행이동하면

$y = \log_2 3(x-m) + n = \log_2 3(x-m) + \log_2 2^n$

$\quad = \log_2 3 \cdot 2^n (x-m) = \log_2 (3 \cdot 2^n \cdot x - 3 \cdot 2^n \cdot m)$

따라서 $3 \cdot 2^n = 6, \ 3 \cdot 2^n \cdot m = 24$

$\therefore n = 1, 3 \cdot 2 \cdot m = 24 \quad \therefore \boldsymbol{n = 1, \ m = 4}$

2) $y = \log_2 x$의 그래프를 x축 방향으로 a만큼, y축 방향으로 b만큼 평행이동하면

$y = \log_2 (x-a) + b = \log_2 (x-a) + (b-1) + 1$

$\quad = \log_2 (x-a) + \log_2 2^{b-1} + 1 = \log_2 2^{b-1}(x-a) + 1 = \log_2 (2^{b-1} \cdot x - 2^{b-1} \cdot a) + 1$

따라서 $2^{b-1} = 8, \ 2^{b-1} \cdot a = 3$

$\therefore b = 4, \ 2^3 \cdot a = 3 \quad \therefore \boldsymbol{a = \dfrac{3}{8}, \ b = 4}$

[줄기1-1] 함수 $y = \log_2 \left(\dfrac{x}{8} - 1 \right)$의 그래프는 함수 $y = \log_2 x$의 그래프를 x축의 방향으로 m만큼, y축의 방향으로 n만큼 평행이동한 것이라 할 때, 상수 m, n의 값을 구하여라.

뿌리 1-6 로그함수를 이용한 수의 대소 비교(1)

다음 수의 대소를 비교하여라.

1) 3, $\log_2 7$, $\log_4 26$

2) $\log_{\frac{1}{3}} 2$, $\log_{\frac{1}{3}} \frac{1}{4}$, $\log_{\frac{1}{3}} 4$, -1

핵심 1) $a>1$일 때, $0<x_1<x_2$이면 $\log_a x_1 < \log_a x_2$

2) $0<a<1$일 때, $0<x_1<x_2$이면 $\log_a x_1 > \log_a x_2$

풀이 1) $3=\log_4 4^3 = \log_4 64$, $\log_2 7 = \log_{2^2} 7^2 = \log_4 49$, $\log_4 26$

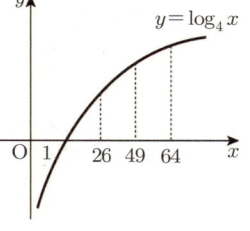

$26<49<64$에서 $y=\log_4 x$는 x의 값이 증가하면 y의 값도 증가하므로

$\log_4 26 < \log_4 49 < \log_4 64$

$\therefore \log_4 26 < \log_2 7 < 3$

2) $\log_{\frac{1}{3}} 2$, $\log_{\frac{1}{3}} \frac{1}{4}$, $\log_{\frac{1}{3}} 4$, $-1 = \log_{\frac{1}{3}} \left(\frac{1}{3}\right)^{-1} = \log_{\frac{1}{3}} 3$

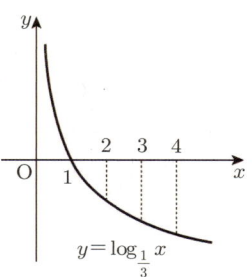

$\frac{1}{4} < 2 < 3 < 4$에서 $y = \log_{\frac{1}{3}} x$는 x의 값이 증가하면 y의 값은 감소하므로

$\log_{\frac{1}{3}} \frac{1}{4} > \log_{\frac{1}{3}} 2 > \log_{\frac{1}{3}} 3 > \log_{\frac{1}{3}} 4$

$\therefore \log_{\frac{1}{3}} 4 < -1 < \log_{\frac{1}{3}} 2 < \log_{\frac{1}{3}} \frac{1}{4}$

[줄기1-2] 다음 수의 대소를 비교하여라.

1) $\log_9 25$, $\log_3 4$, $\log_{27} 16$, 1

2) $\log_{\frac{1}{5}} 2$, $\log_{\frac{1}{5}} 3$, $\log_{\frac{1}{5}} 4$, $\log_{\frac{1}{5}} \frac{1}{2}$

뿌리 1-7 로그함수를 이용한 수의 대소 비교(2)

함수 $y=\log_{a^2-a+1} x$에서 x의 값이 증가할 때, y의 값은 감소하도록 하는 실수 a의 값의 범위를 구하여라.

풀이 $y=\log_{a^2-a+1} x$에서 x의 값이 증가할 때 y의 값을 감소하려면

$0<a^2-a+1<1$

i) $0<a^2-a+1$에서 $a^2-a+1 = \left(a-\frac{1}{2}\right)^2 + \frac{3}{4} > 0$이므로 항상 성립한다.

ii) $a^2-a+1<1$에서 $a^2-a<0$, $a(a-1)<0$ $\therefore 0<a<1$

i), ii)에서 $0<a<1$

뿌리 1-8 **로그함수의 역함수**

다음 함수의 역함수를 구하여라.

1) $y = 2^{x+3}$　　　　　　　　　　2) $y = \log_2(x-1) + 3$

3) $y = 3^x - 2$　　　　　　　　　　4) $y = \log_3(1-x) - 2$

핵심 정의역의 범위를 언급하지 않은 함수는 정의역과 공역의 범위를 구한 후 역함수를 구해야 한다.
하지만 정의역의 범위를 언급하지 않은 로그함수와 지수함수의 역함수를 구할 때는
⇨ 정의역과 공역의 범위를 따지지 않고 구해도 된다.

풀이 1) ★역함수는 (공역)=(치역)일 때 구할 수 있으므로 치역을 공역으로 생각한다.

$y = 2^{x+3}$ ($\underline{x는\ 실수}$, $\underline{y > 0}$)의 역함수를 구하면
　　　　　　정의역이 범위　공역의 범위

$x = 2^{y+3}$ (y는 실수, $x > 0$)

$y + 3 = \log_2 x$ (y는 실수, $x > 0$)

∴ $y = \log_2 x - 3$ ($x > 0$)　※ (y는 실수)=(공역은 실수 전체의 집합) ⇨ 생략한다.

∴ $y = \log_2 x - 3$　※ (진수)>0이므로 $x > 0$을 생략한다.

☆ 정의역의 범위를 언급하지 않은 지수함수의 역함수를 구할 때
　⇨ 정의역과 공역의 범위를 따지지 않고 구해도 된다.

2) ★역함수는 (공역)=(치역)일 때 구할 수 있으므로 치역을 공역으로 생각한다.

$y = \log_2(x-1) + 3$ ($\underline{x-1 > 0,\ 즉\ x > 1}$, $\underline{y는\ 실수}$)의 역함수를 구하면
　　　　　　　　　　　　정의역이 범위　　　공역의 범위

$x = \log_2(y-1) + 3$ ($y > 1$, x는 실수)

$\log_2(y-1) = x - 3$ ($y > 1$)　※ (x는 실수)=(정의역은 실수 전체의 집합) ⇨ 생략한다.

$\log_2(y-1) = x - 3$　※ (진수)>0이므로 $y > 1$을 생략한다.

$y - 1 = 2^{x-3}$

∴ $y = 2^{x-3} + 1$

☆ 정의역의 범위를 언급하지 않은 로그함수의 역함수를 구할 때
　⇨ 정의역과 공역의 범위를 따지지 않고 구해도 된다.

3) $y = 3^x - 2$의 역함수를 구하면

$x = 3^y - 2$

$3^y = x + 2$

∴ $y = \log_3(x+2)$

4) $y = \log_3(1-x) - 2$의 역함수를 구하면

$x = \log_3(1-y) - 2$

$\log_3(1-y) = x + 2$

$1 - y = 3^{x+2}$

∴ $y = -3^{x+2} + 1$

로그함수의 그래프 위의 점(1)

함수 $y = \log_2 x$의 그래프와 직선 $y = x$가
우측 그림과 같을 때, $\dfrac{d}{c}$의 값을 구하여라.
(단, 점선은 x축 또는 y축에 평행하다.)

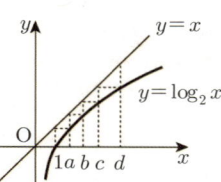

풀이 $\log_2 a = 1$이므로 $a = 2$
$\log_2 b = a = 2$이므로 $b = 2^2 = 4$
$\log_2 c = b = 4$이므로 $c = 2^4 = 16$
$\log_2 d = c = 16$이므로 $d = 2^{16}$
따라서 $\dfrac{d}{c} = \dfrac{2^{16}}{2^4} = 2^{16-4} = \mathbf{2^{12}}$

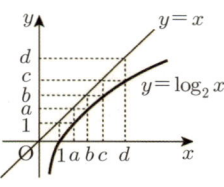

로그함수의 그래프 위의 점(2)

오른쪽 그림은 두 함수 $y = \log_3 x$, $y = \log_{\sqrt{3}} x$
의 그래프이다. y축 위의 두 점 P, Q에 대하여
$\overline{\text{OP}} : \overline{\text{OQ}} = 3 : 2$일 때, p, q 사이의 관계식을
구하여라.
(단, 점선은 x축 또는 y축에 평행하다.)

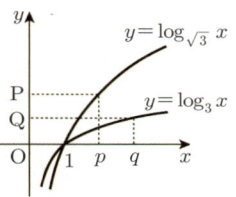

풀이 $\overline{\text{OP}} = \log_{\sqrt{3}} p$, $\overline{\text{OQ}} = \log_3 q$이므로 $\overline{\text{OP}} : \overline{\text{OQ}} = 3 : 2$에서 $\log_{\sqrt{3}} p : \log_3 q = 3 : 2$
$2\log_3 p : \log_3 q = 3 : 2$, $4\log_3 p = 3\log_3 q$, $\log_3 p^4 = \log_3 q^3$ $\therefore \mathbf{p^4 = q^3}$

로그함수의 그래프 위의 점(3)

오른쪽 그림과 같이 두 곡선 $y = \log_3 x$, $y = \log_3 3x$
와 두 직선 $x = 3$, $x = 5$로 둘러싸인 부분의 넓이를
구하여라.

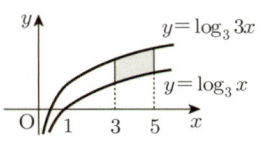

풀이 $y = \log_3 3x = \log_3 3 + \log_3 x$, 즉 $y = \log_3 x + 1$의 그래프는
곡선 $y = \log_3 x$를 y축의 방향으로 1만큼 평행이동한 것이다.
오른쪽 그림과 같이 직선 $x = 3$, $x = 5$가 두 곡선 $y = \log_3 x$,
$y = \log_3 3x$와 만나는 점을 각각 A, B라 할 때,
$S_1 = S_2$이므로 구하는 넓이는 직사각형 ABCD의 넓이와 같다.
점 A의 y좌표는 $\log_3 9 = 2$, 점 B의 y좌표는 $\log_3 3 = 1$
이므로 $\overline{\text{AB}} \cdot \overline{\text{BD}} = 1 \cdot 2 = \mathbf{2}$

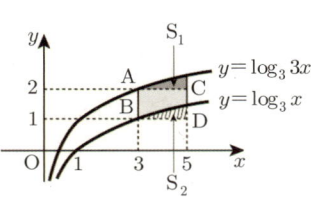

ⓞ2 로그함수의 최대·최소

1 로그함수의 최대·최소

정의역 $\{x \mid m \leq x \leq n\}$인 로그함수 $y = \log_a x$는

1) $a > 1$일 때, **증가함수**이므로

$x = m$에서 최솟값 $\log_a m$을 갖고,

$x = n$에서 최댓값 $\log_a n$을 갖는다.

> (익히는 방법)
> (밑) > 1이면 증가함수이므로 진수가 커질수록
> 함숫값이 커진다.

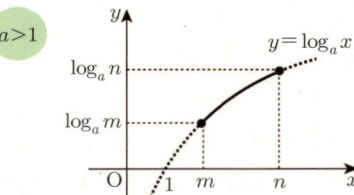

2) $0 < a < 1$일 때, **감소함수**이므로

$x = m$에서 최댓값 $\log_a m$을 갖고,

$x = n$에서 최솟값 $\log_a n$을 갖는다.

> (익히는 방법)
> $0 < ($밑$) < 1$이면 감소함수이므로 진수가 커질수록
> 함숫값이 작아진다.

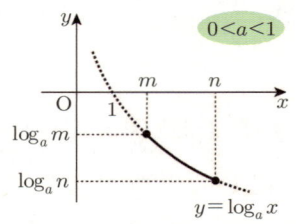

뿌리 2-1 로그함수의 최대·최소 (1)

다음 함수의 최댓값과 최솟값을 구하여라.

1) $y = \log_5 x + 1 \ (\frac{1}{25} \leq x \leq 25)$

2) $y = \log_{\frac{1}{2}} (3x + 1) + 2 \ (1 \leq x \leq 5)$

3) $y = \log_2 (x - 2) \ (3 \leq x \leq 4)$

4) $y = \log_{\frac{1}{3}} (x + 2) - 1 \ (-\frac{5}{3} \leq x \leq 7)$

핵심 i) (밑) > 1이면 증가함수이므로 함숫값은 진수가 최소일 때 최소, 진수가 최대일 때 최대

ii) $0 < ($밑$) < 1$이면 감소함수이므로 함숫값은 *진수가 최소일 때 최대, 진수가 최대일 때 최소

풀이 1) (밑) > 1인 증가함수이므로

$x = \frac{1}{25}$일 때 **최솟값** $\log_5 \frac{1}{25} + 1 = -1$, $x = 25$일 때 **최댓값** $\log_5 25 + 1 = 3$

2) $0 < ($밑$) < 1$인 감소함수이므로

$x = 1$일 때 **최댓값** $\log_{\frac{1}{2}} 4 + 2 = 0$, $x = 5$일 때 **최솟값** $\log_{\frac{1}{2}} 16 + 2 = -2$

3) (밑) > 1인 증가함수이므로

$x = 3$일 때 **최솟값** $\log_2 1 = 0$, $x = 4$일 때 **최댓값** $\log_2 2 = 1$

4) $0 < ($밑$) < 1$인 감소함수이므로

$x = -\frac{5}{3}$일 때 **최댓값** $\log_{\frac{1}{3}} \frac{1}{3} - 1 = 0$, $x = 7$일 때 **최솟값** $\log_{\frac{1}{3}} 9 - 1 = -3$

뿌리 2-2 로그함수의 최대·최소(2)

다음 물음에 답하여라.

1) 함수 $y = \log_8(x^2 - 4x + 8)$이 $x = a$에서 최솟값 b를 가질 때, a, b의 값을 구하여라.

2) 함수 $y = \log_{0.1}(x^2 - 2x + 11)$이 $x = a$에서 최댓값 b를 가질 때, a, b의 값을 구하여라.

풀이

1) $f(x) = x^2 - 4x + 8$로 놓으면 $f(x) = (x-2)^2 + 4$ $\therefore f(x) \geq 4$

$y = \log_8(x^2 - 4x + 8) = \log_8 f(x)$에서 (밑)>1인 증가함수이므로 $y = \log_8 f(x)$는 $f(x) = 4$

즉, $x = 2$일 때 최솟값 $\log_8 4 = \log_{2^3} 2^2 = \dfrac{2}{3}$를 갖는다. $\therefore a = 2, b = \dfrac{2}{3}$

2) $f(x) = x^2 - 2x + 11$로 놓으면 $f(x) = (x-1)^2 + 10$ $\therefore f(x) \geq 10$

$y = \log_{0.1}(x^2 - 2x + 11) = \log_{0.1} f(x)$에서 $0<(밑)<1$인 감소함수이므로 $y = \log_{0.1} f(x)$는 $f(x) = 10$, 즉 $x = 1$일 때 최댓값 $\log_{0.1} 10 = \log_{10^{-1}} 10 = -1$을 갖는다. $\therefore a = 1, b = -1$

[줄기2-1] 정의역이 $\{x \mid 6 \leq x \leq 126\}$인 함수 $y = -\log_5(x-a)$의 최댓값이 -1일 때, 최솟값을 구하여라. (단, a는 상수이다.)

[줄기2-2] 다음 물음에 답하여라.

1) 함수 $y = \log_{\frac{1}{3}}(-x^2 + 4x - 3)$이 $x = a$에서 최솟값 b를 가질 때, a, b의 값을 구하여라.

2) 함수 $y = \log_a(2x^2 - 4x + 10)$의 최댓값이 -3일 때, 상수 a의 값을 구하여라.
(단, $a > 0, a \neq 1$)

3) 함수 $y = \log_a(-x^2 + 4x + 12)$의 최솟값이 -4일 때, 상수 a의 값을 구하여라.
(단, $a > 0, a \neq 1$)

뿌리 2-3 로그함수의 최대·최소 (3)

다음 함수의 최댓값과 최솟값을 구하여라.

1) $y = (\log_2 x)^2 - \log_2 x^2 + 3 \ (1 \le x \le 8)$

2) $y = (\log_{\frac{1}{2}} x)^2 - \log_{\frac{1}{2}} x^2 + 3 \ (2 \le x \le 4)$

풀이 1) $y = (\log_2 x)^2 - \log_2 x^2 + 3 = (\log_2 x)^2 - 2\log_2 x + 3$

$\log_2 x = t$로 놓으면 $1 \le x \le 8$에서 $\log_2 1 \le \log_2 x \le \log_2 8$ ∴ $\star 0 \le t \le 3$

이때, 주어진 함수는 $y = t^2 - 2t + 3 = (t-1)^2 + 2 \ (\star 0 \le t \le 3)$

i) 대칭축 $t=1$이 t의 범위 $(0 \le t \le 3)$의 내에 있으므로 $t=1$에서 최솟값 2 $(\because \vee)$

ii) 대칭축 $t=1$과 t의 범위 $(0 \le t \le ③)$ 중에서 가장 멀리 있는 $t=3$에서 최댓값 6

2) $y = (\log_{\frac{1}{2}} x)^2 - \log_{\frac{1}{2}} x^2 + 3 = (\log_{\frac{1}{2}} x)^2 - 2\log_{\frac{1}{2}} x + 3$

$\log_{\frac{1}{2}} x = t$로 놓으면 $2 \le x \le 4$에서 $\log_{\frac{1}{2}} 2 \ge \log_{\frac{1}{2}} x \ge \log_{\frac{1}{2}} 4$ ∴ $\star -2 \le t \le -1$

이때, 주어진 함수는 $y = t^2 - 2t + 3 = (t-1)^2 + 2 \ (\star -2 \le t \le -1)$

대칭축 $t=1$이 t의 범위 $(-2 \le t \le -1)$의 밖에 있으므로

i) 대칭축 $t=1$과 t의 범위 $(-2 \le t \le \boxed{-1})$ 중에서 가장 가까운 $t=-1$에서 최솟값 6 $(\because \vee)$

ii) 대칭축 $t=1$과 t의 범위 $(\boxed{-2} \le t \le -1)$ 중에서 가장 멀리 있는 $t=-2$에서 최댓값 11

[줄기2-3] 다음 물음에 답하여라.

1) 함수 $y = -2(\log x)^2 + \log x^4$이 $x = a$에서 최댓값 b를 가질 때, a, b의 값을 구하여라.

2) 함수 $y = 2(\log_3 x)^2 + a\log_{\frac{1}{3}} x + b$가 $x = \dfrac{1}{3}$에서 최솟값 1을 가질 때, 상수 a, b의 값을 구하여라.

3) 정의역이 $\left\{ x \mid \dfrac{1}{2} \le x \le 8 \right\}$인 함수 $y = (\log_2 4x)\left(\log_2 \dfrac{x}{2}\right)$의 최댓값과 최솟값을 구하여라.

뿌리 2-4 로그함수의 최대·최소(4)

> 정의역이 $\{x \mid 0 \le x \le 3\}$인 함수 $y = \log_2(x^2 - 2x + 5)$의 최댓값과 최솟값을 구하여라.

[풀이] $f(x) = x^2 - 2x + 5$로 놓으면 $f(x) = (x-1)^2 + 4$

$0 \le x \le 3$일 때, $f(x)$는 $x = 1$에서 최솟값 4, $x = 3$에서 최댓값 8을 가지므로

$4 \le f(x) \le 8$

$y = \log_2(x^2 - 2x + 5) = \log_2 f(x)$에서 (밑)$> 1$인 증가함수이므로

$y = \log_2 f(x)$는 $f(x) = 4$일 때 **최솟값 2**, $f(x) = 8$일 때 **최댓값 3**을 갖는다.

[줄기2-4] 다음 물음에 답하여라.

1) 정의역이 $\{x \mid 1 \le x \le 3\}$인 함수 $y = \log_{\frac{1}{2}}(-x^2 + 4x)$의 최댓값과 최솟값을 구하여라.

2) 정의역이 $\{x \mid 0 \le x \le 4\}$인 함수 $y = \log_a(x^2 - 3x + 4)$의 최솟값이 -2일 때, 상수 a의 값을 구하여라. (단, $0 < a < 1$)

뿌리 2-5 산술평균과 기하평균을 이용하는 로그함수의 최대·최소(1)

> $x > 1$일 때, 함수 $y = \log_3 x + \log_x 81$의 최솟값을 구하여라.

[풀이] $x > 1$일 때, $\log_3 x > 0$, $\log_x 3^4 = 4\log_x 3 = \dfrac{4}{\log_3 x} > 0$이므로 산술평균과 기하평균의 관계에 의하여

$$\log_3 x + \frac{4}{\log_3 x} \ge 2\sqrt{\log_3 x \cdot \frac{4}{\log_3 x}}$$
$$= 2\sqrt{4}$$
$$= 4$$

(단, 등호는 $\log_3 x = \dfrac{4}{\log_3 x}$, 즉 $x = 9$일 때 성립)

$\quad \hookrightarrow (\log_3 x)^2 = 4$, $\log_3 x = 2$ $(\because \log_3 x > 0)$ $\quad \therefore x = 3^2 = 9$

따라서 구하는 최솟값은 4이다.

뿌리 2-6 산술평균과 기하평균을 이용하는 로그함수의 최대·최소(2)

다음 물음에 답하여라.

1) $0<x<1$일 때, 함수 $y=\log_{\frac{1}{2}} x+\log_x \frac{1}{16}$이 $x=a$에서 최솟값 b를 가질 때, a,b의 값을 구하여라.

2) $\frac{1}{2}<x<50$일 때, 함수 $y=\log 2x \cdot \log \frac{50}{x}$은 $x=a$에서 최댓값 b를 갖는다. 이때, a,b의 값을 구하여라.

풀이 1) $0<x<1$일 때, $\log_{\frac{1}{2}} x>0$, $\log_x \left(\frac{1}{2}\right)^4=4\log_x \frac{1}{2}=\frac{4}{\log_{\frac{1}{2}} x}>0$이므로 산술평균과 기하평균의 관계에 의하여

$$\log_{\frac{1}{2}} x+\frac{4}{\log_{\frac{1}{2}} x} \geq 2\sqrt{\log_{\frac{1}{2}} x \cdot \frac{4}{\log_{\frac{1}{2}} x}}$$
$$=2\sqrt{4}$$
$$=4$$

(단, 등호는 $\log_{\frac{1}{2}} x=\frac{4}{\log_{\frac{1}{2}} x}$, 즉 $x=\frac{1}{4}$일 때 성립)

$\lrcorner (\log_{\frac{1}{2}} x)^2=4$, $\log_{\frac{1}{2}} x=2 (\because \log_{\frac{1}{2}} x>0)$ $\therefore x=\left(\frac{1}{2}\right)^2=\frac{1}{4}$

따라서 $y=\log_{\frac{1}{2}} x+\log_x \frac{1}{16}$은 $x=\frac{1}{4}$에서 최솟값 4를 갖는다. $\therefore a=\frac{1}{4}, b=4$

2) $\frac{1}{2}<x<50$일 때, $\log 2x>0$, $\log \frac{50}{x}>0$이므로 산술평균과 기하평균의 관계에 의하여

$$\log 2x+\log \frac{50}{x} \geq 2\sqrt{\log 2x \cdot \log \frac{50}{x}}$$

이때, $\log 2x+\log \frac{50}{x}=\log\left(2x \cdot \frac{50}{x}\right)=\log 100=2$이므로

$$2 \geq 2\sqrt{\log 2x \cdot \log \frac{50}{x}}, \sqrt{\log 2x \cdot \log \frac{50}{x}} \leq 1$$

$$\therefore 0<\log 2x \cdot \log \frac{50}{x} \leq 1$$

(단, 등호는 $\log 2x=\log \frac{50}{x}$, 즉 $x=5$일 때 성립)

$\lrcorner 2x=\frac{50}{x}$, $x^2=25$ $\therefore x=5 (\because \frac{1}{2}<x<50)$

따라서 $y=\log 2x \cdot \log \frac{50}{x}$은 $x=5$에서 최댓값 1을 갖는다. $\therefore a=5, b=1$

뿌리 2-7 산술평균과 기하평균을 이용하는 로그함수의 최대·최소(3)

다음 물음에 답하여라.

1) $x>0, y>0$이고 $x+y=6$일 때, $\log_3 x + \log_3 y$가 최댓값을 구하여라.

2) $x>0, y>0$이고 $x+y=8$일 때, $\log_{\frac{1}{2}} x + \log_{\frac{1}{2}} y$가 최솟값을 구하여라.

풀이 1) $\log_3 x + \log_3 y = \log_3 xy$에서 (밑)>1이므로 $\log_3 xy$는 xy가 최대일 때 최대가 된다.

$x>0, y>0$이므로 산술평균과 기하평균의 관계에 의하여

$x+y \geq 2\sqrt{xy}$ (단, 등호는 $x=y$일 때 성립)

$6 \geq 2\sqrt{xy}$, $\sqrt{xy} \leq 3$ ∴ $0 < xy \leq 9$

따라서 xy의 최댓값 9이므로 $\log_3 xy$의 최댓값은 $\log_3 9 = \mathbf{2}$이다.

2) $\log_{\frac{1}{2}} x + \log_{\frac{1}{2}} y = \log_{\frac{1}{2}} xy$에서 $0<$(밑)<1이므로 $\log_{\frac{1}{2}} xy$는 xy가 최대일 때 최소가 된다.

$x>0, y>0$이므로 산술평균과 기하평균의 관계에 의하여

$x+y \geq 2\sqrt{xy}$ (단, 등호는 $x=y$일 때 성립)

$8 \geq 2\sqrt{xy}$, $\sqrt{xy} \leq 4$ ∴ $0 < xy \leq 16$

따라서 xy의 최댓값 16이므로 $\log_{\frac{1}{2}} xy$의 최솟값은 $\log_{\frac{1}{2}} 16 = \mathbf{-4}$이다.

뿌리 2-8 $y = \{f(x)\}^{g(x)}$ 꼴의 최대·최소

함수 $y = 1000 x^{\log x}$이 $x=a$에서 최솟값 b를 가질 때, a, b의 값을 구하여라.

핵심 $y = \{f(x)\}^{g(x)}$ 꼴의 최대·최소는 양변에 로그를 취하여 구한다.

풀이 $y = 1000 x^{\log x}$의 양변에 상용로그를 취하면

$\log y = \log 1000 x^{\log x} = \log 10^3 + \log x^{\log x} = 3 + \log x \cdot \log x = 3 + (\log x)^2$

$\log x = t$로 놓으면 $\log y = t^2 + 3$

따라서 $\log y$는 $t=0$일 때 최솟값 3을 가지므로

$\log x = 0$에서 $x=1$ ∴ $a=1$

$\log y = 3$에서 $y = 10^3$ ∴ $b = 1000$

[줄기2-5] 다음 물음에 답하여라.

1) $y = 9x^2 \div x^{\log_3 x}$이 $x=a$에서 최댓값 b를 가질 때, a, b의 값을 구하여라.

2) 정의역이 $\{x \mid 1 \leq x \leq 100\}$인 함수 $y = 10 x^{1 - \log x}$의 최댓값과 최솟값을 구하여라.

3) 정의역이 $\{x \mid 1 \leq x \leq 16\}$인 함수 $y = \dfrac{4x^4}{x^{\log_2 x}}$의 최댓값과 최솟값을 구하여라.

ⓧ 로그방정식

1 로그방정식

방정식 $\log x = 4$, $\log_2(x+3) = 4$, $(\log_3 x)^2 - \log_3 x - 6 = 0$, $\log_x 4 = 2$와 같이 로그의 진수 또는 밑에 미지수가 있는 방정식을 **로그방정식**이라 한다.

cf) 방정식 $(-\log_2 5)x = 3$와 같이 로그의 진수 또는 밑에 미지수가 없는 방정식은 로그방정식이 아니다.

2 로그방정식의 풀이

1) $\log_a f(x) = b$ 꼴인 경우 ⇨ 로그의 정의를 이용한다.

   $\log_a f(x) = b \Leftrightarrow f(x) = a^b$ (단, $a > 0$, $a \neq 1$, $f(x) > 0$)

2) 밑을 같게 할 수 있는 경우 ⇨ 밑을 같게 한 후 다음을 이용한다.

   $\log_a f(x) = \log_a g(x) \Leftrightarrow f(x) = g(x)$ (단, $a > 0$, $a \neq 1$, $f(x) > 0$, $g(x) > 0$)

3) $\log_a x$ 꼴이 반복되는 경우 ⇨ $\log_a x = t$로 **치환**하여 t에 대한 방정식을 푼다.

4) 진수가 같은 경우 ⇨ 밑이 같거나 진수가 1이다.

   $\log_a f(x) = \log_b f(x) \Leftrightarrow a = b$ 또는 $f(x) = 1$ (단, $a > 0$, $a \neq 1$, $b > 0$, $b \neq 1$, $f(x) > 0$)

5) 지수에 로그가 있는 경우 ⇨ 양변에 로그를 취하여 푼다.

참고) 로그의 밑의 조건과 진수의 조건, 즉 (밑)> 0, (밑)$\neq 1$, (진수)> 0인 범위를 먼저 구한 후, 이 범위 내에서 근을 구하는 것이 원칙이지만, 이 보다는 *근을 먼저 구한 다음 원식에 대입하여 로그의 밑의 조건과 진수의 조건, 즉 (밑)> 0, (밑)$\neq 1$, (진수)> 0에 맞지 않는 근을 배제시키는 방법이 더 쉽다.

씨앗. 1 ◢ 다음 로그방정식을 풀어라.

   1) $\log_3 x = 2$ 2) $\log_2(x^2 + 5x) = \log_2(7x + 24)$

풀이) 1) $\log_3 x = 2$에서 로그의 정의에 의하여

   $x = 3^2$ $\therefore x = 9 \cdots$ ㉠

   이때, ㉠을 원식의 진수에 대입하면 진수의 조건을 만족시키므로 $x = 9$

2) $\log_2(x^2 + 5x) = \log_2(7x + 24)$의 밑이 2로 같으므로

   $x^2 + 5x = 7x + 24$, $x^2 - 2x - 24 = 0$, $(x + 4)(x - 6) = 0$ $\therefore x = -4$ 또는 $x = 6 \cdots$ ㉠

   그런데 ㉠을 원식의 진수에 대입하면 $x = -4$는 진수의 조건을 만족시키지 못하고, $x = 6$은 진수의 조건을 만족하므로 $x = 6$

┚ 다음 로그방정식을 풀어라.

$$1) \ (\log x)^2 - \log x^3 = 0 \qquad\qquad 2) \ \log_{x+1} 4 = 2$$

[풀이] 1) $(\log x)^2 - \log x^3 = 0$에서 $(\log x)^2 - 3\log x = 0$

$\log x = t$로 놓으면 $t^2 - 3t = 0$, $t(t-3) = 0$ ∴ $t = 0$ 또는 $t = 3$

즉, $\log x = 0$ 또는 $\log x = 3$이므로 $x = 1$ 또는 $x = 1000$ … ㉠

이때, ㉠을 원식의 진수에 대입하면 진수의 조건을 만족시키므로 $\boldsymbol{x = 1}$ 또는 $\boldsymbol{x = 1000}$

2) $\log_{x+1} 4 = 2$에서 로그의 정의에 의하여

$(x+1)^2 = 4$, $x+1 = \pm 2$ ∴ $x = -3$ 또는 $x = 1$ … ㉠

그런데 ㉠을 원식의 밑에 대입하면 $x = -3$은 밑의 조건을 만족시키지 못하고, $x = 1$은 밑의 조건을 만족하므로 $\boldsymbol{x = 1}$

뿌리 3-1 **밑을 같게 할 수 있는 로그방정식**

다음 방정식을 풀어라.

1) $\log_2 (x-1) = 3$ 2) $\log_3 x^2 = \log_3 (-2x+3)$

3) $\log_5 (x+1) = \log_{\sqrt 5} 2$ 4) $\log_3 (x+2) = \log_9 (x+2)$

5) $\log x + \log (x-3) = 1$

[풀이] 1) $\log_2 (x-1) = 3$에서 로그의 정의에 의하여 $x-1 = 2^3$ ∴ $x = 9$ … ㉠

1) $\log_2 (x-1) = \log_2 2^3$의 양변의 밑이 2로 같으므로 $x-1 = 8$ ∴ $x = 9$ … ㉠

이때, ㉠을 원식의 진수에 대입하면 진수의 조건을 만족시키므로 $\boldsymbol{x = 9}$

2) $\log_3 x^2 = \log_3 (-2x+3)$의 양변의 밑이 3으로 같으므로 $x^2 = -2x+3$

$x^2 + 2x - 3 = 0$, $(x+3)(x-1) = 0$ ∴ $x = -3$ 또는 $x = 1$ … ㉠

이때, ㉠을 원식의 진수에 대입하면 진수의 조건을 만족시키므로 $\boldsymbol{x = -3}$ 또는 $\boldsymbol{x = 1}$

3) $\log_5 (x+1) = \log_{\sqrt 5} 2$에서 $\log_5 (x+1) = \log_{(\sqrt 5)^2} 2^2$, $\log_5 (x+1) = \log_5 4$

양변의 밑이 5로 같으므로 $x+1 = 4$ ∴ $x = 3$ … ㉠

이때, ㉠을 원식의 진수에 대입하면 진수의 조건을 만족시키므로 $\boldsymbol{x = 3}$

4) $\log_3 (x+2) = \log_9 (x+2)$에서 $\log_{3^2} (x+2)^2 = \log_9 (x+2)$, $\log_9 (x+2)^2 = \log_9 (x+2)$

양변의 밑이 9로 같으므로 $(x+2)^2 = (x+2)$, $x^2 + 3x + 2 = 0$, $(x+2)(x+1) = 0$

∴ $x = -2$ 또는 $x = -1$ … ㉠

그런데 ㉠을 원식의 진수에 대입하면 $x = -2$는 진수의 조건을 만족시키지 못하고, $x = -1$ 은 진수의 조건을 만족하므로 $\boldsymbol{x = -1}$

5) $\log x + \log (x-3) = 1$에서 $\log x(x-3) = \log 10$ ⇨ 양변의 밑이 10으로 같으므로

$x(x-3) = 10$, $(x+2)(x-5) = 0$ ∴ $x = -2$ 또는 $x = 5$ … ㉠

그런데 ㉠을 원식의 진수에 대입하면 $x = -2$는 진수의 조건을 만족시키지 못하고, $x = 5$는 진수의 조건을 만족하므로 $\boldsymbol{x = 5}$

뿌리 3-2 진수가 같은 로그방정식

방정식 $\log_{x^2-2x+1}(3-x)=\log_4(3-x)$을 풀어라.

풀이 $\log_{x^2-2x+1}(3-x)=\log_4(3-x)$에서 진수가 같으므로 밑이 같거나 진수가 1이다.

i) $x^2-2x+1=4$일 때, $x^2-2x-3=0$, $(x+1)(x-3)=0$ ∴ $x=-1$ 또는 $x=3$ ··· ㉠
　그런데 ㉠을 원식의 진수와 밑에 대입하면 $x=3$은 밑의 조건은 만족하지만 진수의 조건을 만족시키지 못하고, $x=-1$은 진수의 조건과 밑의 조건을 모두 만족하므로 $x=-1$

ii) $3-x=1$일 때, $x=2$ ··· ㉠
　그런데 ㉠을 원식의 진수와 밑에 대입하면 $x=2$는 밑의 조건은 만족하지만 진수의 조건을 만족시키지 못한다.
따라서 i)에서 $x=-1$

[줄기3-1] 다음 방정식을 풀어라.

1) $\log_2(x-2)+\log_2(x-4)=3$ 　　　　2) $\log_3(x-3)=\log_9(x+1)+1$

[줄기3-2] 방정식 $\log_{x^2-5x+5}(2-x)=\log_{11}(2-x)$을 풀어라.

뿌리 3-3 $\log_a x$ 꼴이 반복되는 로그방정식

다음 방정식을 풀어라.

1) $(\log_3 x)^2=3-\log_3 x^2$ 　　　　2) $\log_{10}x-\log_x 1000=2$

풀이 1) $(\log_3 x)^2=3-\log_3 x^2$에서 $(\log_3 x)^2+2\log_3 x-3=0$

$\log_3 x=t$로 놓으면 $t^2+2t-3=0$, $(t+3)(t-1)=0$ ∴ $t=-3$ 또는 $t=1$

즉, $\log_3 x=-3$ 또는 $\log_3 x=1$이므로 $x=3^{-3}=\dfrac{1}{27}$ 또는 $x=3^1=3$ ··· ㉠

이때, ㉠을 원식의 진수에 대입하면 진수의 조건을 만족시키므로 $x=\dfrac{1}{27}$ 또는 $x=3$

2) $\log_{10}x-\log_x 1000=2$에서 $\log_{10}x-3\log_x 10=2$, $\log_{10}x-\dfrac{3}{\log_{10}x}=2$

$\log_{10}x=t$로 놓으면 $t-\dfrac{3}{t}=2$, $t^2-2t-3=0$, $(t+1)(t-3)=0$ ∴ $t=-1$ 또는 $t=3$

즉, $\log_{10}x=-1$ 또는 $\log_{10}x=3$이므로 $x=10^{-1}=\dfrac{1}{10}$ 또는 $x=10^3=1000$ ··· ㉠

이때, ㉠을 원식의 진수와 밑에 대입하면 진수의 조건과 밑의 조건을 모두 만족시키므로

$x=\dfrac{1}{10}$ 또는 $x=1000$

[줄기3-3] 다음 방정식을 풀어라.

1) $(\log_2 x)^2=\log_2 x^2+8$ 　　　　2) $3\log_3 x+3\log_x 3-10=0$

뿌리 3-4 지수에 로그가 있는 로그방정식

다음 방정식을 풀어라.

1) $x^{\log_2 x} = x$　　　 2) $x^3 - x^{\log x} = 0$　　　 3) $2^{\log_3 x} \cdot x^{\log_3 2} = 2^{\log_3 x} + 12$

풀이 1) $x^{\log_2 x} = x$의 양변에 밑이 2인 로그를 취하면

$\log_2 x^{\log_2 x} = \log_2 x,\ \log_2 x \cdot \log_2 x = \log_2 x,\ (\log_2 x)^2 - \log_2 x = 0$

$\log_2 x = t$로 놓으면 $t^2 - t = 0,\ t(t-1) = 0$　　∴ $t = 0$ 또는 $t = 1$

즉, $\log_2 x = 0$ 또는 $\log_2 x = 1$이므로 $x = 1$ 또는 $x = 2$ ⋯ ㉠

이때, ㉠을 원식의 진수에 대입하면 진수의 조건을 만족시키므로 **$x = 1$ 또는 $x = 2$**

2) $x^3 - x^{\log x} = 0$, 즉 $x^3 = x^{\log x}$의 양변에 상용로그를 취하면

$\log x^3 = \log x^{\log x},\ 3\log x = \log x \cdot \log x,\ (\log x)^2 - 3\log x = 0$

$\log x = t$로 놓으면 $t^2 - 3t = 0,\ t(t-3) = 0$　　∴ $t = 0$ 또는 $t = 3$

즉, $\log x = 0$ 또는 $\log x = 3$이므로 $x = 1$ 또는 $x = 1000$ ⋯ ㉠

이때, ㉠을 원식의 진수에 대입하면 진수의 조건을 만족시키므로 **$x = 1$ 또는 $x = 1000$**

3) $2^{\log_3 x} \cdot x^{\log_3 2} = 2^{\log_3 x} + 12$에서 $x^{\log_3 2} = 2^{\log_3 x}$이므로

$2^{\log_3 x} \cdot 2^{\log_3 x} - 2^{\log_3 x} - 12 = 0$　　∴ $(2^{\log_3 x})^2 - 2^{\log_3 x} - 12 = 0$

$2^{\log_3 x} = t\ (t > 0)$로 놓으면 $t^2 - t - 12 = 0,\ (t+3)(t-4) = 0$　　∴ $t = 4\ (\because t > 0)$

즉, $2^{\log_3 x} = 4$이므로 $\log_3 x = 2$　　∴ $x = 9$ ⋯ ㉠

이때, ㉠을 원식의 진수에 대입하면 진수의 조건을 만족시키므로 **$x = 9$**

[줄기3-4] 다음 방정식을 풀어라.

1) $x^{\log x} = \dfrac{x^3}{100}$

2) $x^{\log_2 x} = 8x^2$

3) $x^{\log 2} \cdot 2^{\log x} - 3(x^{\log 2} + 2^{\log x}) + 8 = 0$

뿌리 3-5 로그방정식 (연립방정식)

다음 물음에 답하여라.

1) 연립방정식 $\begin{cases} \log_2 x + \log_3 y^2 = 6 \\ \log_2 x - \log_3 y = 3 \end{cases}$ 의 해가 $x=\alpha$, $y=\beta$일 때, $\alpha+\beta$의 값을 구하여라.

2) 연립방정식 $\begin{cases} \log_3 x + \log_2 y = 5 \\ \log_3 x \cdot \log_2 y = 6 \end{cases}$ 의 해가 $x=\alpha$, $y=\beta$일 때, $\alpha\beta$의 최댓값을 구하여라.

풀이 1) $\begin{cases} \log_2 x + \log_3 y^2 = 6 \\ \log_2 x - \log_3 y = 3 \end{cases}$ 에서 $\begin{cases} \log_2 x + 2\log_3 y = 6 \\ \log_2 x - \log_3 y = 3 \end{cases}$

$\log_2 x = X$, $\log_3 y = Y$로 놓으면

$\begin{cases} X + 2Y = 6 \cdots \text{㉠} \\ X - Y = 3 \quad \cdots \text{㉡} \end{cases}$

㉠, ㉡을 연립하여 풀면 $X=4$, $Y=1$

즉, $\log_2 x = 4$, $\log_3 y = 1$이므로 $x=16$, $y=3 \cdots \text{㉢}$

이때, ㉢을 원식의 진수에 대입하면 진수의 조건을 만족시키므로 $x=16$ 또는 $y=3$

$\therefore \alpha=16$, $\beta=3$

따라서 $\alpha+\beta=16+3=$ **19**

2) $\begin{cases} \log_3 x + \log_2 y = 5 \\ \log_3 x \cdot \log_2 y = 6 \end{cases}$ 에서

$\log_3 x = X$, $\log_2 y = Y$로 놓으면

$\begin{cases} X + Y = 5 \cdots \text{㉠} \\ XY = 6 \quad \cdots \text{㉡} \end{cases}$

㉠, ㉡을 연립하여 풀면 $X=2$, $Y=3$ 또는 $X=3$, $Y=2$

즉, $\log_3 x = 2$, $\log_2 y = 3$ 또는 $\log_3 x = 3$, $\log_2 y = 2$이므로

$x=9$, $y=8$ 또는 $x=27$, $y=4 \cdots \text{㉢}$

이때, ㉢을 원식의 진수에 대입하면 진수의 조건을 만족시키므로

$x=9$, $y=8$ 또는 $x=27$, $y=4$ $\quad \therefore \alpha=9$, $\beta=8$ 또는 $\alpha=27$, $\beta=4$

따라서 $\alpha\beta$의 최댓값은 $\alpha=27$, $\beta=4$일 때, $27 \cdot 4 =$ **108**

[줄기3-5] 연립방정식 $\begin{cases} \log_2 x + \log_3 y = 5 \\ \log_3 x \cdot \log_2 y = 4 \end{cases}$ 의 해가 $x=\alpha$, $y=\beta$일 때, $\alpha-\beta$의 값을 구하여라.

(단, $\alpha > \beta$)

뿌리 3-6 로그방정식의 응용

다음 물음에 답하여라.

1) 방정식 $(\log_2 x)^2 - \log_2 x^5 + 4 = 0$의 두 근의 곱을 구하여라.

2) 방정식 $\log 3x \cdot \log 4x = 5$의 해가 $x = \alpha, y = \beta$일 때, $\alpha\beta$의 값을 구하여라.

3) 방정식 $(\log_3 x)^2 - \log_3 x^2 - 5 = 0$의 두 근을 α, β라 할 때, $\log_\alpha 3 + \log_\beta 3$의 값을 구하여라.

풀이 1) $(\log_2 x)^2 - \log_2 x^5 + 4 = 0$에서 $(\log_2 x)^2 - 5\log_2 x + 4 = 0$ $\cdots$ ㉠

$\log_2 x = t$로 놓으면 $t^2 - 5t + 4 = 0$ $\cdots$ ㉡

방정식 ㉠의 두 근을 α, β라 하면 방정식 ㉡의 두 근은 $\log_2 \alpha, \log_2 \beta$이므로 근과 계수의 관계에 의하여

$\log_2 \alpha + \log_2 \beta = 5$, 즉 $\log_2 \alpha\beta = 5$이므로 $\alpha\beta = 2^5 = \mathbf{32}$

2) $\log 3x \cdot \log 4x = 5$에서 $(\log 3 + \log x)(\log 4 + \log x) = 0$ $\cdots$ ㉠

$(\log x)^2 + (\log 3 + \log 4)\log x + \log 3 \cdot \log 4 - 5 = 0$

$\log x = t$로 놓으면 $t^2 + t\log 12 + \log 3 \cdot \log 4 - 5 = 0$ $\cdots$ ㉡

방정식 ㉠의 두 근을 α, β라 하면 방정식 ㉡의 두 근은 $\log \alpha, \log \beta$이므로 근과 계수의 관계에 의하여

$\log \alpha + \log \beta = -\log 12$, 즉 $\log \alpha\beta = \log 12^{-1}$이므로 $\alpha\beta = \dfrac{1}{12}$

3) $(\log_3 x)^2 - \log_3 x^2 - 5 = 0$에서 $(\log_3 x)^2 - 2\log_3 x - 5 = 0$ $\cdots$ ㉠

$\log_3 x = t$로 놓으면 $t^2 - 2t - 5 = 0$ $\cdots$ ㉡

방정식 ㉠의 두 근을 α, β라 하면 방정식 ㉡의 두 근은 $\log_3 \alpha, \log_3 \beta$이므로 근과 계수의 관계에 의하여

$\log_3 \alpha + \log_3 \beta = 2$, $\log_3 \alpha \cdot \log_3 \beta = -5$

$\therefore \log_\alpha 3 + \log_\beta 3 = \dfrac{1}{\log_3 \alpha} + \dfrac{1}{\log_3 \beta} = \dfrac{\log_3 \beta + \log_3 \alpha}{\log_3 \alpha \cdot \log_3 \beta} = -\dfrac{2}{5}$

[줄기3-6] 다음 물음에 답하여라.

1) 방정식 $\log_2 x - \dfrac{1}{2}\log_x 4 + k = 0$의 두 근의 곱이 4일 때, 실수 k의 값을 구하여라.

2) 방정식 $x^2 - (1 + \log pq^2)x + \log p^3 q^2 = 0$의 두 근이 $2, 3$일 때, 실수 p, q의 값을 구하여라.

3) 이차방정식 $(\log a + 1)x^2 - 2(\log a + 1)x + 1 = 0$이 중근을 갖도록 하는 실수 a의 값을 구하여라.

4) 방정식 $\log_3 4x \cdot \log_3 ax = 4$의 두 근의 곱이 $\dfrac{1}{27}$일 때, 실수 a의 값을 구하여라.

⑭ 로그부등식

1 로그부등식

부등식 $\log x < 4$, $\log_2(x+3) \geq 5$, $(\log_3 x)^2 - \log_3 x - 6 \leq 0$, $\log_x 3 > 2$와 같이 로그의 진수 또는 밑에 미지수가 있는 부등식을 **로그부등식**이라 한다.

cf) 부등식 $x\log_2 5 < 4$와 같이 로그의 진수 또는 밑에 미지수가 없는 부등식은 로그부등식이 아니다.

2 로그부등식의 성질

로그부등식을 풀 때에는 로그함수 $y = \log_a x\ (a > 0,\ a \neq 1,\ x > 0)$의 그래프에서 다음의 로그부등식의 성질이 성립함을 이용한다.

1) $a > 1$이면 $y = \log_a x$가 증가함수이므로
   $$\log_a x_1 < \log_a x_2 \Leftrightarrow x_1 < x_2$$

   [익히는 방법]
   (밑)>1이면 증가함수이므로 진수의 대소는 로그부등식의 부등호의 방향과 같다.

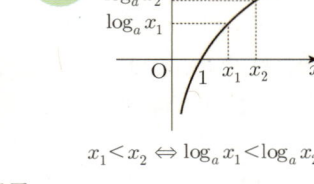

$x_1 < x_2 \Leftrightarrow \log_a x_1 < \log_a x_2$

2) $0 < a < 1$이면 $y = \log_a x$가 감소함수이므로
   $$\log_a x_1 < \log_a x_2 \Leftrightarrow x_1 > x_2$$

   [익히는 방법]
   $0 <$(밑)<1이면 감소함수이므로 진수의 대소는 로그부등식의 부등호의 방향과 반대이다.

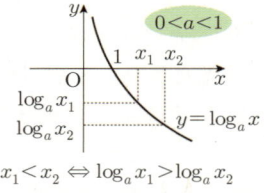

$x_1 < x_2 \Leftrightarrow \log_a x_1 > \log_a x_2$

3 로그부등식의 풀이

1) **밑을 같게 할 수 있을 때**, 밑을 같게 한 후 다음을 이용한다.

   $a > 1$이면 $y = \log_a x$가 증가함수이므로 $\log_a f(x) < \log_a g(x) \Leftrightarrow 0 < f(x) < g(x)$

   $0 < a < 1$이면 $y = \log_a x$가 감소함수이므로 $\log_a f(x) < \log_a g(x) \Leftrightarrow f(x) > g(x) > 0$

2) $\log_a x$ **꼴이 반복될 때** ⇨ $\log_a x = t$로 **치환**하여 t에 대한 부등식을 푼다.

3) **지수에 로그가 있을 때** ⇨ 양변에 로그를 취하여 푼다.

> 🔖 참고 로그부등식은 로그의 밑의 조건과 진수의 조건, 즉 (밑)>0, (밑)$\neq 1$, (진수)>0인 범위를 먼저 구한 후, 이 범위 내에서 해를 구해야 한다.

> 🔻 주의 로그방정식은 근을 먼저 구한 다음 그 근을 원식에 대입하여 로그의 밑의 조건과 진수의 조건, 즉 (밑)>0, (밑)$\neq 1$, (진수)>0에 맞지 않는 근을 배제시키는 방법이 더 쉽다. [p.108 참고]

씨앗. 1 ▪ 다음 로그부등식을 풀어라.

1) $\log_3 x^2 > \log_3 4$　　　　　2) $\log_{\frac{1}{3}}(x-1) \geq \log_{\frac{1}{3}}\frac{1}{3}$

풀이 1) 진수의 조건에서 $x^2 > 0$　　$\therefore x \neq 0$인 실수 … ㉠

　　　　$\log_3 x^2 > \log_3 4$에서 (밑)>1이므로

　　　　$x^2 > 4$, $x^2 - 4 > 0$, $(x-2)(x+2) > 0$　　$\therefore x < -2$ 또는 $x > 2$ … ㉡

　　　　따라서 ㉠, ㉡의 공통 범위는 $\boldsymbol{x < -2}$ **또는** $\boldsymbol{x > 2}$

　　　2) 진수의 조건에서 $x - 1 > 0$　　$\therefore x > 1$ … ㉠

　　　　$\log_{\frac{1}{3}}(x-1) \geq \log_{\frac{1}{3}}\frac{1}{3}$에서 $0 < $(밑)$< 1$이므로

　　　　$x - 1 \leq \dfrac{1}{3}$　　$\therefore x \leq \dfrac{4}{3}$ … ㉡

　　　　따라서 ㉠, ㉡의 공통 범위는 $1 < x \leq \dfrac{4}{3}$

뿌리 4-1 **밑을 같게 할 수 있는 로그부등식(1)**

다음 부등식을 풀어라.

1) $\log_2 x + \log_2(x-2) \leq 3$　　　　　2) $\log_{\frac{1}{2}} x + \log_{\frac{1}{2}}(x-2) < -3$

3) $-2 < \log_3 x < 3$

풀이 1) 진수의 조건에서 $x > 0, x - 2 > 0$　　$\therefore x > 2$ … ㉠

　　　　$\log_2 x + \log_2(x-2) \leq 3$, 즉 $\log_2 x(x-2) \leq \log_2 2^3$에서 (밑)$>1$이므로

　　　　$x(x-2) \leq 8$, $x^2 - 2x - 8 \leq 0$, $(x+2)(x-4) \leq 0$　　$\therefore -2 \leq x \leq 4$ … ㉡

　　　　따라서 ㉠, ㉡의 공통 범위는 $\boldsymbol{2 < x \leq 4}$

　　　2) 진수의 조건에서 $x > 0, x - 2 > 0$　　$\therefore x > 2$ … ㉠

　　　　$\log_{\frac{1}{2}} x + \log_{\frac{1}{2}}(x-2) < -3$, 즉 $\log_{\frac{1}{2}} x(x-2) < \log_{\frac{1}{2}}\left(\dfrac{1}{2}\right)^{-3}$에서 $0 < $(밑)$< 1$이므로

　　　　$x(x-2) > 8$, $x^2 - 2x - 8 > 0$, $(x+2)(x-4) > 0$　　$\therefore x < -2$ 또는 $x > 4$ … ㉡

　　　　따라서 ㉠, ㉡의 공통 범위는 $\boldsymbol{x > 4}$

　　　3) 진수의 조건에서 $x > 0$ … ㉠

　　　　$-2 < \log_3 x < 3$, 즉 $\log_3 3^{-2} < \log_3 x < \log_3 3^3$에서 (밑)$>1$이므로

　　　　$3^{-2} < x < 3^3$　　$\therefore \dfrac{1}{9} < x < 27$ … ㉡

　　　　따라서 ㉠, ㉡의 공통 범위는 $\dfrac{1}{9} < x < 27$

뿌리 4-2 밑을 같게 할 수 있는 로그부등식 (2)

다음 부등식을 풀어라.

1) $\log_2(5-x) \leq 2 + \log_2(x+10)$　　　　2) $-2 < \log_{\frac{1}{3}} x < 3$

3) $\log_2(x+5) - \log_2(3-x) - 1 > 0$

풀이 1) 진수의 조건에서 $5-x>0, x+10>0$　∴ $-10 < x < 5 \cdots$ ㉠

$\log_2(5-x) \leq 2 + \log_2(x+10)$, 즉 $\log_2(5-x) \leq \log_2 4(x+10)$에서 (밑)>1이므로

$5-x \leq 4(x+10)$, $-5x \leq 35$　∴ $x \geq -7 \cdots$ ㉡

따라서 ㉠, ㉡의 공통 범위는 $-7 \leq x < 5$

2) 진수의 조건에서 $x > 0 \cdots$ ㉠

$-2 < \log_{\frac{1}{3}} x < 3$, 즉 $\log_{\frac{1}{3}}\left(\frac{1}{3}\right)^{-2} < \log_{\frac{1}{3}} x < \log_{\frac{1}{3}}\left(\frac{1}{3}\right)^3$에서 0<(밑)<1이므로

$\left(\frac{1}{3}\right)^{-2} > x > \left(\frac{1}{3}\right)^3$　∴ $\frac{1}{27} < x < 9 \cdots$ ㉡

따라서 ㉠, ㉡의 공통 범위는 $\frac{1}{27} < x < 9$

3) 진수의 조건에서 $x+5>0, 3-x>0$　∴ $-5 < x < 3 \cdots$ ㉠

$\log_2(x+5) - \log_2(3-x) - 1 > 0$에서 $\log_2(x+5) > \log_2(3-x) + 1$

∴ $\log_2(x+5) > \log_2 2(3-x)$

(밑)>1이므로 $x+5 > 2(3-x)$, $3x > 1$　∴ $x > \frac{1}{3} \cdots$ ㉡

따라서 ㉠, ㉡의 공통 범위는 $\frac{1}{3} < x < 3$

[줄기4-1] 다음 부등식을 풀어라.

1) $\log_3(2-x) < -1$　　　　　　2) $\log_{0.5}(x-2) \leq 2\log_{0.5}(x-2)$

3) $\log_4(2x+1) \leq \log_2(x-1)$　　　4) $\log_2 x - \log_4(2x-3) > \log_4(x-2)$

[줄기4-2] 다음 물음에 답하여라.

1) 부등식 $\log_a x - \log_a(4-x) - 1 > 0$의 해가 $\frac{8}{3} < x < 4$일 때, 양수 a의 값을 구하여라.

2) 부등식 $\log_a x - \log_a(4-x) - 1 > 0$의 해가 $0 < x < 2$일 때, 양수 a의 값을 구하여라.

뿌리 4-3 $\log_a x$ 꼴이 반복되는 로그부등식

다음 부등식을 풀어라.

1) $(\log_2 x)^2 < 12 - \log_2 x^4$

2) $\left(\log_{\frac{1}{3}} x\right)^2 + 3 < \log_{\frac{1}{3}} x^4$

3) $\log_2 4x \cdot \log_2 16x \geq 24$

풀이 1) 진수의 조건에서 $x > 0, x^4 > 0$ ∴ $x > 0$ ⋯ ㉠

$(\log_2 x)^2 < 12 - \log_2 x^4$ 에서 $(\log_2 x)^2 + 4\log_2 x - 12 < 0$

$\log_2 x = t$ 로 놓으면 $t^2 + 4t - 12 < 0$, $(t+6)(t-2) < 0$ ∴ $-6 < t < 2$

즉, $-6 < \log_2 x < 2$ 이므로 $\log_2 2^{-6} < \log_2 x < \log_2 2^2$

(밑) > 1 이므로 $\dfrac{1}{64} < x < 4$ ⋯ ㉡

따라서 ㉠, ㉡의 공통 범위는 $\dfrac{1}{64} < x < 4$

2) 진수의 조건에서 $x > 0, x^4 > 0$ ∴ $x > 0$ ⋯ ㉠

$\left(\log_{\frac{1}{3}} x\right)^2 + 3 < \log_{\frac{1}{3}} x^4$ 에서 $\left(\log_{\frac{1}{3}} x\right)^2 - 4\log_{\frac{1}{3}} x + 3 < 0$

$\log_{\frac{1}{3}} x = t$ 로 놓으면 $t^2 - 4t + 3 < 0$, $(t-1)(t-3) < 0$ ∴ $1 < t < 3$

즉, $1 < \log_{\frac{1}{3}} x < 3$ 이므로 $\log_{\frac{1}{3}} \dfrac{1}{3} < \log_{\frac{1}{3}} x < \log_{\frac{1}{3}} \left(\dfrac{1}{3}\right)^3$

$0 < $ (밑) < 1 이므로 $\dfrac{1}{3} > x > \dfrac{1}{27}$ ⋯ ㉡

따라서 ㉠, ㉡의 공통 범위는 $\dfrac{1}{27} < x < \dfrac{1}{3}$

3) 진수의 조건에서 $4x > 0, 16x > 0$ ∴ $x > 0$ ⋯ ㉠

$\log_2 4x \cdot \log_2 16x \geq 24$ 에서 $(\log_2 4 + \log_2 x)(\log_2 16 + \log_2 x) \geq 24$

$(2 + \log_2 x)(4 + \log_2 x) \geq 24$, $(\log_2 x)^2 + 6\log_2 x - 16 \geq 0$

$\log_2 x = t$ 로 놓으면 $t^2 + 6t - 16 \geq 0$, $(t+8)(t-2) \geq 0$ ∴ $t \leq -8$ 또는 $t \geq 2$

즉, $\log_2 x \leq -8$ 또는 $\log_2 x \geq 2$ 이므로 $\log_2 x \leq \log_2 2^{-8}$ 또는 $\log_2 x \geq \log_2 2^2$

(밑) > 1 이므로 $x \leq \dfrac{1}{256}$ 또는 $x \geq 4$ ⋯ ㉡

따라서 ㉠, ㉡의 공통 범위는 $0 < x \leq \dfrac{1}{256}$ 또는 $x \geq 4$

[줄기4-3] 다음 부등식을 풀어라.

1) $\log_2 x^4 > (\log_2 x)^2$

2) $2(\log x)^2 + \log x^3 > 2$

3) $\log_{\frac{1}{2}} x \cdot \log_{\frac{1}{2}} 4x \geq 3$

뿌리 4-4 지수에 로그가 있는 부등식

다음 부등식을 풀어라.

1) $x^{\log_3 x} < 9x$　　　　2) $x^{\log x} < 1000x^2$　　　　3) $\left(\dfrac{1}{4}x\right)^{\log_{\frac{1}{2}} x} < 2^{-3}$

풀이 1) 진수의 조건에서 $x > 0$ … ㉠

$x^{\log_3 x} < 9x$의 양변에 밑이 3인 로그를 취하면

$\log_3 x^{\log_3 x} < \log_3 9x$, $\log_3 x \cdot \log_3 x < \log_3 3^2 + \log_3 x$　　$\therefore (\log_3 x)^2 - \log_3 x - 2 < 0$

$\log_3 x = t$로 놓으면 $t^2 - t - 2 < 0$, $(t+1)(t-2) < 0$　　$\therefore -1 < t < 2$

즉, $-1 < \log_3 x < 2$이므로 $\log_3 3^{-1} < \log_3 x < \log_3 3^2$

(밑)>1이므로 $\dfrac{1}{3} < x < 9$ … ㉡

따라서 ㉠, ㉡의 공통 범위는 $\dfrac{1}{3} < x < 9$

2) 진수의 조건에서 $x > 0$ … ㉠

$x^{\log x} < 1000x^2$의 양변에 상용로그를 취하면

$\log x^{\log x} < \log 1000x^2$, $\log x \cdot \log x < \log 10^3 + \log x^2$　　$\therefore (\log x)^2 - 2\log x - 3 < 0$

$\log x = t$로 놓으면 $t^2 - 2t - 3 < 0$, $(t+1)(t-3) < 0$　　$\therefore -1 < t < 3$

즉, $-1 < \log x < 3$이므로 $\log 10^{-1} < \log x < \log 10^3$

(밑)>1이므로 $\dfrac{1}{10} < x < 1000$ … ㉡

따라서 ㉠, ㉡의 공통 범위는 $\dfrac{1}{10} < x < 1000$

3) 진수의 조건에서 $x > 0$ … ㉠

$\left(\dfrac{1}{4}x\right)^{\log_{\frac{1}{2}} x} < 2^{-3}$의 양변에 밑이 $\dfrac{1}{2}$인 로그를 취하면

$\log_{\frac{1}{2}} \left(\dfrac{1}{4}x\right)^{\log_{\frac{1}{2}} x} > \log_{\frac{1}{2}} 2^{-3}$, $\log_{\frac{1}{2}} x \cdot \log_{\frac{1}{2}} \left(\dfrac{1}{4}x\right) > \log_{\frac{1}{2}} \left(\dfrac{1}{2}\right)^3$,

$\log_{\frac{1}{2}} x \left(\log_{\frac{1}{2}} \dfrac{1}{4} + \log_{\frac{1}{2}} x \right) > 3$　　$\therefore (\log_{\frac{1}{2}} x)^2 + 2\log_{\frac{1}{2}} x - 3 > 0$

$\log_{\frac{1}{2}} x = t$로 놓으면 $t^2 + 2t - 3 > 0$, $(t+3)(t-1) > 0$　　$\therefore t < -3$ 또는 $t > 1$

즉, $\log_{\frac{1}{2}} x < -3$ 또는 $\log_{\frac{1}{2}} x > 1$이므로 $\log_{\frac{1}{2}} x < \log_{\frac{1}{2}} \left(\dfrac{1}{2}\right)^{-3}$ 또는 $\log_{\frac{1}{2}} x > \log_{\frac{1}{2}} \dfrac{1}{2}$

$0 < $(밑)$< 1$이므로 $x > 8$ 또는 $x < \dfrac{1}{2}$ … ㉡

따라서 ㉠, ㉡의 공통 범위는 $0 < x < \dfrac{1}{2}$ 또는 $x > 8$

[줄기4-4] 부등식 $x^{\log x} \leq \dfrac{100}{x}$ 을 풀어라.

뿌리 4-5 진수에 로그가 있는 부등식

다음 부등식을 풀어라.

1) $\log_2(\log_3 x) < 1$ 2) $\log_3\left(\log_{\frac{1}{2}} x\right) \leq 1$ 3) $\log_{\frac{1}{2}}\left\{\log_4(\log_3 x)\right\} > 0$

핵심 진수에 로그가 있는 부등식도 로그의 밑의 조건과 진수의 조건, 즉 (밑)>0, (밑)≠1, (진수)>0인 범위를 먼저 구한 후, 이 범위 내에서 해를 구해야 한다.

풀이 1) 진수의 조건에서 $\log_3 x > 0, x > 0$

$\log_3 x > 0$, 즉 $\log_3 x > \log_3 1$에서 (밑)>1이므로 $x > 1$

$\therefore x > 1 \cdots$ ㉠

$\log_2(\log_3 x) < 1$에서 $\log_2(\log_3 x) < \log_2 2$

(밑)>1이므로 $\log_3 x < 2$, $\log_3 x < \log_3 3^2$

(밑)>1이므로 $x < 9 \cdots$ ㉡

따라서 ㉠, ㉡의 공통 범위는 $1 < x < 9$

2) 진수의 조건에서 $\log_{\frac{1}{2}} x > 0, x > 0$

$\log_{\frac{1}{2}} x > 0$, 즉 $\log_{\frac{1}{2}} x > \log_{\frac{1}{2}} 1$에서 0<(밑)<1이므로 $x < 1$

$\therefore 0 < x < 1 \cdots$ ㉠

$\log_3\left(\log_{\frac{1}{2}} x\right) \leq 1$에서 $\log_3\left(\log_{\frac{1}{2}} x\right) \leq \log_3 3$

(밑)>1이므로 $\log_{\frac{1}{2}} x \leq 3$, $\log_{\frac{1}{2}} x \leq \log_{\frac{1}{2}}\left(\frac{1}{2}\right)^3$

0<(밑)<1이므로 $x \geq \frac{1}{8} \cdots$ ㉡

따라서 ㉠, ㉡의 공통 범위는 $\frac{1}{8} \leq x < 1$

3) 진수의 조건에서 $\log_4(\log_3 x) > 0, \log_3 x > 0, x > 0$

$\log_4(\log_3 x) > 0$, 즉 $\log_4(\log_3 x) > \log_4 1$에서 (밑)>1이므로 $\log_3 x > 1$ $\therefore x > 3$

$\log_3 x > 0$, 즉 $\log_3 x > \log_3 1$에서 (밑)>1이므로 $x > 1$

$\therefore x > 3 \cdots$ ㉠

$\log_{\frac{1}{2}}\left\{\log_4(\log_3 x)\right\} > 0$, 즉 $\log_{\frac{1}{2}}\left\{\log_4(\log_3 x)\right\} > \log_{\frac{1}{2}} 1$에서

0<(밑)<1이므로 $\log_4(\log_3 x) < 1$

$\log_4(\log_3 x) < \log_4 4$, $\log_3 x < 4$, $\log_3 x < \log_3 3^4$

(밑)>1이므로 $x < 81 \cdots$ ㉡

따라서 ㉠, ㉡의 공통 범위는 $3 < x < 81$

[줄기4-5] 부등식 $\log_3(\log_2 x - 1) \leq 1$을 풀어라.

줄기 정답 및 풀이 ➡ 38p

뿌리 4-6 로그부등식이 항상 성립할 조건(1)

모든 양수 x에 대하여 부등식 $(\log_2 x)^2 + 2\log_2 2x - \log_4 k \geq 0$이 성립하도록 하는 실수 k의 값의 범위를 구하여라.

풀이 진수의 조건에서 $x > 0, 2x > 0, k > 0$ $\cdots$ ㉠

$(\log_2 x)^2 + 2\log_2 2x - \log_4 k \geq 0$에서 $(\log_2 x)^2 + 2(1 + \log_2 x) - \log_4 k \geq 0$

$\therefore (\log_2 x)^2 + 2\log_2 x + 2 - \log_4 k \geq 0$

$\log_2 x = t$로 놓으면 $t^2 + 2t + 2 - \log_4 k \geq 0$ $\cdots$ ㉡

$x > 0$에서 주어진 부등식이 성립하려면 ㉡이 모든 실수 t에 대하여 성립해야 하므로

이차방정식 $t^2 + 2t + 2 - \log_4 k = 0$의 판별식을 D라 하면

$\dfrac{D}{4} = 1 - (2 - \log_4 k) \leq 0, \ \log_4 k \leq 1, \ \log_4 k \leq \log_4 4$

(밑) > 1이므로 $k \leq 4$ $\cdots$ ㉢

따라서 ㉠, ㉢의 공통 범위는 $0 < k \leq 4$

뿌리 4-7 로그부등식이 항상 성립할 조건(2)

모든 실수 x에 대하여 이차부등식 $x^2 - 2x\log_3 a + 3 - \log_3 a^2 > 0$이 성립하도록 하는 실수 a의 값의 범위를 구하여라.

풀이 진수의 조건에서 $a > 0, a^2 > 0$ $\therefore a > 0$ $\cdots$ ㉠

주어진 이차부등식이 모든 실수 x에 대하여 성립하므로

이차방정식 $x^2 - 2x\log_3 a + 3 - \log_3 a^2 = 0$의 판별식을 D라 하면

$\dfrac{D}{4} = (\log_3 a)^2 - (3 - \log_3 a^2) < 0$

$\therefore (\log_3 a)^2 + 2\log_3 a - 3 < 0$

$\log_3 a = t$로 놓으면 $t^2 + 2t - 3 < 0, \ (t+3)(t-1) < 0$ $\therefore -3 < t < 1$

즉, $-3 < \log_3 a < 1$이므로 $\log_3 3^{-3} < \log_3 a < \log_3 3$

(밑) > 1이므로 $\dfrac{1}{27} < a < 3$ $\cdots$ ㉡

따라서 ㉠, ㉡의 공통 범위는 $\dfrac{1}{27} < a < 3$

[줄기4-6] 다음 물음에 답하여라.

1) 모든 양수 x에 대하여 부등식 $\left(\log_{\frac{1}{3}} x\right)^2 - 2\log_{\frac{1}{3}} x + \log_{\frac{1}{3}} k > 0$이 성립하도록 하는 실수 k의 값의 범위를 구하여라.

2) 모든 실수 x에 대하여 이차부등식 $x^2 + 2(1 - \log a)x - 3(\log a - 1) > 0$이 성립하도록 하는 실수 a의 값의 범위를 구하여라.

4 로그함수

● 잎 4-1

로그방정식 $\log_3(x-4) = \log_9(5x+4)$의 근을 α라 할 때, α의 값을 구하여라. [수능 기출]

● 잎 4-2

연립방정식 $\begin{cases} \log_2 x + \log_3 y = 5 \\ \log_3 x \cdot \log_2 y = 6 \end{cases}$ 의 해를 $x = \alpha$, $x = \beta$라 할 때, $\beta - \alpha$의 최댓값을 구하여라.

[교육청 기출]

● 잎 4-3

세 자연수 a, b, c가 다음 조건을 만족시킨다.

> (가) $a\log_{500} 2 + b\log_{500} 5 = c$
>
> (나) a, b, c의 최대공약수는 2이다.

이때, $a+b+c$의 값은? [교육청 기출]

① 6   ② 12   ③ 18   ④ 24   ⑤ 30

● 잎 4-4

로그부등식 $\log_2 x \leq \log_4(12x+28)$을 만족시키는 자연수 x의 개수를 구하여라. [수능 기출]

● 잎 4-5

부등식 $(\log_3 x)(\log_3 3x) \leq 20$을 만족시키는 자연수 x의 최댓값을 구하여라. [수능 기출]

● 잎 4-6

로그부등식 $(1+\log_3 x)(a-\log_3 x)>0$의 해가 $\dfrac{1}{3}<x<9$일 때, 상수 a의 값은? [평가원 기출]

① 1   ② 2   ③ 3   ④ 4   ⑤ 5

● 잎 4-7

부등식 $a^{x-1}<a^{2x+1}$의 해가 $x<-2$일 때, 부등식 $\log_a(x-2)<\log_a(4-x)$의 해는?

(단, 상수 a는 1이 아닌 양수이다.) [교육청 기출]

① $2<x<3$ ② $3<x<4$ ③ $2<x<4$ ④ $x<3$ ⑤ $x>3$

● 잎 4-8

부등식 $1+\log_{\frac{1}{2}} x^2>\log_{\frac{1}{2}}(5x-8)$의 해가 $\alpha<x<\beta$일 때, $\alpha\beta$의 값을 구하여라. [평가원 기출]

● 잎 4-9

부등식 $\log_2 x^2-\log_2|x|\leq 3$을 만족시키는 정수 x의 개수는? [평가원 기출]

① 12   ② 13   ③ 14   ④ 15   ⑤ 16

● 잎 4-10

다음 물음에 답하여라.

1) 이차방정식 $(\log_3 a+3)x^2-2(\log_3 a+1)x+1=0$이 서로 다른 두 실근을 가질 때, 실수 a의 값의 범위를 구하여라.

2) 이차부등식 $(1-\log k)x^2+2(1-\log k)x+\log k>0$이 모든 실수 x에 대하여 성립할 때, 실수 k의 값의 범위를 구하여라.

● 잎 4-11

$x \geq 1$, $y \geq 1$, $xy = 10000$일 때, $\log x \cdot \log y$의 최댓값을 구하여라.

● 잎 4-12

곡선 $y = \log_2(ax + b)$가 점 $(-1, 0)$과 점 $(0, 2)$를 지날 때, 두 상수 a, b의 합 $a + b$의 값은? [평가원 기출]

① 5　　② 7　　③ 9　　④ 11　　⑤ 13

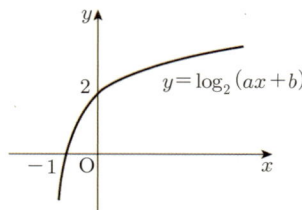

● 잎 4-13

곡선 $y = 2^x - 1$ 위의 점 $A(2, 3)$을 지나고 기울기가 -1인 직선이 곡선 $y = \log_2(x + 1)$과 만나는 점을 B라 하자.

두 점 A, B에서 x축에 내린 수선의 발을 각각 C, D라 할 때, 사각형 $ACDB$의 넓이는? [평가원 기출]

① $\dfrac{5}{2}$　　② $\dfrac{11}{4}$　　③ 3　　④ $\dfrac{13}{4}$　　⑤ $\dfrac{7}{2}$

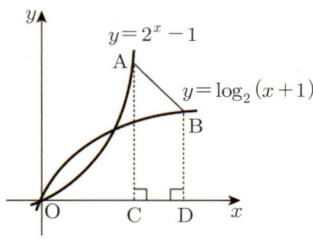

● 잎 4-14

두 함수 $f(x) = 2^{x-2} + 1$, $g(x) = \log_2(x - 1) + 2$에 대하여 아래에서 참, 거짓을 말하여라.

[평가원 기출]

ㄱ. $f^{-1}(5) \cdot \{g(5) + 1\} = 20$이다. (　　)

ㄴ. $y = f(x)$의 그래프와 $y = g(x)$의 그래프는 직선 $y = x$에 대하여 대칭이다. (　　)

ㄷ. $y = f(x)$의 그래프와 $y = g(x)$의 그래프는 만나지 않는다. (　　)

● 잎 4-15

1보다 큰 양수 a에 대하여 두 곡선 $y=a^{-x-2}$과 $y=\log_a(x-2)$가 직선 $y=1$과 만나는 두 점을 각각 A, B라 하자. $\overline{AB}=8$일 때, a의 값은? [평가원 기출]

① 2   ② 4   ③ 6   ④ 8   ⑤ 10

● 잎 4-16

다음은 1이 아닌 세 양수 a, b, c에 대하여 세 함수 $y=\log_a x$, $y=\log_b x$, $y=c^x$의 그래프를 나타낸 것이다. 세 양수 a, b, c의 대소 관계를 옳게 나타낸 것은? [평가원 기출]

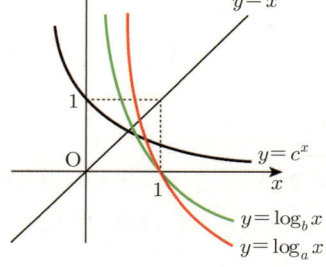

① $a>b>c$ ② $a>c>b$ ③ $b>a>c$
④ $b>c>a$ ⑤ $c>b>a$

● 잎 4-17

그림과 같이 두 곡선 $y=\log_6(x+1)$, $y=\log_6(x-1)-4$와 두 직선 $y=-2x$, $y=-2x+8$로 둘러싸인 부분의 넓이를 구하여라. [교육청 기출]

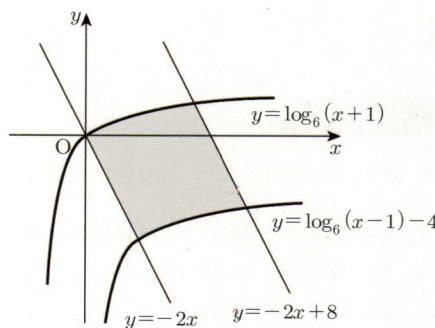

5. 삼각함수

01 일반각

1 시초선과 동경 ※ '각'은 도형이다.

두 반직선 OX, OP로 이루어진 $\angle$XOP는 $\overrightarrow{OP}$가 고정된 $\overrightarrow{OX}$의 위치에서 출발하여 점 O를 중심으로 회전하여 만들어진 **도형**이다.

이때, $\overrightarrow{OX}$를 **시초선**, $\overrightarrow{OP}$를 **동경**이라 한다.

{ 시초선 : 처음 시작하는 선이다. ※ 우리 민족의 '시초' : 단군
{ 동경 : 움직이는★ '선'이다. ※ 동(動) : 움직일 동, 경(徑) : 경로 경

동경 OP가 점 O를 중심으로 회전할 때,

1) 반시계 방향을 양의 방향 ⇨ 각의 크기에 +를 붙인다.
2) 시계 방향을 음의 방향 ⇨ 각의 크기에 −를 붙인다.

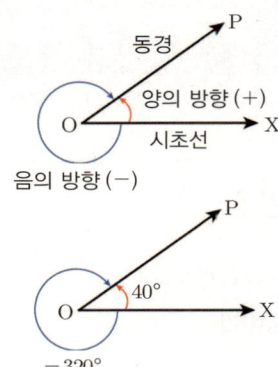

2 일반각

각의 크기는 동경의 회전하는 횟수에 따라 여러 가지로 나타낼 수 있다.

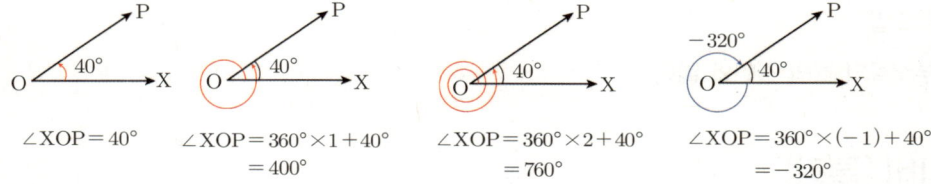

$\angle$XOP $= 40°$

$\angle$XOP $= 360° \times 1 + 40°$
$= 400°$

$\angle$XOP $= 360° \times 2 + 40°$
$= 760°$

$\angle$XOP $= 360° \times (-1) + 40°$
$= -320°$

$\therefore$ $\angle$XOP $= 40° = 400° = 760° = -320° = \cdots$
$= 360° \times n + 40°$ (n은 정수)

즉, 시초선 OX와 동경 OP가 나타내는 한 각의 크기를 $\alpha°$라 하면 $\angle$XOP의 크기는

$$360° \times n + \alpha° \ (n\text{은 정수})$$

와 같이 나타낼 수 있고, 이것을 동경 OP가 나타내는 **일반각**이라 한다.

※ $\alpha°$는 보통 ★ $0° \leq \alpha° < 360°$인 각을 택한다.

씨앗. 1 ┛ 다음 각을 나타내는 동경의 위치를 그림으로 나타내어라.

　　　1) $60°$　　　　2) $765°$　　　　3) $-45°$　　　　4) $-390°$

풀이　1)

　　　　2)

　　　　3)

　　　　4)

씨앗. 2 ▪ 다음 그림에서 $\overrightarrow{OX}$ 가 시초선일 때, 동경 OP 가 나타내는 일반각을 구하여라.

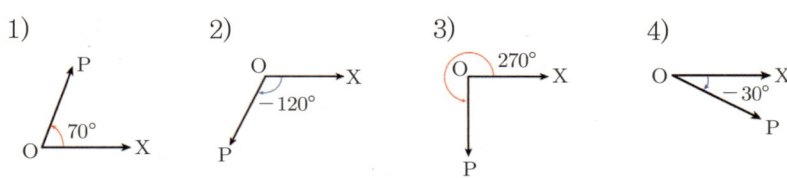

1)
2)
3)
4)

(핵심) 일반각은 $360° \times n + \alpha°$ (n은 정수)   ※$\alpha°$는 보통 ★$0° \leq \alpha° < 360°$인 각을 택한다.

(풀이) 1) $360° \times n + 70°$ (n은 정수)   2) $360° \times n + 240°$ (n은 정수)
3) $360° \times n + 270°$ (n은 정수)   4) $360° \times n + 330°$ (n은 정수)

씨앗. 3 ▪ 다음 각의 동경이 나타내는 일반각을 구하여라.

1) $600°$ 2) $1140°$ 3) $-300°$ 4) $-480°$

(풀이) 1) $600° = 360° \times 1 + 240°$이므로 $\mathbf{360° \times n + 240°}$ (n은 정수)
2) $1140° = 360° \times 3 + 60°$이므로 $\mathbf{360° \times n + 60°}$ (n은 정수)
3) $-300° = 360° \times (-1) + 60°$이므로 $\mathbf{360° \times n + 60°}$ (n은 정수)
4) $-480° = 360° \times (-2) + 240°$이므로 $\mathbf{360° \times n + 240°}$ (n은 정수)

(팁) 360°의 배수 중 이 다섯 개는 기억하고 있어야 한다. (∵ 워낙 많이 이용된다.)
$360° \times 1 = \mathbf{360°}$, $360° \times 2 = \mathbf{720°}$, $360° \times 3 = \mathbf{1080°}$, $360° \times 4 = \mathbf{1440°}$, $360° \times 5 = \mathbf{1800°}$

(익히는 방법)
$360° \times 3 = 1080°$: 세배(×3)는 10대가 80대에게 한다.
$360° \times 4 = 1440°$: 네배(×4)는 $1 \times 4 = 4$, 즉 144이다.

뿌리 1-1 **동경의 위치**

50°를 나타내는 동경과 일치하는 것을 모두 골라라.

① $-1010°$ ② $-670°$ ③ $-150°$ ④ $2110°$ ⑤ $1490°$

(핵심) $360° \times 1 = \mathbf{360°}$, $360° \times 2 = \mathbf{720°}$, $360° \times 3 = \mathbf{1080°}$, $360° \times 4 = \mathbf{1440°}$, $360° \times 5 = \mathbf{1800°}$

(풀이) ① $-1010° = -1080° + 70°$ ② $-670° = -720° + 50°$ ③ $-150° = -360° + 210°$
④ $2110° = 1800° + 310°$ ⑤ $1490° = 1440° + 50°$

(정답) ②, ⑤

[줄기1-1] 다음 중 각을 나타내는 동경이 제3사분면에 있는 것은?

① $520°$ ② $1000°$ ③ $1600°$ ④ $-820°$ ⑤ $-1700°$

3   **사분면의 각**

좌표평면의 원점 O에서 x축의 양의 방향으로 시초선 OX를 잡을 때, 동경 OP가 위치해 있는 사분면에 따라 그 각을 각각 **제 1 사분면의 각, 제 2 사분면의 각, 제 3 사분면의 각, 제 4 사분면의 각**이라 한다.
예를 들어 $120°$는 제 2 사분면의 각이다.
따라서 동경 OP가 좌표축 위에 있을 때는 사분면의 각이라고 하지 않는다.

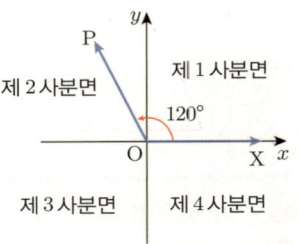

예) $610° = 360° + 250°$이므로 $610°$는 제 3 사분면의 각이다.
　　$-780° = -1080° + 300°$이므로 $-780°$는 제 4 사분면의 각이다.
　　$-920° = -1080° + 160°$이므로 $-920°$는 제 2 사분면의 각이다.
　　$1590° = 1440° + 150°$이므로 $1590°$는 제 2 사분면의 각이다.
　　$-1755° = -1800° + 45°$이므로 $-1755°$는 제 1 사분면의 각이다.

뿌리 1-2   **사분면의 각**

θ가 제 2 사분면의 각일 때, $\dfrac{\theta}{3}$를 나타내는 동경이 존재하는 사분면을 모두 구하여라.

풀이 θ가 제 2 사분면의 각이므로 $\cancel{90° < \theta < 180°}$ ($\because$ ★θ가 이것만 있는 게 아니다.)

$360°n + 90° < \theta < 360°n + 180°$ (n은 정수)

$\therefore 120°n + 30° < \dfrac{\theta}{3} < 120°n + 60°$

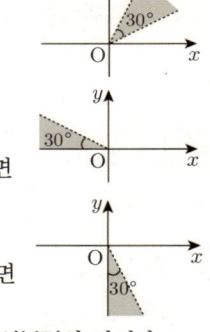

i) $n = 3k$ (k는 정수)일 때,

$\quad 360°k + 30° < \dfrac{\theta}{3} < 360°k + 60°$ $\therefore$ 제 1 사분면

ii) $n = 3k + 1$ (k는 정수)일 때,

$\quad 360°k + 150° < \dfrac{\theta}{3} < 360°k + 180°$ $\therefore$ 제 2 사분면

iii) $n = 3k + 2$ (k는 정수)일 때,

$\quad 360°k + 270° < \dfrac{\theta}{3} < 360°k + 300°$ $\therefore$ 제 4 사분면

이상에서 $\dfrac{\theta}{3}$는 **제 1 사분면 또는 제 2 사분면 또는 제 4 사분면**의 각이다.

[줄기 1-2] 다음 물음에 답하여라.

1) θ가 제 3 사분면의 각일 때, $\dfrac{\theta}{4}$를 나타내는 동경이 존재하는 사분면을 모두 구하여라.

2) 2θ가 제 3 사분면의 각일 때, θ를 나타내는 동경이 존재하는 사분면을 모두 구하여라.

두 동경이 나타내는 각의 크기를 각각 α, β라 할 때,

1) x축에 대하여 대칭이다. $\Rightarrow \alpha + \beta = 360°n$ (n은 정수)

2) y축에 대하여 대칭이다. $\Rightarrow \alpha + \beta = 360°n + 180°$ (n은 정수)

3) **직선** $y = x$에 대하여 대칭이다. $\Rightarrow \alpha + \beta = 360°n + 90°$ (n은 정수)

4) 일직선 위에 있고 **방향이 반대**이다. $\Rightarrow \alpha - \beta = 360°n + 180°$ (n은 정수)

5) **일치**한다. $\Rightarrow \alpha - \beta = 360°n$ (n은 정수)

(익히는 방법)
두 동경의 위치 관계를 아래와 같이 그린 후 예각의 크기가 같은 곳에 • 을 찍는다.
이때, 두 동경이 대칭이면 $\alpha + \beta$, 같은 직선 위에 있으면 $\alpha - \beta$의 관계식을 구한다.

더하기   직선

두 동경이 원점에 대하여 대칭이다. $\Leftrightarrow$ 두 동경이 일직선 위에 있고 방향이 반대이다. 예) 잎 5–5) ④ [p.150]

1) 두 동경이 x축에 대하여 대칭이다.

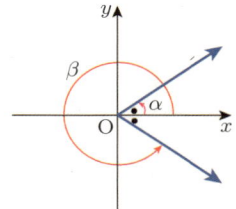

$\alpha + \beta = 360°n + 360°$ (n은 정수)
$\quad = 360°(n+1)$
$\quad = 360°n$ ($\because n+1$은 정수)

2) 두 동경이 y축에 대하여 대칭이다.

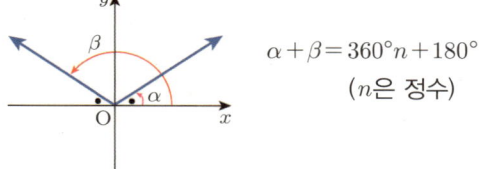

$\alpha + \beta = 360°n + 180°$
$\quad\quad$ (n은 정수)

3) 두 동경이 직선 $y = x$에 대하여 대칭이다.

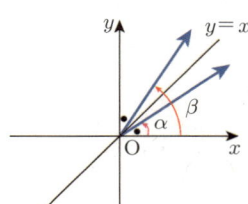

$\alpha + \beta = 360°n + 90°$
$\quad\quad$ (n은 정수)

4) 두 동경이 일직선 위에 있고 방향이 반대이다.

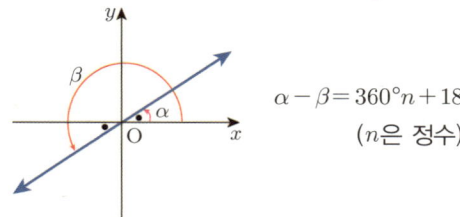

$\alpha - \beta = 360°n + 180°$
$\quad\quad$ (n은 정수)

5) 두 동경이 일치한다.

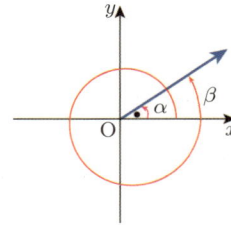

$\alpha - \beta = 360°n + 360°$ (n은 정수)
$\quad = 360°(n+1)$
$\quad = 360°n$ ($\because n+1$은 정수)

뿌리 1-3 두 동경의 위치 관계(1)

각 θ를 나타내는 동경과 각 5θ를 나타내는 동경이 x축에 대하여 대칭일 때, 각 θ의 크기를 구하여라. (단, $90° < \theta < 180°$)

핵심 두 동경의 위치 관계에 대한 문제는 두 동경의 위치를 오른쪽 그림과 같이 그린 후 공식을 떠올린다.
이때, 두 동경이 x축에 대하여 대칭이므로 $\alpha + \beta$의 관계를 생각하면 $\alpha + \beta = 360°n$ (n은 정수)을 쉽게 떠올릴 수 있다.

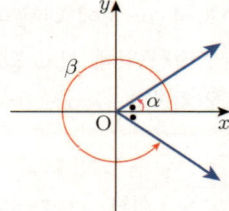

풀이 $\theta + 5\theta = 360°n$ (n은 정수)

$\therefore \theta = 60°n \cdots$ ㉠

$90° < \theta < 180°$이므로

$90° < 60°n < 180°$

$\therefore \dfrac{3}{2} < n < 3$

이때, n은 정수이므로

$n = 2$

이것을 ㉠에 대입하면

$\theta = 60° \times 2 = \mathbf{120°}$

줄기1-3 각 θ를 나타내는 동경과 각 4θ를 나타내는 동경이 y축에 대하여 대칭일 때, 각 θ의 크기를 구하여라. (단, $90° < \theta < 180°$)

핵심 두 동경의 위치 관계에 대한 문제는 두 동경의 위치를 오른쪽 그림과 같이 그린 후 공식을 떠올린다.
이때, 두 동경이 y축에 대하여 대칭이므로 $\alpha + \beta$의 관계를 생각하면 $\alpha + \beta = 360°n + 180°$ (n은 정수)를 쉽게 떠올릴 수 있다.

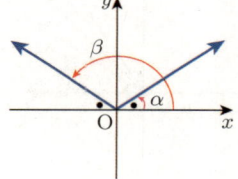

풀이 $\theta + 4\theta = 360°n + 180°$ (n은 정수)

$\therefore \theta = 72°n + 36° \cdots$ ㉠

$90° < \theta < 180°$이므로

$90° < 72°n + 36° < 180°$

$54° < 72°n < 144°$

$\therefore \dfrac{3}{4} < n < 2$

이때, n은 정수이므로

$n = 1$

이것을 ㉠에 대입하면

$\theta = 72° \times 1 + 36° = \mathbf{108°}$

뿌리 1-4 두 동경의 위치 관계(2)

각 θ를 나타내는 동경과 각 4θ를 나타내는 동경이 직선 $y=x$에 대하여 대칭일 때, 각 θ의 크기를 모두 구하여라. (단, $0°<\theta<360°$)

핵심 두 동경의 위치 관계에 대한 문제는 두 동경의 위치를 우측 그림과 같이 그린 후 공식을 떠올린다.
이때, 두 동경이 직선 $y=x$에 대하여 대칭이므로 $\alpha+\beta$의 관계를 생각하면
$\alpha+\beta=360°n+90°$ (n은 정수)를 쉽게 떠올릴 수 있다.

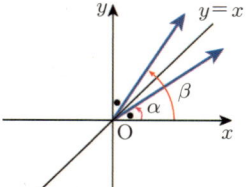

풀이 $\theta+4\theta=360°n+90°$ (n은 정수)

$\therefore \theta=72°n+18°$ ⋯ ㉠

$0°<\theta<360°$이므로

$0°<72°n+18°<360°$

$-18°<72°n<342°$

$\therefore -\dfrac{1}{4}<n<\dfrac{19}{4}$

이때, n은 정수이므로

$n=0, 1, 2, 3, 4$

이것을 ㉠에 대입하면

$\theta=18°, 90°, 162°, 234°, 306°$

[줄기1-4] 각 3θ를 나타내는 동경과 각 5θ를 나타내는 동경이 x축에 대하여 대칭일 때, 각 θ의 크기를 모두 구하여라. (단, $0°<\theta<180°$)

핵심 두 동경의 위치 관계에 대한 문제는 두 동경의 위치를 오른쪽 그림과 같이 그린 후 공식을 떠올린다.
이때, 두 동경이 x축에 대하여 대칭이므로 $\alpha+\beta$의 관계를 생각하면
$\alpha+\beta=360°n$ (n은 정수)을 쉽게 떠올릴 수 있다.

풀이 $3\theta+5\theta=360°n$ (n은 정수)

$\therefore \theta=45°n$ ⋯ ㉠

$0°<\theta<180°$이므로

$0°<45°n<180°$

$\therefore 0<n<4$

이때, n은 정수이므로

$n=1, 2, 3$

이것을 ㉠에 대입하면

$\theta=45°, 90°, 135°$

뿌리 1-5 두 동경의 위치 관계(3)

각 θ를 나타내는 동경과 각 4θ를 나타내는 동경이 일치할 때, 각 θ의 크기를 구하여라.
(단, $180° < \theta < 270°$)

핵심 두 동경의 위치 관계에 대한 문제는 두 동경의 위치를 우측 그림과 같이 그린 후 공식을 떠올린다.
이때, 두 동경이 일치하면 두 동경이 같은 직선 위에 있으므로 $\alpha - \beta$의 관계를 생각하면
$\alpha - \beta = 360°n$ (n은 정수)을 쉽게 떠올릴 수 있다.

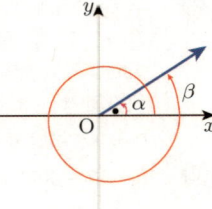

풀이 $4\theta - \theta = 360°n$ (n은 정수)

$\therefore \theta = 120°n \cdots \bigcirc$

$180° < \theta < 270°$이므로

$180° < 120°n < 270°$

$\therefore \dfrac{3}{2} < n < \dfrac{9}{4}$

이때, n은 정수이므로

$n = 2$

이것을 $\bigcirc$에 대입하면

$\theta = 120° \times 2 = \mathbf{240°}$

줄기1-5 각 θ를 나타내는 동경과 각 5θ를 나타내는 동경이 일직선 위에 있고 방향이 반대일 때, 각 θ의 크기를 구하여라. (단, $90° < \theta < 180°$)

핵심 두 동경의 위치 관계에 대한 문제는 두 동경의 위치를 우측 그림과 같이 그린 후 공식을 떠올린다.
이때, 두 동경이 일직선 위에 있고 방향이 반대이면 두 동경이 같은 직선 위에 있으므로 $\alpha - \beta$의 관계를 생각하면
$\alpha - \beta = 360°n + 180°$ (n은 정수)를 쉽게 떠올릴 수 있다.

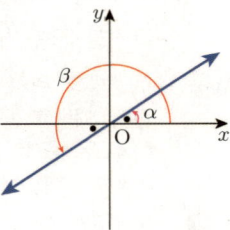

풀이 $5\theta - \theta = 360°n + 180°$ (n은 정수)

$\therefore \theta = 90°n + 45° \cdots \bigcirc$

$90° < \theta < 180°$이므로

$90° < 90°n + 45° < 180°$

$45° < 90°n < 135°$

$\therefore \dfrac{1}{2} < n < \dfrac{3}{2}$

이때, n은 정수이므로

$n = 1$

이것을 $\bigcirc$에 대입하면

$\theta = 90° \times 1 + 45° = \mathbf{135°}$

02 호도법

1 **호도법** ※ **호**의 길이로 각**도**를 정하는 방법이다.

반지름의 길이가 r인 원에서 길이가 r인 호 AB에 대한 중심각 $\angle$ AOB의 크기를 1라디안 (rad)이라 하고, 1라디안은 원의 반지름의 길이에 관계없이 항상 일정하다.

이것을 단위로 하여 각도로 나타내는 방법을 **호도법**이라 한다.

$r : 2\pi r = 1\,\text{rad} : 360°$

$2\pi r \times 1\,\text{rad} = 360° \times r$

$\therefore 1\,\text{rad} = \dfrac{360° \times r}{2\pi r} = \dfrac{180°}{\pi} \fallingdotseq 57°17'45'' \;(\because \pi \fallingdotseq 3.14)$

$\therefore 1 = \dfrac{180°}{\pi} \qquad \therefore \pi = 180°$

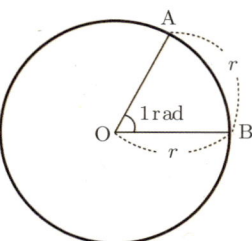

※ 호도법을 사용할 때는 흔히 *라디안이라는 단위명은 생략한다.
즉, $\pi\,\text{rad} = 180°$를 $\pi = 180°$로 쓴다.

☆ 호도법은 육십분법을 실수로 변형하는 방법이다.
예) $57° \fallingdotseq 1$, $171° \fallingdotseq 3$, $180° = \pi$ (단, $\pi = 3.141592\cdots$)

※ 육십분법 : $1°$(도)를 기본단위로 하고, 보조단위로 분($'$) 초($''$)를 사용한다.
이때 $1° = 60'$, 즉 1도 = 60분이어서 60분법이라 칭한다.

씨앗. 1 ▙ 다음 각을 호도법으로 나타내어라.

1) $90°$　　　2) $-45°$　　　3) $7°$　　　4) $-126°$

풀이　$\pi = 180°$에서 $\dfrac{\pi}{180°} = 1$이므로

1) $90° = 90° \times \dfrac{\pi}{180°} = \dfrac{\pi}{2}$　　　2) $-45° = -45° \times \dfrac{\pi}{180°} = -\dfrac{\pi}{4}$

3) $7° = 7° \times \dfrac{\pi}{180°} = \dfrac{7}{180}\pi$　　　4) $-126° = -126° \times \dfrac{\pi}{180°} = -\dfrac{126}{180}\pi = -\dfrac{7}{10}\pi$

씨앗. 2 ▙ 다음 각을 육십분법으로 나타내어라.

1) $\dfrac{5}{3}\pi$　　　2) $-\dfrac{5}{6}\pi$　　　3) $\dfrac{5}{4}\pi$　　　4) $-\dfrac{3}{5}\pi$

풀이　$\pi = 180°$에서 $\dfrac{180°}{\pi} = 1$이므로

1) $\dfrac{5}{3}\pi = \dfrac{5}{3}\pi \times \dfrac{180°}{\pi} = 300°$　　　2) $-\dfrac{5}{6}\pi = -\dfrac{5}{6}\pi \times \dfrac{180°}{\pi} = -150°$

2) $\dfrac{5}{4}\pi = \dfrac{5}{4}\pi \times \dfrac{180°}{\pi} = 225°$　　　4) $-\dfrac{3}{5}\pi = -\dfrac{3}{5}\pi \times \dfrac{180°}{\pi} = -108°$

씨앗. 3 ┛ 크기가 다음과 같은 각의 동경이 나타내는 일반각을 호도법으로 나타내어라.

1) $300°$　　　2) $390°$　　　3) $-225°$　　　4) $-750°$

풀이 1) $300° = 60° \times 5 = \dfrac{\pi}{3} \times 5 = \dfrac{5}{3}\pi$ 　 $\therefore 2n\pi + \dfrac{5}{3}\pi$ (n은 정수)

2) $390° = 360° + 30°$이고 $30° = \dfrac{\pi}{6}$ 　 $\therefore 2n\pi + \dfrac{\pi}{6}$ (n은 정수)

3) $-225° = -360° + 135°$이고 $135° = 45° \times 3 = \dfrac{\pi}{4} \times 3 = \dfrac{3}{4}\pi$ 　 $\therefore 2n\pi + \dfrac{3}{4}\pi$ (n은 정수)

4) $-750° = -1080° + 330°$이고 $330° = 30° \times 11 = \dfrac{\pi}{6} \times 11 = \dfrac{11}{6}\pi$ 　 $\therefore 2n\pi + \dfrac{11}{6}\pi$ (n은 정수)

※ 특수각 ($90°, 60°, 45°, 30°$)의 호도법은 기억하자. (∵ 워낙 많이 이용된다.)

$\pi = 180°$이므로 $90° = \dfrac{\pi}{2}, 60° = \dfrac{\pi}{3}, 45° = \dfrac{\pi}{4}, 30° = \dfrac{\pi}{6}$

(익히는 방법)

$60° = \dfrac{\pi}{3}, \dfrac{\pi}{6} = 30°$ ⇨ 6이 나오면 3이 나온다.

$45° = \dfrac{\pi}{4}, \dfrac{\pi}{4} = 45°$ ⇨ 4가 나오면 4가 나온다.

$30° = \dfrac{\pi}{6}, \dfrac{\pi}{3} = 60°$ ⇨ 3이 나오면 6이 나온다.

2 부채꼴의 호의 길이와 넓이

각의 크기를 호도법으로 나타내면 부채꼴의 호의 길이와 넓이를 쉽게 알 수 있다.
반지름의 길이가 r, 중심각의 크기가 θ (라디안)인 부채꼴의 호의 길이를 l, 넓이를 S라 하면

$l : 2\pi r = \theta\,(\mathrm{rad}) : 2\pi\,(\mathrm{rad})$

$2\pi l = 2\pi r\theta$ 　 $\therefore l = r\theta$

$S : \pi r^2 = \theta\,(\mathrm{rad}) : 2\pi\,(\mathrm{rad})$

$S \cdot 2\pi = \pi r^2 \cdot \theta$

$\therefore S = \dfrac{1}{2}r^2\theta = \dfrac{1}{2}r \cdot r\theta = \dfrac{1}{2}rl \ (\because l = r\theta)$

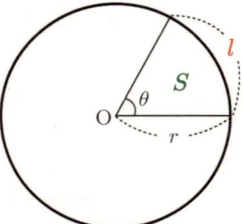

(익히는 방법)

$S = \dfrac{1}{2}rl$에서 r을 밑변, l을 높이라고 생각하면 부채꼴의 넓이를 구하는 공식은 삼각형의 넓이를 구하는 공식과 비슷하다.

또, $S = \dfrac{1}{2}rl$에 $l = r\theta$를 대입하면 $S = \dfrac{1}{2}r^2\theta$

씨앗. 4 ┛ 반지름의 길이가 $3\,\text{cm}$, 중심각이 $30°$인 부채꼴의 호의 길이와 넓이를 구하여라.

풀이 ⟮부채꼴의 문제를 푸는 요령⟯

1st 부채꼴의 일반적인 형태의 그림을 그린다. (오른쪽 그림 참조)

2nd 공식을 여백에 적어놓는다. ⇨ $l = r\theta$, $S = \dfrac{1}{2}rl = \dfrac{1}{2}r^2\theta$

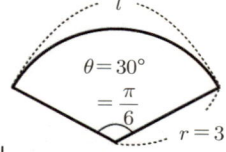

(∵ 부채꼴의 공식을 머릿속에서 생각하면 상당히 헷갈린다.)

3rd 그림과 공식을 비교하면서 적절한 공식에 대입하여 답을 구한다.

부채꼴의 반지름의 길이를 r, 호의 길이를 l, 중심각의 크기를 θ, 넓이를 S라 하면

$l = r\theta$이므로 $l = 3 \cdot \dfrac{\pi}{6} = \dfrac{\pi}{2}$

$S = \dfrac{1}{2}rl = \dfrac{1}{2}r^2\theta$이므로 $S = \dfrac{1}{2} \cdot 3 \cdot \dfrac{\pi}{2} = \dfrac{1}{2} \cdot 3^2 \cdot \dfrac{\pi}{6} = \dfrac{3}{4}\pi$

정답 호의 길이 : $\dfrac{\pi}{2}\,\text{cm}$, 넓이 : $\dfrac{3}{4}\pi\,\text{cm}^2$

뿌리 2-1 **부채꼴의 호의 길이와 넓이(1)**

반지름의 길이가 4이고 호의 길이가 2π인 부채꼴의 중심각의 크기 θ와 넓이 S를 구하여라.

풀이 부채꼴의 반지름의 길이를 r, 호의 길이를 l이라 하면

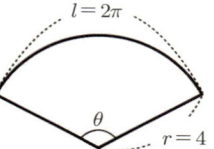

$l = r\theta$이므로 $2\pi = 4 \cdot \theta$ ∴ $\boldsymbol{\theta = \dfrac{\pi}{2}}$

$S = \dfrac{1}{2}rl$이므로 $\boldsymbol{S = \dfrac{1}{2} \cdot 4 \cdot 2\pi = 4\pi}$

뿌리 2-2 **부채꼴의 호의 길이와 넓이(2)**

호의 길이가 4π이고 넓이가 12π인 부채꼴의 중심각의 크기 θ를 구하여라.

풀이 부채꼴의 반지름의 길이를 r, 호의 길이를 l, 넓이를 S라 하면

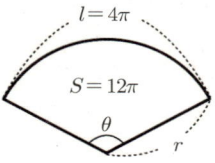

$S = \dfrac{1}{2}rl$이므로 $12\pi = \dfrac{1}{2} \cdot r \cdot 4\pi$ ∴ $r = 6$

$l = r\theta$이므로 $4\pi = 6 \cdot \theta$ ∴ $\boldsymbol{\theta = \dfrac{2}{3}\pi}$

[줄기2-1] 둘레의 길이가 8이고, 넓이가 4인 부채꼴의 반지름의 길이 r, 호의 길이 l, 중심각의 크기 θ를 각각 구하여라.

뿌리 2-3 부채꼴의 넓이의 최대·최소

다음 물음에 답하여라.
1) 둘레의 길이가 10인 부채꼴에서 넓이가 최대가 될 때, 중심각의 크기를 구하여라.
2) 둘레의 길이가 일정한 부채꼴에서 넓이가 최대가 될 때, 중심각의 크기를 구하여라.

풀이 부채꼴의 반지름의 길이를 r, 호의 길이를 l, 중심각의 크기를 θ, 넓이를 S라 하면
1) 부채꼴의 둘레의 길이가 10이므로 $2r+l=10$이다.

$$\therefore l=10-2r \ \cdots\bigcirc \ (\textcolor{red}{*}0<r<5)$$

$$S=\frac{1}{2}rl=\frac{1}{2}r(10-2r)=-r^2+5r=-(r^2-5r)$$

$$=-\left(r-\frac{5}{2}\right)^2+\frac{25}{4} \ (\textcolor{red}{*}0<r<5)$$

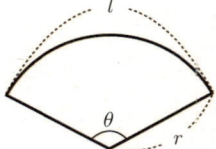

따라서 $r=\dfrac{5}{2}$일 때, S는 최댓값 $\dfrac{25}{4}$를 갖는다.

$S=\dfrac{1}{2}r^2\theta$에 $r=\dfrac{5}{2}$, $S=\dfrac{25}{4}$를 대입하면 $\theta=2$

∴ 구하는 중심각의 크기는 **2**이다.

2) 부채꼴의 둘레의 길이가 일정하므로 $2r+l=k$ (k는 상수)이다.

$$\therefore l=k-2r \ \cdots\bigcirc \ (\textcolor{red}{*}0<r<\frac{k}{2})$$

$$S=\frac{1}{2}rl=\frac{1}{2}r(k-2r)=-r^2+\frac{k}{2}r=-\left(r^2-\frac{k}{2}r\right)$$

$$=-\left(r-\frac{k}{4}\right)^2+\frac{k^2}{16} \ (\textcolor{red}{*}0<r<\frac{k}{2})$$

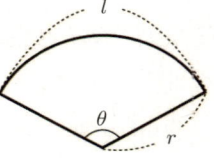

따라서 $r=\dfrac{k}{4}$일 때, S는 최댓값 $\dfrac{k^2}{16}$를 갖는다.

$S=\dfrac{1}{2}r^2\theta$에 $r=\dfrac{k}{4}$, $S=\dfrac{k^2}{16}$를 대입하면 $\theta=2$

∴ 구하는 중심각의 크기는 **2**이다.

팁 2)에 의하여
① 둘레의 길이가 $\sqrt{3}$인 부채꼴에서 넓이가 최대가 될 때, 중심각의 크기는 2이다.
② 둘레의 길이가 100인 부채꼴에서 넓이가 최대가 될 때, 중심각의 크기는 2이다.
③ 둘레의 길이가 0.5인 부채꼴에서 넓이가 최대가 될 때, 중심각의 크기는 2이다.
⋮
따라서 둘레의 길이가 일정한 부채꼴에서 넓이가 최대가 될 때, 중심각의 크기가 2임을 기억하자.
(∵ 내신의 객관식 문제로 잘 출제된다.)

[줄기2-2] 밑면의 반지름의 길이가 4이고, 모선의 길이가 9인 원뿔의 겉넓이를 구하여라.

특강 ▶ 삼각비

1 삼각비의 정의(약속)

직각삼각형에서 직각이 아닌 한 각의 크기에 따라 정해지는 변의 길이의 비의 값을 **삼각비**라 한다.

$\angle C = \angle 90°$인 직각삼각형 ABC에서

i) $\angle A$의 삼각비는

$$\sin A = \frac{높이}{빗변} = \frac{a}{c}$$

$$\cos A = \frac{밑변}{빗변} = \frac{b}{c}$$

$$\tan A = \frac{높이}{밑변} = \frac{a}{b}$$

※ 빗변 : 직각의 대변 c, *높이 : $\angle A$의 대변 a, 밑변 : 높이를 잴 때 기준이 되는 변 b

ii) $\angle B$의 삼각비는

$$\sin B = \frac{높이}{빗변} = \frac{b}{c}$$

$$\cos B = \frac{밑변}{빗변} = \frac{a}{c}$$

$$\tan B = \frac{높이}{밑변} = \frac{b}{a}$$

※ 빗변 : 직각의 대변 c, *높이 : $\angle B$의 대변 b, 밑변 : 높이를 잴 때 기준이 되는 변 a

익히는 방법

삼각비를 이용하는 Tip

1) (빗변)$\times \sin \alpha$를 하면 **높이**가 나온다.
 (빗변)$\times \cos \alpha$를 하면 **밑변**이 나온다.
2) (빗변)$\times \sin \beta$를 하면 **높이**가 나온다.
 (빗변)$\times \cos \beta$를 하면 **밑변**이 나온다.

※ 빗변에 sin을 곱하면 높이가 나오고,
 빗변에 cos을 곱하면 밑변이 나온다.

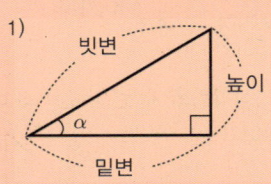 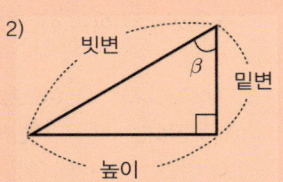

참고 (밑변)$\times \tan \alpha$를 하면 **높이**가 나온다.
 (밑변)$\times \tan \beta$를 하면 **높이**가 나온다.

※ 밑변에 tan를 곱하면 높이가 나온다.

2 특수각의 삼각비

$30°, 45°, 60°$에 대한 삼각비의 값은 다음과 같다.

삼각비 \ θ	$30°$	$45°$	$60°$
$\sin\theta$	$\dfrac{1}{2}$	$\dfrac{\sqrt{2}}{2}$	$\dfrac{\sqrt{3}}{2}$
$\cos\theta$	$\dfrac{\sqrt{3}}{2}$	$\dfrac{\sqrt{2}}{2}$	$\dfrac{1}{2}$
$\tan\theta$	$\dfrac{1}{\sqrt{3}}$	1	$\sqrt{3}$

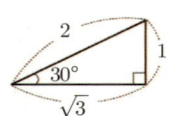 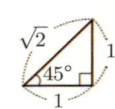 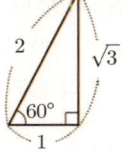

(익히는 방법)

θ를 차례로 $30°, 45°, 60°$라 하면

$\sin\theta$의 값은 순서대로 $\dfrac{\sqrt{1}}{2}$, $\dfrac{\sqrt{2}}{2}$, $\dfrac{\sqrt{3}}{2}$이고, $\cos\theta$의 값은 순서대로 $\dfrac{\sqrt{3}}{2}$, $\dfrac{\sqrt{2}}{2}$, $\dfrac{\sqrt{1}}{2}$이다.

$\tan\theta$의 값은 순서대로 $\dfrac{1}{\sqrt{3}}$, $\dfrac{1}{\sqrt{3}}\times\sqrt{3}$, $1\times\sqrt{3}$이다.

(특수한 직각삼각형의 세 변의 길이의 비를 이용하는 Tip)

↳ *1의 비에 해당하는 변의 길이를 제일 먼저 구한다. ⇨ 문제풀이의 key이다.

1) 내각의 크기가 $90°, 30°, 60°$이므로 직각삼각형의 세 변의 길이의 비는 $2:1:\sqrt{3}$이고,

   2의 비에 해당하는 $90°$의 대변의 길이가 $\sqrt{13}$이므로

   $\sqrt{13}\div2$를 하면 *1의 비에 해당하는 a이다. $\therefore a=\dfrac{\sqrt{13}}{2}$

   $\dfrac{\sqrt{13}}{2}\times\sqrt{3}$을 하면 $\sqrt{3}$의 비에 해당하는 b이다. $\therefore b=\dfrac{\sqrt{39}}{2}$

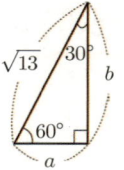

2) 내각의 크기가 $90°, 30°, 60°$이므로 직각삼각형의 세 변의 길이의 비는 $2:1:\sqrt{3}$이고,

   $\sqrt{3}$의 비에 해당하는 $60°$의 대변의 길이가 $\sqrt{5}$이므로

   $\sqrt{5}\div\sqrt{3}$를 하면 *1의 비에 해당하는 y이다. $\therefore y=\dfrac{\sqrt{5}}{\sqrt{3}}=\dfrac{\sqrt{15}}{3}$

   $\dfrac{\sqrt{15}}{3}\times2$을 하면 2의 비에 해당하는 x이다. $\therefore x=\dfrac{2\sqrt{15}}{3}$

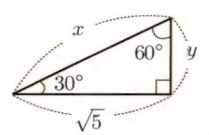

3) 내각의 크기가 $90°, 45°, 45°$이므로 직각삼각형의 세 변의 길이의 비는 $\sqrt{2}:1:1$이고,

   $\sqrt{2}$의 비에 해당하는 $90°$의 대변의 길이가 $\sqrt{6}$이므로

   $\sqrt{6}\div\sqrt{2}$를 하면 *1의 비에 해당하는 $\alpha=\beta$이다.

   $\therefore \alpha=\beta=\sqrt{3}$

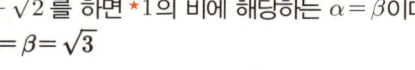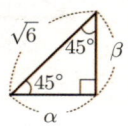

4) 내각의 크기가 $90°, 45°, 45°$이므로 직각삼각형의 세 변의 길이의 비는 $\sqrt{2}:1:1$이고,

   *1의 비에 해당하는 $45°$의 대변의 길이가 $\sqrt{7}$이므로

   $\sqrt{7}\times1$를 하면 1의 비에 해당하는 k이다. $\therefore k=\sqrt{7}$

   $\sqrt{7}\times\sqrt{2}$를 하면 $\sqrt{2}$의 비에 해당하는 t이다. $\therefore t=\sqrt{14}$

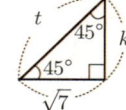

⑬ 삼각함수

1   삼각함수의 정의(약속)

$0°$에서 $90°$까지의 각에 대한 삼각비를 일반각에 대한 삼각
함수로 확장해보자.
오른쪽 그림과 같이 중심이 원점이고, 반지름의 길이가 r인
원 위의 임의의 점 $P(a, b)$에 대하여 동경 OP가 나타내는
일반각의 크기를 θ (라디안)라 하면

$$\sin\theta = \frac{b}{r}, \cos\theta = \frac{a}{r}, \tan\theta = \frac{b}{a} \; (a \neq 0)$$

이 함수를 차례대로 θ에 대한 **사인함수**, **코사인함수**, **탄젠트**
함수라 하고, 이 함수들을 θ에 대한 **삼각함수**라 한다.

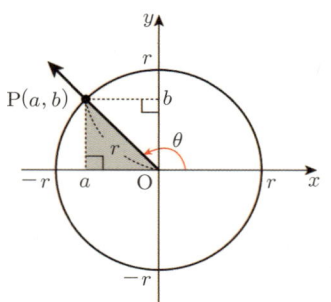

반지름의 길이가 r인 원 O와 각 θ를 나타내는 동경 OP의 교점을 $P(a, b)$라 할 때

i) $\sin\theta$는 점 P의 **y좌표**를 반지름 r로 나눈 것이므로 $\sin\theta = \dfrac{b}{r}$

  $\cos\theta$는 점 P의 **x좌표**를 반지름 r로 나눈 것이므로 $\cos\theta = \dfrac{a}{r}$

ii) $\tan\theta$는 두 점 $O(0, 0)$, $P(a, b)$를 지나는 동경 OP의 **기울기**이므로 $\tan\theta = \dfrac{b-0}{a-0} = \dfrac{b}{a}$

뿌리 3-1   삼각함수의 정의(1)

원점 O와 점 $P(-3, -4)$를 연결한 선분을 동경으로 하는 각의 크기를 θ라 할 때,
$\sin\theta, \cos\theta, \tan\theta$의 값을 구하여라.

풀이   원 O의 반지름의 길이 $r = \overline{OP} = \sqrt{(-3)^2 + (-4)^2} = 5$
반지름이 5인 원 O와 동경 OP와의 교점 $P(-3, -4)$일 때

$\sin\theta$는 점 P의 y좌표를 반지름 5로 나눈 것이므로 $-\dfrac{4}{5}$

$\cos\theta$는 점 P의 x좌표를 반지름 5로 나눈 것이므로 $-\dfrac{3}{5}$

$\tan\theta$는 동경 OP의 기울기이므로 $\dfrac{-4-0}{-3-0} = \dfrac{4}{3}$

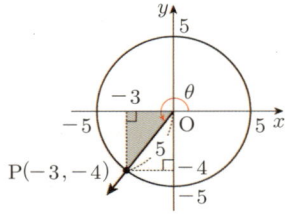

[줄기3-1] 원점 O와 점 $P(-5, 12)$를 연결한 선분을 동경으로 하는 각의 크기를 θ라 할 때,
$\dfrac{13\cos\theta\tan\theta}{24}$의 값을 구하여라.

[줄기3-2] 원점 O와 제3사분면에 있는 점 $P(-\sqrt{3}, a)$에 대하여 $\overline{OP}$를 동경으로 하는 각의
크기를 θ라 하면 $\tan\theta = \sqrt{3}$이다. $\overline{OP} = r$이라 할 때, a, r의 값을 각각 구하여라.

2 단위원에서 특수각의 삼각함수의 값을 기억하는 방법 ※ 단위원 : 반지름이 1인 원

단위원 O와 각 θ를 나타내는 동경 OP의 교점을 $P(a, b)$라 할 때, 삼각함수의 정의에서

i) $\sin \theta$는 y좌표를 반지름 1로 나눈 것이므로 $\sin \theta = \dfrac{b}{1} = b$ $\therefore b = \sin \theta$

ii) $\cos \theta$는 x좌표를 반지름 1로 나눈 것이므로 $\cos \theta = \dfrac{a}{1} = a$ $\therefore a = \cos \theta$

따라서 단위원 O와 각 θ를 나타내는 동경 OP의 **교점의 좌표는** ★$P(\cos \theta, \sin \theta)$이다.

$(\cos 30°, \sin 30°) = \left(\dfrac{\sqrt{3}}{2}, \dfrac{1}{2} \right),$

$(\cos 45°, \sin 45°) = \left(\dfrac{\sqrt{2}}{2}, \dfrac{\sqrt{2}}{2} \right),$

$(\cos 60°, \sin 60°) = \left(\dfrac{1}{2}, \dfrac{\sqrt{3}}{2} \right)$

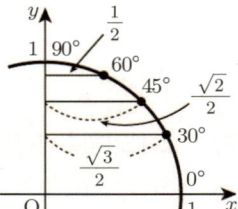 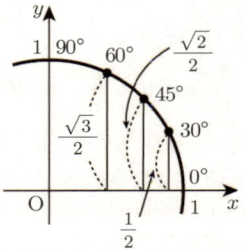

이므로 위 그림과 같이 제1사분면의 **특수각의 가로 막대와 세로 막대의 길이는 각각**

$\dfrac{1}{2}, \dfrac{\sqrt{2}}{2}, \dfrac{\sqrt{3}}{2}$ 이다.

따라서 오른쪽 그림과 같이 제2사분면, 제3사분면,
제4사분면의 가로 막대와 세로 막대의 길이도 각각

$\dfrac{1}{2}, \dfrac{\sqrt{2}}{2}, \dfrac{\sqrt{3}}{2}$ 이다.

$(\cos 120°, \sin 120°) = \left(-\dfrac{1}{2}, \dfrac{\sqrt{3}}{2} \right),$

$(\cos 225°, \sin 225°) = \left(-\dfrac{\sqrt{2}}{2}, -\dfrac{\sqrt{2}}{2} \right),$

$(\cos 330°, \sin 330°) = \left(\dfrac{\sqrt{3}}{2}, -\dfrac{1}{2} \right)$

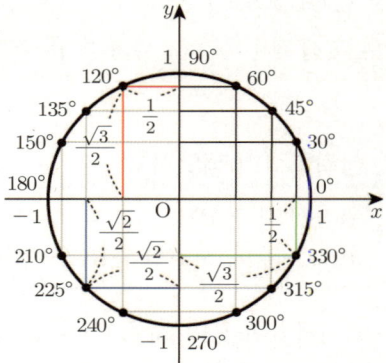

※ $\sin$은 ㅆ세로 막대, $\cos$은 ㅋ가로 막대로 기억하면 쉽다. ^^

반지름이 1인 원 O와 각 θ를 나타내는 동경 OP의 교점의 좌표는 $P(\cos \theta, \sin \theta)$
반지름이 r인 원 O와 각 θ를 나타내는 동경 OP의 교점의 좌표는 $P(r\cos \theta, r\sin \theta)$ ($\because$★닮음비 $1 : r$)

뿌리 3-2 삼각함수의 정의(2)

다음 각 θ에 대하여 $\sin\theta$, $\cos\theta$, $\tan\theta$의 값을 구하여라.

1) $\dfrac{3}{4}\pi$ 2) $\dfrac{5}{3}\pi$ 3) $-\dfrac{5}{6}\pi$

핵심 단위원 O와 각 θ를 나타내는 동경 OP의 교점의 좌표는 $P(\cos\theta, \sin\theta)$이다.
※ 단위원은 반지름의 길이가 1인 원이다.

풀이 특수각의 가로 막대와 세로 막대의 길이는 각각 $\dfrac{1}{2}$, $\dfrac{\sqrt{2}}{2}$, $\dfrac{\sqrt{3}}{2}$이다. [p.140 ②]

1) $\dfrac{3}{4}\pi = \dfrac{\pi}{4} \times 3 = 45° \times 3 = 135°$이므로

오른쪽 그림과 같이 단위원 O와 동경 OP의

교점의 좌표는 $P\left(-\dfrac{\sqrt{2}}{2}, \dfrac{\sqrt{2}}{2}\right)$이다.

$\therefore \sin\theta = \dfrac{\sqrt{2}}{2}$ ($\because$ 점 P의 y좌표)

$\cos\theta = -\dfrac{\sqrt{2}}{2}$ ($\because$ 점 P의 x좌표)

$\tan\theta = -1$ ($\because$ 동경 OP의 기울기)

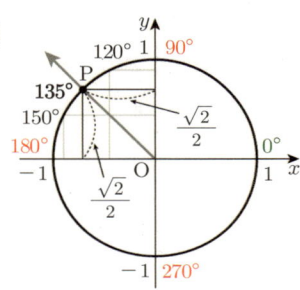

2) $\dfrac{5}{3}\pi = \dfrac{\pi}{3} \times 5 = 60° \times 5 = 300°$이므로

오른쪽 그림과 같이 단위원 O와 동경 OP의

교점의 좌표는 $P\left(\dfrac{1}{2}, -\dfrac{\sqrt{3}}{2}\right)$이다.

$\therefore \sin\theta = -\dfrac{\sqrt{3}}{2}$ ($\because$ 점 P의 y좌표)

$\cos\theta = \dfrac{1}{2}$ ($\because$ 점 P의 x좌표)

$\tan\theta = -\sqrt{3}$ ($\because$ 동경 OP의 기울기)

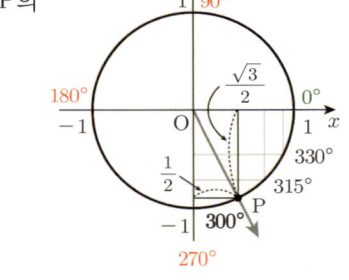

3) $-\dfrac{5}{6}\pi = -\dfrac{\pi}{6} \times 5 = -30° \times 5 = -150°$이므로

오른쪽 그림과 같이 단위원 O와 동경 OP의

교점의 좌표는 $P\left(-\dfrac{\sqrt{3}}{2}, -\dfrac{1}{2}\right)$이다.

$\therefore \sin\theta = -\dfrac{1}{2}$ ($\because$ 점 P의 y좌표)

$\cos\theta = -\dfrac{\sqrt{3}}{2}$ ($\because$ 점 P의 x좌표)

$\tan\theta = \dfrac{\sqrt{3}}{3}$ ($\because$ 동경 OP의 기울기)

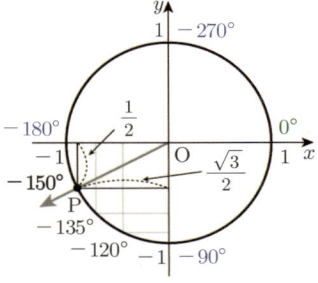

[줄기3-3] $\theta = -\dfrac{\pi}{6}$일 때, $2\sqrt{3}\sin\theta + 2\cos\theta + \sqrt{3}\tan\theta$의 값을 구하여라.

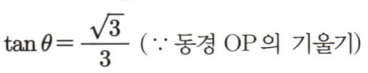

뿌리 3-3 삼각함수의 정의(3)

다음 물음에 답하여라.

1) θ가 제3사분면의 각이고 $\tan\theta = \dfrac{4}{3}$일 때, $\sin\theta - \cos\theta$의 값을 구하여라.

2) θ가 제2사분면의 각이고 $\cos\theta = -\dfrac{3}{5}$일 때, $15\sin\theta\tan\theta$의 값을 구하여라.

3) θ가 제4사분면의 각이고 $\cos\theta = \dfrac{4}{5}$일 때, $20\sin\theta\tan\theta$의 값을 구하여라.

핵심 반지름의 길이가 r인 원 O와 각 θ를 나타내는 동경 OP의 교점이 P(a, b)일 때,
$\sin\theta = \dfrac{b}{r}$, $\cos\theta = \dfrac{a}{r}$, $\tan\theta = \dfrac{b}{a}$ [p.139 ①]

풀이 1) θ가 제3사분면의 각이므로 각 θ를 나타내는 동경을 OP라 할 때,

$\tan\theta = \dfrac{4}{3} = \dfrac{-4}{-3}$에서 점 P를 P$(-3, -4)$로 놓을 수 있다.

이때, $\overline{\text{OP}} = \sqrt{(-3)^2 + (-4)^2} = 5$이므로 $\sin\theta = \dfrac{-4}{5}$, $\cos\theta = \dfrac{-3}{5}$

$\therefore \sin\theta - \cos\theta = -\dfrac{4}{5} - \left(-\dfrac{3}{5}\right) = -\dfrac{1}{5}$

2) θ가 제2사분면의 각이므로 각 θ를 나타내는 동경을 OP라 할 때,

$\cos\theta = -\dfrac{3}{5} = \dfrac{-3}{5}$에서 점 P를 P$(-3, k)$ (단, $k > 0$)로 놓을 수 있다.

이때, $\overline{\text{OP}} = \sqrt{(-3)^2 + k^2} = 5$이므로

$9 + k^2 = 25$, $k^2 = 16$　$\therefore k = 4$ ($\because k > 0$)

$\therefore \sin\theta = \dfrac{4}{5}$, $\tan\theta = \dfrac{4}{-3}$

$\therefore 15\sin\theta\tan\theta = 15 \cdot \dfrac{4}{5} \cdot \left(-\dfrac{4}{3}\right) = -\mathbf{16}$

3) θ가 제4사분면의 각이므로 각 θ를 나타내는 동경을 OP라 할 때,

$\cos\theta = \dfrac{4}{5}$에서 점 P를 P$(4, k)$ (단, $k < 0$)로 놓을 수 있다.

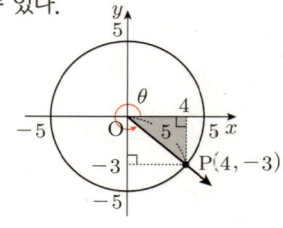

이때, $\overline{\text{OP}} = \sqrt{4^2 + k^2} = 5$이므로

$16 + k^2 = 25$, $k^2 = 9$　$\therefore k = -3$ ($\because k < 0$)

$\therefore \sin\theta = \dfrac{-3}{5}$, $\tan\theta = \dfrac{-3}{4}$

$\therefore 20\sin\theta\tan\theta = 20 \cdot \left(-\dfrac{3}{5}\right) \cdot \left(-\dfrac{3}{4}\right) = \mathbf{9}$

[줄기3-4] 다음 물음에 답하여라.

1) θ가 예각이고 $\cos\theta = \dfrac{4}{5}$일 때, $\sin\theta$, $\tan\theta$의 값을 구하여라.

2) θ가 제3사분면의 각이고 $\sin\theta = -\dfrac{12}{13}$일 때, $\cos\theta$, $\tan\theta$의 값을 구하여라.

3) θ가 제4사분면의 각이고 $\tan\theta = -\dfrac{4}{3}$일 때, $\sin\theta$, $\cos\theta$의 값을 구하여라.

삼각함수의 값의 부호는 각 θ가 제몇 사분면의 각인지에 따라 다음과 같이 정해진다.

1) θ가 **제1 사분면**의 각이면: all $+$

2) θ가 **제2 사분면**의 각이면: $\sin\theta$만 $+$

3) θ가 **제3 사분면**의 각이면: $\tan\theta$만 $+$

4) θ가 **제4 사분면**의 각이면: $\cos\theta$만 $+$

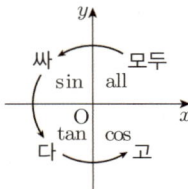

(익히는 방법)
all (모두) $-$ 싸 (sin) $-$ 다 (tan) $-$ 고 (cos), 즉
'all 싸다고'로 익힌다.

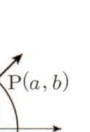 단위원 O와 각 θ를 나타내는 동경 OP의 교점을 P(a, b)라 할 때, P$(\cos\theta, \sin\theta)$이므로

제1 사분면	제2 사분면	제3 사분면	제4 사분면

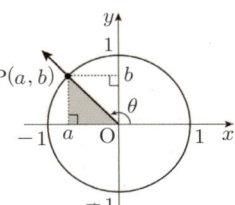

$\sin\theta = b > 0$
$\cos\theta = a > 0$
$\tan\theta = \dfrac{b}{a} > 0$

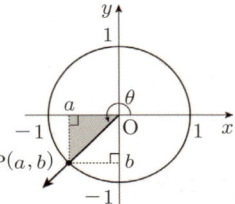

$\sin\theta = b > 0$
$\cos\theta = a < 0$
$\tan\theta = \dfrac{b}{a} < 0$

$\sin\theta = b < 0$
$\cos\theta = a < 0$
$\tan\theta = \dfrac{b}{a} > 0$

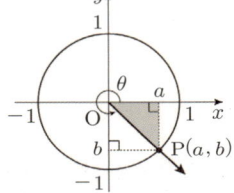

$\sin\theta = b < 0$
$\cos\theta = a > 0$
$\tan\theta = \dfrac{b}{a} < 0$

씨앗. 1 $\tan\theta < 0$, $\sin\theta > 0$을 만족시키는 각 θ는 제몇 사분면의 각인지 구하여라.

(풀이) $\tan\theta < 0$이면 θ는 제2 사분면 또는 제4 사분면의 각이고,
$\sin\theta > 0$이면 θ는 제1 사분면 또는 제2 사분면의 각이다.
따라서 θ는 **제2 사분면**의 각이다.

뿌리 3-4 삼각함수의 값의 부호(1)

다음 조건을 만족시키는 각 θ는 제몇 사분면의 각인지 구하여라.

1) $\cos\theta>0,\ \tan\theta<0$　　2) $\sin\theta\cos\theta>0$　　3) $\sin\theta\tan\theta>0,\ \cos\theta\tan\theta<0$

풀이　1) $\cos\theta>0$이면 θ는 제1사분면 또는 제4사분면의 각이다.
　　　$\tan\theta<0$이면 θ는 제2사분면 또는 제4사분면의 각이고,
　　　따라서 θ는 **제4사분면**의 각이다.

　　2) $\sin\theta\cos\theta>0$에서 $\sin\theta>0,\ \cos\theta>0$ 또는 $\sin\theta<0,\ \cos\theta<0$
　　　따라서 θ는 **제1사분면 또는 제3사분면**의 각이다.

　　3) i) $\sin\theta\tan\theta>0$에서 $\sin\theta>0,\ \tan\theta>0$ 또는 $\sin\theta<0,\ \tan\theta<0$
　　　　따라서 θ는 제1사분면 또는 제4사분면의 각이다.
　　　ii) $\cos\theta\tan\theta<0$에서 $\cos\theta>0,\ \tan\theta<0$ 또는 $\cos\theta<0,\ \tan\theta>0$
　　　　따라서 θ는 제3사분면 또는 제4사분면의 각이다.
　　　i), ii)에서 θ는 **제4사분면**의 각이다.

뿌리 3-5 삼각함수의 값의 부호(2)

$\pi<\theta<\dfrac{3}{2}\pi$일 때, $\cos\theta+\sin\theta+\tan\theta+\sqrt{\cos^2\theta}+\sqrt{\sin^2\theta}+\sqrt{\tan^2\theta}$ 를 간단히 하여라.

풀이　$\pi<\theta<\dfrac{3}{2}\pi$에서 제3사분면의 각이므로 $\sin\theta<0,\ \cos\theta<0,\ \tan\theta>0$

$\therefore\ \cos\theta+\sin\theta+\tan\theta+\sqrt{\cos^2\theta}+\sqrt{\sin^2\theta}+\sqrt{\tan^2\theta}$

$=\cos\theta+\sin\theta+\tan\theta+|\cos\theta|+|\sin\theta|+|\tan\theta|$

$=\cos\theta+\sin\theta+\tan\theta-\cos\theta-\sin\theta+\tan\theta$

$=2\tan\theta$

[줄기3-5] θ가 제2사분면의 각일 때, 다음 식의 값을 간단히 하여라.

1) $|\sin\theta-\cos\theta|-\sqrt{\tan^2\theta}+\sqrt[3]{(\cos\theta-\sin\theta)^3}$

2) $\sqrt{(\cos\theta-\sin\theta)^2}-|-\sin\theta|+\sqrt[3]{\cos^3\theta}$

[줄기3-6] $\sin\theta\cos\theta\neq0$이고 $\dfrac{\sqrt{\cos\theta}}{\sqrt{\sin\theta}}=-\sqrt{\dfrac{\cos\theta}{\sin\theta}}$ 를 만족시키는 θ에 대하여

$\sqrt{\sin^2\theta}+\sqrt{\tan^2\theta}-\sqrt{(\tan\theta-\cos\theta)^2}+\sqrt{(\sin\theta-\cos\theta)^2}$ 을 간단히 하여라.

❹ 삼각함수 사이의 관계

1 삼각함수 사이의 관계

1) $\tan\theta = \dfrac{\sin\theta}{\cos\theta}$

2) $\sin^2\theta + \cos^2\theta = 1 \Leftrightarrow \sin^2\theta = 1 - \cos^2\theta \Leftrightarrow \cos^2\theta = 1 - \sin^2\theta$

※ $(\sin\theta)^2$, $(\cos\theta)^2$, $(\tan\theta)^2$을 $\sin^2\theta$, $\cos^2\theta$, $\tan^2\theta$으로 나타낸다.

🔵 증명 오른쪽 그림과 같이 각 θ를 나타내는 동경 OP와 단위원 $x^2 + y^2 = 1$과의 교점을 $P(a, b)$라 할 때,
삼각함수의 정의로부터 [p.139 ①]

$\sin\theta = \dfrac{b}{1} = b$, $\cos\theta = \dfrac{a}{1} = a$이므로 $\tan\theta = \dfrac{b}{a}$ $(a \neq 0)$에서

$\tan\theta = \dfrac{\sin\theta}{\cos\theta}$

또, $P(a, b) = P(\cos\theta, \sin\theta)$는 원 $x^2 + y^2 = 1$ 위의 점이므로

$\sin^2\theta + \cos^2\theta = 1$

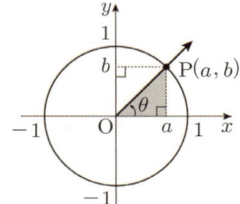

뿌리 4-1 삼각함수의 식의 값 구하기(1)

$\sin\theta = -\dfrac{3}{5}$ 일 때, $\cos\theta + \tan\theta$의 값을 구하여라. (단, $\dfrac{3}{2}\pi < \theta < 2\pi$)

📘 풀이 $\sin\theta = -\dfrac{3}{5}$ 이므로 $\sin^2\theta + \cos^2\theta = 1$에서

$\cos^2\theta = 1 - \sin^2\theta = 1 - \left(-\dfrac{3}{5}\right)^2 = \dfrac{16}{25}$

$\dfrac{3}{2}\pi < \theta < 2\pi$이므로 $\cos\theta > 0$ $\therefore \cos\theta = \dfrac{4}{5}$

또, $\tan\theta = \dfrac{\sin\theta}{\cos\theta} = \dfrac{-\dfrac{3}{5}}{\dfrac{4}{5}} = -\dfrac{3}{4}$ $\therefore \cos\theta + \tan\theta = \dfrac{4}{5} + \left(-\dfrac{3}{4}\right) = \dfrac{1}{20}$

🔵 참고 삼각함수의 정의로도 풀 수 있다. [p.142]

θ가 제4사분면의 각이므로 각 θ를 나타내는 동경을 OP라 할 때, $\sin\theta = -\dfrac{3}{5} = \dfrac{-3}{5}$

에서 점 P를 $P(k, -3)$ (단, $k > 0$)으로 놓을 수 있다.

이때, $\overline{OP} = \sqrt{k^2 + (-3)^2} = 5$이므로

$k^2 + 9 = 25$, $k^2 = 16$ $\therefore k = 4$ $(\because k > 0)$

$\therefore \cos\theta = \dfrac{4}{5}$, $\tan\theta = \dfrac{-3}{4}$

$\therefore \cos\theta + \tan\theta = \dfrac{4}{5} + \left(-\dfrac{3}{4}\right) = \dfrac{1}{20}$

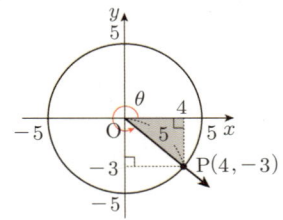

뿌리 4-2 삼각함수의 식의 값 구하기(2)

다음 물음에 답하여라.

1) $\cos\theta = -\dfrac{3}{5}$ 일 때, $15\sin\theta\tan\theta$의 값을 구하여라. (단, $\dfrac{\pi}{2} < \theta < \pi$)

2) $\tan\theta = \dfrac{5}{12}$ 일 때, $\sin\theta - \cos\theta$의 값을 구하여라. (단, $\pi < \theta < \dfrac{3}{2}\pi$)

풀이 1) 뿌리 3-3)의 2)번과 같은 문제이다. [p.142]

비추 방법 I $\cos\theta = -\dfrac{3}{5}$ 이므로 $\sin^2\theta + \cos^2\theta = 1$에서

$\sin^2\theta = 1 - \cos^2\theta = 1 - \left(-\dfrac{3}{5}\right)^2 = \dfrac{16}{25}$

$\dfrac{\pi}{2} < \theta < \pi$이므로 $\sin\theta > 0$ $\therefore \sin\theta = \dfrac{4}{5}$

또, $\tan\theta = \dfrac{\sin\theta}{\cos\theta} = \dfrac{\dfrac{4}{5}}{-\dfrac{3}{5}} = -\dfrac{4}{3}$ $\therefore 15\sin\theta\tan\theta = 15 \cdot \dfrac{4}{5} \cdot \left(-\dfrac{4}{3}\right) = \mathbf{-16}$

★강추 방법 II $\cos\theta = -\dfrac{3}{5}$ 에서 $|\cos\theta| = \dfrac{3}{5}$ 이므로

$\cos\alpha = \dfrac{3}{5}$ $\left(0 < \alpha < \dfrac{\pi}{2}\right)$를 그리면 오른쪽 그림과 같다.

$\therefore \sin\alpha = |\sin\theta| = \dfrac{4}{5}$, $\tan\alpha = |\tan\theta| = \dfrac{4}{3}$

$\dfrac{\pi}{2} < \theta < \pi$이므로 $\sin\theta > 0$, $\tan\theta < 0$ $\therefore \sin\theta = \dfrac{4}{5}$, $\tan\theta = -\dfrac{4}{3}$

$\therefore 15\sin\theta\tan\theta = 15 \cdot \dfrac{4}{5} \cdot \left(-\dfrac{4}{3}\right) = \mathbf{-16}$

2) 뿌리 3-3)의 1)번과 같은 유형의 문제이다. [p.142]

★강추 방법 II $\tan\theta = \dfrac{5}{12}$ 에서 $|\tan\theta| = \dfrac{5}{12}$ 이므로

$\tan\alpha = \dfrac{5}{12}$ $\left(0 < \alpha < \dfrac{\pi}{2}\right)$를 그리면 오른쪽 그림과 같다.

$\therefore \sin\alpha = |\sin\theta| = \dfrac{5}{13}$, $\cos\alpha = |\cos\theta| = \dfrac{12}{13}$

$\pi < \theta < \dfrac{3}{2}\pi$이므로 $\sin\theta < 0$, $\cos\theta < 0$ $\therefore \sin\theta = -\dfrac{5}{13}$, $\cos\theta = -\dfrac{12}{13}$

$\therefore \sin\theta - \cos\theta = -\dfrac{5}{13} - \left(-\dfrac{12}{13}\right) = \dfrac{\mathbf{7}}{\mathbf{13}}$

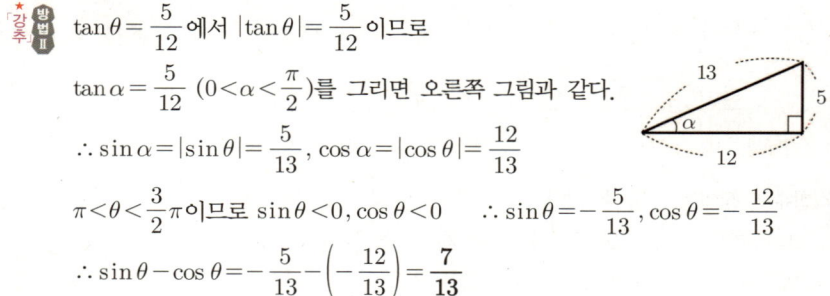

[줄기4-1] 다음 물음에 답하여라.

1) $\sin\theta = -\dfrac{12}{13}$ 일 때, $\dfrac{1}{\cos\theta} + \tan\theta$의 값을 구하여라. (단, $\dfrac{3}{2}\pi < \theta < 2\pi$)

2) $\tan\theta = -\dfrac{1}{2}$ 일 때, $\sin\theta + \cos\theta$의 값을 구하여라. (단, $\dfrac{\pi}{2} < \theta < \pi$)

뿌리 4-3 삼각함수 사이의 관계를 이용하여 식 간단히 하기

다음 식을 간단히 하여라.

1) $(1-\sin^2\theta)(1-\cos^2\theta)(1+\tan^2\theta)\left(1+\dfrac{1}{\tan^2\theta}\right)$

2) $\left(1+\tan\theta+\dfrac{1}{\cos\theta}\right)\left(1+\dfrac{1}{\tan\theta}-\dfrac{1}{\sin\theta}\right)$

3) $\dfrac{1-2\cos^2\theta}{1-2\sin\theta\cos\theta}+\dfrac{1+2\sin\theta\cos\theta}{1-2\sin^2\theta}$

핵심 $\sin^2\theta+\cos^2\theta=1 \Leftrightarrow \sin^2\theta=1-\cos^2\theta \Leftrightarrow \cos^2\theta=1-\sin^2\theta$ ※ $\tan\theta=\dfrac{\sin\theta}{\cos\theta}$

풀이 1) (주어진 식)$=\cos^2\theta\cdot\sin^2\theta\cdot\left(1+\dfrac{\sin^2\theta}{\cos^2\theta}\right)\left(1+\dfrac{\cos^2\theta}{\sin^2\theta}\right)$

$=\cos^2\theta\cdot\sin^2\theta\cdot\left(\dfrac{\cos^2\theta+\sin^2\theta}{\cos^2\theta}\right)\cdot\left(\dfrac{\sin^2\theta+\cos^2\theta}{\sin^2\theta}\right)=1$

2) (주어진 식)$=\left(1+\dfrac{\sin\theta}{\cos\theta}+\dfrac{1}{\cos\theta}\right)\left(1+\dfrac{\cos\theta}{\sin\theta}-\dfrac{1}{\sin\theta}\right)=\dfrac{\cos\theta+\sin\theta+1}{\cos\theta}\cdot\dfrac{\sin\theta+\cos\theta-1}{\sin\theta}$

$=\dfrac{(\sin\theta+\cos\theta)^2-1}{\sin\theta\cos\theta}=\dfrac{\sin^2\theta+\cos^2\theta+2\sin\theta\cos\theta-1}{\sin\theta\cos\theta}=\dfrac{2\sin\theta\cos\theta}{\sin\theta\cos\theta}=2$

3) (주어진 식)$=\dfrac{\sin^2\theta+\cos^2\theta-2\cos^2\theta}{\sin^2\theta+\cos^2\theta-2\sin\theta\cos\theta}+\dfrac{\sin^2\theta+\cos^2\theta+2\sin\theta\cos\theta}{\sin^2\theta+\cos^2\theta-2\sin^2\theta}$

$=\dfrac{\sin^2\theta-\cos^2\theta}{(\sin\theta-\cos\theta)^2}+\dfrac{(\sin\theta+\cos\theta)^2}{\cos^2\theta-\sin^2\theta}$

$=\dfrac{(\sin\theta-\cos\theta)(\sin\theta+\cos\theta)}{(\sin\theta-\cos\theta)^2}+\dfrac{(\sin\theta+\cos\theta)^2}{(\cos\theta-\sin\theta)(\cos\theta+\sin\theta)}$

$=\dfrac{\sin\theta+\cos\theta}{\sin\theta-\cos\theta}+\dfrac{\sin\theta+\cos\theta}{\cos\theta-\sin\theta}=\dfrac{\sin\theta+\cos\theta}{\sin\theta-\cos\theta}-\dfrac{\sin\theta+\cos\theta}{\sin\theta-\cos\theta}=0$

[줄기4-2] 다음 물음에 답하여라.

1) $\dfrac{1+\tan\theta}{1-\tan\theta}=2+\sqrt{3}$ 일 때, $\cos\theta$의 값을 구하여라. (단, $\pi<\theta<\dfrac{3}{2}\pi$)

2) $\dfrac{1}{1+\cos\theta}+\dfrac{1}{1-\cos\theta}=\dfrac{5}{2}$ 일 때, $\tan\theta$의 값을 구하여라. (단, $\dfrac{\pi}{2}<\theta<\pi$)

[줄기4-3] 다음 식을 간단히 하여라.

1) $\cos^4\theta-\sin^4\theta+2\sin^2\theta$

2) $\dfrac{1}{\sin^2\theta}+\dfrac{1}{\cos^2\theta}-\left(\tan\theta-\dfrac{1}{\tan\theta}\right)^2$

뿌리 4-4 삼각함수의 식의 값 구하기(3)

다음 물음에 답하여라.

1) $\dfrac{1}{1+\sin\theta}+\dfrac{1}{1-\sin\theta}=\dfrac{5}{2}$ 일 때, $\tan\theta$의 값을 구하여라. (단, $\dfrac{3}{2}\pi<\theta<2\pi$)

2) $2\sin\theta=-3\cos\theta$일 때, $\sin\theta\tan\theta-\cos\theta$의 값을 구하여라. (단, $\dfrac{\pi}{2}<\theta<\pi$)

3) $|\sin\theta|=\sqrt{3}\,|\cos\theta|$일 때, $\sin\theta\tan\theta+\cos\theta$의 값을 구하여라. (단, $\pi<\theta<\dfrac{3}{2}\pi$)

풀이 1) $\dfrac{1}{1+\sin\theta}+\dfrac{1}{1-\sin\theta}=\dfrac{1-\sin\theta+(1+\sin\theta)}{1-\sin^2\theta}=\dfrac{2}{\cos^2\theta}$

즉, $\dfrac{2}{\cos^2\theta}=\dfrac{5}{2}$ 이므로 $\dfrac{\cos^2\theta}{2}=\dfrac{2}{5}$ $\therefore \cos^2\theta=\dfrac{4}{5}$ $\therefore \cos\theta=\dfrac{2}{\sqrt{5}}$ $\left(\because \dfrac{3}{2}\pi<\theta<2\pi\right)$

$|\cos\theta|=\dfrac{2}{\sqrt{5}}$ 이므로 $\cos\alpha=\dfrac{2}{\sqrt{5}}$ $\left(0<\alpha<\dfrac{\pi}{2}\right)$를 그리면 아래 그림과 같다.

$\therefore \tan\alpha=|\tan\theta|=\dfrac{1}{2}$

$\dfrac{3}{2}\pi<\theta<2\pi$ 이므로 $\tan\theta<0$ $\therefore \tan\theta=-\dfrac{1}{2}$

2) $2\sin\theta=-3\cos\theta$에서 $\dfrac{\sin\theta}{\cos\theta}=-\dfrac{3}{2}$ $\therefore \tan\theta=-\dfrac{3}{2}$

$|\tan\theta|=\dfrac{3}{2}$ 이므로 $\tan\alpha=\dfrac{3}{2}$ $\left(0<\alpha<\dfrac{\pi}{2}\right)$을 그리면 오른쪽 그림과 같다.

$\therefore \sin\alpha=|\sin\theta|=\dfrac{3}{\sqrt{13}}$, $\cos\alpha=|\cos\theta|=\dfrac{2}{\sqrt{13}}$

$\dfrac{\pi}{2}<\theta<\pi$ 이므로 $\sin\theta>0$, $\cos\theta<0$ $\therefore \sin\theta=\dfrac{3}{\sqrt{13}}$, $\cos\theta=-\dfrac{2}{\sqrt{13}}$

$\therefore \sin\theta\tan\theta-\cos\theta=\dfrac{3}{\sqrt{13}}\cdot\left(-\dfrac{3}{2}\right)+\dfrac{2}{\sqrt{13}}=\dfrac{-5}{2\sqrt{13}}=-\dfrac{5}{26}\sqrt{13}$

3) $|\sin\theta|=\sqrt{3}\,|\cos\theta|$에서 $\dfrac{|\sin\theta|}{|\cos\theta|}=\sqrt{3}$ $\therefore \left|\dfrac{\sin\theta}{\cos\theta}\right|=\sqrt{3}$ $\therefore |\tan\theta|=\sqrt{3}$

$|\tan\theta|=\sqrt{3}$ 이므로 $\tan\alpha=\sqrt{3}$ $\left(0<\alpha<\dfrac{\pi}{2}\right)$을 그리면 아래 그림과 같다.

$\therefore \sin\alpha=|\sin\theta|=\dfrac{\sqrt{3}}{2}$, $\cos\alpha=|\cos\theta|=\dfrac{1}{2}$

$\pi<\theta<\dfrac{3}{2}\pi$ 이므로 $\sin\theta<0$, $\cos\theta<0$, $\tan\theta>0$

$\therefore \sin\theta=-\dfrac{\sqrt{3}}{2}$, $\cos\theta=-\dfrac{1}{2}$, $\tan\theta=\sqrt{3}$

$\therefore \sin\theta\tan\theta+\cos\theta=\left(-\dfrac{\sqrt{3}}{2}\right)\cdot\sqrt{3}-\dfrac{1}{2}=-2$

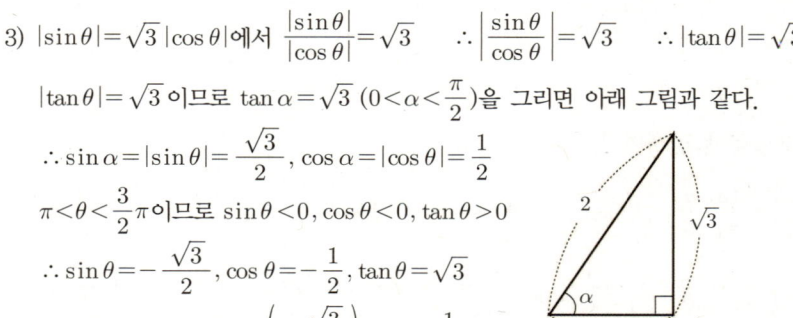

[줄기4-4] $\dfrac{1+\sin\theta}{\cos\theta}+\dfrac{\cos\theta}{1+\sin\theta}=-4$일 때, $\sin\theta-\tan\theta$의 값을 구하여라. (단, $\dfrac{\pi}{2}<\theta<\pi$)

뿌리 4-5 $\sin\theta \pm \cos\theta$, $\sin\theta\cos\theta$의 관계를 이용하여 식의 값 구하기

$\sin\theta + \cos\theta = \dfrac{1}{2}$ 일 때, 다음 식의 값을 구하여라.

1) $\sin\theta\cos\theta$　　　　2) $\sin^3\theta + \cos^3\theta$　　　　3) $\tan\theta + \dfrac{1}{\tan\theta}$

4) $\sin^4\theta + \cos^4\theta$　　　　5) $\sin\theta - \cos\theta$

풀이 1) $(\sin\theta + \cos\theta)^2 = \left(\dfrac{1}{2}\right)^2$, $\sin^2\theta + \cos^2\theta + 2\sin\theta\cos\theta = \dfrac{1}{4}$

　　　$1 + 2\sin\theta\cos\theta = \dfrac{1}{4}$, $2\sin\theta\cos\theta = -\dfrac{3}{4}$　　$\therefore \sin\theta\cos\theta = -\dfrac{3}{8}$

2) $\sin^3\theta + \cos^3\theta = (\sin\theta + \cos\theta)^3 - 3\sin\theta\cos\theta(\sin\theta + \cos\theta)$

　　　　$= \left(\dfrac{1}{2}\right)^3 - 3\left(-\dfrac{3}{8}\right)\cdot\dfrac{1}{2} = \dfrac{11}{16}$

3) $\tan\theta + \dfrac{1}{\tan\theta} = \dfrac{\sin\theta}{\cos\theta} + \dfrac{\cos\theta}{\sin\theta} = \dfrac{\sin^2\theta + \cos^2\theta}{\cos\theta\sin\theta} = \dfrac{1}{\sin\theta\cos\theta} = -\dfrac{8}{3}$

4) $\sin^4\theta + \cos^4\theta = (\sin^2\theta + \cos^2\theta)^2 - 2\sin^2\theta\cos^2\theta$

　　　　$= 1^2 - 2(\sin\theta\cos\theta)^2 = 1 - 2\left(-\dfrac{3}{8}\right)^2 = \dfrac{23}{32}$

5) $(\sin\theta - \cos\theta)^2 = \sin^2\theta + \cos^2\theta - 2\sin\theta\cos\theta = 1 - 2\left(-\dfrac{3}{8}\right) = \dfrac{7}{4}$

　　　$\therefore \sin\theta - \cos\theta = \pm\sqrt{\dfrac{7}{4}} = \pm\dfrac{\sqrt{7}}{2}$

참고 $(\sin\theta + \cos\theta)^2 = 1 + 2\sin\theta\cos\theta$, $(\sin\theta - \cos\theta)^2 = 1 - 2\sin\theta\cos\theta$
따라서 $\sin\theta \pm \cos\theta$의 값을 알면 $(\sin\theta \pm \cos\theta)^2$을 이용하여 ★$\sin\theta\cos\theta$의 값도 알 수 있다.

[줄기4-5] $\sin\theta\cos\theta = -\dfrac{3}{8}$ 일 때, $\sin\theta - \cos\theta$의 값을 구하여라. (단, $\dfrac{3}{2}\pi < \theta < 2\pi$)

[줄기4-6] $\tan\theta + \dfrac{1}{\tan\theta} = 6$일 때, $\sin\theta + \cos\theta$의 값을 구하여라. (단, $\pi < \theta < \dfrac{3}{2}\pi$)

[줄기4-7] $\sin\theta + \cos\theta = -\dfrac{\sqrt{2}}{2}$ 일 때, $\sin^2\theta - \cos^2\theta$의 값을 구하여라. (단, $\dfrac{3}{2}\pi < \theta < 2\pi$)

149

5 삼각함수

● 잎 5-1

다음은 호도법을 육십분법으로 표현한 것이다. 옳지 않은 것은?

① $\dfrac{4}{3}\pi = 240°$ ② $\dfrac{11}{6}\pi = 330°$ ③ $\dfrac{5}{4}\pi = 225°$ ④ $\dfrac{2}{5}\pi = 72°$ ⑤ $\dfrac{7}{12}\pi = 115°$

● 잎 5-2

다음 중 제3사분면의 각이 아닌 것은? (단, $\sqrt{3} \fallingdotseq 1.7$)

① $1305°$ ② $-1560°$ ③ $\dfrac{7}{6}\pi$ ④ 3 ⑤ $-\sqrt{3}$

● 잎 5-3

$432°$와 $540°$를 호도법으로 나타내면 각각 a, b이다. 부등식 $a < \dfrac{100}{k}\pi < b$를 성립하도록 하는 자연수 k의 최댓값을 M, 최솟값을 m이라 할 때, $M-m$의 값을 구하여라.

● 잎 5-4

$0° < \theta < 1440°$인 θ 중에서 $\dfrac{a}{5}\pi$로 나타낼 수 있는 θ는 모두 몇 개인지 구하여라.

(단, a는 5와 서로소인 자연수이다.)

● 잎 5-5

시초선이 같은 두 동경의 일반각을 각각 α, β라 할 때, 다음 중 옳지 않은 것은? (단, n은 정수이다.)

① 두 각 α, β의 동경이 x축에 대하여 대칭이면 $\alpha + \beta = 2n\pi$이다.
② 두 각 α, β의 동경이 y축에 대하여 대칭이면 $\alpha + \beta = (2n+1)\pi$이다.
③ 두 각 α, β의 동경이 직선 $y = x$에 대하여 대칭이면 $\alpha + \beta = 2n\pi + \dfrac{\pi}{2}$이다.
④ 두 각 α, β의 동경이 원점에 대하여 대칭이면 $\alpha + \beta = 2n\pi + \pi$이다.
⑤ 두 각 α, β의 동경이 일치하면 $\alpha - \beta = 2n\pi$이다.

● 잎 5-6

$270° < \theta < 360°$일 때, θ와 6θ를 나타내는 동경과 원 $x^2 + y^2 = 1$이 만나는 점을 각각 P, Q라 한다.
두 점 P, Q가 원점에 대하여 대칭일 때, θ의 값은? (단, 시초선은 x축의 양의 방향이다.)

① $\dfrac{19}{12}\pi$ ② $\dfrac{8}{5}\pi$ ③ $\dfrac{21}{12}\pi$ ④ $\dfrac{9}{5}\pi$ ⑤ $\dfrac{23}{12}\pi$

● 잎 5-7

$90° < \theta < 180°$일 때, 3θ와 5θ를 나타내는 동경과 원 $x^2 + y^2 = 1$이 만나는 점을 각각
$P(x_1, y_1)$, $Q(x_2, y_2)$라 한다.
$x_1 = x_2$이고 $y_1 + y_2 = 0$을 만족할 때, θ의 값은? (단, 시초선은 x축의 양의 방향이다.)

① $\dfrac{2}{3}\pi$ ② $\dfrac{3}{4}\pi$ ③ $\dfrac{5}{6}\pi$ ④ $\dfrac{3}{5}\pi$ ⑤ $\dfrac{11}{12}\pi$

● 잎 5-8

좌표평면 위에서 원 $x^2 + y^2 = 1$이 x축, y축의 양의 부분과
만나는 점을 각각 A, B라 하자.
오른쪽 그림과 같이 제1사분면에서 $\angle AOP = 60°$인 점 P
를 원 위에 잡으면 직선 BP의 기울기는 $a + b\sqrt{3}$이다.
이때, $20(a^2 + b^2)$의 값을 구하여라. [교육청 기출]

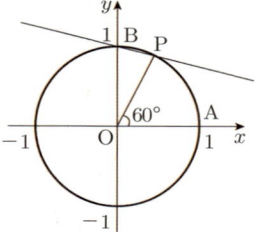

● 잎 5-9

좌표평면 위에서 원 $x^2 + y^2 = 3$이 x축, y축의 양의 부분과
만나는 점을 각각 A, B라 하자.
오른쪽 그림과 같이 제1사분면에서 $\angle AOP = 30°$인 점 P
를 원 위에 잡으면 직선 BP의 기울기는 $a\sqrt{3}$이다.
이때, $9a$의 값을 구하여라.

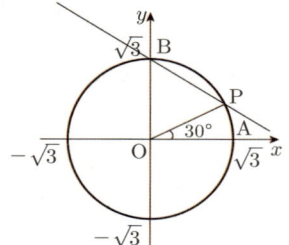

• 잎 5-10

오른쪽 그림에서 $\angle\mathrm{BCA}=\theta$이고, $\overline{\mathrm{AD}}=4$, $\overline{\mathrm{CD}}=3$일 때,
$\sin\theta+\cos\theta$의 값을 구하여라.

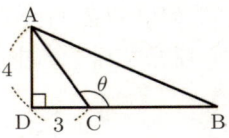

• 잎 5-11

$\sin\theta<0$, $\cos\theta>0$일 때, $\dfrac{\theta}{2}$가 존재하는 사분면을 말하여라.

• 잎 5-12

$\sin\theta-\cos\theta=\dfrac{1}{2}$일 때, $\dfrac{1}{\sin\theta\cos\theta}$의 값은? [교육청 기출]

① $\dfrac{8}{5}$　　② 2　　③ $\dfrac{8}{3}$　　④ 4　　⑤ 8

• 잎 5-13

x에 대한 이차방정식 $x^2-px+q=0$의 서로 다른 두 실근이 $\cos\alpha$, $\cos\beta$이고, $x^2-rx+s=0$의
두 근이 $\dfrac{1}{\cos\alpha}$, $\dfrac{1}{\cos\beta}$이다. rs를 p, q의 식으로 나타내면? [교육청 기출]

① pq　　② $\dfrac{1}{pq}$　　③ $\dfrac{q}{p}$　　④ $\dfrac{q}{p^2}$　　⑤ $\dfrac{p}{q^2}$

• 잎 5-14

이차방정식 $x^2-2\sqrt{3}\,x+2=0$의 두 근 α, β $(\alpha>\beta)$라 할 때, $\tan\theta=\dfrac{\alpha-\beta}{\alpha+\beta}$를 만족하는 θ의
값은? [수능 기출]

① $\dfrac{\pi}{6}$　　② $\dfrac{\pi}{4}$　　③ $\dfrac{\pi}{3}$　　④ $-\dfrac{\pi}{4}$　　⑤ $-\dfrac{\pi}{3}$

6. 삼각함수의 그래프

01 삼각함수의 그래프

1 주기함수 ※ 삼각함수는 대표적인 주기함수 중에 하나이다.

상수함수가 아닌 함수 $f(x)$의 정의역에 속하는 모든 x에 대하여 $f(x+p)=f(x)$를 만족시키는 0이 아닌 상수 p가 존재할 때, 함수 $y=f(x)$를 **주기함수**라 하고, 상수 p 중에서 **최소인 양수**를 그 함수의 **주기**라 한다.

2 주기함수의 성질

함수 $f(x)$가 주기함수일 때, 다음과 같은 성질을 갖는다.

1) 함수 $f(x)$의 주기가 p이면 $f(x)=f(x+np)$ (단, ★n은 정수)이다.

예) 시계에서 x초를 가리키는 초침의 위치를 $f(x)$라 할 때, 초침의 주기는 60초이므로
$$f(x)=f(x+60)=f(x+120)=f(x+180)=\cdots$$
$$=f(x-60)=f(x-120)=f(x-180)=\cdots$$
$$\therefore f(x)=f(x+60n) \text{ (단, ★}n\text{은 정수)}$$

익히는 방법
$f(x)$의 x에 '주기 p' 또는 '주기의 정수배 np' (★n은 정수)를 더해도 함수의 값은 같다.
⇨ $f(x)=f(x+p)=f(x+np)$ (★n은 정수)

2) 함수 $f(x)$의 주기가 p이고, $x=np+r$ (단, ★n은 정수)이면 $f(x)=f(r)$이다.

예) $f(x)$의 주기가 3일 때,
$$f(7)=f(3\cdot2+1)=f(1)$$
$$=f(3\cdot3-2)=f(-2)$$
$$=f(3\cdot(-1)+10)=f(10)$$

3) 두 함수 $f(x)$, $g(x)$의 주기가 각각 p, q일 때, $f(x)$와 $g(x)$의 **사칙연산의 주기**는 p, q의 양의 정수배 중에서 공통이면서 가장 작은 수이다.

※ 정수배 : 두 배, 세 배, 네 배와 같은, 정수 단위의 갑절을 정수배라 한다.

예) $f(x)$, $g(x)$의 주기가 각각 2, 3이면
$f(x)$는 $x=2, 4, \underline{6}, 8, 10, \underline{12}, 14, 16, \underline{18}, 20, 22, \underline{24}, \cdots$일 때, $f(x)$의 값이 같다.
$g(x)$는 $x=3, \underline{6}, 9, \underline{12}, 15, \underline{18}, 21, \underline{24}, 27, \underline{30}, 33, \cdots$일 때, $g(x)$의 값이 같다.
즉, $f(x)+g(x)$는 $x=6, 12, 18, 24, \cdots$ 일 때, $f(x)+g(x)$의 값이 같다.
또, $f(x)-g(x)$, $f(x)\times g(x)$, $f(x)\div g(x)$도 마찬가지이다.
따라서 두 함수 $f(x)$, $g(x)$의 사칙연산의 주기는 $f(x)$, $g(x)$의 주기의 양의 정수배 중에서 공통이면서 가장 작은 수 6이다.

$f(x+4)=f(x)$에서 $f(x)$의 주기가 4인지 알 수 없지만 (∵ 주기가 1, 2, ⋯ 일 수도 있다.)
주기를 p라 하면 $f(x+4)=f(x)$에서 $np=4$, 즉 $p=\dfrac{4}{n}$ (★n은 양의 정수)임을 알 수 있다.
따라서 $f(x)$의 주기로 2 $(n=2)$, $\dfrac{4}{3}$ $(n=3)$, $\dfrac{2}{5}$ $(n=10)$ 등은 가능하지만 예로 $\dfrac{3}{4}$은 $\dfrac{3}{4}=\dfrac{4}{n}$ 를 만족하는 양의 정수 n이 존재하지 않으므로 $\dfrac{3}{4}$은 $f(x)$의 주기가 될 수 없다.

1) 함수 $y = \sin x$의 그래프와 성질

　① 정의역 : 실수 전체의 집합

　　공역 : 실수 전체의 집합

　② 치역 : $\{y \mid -1 \leq y \leq 1\}$

　　∴ 최댓값 : 1, 최솟값 : -1

　③ 주기 : 2π

　④ 대칭성 : 그래프는 원점에 대하여

　　　대칭인 **기함수**이다.

　　　$\sin(-x) = -\sin x$ ⇨ '기'함수 : $-$가 밖으로 '기'어 나온다.

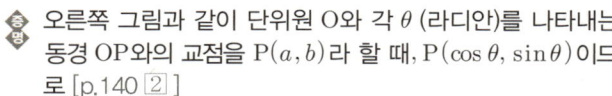

● 오른쪽 그림과 같이 단위원 O와 각 θ (라디안)를 나타내는
증명 동경 OP와의 교점을 $P(a, b)$라 할 때, $P(\cos\theta, \sin\theta)$이므
로 [p.140 ②]

점 P가 단위원 위를 움직일 때, θ의 값에 따라 $\sin\theta$의 값의
변화는 점 P의 y좌표의 변화와 같다.

이를 이용하여 θ에 대응하는 $\sin\theta$를 점 $(\theta, \sin\theta)$로 나타
내어 점의 자취를 찍어나가면 위의 그림과 같은 $y = \sin x$의
그래프를 그릴 수 있다.

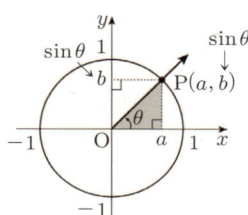

2) 함수 $y = \cos x$의 그래프와 성질

　① 정의역 : 실수 전체의 집합

　　공역 : 실수 전체의 집합

　② 치역 : $\{y \mid -1 \leq y \leq 1\}$

　　∴ 최댓값 : 1, 최솟값 : -1

　③ 주기 : 2π

　④ 대칭성 : 그래프는 y축에 대하여

　　　대칭인 **우함수**이다.

　　　$\cos(-x) = \cos x$ ⇨ '우'함수 : $-$가 안에서 '우'그러진다.

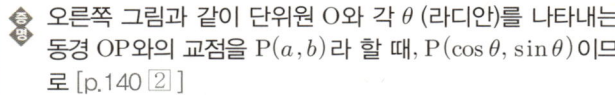

● 오른쪽 그림과 같이 단위원 O와 각 θ (라디안)를 나타내는
증명 동경 OP와의 교점을 $P(a, b)$라 할 때, $P(\cos\theta, \sin\theta)$이므
로 [p.140 ②]

점 P가 단위원 위를 움직일 때, θ의 값에 따라 $\cos\theta$의 값의
변화는 점 P의 x좌표의 변화와 같다.

이를 이용하여 θ에 대응하는 $\cos\theta$를 점 $(\theta, \cos\theta)$로 나타
내어 점의 자취를 찍어나가면 위의 그림과 같은 $y = \cos x$의
그래프를 그릴 수 있다.

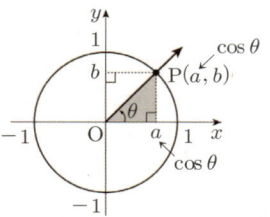

🖥 함수의 의미를 간단히 표현해 보자!
함수 ⇔ *대응 ⇔ 순서쌍 (x, y) ⇔ 점 (x, y) ⇔ 점의 자취를 좌표평면 위에 나타내면 그래프

3 **삼각함수의 그래프**

3) 함수 $y = \tan x$의 그래프와 성질

① 정의역 : $n\pi + \dfrac{\pi}{2}$ (n은 정수)를 제외한

실수 전체의 집합

공역 : 실수 전체의 집합

② 치역 : 실수 전체의 집합

③ 주기 : π

④ 대칭성 : 그래프는 원점에 대하여

대칭인 **기함수**이다.

$\tan(-x) = -\tan x \Rightarrow$ '기'함수 : $-$가 밖으로 '기'어 나온다.

⑤ 그래프의 점근선 : 직선 $x = n\pi + \dfrac{\pi}{2}$ (n은 정수)

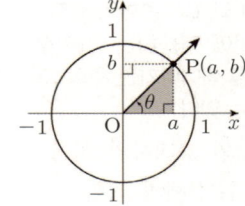

◆ 오른쪽 그림과 같이 단위원 O와 각 θ (라디안)를 나타내는 동경 OP와의 교점을 P(a, b)라 할 때, $\tan\theta$는 동경 OP의 기울기이므로 [p.140 ②]

점 P가 단위원 위를 움직일 때, θ의 값에 따라 $\tan\theta$의 값의 변화는 동경 OP의 기울기의 변화와 같다.

이를 이용하여 θ에 대응하는 $\tan\theta$를 점 $(\theta, \tan\theta)$로 나타내어 점의 자취를 찍어나가면 위의 그림과 같은 $y = \tan x$의 그래프를 그릴 수 있다.

또, $\theta = n\pi + \dfrac{\pi}{2}$ (n은 정수)일 때는 동경 OP가 x축에 수직이므로 기울기가 존재하지 않는다.

따라서 $\theta = n\pi + \dfrac{\pi}{2}$ (n은 정수)일 때는 $\tan\theta$의 값은 정의되지 않는다.

씨앗. 1 ▮ 다음 함수의 치역과 주기를 구하고, 그래프를 그려라.

1) $y = 2\sin x$　　　　　　2) $y = \sin\dfrac{x}{2}$

풀이　1) $y = 2\sin x$의 그래프는 $y = \sin x$의 그래프를 y축의 방향으로 2배한 것과 같다.

따라서 **치역은** $\{y \mid -2 \le y \le 2\}$, **주기는** 2π 이고, 그래프는 오른쪽 그림과 같다.

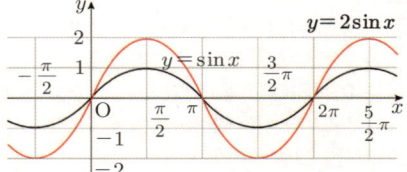

2) $y = \sin\dfrac{x}{2}$의 그래프는 $y = \sin x$의 그래프를 x축의 방향으로 2배한 것과 같다.

따라서 **치역은** $\{y \mid -1 \le y \le 1\}$, **주기는** 4π 이고, 그래프는 오른쪽 그림과 같다.

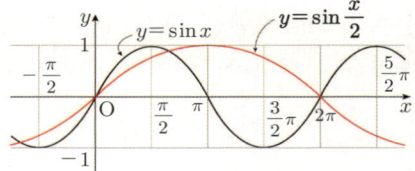

씨앗. 2 ◢ 다음 함수의 치역과 주기를 구하고, 그래프를 그려라.

$$1) \ y = \frac{1}{2}\cos x \qquad\qquad 2) \ y = \cos 2x$$

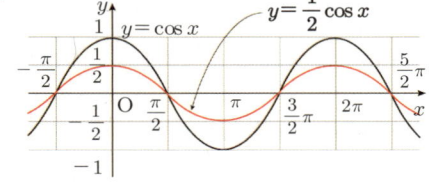

풀이 1) $y = \frac{1}{2}\cos x$의 그래프는 $y = \cos x$의 그래프를 y축의 방향으로 $\frac{1}{2}$배한 것과 같다.

따라서 **치역은** $\left\{ y \ \middle| \ -\frac{1}{2} \leq y \leq \frac{1}{2} \right\}$, **주기는** 2π 이고, 그래프는 오른쪽 그림과 같다.

2) $y = \cos 2x$의 그래프는 $y = \cos x$의 그래프를 x축의 방향으로 $\frac{1}{2}$배한 것과 같다.

따라서 **치역은** $\{ y \ | \ -1 \leq y \leq 1 \}$, **주기는** π 이고, 그래프는 오른쪽 그림과 같다.

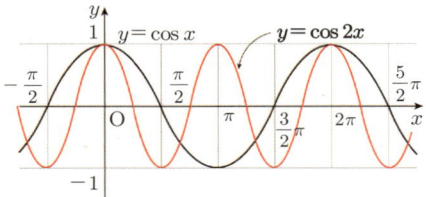

---

4 삼각함수의 최댓값, 최솟값, 주기(I)

1) $y = a\sin bx$, $y = a\cos bx$ 꼴의 그래프

$y = \sin x$, $y = \cos x$의 그래프를 y축의 방향으로 $|a|$배, x축의 방향으로 $\frac{1}{|b|}$배한 그래프이다.

① **최댓값**: $|a|$ ② **최솟값**: $-|a|$ ③ **주기**: $\frac{2\pi}{|b|}$

2) $y = a\sin(bx+c)+d = a\sin b\left(x+\frac{c}{b}\right)+d$, $y = a\cos(bx+c)+d = a\cos b\left(x+\frac{c}{b}\right)+d$ **꼴의 그래프**

$y = a\sin bx$, $y = a\cos bx$의 그래프를 x축의 방향으로 $-\frac{c}{b}$만큼, y축의 방향으로 d만큼 평행 이동한 그래프이다.

① **최댓값**: $|a|+d$ ② **최솟값**: $-|a|+d$ ③ **주기**: $\frac{2\pi}{|b|}$

씨앗. 3 ◢ 함수 $y = 3\tan\frac{x}{2}$의 주기를 구하고, 그래프를 그려라.

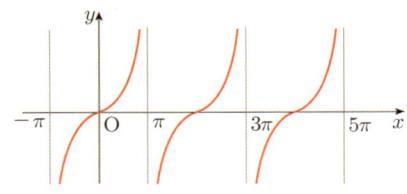

풀이 $y = 3\tan\frac{x}{2}$의 그래프는 $y = \tan x$의 그래프를 y축의 방향으로 3배하고, x축의 방향으로 2배 한 것과 같다.

따라서 **주기는** 2π이고, 그래프는 오른쪽 그림 과 같다.

5 삼각함수의 최댓값, 최솟값, 주기(Ⅱ)

1) $y = a \tan bx$ 꼴의 그래프

$y = \tan x$의 그래프를 y축의 방향으로 $|a|$배, x축의 방향으로 $\dfrac{1}{|b|}$배한 그래프이다.

① **최댓값, 최솟값 : 없다.**   ② **주기 :** $\dfrac{\pi}{|b|}$

③ **점근선의 방정식 :** $bx = n\pi + \dfrac{\pi}{2}$에서 $x = \dfrac{1}{b}\left(n\pi + \dfrac{\pi}{2}\right)$ (단, n은 정수)

2) $y = a \tan(bx + c) + d = a \tan b\left(x + \dfrac{c}{b}\right) + d$ 꼴의 그래프

$y = \tan x$의 그래프를 x축의 방향으로 $-\dfrac{c}{b}$만큼, y축의 방향으로 d만큼 평행이동한 그래프이다.

① **최댓값, 최솟값 : 없다.**   ② **주기 :** $\dfrac{\pi}{|b|}$

③ **점근선의 방정식 :** $bx + c = n\pi + \dfrac{\pi}{2}$에서 $x = \dfrac{1}{b}\left(n\pi + \dfrac{\pi}{2} - c\right)$ (단, n은 정수)

뿌리 1-1 **사인함수의 그래프**

> 다음 함수의 최댓값, 최솟값, 주기를 구하고, 그래프를 그려라.
>
> 1) $y = 2\sin\left(x - \dfrac{\pi}{4}\right)$ 　 2) $y = \sin(2x + \pi)$

풀이 1) **최댓값 : 2, 최솟값 : −2, 주기 :** $\dfrac{2\pi}{1} = 2\pi$

$y = 2\sin\left(x - \dfrac{\pi}{4}\right)$의 그래프는 $y = \sin x$의

그래프를 y축의 방향으로 2배하고, x축의

방향으로 $\dfrac{\pi}{4}$만큼 평행이동한 것이므로 오른

쪽 그림과 같다.

2) **최댓값 : 1, 최솟값 : −1, 주기 :** $\dfrac{2\pi}{2} = \pi$

$y = \sin(2x + \pi) = \sin 2\left(x + \dfrac{\pi}{2}\right)$의 그래프는

$y = \sin x$의 그래프를 x축의 방향으로 $\dfrac{1}{2}$배

하고, x축의 방향으로 $-\dfrac{\pi}{2}$만큼 평행이동한

것이므로 오른쪽 그림과 같다.

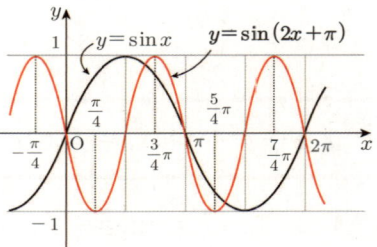

[줄기1-1] 다음 함수의 최댓값, 최솟값, 주기를 구하고, 그래프를 그려라.

1) $y = \sin\dfrac{x}{2} + 1$ 　 2) $y = -\sin x - 1$

뿌리 1-2 코사인함수의 그래프

다음 함수의 최댓값, 최솟값, 주기를 구하고, 그래프를 그려라.

1) $y = 2\cos 3x$

2) $y = -2\cos\left(x - \dfrac{\pi}{2}\right)$

풀이 1) **최댓값**: 2, **최솟값**: -2,

주기: $\dfrac{2\pi}{3}$

$y = 2\cos 3x$의 그래프는 $y = \cos x$의 그래프를 y축의 방향으로 2배하고, x축의 방향으로 $\dfrac{1}{3}$배한 것이므로 오른쪽 그림과 같다.

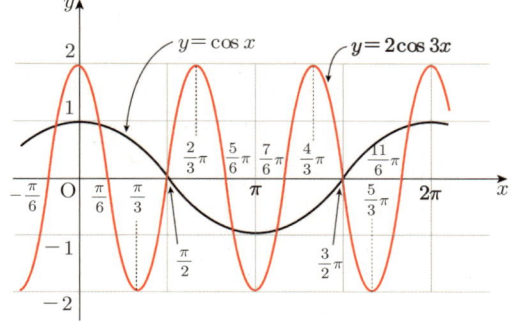

2) **최댓값**: 2, **최솟값**: -2,

주기: $\dfrac{2\pi}{1} = 2\pi$

$y = -2\cos\left(x - \dfrac{\pi}{2}\right)$의 그래프는 $y = \cos x$의 그래프를 y축의 방향으로 2배하고, x축에 대하여 대칭이동한 후, x축의 방향으로 $\dfrac{\pi}{2}$만큼 평행이동한 것이므로 오른쪽 그림과 같다.

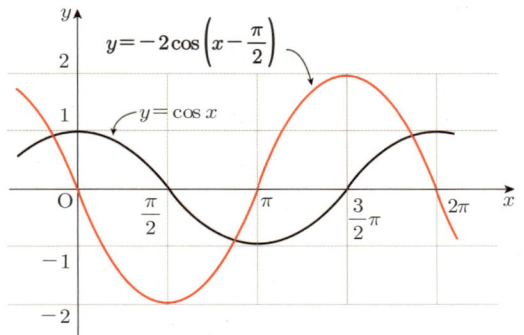

[줄기1-2] 다음 함수의 최댓값, 최솟값, 주기를 구하고, 그래프를 그려라.

1) $y = \cos\dfrac{x}{3} - 1$

2) $y = -\dfrac{1}{2}\cos x + 1$

뿌리 1-3 탄젠트함수의 그래프

다음 함수의 점근선의 방정식을 구하고, 그래프를 그려라.

1) $y = \tan \dfrac{x}{3}$ 2) $y = \tan(2x + \pi)$

풀이 1) 주기: $\dfrac{\pi}{\frac{1}{3}} = 3\pi$

$y = \tan \dfrac{x}{3}$ 의 그래프는 $y = \tan x$ 의 그래프를 x축의 방향으로 3배한 것이므로 오른쪽 그림과 같다.

점근선의 방정식: $\dfrac{x}{3} = n\pi + \dfrac{\pi}{2}$ 에서

$$x = 3n\pi + \dfrac{3}{2}\pi \ (n\text{은 정수})$$

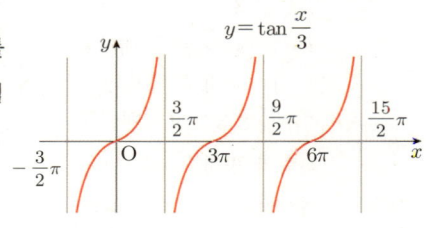

2) 주기: $\dfrac{\pi}{2}$

$y = \tan(2x + \pi) = \tan 2\left(x + \dfrac{\pi}{2}\right)$ 의 그래프는

$y = \tan x$ 의 그래프를 x축의 방향으로 $\dfrac{1}{2}$ 배하고,

x축의 방향으로 $-\dfrac{\pi}{2}$ 만큼 평행이동한 것이므로 오른쪽 그림과 같다.

점근선의 방정식: $2x + \pi = n\pi + \dfrac{\pi}{2}$ 에서

$$x = \dfrac{n}{2}\pi - \dfrac{\pi}{4} \ (n\text{은 정수})$$

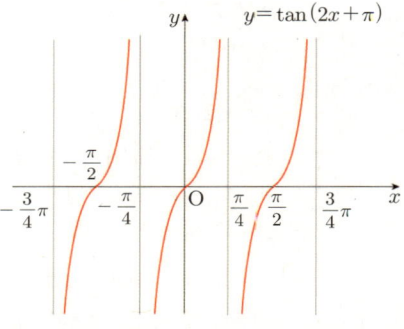

팁 탄젠트함수의 점근선의 방정식을 쉽게 구하는 방법
$y = \tan$ ☆ ⇨ 점근선의 방정식: $x = (\text{주기}) \times n + (\text{첫 번째 점근선})$

1) $y = \tan \dfrac{x}{3}$ ⇨ 점근선의 방정식: $x = 3\pi \times n + \dfrac{3}{2}\pi \ (n\text{은 정수})$

2) $y = \tan(2x + \pi)$ ⇨ 점근선의 방정식: $x = \dfrac{\pi}{2} \times n + \dfrac{\pi}{4} \ (n\text{은 정수})$

※ $x = \dfrac{n}{2}\pi - \dfrac{\pi}{4} \ (n\text{은 정수}) \Leftrightarrow x = \dfrac{n}{2}\pi + \dfrac{\pi}{4} \ (n\text{은 정수})$

줄기1-3 다음 함수의 점근선의 방정식을 구하고, 그래프를 그려라.

1) $y = 2 \tan 3x$ 2) $y = \dfrac{1}{2}\tan\left(x - \dfrac{\pi}{2}\right) + 1$

삼각함수의 그래프를 쉽게 그리는 요령(1)

다음 함수의 최댓값, 최솟값, 주기를 구하고, 그래프를 그려라.

1) $y = 2\cos 3x - 1$ 2) $y = -3\sin\left(2x - \dfrac{\pi}{3}\right) + 1$

풀이 1) **최댓값** : $2 - 1 = 1$, **최솟값** : $-2 - 1 = -3$, **주기** : $\dfrac{2\pi}{3} = \dfrac{2}{3}\pi$

i) $\cos 0 = 1$이므로 $y = 2\cos 3x - 1 \cdots \text{㉠}$의 그래프는 점$*(0, 1)$을 지난다.

ii) 최댓값이 1, 최솟값이 -3이므로 두 직선 $y = 1$, $y = -3$을 먼저 긋고, 중간에 있는
직선 $y = -1$을 다음에 긋는다.

iii) 주기 $\dfrac{2}{3}\pi$의 $\dfrac{1}{4}$배가 $\dfrac{\pi}{6}$이므로 다섯 직선

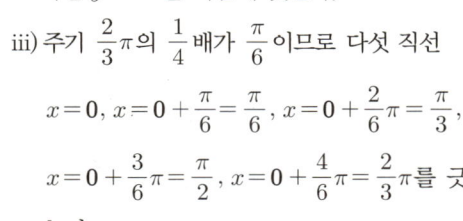

$$x = 0, \ x = 0 + \frac{\pi}{6} = \frac{\pi}{6}, \ x = 0 + \frac{2}{6}\pi = \frac{\pi}{3},$$
$$x = 0 + \frac{3}{6}\pi = \frac{\pi}{2}, \ x = 0 + \frac{4}{6}\pi = \frac{2}{3}\pi \text{를 긋}$$
는다.

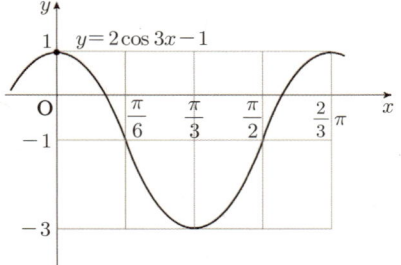

iv) $x = \dfrac{\pi}{6}$를 ㉠에 대입하면 $y = -1$이다. 즉, 점 $\left(\dfrac{\pi}{6}, -1\right)$을 지난다.

따라서 $y = 2\cos 3x - 1$의 그래프는 위쪽 그림과 같다.

2) **최댓값** : $|-3| + 1 = 4$, **최솟값** : $-|-3| + 1 = -2$, **주기** : $\dfrac{2\pi}{2} = \pi$

i) $\sin 0 = 0$이므로 $y = -3\sin\left(2x - \dfrac{\pi}{3}\right) + 1 \cdots \text{㉠}$의 그래프는 점$*\left(\dfrac{\pi}{6}, 1\right)$을 지난다.

ii) 최댓값이 4, 최솟값이 -2이므로 두 직선 $y = 4$, $y = -2$를 먼저 긋고, 중간에 있는
직선 $y = 1$을 다음에 긋는다.

iii) 주기 π의 $\dfrac{1}{4}$배가 $\dfrac{\pi}{4}$이므로 다섯 직선

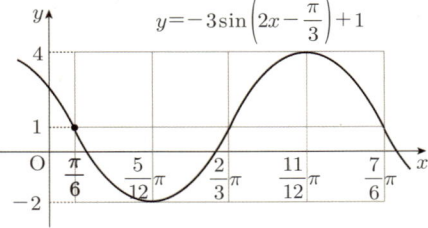

$$x = \frac{\pi}{6}, \ x = \frac{\pi}{6} + \frac{\pi}{4} = \frac{5}{12}\pi, \ x = \frac{\pi}{6} + \frac{2}{4}\pi = \frac{2}{3}\pi,$$
$$x = \frac{\pi}{6} + \frac{3}{4}\pi = \frac{11}{12}\pi, \ x = \frac{\pi}{6} + \frac{4}{4}\pi = \frac{7}{6}\pi \text{를 긋는}$$
다.

iv) $x = \dfrac{5}{12}\pi$를 ㉠에 대입하면 $y = -2$이다. 즉, 점 $\left(\dfrac{5}{12}\pi, -2\right)$를 지난다.

따라서 $y = -3\sin\left(2x - \dfrac{\pi}{3}\right) + 1$의 그래프는 위쪽 그림과 같다.

뿌리 1-5 삼각함수의 그래프를 쉽게 그리는 요령(2)

함수 $y = \tan\left(\dfrac{x}{2} - \dfrac{\pi}{4}\right)$의 최댓값, 최솟값, 주기를 구하고, 그래프를 그려라.

핵심 탄젠트함수의 그래프는 $\tan 0 = 0$, $\tan\dfrac{\pi}{4} = 1$임을 이용하여 그리면 쉽다.

풀이 최댓값: 없다. 최솟값: 없다. 주기: $\dfrac{\pi}{\frac{1}{2}} = 2\pi$

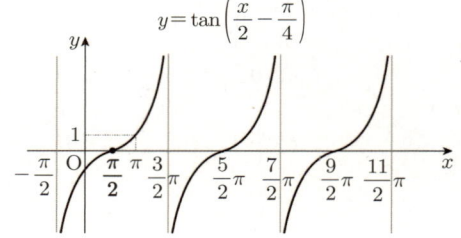

$y = \tan\left(\dfrac{x}{2} - \dfrac{\pi}{4}\right)$

i) $\tan 0 = 0$이므로 $y = \tan\left(\dfrac{x}{2} - \dfrac{\pi}{4}\right)$ ⋯ ㉠의 그래프는 점 ★$\left(\dfrac{\pi}{2}, 0\right)$을 지난다.

ii) 점 ★$\left(\dfrac{\pi}{2}, 0\right)$을 기준으로 주기 2π의 $\dfrac{1}{2}$배가

π이므로 두 직선

$x = \dfrac{\pi}{2} - \pi = -\dfrac{\pi}{2}$, $x = \dfrac{\pi}{2} + \pi = \dfrac{3}{2}\pi$

를 긋는다.

iii) $\tan\dfrac{\pi}{4} = 1$이므로 $x = \pi$를 ㉠에 대입하면

$y = 1$이다. 즉, 점 $(\pi, 1)$을 지난다.

iv) 이 그래프를 반복하여 그린다.

따라서 $y = \tan\left(\dfrac{x}{2} - \dfrac{\pi}{4}\right)$의 그래프는 위쪽 그림과 같다.

탑 탄젠트함수의 점근선의 방정식을 쉽게 구하는 방법

$y = \tan$ ☆ ⇨ 점근선의 방정식 : $x = $ (주기)$\times n +$ (첫 번째 점근선)

$y = \tan\left(\dfrac{x}{2} - \dfrac{\pi}{4}\right)$ ⇨ 점근선의 방정식 : $x = 2\pi \times n + \dfrac{3}{2}\pi = 2n\pi + \dfrac{3}{2}\pi$ (n은 정수)

[줄기1-4] 다음 함수의 최댓값, 최솟값, 주기를 구하여라.

1) $y = -2\sin(3x - \pi) + 1$

2) $y = \dfrac{1}{2}\cos\left(\pi x + \dfrac{\pi}{6}\right) - 3$

3) $y = -4\tan\left(2\pi x - \dfrac{\pi}{4}\right) + 2$

뿌리 1-6 삼각함수의 그래프의 평행이동

함수 $y = 5\sin\left(\dfrac{x}{3} - \dfrac{\pi}{2}\right) - 2$의 그래프는 $y = 5\sin\dfrac{x}{3}$의 그래프를 x축의 방향으로

m만큼, y축의 방향으로 n만큼 평행이동한 것이다. 이때, mn의 값을 구하여라.

(단, $0 < m < 6\pi$)

핵심 $y = a\sin(bx+c) + d = a\sin b\left(x + \dfrac{c}{b}\right) + d$의 그래프는 $y = a\sin bx$의 그래프를 x축의 방향으로

$-\dfrac{c}{b}$만큼, y축의 방향으로 d만큼 평행이동한 것이다.

풀이 $y = 5\sin\left(\dfrac{x}{3} - \dfrac{\pi}{2}\right) - 2 = 5\sin\dfrac{1}{3}\left(x - \dfrac{3}{2}\pi\right) - 2$의 그래프는 $y = 5\sin\dfrac{x}{3}$의 그래프를

x축의 방향으로 $\dfrac{3}{2}\pi$만큼, y축의 방향으로 -2만큼 평행이동한 것이므로

$m = \dfrac{3}{2}\pi,\ n = -2$ $\therefore mn = \dfrac{3}{2}\pi \cdot (-2) = \boldsymbol{-3\pi}$

[줄기1-5] 함수 $y = 2\cos\dfrac{\pi}{3}x - 1$의 그래프를 x축의 방향으로 $-\dfrac{\pi}{6}$만큼 이동한 후 x축에 대하여

대칭이동한 그래프의 식을 구하여라.

뿌리 1-7 삼각함수의 최대·최소와 미정계수 구하기

함수 $f(x) = a\cos(\pi - bx) + c$의 최댓값이 6, 최솟값이 -2, 주기가 $\dfrac{\pi}{3}$일 때, 상수

a, b, c의 값을 구하여라. (단, $a > 0,\ b > 0$)

풀이 최댓값이 6이고 $a > 0$이므로 $a + c = 6$ ··· ㉠

최솟값이 -2이고 $a > 0$이므로 $-a + c = -2$ ··· ㉡

㉠, ㉡을 연립하여 풀면 $a = 4,\ c = 2$

주기가 $\dfrac{\pi}{3}$이고 $b > 0$이므로 $\dfrac{2\pi}{|-b|} = \dfrac{\pi}{3}$에서 $6\pi = b\pi$ $\therefore b = 6$

[줄기1-6] 함수 $f(x) = a\sin\left(bx - \dfrac{\pi}{3}\right) + c$의 최솟값이 -4, 주기가 $\dfrac{4}{3}\pi$, $f\left(\dfrac{\pi}{9}\right) = 1$일 때, 상수

a, b, c의 값을 구하여라. (단, $a > 0,\ b > 0$)

뿌리 1-8 그래프가 주어진 삼각함수의 미정 계수 구하기

함수 $y = a\sin(bx - c)$의 그래프가 오른쪽 그림과 같을 때, 상수 a, b, c의 값을 구하여라.
(단, $a > 0$, $b > 0$, $0 < c < 2\pi$)

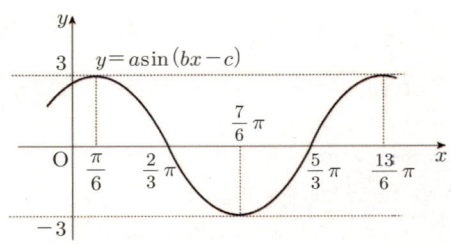

풀이 주어진 그래프에서 함수의 최댓값이 3, 최솟값이 -3이고 $a > 0$이므로 $a = 3$

또, 주기가 $\dfrac{13}{6}\pi - \dfrac{\pi}{6} = 2\pi$이고 $b > 0$이므로 $\dfrac{2\pi}{b} = 2\pi$에서 $2\pi = 2b\pi$ $\therefore b = 1$

따라서 주어진 함수의 식은 $y = 3\sin(x - c)$이고, 그래프가 점 $\left(\dfrac{\pi}{6}, 3\right)$을 지나그로

$3 = 3\sin\left(\dfrac{\pi}{6} - c\right)$

$\therefore \sin\left(\dfrac{\pi}{6} - c\right) = 1$

이때, $0 < c < 2\pi$에서 $-2\pi < -c < 0$, $-\dfrac{11}{6}\pi < \dfrac{\pi}{6} - c < \dfrac{\pi}{6}$이므로

$\dfrac{\pi}{6} - c = -\dfrac{3}{2}\pi$ $\therefore c = \dfrac{5}{3}\pi$

[줄기1-7] 함수 $y = a\cos\pi(bx + c) + d$의 그래프가 오른쪽 그림과 같을 때, 상수 a, b, c, d의 값을 구하여라.
(단, $a > 0$, $b > 0$, $0 < c < 1$)

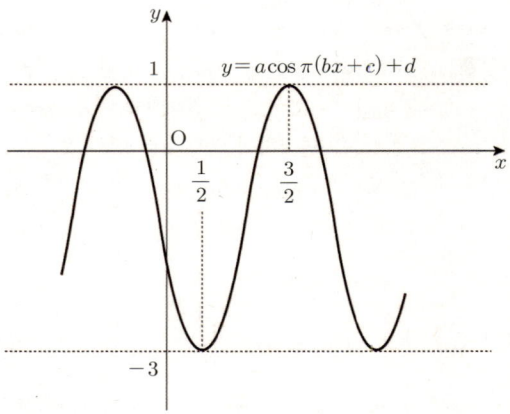

뿌리 1-9 절댓값 기호를 포함한 삼각함수(1)

다음 함수의 최댓값, 최솟값, 주기를 구하고, 그래프를 그려라.

1) $y = \sin|x|$ 2) $y = |\cos x|$ 3) $y = \tan|x|$ 4) $y = |\tan x|$

핵심 1) $y = f(|x|)$의 그래프는 $x \ge 0$일 때 $y = f(x)$이므로 <u>$y = f(x)$의 그래프에서 $x \ge 0$인 부분은 그대로 두고, ★$x < 0$인 부분을 없앤 다음 $x \ge 0$인 부분을 y축에 대칭이동하여 그린다.</u>

2) $y = |f(x)|$의 그래프는 <u>$y = f(x)$의 그래프에서 $y < 0$인 부분만 접어 올린다.</u>

풀이 1) $y = \sin|x|$의 그래프는 $y = \sin x$의 그래프에서 $x \ge 0$인 부분은 그대로 두고, $x < 0$인 부분을 없앤 다음 y축에 대칭이동한 것이므로 오른쪽 그림과 같다.

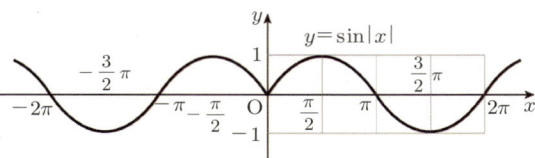

∴ **최댓값 : 1, 최솟값 : −1,**
주기 : 없다.

2) $y = |\cos x|$의 그래프는 $y = \cos x$의 그래프에서 $y \ge 0$인 부분은 그대로 두고, $y < 0$인 부분을 x축에 대칭이동한 것이므로 오른쪽 그림과 같다.

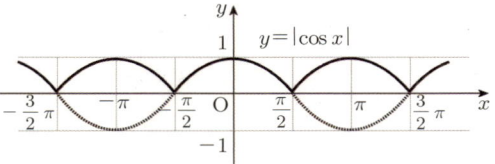

∴ **최댓값 : 1, 최솟값 : 0,**
주기 : π

3) $y = \tan|x|$의 그래프는 $y = \tan x$의 그래프에서 $x \ge 0$인 부분은 그대로 두고, $x < 0$인 부분을 없앤 다음 y축에 대칭이동한 것이므로 오른쪽 그림과 같다.

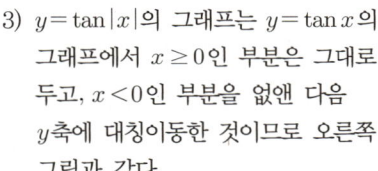

∴ **최댓값 : 없다. 최솟값 : 없다.**
주기 : 없다.

4) $y = |\tan x|$의 그래프는 $y = \tan x$의 그래프에서 $y \ge 0$인 부분은 그대로 두고, $y < 0$인 부분을 x축에 대칭이동한 것이므로 오른쪽 그림과 같다.

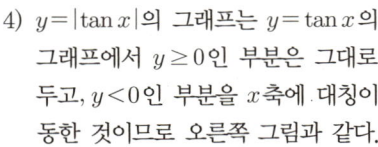

∴ **최댓값 : 없다. 최솟값 : 없다.**
주기 : π

[줄기 1-8] 함수 $y = |3\sin 2x|$의 최댓값, 최솟값, 주기를 구하여라.

뿌리 1-10 절댓값 기호를 포함한 삼각함수 (2)

> 두 함수 $y = |\sin ax|$, $y = \left|\tan \dfrac{x}{3}\right|$ 의 주기가 같을 때, 양수 a의 값을 구하여라.

핵심   1) $y = |\sin px|$의 주기는 오른쪽 그림과 같이

$y = \sin px$의 주기의 절반이므로 $\dfrac{\pi}{|p|}$ 이다.

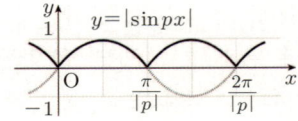

2) $y = |\tan qx|$의 주기는 오른쪽 그림과 같이

$y = \tan qx$의 주기와 같으므로 $\dfrac{\pi}{|q|}$ 이다.

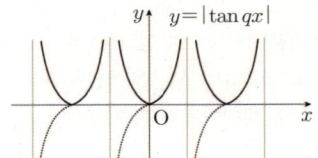

풀이 $y = |\sin ax|$의 주기는 $y = \sin ax$의 주기의 절반이므로 $\dfrac{1}{2} \cdot \dfrac{2\pi}{|a|} = \dfrac{\pi}{a}$ ($\because a > 0$)

$y = \left|\tan \dfrac{x}{3}\right|$ 의 주기는 $y = \tan \dfrac{x}{3}$ 의 주기와 같으므로 $\dfrac{\pi}{\frac{1}{3}} = 3\pi$

따라서 $\dfrac{\pi}{a} = 3\pi$ $\therefore a = \dfrac{1}{3}$

뿌리 1-11 절댓값 기호를 포함한 삼각함수 (3)

> 함수 $y = 2|\sin ax| + b$의 최댓값이 8이고 주기가 $\dfrac{\pi}{5}$ 일 때, ab의 값을 구하여라.
>
> (단, $a > 0$이고 b는 상수이다.)

핵심 $y = |\sin x|$의 주기는 $y = \sin x$의 주기 2π의 절반이므로 π이다.

    ⇨ $y = |\sin px|$의 주기는 $y = \sin px$의 주기 $\dfrac{2\pi}{|p|}$의 절반이므로 $\dfrac{\pi}{|p|}$이다.

풀이   최댓값이 8이므로 $2 + b = 8$ $\therefore b = 6$

주기가 $\dfrac{\pi}{5}$ 이고 $a > 0$이므로 $\dfrac{\pi}{a} = \dfrac{\pi}{5}$ $\therefore a = 5$

$\therefore ab = 5 \cdot 6 = 30$

[줄기1-9] 함수 $y = 3|\sin \pi x| - 1$의 주기를 a, 최댓값을 b, 최솟값을 c라 할 때, $a + b + c$의 값을 구하여라.

[줄기1-10] 함수 $f(x) = a|\cos b(x - \pi)| + c$의 최댓값이 5, 주기가 $\dfrac{\pi}{3}$ 이고 $f\left(\dfrac{10}{9}\pi\right) = 3$일 때, abc의 값을 구하여라. (단, $a > 0$, $b > 0$이고 c는 상수이다.)

02 여러 가지 각에 대한 삼각함수의 성질

1 $2n\pi+\theta,\ -\theta$의 삼각함수

1) $2n\pi+\theta$ (n은 정수)의 삼각함수

$$\sin(2n\pi+\theta)=\sin\theta,\ \cos(2n\pi+\theta)=\cos\theta,\ \tan(2n\pi+\theta)=\tan\theta$$

예) $\sin 750°=\sin(360°\times 2+30°)=\sin 30°=\dfrac{1}{2}$

$\cos\dfrac{9}{4}\pi=\cos\left(2\pi\times 1+\dfrac{\pi}{4}\right)=\dfrac{\sqrt{2}}{2}$

$\tan\dfrac{19}{3}\pi=\tan\left(2\pi\times 3+\dfrac{\pi}{3}\right)=\tan\dfrac{\pi}{3}=\sqrt{3}$

증명   임의의 정수 n에 대하여 각 θ와 일반각 $2n\pi+\theta$를 나타내는 동경이 일치하므로 이들의 삼각함수의 값은 같다.

2) $-\theta$의 삼각함수

$$\sin(-\theta)=-\sin\theta,\ \cos(-\theta)=\cos\theta,\ \tan(-\theta)=-\tan\theta$$

익히는 방법

$\cos$ 에서 c를 입으로 생각하면 입이 '$-$'를 씹어 먹는다.
$\sin,\tan$에서는 c, 즉 입이 없어 '$-$'를 뱉는다

예) $\sin(-30°)=-\sin 30°=-\dfrac{1}{2}$

$\cos\left(-\dfrac{\pi}{4}\right)=\cos\dfrac{\pi}{4}=\dfrac{\sqrt{2}}{2}$

$\tan\left(-\dfrac{25}{3}\pi\right)=-\tan\dfrac{25}{3}\pi=-\tan\left(2\pi\times 4+\dfrac{\pi}{3}\right)=-\tan\dfrac{\pi}{3}=-\sqrt{3}$

증명   오른쪽 그림과 같이 각 θ와 $-\theta$를 나타내는 동경과 단위원 O와의 교점을 각각 $P(x,\ y)$, $P'(x',\ y')$이라 하면 점 P와 점 P'은 x축에 대하여 대칭이므로

$x'=x,\ y'=-y$

또 단위원 O와 각 θ를 나타내는 동경 OP의 교점의 좌표는 $P(\cos\theta,\ \sin\theta)$이고, 단위원 O와 각 $-\theta$를 나타내는 동경 OP'의 교점의 좌표는 $P'(\cos(-\theta),\ \sin(-\theta))$이므로

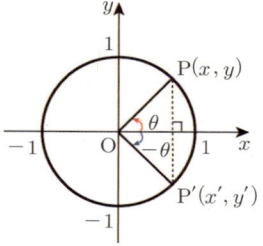

$\sin(-\theta)=y'=-y=-\sin\theta$

$\cos(-\theta)=x'=x=\cos\theta$

$\tan(-\theta)=\dfrac{y'}{x'}=\dfrac{-y}{x}=-\dfrac{y}{x}=-\dfrac{\sin\theta}{\cos\theta}=-\tan\theta$

당부의 말씀

다음 페이지부터 나오는 ② $\dfrac{\pi}{2}\pm\theta$, ③ $\pi\pm\theta$, ④ $2\pi\pm\theta$의 삼각함수의 각의 변환 방법은 수고zero의 방법을 따르자!

그렇지 않으면 고난도 문제에서 난관에 봉착할 수 있다.

예) 잎 6-12), 잎 6-13) [p.187]

2 $\dfrac{\pi}{2}\pm\theta$의 삼각함수

우측 그림과 같이 각 θ와 $\dfrac{\pi}{2}-\theta$를 나타내는 동경과 단위원 O와의 교점을 각각 $P(x,\,y)$, $P'(x',\,y')$이라 하면 점 P와 점 P'은 직선 $y=x$에 대하여 대칭이므로

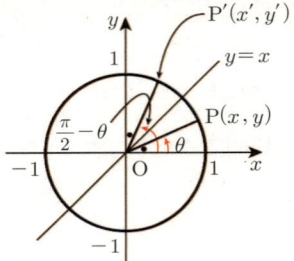

$x'=y,\ y'=x$

또 단위원 O와 각 θ를 나타내는 동경 OP의 교점의 좌표는 $P(\cos\theta,\,\sin\theta)$이고, 단위원 O와 각 $\dfrac{\pi}{2}-\theta$를 나타내는 동경 OP'의 교점의 좌표는 $P'\!\left(\cos\left(\dfrac{\pi}{2}-\theta\right),\,\sin\left(\dfrac{\pi}{2}-\theta\right)\right)$이므로

ⓐ $\sin\left(\dfrac{\pi}{2}-\theta\right)=y'=x=\cos\theta$ 　　　　ⓑ $\cos\left(\dfrac{\pi}{2}-\theta\right)=x'=y=\sin\theta$

ⓒ $\tan\left(\dfrac{\pi}{2}-\theta\right)=\dfrac{y'}{x'}=\dfrac{x}{y}=\dfrac{\cos\theta}{\sin\theta}=\dfrac{1}{\tan\theta}$

또, 위의 등식 ⓐ, ⓑ, ⓒ의 θ에 $-\theta$를 대입하면

Ⓐ $\sin\left(\dfrac{\pi}{2}+\theta\right)=\cos(-\theta)=\cos\theta$ 　　　Ⓑ $\cos\left(\dfrac{\pi}{2}+\theta\right)=\sin(-\theta)=-\sin\theta$

Ⓒ $\tan\left(\dfrac{\pi}{2}+\theta\right)=\dfrac{1}{\tan(-\theta)}=-\dfrac{1}{\tan\theta}$

익히는 방법

$\alpha+\beta=\dfrac{\pi}{2}$ 이면 $\sin\alpha=\cos\beta$, $\cos\alpha=\sin\beta$, $\tan\alpha=\dfrac{1}{\tan\beta}$ 이다.

즉, 합이 π의 **반**($\dfrac{\pi}{2}$)이 되면 **반**대가 되므로 $\sin$은 $\cos$이 되고, $\cos$은 $\sin$이 되고, $\tan$는 $\dfrac{1}{\tan}$이 된다.

예) $\sin12°=\cos78°$

$\cos\dfrac{\pi}{3}=\sin\dfrac{\pi}{6}=\dfrac{1}{2}$

$\tan150°=\dfrac{1}{\tan(-60°)}=-\dfrac{1}{\tan60°}=-\dfrac{1}{\sqrt{3}}=-\dfrac{\sqrt{3}}{3}$

$\cos160°=\sin(-70°)=-\sin70°$

$\sin\dfrac{2}{3}\pi=\cos\left(-\dfrac{\pi}{6}\right)=\cos\dfrac{\pi}{6}=\dfrac{\sqrt{3}}{2}$

$\tan\dfrac{3}{4}\pi=\dfrac{1}{\tan\left(-\dfrac{\pi}{4}\right)}=-\dfrac{1}{\tan\dfrac{\pi}{4}}=-\dfrac{1}{1}=-1$

참고 $\dfrac{\pi}{3}+\dfrac{\pi}{6}=\dfrac{\pi}{2}\left(\because\dfrac{2}{6}\pi+\dfrac{\pi}{6}=\dfrac{\pi}{2}\right)$, $\dfrac{2}{3}\pi-\dfrac{\pi}{6}=\dfrac{\pi}{2}\left(\because\dfrac{4}{6}\pi-\dfrac{\pi}{6}=\dfrac{\pi}{2}\right)$

3 $\pi \pm \theta$의 삼각함수

오른쪽 그림과 같이 각 θ와 $\pi + \theta$를 나타내는 동경과 단위원 O와의 교점을 각각 $P(x, y)$, $P'(x', y')$이라 하면 점 P와 점 P'은 원점에 대하여 대칭이므로
$$x' = -x, \ y' = -y$$
또 단위원 O와 각 θ를 나타내는 동경 OP의 교점의 좌표는 $P(\cos \theta, \sin \theta)$이고, 단위원 O와 각 $\pi + \theta$를 나타내는 동경 OP'의 교점의 좌표는 $P'(\cos(\pi + \theta), \sin(\pi + \theta))$이므로

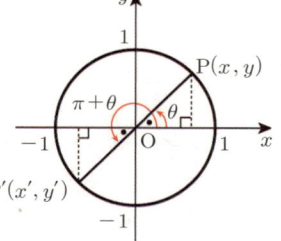

$$\sin(\pi + \theta) = y' = -y = -\sin\theta = \sin(-\theta)$$
$$\cos(\pi + \theta) = x' = -x = -\cos\theta = -\cos(-\theta)$$
$$\tan(\pi + \theta) = \frac{y'}{x'} = \frac{-y}{-x} = \frac{y}{x} = \frac{\sin\theta}{\cos\theta} = \tan\theta = -\tan(-\theta)$$
또, 위의 등식의 θ에 $-\theta$를 대입하면
$$\sin(\pi - \theta) = \sin\theta, \cos(\pi - \theta) = -\cos\theta, \tan(\pi - \theta) = -\tan\theta$$

익히는 방법

$\alpha + \beta = \pi$이면 *$\sin\alpha = \sin\beta$, $\cos\alpha = -\cos\beta$, $\tan\alpha = -\tan\beta$이다.
⇨ 합이 π이면 $\sin$만 $+$이다.

예) $\sin\dfrac{2}{3}\pi = \sin\dfrac{\pi}{3} = \dfrac{\sqrt{3}}{2}$, $\cos 210° = -\cos(-30°) = -\cos 30° = -\dfrac{\sqrt{3}}{2}$, $\tan\dfrac{3}{4}\pi = -\tan\dfrac{\pi}{4} = -1$

4 $2\pi \pm \theta$의 삼각함수

각 θ와 $2\pi + \theta$를 나타내는 동경이 일치하므로
$$\sin(2\pi + \theta) = \sin\theta, \cos(2\pi + \theta) = \cos\theta, \tan(2\pi + \theta) = \tan\theta$$
또, 위의 등식의 θ에 $-\theta$를 대입하면
$$\sin(2\pi - \theta) = \sin(-\theta) = -\sin\theta, \cos(2\pi - \theta) = \cos(-\theta) = \cos\theta,$$
$$\tan(2\pi - \theta) = \tan(-\theta) = -\tan\theta$$

익히는 방법

$\alpha + \beta = 2\pi$이면 $\sin\alpha = -\sin\beta$, *$\cos\alpha = \cos\beta$, $\tan\alpha = -\tan\beta$이다.
⇨ 합이 2π이면 $\cos$만 $+$이다.

예) $\sin 300° = -\sin 60° = -\dfrac{\sqrt{3}}{2}$, $\cos\dfrac{7}{4}\pi = \cos\dfrac{\pi}{4} = \dfrac{\sqrt{2}}{2}$, $\tan\dfrac{7}{3}\pi = -\tan\left(-\dfrac{\pi}{3}\right) = \tan\dfrac{\pi}{3} = \sqrt{3}$

뿌리 2-1 여러 가지 각의 삼각함수(1)

다음 삼각함수의 값을 구하여라.

1) $\sin 210°$　　　　　2) $\cos 225°$　　　　　3) $\sin\left(\dfrac{3}{4}\pi\right)$

4) $\cos\left(-\dfrac{10}{3}\pi\right)$　　　5) $\tan\left(-\dfrac{2}{3}\pi\right)$　　　6) $\sin\left(-\dfrac{16}{3}\pi\right)$

핵심

1) $\alpha+\beta=\pi$이면 $^\star\sin\alpha=\sin\beta,\ \cos\alpha=-\cos\beta,\ \tan\alpha=-\tan\beta$
2) $\alpha+\beta=2\pi$이면 $\sin\alpha=-\sin\beta,\ ^\star\cos\alpha=\cos\beta,\ \tan\alpha=-\tan\beta$
3) $\sin(-\theta)=-\sin\theta,\ \cos(-\theta)=\cos\theta,\ \tan(-\theta)=-\tan\theta$
4) $\sin(2n\pi+\theta)=\sin\theta,\ \cos(2n\pi+\theta)=\cos\theta,\ \tan(2n\pi+\theta)=\tan\theta\ (n은\ 정수)$

풀이

1) $\sin 210°=\sin(-30°)=-\sin 30°=-\dfrac{1}{2}$

2) $\cos 225°=-\cos(-45°)=-\cos 45°=-\dfrac{\sqrt{2}}{2}$

3) $\sin\left(\dfrac{3}{4}\pi\right)=\sin\dfrac{\pi}{4}=\dfrac{\sqrt{2}}{2}$

4) $\cos\left(-\dfrac{10}{3}\pi\right)=\cos\dfrac{10}{3}\pi=\cos\left(2\pi+\dfrac{4}{3}\pi\right)=-\cos\dfrac{4}{3}\pi=-\cos\left(-\dfrac{\pi}{3}\right)=-\cos\dfrac{\pi}{3}=-\dfrac{1}{2}$

5) $\tan\left(-\dfrac{2}{3}\pi\right)=-\tan\dfrac{2}{3}\pi=-\left(-\tan\dfrac{\pi}{3}\right)=\tan\dfrac{\pi}{3}=\sqrt{3}$

6) $\sin\left(-\dfrac{16}{3}\pi\right)=-\sin\dfrac{16}{3}\pi=-\sin\left(2\pi\times2+\dfrac{4}{3}\pi\right)=-\sin\dfrac{4}{3}\pi=-\sin\left(-\dfrac{\pi}{3}\right)=\sin\dfrac{\pi}{3}=\dfrac{\sqrt{3}}{2}$

[줄기2-1] 다음 삼각함수의 값을 구하여라.

1) $\cos(-225°)$　　　　　2) $\sin\left(-\dfrac{10}{3}\pi\right)$　　　　　3) $\tan(-135°)$

여러 가지 각의 삼각함수(2)

다음 물음에 답하여라.

1) $\sin 1560° \tan 210° \dfrac{1}{\tan 315°} + \sin 1560° \tan 1110°$의 값을 구하여라.

2) $\sin^2 \theta + \sin^2 \left(\dfrac{3}{2}\pi - \theta \right) + \sin^2 \left(\dfrac{5}{2}\pi + \theta \right) + \sin^2 (6\pi - \theta)$의 값을 구하여라.

3) $\sin(\theta - \pi) \tan \left(\theta + \dfrac{\pi}{2} \right) + \sin \left(\theta - \dfrac{3}{2}\pi \right) \tan(-\theta)$를 간단히 하여라.

핵심 $\alpha + \beta = \dfrac{\pi}{2}$ 이면 $\sin \alpha = \cos \beta,\ \cos \alpha = \sin \beta,\ \tan \alpha = \dfrac{1}{\tan \beta}$

풀이 1) $360° \times 2 = 720°,\ 360° \times 3 = 1080°,\ 360° \times 4 = 1440°,\ 360° \times 5 = 1800°$ [p.127 팁]

$\sin 1560° = \sin(1440° + 120°) = \sin 120° = \sin 60° = \dfrac{\sqrt{3}}{2}$

$\tan 210° = -\tan(-30°) = \tan 30° = \dfrac{\sqrt{3}}{3}$

$\tan 315° = -\tan 45° = -1$

$\tan 1110° = \tan(1080° + 30°) = \tan 30° = \dfrac{\sqrt{3}}{3}$

$\therefore (\text{주어진 식}) = \dfrac{\dfrac{\sqrt{3}}{2} \cdot \dfrac{\sqrt{3}}{3}}{-1} + \dfrac{\sqrt{3}}{2} \cdot \dfrac{\sqrt{3}}{3}$

$\qquad\qquad = -\dfrac{1}{2} + \dfrac{1}{2} = \mathbf{0}$

2) $\sin \left(\dfrac{3}{2}\pi - \theta \right) = -\sin \left(\dfrac{\pi}{2} + \theta \right) = -\cos(-\theta) = -\cos \theta$

$\sin \left(\dfrac{5}{2}\pi + \theta \right) = \sin \left(2\pi + \dfrac{\pi}{2} + \theta \right) = \sin \left(\dfrac{\pi}{2} + \theta \right) = \cos(-\theta) = \cos \theta$

$\sin(6\pi - \theta) = \sin(-\theta) = -\sin \theta$

$\therefore (\text{주어진 식}) = \sin^2 \theta + (-\cos \theta)^2 + (\cos \theta)^2 + (-\sin \theta)^2$

$\qquad\qquad = \sin^2 \theta + \cos^2 \theta + \cos^2 \theta + \sin^2 \theta = \mathbf{2}$

3) $\sin(\theta - \pi) = -\sin(\pi - \theta) = -\sin \theta$

$\tan \left(\theta + \dfrac{\pi}{2} \right) = \dfrac{1}{\tan(-\theta)} = -\dfrac{1}{\tan \theta} = -\dfrac{\cos \theta}{\sin \theta}$

$\sin \left(\theta - \dfrac{3}{2}\pi \right) = -\sin \left(\dfrac{3}{2}\pi - \theta \right) = \sin \left(\dfrac{\pi}{2} + \theta \right) = \cos(-\theta) = \cos \theta$

$\tan(-\theta) = -\tan \theta = -\dfrac{\sin \theta}{\cos \theta}$

$\therefore (\text{주어진 식}) = (-\sin \theta) \cdot \left(-\dfrac{\cos \theta}{\sin \theta} \right) + \cos \theta \cdot \left(-\dfrac{\sin \theta}{\cos \theta} \right)$

$\qquad\qquad = \mathbf{\cos \theta - \sin \theta}$

뿌리 2-3 여러 가지 각의 삼각함수 (3)

다음 식의 값을 구하여라.

1) $\cos^2 40° + \cos^2 50°$ 　　　　　　　　　　　2) $\tan\left(\dfrac{\pi}{4}+\theta\right)\tan\left(\dfrac{\pi}{4}-\theta\right)$

3) $\sin^2\left(\theta+\dfrac{\pi}{6}\right)+\sin^2\left(\theta-\dfrac{\pi}{3}\right)$

풀이 1) $\cos 40° = \sin 50°$ 이므로

$\cos^2 40° + \cos^2 50° = \sin^2 50° + \cos^2 50° = \mathbf{1}$

2) $\tan\left(\dfrac{\pi}{4}+\theta\right) = \dfrac{1}{\tan\left(\dfrac{\pi}{4}-\theta\right)}$ 이므로

$\tan\left(\dfrac{\pi}{4}+\theta\right)\tan\left(\dfrac{\pi}{4}-\theta\right) = \dfrac{1}{\tan\left(\dfrac{\pi}{4}-\theta\right)}\cdot\tan\left(\dfrac{\pi}{4}-\theta\right) = \mathbf{1}$

3) $\sin\left(\theta+\dfrac{\pi}{6}\right) = \cos\left(\dfrac{\pi}{3}-\theta\right)$ 이므로

$\sin^2\left(\theta+\dfrac{\pi}{6}\right)+\sin^2\left(\theta-\dfrac{\pi}{3}\right) = \cos^2\left(\dfrac{\pi}{3}-\theta\right)+\left\{-\sin\left(\dfrac{\pi}{3}-\theta\right)\right\}^2$

$= \cos^2\left(\dfrac{\pi}{3}-\theta\right)+\sin^2\left(\dfrac{\pi}{3}-\theta\right)$

$= \mathbf{1}$

[줄기2-2] 다음 식의 값을 구하여라.

1) $\tan\left(\theta+\dfrac{\pi}{3}\right)\tan\left(\theta-\dfrac{\pi}{6}\right)$

2) $\tan 1° \times \tan 2° \times \tan 3° \times \cdots \times \tan 88° \times \tan 89°$

3) $\sin^2 0° + \sin^2 1° + \sin^2 2° + \cdots + \sin^2 89° + \sin^2 90°$

[줄기2-3] 오른쪽 그림과 같이 사분원을 6등분 하는 각 점을 A_1, A_2, A_3, A_4, A_5 라 하자.
$\angle AOA_1 = \theta$ 라 할 때,
$\sin^2\theta + \sin^2 2\theta + \sin^2 3\theta + \sin^2 4\theta + \sin^2 5\theta$
의 값을 구하여라.

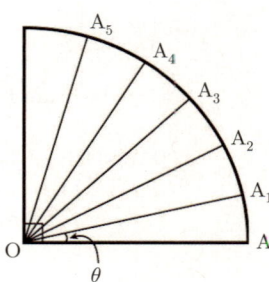

❸ 삼각함수를 포함한 함수의 최대·최소

1 삼각함수를 포함한 일차식 꼴의 함수의 최대·최소

1) 두 종류 이상의 삼각함수를 포함한 일차식 꼴의 함수의 최대·최소
   ⇨ 삼각함수의 성질 등을 이용하여 **한 종류의 삼각함수로 통일**한다.
2) 절댓값 기호를 포함한 일차식 꼴의 삼각함수의 최대·최소
   ⇨ $0 \le |\sin x| \le 1,\ 0 \le |\cos x| \le 1,\ |\tan x| \ge 0$ 임을 이용한다.

뿌리 3-1 삼각함수를 포함한 함수의 최대·최소 − 일차식 꼴

다음 함수의 최댓값과 최솟값을 구하여라.

1) $y = 3\cos x + \sin\left(x - \dfrac{\pi}{2}\right) - 4$ 2) $y = |\sin x - 2| + 1$

3) $y = |3\cos x - 2| + 1$

풀이 1) $\sin\left(x - \dfrac{\pi}{2}\right) = -\sin\left(\dfrac{\pi}{2} - x\right) = -\cos x$ 이므로

$y = 3\cos x + \sin\left(x - \dfrac{\pi}{2}\right) - 4 = 3\cos x - \cos x - 4 = 2\cos x - 4$

이때, $-1 \le \cos x \le 1$ 이므로 $-6 \le 2\cos x - 4 \le -2$

∴ **최댓값 : −2, 최솟값 : −6**

2) $-1 \le \sin x \le 1$ 이므로 $-3 \le \sin x - 2 \le -1$

∴ $1 \le |\sin x - 2| \le 3$

∴ $2 \le |\sin x - 2| + 1 \le 4$

∴ **최댓값 : 4, 최솟값 : 2**

3) $-1 \le \cos x \le 1$ 이므로 $-5 \le 3\cos x - 2 \le 1$

∴ $\textcolor{red}{*}\,0 \le |3\cos x - 2| \le 5$

∴ $1 \le |3\cos x - 2| + 1 \le 6$

∴ **최댓값 : 6, 최솟값 : 1**

[줄기3-1] 다음 함수의 최댓값과 최솟값을 구하여라.

1) $y = 2\sin(x + \pi) - \cos\left(x - \dfrac{\pi}{2}\right) - 5$ 2) $y = \left|\cos x - \dfrac{1}{2}\right| + 1$

3) $y = -|\cos x - 3| + 4$ 4) $y = |1 - 2\sin x| - 3$

[줄기3-2] 함수 $y = a|\sin 2x - 3| + b$의 최댓값이 5, 최솟값이 1일 때, 상수 $a,\ b$의 값을 구하여라.

(단, $a > 0$)

2 삼각함수를 포함한 이차식 또는 유리식 꼴의 함수의 최대 · 최소

1) 삼각함수를 포함한 이차식 꼴의 함수의 최대 · 최소

i) $*\sin^2 x + \cos^2 x = 1$을 이용하여 **한 종류의 삼각함수로 통일**한다.

ii) 통일된 한 종류의 삼각함수를 t로 **치환**한다.

iii) t의 값의 범위를 구한다.

iv) t에 대한 함수의 그래프를 그려서 t의 값의 범위에서 **최댓값, 최솟값을 구한다.**

2) 삼각함수를 포함한 유리식 꼴의 함수의 최대 · 최소

i) 두 종류 이상의 삼각함수를 포함하고 있으면 $*$삼각함수의 성질을 이용하여 **한 종류의 삼각함수로 통일**한다.

ii) 통일된 한 종류의 삼각함수를 t로 **치환**한다.

iii) t의 값의 범위를 구한다.

iv) t에 대한 함수의 그래프를 그려서 t의 값의 범위에서 **최댓값, 최솟값을 구한다.**

뿌리 3-2 삼각함수를 포함한 함수의 최대 · 최소 − 이차식 꼴

다음 함수의 최댓값과 최솟값을 구하여라.

1) $y = \sin^2 x + 2\cos x$ 　　　　2) $y = -2\cos^2 x + 4\sin x + 2$

풀이 1) $y = \sin^2 x + 2\cos x = (1 - \cos^2 x) + 2\cos x$

$\quad = -\cos^2 x + 2\cos x + 1$

$\cos x = t$로 놓으면 $-1 \le t \le 1$이고

$y = -t^2 + 2t + 1 = -(t-1)^2 + 2$

대칭축 $t = 1$이 t의 범위$(-1 \le t \le 1)$ 내에 있으므로 $t = 1$에서 **최댓값 2**를 갖는다. $(\because \cap)$

대칭축 $t = 1$과 t의 범위$(-1 \le t \le 1)$ 중에서 가장 멀리 있는 $t = -1$에서 **최솟값 −2**를 갖는다.

2) $y = -2\cos^2 x + 4\sin x + 2 = -2(1 - \sin^2 x) + 4\sin x + 2$

$\quad = 2\sin^2 x + 4\sin x$

$\sin x = t$로 놓으면 $-1 \le t \le 1$이고

$y = 2t^2 + 4t = 2(t+1)^2 - 2$

대칭축 $t = -1$이 t의 범위$(-1 \le t \le 1)$ 내에 있으므로 $t = -1$에서 **최솟값 −2**를 갖는다. $(\because \vee)$

대칭축 $t = -1$과 t의 범위$(-1 \le t \le ①)$ 중에서 가장 멀리 있는 $t = 1$에서 **최댓값 6**을 갖는다.

[줄기3-3] 다음 함수의 최댓값과 최솟값을 구하여라.

1) $y = 2\sin^2 x - 4\cos^2 x$ 　　　　2) $y = \tan^2 x - 4\tan x + 3 \ (단, 0 \le x \le \dfrac{\pi}{4})$

3) $y = \cos^2\left(x + \dfrac{\pi}{2}\right) - 3\cos^2 x + 4\sin(x + \pi)$

뿌리 3-3 삼각함수를 포함한 함수의 최대·최소 – 유리식 꼴

다음 함수의 최댓값과 최솟값을 구하여라.

1) $y = \dfrac{2\sin x + 1}{\sin x + 2}$

2) $y = \dfrac{-\sin\left(\dfrac{\pi}{2} + x\right)}{2\cos x + 4}$

풀이 1) $y = \dfrac{2\sin x + 1}{\sin x + 2}$ 에서

$\sin x = t$로 놓으면 $-1 \leq t \leq 1$이고

$y = \dfrac{2t+1}{t+2} = \dfrac{2(t+2)-3}{t+2} = \dfrac{-3}{t+2} + 2$

$-1 \leq t \leq 1$에서 그래프는 오른쪽 그림과 같으므로

$t = 1$일 때, **최댓값은 1**

$t = -1$일 때, **최솟값은 -1**

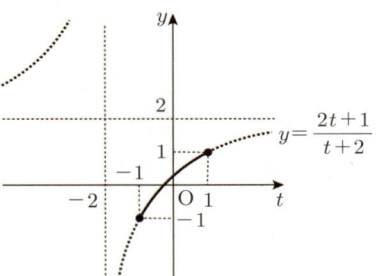

2) $-\sin\left(\dfrac{\pi}{2} + x\right) = -\cos(-x) = -\cos x$

이므로

$y = \dfrac{-\sin\left(\dfrac{\pi}{2} + x\right)}{2\cos x + 4} = \dfrac{-\cos x}{2\cos x + 4}$ 에서

$\cos x = t$로 놓으면 $-1 \leq t \leq 1$이고

$y = \dfrac{-t}{2t+4} = \dfrac{-\dfrac{1}{2}t}{t+2} = \dfrac{-\dfrac{1}{2}(t+2)+1}{t+2}$

$= \dfrac{1}{t+2} - \dfrac{1}{2}$

$-1 \leq t \leq 1$에서 그래프는 오른쪽 그림과 같으므로

$t = -1$일 때, **최댓값은 $\dfrac{1}{2}$**

$t = 1$일 때, **최솟값은 $-\dfrac{1}{6}$**

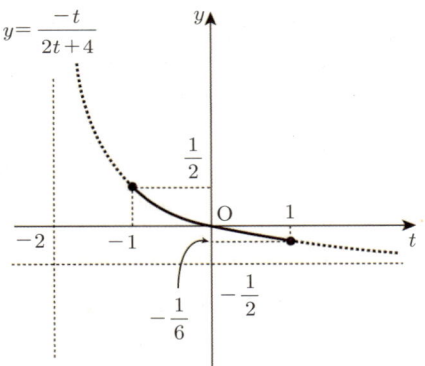

[줄기3-4] 다음 함수의 최댓값과 최솟값을 구하여라.

1) $y = \dfrac{-2\cos x}{\cos x + 2}$

2) $y = \dfrac{2\tan x + 3}{\tan x + 1}$ (단, $0 \leq x \leq \dfrac{\pi}{4}$)

3) $y = \dfrac{(\cos x - 1)^2 + \sin^2 x - 2}{2 + \cos x}$

04 삼각방정식과 삼각부등식

1 삼각방정식의 풀이

$\sin x = \dfrac{\sqrt{2}}{2}$, $2\cos x = 1$, $\sqrt{3}\tan x = 1$과 같이 삼각함수의 각의 크기를 미지수로 하는 방정식을 **삼각방정식**이라 하고, 다음과 같이 **그래프를 이용하여 풀 수 있다.**

i) 주어진 방정식을 $\sin x = k$ (또는 $\cos x = k$ 또는 $\tan x = k$)의 꼴로 고친다.

ii) $y = \sin x$ (또는 $y = \cos x$ 또는 $y = \tan x$)의 그래프와 직선 $y = k$를 그린다.

iii) 삼각함수의 그래프와 직선의 교점의 x좌표가 구하는 삼각방정식의 해이다.

　　이때, **삼각함수의 그래프의 대칭성을 이용**하여 교점의 x좌표를 찾는다.

예) 방정식 $\sin x = \dfrac{1}{2}$ $(0 \le x < 2\pi)$을 풀어보자.

방정식 $\sin x = \dfrac{1}{2}$의 해는 함수 $y = \sin x$의 그래프와

직선 $y = \dfrac{1}{2}$의 교점의 x좌표이므로 오른쪽 그림에서

$x = \dfrac{\pi}{6}$ 또는 $x = \pi - \dfrac{\pi}{6} = \dfrac{5}{6}\pi$

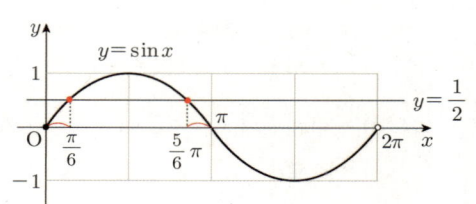

※ $y = \sin x$의 그래프의 대칭성
　점대칭 : 점 $(-\pi, 0)$, 점 $(0, 0)$,
　　　　　점 $(\pi, 0)$, 점 $(2\pi, 0)$ 등

　선대칭 : 직선 $x = -\dfrac{\pi}{2}$, 직선 $x = \dfrac{\pi}{2}$,
　　　　　직선 $x = \dfrac{3}{2}\pi$, 직선 $x = \dfrac{5}{2}\pi$ 등

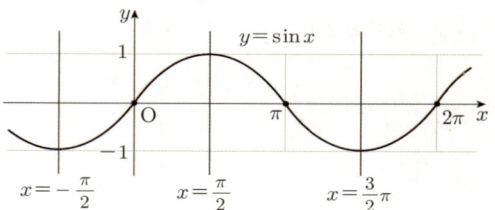

※ $y = \cos x$의 그래프의 대칭성
　점대칭 : 점 $\left(-\dfrac{\pi}{2}, 0\right)$, 점 $\left(\dfrac{\pi}{2}, 0\right)$,
　　　　　점 $\left(\dfrac{3}{2}\pi, 0\right)$, 점 $\left(\dfrac{5}{2}\pi, 0\right)$ 등

　선대칭 : 직선 $x = -\pi$, 직선 $x = 0$,
　　　　　직선 $x = \pi$, 직선 $x = 2\pi$ 등

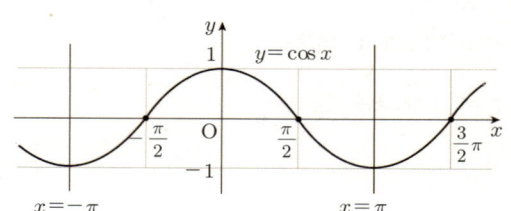

※ $y = \tan x$의 그래프의 대칭성
　점대칭 : 점 $(-\pi, 0)$, 점 $(0, 0)$,
　　　　　점 $(\pi, 0)$, 점 $(2\pi, 0)$ 등

참고 점대칭의 간격도 π이고,
선대칭의 간격도 π이다.

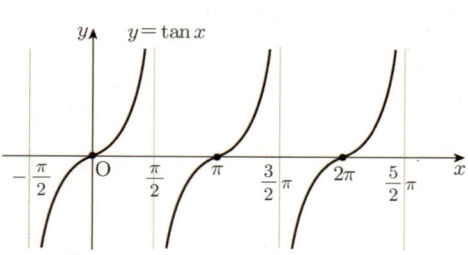

뿌리 4-1 **삼각방정식 – 일차식 꼴(1)**

다음 방정식을 풀어라. (단, $0 \leq x < 2\pi$)

1) $\cos x = \dfrac{1}{2}$

2) $2\sin x + 1 = 0$

3) $2\cos x + \sqrt{3} = 0$

4) $\tan x - \sqrt{3} = 0$

핵심 $y = \sin x, y = \cos x, y = \tan x$의 그래프와 직선 $y = k$의 교점의 x좌표는 점★$(\pi, 0)$ 또는
점★$(2\pi, 0)$에서 삼각함수의 그래프의 대칭성을 이용하여 찾는다. (단, $0 \leq x \leq 2\pi$)

풀이 1) $\cos x = \dfrac{1}{2}$의 해는 $y = \cos x$의 그래프와

직선 $y = \dfrac{1}{2}$의 교점의 x좌표이므로 우측

그림에서

$x = \dfrac{\pi}{3}$ 또는 $x = 2\pi - \dfrac{\pi}{3} = \dfrac{5}{3}\pi$

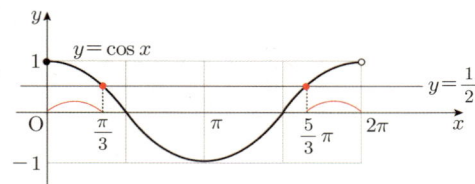

2) $2\sin x + 1 = 0$, 즉 $\sin x = -\dfrac{1}{2}$의 해는

$y = \sin x$의 그래프와 직선 $y = -\dfrac{1}{2}$의

교점의 x좌표이므로 오른쪽 그림에서

$x = \pi + \dfrac{\pi}{6} = \dfrac{7}{6}\pi$ 또는 $x = 2\pi - \dfrac{\pi}{6} = \dfrac{11}{6}\pi$

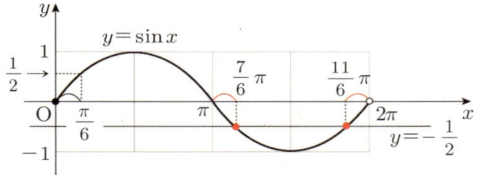

3) $2\cos x + \sqrt{3} = 0$, 즉 $\cos x = -\dfrac{\sqrt{3}}{2}$의 해는

$y = \cos x$의 그래프와 직선 $y = -\dfrac{\sqrt{3}}{2}$의

교점의 x좌표이므로 오른쪽 그림에서

$x = \pi - \dfrac{\pi}{6} = \dfrac{5}{6}\pi$ 또는 $x = \pi + \dfrac{\pi}{6} = \dfrac{7}{6}\pi$

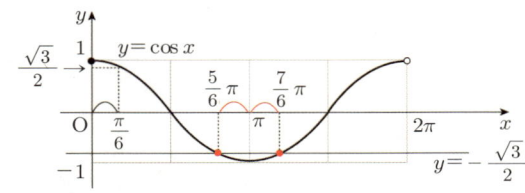

4) $\tan x - \sqrt{3} = 0$, 즉 $\tan x = \sqrt{3}$의 해는

$y = \tan x$의 그래프와 직선 $y = \sqrt{3}$의

교점의 x좌표이므로 오른쪽 그림에서

$x = \dfrac{\pi}{3}$ 또는 $x = \pi + \dfrac{\pi}{3} = \dfrac{4}{3}\pi$

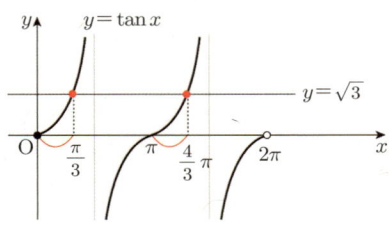

[줄기4-1] 다음 방정식을 풀어라. (단, $0 \leq x < 2\pi$)

1) $2\sin x - \sqrt{2} = 0$

2) $\tan x + \sqrt{3} = 0$

뿌리 4-2 삼각방정식 – 일차식 꼴(2)

$0 \leq x < \pi$일 때, 방정식 $2\sin\left(2x - \dfrac{\pi}{6}\right) = -1$을 풀어라.

풀이 $2\sin\left(2x - \dfrac{\pi}{6}\right) = -1$에서 $\sin\left(2x - \dfrac{\pi}{6}\right) = -\dfrac{1}{2}$

$2x - \dfrac{\pi}{6} = t$로 놓으면 $\sin t = -\dfrac{1}{2}$

$0 \leq x < \pi$에서 $0 \leq 2x < 2\pi$, $-\dfrac{\pi}{6} \leq 2x - \dfrac{\pi}{6} < \dfrac{11}{6}\pi$　 $\therefore -\dfrac{\pi}{6} \leq t < \dfrac{11}{6}\pi \cdots \bigcirc$

$\bigcirc$의 범위에서 $y = \sin t$의 그래프와
직선 $y = -\dfrac{1}{2}$의 교점의 t좌표를 구
하면 오른쪽 그림과 같이

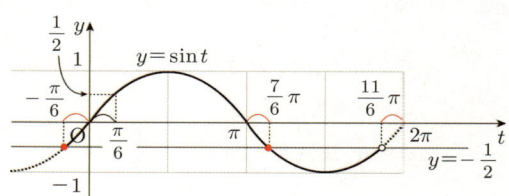

$-\dfrac{\pi}{6}, \pi + \dfrac{\pi}{6} = \dfrac{7}{6}\pi$이므로

$2x - \dfrac{\pi}{6} = -\dfrac{\pi}{6}$ 또는 $2x - \dfrac{\pi}{6} = \dfrac{7}{6}\pi$

$\therefore x = 0$ 또는 $x = \dfrac{2}{3}\pi$

[줄기4-2] 다음 방정식을 풀어라. (단, $0 \leq x < 2\pi$)

1) $2\cos\dfrac{x}{2} = -1$ 　　　　　　　　2) $\tan\left(x + \dfrac{\pi}{6}\right) - 1 = 0$

뿌리 4-3 삼각방정식 – 일차식 꼴(3)

$0 \leq x < \pi$일 때, 방정식 $\cos(\pi\cos x) = 0$을 풀어라.

풀이 $\pi\cos x = t$로 놓으면 $0 \leq x < \pi$에서
$-1 < \cos x \leq 1$, $-\pi < \pi\cos x \leq \pi$　 $\therefore -\pi < t \leq \pi \cdots \bigcirc$
이때, 주어진 방정식은 $\bigcirc$의 범위에서 $\cos t = 0$이므로 $t = -\dfrac{\pi}{2}$ 또는 $t = \dfrac{\pi}{2}$
즉, $\pi\cos x = -\dfrac{\pi}{2}$ 또는 $\pi\cos x = \dfrac{\pi}{2}$
i) $\pi\cos x = -\dfrac{\pi}{2}$일 때, $\cos x = -\dfrac{1}{2}$이므로 $0 \leq x < \pi$에서 $x = \dfrac{2}{3}\pi$
ii) $\pi\cos x = \dfrac{\pi}{2}$일 때, $\cos x = \dfrac{1}{2}$이므로 $0 \leq x < \pi$에서 $x = \dfrac{\pi}{3}$

뿌리 4-4 삼각방정식 – 이차식 꼴

다음 방정식을 풀어라. (단, $0 \le x < 2\pi$)

1) $2\sin^2 x + \cos x = 1$

2) $2\cos^2 x + 3\sin x = 0$

3) $\tan x + \dfrac{1}{\tan x} = -2$

4) $\tan x - \dfrac{\sqrt{3}}{\tan x} + 1 - \sqrt{3} = 0$

풀이 1) $2\sin^2 x + \cos x = 1$에서

$2(1-\cos^2 x) + \cos x - 1 = 0$, $2\cos^2 x - \cos x - 1 = 0$, $(2\cos x + 1)(\cos x - 1) = 0$

$\therefore \cos x = \dfrac{-1}{2}$ 또는 $\cos x = 1$

$0 \le x < 2\pi$에서 주어진 방정식의 해는

i) $\cos x = -\dfrac{1}{2}$일 때, $x = \dfrac{2}{3}\pi$ 또는 $x = \dfrac{4}{3}\pi$

ii) $\cos x = 1$일 때, $x = 0$

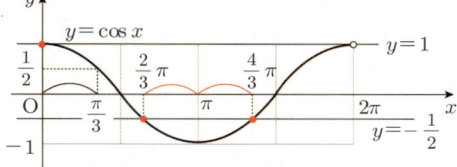

2) $2\cos^2 x + 3\sin x = 0$에서

$2(1-\sin^2 x) + 3\sin x = 0$, $2\sin^2 x - 3\sin x - 2 = 0$, $(2\sin x + 1)(\sin x - 2) = 0$

$\therefore \sin x = \dfrac{-1}{2}$ 또는 $\sin x = 2$

$0 \le x < 2\pi$에서 주어진 방정식의 해는

i) $\sin x = -\dfrac{1}{2}$일 때, $x = \dfrac{7}{6}\pi$ 또는 $x = \dfrac{11}{6}\pi$

ii) $\sin x = 2$일 때, 해가 없다. ($\because -1 \le \sin x \le 1$)

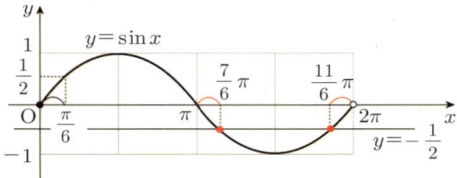

3) $\tan x + \dfrac{1}{\tan x} = -2$에서

$\tan^2 x + 1 = -2\tan x$,

$\tan^2 x + 2\tan x + 1 = 0$, $(\tan x + 1)^2 = 0$

$\therefore \tan x = -1$

$0 \le x < 2\pi$에서 주어진 방정식의 해는

$\tan x = -1$일 때, $x = \dfrac{3}{4}\pi$ 또는 $x = \dfrac{7}{4}\pi$

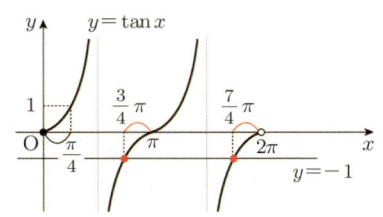

4) $\tan x - \dfrac{\sqrt{3}}{\tan x} + 1 - \sqrt{3} = 0$에서

$\tan^2 x + (1-\sqrt{3})\tan x - \sqrt{3} = 0$, $(\tan x + 1)(\tan x - \sqrt{3}) = 0$

$\therefore \tan x = -1$ 또는 $\tan x = \sqrt{3}$

$0 \le x < 2\pi$에서 주어진 방정식의 해는

i) $\tan x = -1$일 때, $x = \dfrac{3}{4}\pi$ 또는 $x = \dfrac{7}{4}\pi$

ii) $\tan x = \sqrt{3}$일 때, $x = \dfrac{\pi}{3}$ 또는 $x = \dfrac{4}{3}\pi$

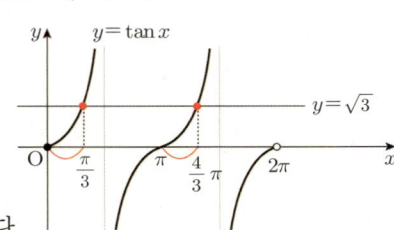

※ $\tan x = -1$일 때의 그림은 3)번 풀이를 참조한다.

179

2   삼각부등식의 풀이

$\sin x > \dfrac{\sqrt{2}}{2}$, $2\cos x + \sqrt{2} \leq 0$, $\sqrt{3}\tan x > -1$과 같이 삼각함수의 각의 크기를 미지수로 하는 부등식을 **삼각부등식**이라 하고, 다음과 같이 **그래프를 이용하여 풀 수 있다.**

1) $\sin x > k$ (또는 $\cos x > k$ 또는 $\tan x > k$)의 꼴

    $y = \sin x$ (또는 $y = \cos x$ 또는 $y = \tan x$)의 그래프와 직선 $y = k$의 교점의 x좌표를 이용하여 삼각함수의 그래프가 직선 $y = k$보다 위쪽에 있는 x의 값의 범위를 구한다.

2) $\sin x < k$ (또는 $\cos x < k$ 또는 $\tan x < k$)의 꼴

    $y = \sin x$ (또는 $y = \cos x$ 또는 $y = \tan x$)의 그래프와 직선 $y = k$의 교점의 x좌표를 이용하여 삼각함수의 그래프가 직선 $y = k$보다 아래쪽에 있는 x의 값의 범위를 구한다.

뿌리 4-5   **삼각부등식 – 일차식 꼴(1)**

다음 부등식을 풀어라. (단, $0 \leq x < 2\pi$)

    1) $\sin x < -\dfrac{\sqrt{3}}{2}$ 2) $\cos\left(x - \dfrac{\pi}{4}\right) \leq -\dfrac{\sqrt{2}}{2}$

풀이   1) $\sin x < -\dfrac{\sqrt{3}}{2}$ 의 해는 $y = \sin x$의 그래프가

직선 $y = -\dfrac{\sqrt{3}}{2}$ 보다 아래쪽에 있는 x의 값

의 범위이므로 오른쪽 그림에서

$$\dfrac{4}{3}\pi < x < \dfrac{5}{3}\pi$$

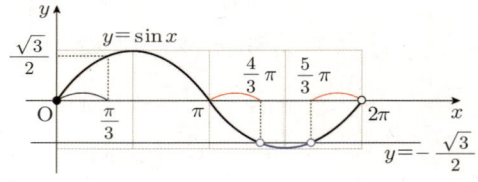

2) $x - \dfrac{\pi}{4} = t$로 놓으면 $0 \leq x < 2\pi$에서 $-\dfrac{\pi}{4} \leq x - \dfrac{\pi}{4} < \dfrac{7}{4}\pi$ $\therefore -\dfrac{\pi}{4} \leq t < \dfrac{7}{4}\pi$

이때, 주어진 부등식은 $\cos t \leq -\dfrac{\sqrt{2}}{2}$ $\cdots$ ㉠

오른쪽 그림에서 ㉠을 만족시키는 t의 값의 범위는

$$\dfrac{3}{4}\pi \leq t \leq \dfrac{5}{4}\pi$$

$$\dfrac{3}{4}\pi \leq x - \dfrac{\pi}{4} \leq \dfrac{5}{4}\pi \quad \therefore \pi \leq x \leq \dfrac{3}{2}\pi$$

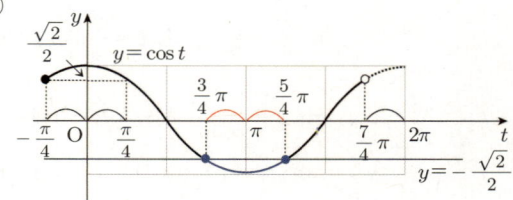

[줄기4-3] 다음 부등식을 풀어라. (단, $0 \leq x < 2\pi$)

    1) $3\tan x \geq \sqrt{3}$ 2) $2\cos\left(x + \dfrac{\pi}{6}\right) \leq 1$

[줄기4-4] $0 \leq x \leq \pi$일 때, 부등식 $\cos\left(x - \dfrac{\pi}{3}\right) \leq \dfrac{1}{2}$ 을 풀어라.

뿌리 4-6 삼각부등식 – 일차식 꼴(2)

부등식 $\sin x > \cos x$을 풀어라. (단, $0 \leq x < 2\pi$)

풀이 $\sin x > \cos x$의 해는 $y = \sin x$의 그래프가
$y = \cos x$의 그래프보다 위쪽에 있는 x의
값의 범위이므로 오른쪽 그림에서
$\dfrac{\pi}{4} < x < \dfrac{5}{4}\pi$

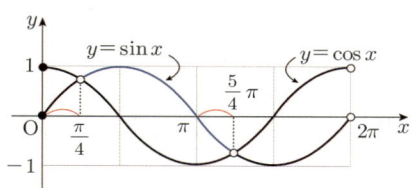

[줄기4-5] 부등식 $\sin x \leq \cos x$을 풀어라. (단, $0 \leq x < 2\pi$)

뿌리 4-7 삼각부등식 – 이차식 꼴

다음 부등식을 풀어라. (단, $0 \leq x < 2\pi$)
1) $2\cos^2 x + 3\sin x < 0$ 2) $2\cos^2\left(x - \dfrac{\pi}{2}\right) + 3\sin x - 2 < 0$

풀이 1) $2\cos^2 x + 3\sin x < 0$에서 $2(1 - \sin^2 x) + 3\sin x < 0$
$2\sin^2 x - 3\sin x - 2 > 0$, $(2\sin x + 1)(\sin x - 2) > 0$
$\therefore \sin x < -\dfrac{1}{2}$ 또는 $\sin x > 2$
$\therefore -1 \leq \sin x < -\dfrac{1}{2}$ $(\because -1 \leq \sin x \leq 1)$
$0 \leq x < 2\pi$에서 $-1 \leq \sin x < -\dfrac{1}{2}$이므로
$\dfrac{7}{6}\pi < x < \dfrac{11}{6}\pi$

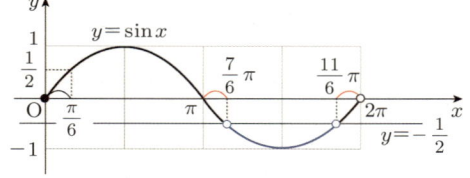

2) $2\cos^2\left(x - \dfrac{\pi}{2}\right) + 3\sin x - 2 < 0$에서 $2\sin^2 x + 3\sin x - 2 < 0$
$(2\sin x - 1)(\sin x + 2) < 0$
$\therefore -2 < \sin x < \dfrac{1}{2}$
$\therefore -1 \leq \sin x < \dfrac{1}{2}$ $(\because -1 \leq \sin x \leq 1)$
$0 \leq x < 2\pi$에서 $-1 \leq \sin x < \dfrac{1}{2}$이므로
$0 \leq x < \dfrac{\pi}{6}$ 또는 $\dfrac{5}{6}\pi < x < 2\pi$

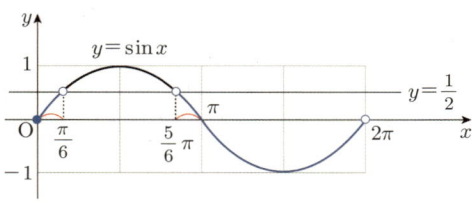

[줄기4-6] 부등식 $2\sin^2\left(x + \dfrac{3}{2}\pi\right) + 3\sin x - 3 \geq 0$을 풀어라. (단, $0 \leq x < \pi$)

뿌리 4-8   **삼각방정식과 삼각부등식의 활용(1)**

다음 물음에 답하여라.

1) x에 대한 이차방정식 $x^2 + (2\cos\theta + 1)x + 1 = 0$이 허근을 가질 때, θ의 값의 범위를 구하여라. (단, $0 \le \theta < \pi$)

2) 모든 실수 x에 대하여 $x^2 + 2x + 2\sin\theta > 0$이 성립하도록 하는 θ의 값의 범위를 구하여라. (단, $0 \le \theta < 2\pi$)

풀이   1) $x^2 + (2\cos\theta + 1)x + 1 = 0$이 허근을 가지므로 판별식을 D라 하면

$D = (2\cos\theta + 1)^2 - 4 < 0$

$4\cos^2\theta + 4\cos\theta - 3 < 0, \ (2\cos\theta + 3)(2\cos\theta - 1) < 0$

$\therefore -\dfrac{3}{2} < \cos\theta < \dfrac{1}{2}$

$\therefore -1 \le \cos\theta < \dfrac{1}{2} \ (\because -1 \le \cos\theta \le 1)$

따라서 오른쪽 그림에서 θ의 값의 범위는

$\dfrac{\pi}{3} < \theta < \pi$

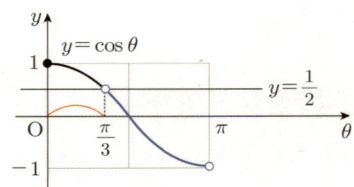

2) 모든 실수 x에 대하여 $x^2 + 2x + 2\sin\theta > 0$이 성립하려면

이차방정식 $x^2 + 2x + 2\sin\theta = 0$이 허근을 가져야 하므로

이 이차방정식의 판별식을 D라 하면

$\dfrac{D}{4} = 1 - 2\sin\theta < 0$

$\therefore \sin\theta > \dfrac{1}{2}$

따라서 오른쪽 그림에서 θ의 값의 범위는

$\dfrac{\pi}{6} < \theta < \dfrac{5}{6}\pi$

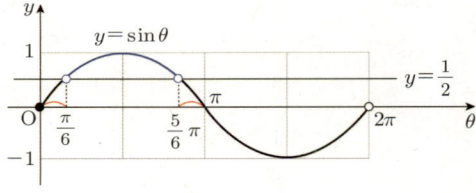

[줄기 4-7] x에 대한 이차방정식 $x^2 - 4x\sin\theta + 1 = 0$이 실근을 갖도록 하는 θ의 값의 범위를 구하여라. (단, $0 \le \theta < \pi$)

뿌리 4-9 삼각방정식과 삼각부등식의 활용(2)

다음 물음에 답하여라.

1) 이차함수 $y = x^2 + 2\sqrt{2}\,x\sin\theta - 3\cos\theta$의 그래프가 x축과 서로 다른 두 점에서 만날 때, θ의 값의 범위를 구하여라. (단, $0 \le \theta < \pi$)

2) 부등식 $\cos^2\theta - 4\cos\theta - a + 7 \ge 0$이 모든 실수 θ에 대하여 성립하도록 하는 실수 a의 값의 범위를 구하여라.

풀이 1) 이차함수 $y = x^2 + 2\sqrt{2}\,x\sin\theta - 3\cos\theta$의 그래프가 x축과 서로 다른 두 점에서 만나면 이차방정식 $x^2 + 2\sqrt{2}\,x\sin\theta - 3\cos\theta = 0$이 서로 다른 두 실근을 가져야 하므로 이 이차방정식의 판별식을 D라 하면

$\dfrac{D}{4} = (\sqrt{2}\sin\theta)^2 - (-3\cos\theta) > 0,\ 2\sin^2\theta + 3\cos\theta > 0,$

$2(1-\cos^2\theta) + 3\cos\theta > 0,\ 2\cos^2\theta - 3\cos\theta - 2 < 0,\ (2\cos\theta + 1)(\cos\theta - 2) < 0$

$\therefore -\dfrac{1}{2} < \cos\theta < 2\,(\times)$

$\therefore -\dfrac{1}{2} < \cos\theta \le 1\,(\because -1 \le \cos\theta \le 1)$

따라서 오른쪽 그림에서 θ의 값의 범위는

$0 \le \theta < \dfrac{2}{3}\pi$

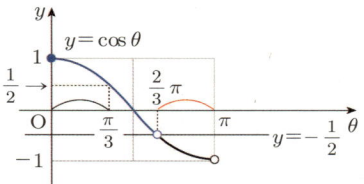

2) 제한된 범위에서 항상 성립하는 이차부등식
⇨ ★제한된 범위에서 항상 성립하는 이차함수의 그래프를 그린다.

$\cos^2\theta - 4\cos\theta - a + 7 \ge 0$에서 $\cos\theta = t$로 놓으면
$-1 \le t \le 1$이고 주어진 부등식은
$t^2 - 4t - a + 7 \ge 0,\ (t-2)^2 - a + 3 \ge 0$
$f(t) = (t-2)^2 - a + 3$라 하면 $-1 \le t \le 1$에서
$f(t) \ge 0$이어야 하므로 $y = f(t)$의 그래프를 우측
그림과 같아야 한다.

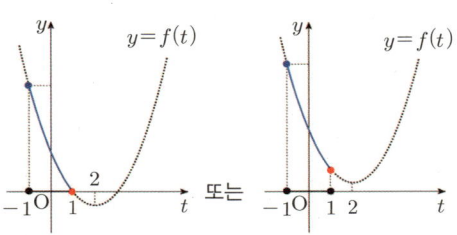

따라서 $f(1) \ge 0$에서 $(-1)^2 - a + 3 \ge 0$
$\therefore a \le 4$

[줄기4-8] 다음 물음에 답하여라.

1) 이차함수 $y = x^2 + 2x + \tan\theta$의 그래프가 x축과 만나지 않을 때, θ의 값의 범위를 구하여라. (단, $0 \le \theta < 2\pi$)

2) x에 대한 이차방정식 $x^2 + 4x\cos\theta + 1 = 0$의 두 근 사이에 1이 있도록 하는 θ의 값의 범위를 구하여라. (단, $0 \le \theta < 2\pi$)

6 삼각함수의 그래프

정답 및 풀이 ▶ 61p

● 잎 6-1

함수 $y = \sin x + |\sin x|$ 의 주기를 구하여라.

● 잎 6-2

함수 $f(x) = \sin 3x + \cos 2x + 1$ 의 주기를 p 라 할 때, p 와 $f(2p)$ 의 값을 구하여라.

● 잎 6-3

오른쪽 그림은 함수 $f(x) = a \sin b \left(x + \dfrac{\pi}{4} \right)$ 의 그래프이다. 이때, $a^2 + b^2$ 의 값을 구하여라. (단, a, b 는 상수이다.) [교육청 기출]

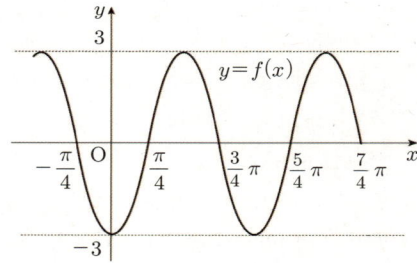

● 잎 6-4

오른쪽 그림과 같이 $y = a \cos bx$ 의 그래프의 일부분과 x 축에 평행한 직선 l 이 만나는 점의 x 좌표가 1, 5이다.
직선 l, $x = 1$, $x = 5$ 와 x 축으로 둘러싸인 도형의 넓이가 20일 때, a 의 값을 구하여라.
[교육청 기출]

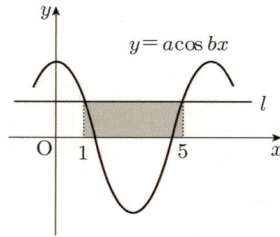

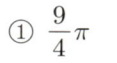

우측 그림과 같이 함수 $y = \sin 2x \ (0 \le x \le \pi)$의
그래프가 직선 $y = \dfrac{3}{5}$과 두 점 A, B에서 만나고,
직선 $y = -\dfrac{3}{5}$과 두 점 C, D에서 만난다. 네 점
A, B, C, D의 x좌표가 각각 α, β, γ, δ라 할 때,
$\alpha + 2\beta + 2\gamma + \delta$의 값은? [교육청 기출]

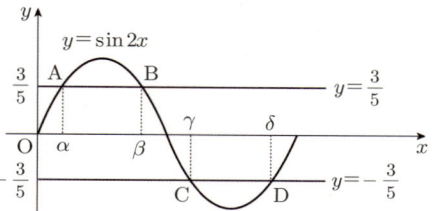

① $\dfrac{9}{4}\pi$　② $\dfrac{5}{2}\pi$　③ 3π　④ $\dfrac{7}{2}\pi$　⑤ 4π

• 잎 6-6

함수 $f(x) = \sin \pi x \ (x \ge 0)$의 그래프와 직선
$y = \dfrac{2}{3}$가 만나는 점의 x좌표를 적은 것부터
차례대로 α, β, γ라 할 때,
$f\left(\alpha + \beta + \gamma + 1\right) + f\left(\alpha + \beta + \dfrac{1}{2}\right)$의 값은?
[교육청 기출]

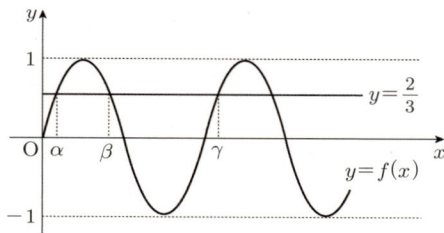

① $-\dfrac{2}{3}$　② $-\dfrac{1}{3}$　③ 0　④ $\dfrac{1}{3}$　⑤ $\dfrac{2}{3}$

• 잎 6-7

직선 $x - 3y + 3 = 0$이 x축의 양의 방향과 이루는
각의 크기를 θ라 할 때,
$\cos(\pi + \theta) + \sin\left(\dfrac{\pi}{2} - \theta\right) + \tan(-\theta)$의 값은?
[교육청 기출]

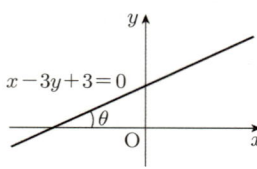

① -3　② $-\dfrac{1}{3}$　③ 0　④ $\dfrac{1}{3}$　⑤ 3

잎 6–8

$\sin 18° = a$일 때, 다음 중 $\tan 198°$를 나타낸 것은? [교육청 기출]

① $\dfrac{1}{a}$ ② $-\dfrac{1}{a}$ ③ $\sqrt{1-a^2}$ ④ $\dfrac{a}{\sqrt{1-a^2}}$ ⑤ $-\dfrac{a}{\sqrt{1-a^2}}$

잎 6–9

직선 $y = -\dfrac{4}{3}x$ 위의 점 $P(a, b)$ $(a<0)$에 대하여 선분 OP가 x축의 양의 방향과 이루는 각의 크기를 θ라 할 때, $\sin(\pi-\theta) + \cos(\pi+\theta)$의 값은? (단, O는 원점이다.) [교육청 기출]

① $\dfrac{7}{5}$ ② $\dfrac{1}{5}$ ③ 0 ④ $-\dfrac{1}{5}$ ⑤ $-\dfrac{7}{5}$

잎 6–10

두 함수 $f(\theta)$와 $g(\theta)$를 $f(\theta) = \dfrac{\sin(\pi+\theta)}{1 + \cos\left(\dfrac{\pi}{2}+\theta\right)}$, $g(\theta) = \dfrac{\cos(\pi+\theta)}{1 + \cos\left(\dfrac{3}{2}\pi-\theta\right)}$로 정의할 때, $f(\theta)f(-\theta)g(\theta)g(-\theta)$를 간단히 하면? [사관학교 기출]

① $-\dfrac{1}{\tan^2\theta}$ ② $-\tan^2\theta$ ③ $\dfrac{1}{\cos^2\theta}$ ④ $\tan^2\theta$ ⑤ $\dfrac{1}{\tan^2\theta}$

잎 6–11

$0<A<\pi$, $0<B<\pi$인 서로 다른 두 각 A, B에서 $\sin A = \sin B$를 만족할 때, 다음에서 참, 거짓을 말하여라. [교육청 기출]

ㄱ. $\sin\dfrac{A+B}{2} = 1$ (   )

ㄴ. $\sin\dfrac{A}{2} - \cos\dfrac{B}{2} = 0$ (   )

ㄷ. $\tan A + \tan B = 0$ (   )

● 잎 6-12

$\pi < \alpha < 2\pi$, $\pi < \beta < 2\pi$인 서로 다른 두 각 α, β에서 $\sin \alpha = \cos \beta$를 만족할 때, 다음에서 참, 거짓을 말하여라. [교육청 기출]

ㄱ. $\sin(\alpha + \beta) = 1$ (   )

ㄴ. $\cos^2 \alpha + \cos^2 \beta = 1$ (   )

ㄷ. $\tan \alpha + \tan \beta = 1$ (   )

● 잎 6-13

$0 < \theta < \pi$일 때, $\sin 3\theta = \cos 5\theta$를 만족하는 θ의 개수는? [경찰대 기출]

① 5   ② 6   ③ 7   ④ 8   ⑤ 9

● 잎 6-14

함수 $y = -4\cos^2 x + 4\sin x + 3$의 최댓값을 M, 최솟값을 m이라 할 때, $M + m$의 값은?

① 1   ② 2   ③ 3   ④ 4   ⑤ 5

[교육청 기출]

● 잎 6-15

포물선 $y = x^2 - 2x\cos \theta - \sin^2 \theta$의 꼭짓점이 직선 $y = 2x$ 위에 있기 위한 모든 θ의 값들의 합은?

(단, $0 \le \theta < 2\pi$)

[교육청 기출]

① π ② $\dfrac{3}{2}\pi$ ③ 2π ④ $\dfrac{5}{2}\pi$ ⑤ 3π

● 잎 6-16

방정식 $\sin^2 x - \sin x = 1 - k$가 실근을 갖도록 상수 k의 최댓값을 M, 최솟값을 m이라 할 때, $20M + m$의 값을 구하여라. (단, $0 \le x < 2\pi$) [교육청 기출]

잎 6-17

$0 \le x \le 2\pi$에서 두 함수 $y = \sin x$와 $y = -\sin x + a$의 그래프가 만나는 점의 개수를 $N(a)$라 할 때, 아래에서 참, 거짓을 말하여라. (단, a는 실수이다.) [교육청 기출]

ㄱ. $N(0) = 3$　　　　　　　　(　　)
ㄴ. $|a| > 2$이면 $N(a) = 0$　　(　　)
ㄷ. $N(a) = 2$이면 $N(-a) = 2$　(　　)

잎 6-18

다음 중 $f(x-4) = f(x)$를 만족시키지 <u>않는</u> 것은?

① $f(x) = \sin \pi x$　　② $f(x) = \sin \dfrac{\pi}{2} x$　　③ $f(x) = \cos \dfrac{3}{2} \pi x$

④ $f(x) = \tan \dfrac{4}{3} \pi x$　　⑤ $f(x) = \tan \dfrac{5}{2} \pi x$

잎 6-19

모든 실수 x에 대하여 $f(x-4) + f(x+4) = f(x)$를 만족하는 함수 $f(x)$가 있다. 다음 중 함수 $f(x)$의 주기가 될 수 <u>없는</u> 것을 모두 골라라.

① 48　　② 8　　③ $\dfrac{1}{2}$　　④ $\dfrac{3}{5}$　　⑤ $\dfrac{5}{6}$

잎 6-20

다음 물음에 답하여라.

1) 다음 중 모든 실수 x에 대하여 $f\left(\dfrac{\pi}{2} - x\right) = f\left(\dfrac{\pi}{2} + x\right)$를 만족시키는 함수 $f(x)$를 모두 골라라.

　① $f(x) = \sin x$　　② $f(x) = \cos 2x$　　③ $f(x) = \sin 4x$

2) 다음 중 모든 실수 x에 대하여 $f\left(\dfrac{\pi}{4} + x\right) = f\left(\dfrac{3}{4}\pi - x\right)$를 만족시키는 함수 $f(x)$를 모두 골라라.

　① $f(x) = \sin x$　　② $f(x) = \cos 2x$　　③ $f(x) = \sin 4x$

3) 다음 중 모든 실수 x에 대하여 $f(x) = f(\pi - x)$를 만족시키는 함수 $f(x)$를 모두 골라라.

　① $f(x) = \sin x$　　② $f(x) = \cos 2x$　　③ $f(x) = \sin 4x$

7. 삼각함수의 활용

⓵ 사인법칙

1 사인법칙

오른쪽 그림과 같이 삼각형 ABC에서 ∠A, ∠B, ∠C의
크기를 각각 A, B, C로 나타내고, 이들의 대변의 길이를
각각 a, b, c로 나타낸다.

※ 세 각의 크기와 세 변의 길이를 삼각형의 6요소라 한다.

삼각형 ABC의 외접원의 반지름의 길이를 R이라 하면

$$\frac{a}{\sin A} = \frac{b}{\sin B} = \frac{c}{\sin C} = 2R$$

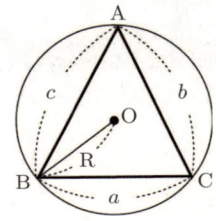

증명 △ABC의 외접원의 중심을 O, 반지름의 길이를 R이라 하면

i) $0° < A < 90°$일 때 (A가 예각일 때) .

호 BC에 대한 원주각의 크기가 같으므로

∠A = ∠A′

$\sin A = \sin A' = \dfrac{a}{2R}$

∴ $\dfrac{a}{\sin A} = 2R$

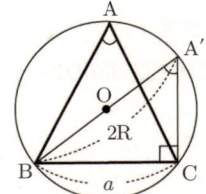

ii) $90° < A < 180°$일 때 (A가 둔각일 때)

원에 내접하는 사각형은 한 쌍의 대각의 합이 180°이므로

$A + A' = 180°$ ∴ $A = 180° - A'$

$\sin A = \sin(180° - A') = \sin A' = \dfrac{a}{2R}$

∴ $\dfrac{a}{\sin A} = 2R$

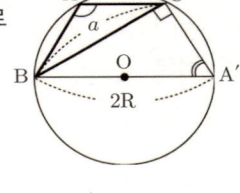

iii) $A = 90°$일 때 (A가 직각일 때)

$\sin A = \sin 90° = 1 = \dfrac{a}{2R}$

∴ $\dfrac{a}{\sin A} = 2R$

같은 방법으로 $\dfrac{b}{\sin B} = 2R$, $\dfrac{c}{\sin C} = 2R$도 성립함을 보일
수 있다.

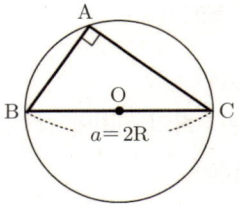

예) △ABC에서 $A = \dfrac{\pi}{6}$이고 $a = 8$일 때, 이 삼각형의 외접원의 넓이를 구하여라.

$\dfrac{8}{\sin \dfrac{\pi}{6}} = 2R$ ∴ $R = 8$

∴ (외접원의 넓이) $= \pi \cdot 8^2 = 64\pi$

뿌리 1-1 사인법칙

삼각형 ABC에서 다음을 구하여라.

1) $a = 5$, $A = 30°$, $C = 45°$일 때, c의 값
2) $a = 3$, $b = \sqrt{3}$, $A = 60°$일 때, c의 값, B의 크기
3) $a = 1$, $b = \sqrt{3}$, $A = 30°$일 때, c의 값, B, C의 크기
4) $c = 8$, $A = 45°$, $B = 105°$일 때, a의 값

풀이
1) 사인법칙에 의하여 $\dfrac{5}{\sin 30°} = \dfrac{c}{\sin 45°}$이므로

$c \sin 30° = 5 \sin 45°$, $\dfrac{c}{2} = \dfrac{5\sqrt{2}}{2}$ $\therefore c = 5\sqrt{2}$

2) 사인법칙에 의하여 $\dfrac{3}{\sin 60°} = \dfrac{\sqrt{3}}{\sin B}$이므로

$3 \sin B = \sqrt{3} \sin 60°$, $\sin B = \dfrac{1}{2}$

$0° < B < 180°$이므로 $B = 30°$ 또는 $B = 150°$ (∵ 삼각형의 내각의 합은 $180°$)

따라서 $C = 90°$이므로 $\dfrac{3}{\sin 60°} = \dfrac{c}{\sin 90°}$ $\therefore c = 2\sqrt{3}$

3) 사인법칙에 의하여 $\dfrac{1}{\sin 30°} = \dfrac{\sqrt{3}}{\sin B}$이므로

$\sin B = \sqrt{3} \sin 30°$, $\sin B = \dfrac{\sqrt{3}}{2}$

$0° < B < 180°$이므로 $B = 60°$ 또는 $B = 120°$

i) $B = 60°$일 때 $C = 90°$

사인법칙에 의하여 $\dfrac{\sqrt{3}}{\sin 60°} = \dfrac{c}{\sin 90°}$ $\therefore c = 2$

ii) $B = 120°$일 때 $C = 30°$

사인법칙에 의하여 $\dfrac{\sqrt{3}}{\sin 120°} = \dfrac{c}{\sin 30°}$ $\therefore c = 1$

4) 삼각형의 내각의 합은 $180°$이므로 $C = 30°$

$\dfrac{a}{\sin 45°} = \dfrac{8}{\sin 30°}$, $a = 8 \times \dfrac{1}{\sin 30°} \times \sin 45°$ $\therefore a = 8 \times 2 \times \dfrac{\sqrt{2}}{2} = 8\sqrt{2}$

[줄기1-1] 삼각형 ABC에서 다음을 구하여라.

1) $a = 6$, $A = 60°$, $C = 45°$일 때, c의 값
2) $a = 1$, $c = \sqrt{2}$, $A = 45°$일 때, B, C의 크기, b의 값
3) $b = 5$, $c = 5\sqrt{3}$, $B = 30°$일 때, a의 값
4) $A : B : C = 5 : 4 : 3$이고 $c = 2$일 때, b의 값

뿌리 1-2　사인법칙과 삼각형의 외접원

다음 물음에 답하여라.

1) 삼각형 ABC의 외접원의 반지름의 길이를 R이라 하면 $A = 30°$, $R = 5$일 때, a의 값을 구하여라.

2) 삼각형 ABC에서 $B = 60°$, $b = 6$일 때, 외접원의 반지름의 길이 R을 구하여라.

풀이　1) 사인법칙에 의하여 $\dfrac{a}{\sin A} = 2R$이므로

$$\dfrac{a}{\sin 30°} = 2 \cdot 5 \quad \therefore a = 2 \cdot 5 \cdot \sin 30° = 5$$

2) 사인법칙에 의하여 $\dfrac{b}{\sin B} = 2R$이므로

$$\dfrac{6}{\sin 60°} = 2R, \quad R = 6 \times \dfrac{1}{\sin 60°} \times \dfrac{1}{2} \quad \therefore R = 6 \times \dfrac{2}{\sqrt{3}} \times \dfrac{1}{2} = 2\sqrt{3}$$

[줄기1-2] 오른쪽 그림과 같이 $B = 45°$, $C = 75°$, $a = 3$인 삼각형 ABC의 외접원의 넓이를 구하여라.

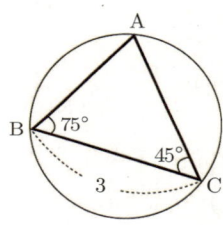

2　사인법칙의 변형

$$\dfrac{a}{\sin A} = \dfrac{b}{\sin B} = \dfrac{c}{\sin C} = 2R \ \Rightarrow 사인법칙$$

i) $\dfrac{a}{\sin A} = 2R, \dfrac{b}{\sin B} = 2R, \dfrac{c}{\sin C} = 2R \ \Rightarrow 사인법칙을 분리했다.$

ii) $\sin A = \dfrac{a}{2R}, \sin B = \dfrac{b}{2R}, \sin C = \dfrac{c}{2R} \ \Rightarrow 각을 변으로 나타냈다.$

iii) $a = 2R \sin A, b = 2R \sin B, c = 2R \sin C \ \Rightarrow 변을 각으로 나타냈다.$

$\quad \hookrightarrow \star a : b : c = 2R \sin A : 2R \sin B : 2R \sin C$

$$= \sin A : \sin B : \sin C$$

익히는 방법
변비 $(a : b : c)$는 사인비 $(\sin A : \sin B : \sin C)$이다. 즉, '변비 싸인'으로 기억한다.

뿌리 1-3 **사인법칙의 변형**

다음 물음에 답하여라.

1) 삼각형 ABC에서 $a:b:c=3:4:5$일 때, $\sin A:\sin B:\sin C$를 구하여라.

2) 삼각형 ABC에서 $A:B:C=1:2:3$일 때, $a:b:c$를 구하여라.

3) 삼각형 ABC에서 $\sin A:\sin B:\sin C=2:3:4$일 때, $ab:bc:ca$의 값을 구하라.

풀이 1) $\sin A:\sin B:\sin C=\mathbf{3:4:5}$ (∵ 변비 싸인 p.192)

2) $A=180°\times\dfrac{1}{6}=30°, B=180°\times\dfrac{2}{6}=60°, C=180°\times\dfrac{3}{6}=90°$

$a:b:c=\sin 30°:\sin 60°:\sin 90°=\dfrac{1}{2}:\dfrac{\sqrt{3}}{2}:1$

$\therefore a:b:c=\mathbf{1:\sqrt{3}:2}$

3) $a:b:c=\sin A:\sin B:\sin C=2:3:4$이므로 양수 t에 대하여

$a=2t, b=3t, c=4t$로 놓을 수 있으므로

$\therefore ab:bc:ca=6t^2:12t^2:8t^2=\mathbf{3:6:4}$

[줄기1-3] 다음 물음에 답하여라.

1) 삼각형 ABC에서 $\dfrac{a+b}{6}=\dfrac{b+c}{5}=\dfrac{c+a}{7}$일 때, $\sin A:\sin B:\sin C$를 구하여라.

2) 삼각형 ABC에서 $(a+b):(b+c):(c+a)=5:4:3$일 때, $\dfrac{\sin B-\sin C}{\sin A}$의 값을 구하여라.

뿌리 1-4 **삼각형의 모양 판단(1)**

삼각형 ABC에서 다음 등식이 성립할 때, 삼각형 ABC는 어떤 삼각형인지 말하여라.

1) $a\sin A=b\sin B$ 2) $\sin^2 B-\sin^2 A-\sin^2 C=0$

풀이 △ABC의 외접원의 반지름을 R이라 하면 사인법칙에 의하여

1) $\sin A=\dfrac{a}{2R}, \sin B=\dfrac{b}{2R}$이므로 이것을 주어진 식에 대입하면

$\dfrac{a^2}{2R}=\dfrac{b^2}{2R}, \ a^2=b^2$ $\therefore a=b$ (∵ a,b는 길이이므로 $a>0, b>0$)

따라서 △ABC는 $a=b$인 **이등변삼각형**이다.

2) $\sin A=\dfrac{a}{2R}, \sin B=\dfrac{b}{2R}, \sin C=\dfrac{c}{2R}$이므로 이것을 주어진 식에 대입하면

$\dfrac{b^2}{4R^2}-\dfrac{a^2}{4R^2}-\dfrac{c^2}{4R^2}=0, \ b^2-a^2-c^2=0$ $\therefore b^2=a^2+c^2$

따라서 △ABC는 $B=90°$인 **직각삼각형**이다.

[줄기1-4] 삼각형 ABC에서 다음 등식이 성립할 때, 삼각형 ABC는 어떤 삼각형인지 말하여라.

1) $a^2\sin A=b^2\sin B=c^2\sin C$ 2) $\cos^2 A+\cos^2 B-\cos^2 C=1$

뿌리 1-5 삼각형의 모양 판단 (2)

> x에 대한이차방정식 $x^2 \sin A - 2x \sin B + \sin C = 0$이 중근을 가질 때, 삼각형 ABC에서 변 a, b, c 사이에 성립하는 관계식을 구하여라.

주의 이차방정식이므로 이차항의 계수 $\sin A \neq 0$이어야 한다.
∴ $A \neq 0°$ 또는 $A \neq 180°$

풀이 이차방정식 $x^2 \sin A - 2x \sin B + \sin C = 0$이 중근을 가지므로 판별식을 D라 하면

$$\frac{D}{4} = (-\sin B)^2 - \sin A \cdot \sin C = 0$$

$$\therefore \sin^2 B - \sin A \cdot \sin C = 0 \cdots ㉠$$

△ABC의 외접원의 반지름을 R이라 하면 사인법칙에 의하여

$$\sin A = \frac{a}{2R}, \sin B = \frac{b}{2R}, \sin C = \frac{c}{2R} \cdots ㉡$$

㉡을 ㉠에 대입하면

$$\frac{b^2}{4R^2} - \frac{a}{2R} \cdot \frac{c}{2R} = 0, \quad b^2 - ac = 0 \quad \therefore \boldsymbol{b^2 = ac}$$

뿌리 1-6 삼각형의 모양 판단 (3)

> x에 대한 이차방정식 $x^2(\sin A - \sin C) + 2x \sin B + \sin A + \sin C = 0$이 중근을 가질 때, 삼각형 ABC는 어떤 삼각형인지 말하여라.

주의 이차방정식이므로 이차항의 계수 $\sin A - \sin C \neq 0$이어야 한다.

풀이 이차방정식 $x^2(\sin A - \sin C) + 2x \sin B + \sin A + \sin C = 0$이 중근을 가지므로 판별식을 D라 하면

$$\frac{D}{4} = (\sin B)^2 - (\sin A - \sin C)(\sin A + \sin C) = 0$$

$$\therefore \sin^2 B - \sin^2 A + \sin^2 C = 0 \cdots ㉠$$

△ABC의 외접원의 반지름을 R이라 하면 사인법칙에 의하여

$$\sin A = \frac{a}{2R}, \sin B = \frac{b}{2R}, \sin C = \frac{c}{2R} \cdots ㉡$$

㉡을 ㉠에 대입하면 $\dfrac{b^2}{4R^2} - \dfrac{a^2}{4R^2} + \dfrac{c^2}{4R^2} = 0$

$b^2 - a^2 + c^2 = 0 \quad \therefore a^2 = b^2 + c^2$

△ABC에서 A = 90°일 때 $\sin A - \sin C \neq 0$ (∵ 삼각형의 내각의 합이 180°)

따라서 △ABC는 ***A = 90°인 직각삼각형***이다.

톨레미의 정리 (프톨레마이오스의 정리)

원에 내접하는 사각형의 두 대각선의 길이의 곱은 두 쌍의 대변의 길이의 곱의 합과 같다.

즉 우측 그림과 같이 사각형 ABCD가 원에 내접하고 있을 때

$$\overline{AB} \times \overline{CD} + \overline{AD} \times \overline{BC} = \overline{AC} \times \overline{BD}$$

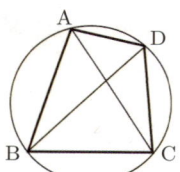

오른쪽 그림과 같이 대각선 $\overline{BD}$ 위에 $\angle BAE = \angle CAD$인 점 E를 잡고, $\overline{AE}$를 그려보면

$\angle ABE = \angle ACD$, $\angle BAC = \angle EAD$, $\angle ACB = \angle ADB$이므로

$\triangle ABE \backsim \triangle ACD$, $\triangle ABC \backsim \triangle AED$

$\therefore \overline{AB} : \overline{AC} = \overline{BE} : \overline{CD}$, $\overline{AC} : \overline{AD} = \overline{BC} : \overline{ED}$

$\therefore \overline{AB} \times \overline{CD} = \overline{AC} \times \overline{BE}$ ⋯ ㉠, $\overline{AD} \times \overline{BC} = \overline{AC} \times \overline{ED}$ ⋯ ㉡

㉠+㉡에서

$$\overline{AB} \times \overline{CD} + \overline{AD} \times \overline{BC} = \overline{AC}(\overline{BE} + \overline{ED}) = \overline{AC} \times \overline{BD}$$

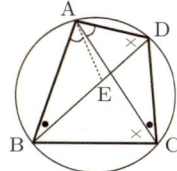

열매 1-1 **톨레미의 정리 (프톨레마이오스의 정리)**

오른쪽 그림은 선분 AB를 지름으로 하는 원 O에 내접하는 사각형 APBQ를 나타낸 것이다. $\overline{AP} = 4\,\text{cm}$, $\overline{BP} = 2\,\text{cm}$ 이고 $\overline{QA} = \overline{QB}$일 때, 선분 PQ의 길이는? [교육청 기출]

① $3\sqrt{2}\,\text{cm}$ ② $\dfrac{10\sqrt{2}}{3}\,\text{cm}$ ③ $\sqrt{14}\,\text{cm}$

④ $\dfrac{4\sqrt{10}}{3}\,\text{cm}$ ⑤ $4\,\text{cm}$

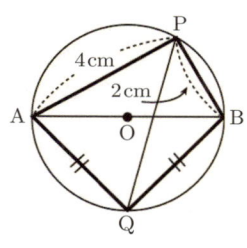

풀이 삼각형 APB는 $\angle P = 90°$인 직각삼각형이므로

$\overline{AB} = \sqrt{4^2 + 2^2} = \sqrt{20} = 2\sqrt{5}\,(\text{cm})$

또한 삼각형 QAB는 $\angle Q = 90°$인 직각이등변삼각형이므로

$\overline{QA}^2 + \overline{QB}^2 = \overline{AB}^2$

$\qquad\qquad = (2\sqrt{5})^2 = 20$

$\therefore \overline{QA} = \overline{QB} = \sqrt{10}\,(\text{cm})$

이때 $\overline{PQ} = x\,\text{cm}$라 하면

$4 \times \sqrt{10} + 2 \times \sqrt{10} = 2\sqrt{5} \times x$

$\therefore x = 3\sqrt{2}\,(\text{cm})$

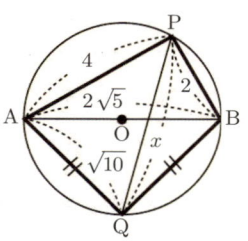

정답 ①

02 코사인법칙

1 코사인법칙 ※△ABC에서 ★두 변의 길이와 그 끼인각이 주어질 때 이용한다.

삼각형 ABC에 대하여
$$a^2 = b^2 + c^2 - 2bc\cos A$$
$$b^2 = a^2 + c^2 - 2ac\cos B$$
$$c^2 = a^2 + b^2 - 2ab\cos C$$

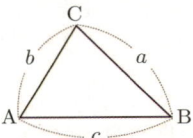

익히는 방법
'피타고라스 정리 $a^2 = b^2 + c^2$'과 '완전제곱식 $(b-c)^2 = b^2 + c^2 - 2bc$'와 '$\cos A$'의 짬뽕이다.

증명 △ABC의 꼭짓점 C에서 변 AB 또는 그 연장선에 내린 수선의 발을 H라 할 때,

i) $0° < A < 90°$일 때(A가 예각일 때)

$\overline{AH} = b\cos A$, $\overline{CH} = b\sin A$

이때 직각삼각형 BCH에서 피타고라스의
정리를 이용하면

$$a^2 = (c - b\cos A)^2 + (b\sin A)^2$$
$$= c^2 - 2bc\cos A + b^2\cos^2 A + b^2\sin^2 A$$
$$= c^2 - 2bc\cos A + b^2(\cos^2 A + \sin^2 A)$$
$$= c^2 - 2bc\cos A + b^2$$
$$= b^2 + c^2 - 2bc\cos A$$

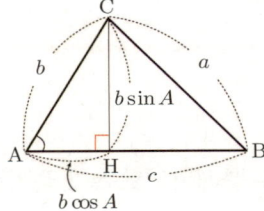

ii) $A = 90°$일 때(A가 직각일 때)

△ABC는 $A = 90°$인 직각삼각형이고
$\cos A = 0$이므로
$$a^2 = b^2 + c^2$$
$$= b^2 + c^2 - 2bc\cos A$$

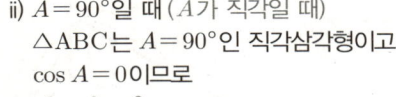

iii) $90° < A < 180°$일 때(A가 둔각일 때)

$\overline{CH} = b\sin(180° - A) = b\sin A$
$\overline{BH} = \overline{BA} + \overline{AH} = c + b\cos(180° - A)$
$\qquad = c - b\cos A$

이때 직각삼각형 BCH에서 피타고라스의
정리를 이용하면

$$a^2 = \overline{BH}^2 + \overline{CH}^2$$
$$= (c - b\cos A)^2 + (b\sin A)^2$$
$$= c^2 - 2bc\cos A + b^2\cos^2 A + b^2\sin^2 A$$
$$= c^2 - 2bc\cos A + b^2(\cos^2 A + \sin^2 A)$$
$$= c^2 - 2bc\cos A + b^2$$
$$= b^2 + c^2 - 2bc\cos A$$

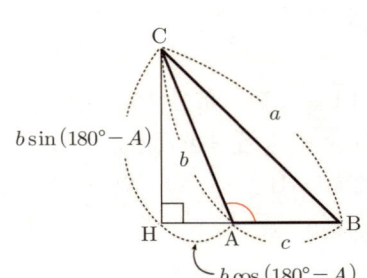

i), ii), iii)에 의하여 $\angle A$의 크기에 관계없이 $a^2 = b^2 + c^2 - 2bc\cos A$가 성립한다.
또, 변 BC와 변 AC를 각각 밑변으로 생각하면
$$b^2 = a^2 + c^2 - 2ac\cos B, \quad c^2 = a^2 + b^2 - 2ab\cos C$$가 성립함을 알 수 있다.

2 코사인법칙의 변형 ※ △ABC에서 ★세 변의 길이가 주어질 때 이용한다.

$$\cos A = \frac{b^2 + c^2 - a^2}{2bc}, \ \cos B = \frac{a^2 + c^2 - b^2}{2ac}, \ \cos C = \frac{a^2 + b^2 - c^2}{2ab}$$

익히는 방법

$$\cos \textcircled{A} = \frac{b^2 + c^2 - \textcircled{a^2}}{2bc}$$ ← a는 여기로
← a가 없다.

뿌리 2-1 코사인법칙

삼각형 ABC에서 다음을 구하여라.

1) $b = 4$, $c = 2$, $A = 60°$일 때, a의 값, B, C의 크기

2) $a = 2$, $b = \sqrt{2}$, $c = \sqrt{3} + 1$일 때, A, B, C의 크기

풀이 1) 코사인법칙에 의하여

$$a^2 = 4^2 + 2^2 - 2 \cdot 4 \cdot 2 \cos 60° = 16 + 4 - 2 \cdot 4 \cdot 2 \cdot \frac{1}{2} = 12$$

$a > 0$이므로 $a = 2\sqrt{3}$

사인법칙에 의하여 $\dfrac{2\sqrt{3}}{\sin 60°} = \dfrac{4}{\sin B}$, $\dfrac{2\sqrt{3}}{\sin 60°} = \dfrac{2}{\sin C}$

∴ $\sin B = 1$, $\sin C = \dfrac{1}{2}$

i) $\sin B = 1$일 때, $0° < B < 180°$이므로 $B = 90°$

ii) $\sin C = \dfrac{1}{2}$일 때, $0° < C < 180°$이므로 $C = 30°$ 또는 $C = 150°$

그런데 $C = 150°$인 경우는 $A + C > 180°$가 되어 모순이므로 $C = 30°$

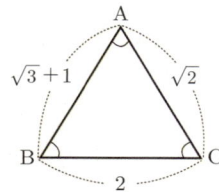

2) 코사인법칙에 의하여

$$\cos \textcircled{A} = \frac{(\sqrt{2})^2 + (\sqrt{3}+1)^2 - \textcircled{2^2}}{2 \cdot \sqrt{2} \cdot (\sqrt{3}+1)} = \frac{1}{\sqrt{2}}$$

$0° < A < 180°$이므로 $A = 45°$

$$\cos \textcircled{B} = \frac{2^2 + (\sqrt{3}+1)^2 - (\textcircled{$\sqrt{2}$})^2}{2 \cdot 2 \cdot (\sqrt{3}+1)} = \frac{6 + 2\sqrt{3}}{4(\sqrt{3}+1)}$$

$$= \frac{(3 + \sqrt{3})}{2(\sqrt{3}+1)} = \frac{\sqrt{3}(\sqrt{3}+1)}{2(\sqrt{3}+1)} = \frac{\sqrt{3}}{2}$$

$0° < B < 180°$이므로 $B = 30°$

$A + B + C = 180°$이므로 $C = 105°$

참고 2) 변의 길이가 복잡하면 그 변의 대각이 특수각이 아닐 가능성이 높다. 따라서 변 c의 길이가 복잡하면 각 C를 구할게 아니고 변의 길이가 단순한 a, b의 대각 A, B를 먼저 구해야 한다.

[줄기2-1] 삼각형 ABC에서 다음을 구하여라.

1) $a = 7$, $b = 8$, $c = 13$일 때, C의 크기

2) $A = 60°$, $b = 2\sqrt{2}$, $c = \sqrt{6} + \sqrt{2}$ 일 때, a의 값, B, C의 크기

뿌리 2-2 **삼각형의 최대각과 최소각**

삼각형 ABC에서 $a = 13$, $b = 8$, $c = 7$일 때, 최대각의 크기를 구하여라.

핵심 삼각형에서 가장 긴 변의 대각이 최대각이고, 가장 짧은 변의 대각이 최소각이다.

풀이 $\triangle ABC$에서 a가 가장 긴 변이므로 A가 최대각이다.

$$\cos A = \frac{8^2 + 7^2 - 13^2}{2 \cdot 8 \cdot 7} = -\frac{1}{2}$$

$0° < A < 180°$이므로 $A = 120°$

따라서 $\triangle ABC$의 최대각의 크기는 **120°**이다.

[줄기2-2] 삼각형 ABC에서 세 변의 길이가 2, $\sqrt{2}$, $\sqrt{3} + 1$일 때, 최소각의 크기를 구하여라.

뿌리 2-3 **사인법칙과 코사인법칙**

삼각형 ABC에서 $\sin A : \sin B : \sin C = 7 : 5 : 3$일 때, A의 크기를 구하여라.

풀이 사인법칙에 의하여

$a : b : c = \sin A : \sin B : \sin C = 7 : 5 : 3$

따라서 $a = 7k$, $b = 5k$, $c = 3k$ $(k > 0)$로 놓으면 코사인법칙에 의하여

$$\cos A = \frac{(5k)^2 + (3k)^2 - (7k)^2}{2 \cdot 5k \cdot 3k} = -\frac{1}{2}$$

$0° < A < 180°$이므로 $\boldsymbol{A = 120°}$

[줄기2-3] 삼각형 ABC에서 $\dfrac{\sin A}{3} = \dfrac{\sin B}{5} = \dfrac{\sin C}{t}$일 때, 최대각 C의 크기는 $120°$이다. 이때, 양수 t의 값을 구하여라.

뿌리 2-4 삼각형의 모양 판단

> 삼각형 ABC에서 다음 등식이 성립할 때, 삼각형 ABC는 어떤 삼각형인지 말하여라.
>
> 1) $c = 2a\cos B$ 2) $a\cos C = c\cos A + b$ 3) $\sin^2 B \cdot \tan A = \sin^2 A \cdot \tan B$

핵심 삼각형의 모양을 알아볼 때는 각보다는 세 변의 길이 사이의 관계를 이용한다.
(∵ 각은 특수 각$(30°, 45°, 60°, 90°)$이 아니면 항상 난관에 봉착한다.)

풀이
1) $\cos B = \dfrac{a^2 + c^2 - b^2}{2ac}$ 이므로 주어진 식에 대입하면

$$c = 2a \cdot \dfrac{a^2 + c^2 - b^2}{2ac}, \quad c^2 = a^2 + c^2 - b^2, \quad a^2 - b^2 = 0$$

$a^2 = b^2$　∴ $a = b$ (∵ a, b는 길이이므로 $a > 0, b > 0$)

따라서 △ABC는 $a = b$인 **이등변삼각형**이다.

2) $\cos A = \dfrac{b^2 + c^2 - a^2}{2bc}, \cos C = \dfrac{a^2 + b^2 - c^2}{2ab}$ 이므로 주어진 식에 대입하면

$$a \cdot \dfrac{a^2 + b^2 - c^2}{2ab} = c \cdot \dfrac{b^2 + c^2 - a^2}{2bc} + b$$

양변에 $2b$를 곱하면

$$a^2 + b^2 - c^2 = b^2 + c^2 - a^2 + 2b^2, \quad 2a^2 = 2b^2 + 2c^2 \quad ∴ a^2 = b^2 + c^2$$

따라서 △ABC는 **A = 90°인 직각삼각형**이다.

3) $\sin^2 B \cdot \dfrac{\sin A}{\cos A} = \sin^2 A \cdot \dfrac{\sin B}{\cos B}$　∴ $\sin B \cdot \cos B = \sin A \cdot \cos A$ ··· ㉠

△ABC의 외접원의 반지름을 R이라 하면

$$\sin B = \dfrac{b}{2R}, \sin C = \dfrac{c}{2R}, \cos A = \dfrac{b^2 + c^2 - a^2}{2bc}, \cos B = \dfrac{a^2 + c^2 - b^2}{2ac}$$

이것을 ㉠에 대입하면

$$\dfrac{b}{2R} \cdot \dfrac{a^2 + c^2 - b^2}{2ac} = \dfrac{a}{2R} \cdot \dfrac{b^2 + c^2 - a^2}{2bc}$$

$b^2(a^2 + c^2 - b^2) = a^2(b^2 + c^2 - a^2), \quad a^2 b^2 + b^2 c^2 - b^4 = a^2 b^2 + a^2 c^2 - a^4,$

$a^2 c^2 - b^2 c^2 - a^4 + b^4 = 0, \quad c^2(a^2 - b^2) - (a^4 - b^4) = 0, \quad c^2(a^2 - b^2) - (a^2 - b^2)(a^2 + b^2) = 0$

$(a^2 - b^2)\{c^2 - (a^2 + b^2)\} = 0, \quad (a - b)(a + b)\{c^2 - (a^2 + b^2)\} = 0$

∴ $a = b$ 또는 $a^2 + b^2 = c^2$ (∵ $a + b > 0$)

따라서 △ABC는 $a = b$인 **이등변삼각형** 또는 $C = 90°$인 **직각삼각형**이다.

[줄기2-4] 삼각형 ABC에서 다음 등식이 성립할 때, 삼각형 ABC는 어떤 삼각형인지 말하여라.

1) $\sin B = 2\cos A \cdot \sin C$　　　　2) $\cos A : \cos B = b : a$

03 삼각형의 넓이

1 삼각형의 넓이

삼각형 ABC의 넓이를 S라 하면

1) 두 변과 그 끼인각을 알 때,
$$S = \frac{1}{2}ab\sin C = \frac{1}{2}bc\sin A = \frac{1}{2}ca\sin B$$

2) 삼각형 ABC의 외접원의 반지름의 길이가 R일 때,
$$S = \frac{abc}{4R} = 2R^2\sin A\sin B\sin C$$

3) 세 변의 길이를 알 때 (헤론의 공식)
$$S = \sqrt{s(s-a)(s-b)(s-c)} \quad (\text{단, } s = \frac{a+b+c}{2})$$

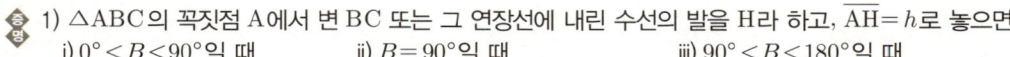

증명 1) △ABC의 꼭짓점 A에서 변 BC 또는 그 연장선에 내린 수선의 발을 H라 하고, $\overline{AH} = h$로 놓으면

i) $0° < B < 90°$일 때   ii) $B = 90°$일 때   iii) $90° < B < 180°$일 때

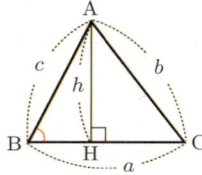   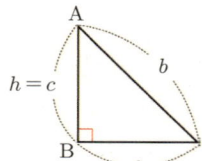   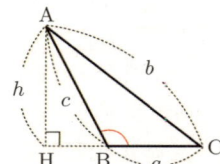

$$h = c\sin B$$

$$h = c = c\sin 90°$$
$$= c\sin B$$

$$h = c\sin(180° - B)$$
$$= c\sin B$$

이상에서 △ABC의 넓이 S는 $S = \frac{1}{2}ah = \frac{1}{2}ac\sin B$

같은 방법으로 $S = \frac{1}{2}ab\sin C, S = \frac{1}{2}bc\sin A$임을 보일 수 있다.

2) △ABC의 외접원의 반지름의 길이가 R일 때, $\dfrac{a}{\sin A} = \dfrac{b}{\sin B} = \dfrac{c}{\sin C} = 2R$이므로

$$S = \frac{1}{2}bc\sin A = \frac{1}{2}bc \cdot \frac{a}{2R} = \frac{abc}{4R} \quad \left(\because \sin A = \frac{a}{2R}\right)$$

또, $a = 2R\sin A$, $b = 2R\sin B$, $c = 2R\sin C$이므로

$$S = \frac{abc}{4R} = \frac{2R\sin A \cdot 2R\sin B \cdot 2R\sin C}{4R} = 2R^2\sin A\sin B\sin C$$

3) 헤론의 공식 (세 변의 길이 a, b, c가 주어진 삼각형의 넓이를 구하는 공식)

$$\sin^2 A = 1 - \cos^2 A = (1 - \cos A)(1 + \cos A) = \left(1 - \frac{b^2+c^2-a^2}{2bc}\right)\left(1 + \frac{b^2+c^2-a^2}{2bc}\right)$$

$$= \frac{a^2-(b-c)^2}{2bc} \cdot \frac{(b+c)^2-a^2}{2bc} = \frac{(a-b+c)(a+b-c)(b+c-a)(b+c+a)}{4b^2c^2}$$

이때, $s = \dfrac{a+b+c}{2}$로 놓으면 $\sin^2 A = \dfrac{(2s-2b)(2s-2c)(2s-2a)2s}{4b^2c^2}$

$0 < A < \pi$에서 $\sin A > 0$이므로 $\sin A = \dfrac{2\sqrt{s(s-a)(s-b)(s-c)}}{bc}$ ··· ㉠

㉠을 $S = \dfrac{1}{2}bc\sin A$에 대입하면 $S = \sqrt{s(s-a)(s-b)(s-c)}$

뿌리 3-1 삼각형의 넓이

> 다음 조건을 만족시키는 삼각형 ABC의 넓이 S를 구하여라.
> 1) $a=2$, $c=3$, $B=60°$ 2) $a=2\sqrt{3}$, $b=2$, $B=30°$
> 3) $b=4$, $c=3\sqrt{2}$, $A=120°$ 4) $a=4\sqrt{2}$, $b=4\sqrt{6}$, $A=30°$

풀이 1) $S=\dfrac{1}{2}\cdot 2\cdot 3\cdot\sin 60°$

$=\dfrac{1}{2}\cdot 2\cdot 3\cdot\dfrac{\sqrt{3}}{2}$

$=\boldsymbol{\dfrac{3\sqrt{3}}{2}}$

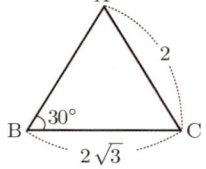

2) 사인법칙을 이용하면 $\dfrac{2}{\sin 30°}=\dfrac{2\sqrt{3}}{\sin A}$

$\sin A=2\sqrt{3}\times\dfrac{\sin 30°}{2}$ $\therefore \sin A=\dfrac{\sqrt{3}}{2}$

$0°<A<180°$이므로 $A=60°$ 또는 $A=120°$

i) $A=60°$일 때, $C=90°$이므로 $S=\dfrac{1}{2}\cdot 2\sqrt{3}\cdot 2\cdot\sin 90°=\boldsymbol{2\sqrt{3}}$

ii) $A=120°$일 때, $C=30°$이므로 $S=\dfrac{1}{2}\cdot 2\sqrt{3}\cdot 2\cdot\sin 30°=\boldsymbol{\sqrt{3}}$

3) $S=\dfrac{1}{2}\cdot 3\sqrt{2}\cdot 4\cdot\sin 120°$

$=\dfrac{1}{2}\cdot 3\sqrt{2}\cdot 4\cdot\sin 60°$

$=\dfrac{1}{2}\cdot 3\sqrt{2}\cdot 4\cdot\dfrac{\sqrt{3}}{2}=\boldsymbol{3\sqrt{6}}$

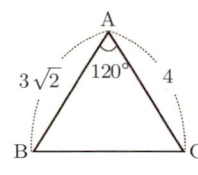

4) 코사인법칙을 이용하면 $\cos 30°=\dfrac{(4\sqrt{6})^2+c^2-(4\sqrt{2})^2}{2\cdot 4\sqrt{6}\cdot c}=\dfrac{\sqrt{3}}{2}$

$12\sqrt{2}\,c=c^2+64$, $c^2-12\sqrt{2}\,c+64=0$

$\therefore c=6\sqrt{2}\pm\sqrt{72-64}=6\sqrt{2}\pm 2\sqrt{2}$ $\therefore c=8\sqrt{2}$ 또는 $c=4\sqrt{2}$

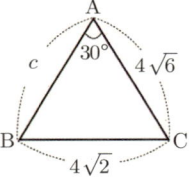

i) $c=8\sqrt{2}$일 때, $S=\dfrac{1}{2}\cdot 8\sqrt{2}\cdot 4\sqrt{6}\cdot\sin 30°=\boldsymbol{16\sqrt{3}}$

ii) $c=4\sqrt{2}$일 때, $S=\dfrac{1}{2}\cdot 4\sqrt{2}\cdot 4\sqrt{6}\cdot\sin 30°=\boldsymbol{8\sqrt{3}}$

[줄기3-1] 다음 물음에 답하여라.

1) 삼각형 ABC에서 $b=3$, $c=8$이고 넓이가 $6\sqrt{3}$일 때, A의 크기를 구하여라.
2) 삼각형 ABC의 넓이가 6이고 $b=3\sqrt{2}$, $c=4$일 때, $\cos A$의 값을 구하여라.

[줄기3-2] 오른쪽 그림과 같이 $a=8$, $b=4$, $C=60°$인 삼각형 ABC에서 $\angle$C의 이등분선이 $\overline{\text{AB}}$와 만나는 점을 D라 할 때, $\overline{\text{CD}}$의 길이를 구하여라.

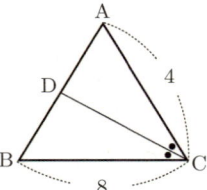

뿌리 3-2 헤론의 공식(세 변의 길이를 알 때 삼각형의 넓이를 구하는 공식)

다음 물음에 답하여라.

1) 삼각형 ABC에서 $a=2$, $b=3$, $c=4$일 때, 이 삼각형의 넓이 S를 구하여라.

2) 삼각형 ABC에서 $a=4$, $b=3$, $c=\sqrt{5}$ 일 때, 이 삼각형의 넓이 S를 구하여라.

핵심 변 a, b, c 중 무리수가 있으면 계산이 힘들어 그 때는 헤론의 공식을 쓰지 않는다.

풀이 1) 헤론의 공식을 이용하면 $s = \dfrac{2+3+4}{2} = \dfrac{9}{2}$ 이므로

$$S = \sqrt{\frac{9}{2} \cdot \left(\frac{9}{2}-2\right) \cdot \left(\frac{9}{2}-3\right) \cdot \left(\frac{9}{2}-4\right)} = \sqrt{\frac{9}{2} \cdot \frac{5}{2} \cdot \frac{3}{2} \cdot \frac{1}{2}} = \frac{3\sqrt{15}}{4}$$

2) $\cos C = \dfrac{16+9-5}{2 \cdot 4 \cdot 3} = \dfrac{5}{6}$

$0° < C < 180°$에서 $\sin C > 0$이므로

$$\sin C = \sqrt{1-\cos^2 C} = \sqrt{1-\left(\frac{5}{6}\right)^2} = \frac{\sqrt{11}}{6}$$

$$S = \frac{1}{2} ab \sin C = \frac{1}{2} \cdot 4 \cdot 3 \cdot \frac{\sqrt{11}}{6} = \sqrt{11}$$

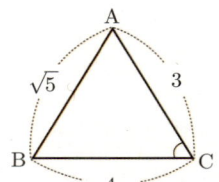

[줄기3-3] 다음 물음에 답하여라.

1) 삼각형 ABC에서 $\sin A : \sin B : \sin C = 7 : 8 : 13$이고 넓이가 $56\sqrt{3}$ 일 때, a의 값을 구하여라.

2) 삼각형 ABC에서 $\sin A : \sin B : \sin C = \sqrt{2} : 1 : 2$이고 넓이가 $3\sqrt{7}$ 일 때, a의 값을 구하여라.

[줄기3-4] 세 변의 길이가 각각 3, $x+1$, $6-x$인 삼각형의 넓이의 최댓값을 구하여라.

2 **내접원의 반지름의 길이와 삼각형의 넓이**

삼각형 ABC의 내접원의 중심을 I라 하고,
삼각형 ABC의 넓이를 S라 하면
$$S = \triangle \text{IBC} + \triangle \text{ICA} + \triangle \text{IAB}$$
$$= \frac{1}{2}ar + \frac{1}{2}br + \frac{1}{2}cr$$
$$= \frac{1}{2}r(a+b+c)$$

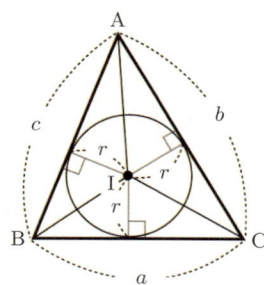

(익히는 방법)
△ABC의 내부의 내심을 꼭짓점으로 하는 세 개의 삼각형의 높이는 내접원의 반지름 r이므로
$$S = \frac{1}{2}r(a+b+c)$$

T p 도형에서 *수선이 보이면 넓이를 생각해 본다. (∵ 문제풀이의 key가 될 수도 있다.)
$$\therefore \frac{1}{2}ar + \frac{1}{2}br + \frac{1}{2}cr = \frac{1}{2}r(a+b+c) = S$$

뿌리 3-3 **내접원, 외접원의 반지름의 길이와 삼각형의 넓이**

삼각형 ABC에서 $a=5$, $b=7$, $c=8$일 때, 다음을 구하여라.

1) 삼각형의 넓이 S 2) 외접원의 반지름의 길이 R 3) 내접원의 반지름의 길이 r

풀이 1) 헤론의 공식을 이용하면
$$s = \frac{5+7+8}{2} = 10 \text{이므로}$$
$$S = \sqrt{10 \cdot (10-5) \cdot (10-7) \cdot (10-8)} = \sqrt{10 \cdot 5 \cdot 3 \cdot 2} = 10\sqrt{3}$$

2) 삼각형의 넓이 S를 알면 외접원의 반지름 R을 알 수 있으므로
$$S = \frac{abc}{4R} \text{에서 } 10\sqrt{3} = \frac{5 \cdot 7 \cdot 8}{4R} \qquad \therefore R = \frac{7\sqrt{3}}{3}$$

3) 삼각형의 넓이 S를 알면 내접원의 반지름 r을 알 수 있으므로
$$S = \frac{1}{2}r(a+b+c) \text{에서 } 10\sqrt{3} = \frac{1}{2}r(5+7+8) \qquad \therefore r = \sqrt{3}$$

참고 삼각형의 세 변의 길이를 알 때, $R \cdot r$의 값을 구하는 방법 (내신에 잘 출제된다.)
$$\frac{abc}{4R} = \frac{1}{2}r(a+b+c) \qquad \therefore R \cdot r = \frac{abc}{2(a+b+c)}$$

[줄기3-5] 삼각형 ABC에서 $a=\sqrt{3}$, $b=2$, $c=3$일 때, 다음을 구하여라.

1) 삼각형의 넓이 S 2) 외접원의 반지름의 길이 R 3) 내접원의 반지름의 길이 r

3 사각형의 넓이

1) 평행사변형 ABCD의 넓이

이웃하는 두 변의 길이가 a, b이고, 그 끼인 각의 크기가 θ인 평행사변형의 넓이를 S라 하면

$$S = ab\sin\theta$$

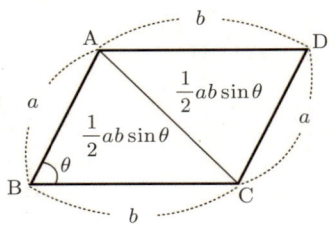

증명 $S = \triangle ABC + \triangle ACD$

$$= \frac{1}{2}ab\sin\theta + \frac{1}{2}ab\sin\theta$$

$$= ab\sin\theta$$

2) 사각형 ABCD의 넓이

두 대각선의 길이가 a, b이고, 두 대각선이 이루는 각의 크기가 θ인 사각형의 넓이를 S라 하면

$$S = \frac{1}{2}ab\sin\theta$$

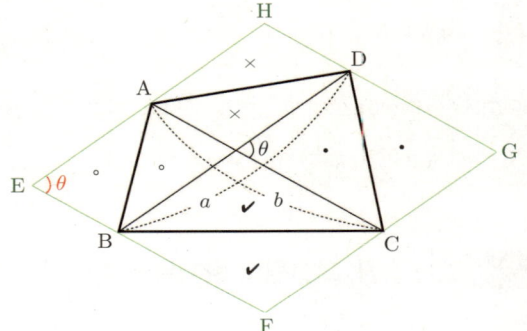

증명 사각형 ABCD의 꼭짓점 A, B, C, D를 지나는 대각선에 평행한 직선을 그어 사각형 EFGH를 만들면 사각형 EFGH는 평행사변형이며, $\overline{HE} = a$, $\overline{FE} = b$, $\angle HEF = \theta$이므로

$$S = \frac{1}{2}\square EFGH$$

$$= \frac{1}{2}ab\sin\theta$$

뿌리 3-4 **사각형의 넓이(1)**

평행사변형 ABCD에서 $\overline{AB} = 2$, $\overline{AD} = \sqrt{6}$, $\angle A = 60°$일 때, 평행사변형 ABCD의 넓이를 구하여라.

풀이 $\square ABCD = \triangle ABD + \triangle BCD$

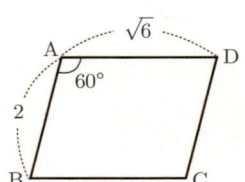

$$= \triangle ABD \times 2 \ (\because \triangle ABD \equiv \triangle BCD)$$

$$= \frac{1}{2} \cdot 2 \cdot \sqrt{6} \cdot \sin 60° \times 2$$

$$= 3\sqrt{2}$$

뿌리 3-5 사각형의 넓이(2)

두 대각선의 길이가 3, 4이고, 두 대각선이 이루는 각의 크기가 120°인 사각형의 넓이를 구하여라.

풀이 사각형의 넓이를 S라 하면

$$S = \frac{1}{2} \cdot 3 \cdot 4 \cdot \sin 120°$$
$$= 3\sqrt{3} \ (\because \sin 120° = \sin 60°)$$

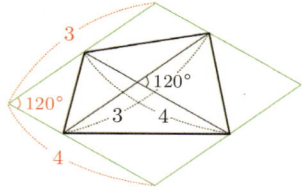

[줄기3-6] 다음 물음에 답하여라.

1) 평행사변형 ABCD에서 $\overline{AB} = 3\sqrt{3}$, $\overline{BC} = 6$, $\angle A = 120°$일 때, 평행사변형 ABCD의 넓이를 구하여라.

2) 등변사다리꼴의 두 대각선이 이루는 각의 크기가 135°이고 넓이가 $4\sqrt{2}$일 때, 한 대각선의 길이를 구하여라.

[줄기3-7] 오른쪽 그림과 같이 $\overline{AB} = \overline{BC} = \sqrt{3}$, $\angle B = 90°$, $\overline{AD} = \overline{CD}$인 사각형 ABCD의 넓이가 $\sqrt{6}$일 때, 대각선 BD의 길이를 구하여라.

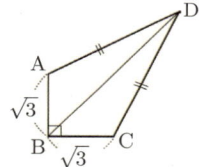

[줄기3-8] 오른쪽 그림과 같이 사각형 ABCD에서 $\overline{AB} = 3$, $\overline{BC} = \overline{CD} = 8$, $\angle B = \angle D = 60°$일 때, 사각형 ABCD의 넓이를 구하여라. (단, $\overline{AD} > 2$)

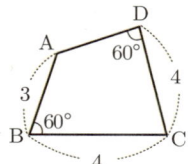

[줄기3-9] 우측 그림과 같이 $\overline{AB} = 2$, $\overline{BC} = 4$인 평행사변형 ABCD의 두 대각선이 이루는 각의 크기가 120°일 때, 평행사변형 ABCD의 넓이를 구하여라.

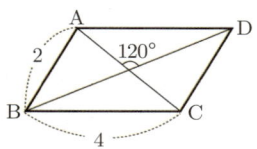

[줄기3-10] 오른쪽 그림과 같이 $\overline{AB} = 2$, $\overline{BC} = 4$, $\angle B = 60°$인 평행사변형 ABCD의 두 대각선이 이루는 각의 크기를 θ라 할 때, $\sin \theta$의 값을 구하여라.

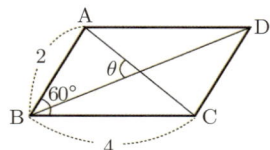

● 잎 7-1

오른쪽 그림과 같이 한 원에 내접하는 두 삼각형 ABC, ABD에서 $\overline{AB} = 16\sqrt{2}$, $\angle ABD = 45°$, $\angle BCA = 30°$일 때, 선분 AD의 길이를 구하여라. [교육청 기출]

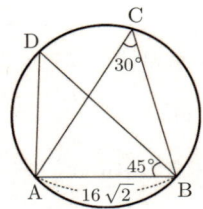

● 잎 7-2

오른쪽 그림에서 x의 값은? [사관학교 기출]

① $\dfrac{2\sqrt{7}}{3}$ ② $\dfrac{\sqrt{29}}{3}$ ③ $\dfrac{\sqrt{30}}{3}$

④ $\dfrac{\sqrt{31}}{3}$ ⑤ $\dfrac{4\sqrt{2}}{3}$

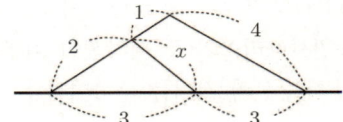

● 잎 7-3

오른쪽 그림과 같이 반지름의 길이가 R인 원 O에 내접하는 삼각형 ABC가 있다. $\overline{AB} = 5$, $\overline{AC} = 6$, $\cos A = \dfrac{3}{5}$일 때, 16R의 값을 구하여라. [교육청 기출]

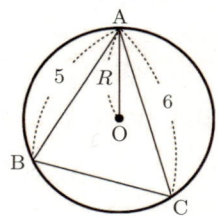

● 잎 7-4

원의 넓이를 구하기 위해 가장자리의 세 지점 A, B, C에서 거리와 각을 측정한 결과가 다음과 같았다. $\overline{AB} = 80$, $\overline{AC} = 100$, $\angle CAB = 60°$일 때, 원의 넓이는? [교육청 기출]

① 2400π ② 2500π ③ 2600π

④ 2700π ⑤ 2800π

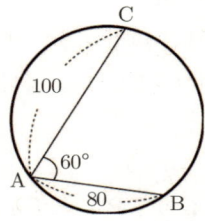

• 잎 7-5

오른쪽 그림과 같이 $\overline{AB}=10$, $\overline{BC}=6$, $\overline{CA}=8$인
삼각형 ABC와 그 삼각형의 내부에 $\overline{AP}=6$인 점
P가 있다. 점 P에서 변 AB와 변 AC에 내린 수선
의 발을 각각 Q, R이라 할 때, 선분 QR의 길이는?

[교육청 기출]

① $\dfrac{14}{5}$ ② 3   ③ $\dfrac{16}{5}$ ④ $\dfrac{17}{5}$ ⑤ $\dfrac{18}{5}$

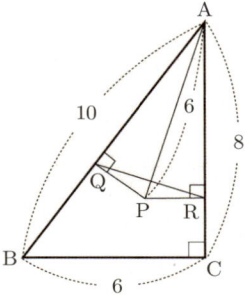

• 잎 7-6

오른쪽 그림과 같이 $\overline{AB}=3$, $\overline{BC}=a$, $\overline{AC}=4$인
삼각형 ABC가 원에 내접하고 있다. 이 원의 반지름
의 길이를 R이라 할 때, 다음에서 참, 거짓을 말하
여라. [교육청 기출]

ㄱ. $a=5$이면 $R=\dfrac{5}{2}$이다.   (   )

ㄴ. $R=4$이면 $a=8\sin A$이다.   (   )

ㄷ. $1<a\le\sqrt{13}$일 때, $\angle A$의 최댓값은 $60°$이다. (   )

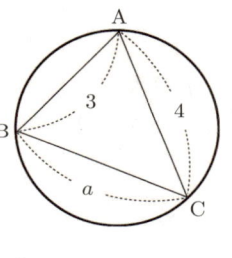

• 잎 7-7

우측 그림과 같이 넓이가 18인 삼각형 ABC가 있다.
각 변 위의 점 L, M, N은 $\overline{AL}=2\overline{BL}$, $\overline{BM}=\overline{CM}$,
$\overline{CN}=2\overline{AN}$을 만족할 때, 삼각형 LNM의 넓이를
구하여라. [교육청 기출]

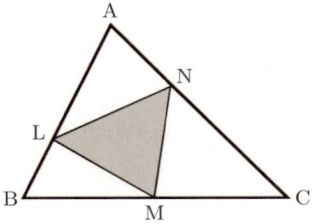

• 잎 7-8

다음 물음에 답하여라.

1) 삼각형 ABC에서 $\overline{BC}=3$, $b+c=6$, $A=60°$일 때, 이 삼각형 ABC의 넓이를 구하여라.

2) 지름의 길이가 10인 원의 원주를 $3:2:3$으로 나누는 점을 각각 A, B, C라 할 때, 삼각형
   ABC의 넓이를 구하여라.

● 잎 7-9

우측 그림과 같이 점 O를 중심으로 하는 반원이 있다.
이때, 중심각 $\angle AOB$의 크기는 $\dfrac{\pi}{6}$이고 색칠한 활꼴의
넓이가 $\dfrac{1}{12}(27-10\sqrt{2}\,)(\pi-3)$이다.
이 반원의 반지름의 길이를 r이라 할 때, r^2의 값은?

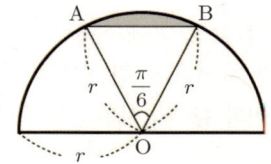

① $23-6\sqrt{2}$　② $24-7\sqrt{2}$　③ $25-8\sqrt{2}$
④ $26-9\sqrt{2}$　⑤ $27-10\sqrt{2}$

● 잎 7-10

오른쪽 그림과 같이 두 점 A, B를 지름의 양 끝점으로
하는 원 위에 $\angle CAB = 45°$, $\angle DAB = 60°$인 두 점
C, D가 있다.

$\dfrac{(\triangle CBD의\ 넓이)}{(\triangle CAD의\ 넓이)}$의 값은? (단, 두 점 C, D는 지름

AB에 대하여 서로 맞은편에 있다.) [경찰대 기출]

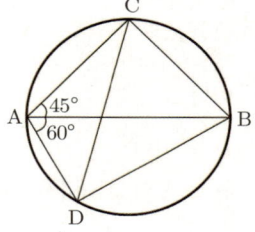

① $\sqrt{2}$　② $\sqrt{3}$　③ 2　④ $2\sqrt{2}$　⑤ $2\sqrt{3}$

● 잎 7-11

그림과 같이 직각삼각형 ABC의 세 변 AB, BC, CA를
각각 한 변으로 하는 정사각형 $APQB, BRSC, CTUA$
를 그린다. 세 변 AB, BC, CA의 길이를 각각 c, a, b라
할 때, 다음 중 육각형 $PQRSTU$의 넓이를 나타낸 것은?

[교육청 기출]

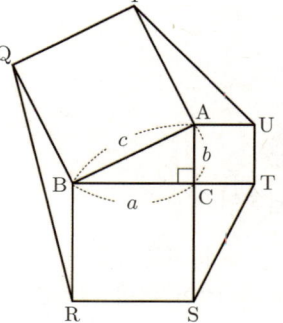

① $2(a^2+bc)$　　② $2(b^2+ca)$

③ $2(c^2+ab)$　　④ $ab+bc+ca+2a^2$

⑤ $ab+bc+ca+2c^2$

8. 등차수열

01 수열의 뜻

1 수열 ※ 수(數): 수 수, 열(列): 나열 열

3, 6, 9, 12, … 와 같이 일정한 규칙에 따라 배열된 수의 나열을 **수열**이라 한다.

규칙 없이 배열된 수의 나열은 수열이 아니다.

2 수열의 일반항

수열을 a_1, a_2, a_3, … , a_n, … 으로 나타낼 때 각각의 수를 항이라고 하고, 앞에서부터 차례대로 a_1을 **첫째항**(제1항), a_2를 **둘째항**(제2항), a_3을 **셋째항**(제3항), … , a_n을 n**째항**(제n항), … 이라 하며 n째항인 a_n을 **일반항**이라 한다.

※ 수열 a_1, a_2, a_3, … , a_n, … 을 간단히 $\{a_n\}$과 같이 나타낸다.

항의 개수가 유한인 수열을 유한수열이라 하며, 이때 항의 개수를 항수, 마지막 항을 끝항이라 한다. 한편 항이 무한히 많은 수열을 무한수열이라 한다.

3 수열 a_1, a_2, a_3, … , a_n, … 즉, $\{a_n\}$의 값은 실수이다.

자연수 전체의 집합 N에서 실수 전체의 집합 R로의 함수 $f : N \rightarrow R$의 함숫값을 차례로 나열한 $f(1)$, $f(2)$, $f(3)$, … , $f(n)$, … 은 수열이 된다. 이때, $f(n) = a_n$으로 나타내면 이 수열은 a_1, a_2, a_3, … , a_n, … 이 된다.

*수열 $\{a_n\}$의 값은 실수이다.

02 등차수열의 일반항

1 등차수열 ※ 등(等): 같을 등, 차(差): 빼기 차

차 (*차=(뒷항)−(앞항)) 가 같은 수의 나열을 **등차수열**이라 한다.

ex) ① 1, 4, 7, 10, 13, …   ② 10, 7, 4, 1, −2, −5, …
        3 3 3 3   −3 −3 −3 −3 −3

따라서 수열 ①, ②와 같이 첫째항부터 차례로 **일정한 수를 더하여 만들어지는 수열**을 **등차수열**이라 하고, 그 **일정한 수를 공차**라 한다.

2 등차(같은 차)를, 공차(공통된 차)라 하며 d로 표기한다.

$a_{n+1} - a_n = d \Leftrightarrow$ *$a_{n+1} = a_n + d$ ($n = 1, 2, 3, \cdots$)

(뒷항)−(앞항)=(공차) $\Leftrightarrow$ *(뒷항)=(앞항)+(공차)

3   등차수열의 일반항

첫째항 a_1, 공차가 d인 등차수열의 일반항 a_n은

$$a_n = a_1 + (n-1)d \; (n = 1, \, 2, \, 3, \cdots)$$

증명 등차수열에서 (뒷항)=(앞항)+(공차)이므로

a_1	a_2	a_3	a_4	$\cdots$	$\boxed{a_n}$	$\cdots$
$\parallel$	$\parallel$	$\parallel$	$\parallel$		$\parallel$	
a_1	$a_1 + d$	$a_1 + 2d$	$a_1 + 3d$	$\cdots$	$\boxed{a_1 + (n-1)d}$	$\cdots$

$+d \qquad +d \qquad +d$

$a_n = a_1 + (n-1)d = a_2 + (n-2)d = a_3 + (n-3)d = \cdots$

익히는 방법

$a_{\triangle} = a_{①} + (n-1)d = a_② + (n-2)d = a_③ + (n-3)d = \cdots$ 이므로

$\triangle = ○ + \bigcirc$ 이다.

뿌리 2-1   등차수열의 일반항(1)

다음 등차수열의 일반항 a_n을 구하여라.

1) $1, \, 3, \, 5, \, 7, \, 9, \cdots$ 2) 제 3 항이 5, 제 7 항이 21인 수열

풀이

1) $a_1 = 1$, 공차를 d라 하면 $d = 3-1 = 5-3 = 7-5 = 9-7 = \cdots = 2$

$\therefore a_{\triangle} = a_{①} + (n-1)d = 1 + (n-1) \cdot 2 = \mathbf{2n-1}$

2) $a_3 = 5$, $a_7 = 21$, 공차를 d라 하면

★$a_7 - a_3 = (a_1 + 6d) - (a_1 + 2d) = 4d = 16$ $\therefore d = 4$

$\therefore a_{\triangle} = a_{③} + (n-3)d = 5 + (n-3) \cdot 4 = \mathbf{4n-7}$

참고

2) ★$a_p - a_q = \{a_1 + (p-1)d\} - \{a_1 + (q-1)d\} = \mathbf{(p-q)d}$

$a_7 - a_3 = (\mathbf{7-3})d = 4d = 16$ $\therefore d = 4$

[줄기2-1] 다음 등차수열의 일반항 a_n을 구하여라.

1) $-7, \, -4, \, -1, \, 2, \, 5, \cdots$ 2) 제 4 항이 -1, 제 9 항이 -11

[줄기2-2] 다음 물음에 답하여라.

1) 등차수열 $\{a_n\}$에서 $a_5 + a_7 = 40$, $a_{10} + a_{13} = 73$일 때, a_{31}의 값을 구하여라.

2) 등차수열 $\{a_n\}$에서 $a_6 = 4a_2$, $a_7 - a_{12} = 30$일 때, a_{16}의 값을 구하여라.

4 '등차수열의 일반항 a_n'의 성질

$a_n = a_1 + (n-1)d$ ∴ $a_n = dn + (a_1 - d)$

따라서 **등차수열의 일반항 a_n은 n에 대한 일차식**이고, *공차 d는 n의 계수이다.

뿌리 2-2 등차수열의 일반항 (2)

다음 등차수열의 일반항 a_n을 구하여라.

1) $30, 24, 18, 12, 6, 0, -6, \cdots$ 2) 첫째항이 2, 공차가 -2

3) 제 3 항이 -3, 공차가 4

핵심 등차수열의 일반항 a_n은 n에 대한 일차식이고, *공차 d는 n의 계수이다.

풀이 1) $a_1 = 30$, 공차 $d = 24 - 30 = 18 - 24 = \cdots = -6$이면

     i) $a_n = -6n + ☆$ ii) $30 = -6 \cdot 1 + ☆$ ($\because a_1 = 30$)   ∴ $☆ = 36$

     $\boldsymbol{a_n = -6n + 36}$

2) $a_1 = 2$, 공차 $d = -2$이면

     i) $a_n = -2n + ☆$ ii) $2 = -2 \cdot 1 + ☆$ ($\because a_1 = 2$)   ∴ $☆ = 4$

     $\boldsymbol{a_n = -2n + 4}$

3) $a_3 = -3$, 공차 $d = 4$이면

     i) $a_n = 4n + ☆$ ii) $-3 = 4 \cdot 3 + ☆$ ($\because a_3 = -3$)   ∴ $☆ = -15$

     $\boldsymbol{a_n = 4n - 15}$

참고 등차수열의 일반항을 구하는 방법 Ⅰ과 방법 Ⅱ를 모두 알고 있어야 하며, 필요할 때 둘 중에서 더 편한 방법을 선택하여 사용한다. ※ 방법 Ⅱ가 더 많이 이용된다.
[방법 Ⅰ] 등차수열의 일반항 $a_n = a_1 + (n-1)d = a_2 + (n-2)d = a_3 + (n-3)d = \cdots$
[방법 Ⅱ] 등차수열의 일반항 a_n은 n에 대한 일차식이고, *공차 d는 n의 계수이다.

[줄기 2-3] 다음 등차수열의 일반항 a_n을 구하여라.

1) $\dfrac{5}{4}, \dfrac{3}{4}, \dfrac{1}{4}, -\dfrac{1}{4}, \cdots$ 2) 제 2 항이 $4\sqrt{2}$, 공차가 $\sqrt{2}$

뿌리 2-3 항이 주어진 등차수열

제 21 항이 75, 제 36 항이 120인 등차수열 $\{a_n\}$에 대하여 다음 물음에 답하여라.

1) 첫째항과 공차를 구하여라.

2) 제 51 항을 구하여라.

3) 312는 제 몇 항인지 구하여라.

풀이

1) $a_{21} = 75$, $a_{36} = 120$, 공차를 d라 하면

$a_{36} - a_{21} = 15d = 45$ $\therefore d = 3$

$a_{21} = a_1 + 20 \cdot 3 = 75$ $\therefore a_1 = 15$

1) $a_{21} = 75$, $a_{36} = 120$, 공차를 d라 하면

$a_{21} = a_1 + 20d = 75$ ⋯ ㉠

$a_{36} = a_1 + 35d = 120$ ⋯ ㉡

㉠, ㉡을 연립하여 풀면 $a_1 = 15$, $d = 3$

2) $a_n = 3n + ($상수$)\,(\because d = 3)$

$\therefore a_n = 3n + 12 \,(\because a_1 = 15)$

$\therefore a_{51} = 3 \cdot 51 + 12 = 165$

3) $a_n = 3n + 12$에서

$312 = 3n + 12$ $\therefore n = 100$

따라서 312는 **제 100 항**이다.

[줄기2-4] 등차수열 $\{a_n\}$, $\{b_n\}$에 대하여 다음 물음에 답하여라.

1) 등차수열 $\{a_n\}$에서 $a_3 = 4$, $a_6 = 13$일 때, 202는 제 몇 항인지 구하여라.

2) 일반항 $a_n = 2n - 3$과 $b_n = -3n + 5$의 각각의 첫째항과 공차를 구하여라.

3) 등차수열 $\{a_n\}$에서 제 3 항과 제 5 항은 절댓값이 같고 부호가 반대이며, 제 7 항이 9인 등차수열의 일반항 a_n을 구하여라.

뿌리 2-4 항 사이의 관계가 주어진 등차수열

등차수열 $\{a_n\}$에서 $a_3+a_6=24$, $a_8+a_{10}=42$일 때, a_9의 값을 구하여라.

풀이 등차수열 $\{a_n\}$의 공차를 d라 하면

$a_3+a_6=(a_1+2d)+(a_1+5d)=24$ $\therefore 2a_1+7d=24$ … ㉠

$a_8+a_{10}=(a_1+7d)+(a_1+9d)=42$ $\therefore 2a_1+16d=42$ … ㉡

㉠, ㉡을 연립하여 풀면 $a_1=5$, $d=2$

$a_n=2n+(상수)\,(\because d=2)$ $\therefore a_n=2n+3\,(\because a_1=5)$

$\therefore a_9=2\cdot 9+3=\mathbf{21}$

[줄기2-5] 등차수열 $\{a_n\}$에서 $a_5+a_8=63$, $a_3+a_7=3a_5$일 때, a_{10}의 값을 구하여라.

뿌리 2-5 처음으로 양 또는 음이 되는 항 구하기

등차수열 $\{a_n\}$에서 $a_5=30$, $a_{10}=20$일 때, 제 몇 항에서 처음으로 음수가 나오는 지 구하여라.

풀이 $a_5=30$, $a_{10}=20$, 공차를 d라 하면

$a_{10}-a_5=5d=-10$ $\therefore d=-2$

$a_n=-2n+(상수)\,(\because d=-2)$ $\therefore a_n=-2n+40\,(\because a_5=30)$

제 n항에서 처음으로 음수가 나온다고 하면 $a_n=-2n+40<0$

$-2n+40<0$, $-2n<-40$ $\therefore n>20$

n은 자연수이므로 n의 최솟값은 21이다.

따라서 **제21항**에서 처음으로 음수가 나온다.

[줄기2-6] 등차수열 $-38, -34, -30, -26, \cdots$은 제 몇 항에서 처음으로 20보다 커지는지 구하여라.

등차중항 (中항: 중간에 있는 항)

세 수 a, b, c가 이 순서대로 등차수열을 이룰 때, b를 a와 c의 **등차중항**이라 한다.

$$\underbrace{b-a}_{공차}=\underbrace{c-b}_{공차} \Rightarrow 2b=a+c \qquad \therefore \;^\ast b=\frac{a+c}{2}$$

(익히는 방법)

등차중항 $b=\dfrac{a+c}{2}$ 는 수직선 위의 두 점 a와 c의 *중점과 같으므로

등차수열 $\{a_n\}$ 에서 a_p와 a_q의 중항은 $\dfrac{a_p+a_q}{2}=a_{\frac{p+q}{2}}$

ex) $\dfrac{a_1+a_3}{2}=a_2$, $\dfrac{a_5+a_9}{2}=a_7$, $\dfrac{a_{91}+a_{109}}{2}=a_{100}$, $\dfrac{a_2+a_5}{2}=a_{3.5}$ $\left(\because \dfrac{a_1+d+a_1+4d}{2}=a_1+(3.5-1)d \right)$

↳ 고난도 문제에서 자주 이용되는 성질이므로 꼭 기억하자! 예) 잎 8-14) [p.227]

씨앗. 1 ┛ 세 수 x, $x-5$, $3x+4$가 이 순서대로 등차수열을 이룰 때, 실수 x의 값을 구하여라.

[풀이] $x-5=\dfrac{x+(3x+4)}{2}$, $2x-10=4x+4$, $-2x=14$ $\quad \therefore x=-7$

씨앗. 2 ┛ 네 수 -2, x, 6, y가 이 순서대로 등차수열을 이룰 때, 실수 x, y의 값을 구하여라.

[풀이] 세 수 -2, x, 6가 이 순서대로 등차수열을 이루므로

$x=\dfrac{-2+6}{2}$ $\quad \therefore x=2$

세 수 x, 6, y가 이 순서대로 등차수열을 이루므로

$6=\dfrac{x+y}{2}=\dfrac{2+y}{2}$

$12=2+y$ $\quad \therefore y=10$

뿌리 2-6 **등차중항**

$x+2$, x^2+1, $2x$가 이 순서대로 등차수열을 이룰 때, 실수 x의 값을 구하여라.

[풀이] 세 수 $x+2$, x^2+1, $2x$가 이 순서대로 등차수열을 이루므로

$x^2+1=\dfrac{(x+2)+2x}{2}$

$2x^2+2=3x+2$, $2x^2-3x=0$, $x(2x-3)=0$ $\quad \therefore x=0$ 또는 $x=\dfrac{3}{2}$

뿌리 2-7 등차수열을 이루는 세 수 또는 네 수

다음 물음에 답하여라.
1) 등차수열을 이루는 세 개의 수가 있다. 세 수의 합이 12이고 곱이 48일 때, 이 세 수를 구하여라.
2) 등차수열을 이루는 네 개의 수가 있다. 네 수의 합은 40이고 가운데 두 수의 곱은 처음 수와 마지막 수의 곱보다 32가 더 크다고 할 때, 이 네 수를 구하여라.

풀이 1) 세 수를 $a-d, a, a+d$로 놓으면
$(a-d)+a+(a+d)=12$에서 $3a=12$ $\therefore a=4$
$(a-d)a(a+d)=48$에서 $(4-d)\cdot4\cdot(4+d)=48$, $16-d^2=12$, $d^2=4$ $\therefore d=\pm2$
i) $d=2$일 때, $4-2, 4, 4+2$ $\therefore 2, 4, 6$
ii) $d=-2$일 때, $4+2, 4, 4-2$ $\therefore 6, 4, 2$
따라서 구하는 세 수는 **2, 4, 6**이다.

2) 네 수를 $a-3d, a-d, a+d, a+3d$로 놓으면
$(a-3d)+(a-d)+(a+d)+(a+3d)=40$에서 $4a=40$ $\therefore a=10$
$(a-d)(a+d)=(a-3d)(a+3d)+32$에서 $100-d^2=100-9d^2+32$, $d^2=4$ $\therefore d=\pm2$
i) $d=2$일 때, $10-6, 10-2, 10+2, 10+6$ $\therefore 4, 8, 12, 16$
ii) $d=-2$일 때, $10+6, 10+2, 10-2, 10-6$ $\therefore 16, 12, 8, 4$
따라서 구하는 네 수는 **4, 8, 12, 16**이다.

참고 세 수가 등차수열을 이룰 때 ⇨ 세 수를 $a-d, a, a+d$로 놓는다.
네 수가 등차수열을 이룰 때 ⇨ 네 수를 $a-3d, a-d, a+d, a+3d$로 놓는다.

[줄기2-7] 삼차방정식 $x^3-9x^2+26x+k=0$의 세 실근이 등차수열을 이룰 때, 상수 k의 값은?

뿌리 2-8 두 수 사이에 수를 넣어서 만든 등차수열

37과 -3 사이에 세 수를 넣어 등차수열을 만들 때, 넣은 세 수를 차례로 구하여라.

핵심 두 수 사이에 수를 넣어 만든 수열 ⇨ <u>두 수가 첫째항과 끝항이 된다</u>. 이것이 key이다.

풀이 37과 -3 사이에 세 수 x, y, z를 넣어 등차수열 $37, x, y, z, -3$을 만들면
첫째항이 37, 제5항이 -3, 공차를 d라 하면
제5항 $-3=37+4d$ $\therefore d=-10$
제2항 $x=37+1\cdot(-10)=27$, 제3항 $y=37+2\cdot(-10)=17$, 제4항 $z=37+3\cdot(-10)=7$
따라서 구하는 세 수는 차례로 **27, 17, 7**이다.

주의 37과 -3 사이에 세 수를 넣어 등차수열을 이룬다고 세 수를 $a-d, a, a+d$로 놓으면 문제가 안 풀린다. ㅠㅠ [p.236 뿌리 1-7)과 같은 유형의 문제이다.]

[줄기2-8] 등차수열 $-2, x_1, x_2, x_3, \cdots, x_n, 34$의 공차가 3일 때, 자연수 n의 값을 구하여라.

1 등차수열의 합

첫째항이 a_1, 공차가 d, 제 n 항이 l인 등차수열의 **첫째항부터** 제 n 항 (끝항)까지의 합 S_n은 다음과 같다.
↳ l은 last의 첫 글자이다.

$$S_n = \frac{n(a_1+l)}{2} \Rightarrow l\text{은 제 } n \text{ 항이므로 } l = a_1 + (n-1)d \quad \therefore S_n = \frac{n\{2a_1+(n-1)d\}}{2}$$

증명

$$
\begin{array}{l}
S_n = \quad a_1 \quad + (a_1+d) + (a_1+2d) + \cdots + (l-d) \ + \ l \\
+ \ \underline{S_n = \quad l \quad + (l-d) \ + (l-2d) \ + \cdots + (a_1+d) + a_1} \\
2S_n = (a_1+l) + (a_1+l) \ + \ (a_1+l) \ + \ \cdots \ + (a_1+l) \ + (a_1+l) \\
\qquad = n(a_1+l)
\end{array}
$$

$$\therefore S_n = \frac{n(a_1+l)}{2} = \frac{n\{2a_1+(n-1)d\}}{2} \ (\because l = a_n = a_1 + (n-1)d)$$

참고

등차수열의 합의 증명을 통하여 등차수열 $\{a_n\}$은 다음의 성질을 만족함을 알 수 있다.
$a_1, \ a_2(\text{즉}, \ a_1+d), \ a_3(\text{즉}, \ a_1+2d), \cdots, \ a_{n-2}(\text{즉}, \ l-2d), \ a_{n-1}(\text{즉}, \ l-d), \ a_n(\text{즉}, \ l)$이므로
$\underbrace{a_1 + a_n}_{\text{합 } n+1} = \underbrace{a_2 + a_{n-1}}_{\text{합 } n+1} = \underbrace{a_3 + a_{n-2}}_{\text{합 } n+1} = \cdots \Leftrightarrow a_1 + l$

ex) $\underbrace{a_1 + a_{10}}_{\text{합 } 11} = \underbrace{a_2 + a_9}_{\text{합 } 11} = \underbrace{a_3 + a_8}_{\text{합 } 11} = \cdots, \ \underbrace{a_2 + a_{98}}_{\text{합 } 100} = \underbrace{a_{13} + a_{87}}_{\text{합 } 100} = \underbrace{a_{50} + a_{50}}_{\text{합 } 100} = \cdots$

↳ 고난도 문제에서 자주 이용되는 성질이므로 꼭 기억하자! 예) 앞 8-13) [p.227]

씨앗. 1 ┗ 다음 물음에 답하여라.

1) 첫째항이 2, 끝항이 10, 항의 개수가 12인 등차수열의 합을 구하여라.
2) $1+2+3+4+\cdots+(n-1)+n$ 의 값을 구하여라.
3) 첫째항이 4이고 공차가 -2인 등차수열의 제 10 항까지의 합을 구하여라.
4) 첫째항이 -5이고 공차가 3인 등차수열의 제 8 항까지의 합을 구하여라.

풀이 1) $a_1 = 2$, $l = 10$, $n = 12$이므로

$S_n = \dfrac{n(a_1+l)}{2}$ 에 대입하면 $S_{12} = \dfrac{12(2+10)}{2} = \mathbf{72}$

2) $a_1 = 1$, $d = 1$, $l = n$, $\star$(항수)$= n$이므로

$S_n = \dfrac{n(a_1+l)}{2}$ 에 대입하면 $S_n = \dfrac{n(1+n)}{2} = \dfrac{\mathbf{n(n+1)}}{\mathbf{2}}$

3) $a_1 = 4$, $d = -2$, $n = 10$이므로

$S_n = \dfrac{n\{2a_1+(n-1)d\}}{2}$ 에 대입하면 $S_{10} = \dfrac{10\{2\cdot4+(10-1)\cdot(-2)\}}{2} = \mathbf{-50}$

4) $a_1 = -5$, $d = 3$, $n = 8$이므로

$S_n = \dfrac{n\{2a_1+(n-1)d\}}{2}$ 에 대입하면 $S_8 = \dfrac{8\{2\cdot(-5)+(8-1)\cdot3\}}{2} = \mathbf{44}$

뿌리 3-1 **등차수열의 합(1)**

다음과 같이 주어진 등차수열의 합을 구하여라.

1) 첫째항 3, 공차 -2, 항수 7　　　　2) 첫째항 4, 끝항 16, 항수 17

풀이 1) $a_1=3$, $d=-2$, $n=7$이므로

$$S_n=\frac{n\{2a_1+(n-1)d\}}{2}\text{에 대입하면 } S_7=\frac{7\{2\cdot3+(7-1)\cdot(-2)\}}{2}=-21$$

2) $a_1=4$, $l=16$, $n=17$이므로

$$S_n=\frac{n(a_1+l)}{2}\text{에 대입하면 } S_{17}=\frac{17(4+16)}{2}=170$$

참고 1) a_1과 d를 알 때 $S_n=\dfrac{n\{2a_1+(n-1)d\}}{2}$　　2) a_1과 l을 알 때 $S_n=\dfrac{n(a_1+l)}{2}$

[줄기3-1] 다음과 같이 주어진 등차수열의 합을 구하여라.

1) 첫째항 -5, 공차 2, 항수 10　　　　2) 첫째항 -7, 끝항 17, 항수 13

3) $1, 2, 3, 4, \cdots, n-1$

뿌리 3-2 **등차수열의 합(2)**

첫째항이 15, 제 n 항이 -5이고, 첫째항부터 제 n 항까지의 합이 55인 등차수열의 제 7 항을 구하여라.

풀이 $a_1=15$, $a_n=-5$, $S_n=55$이므로 $S_n=\dfrac{n(a_1+l)}{2}$ 을 이용하면

$S_n=55$에서 $\dfrac{n\{15+(-5)\}}{2}=55$ ($\because l=a_n=-5$)

$10n=110$　　$\therefore n=11$

따라서 제11항이 -5이므로 $-5=15+10d$　　$\therefore d=-2$

$\therefore a_7=15+6\cdot(-2)=3$

[줄기3-2] 다음 물음에 답하여라.

1) 첫째항부터 제 5 항까지의 합이 50이고, 첫째항부터 제 10 항까지의 합이 200인 등차수열의 첫째항부터 제 20 항까지의 합을 구하여라.

2) 첫째항이 3이고, 첫째항부터 제 $2n$ 항까지의 합이 첫째항부터 제 n 항까지의 합의 4배인 등차수열의 공차를 구하여라.

뿌리 3-3 두 수 사이에 수를 넣어서 만든 등차수열과 등차수열의 합

다음 물음에 답하여라.

1) 수열 $-2, x_1, x_2, x_3, x_4, x_5, 34$가 등차수열을 이룰 때, x_1과 x_5의 값을 구하여라.

2) 등차수열 $-8, a_1, a_2, a_3, \cdots, a_n, 48$에 대하여 이 수열의 공차가 4일 때, n의 값을 구하여라.

3) 등차수열 $8, a_1, a_2, a_3, \cdots, a_n, 32$에 대하여 $n=9$일 때, 이 수열의 공차와 이 수열의 합을 구하여라.

4) 등차수열 $8, a_1, a_2, a_3, \cdots, a_n, 48$에 대하여 이 수열의 합이 308일 때, n의 값과 공차 d를 구하여라.

[풀이]

1) 공차를 d라 할 때, 첫째항은 -2이고 34는 제 7 항이므로 $34 = -2 + 6d$ $\quad \therefore d = 6$
x_1은 제 2 항이므로 $-2 + 1 \cdot 6 = 4$ $\quad \therefore x_1 = 4$
x_5는 제 6 항이므로 $-2 + 5 \cdot 6 = 28$ $\quad \therefore x_5 = 28$

2) 공차가 4, 첫째항이 -8, 48은 제 $(n+2)$ 항이므로 $48 = -8 + (n+1) \cdot 4$
$(n+1) \cdot 4 = 56$, $\ n + 1 = 14$ $\quad \therefore n = 13$

3) 공차를 d라 할 때, 첫째항은 8이고 32는 제 11 항이므로 $32 = 8 + 10d$ $\quad \therefore d = \dfrac{12}{5}$
또 첫째항이 8, 끝항이 32, 항수는 11인 등차수열의 합은 $\dfrac{11(8+32)}{2} = 220$ $\quad \therefore$ **합: 220**

4) 첫째항이 8, 끝항이 48, 항수가 $n+2$인 등차수열의 합이 308이므로
$\dfrac{(n+2)(8+48)}{2} = 308$, $\ (n+2)28 = 308$, $\ n+2 = 11$ $\quad \therefore n = 9$
$n = 9$이므로 48은 제 11 항이다. $\quad \therefore 48 = 8 + 10d$ $\quad \therefore d = 4$

[참고] 두 수 사이에 수를 넣어 만든 수열 ➪ 두 수가 첫째항과 끝항이 된다. 이것이 key이다.

[줄기 3-3] 다음 물음에 답하여라.

1) 등차수열 $-4, a_1, a_2, a_3, \cdots, a_n, -34$에 대하여 이 수열의 공차가 -2일 때, 전체 항의 개수를 구하여라.

2) 등차수열 $-4, a_1, a_2, a_3, \cdots, a_n, 50$에 대하여 $n=8$일 때, 이 수열의 공차와 이 수열의 합을 구하여라.

3) 등차수열 $4, a_1, a_2, a_3, \cdots, a_n, -14$에 대하여 이 수열의 합이 -95일 때, n의 값과 공차 d를 구하여라.

뿌리 3-4 등차수열의 합의 최대·최소

첫째항이 18, 첫째항부터 제 9 항까지의 합이 18인 등차수열 $\{a_n\}$에 대하여 다음 물음에 답하여라.

1) 일반항 a_n을 구하여라.
2) 제 몇 항에서 처음으로 음수가 되는지 구하여라.
3) 제 몇 항까지 양수가 되는지 구하여라.
4) 제 몇 항까지의 합이 최대가 되는지 구하여라.
5) 제 몇 항까지의 합이 -22가 되는지 구하여라.

풀이 $a_1 = 18, S_9 = 18$이므로

1) $S_9 = 18$에서 $\dfrac{9\{2 \cdot 18 + (9-1)d\}}{2} = 18$, $18 + 4d = 2$ $\qquad \therefore d = -4$

따라서 $a_n = -4n + 22$

2) $a_n = -4n + 22 < 0$, $n > \dfrac{11}{2}$ $\qquad \therefore n > 5.5$

따라서 **제 6 항**에서 처음으로 음수가 된다. ($\because n$은 자연수)

3) $a_n = -4n + 22 > 0$, $n < \dfrac{11}{2}$ $\qquad \therefore n < 5.5$

따라서 **제 5 항**까지 양수가 된다. ($\because n$은 자연수)

방법 Ⅰ 4) 2)번에서 제 6 항부터 음수가 나오므로 **제 5 항**까지의 합이 최대가 된다.

방법 Ⅱ 4) 3)번에서 제 5 항까지 양수가 나오므로 **제 5 항**까지의 합이 최대가 된다.

방법 Ⅲ 「비추」 4) $S_n = \dfrac{n\{2 \cdot 18 + (n-1) \cdot (-4)\}}{2} = n(-2n+20)$

$= -2n^2 + 20n = -2(n^2 - 10n) = -2(n-5)^2 + 50$

$\therefore n = 5$일 때, **최댓값 50**

따라서 **제 5 항**까지의 합이 최대가 된다.

5) $S_n = \dfrac{n\{2 \cdot 18 + (n-1) \cdot (-4)\}}{2} = -22$

$n(-2n+20) = -22$, $n^2 - 10n - 11 = 0$, $(n+1)(n-11) = 0$ $\quad \therefore n = 11$ ($\because n$은 자연수)

따라서 **제 11 항**까지의 합이 -22이다.

참고 [방법Ⅲ]가 비추인 이유는 줄기 3-4)의 2)번을 [방법Ⅲ]로 풀어보면 알 수 있다.

[줄기3-4] 첫째항이 -25, 공차가 3인 등차수열 $\{a_n\}$에 대하여 다음 물음에 답하여라.

1) 처음으로 양수가 나오는 항은 제 몇 항인지 구하여라.
2) 제 몇 항까지의 합이 최소가 되는지 구하여라.
3) 제 몇 항까지의 합이 처음으로 양수가 되는지 구하여라.

04 수열의 합과 일반항 사이의 관계

1 수열의 합 S_n과 일반항 a_n 사이의 관계

수열 $\{a_n\}$의 **첫째항부터** 제 n 항까지의 합을 S_n이라 하면 S_{n-1}은 수열 $\{a_n\}$의 **첫째항부터** 제 $(n-1)$ 항까지의 합이므로

$$a_n = S_n - S_{n-1} \text{ (단, } n \geq 2), \ ^\star a_1 = S_1$$

증명
$$a_1 + a_2 + a_3 + \cdots + a_{n-1} + a_n = S_n$$
$$- \underline{\left| a_1 + a_2 + a_3 + \cdots + a_{n-1} \quad\quad = S_{n-1} \right.} \text{ (단, } n \geq 2 \because n=1 \text{이면 } S_0 \text{ (모순)이 나온다.)}$$
$$a_n = S_n - S_{n-1} \text{ (단, } n \geq 2)$$

이때 첫째항은 제1 항까지의 합과 같으므로 $^\star a_1 = S_1$ 이다.

씨앗. 1 ┛ 수열 $\{a_n\}$의 첫째항부터 제 n 항까지의 합 S_n이 $S_n = n^2 - 2n$일 때, 일반항 a_n을 구하여라.

풀이   i) $a_n = S_n - S_{n-1} \cdots \bigcirc$ (단, $n \geq 2 \because n=1$이면 S_0 (모순)이 나온다.)

$$a_n = (n^2 - 2n) - \{(n-1)^2 - 2(n-1)\} \ (n \geq 2)$$
$$\therefore a_n = 2n - 3 \ (n \geq 2) \cdots \bigcirc\!\!\!\!\bigcirc$$

ii) $n = 1$일 때, $a_1 = S_1 = 1^2 - 2 \cdot 1 = -1 \quad\quad \therefore a_1 = -1$

이때, $a_1 = -1$은 $\bigcirc\!\!\!\!\bigcirc$에 $n = 1$을 대입한 것과 같다.

i), ii)에 의하여 $a_n = 2n - 3 \ (n \geq 1)$

팁 $\bigcirc$에서 $n = 1$일 때 $a_1 = S_1 - S_0$이다.
이때, $^\star S_0 = 0$이면 $a_1 = S_1$이므로 첫째항부터 등차수열을 이룬다.

씨앗. 2 ┛ 수열 $\{a_n\}$의 첫째항부터 제 n 항까지의 합 S_n이 $S_n = n^2 + 2$일 때, 일반항 a_n을 구하여라.

풀이   i) $a_n = S_n - S_{n-1} \cdots \bigcirc$ (단, $n \geq 2 \because n=1$이면 S_0 (모순)이 나온다.)

$$a_n = (n^2 + 2) - \{(n-1)^2 + 2\} \ (n \geq 2)$$
$$\therefore a_n = 2n - 1 \ (n \geq 2) \cdots \bigcirc\!\!\!\!\bigcirc$$

ii) $n = 1$일 때, $a_1 = S_1 = 1^2 + 2 = 3 \quad\quad \therefore a_1 = 3$

그런데 $a_1 = 3$은 $\bigcirc\!\!\!\!\bigcirc$에 $n = 1$을 대입한 것과 같지 않다.

i), ii)에 의하여 $a_1 = 3, a_n = 2n - 1 \ (n \geq 2)$

팁 $\bigcirc$에서 $n = 1$일 때 $a_1 = S_1 - S_0$이다.
이때, $^\star S_0 \neq 0$이면 $a_1 \neq S_1$이므로 둘째항부터 등차수열을 이룬다.

2 등차수열의 합 S_n의 특징

$$S_n = \frac{n\{2a_1 + (n-1)d\}}{2} = \frac{n\{nd + 2a_1 - d\}}{2} = \frac{d}{2}n^2 + \left(\frac{2a_1 - d}{2}\right)n$$

🌟 등차수열의 합 S_n은 n에 대한 이차식이고 공차 d는 n^2의 계수의 두 배이다.
즉, 공차 $*d = (n^2$의 계수$) \times 2$

또한, 등차수열의 합 $S_n = An^2 + Bn + C$ (A, B, C는 상수) 꼴에서 $S_0 = 0$, 즉 $C = 0$
[p.221 씨앗1]일 때와 $S_0 \neq 0$, 즉 $C \neq 0$ [p.221 씨앗2]일 때를 참고하면

$$cf \begin{cases} S_0 = 0, \text{ 즉 (상수항)} = 0\text{이면 수열 } \{a_n\}\text{은 첫째항부터 등차수열을 이룬다. } (n \geq 1) \\ S_0 \neq 0, \text{ 즉 (상수항)} \neq 0\text{이면 수열 } \{a_n\}\text{은 둘째항부터 등차수열을 이룬다. } (n \geq 2) \end{cases}$$

익히는 방법 등차수열의 합 $S_n = An^2 + Bn + C$ (A, B, C는 상수) 꼴에서
(상수항)$= 0$ 즉 $C = 0$이면 0순위인 첫째항부터 등차수열을 이룬다.
(상수항)$\neq 0$ 즉 $C \neq 0$이면 0순위가 아닌 둘째항부터 등차수열을 이룬다.

3 등차수열의 일반항 a_n과 합 S_n에서 공차 d를 쉽게 구하는 방법

1) 등차수열의 일반항 a_n은 n에 대한 일차식이고, 공차 $d = (n$의 계수$)$이다.
2) 등차수열의 합 S_n은 n에 대한 이차식이고, 공차 $d = (n^2$의 계수$) \times 2$이다.

익히는 방법
1) a_n은 n에 대한 일차식이고 '일차항의 계수와 차수의 곱'이 공차다. ($\because d = (n$의 계수$) \times 1$)
2) S_n은 n에 대한 이차식이고 '이차항의 계수와 차수의 곱'이 공차다. ($\because d = (n^2$의 계수$) \times 2$)

4 등차수열의 일반항 a_n의 특징

1) 첫째항부터 등차수열을 이룰 때 $\Rightarrow a_n = a_{①} + (n-1)d$
   ex) 3, 5, 7, 9, 11, 13, 15, 17, $\cdots$ $\Rightarrow a_n = 3 + (n-1) \cdot 2$

   🌟 첫째항부터 성립한다는 표시 $(n \geq 1)$은 보통 생략한다.

2) 둘째항부터 등차수열을 이룰 때 $\Rightarrow a_n = a_{②} + (n-2)d$ $(n \geq 2)$
   ex) 73, 5, 7, 9, 11, 13, 15, 17, $\cdots$ $\Rightarrow a_n = 5 + (n-2) \cdot 2$ $(n \geq 2)$
   $a_1 = 73$

3) 셋째항부터 등차수열을 이룰 때 $\Rightarrow a_n = a_{③} + (n-3)d$ $(n \geq 3)$
   ex) 100, -22, 7, 9, 11, 13, 15, $\cdots$ $\Rightarrow a_n = 7 + (n-3) \cdot 2$ $(n \geq 3)$
   $a_1 = 100, a_2 = -22$

   $\rightarrow$ 셋째항부터는 고등 과정의 범위 밖이다.

익히는 방법 $\triangle = \bigcirc + \bigcirc$ ※ $a_n = 3 + (n-1) \cdot 2 = 5 + (n-2) \cdot 2 = 7 + (n-3) \cdot 2 = \mathbf{2n+1}$

S_n과 a_n의 관계 − 등차수열(1)

첫째항부터 제n항까지의 합 S_n이 $S_n = n^2 - 2n + 1$인 수열 $\{a_n\}$에서 일반항 a_n과 a_{10}을 구하여라.

풀이 $S_n = n^2 - 2n + 1$이 n에 대한 이차식이므로 수열 $\{a_n\}$은 등차수열이다. 따라서

$S_n = n^2 - 2n + 1$에서 '이차항의 계수와 차수의 곱'이 공차이므로 공차를 d라 하면

$d = 1 \times 2 = 2$

(상수항)$\neq 0$이므로 0순위가 아닌 둘째항부터 등차수열을 이룬다. $(n \geq 2)$

$a_2 = S_2 - S_1 = (2^2 - 2 \cdot 2 + 1) - (1^2 - 2 \cdot 1 + 1) = 1$

$\therefore a_n = 2n + \text{☆} = 2n - 3 \ (\because a_2 = 1)$

$a_1 = S_1 = 1^2 - 2 \cdot 1 + 1 = 0$

$\therefore a_1 = 0, \ a_n = 2n - 3 \ (n \geq 2) \qquad \therefore a_{10} = 2 \cdot 10 - 3 = 17$

S_n과 a_n의 관계 − 등차수열(2)

다음 물음에 답하여라.

1) 첫째항부터 제n항까지의 합 S_n이 $S_n = n^2 - 2n$인 수열 $\{a_n\}$에서 일반항 a_n을 구하여라.

2) 첫째항부터 제n항까지의 합 S_n이 $S_n = an^2 - 3$ (단, $a \neq 0$)으로 주어진 수열 $\{a_n\}$의 제5항이 18일 때, 일반항 a_n을 구하여라.

풀이 S_n이 n에 대한 이차식이므로 수열 $\{a_n\}$은 등차수열이다. 따라서

S_n에서 '이차항의 계수와 차수의 곱'이 공차이므로 공차를 d라 하면

1) $d = 1 \times 2 = 2$

(상수항)$= 0$이므로 0순위인 첫째항부터 등차수열을 이룬다. $(n \geq 1)$

$a_1 = S_1 = 1^2 - 2 \cdot 1 = -1 \qquad \therefore a_n = 2n - 3$

※ 첫째항부터 성립한다는 $(n \geq 1)$인 표시는 보통 생략한다.

2) $d = a \times 2 = 2a$

(상수항)$\neq 0$이므로 0순위가 아닌 둘째항부터 등차수열을 이룬다. $(n \geq 2)$

$a_2 = S_2 - S_1 = (4a - 3) - (a - 3) = 3a$

$\therefore a_n = 2an + \text{☆} = 2an - a \ (\because a_2 = 3a)$

$a_1 = S_1 = a - 3$

$\therefore a_1 = a - 3 \ \cdots\text{㉠}, \ a_n = 2an - a \ (n \geq 2) \ \cdots\text{㉡}$

또한, $a_5 = 18$이므로 $n = 5$를 ㉡에 대입하면 $10a - a = 18 \qquad \therefore a = 2$

$a = 2$를 ㉠, ㉡에 각각 대입하면 $a_1 = -1, \ a_n = 4n - 2 \ (n \geq 2)$

뿌리 4-3 S_n과 a_n의 관계 – 등차수열(3)

> 첫째항부터 제 n항까지의 합 S_n이 $S_n = -3n^2 - an$인 수열 $\{a_n\}$의 첫째항부터 제5항
> 까지의 합이 25일 때, 공차 d와 상수 a의 값을 구하여라.

풀이 $S_n = -3n^2 - an$이 n에 대한 이차식이므로 수열 $\{a_n\}$은 등차수열이다. 따라서
$S_n = -3n^2 - an$에서 '이차항의 계수와 차수의 곱'이 공차이므로 공차를 d라 하면
$d = (-3) \times 2 = -6 \quad \therefore d = -6$
$S_5 = -3 \cdot 5^2 - 5a = 25, \ -5a = 100 \quad \therefore a = -20$

[줄기4-1] 다음 물음에 답하여라.

1) 수열 $\{a_n\}$의 첫째항부터 제 n항까지의 합 S_n이 $S_n = 5n^2 - n - 108$일 때, $a_n < 45$를 만족하는 n의 최댓값을 구하여라.

2) 첫째항부터 제 n항까지 합 S_n이 $S_n = n^2 + 1$인 수열 $\{a_n\}$에서 $a_n > 100$을 만족하는 n의 최솟값을 구하여라.

3) 첫째항부터 제 n항까지 합 S_n이 $S_n = 3n^2 - 2n - 1$인 등차수열 $\{a_n\}$에서 a_{15}의 값과 공차 d의 값을 구하여라.

[줄기4-2] 첫째항부터 제 n항까지의 합 S_n이 $S_n = -3n^2 + n$인 수열 $\{a_n\}$에 대하여 다음의 합을 구하여라.

1) $a_1 + a_3 + a_5 + \cdots + a_{19}$
2) $a_2 + a_4 + a_6 + \cdots + a_{20}$

[줄기4-3] 다음 물음에 답하여라.

1) 등차수열 $\{a_n\}$에 대하여
$a_1 + a_2 + a_3 + \cdots + a_{10} = 80$이고 $a_{11} + a_{12} + a_{13} + \cdots + a_{20} = 280$일 때,
$a_{21} + a_{22} + a_{23} + \cdots + a_{40}$의 값을 구하여라.

2) 등차수열 $\{a_n\}$의 첫째항부터 제 n항까지의 합을 S_n이라 할 때,
$S_5 = -5, \ S_{20} = -320$이다.
이때, $a_6 + a_7 + a_8 + \cdots + a_{25}$의 값을 구하여라.

잎 8-1

등차수열 $\{a_n\}$에 대하여 $a_3 = 5$, $a_6 - a_4 = 4$일 때, a_{10}의 값을 구하여라. [교육청 기출]

잎 8-2

네 수 $1, x, y, z$가 이 순서대로 등차수열을 이루고 $6x + z = 5y$를 만족시킨다. 이때, $x + y + z$의 값을 구하여라. [평가원 기출]

잎 8-3

공차가 6인 등차수열 $\{a_n\}$에 대하여 $|a_2 - 3| = |a_3 - 3|$일 때, a_5의 값은? [평가원 기출]

① 15   ② 18   ③ 21   ④ 24   ⑤ 27

잎 8-4

첫째항이 a이고 공차가 $a + 1$인 등차수열 $\{a_n\}$이 $a_2 - a_3 + a_4 - a_5 + a_6 = 15$를 만족시킬 때, a_7의 값을 구하여라. [교육청 기출]

잎 8-5

첫째항이 3이고 공차가 d인 등차수열 $\{a_n\}$에 대하여 $a_n = 3d$를 만족시키는 n이 존재하도록 하는 모든 자연수 d의 값의 합은? [교육청 기출]

① 3   ② 4   ③ 5   ④ 6   ⑤ 7

잎 8-6

등차수열 $\{a_n\}$에 대하여 $a_3 + a_5 = 36$, $a_2 a_4 = 180$일 때, $a_n < 100$을 만족시키는 n의 최댓값을 구하여라. [교육청 기출]

● 잎 8-7

수열 $\{a_n\}$에서 $a_3 = 7$, $a_9 = 19$이고 $2a_{n+1} = a_n + a_{n+2}$ $(n = 1, 2, 3, \cdots)$일 때, 일반항 a_n을 구하여라.

● 잎 8-8

첫째항이 1인 등차수열 $\{a_n\}$에 대하여 $a_2 + a_4 = 2(a_5 - 4)$일 때, 수열 $\{a_n\}$의 첫째항부터 제10항까지의 합을 구하여라. [교육청 기출]

● 잎 8-9

첫째항이 2인 등차수열 $\{a_n\}$에 대하여 첫째항부터 제n항까지의 합을 S_n이라 하자. $a_4 - a_2 = 4$일 때, $S_{20} - S_{10}$의 값을 구하여라. [평가원 기출]

● 잎 8-10

두 등차수열 $\{a_n\}$, $\{b_n\}$에 대하여
$$a_1 + b_1 = 45, \ (a_1 + a_2 + a_3 + \cdots + a_{10}) + (b_1 + b_2 + b_3 + \cdots + b_{10}) = 500$$
일 때, $a_{10} + b_{10}$의 값을 구하여라.

● 잎 8-11

1과 2 사이에 n개의 수를 넣어 만든 등차수열 1, a_1, a_2, $\cdots$, a_n, 2의 합이 24일 때, n의 값은?
[평가원 기출]

① 11   ② 12   ③ 13   ④ 14   ⑤ 15

● 잎 8-12

1과 2 사이에 n개의 수를 넣은 $(n+2)$개의 수가 등차수열을 이룰 때, 이 수열의 제$(n-1)$항은?

① $\dfrac{2n-1}{n}$ ② $\dfrac{2n-1}{n+1}$ ③ $\dfrac{2n-2}{n}$ ④ $\dfrac{2n-2}{n+1}$ ⑤ $\dfrac{2n-2}{2n-1}$

잎 8-13

다음 물음에 답하여라.

1) 등차수열 $\{a_n\}$에서 $a_3 + a_8 = 16$일 때, $a_1 + a_2 + a_3 + \cdots + a_{10}$의 값을 구하여라.

2) 등차수열 $\{a_n\}$에서 $a_1 + a_5 + a_{11} + a_{15} = 52$일 때, $a_1 + a_2 + a_3 + \cdots + a_{15}$의 값을 구하여라.

잎 8-14

다음 물음에 답하여라.

1) 등차수열 $\{a_n\}$에서 $a_5 = 7$일 때, $a_1 + a_2 + a_3 + \cdots + a_9$의 값을 구하여라.

2) 등차수열 $\{a_n\}$에서 $a_{15} = 8$일 때, $a_3 + a_6 + a_9 + \cdots + a_{27}$의 값을 구하여라.

잎 8-15

다음 물음에 답하여라.

1) 등차수열 $\{a_n\}$에서 $a_3 = -15$, $a_{12} = 3$일 때, $|a_1| + |a_2| + |a_3| + \cdots + |a_{20}|$의 값을 구하여라.

2) 수열 $\{a_n\}$의 첫째항부터 제n항까지의 합 S_n이 $S_n = -\dfrac{3}{2}n^2 + \dfrac{29}{2}n$일 때, $|a_1| + |a_2| + |a_3| + \cdots + |a_{20}|$의 값을 구하여라.

잎 8-16

수열 $\{a_n\}$의 첫째항부터 제n항까지의 합 S_n이 $S_n = 2^n - 1$일 때, a_9의 값을 구하여라. [평가원 기출]

잎 8-17

첫째항이 18인 등차수열 $\{a_n\}$의 첫째항부터 제9항까지의 합이 18일 때, 제 몇 항까지의 합이 최대가 되는지 구하여라.

잎 8-18

수열 $\{a_n\}$에 대하여 첫째항부터 제n항까지의 합 S_n이 $S_n = n^2 + n$일 때, a_{47}의 값을 구하여라.

[평가원 기출]

열매 8-1 뿌리 4-1)의 방법보다 a_n을 더 쉽고 빠르게 구하는 방법

첫째항부터 제 n 항까지의 합 S_n이 $S_n = n^2 - 2n + 1$인 수열 $\{a_n\}$에서 일반항 a_n과 a_{10}을 구하여라.

풀이 $S_n = n^2 - 2n + 1$은 ★ $S_n = n^2 - 2n$과 같은 꼴의 일반항 a_n을 가지므로

$S_n = n^2 - 2n$에서 일반항 a_n을 구하면

$d = 1 \times 2 = 2$

$a_1 = S_1 = 1^2 - 2 \cdot 1 = -1$ $\therefore a_n = 2n - 3$

$S_n = n^2 - 2n + 1$은 둘째항부터 등차수열을 이루므로 $(n \geq 2)$

$a_1 = S_1 = 1^2 - 2 \cdot 1 + 1 = 0,\ a_n = 2n - 3\ (n \geq 2)$

$\therefore a_1 = 0,\ a_n = 2n - 3\ (n \geq 2)$ $\therefore a_{10} = 2 \cdot 10 - 3 = \mathbf{17}$

※ 뿌리 4-1)과 같은 문제이다. [p.223]

잎 8-19

수열 $\{a_n\}$에서 첫째항부터 제 n 항까지의 합 S_n이라 할 때, $S_n = n^2 + kn + 1$이다.
$a_{10} = 17$일 때, $a_1 + k$의 값을 구하여라. (단, k는 상수이다.)

잎 8-20

수열 $\{a_n\}$의 첫째항부터 제 n 항까지의 합 S_n이 $S_n = n^2 + 2^n$일 때, $a_1 + a_5$의 값은? [평가원 기출]

① 26   ② 28   ③ 30   ④ 32   ⑤ 34

잎 8-21

수열 $\{a_n\}$에 대하여 첫째항부터 제 n 항까지의 합을 S_n이라 하자.
수열 $\{S_{2n-1}\}$은 공차가 -3인 등차수열이고, 수열 $\{S_{2n}\}$은 공차가 2인 등차수열이다.
$a_2 = 1$일 때, a_8의 값을 구하여라. [수능 기출]

9. 등비수열

01 등비수열의 일반항

1 등비수열 ※ 등(等): 같을 등, 비(比): 나눌 비

비(*비 =(뒷항)÷(앞항))가 같은 수의 나열을 **등비수열**이라 한다.

ex) ① 3,   6,   12,   24,   48,   96, ⋯

$\dfrac{6}{3}$ $\dfrac{12}{6}$ $\dfrac{24}{12}$ $\dfrac{48}{24}$ $\dfrac{96}{48}$

② 64,   32,   16,   8,   4,   2,   1, ⋯

$\dfrac{32}{64}$ $\dfrac{16}{32}$ $\dfrac{8}{16}$ $\dfrac{4}{8}$ $\dfrac{2}{4}$ $\dfrac{1}{2}$

따라서 수열 ①, ②와 같이 첫째항부터 차례로 일정한 수를 곱하여 만들어지는 수열을 **등비수열**이라 하고, 그 **일정한 수**를 **공비**라 한다.

2 등비(같은 비)를 공비(공통된 비)라고 하며 r로 표기한다.

$$\frac{a_{n+1}}{a_n} = r \Leftrightarrow {}^*a_{n+1} = ra_n \ (n = 1, 2, 3, \cdots)$$

(뒷항)÷(앞항)=(공비) ⇔ *(뒷항)=(앞항)×(공비)

씨앗. 1 ▮ 다음 수열이 등비수열을 이루도록 □ 안에 알맞은 수를 구하여라.

1) 27, □, 3, 1, □, ⋯

2) □, □, 16, 32, 64, ⋯

핵심 (뒷항)=(앞항)×(공비)

풀이 1) 공비를 r이라 하면 $r = 1 \div 3 = \dfrac{1}{3}$

$\therefore 27 \times \left(\dfrac{1}{3}\right) = 9$ $\therefore 1 \times \left(\dfrac{1}{3}\right) = \dfrac{1}{3}$

2) 공비를 r이라 하면 $r = 32 \div 16 = 2$

주어진 등비수열을 $a, b, 16, 32, 64, \cdots$라 하면

$b \times 2 = 16$ $\therefore b = 8$

$a \times 2 = 8$ $\therefore a = 4$

3 등비수열의 일반항

첫째항이 a_1, 공비가 r인 등비수열의 일반항 a_n은

$a_n = a_1 r^{n-1}$ ($n = 1, 2, 3, \cdots$)

등비수열에서 (뒷항)=(앞항)×(공비)이므로

$$\begin{array}{ccccccc}
a_1 & a_2 & a_3 & a_4 & \cdots & \boxed{a_n} & \cdots \\
\| & \| & \| & \| & & \| & \\
a_1 & a_1 r & a_1 r^2 & a_1 r^3 & \cdots & \boxed{a_1 r^{n-1}} & \cdots
\end{array}$$

$\times r \quad \times r \quad \times r$

$a_n = a_1 r^{n-1} = a_2 r^{n-2} = a_3 r^{n-3} = \cdots$

익히는 방법

$a_{\triangle} = a_① r^{\overparen{n-1}} = a_② r^{\overparen{n-2}} = a_③ r^{\overparen{n-3}} = \cdots$ 이므로

$\triangle = \bigcirc + \bigcirc$ 이다.

씨앗. 2 ◢ 다음 등비수열의 일반항 a_n과 제10항을 구하여라.

1) $2, 8, 32, 128, 512, \cdots$ 2) $2, -4, 8, -16, 32, \cdots$

3) $-16, -4, -1, -\dfrac{1}{4}, -\dfrac{1}{16}, \cdots$ 4) $-32, 16, -8, 4, -2, \cdots$

풀이 1) $a_1 = 2$, 공비를 r이라 하면 $r = \dfrac{8}{2} = 4$이므로

$a_n = 2 \cdot 4^{n-1}$ $\quad \therefore a_{10} = 2 \cdot 4^{10-1} = 2 \cdot (2^2)^9 = 2 \cdot 2^{18} = 2^{19}$

2) $a_1 = 2$, 공비를 r이라 하면 $r = \dfrac{-4}{2} = -2$이므로

$a_n = 2 \cdot (-2)^{n-1}$ $\quad \therefore a_{10} = 2 \cdot (-2)^{10-1} = 2 \cdot (-2^9) = -2 \cdot 2^9 = -2^{10}$

3) $a_1 = -16$, 공비를 r이라 하면 $r = \dfrac{-4}{-16} = \dfrac{1}{4}$이므로

$a_n = -16 \cdot \left(\dfrac{1}{4}\right)^{n-1}$ $\quad \therefore a_{10} = -16 \cdot \left(\dfrac{1}{4}\right)^{10-1} = -2^4 \cdot \left(\dfrac{1}{2^2}\right)^9 = -2^4 \cdot \left(\dfrac{1}{2^{18}}\right) = -\dfrac{1}{2^{14}}$

4) $a_1 = -32$, 공비를 r이라 하면 $r = \dfrac{16}{-32} = -\dfrac{1}{2}$이므로

$a_n = -32 \cdot \left(-\dfrac{1}{2}\right)^{n-1}$ $\quad \therefore a_{10} = -32 \cdot \left(-\dfrac{1}{2}\right)^{10-1} = -2^5 \cdot \left(-\dfrac{1}{2^9}\right) = \dfrac{1}{2^4}$

참고 $\begin{cases} \text{공비 } r > 0 \text{이면 등비수열의 항의 부호가 모두 같다. 예) 1), 3), ★잎 9-3) [p.249]} \\ \text{공비 } r < 0 \text{이면 등비수열의 항의 부호가 교대로 바뀐다. 예) 2), 4)} \end{cases}$

뿌리 1-1 　등비수열의 일반항(1)

다음 등비수열의 일반항 a_n을 구하여라.

1) 제2항이 3, 공비가 $\sqrt{3}$인 수열

2) 제3항이 -8, 제5항이 -32인 수열

풀이 　1) $a_2 = 3$, 공비를 r이라 하면 $r = \sqrt{3}$

$\boldsymbol{a_n} = a_{②} r^{n-2} = 3 \cdot (\sqrt{3})^{n-2} = (\sqrt{3})^2 \cdot (\sqrt{3})^{n-2} = \boldsymbol{(\sqrt{3})^n}$

2) $a_3 = -8$, $a_5 = -32$, 공비를 r이라 하면

$\dfrac{a_5}{a_3} = \dfrac{a_1 r^4}{a_1 r^2} = r^2 = 4 \qquad \therefore r = \pm 2$

i) $r = 2$일 때, $a_n = a_3 r^{n-3} = -8 \cdot 2^{n-3} = -2^3 \cdot 2^{n-3} = \boldsymbol{-2^n}$

ii) $r = -2$일 때, $a_n = a_3 r^{n-3} = -8 \cdot (-2)^{n-3} = (-2)^3 \cdot (-2)^{n-3} = \boldsymbol{(-2)^n}$

참고 　2) ★ $\dfrac{a_q}{a_p} = \dfrac{a_1 r^{q-1}}{a_1 r^{p-1}} = r^{q-p} \Rightarrow \dfrac{a_5}{a_3} = r^{5-3} = r^2 = 4 \qquad \therefore r = \pm 2$

[줄기1-1] 다음 물음에 답하여라.

1) 첫째항과 제3항의 합이 10, 제3항과 제5항의 합이 160인 등비수열 $\{a_n\}$의 공비 r을 구하여라.

2) 제n항이 $5 \cdot 3^{2n-1}$인 등비수열 $\{a_n\}$의 첫째항과 공비 r을 구하여라.

[줄기1-2] 다음 물음에 답하여라.

1) 제2항이 -3, 제5항이 81인 등비수열 $\{a_n\}$의 제10항을 구하여라.

2) 등비수열 $\{a_n\}$에 대하여 $a_2 - a_5 = -36$, $a_2 + a_3 + a_4 = -12$일 때, a_{10}의 값을 구하여라.

4 　등비수열의 일반항 a_n에서 공비 r을 쉽게 구하는 방법

등비수열의 일반항 a_n의 지수가 n일 때, 밑이 공비 r이다.

🔖 등비수열의 일반항 $a_n = a_1 r^{n-1} = \dfrac{a_1}{r} r^n$이므로 지수가 n일 때, 밑이 공비 r이다.

🔻 수열 $\{a_n\}$의 값이 실수이므로 *공비 r의 값은 허수가 될 수 없다. [p.210 ③]

뿌리 1-2 　등비수열의 일반항 a_n에서 공비 r을 쉽게 구하는 방법

제 n 항이 $7 \cdot 2^{1-2n}$인 등비수열 $\{a_n\}$의 첫째항과 공비를 구하여라.

핵심 　등비수열의 일반항 a_n에서 지수가 n일 때, 밑이 공비 r이다.

풀이 　$a_1 = 7 \cdot 2^{1-2\cdot 1} = 7 \cdot 2^{-1} = \dfrac{7}{2}$

$a_n = 7 \cdot 2^{1-2n} = 7 \cdot 2^1 \cdot 2^{-2n} = 14 \cdot \dfrac{1}{2^{2n}} = 14 \cdot \dfrac{1}{4^n} = 14 \cdot \left(\dfrac{1}{4}\right)^n$에서 밑 $\dfrac{1}{4}$이 공비이다.

팁 [강추] 결국 공비는 지수가 n일 때 밑이므로 $2^{-2n} = (2^{-2})^n = \left(\dfrac{1}{4}\right)^n$에서 밑 $\dfrac{1}{4}$이 공비이다.
➡ 이렇게 생각하면 공비를 즉시 구할 수 있다.

참고 　첫째항부터 성립한다는 $(n \geq 1)$인 표시는 보통 생략하므로 *아무 표시가 없으면 첫째항부터 성립한다는 의미이다.

[줄기1-3] $a_1 = 2$, $a_n = \dfrac{1}{3} a_{n-1}$ $(n \geq 2)$인 등비수열 a_n의 일반항을 구하여라.

뿌리 1-3 　등비수열의 일반항(2)

제 2 항이 12, 제 4 항이 48인 등비수열 $\{a_n\}$에 대하여 다음 물음에 답하여라.

1) 일반항 a_n 및 공비 r을 구하여라. (단, $r > 0$)
2) 제 몇 항이 3072가 되는지 구하여라.
3) 제 몇 항이 처음으로 3000보다 커지는지 구하여라.

풀이 　1) $a_2 = 12$, $a_4 = 48$, 공비 r $(r > 0)$일 때

$\dfrac{a_4}{a_2} = r^2 = 4 \qquad \therefore r = 2 \ (\because r > 0)$

$\therefore a_n = a_2 r^{n-2} = 12 \cdot 2^{n-2} = 3 \cdot 2^n$

2) 3072을 제 n 항이라 하면 $3 \cdot 2^n = 3072$

$2^n = 1024, \ 2^n = 2^{10} \qquad \therefore n = 10$

따라서 3072는 **제 10 항**이다.

3) $a_n = 3 \cdot 2^n$에서 $3 \cdot 2^n > 3000$이려면, 즉 $2^n > 1000$이어야 한다.

이때, $2^9 = 512$, $2^{10} = 1024$이므로 $n \geq 10$

따라서 처음으로 3000보다 커지는 항은 **제 10 항**이다.

뿌리 1-4 두 수 사이에 수를 넣어서 만든 등비수열(1)

> 수열 $3, a_1, a_2, a_3, a_4, a_5, 192$가 등비수열을 이룰 때, a_1과 a_5의 값을 구하여라.

풀이 공비를 r이라 할 때, 첫째항은 3이고 192는 제7항이므로 $192 = 3 \cdot r^6$

$r^6 = 64$ $\therefore r = \pm\sqrt[6]{64} = \pm 2$ ($\because$ 공비 r은 실수 p.233 주의)

i) $r = -2$일 때

   a_1은 제2항이므로 $3 \cdot (-2)^1 = -6$ $\therefore a_1 = -6$

   a_5은 제6항이므로 $3 \cdot (-2)^5 = -96$ $\therefore a_5 = -96$

ii) $r = 2$일 때

   a_1은 제2항이므로 $3 \cdot 2^1 = 6$ $\therefore a_1 = 6$

   a_5은 제6항이므로 $3 \cdot 2^5 = 96$ $\therefore a_5 = 96$

따라서 구하는 a_1과 a_5의 값은 $a_1 = -6, a_5 = -96$ 또는 $a_1 = 6, a_5 = 96$이다.

참고 두 수 사이에 수를 넣어 만든 수열 ⇨ <u>두 수가 첫째항과 끝항이 된다.</u> 이것이 key이다.

[줄기1-4] 수열 $-3, x_1, x_2, x_3, \cdots, x_n, -192$에 대하여 이 수열의 공비가 -2일 때, 전체 항의 개수를 구하여라.

[줄기1-5] 수열 $5, a_1, a_2, a_3, \cdots, a_{20}, 30$이 등비수열을 이룰 때, $a_1 a_{20}$의 값을 구하여라.

5   등비중항 (中항 : 중간에 있는 항)

세 수 a, b, c가 이 순서대로 등비수열을 이룰 때, b를 a와 c의 **등비중항**이라 한다.

$\underbrace{b \div a}_{공비} = \underbrace{c \div b}_{공비}$, 즉 $\dfrac{b}{a} = \dfrac{c}{b} \Leftrightarrow \star b^2 = ac$ $\therefore b = \pm\sqrt{ac}$

참고 등비중항 공식으로 $b = \pm\sqrt{ac}$ 대신 $\star b^2 = ac$를 쓴다.
($\because b = \pm\sqrt{ac}$ 의 양변을 제곱하면 결국 $b^2 = ac$가 된다.)

(익히는 방법)
세 수 a, b, c가 이 순서대로
① 등차수열을 이루면 $b + b = a + c$, 즉 $2b = a + c$
② 등비수열을 이루면 $b \times b = a \times c$, 즉 $b^2 = ac$

씨앗. 3   세 수 $x - 1, x + 1, x + 2$가 이 순서대로 등비수열을 이룰 때, x의 값을 구하여라.

풀이 $x + 1$은 $x - 1$과 $x + 2$의 등비중항이므로

방법 I $(x + 1)^2 = (x - 1)(x + 2)$ $\cdots$ ㉠
$x^2 + 2x + 1 = x^2 + x - 2$ $\therefore x = -3$

비추 방법 II $x + 1 = \pm\sqrt{(x - 1)(x + 2)}$
양변을 제곱하면 결국 ㉠이 되므로 방법 II는 비추이다.

뿌리 1-5   등차중항과 등비중항

네 수 $a, 2, b, 8$에서 $a, 2, b$는 등차수열을 이루고 $2, b, 8$은 등비수열을 이룰 때, 실수 a, b의 값을 구하여라.

풀이   2는 a와 b의 등차중항이므로 $4 = a + b$ $\cdots$ ㉠
b는 2와 8의 등비중항이므로 $b^2 = 2 \cdot 8$ $\therefore b = \pm 4$
ⅰ) $b = 4$일 때, 이것을 ㉠에 대입하면 $a = 0$
ⅱ) $b = -4$일 때, 이것을 ㉠에 대입하면 $a = 8$
따라서 구하는 a, b의 값은 $a = 0, b = 4$ 또는 $a = 8, b = -4$

참고   세 수 x, y, z가 이 순서대로
① 등차수열을 이루면 $y + y = x + z$, 즉 $2y = x + z$
② 등비수열을 이루면 $y \times y = x \times z$, 즉 $y^2 = xz$

[줄기1-6] 세 수 $x + 2, x + 3, x$가 이 순서대로 등비수열을 이룰 때, 실수 x의 값을 구하여라.

[줄기1-7] 등비수열 $x + 1, 2x, 2x + 3, \cdots$에서 제5항을 구하여라. (단, $x > 0$)

뿌리 1-6 등비수열을 이루는 세 수(1)

등비수열을 이루는 세 실수의 합이 13, 곱이 27일 때, 세 실수를 구하여라.

핵심 ★세 수가 등비수열을 이룰 때 ⇨ 세 수를 a, ar, ar^2으로 놓는다.

풀이 등비수열을 이루는 세 실수를 a, ar, ar^2으로 놓으면

$a + ar + ar^2 = 13$ $\therefore a(1 + r + r^2) = 13$ …㉠

$a \cdot ar \cdot ar^2 = 27$, $a^3 r^3 = 27$, $(ar)^3 = 3^3$ $\therefore ar = 3$ $\therefore a = \dfrac{3}{r}$ …㉡

㉡을 ㉠에 대입하면 $\dfrac{3}{r}(1 + r + r^2) = 13$ ⇨ $r \neq 0$이므로 양변에 r을 곱하면

$3(1 + r + r^2) = 13r$, $3r^2 - 10r + 3 = 0$, $(3r - 1)(r - 3) = 0$

$\therefore r = \dfrac{1}{3}$ 또는 $r = 3$

i) $r = 3$일 때, 이것을 ㉡에 대입하면 $a = 1$ $\therefore$ 세 실수는 1, 3, 9

ii) $r = \dfrac{1}{3}$일 때, 이것을 ㉡에 대입하면 $a = 9$ $\therefore$ 세 실수는 9, 3, 1

따라서 구하는 세 실수는 **1, 3, 9**이다.

뿌리 1-7 두 수 사이에 수를 넣어서 만든 등비수열(2)

-6과 -96 사이에 세 실수를 넣어 다섯 개의 수를 만든다. 이 다섯 개의 수가 순서대로 등비수열을 이룰 때, 넣은 세 실수를 차례대로 구하여라.

방법 I -6과 -96 사이에 세 수를 넣어 등비수열을 이룬다고 세 수를 a, ar, ar^2으로 놓으면 문제가 안 풀린다. ㅜㅜㅜ [p.216 뿌리 2-8)과 같은 유형의 문제이다.]

방법 II 두 수 사이에 수를 넣어 만든 수열 ⇨ <u>두 수가 첫째항과 끝항이 된다.</u> 이것이 key이다.

공비를 r이라 할 때, 첫째항은 -6이고 -96은 제5항이므로 $-96 = (-6) \cdot r^4$

$r^4 = 16$ $\therefore r = \pm \sqrt[4]{16} = \pm 2$ ($\because$ 공비 r은 실수 p.232)

$r = 2$일 때, $(-6) \times 2$, $(-12) \times 2$, $(-24) \times 2$ $\therefore -12, -24, -48$

$r = -2$일 때, $(-6) \times (-2)$, $12 \times (-2)$, $(-24) \times (-2)$ $\therefore 12, -24, 48$

따라서 구하는 세 실수는 순서대로 **$-12, -24, -48$** 또는 **$12, -24, 48$**이다.

뿌리 1-8 등비수열을 이루는 세수 (2)

다음 물음에 답하여라.

1) 삼차방정식 $x^3 - 9x^2 + 18x + k = 0$의 세 실근이 등비수열을 이룰 때, 상수 k의 값을 구하여라.

2) 곡선 $y = x^3 - x^2 - 3x$와 직선 $y = k$가 서로 다른 세 점에서 만나고 교점의 x좌표가 등비수열을 이룰 때, 상수 k의 값을 구하여라.

풀이 1) 세 실근이 등비수열을 이루므로 세 실근을 a, ar, ar^2이라 하면 근과 계수의 관계에서

i) $a + ar + ar^2 = 9$ $\therefore a(1 + r + r^2) = 9$ $\cdots\bigcirc$

ii) $a \cdot ar + ar \cdot ar^2 + ar^2 \cdot a = 18$ $\therefore a^2 r(1 + r + r^2) = 18$ $\cdots\bigcirc\!\!\bigcirc$

iii) $a \cdot ar \cdot ar^2 = -k, \ a^3 r^3 = -k$ $\therefore (ar)^3 = -k$ $\cdots\bigcirc\!\!\bigcirc\!\!\bigcirc$

$\bigcirc\!\!\bigcirc \div \bigcirc$을 하면 $ar = 2$

$ar = 2$을 $\bigcirc\!\!\bigcirc\!\!\bigcirc$에 대입하면 $2^3 = -k$ $\therefore \boldsymbol{k = -8}$

2) 주어진 곡선과 직선의 교점의 x좌표는 삼차방정식 $x^3 - x^2 - 3x = k$, 즉

$x^3 - x^2 - 3x - k = 0$의 세 실근이다.

세 실근이 등비수열을 이루므로 세 실근을 a, ar, ar^2이라 하면 근과 계수의 관계에서

i) $a + ar + ar^2 = 1$ $\therefore a(1 + r + r^2) = 1$ $\cdots\bigcirc$

ii) $a \cdot ar + ar \cdot ar^2 + ar^2 \cdot a = -3$ $\therefore a^2 r(1 + r + r^2) = -3$ $\cdots\bigcirc\!\!\bigcirc$

iii) $a \cdot ar \cdot ar^2 = k, \ a^3 r^3 = k$ $\therefore (ar)^3 = k$ $\cdots\bigcirc\!\!\bigcirc\!\!\bigcirc$

$\bigcirc\!\!\bigcirc \div \bigcirc$을 하면 $ar = -3$

$ar = -3$을 $\bigcirc\!\!\bigcirc\!\!\bigcirc$에 대입하면 $(-3)^3 = k$ $\therefore \boldsymbol{k = -27}$

[줄기1-8] 곡선 $y = x^3 - 2x^2 + 2x$와 직선 $y = x + k$가 서로 다른 세 점에서 만나고, 교점의 x좌표가 등비수열을 이룰 때, 상수 k의 값을 구하여라.

뿌리 1-9 **등비수열의 활용**

오른쪽 그림과 같이 한 변의 길이가 8인 정사각형 ABCD 가 있다. 이때 정사각형 ABCD의 각 변의 중점을 이어서 만든 정사각형을 $A_1B_1C_1D_1$이라 하고, 정사각형 $A_1B_1C_1D_1$ 의 각 변의 중점을 이어서 만든 정사각형 $A_2B_2C_2D_2$라 하자. 이와 같은 시행을 반복할 때, 다음을 구하여라.

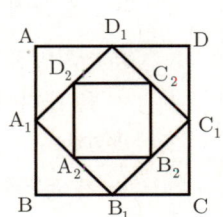

1) $A_8B_8C_8D_8$의 둘레의 길이   2) $A_6B_6C_6D_6$의 넓이

 도형의 길이나 넓이가 일정한 비율로 변할 때 ⇨ 길이와 넓이는 등비수열을 이룬다.

 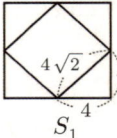 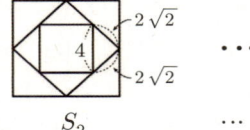

1) 한 변의 길이가 8인 정사각형의 둘레의 길이는 $8 \times 4 = 32$이고, 한 번의 시행 후 도형의 둘레의 길이는 시행 전의 도형의 $\dfrac{\sqrt{2}}{2}$ ($\because 16\sqrt{2} \div 32$)이므로 등비수열을 이룬다.

$$\therefore S_1 = 32 \times \frac{\sqrt{2}}{2}, \ S_2 = 32 \times \left(\frac{\sqrt{2}}{2}\right)^2, \cdots, \ \boldsymbol{S_8} = 32 \times \left(\frac{\sqrt{2}}{2}\right)^8 = \boldsymbol{2}$$

2) 한 변의 길이가 8인 정사각형의 넓이는 $8 \times 8 = 64$이고, 한 번의 시행 후 도형의 넓이는 시행 전의 도형의 $\dfrac{1}{2}$ ($\because 32 \div 64$)이므로 등비수열을 이룬다.

$$\therefore S_1 = 64 \times \frac{1}{2}, \ S_2 = 64 \times \left(\frac{1}{2}\right)^2, \cdots, \ \boldsymbol{S_6} = 64 \times \left(\frac{1}{2}\right)^6 = \boldsymbol{1}$$

[줄기1-9] 오른쪽 그림과 같이 한 변의 길이가 2인 정삼각형 모양의 종이가 있다. 이 정삼각형 ABC의 각 변의 중점을 이어서 만든 정삼각형을 $A_1B_1C_1$을 오려낸다. 다시 나머지 3개의 정삼각형 모양에서도 각 변의 중점을 연결하여 만든 정삼각형 3개를 오려낸다. 이와 같은 방법을 처음부터 10회 반복 시행한 후 남아 있는 종이의 넓이를 구하여라.

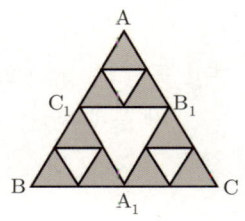

02 등비수열의 합

등비수열의 합

첫째항이 a_1, 공비가 r인 등비수열의 **첫째항부터** 제 n 항까지의 합 S_n은 다음과 같다.

1) $r \neq 1$일 때, $S_n = \dfrac{a_1(1-r^n)}{1-r} = \dfrac{a_1(r^n-1)}{r-1}$

2) $r = 1$일 때, $S_n = na_1$

증명 1) $r \neq 1$일 때

$$S_n = a_1 + a_1 r + a_1 r^2 + a_1 r^3 + \cdots + a_1 r^{n-2} + a_1 r^{n-1}$$
$$- \begin{vmatrix} rS_n = & a_1 r + a_1 r^2 + a_1 r^3 + \cdots \cdots \cdots + a_1 r^{n-1} + a_1 r^n \end{vmatrix}$$
$$(1-r)S_n = a_1 \qquad\qquad\qquad\qquad\qquad\qquad - a_1 r^n$$

$\therefore (1-r)S_n = a_1(1-r^n)$

$\therefore S_n = \dfrac{a_1(1-r^n)}{1-r} = \dfrac{-a_1(r^n-1)}{-(r-1)} = \dfrac{a_1(r^n-1)}{r-1} \cdots \text{㉠}$

↳ 이 공식은 $r=1$일 때는 이용할 수 없다. (∵ 분모가 0이 된다.)

2) $r = 1$일 때

$$S_n = \underbrace{a_1 + a_1 + a_1 + \cdots + a_1}_{n개} = a_1 \times n = na_1$$

익히는 방법

1) $r \neq 1$인 경우

$r > 1$일 때는 $S_n = \dfrac{a_1(r^n-1)}{r-1}$, $r < 1$일 때는 $S_n = \dfrac{a_1(1-r^n)}{1-r}$을 이용한다.

[특징] 분모가 $r-1$이면 분자에 r^n-1이 있고, 분모가 $1-r$이면 분자에 $1-r^n$이 있다.

2) $r = 1$인 경우

$$S_n = \underbrace{a_1 + a_1 + a_1 + \cdots + a_1}_{n개} 이므로 S_n = a_1 \times n이다.$$

씨앗. 1 ◢ 다음 등비수열의 첫째항부터 제 n 항까지의 합을 구하여라.

1) $1, 3, 9, 27, \cdots$　　　　　　2) $5, 5, 5, 5, \cdots$

풀이 등비수열을 $\{a_n\}$, 공비를 r, 첫째항부터 제 n 항까지의 합을 S_n이라 하면

1) $a_1 = 1$, $r = 3 \Rightarrow r > 1$일 때는 $S_n = \dfrac{a_1(r^n-1)}{r-1}$을 이용하면 더 편리하므로

$$S_n = \dfrac{1 \cdot (3^n - 1)}{3-1} = \dfrac{3^n - 1}{2}$$

2) $a_1 = 5$, $r = 1 \Rightarrow r = 1$일 때는 $S_n = na_1$을 이용하므로 $S_n = 5n$

씨앗. 2 ┛ 등비수열 $8, 4, 2, 1, \cdots$ 의 첫째항부터 제n항까지의 합을 구하여라.

풀이 등비수열을 $\{a_n\}$, 공비를 r, 첫째항부터 제n항까지의 합을 S_n이라 하면

$a_1 = 8, r = \dfrac{1}{2} \Rightarrow r < 1$ 일 때는 $S_n = \dfrac{a_1(1-r^n)}{1-r}$ 을 이용하면 더 편리하므로

$$S_n = \frac{8 \cdot \left\{ 1 - \left(\dfrac{1}{2}\right)^n \right\}}{1 - \left(\dfrac{1}{2}\right)} = 16 \left\{ 1 - \left(\dfrac{1}{2}\right)^n \right\}$$

뿌리 2-1 **등비수열의 합(1)**

다음 등비수열의 합을 구하여라.

1) $\dfrac{1}{2} - \dfrac{1}{4} + \dfrac{1}{8} - \dfrac{1}{16} \cdots - \dfrac{1}{1024}$ 　　2) $1 + \sqrt{3} + 3 + 3\sqrt{3} + \cdots + 81\sqrt{3}$

풀이 등비수열을 $\{a_n\}$, 공비를 r, 첫째항부터 제n항까지의 합을 S_n이라 하면

1) $a_1 = \dfrac{1}{2}, r = -\dfrac{1}{2}$ 이므로 $-\dfrac{1}{1024}$ 을 제n항이라 하면

$$\frac{1}{2} \cdot \left(-\frac{1}{2}\right)^{n-1} = -\frac{1}{1024}, \quad \left(-\frac{1}{2}\right)^{n-1} = -\frac{1}{512}, \quad \left(-\frac{1}{2}\right)^{n-1} = \left(-\frac{1}{2}\right)^9 \quad \therefore n = 10$$

$$\therefore S_{10} = \frac{\dfrac{1}{2} \cdot \left\{ 1 - \left(-\dfrac{1}{2}\right)^{10} \right\}}{1 - \left(-\dfrac{1}{2}\right)} = \frac{1}{3}\left(1 - \frac{1}{2^{10}}\right) = \frac{1}{3} \cdot \frac{1023}{1024} = \mathbf{\frac{341}{1024}}$$

2) $a_1 = 1, r = \sqrt{3}$ 이므로 $81\sqrt{3}$ 을 제n항이라 하면

$$1 \cdot (\sqrt{3})^{n-1} = 81\sqrt{3}, \quad (\sqrt{3})^{n-1} = 3^4 \cdot 3^{\frac{1}{2}}, \quad 3^{\frac{n-1}{2}} = 3^{\frac{9}{2}} \quad \therefore n = 10$$

$$\therefore S_{10} = \frac{1 \cdot \left\{ (\sqrt{3})^{10} - 1 \right\}}{\sqrt{3} - 1} = \frac{242}{\sqrt{3} - 1} = \frac{242(\sqrt{3} + 1)}{(\sqrt{3} - 1)(\sqrt{3} + 1)} = \mathbf{121(\sqrt{3} + 1)}$$

팁 $2^{⑥} = ⑥4, 2^{⑩} = ⑩24, 2^8 = (2^4)^2 = 16^2 = 256$ 을 기억하고 있으면 계산이 빨라지듯이

$3^4 = 81, 3^5 = 243$ (35평으로 **이사함**), $3^6 = 729$ (6 다음은 **7이구요**)도 기억해야 하고

$5^3 = 125, 5^4 = 625$ (**오싹**한 **육이오**전쟁)도 기억하고 있어야 계산이 편해진다.

[줄기2-1] 다음 등비수열의 합을 구하여라.

1) $\dfrac{1}{4} + \dfrac{1}{2} + 1 + 2 + \cdots + 128$ 　　2) $1 - \dfrac{1}{2} + \dfrac{1}{4} - \dfrac{1}{8} + \cdots - \dfrac{1}{512}$

뿌리 2-2 등비수열의 합(2)

> $a_3 = 2$, $a_6 = 54$인 등비수열의 첫째항부터 제5항까지의 합을 구하여라.

풀이 등비수열을 $\{a_n\}$, 공비를 r, 첫째항부터 제n항까지의 합을 S_n이라 하면

$\dfrac{a_6}{a_3} = r^3 = 27$ ∴ $r = \sqrt[3]{27} = 3$ (∵ 공비 r은 실수 p.233 ④ 주의)

$a_3 = a_1 r^2 = 2$에서 $a_1 \cdot 3^2 = 2$ ∴ $a_1 = \dfrac{2}{9}$

∴ $S_5 = \dfrac{\dfrac{2}{9} \cdot (3^5 - 1)}{3 - 1} = \dfrac{1}{9}(243 - 1) = \dfrac{242}{9}$

[줄기2-2] 첫째항이 -3, 제5항이 -48인 등비수열 $\{a_n\}$의 첫째항부터 제10항까지의 합을 구하여라. (단, 공비는 음수이다.)

뿌리 2-3 등비수열의 합(3)

> 공비가 양수인 등비수열 $\{a_n\}$에서 $a_2 + a_4 = 20$, $a_4 + a_6 = 80$일 때, 일반항 a_n과 첫째항부터 제n항까지의 합 S_n을 구하여라.

풀이 등비수열 $\{a_n\}$의 공비를 r이라 하면

$a_2 + a_4 = 20$에서 $a_1 r + a_1 r^3 = 20$ ∴ $a_1 r(1 + r^2) = 20$ ···㉠

$a_4 + a_6 = 80$에서 $a_1 r^3 + a_1 r^5 = 80$ ∴ $a_1 r^3 (1 + r^2) = 80$ ···㉡

㉡÷㉠을 하면 $r^2 = 4$ ∴ $r = 2$ (∵ 공비가 양수, 즉 $r > 0$)

$r = 2$를 ㉠에 대입하면 $a_1 = 2$ ∴ $a_n = 2 \cdot 2^{n-1} = 2^n$

∴ $S_n = \dfrac{2 \cdot (2^n - 1)}{2 - 1} = 2^{n+1} - 2$

[줄기2-3] 공비가 음수인 등비수열 $\{a_n\}$에서 첫째항과 제3항의 합이 2이고, 제5항과 제7항의 합이 32일 때, 제n항과 첫째항부터 제n항까지의 합 S_n을 구하여라.

뿌리 2-4 **등비수열의 합(4)**

다음 물음에 답하여라.

1) 등비수열에서 첫째항부터 제5항까지의 합이 3이고, 첫째항부터 제10항까지 합이 33 일 때, 첫째항부터 제15항까지의 합을 구하여라.

2) 등비수열 $1, (x+2), (x+2)^2, (x+2)^3, \cdots$의 첫째항부터 제$n$항까지의 합을 구하 여라. (단, $x \neq -2$)

핵심 등비수열의 합에서 공비의 값이 정해져 있지 않으면
i) (공비)$=1$, ii) (공비)$\neq 1$로 구분하여 생각한다.

풀이 등비수열을 $\{a_n\}$, 공비를 r, 첫째항부터 제n항까지의 합을 S_n이라 하면

1) $S_5 = 3, S_{10} = 33$

  i) $r=1$일 때, $S_5 = 5a_1 = 3, S_{10} = 10a_1 = 33$

  따라서 $r=1$일 때는 만족하지 않는다. ($\because 3 \times 2 \neq 33$)

  ii) $r \neq 1$일 때, $S_5 = 3$에서 $\dfrac{a_1(r^5-1)}{r-1} = 3$ $\cdots$㉠

  $S_{10} = 33$에서 $\dfrac{a_1(r^{10}-1)}{r-1} = 33$ $\quad \therefore \dfrac{a_1(r^5-1)(r^5+1)}{r-1} = 33$ $\cdots$㉡

  ㉡$\div$㉠을 하면 $r^5+1 = 11$ $\quad \therefore r^5 = 10$

  $\therefore S_{15} = \dfrac{a_1(r^{15}-1)}{r-1} = \dfrac{a_1(r^5-1)(r^{10}+r^5+1)}{r-1} = 3(r^{10}+r^5+1)$ ($\because$ ㉠)

  $= 3\{(r^5)^2 + r^5 + 1\} = 3(10^2 + 10 + 1) = \mathbf{333}$

2) $a_1 = 1, r = x+2$, 항수: n

  i) $x+2 = 1$, 즉 $\boldsymbol{x = -1}$일 때 $\Rightarrow$ (공비)$=1$일 때

  $S_n = 1 \cdot n = \boldsymbol{n}$

  ii) $x+2 \neq 1$, 즉 $\boldsymbol{x \neq -1}$일 때 $\Rightarrow$ (공비)$\neq 1$일 때

  $S_n = \dfrac{1 \cdot \{(x+2)^n - 1\}}{(x+2) - 1} = \dfrac{(x+2)^n - 1}{x+1}$

[줄기 2-4] 다음 물음에 답하여라.

1) 등비수열의 합 $1 + x + x^2 + x^3 + \cdots + x^n$의 값을 구하여라. (단, $x \neq 0$)

2) 각 항이 실수인 등비수열에서 첫째항부터 제3항까지의 합이 5, 첫째항부터 제6항까지 의 합이 45일 때, 첫째항부터 제8항까지의 합을 구하여라.

2 수열의 합 S_n을 알 때, 일반항 a_n을 구하는 방법

수열 $\{a_n\}$의 **첫째항부터** 제 n 항까지의 합을 S_n이라 하면 S_{n-1}은 수열 $\{a_n\}$의 **첫째항부터**

제 $(n-1)$ 항까지의 합이므로 일반항 a_n은 다음과 같은 순서로 구한다.

i) $a_n = S_n - S_{n-1}$ (단, $n \geq 2$ $\because n = 1$이면 S_0 (모순)이 나온다.)

ii) 첫째항은 제1 항까지의 합과 같으므로 $a_1 = S_1$ 이다.

🔖 수열의 합 S_n을 알 때 일반항 a_n을 구하는 방법은 등비수열뿐 아니라 모든 수열에서 성립한다. [p.221 ①]

씨앗. 3 ◢ 수열 $\{a_n\}$의 첫째항부터 제 n 항까지의 합 S_n이 $S_n = 2^n - 1$일 때, 일반항 a_n을 구하여
라.

[풀이] i) $a_n = S_n - S_{n-1} \cdots \bigcirc$ ($n \geq 2$ $\because n = 1$이면 S_0 (모순)이 나온다.)

$\qquad a_n = (2^n - 1) - (2^{n-1} - 1)$

$\qquad\quad = 2^n - 2^{n-1} = 2 \cdot 2^{n-1} - 2^{n-1} = (2-1) \cdot 2^{n-1} = 2^{n-1}$ $(n \geq 2)$

$\qquad \therefore a_n = 2^{n-1}$ $(n \geq 2) \cdots \bigcirc\!\!\!\bigcirc$

ii) $n = 1$일 때, $a_1 = S_1 = 2^1 - 1 = 1$ $\quad \therefore a_1 = 1$

$\qquad$ 이때, $a_1 = 1$은 $\bigcirc\!\!\!\bigcirc$에 $n = 1$을 대입한 것과 같다.

i), ii)에 의하여 $\boldsymbol{a_n = 2^{n-1}}$ $(n \geq 1)$

[팁] $\bigcirc$에서 $n = 1$일 때 $a_1 = S_1 - S_0$이다.
이때, *$S_0 = 0$이면 $a_1 = S_1$이므로 첫째항부터 등비수열을 이룬다.

씨앗. 4 ◢ 수열 $\{a_n\}$의 첫째항부터 제 n 항까지의 합 S_n이 $S_n = 2^n + 1$일 때, 일반항 a_n을 구하여
라.

[풀이] i) $a_n = S_n - S_{n-1} \cdots \bigcirc$ ($n \geq 2$ $\because n = 1$이면 S_0 (모순)이 나온다.)

$\qquad a_n = (2^n + 1) - (2^{n-1} + 1)$

$\qquad\quad = 2^n - 2^{n-1} = 2 \cdot 2^{n-1} - 2^{n-1} = (2-1) \cdot 2^{n-1} = 2^{n-1}$ $(n \geq 2)$

$\qquad \therefore a_n = 2^{n-1}$ $(n \geq 2) \cdots \bigcirc\!\!\!\bigcirc$

ii) $n = 1$일 때, $a_1 = S_1 = 2^1 + 1 = 3$ $\quad \therefore a_1 = 3$

$\qquad$ 그런데 $a_1 = 3$은 $\bigcirc\!\!\!\bigcirc$에 $n = 1$을 대입한 것과 같지 않다.

i), ii)에 의하여 $\boldsymbol{a_1 = 3,\ a_n = 2^{n-1}}$ $(n \geq 2)$

[팁] $\bigcirc$에서 $n = 1$일 때 $a_1 = S_1 - S_0$이다.
이때, *$S_0 \neq 0$이면 $a_1 \neq S_1$이므로 둘째항부터 등차수열을 이룬다.

3 등비수열의 합 S_n의 특징

$$S_n = \frac{a_1(r^n-1)}{r-1} = \frac{a_1}{r-1}r^n + \frac{-a_1}{r-1}$$

☆ 등비수열의 합 $S_n = \textcircled{A}\,r^n + \boxed{B}\,(A \neq 0, B \neq 0$인 상수) 꼴이다.
따라서 $S_n = Ar^n + B$에서 지수가 n일 때, 밑이 공비 r이다.

'$S_0 = 0$, 즉 $A+B = 0$인 [씨앗.3]'과 '$S_0 \neq 0$, 즉 $A+B \neq 0$인 [씨앗.4]'를 참고하면

$\begin{cases} S_0 = 0,\ \text{즉}\ A+B = 0\text{이면 수열 } \{a_n\}\text{은 첫째항부터 등비수열을 이룬다. } (n \geq 1) \\ \qquad\qquad\qquad\quad \underset{a_1 = S_1}{} \\ S_0 \neq 0,\ \text{즉}\ A+B \neq 0\text{이면 수열 } \{a_n\}\text{은 둘째항부터 등비수열을 이룬다. } (n \geq 2) \\ \qquad\qquad\qquad\qquad\quad \underset{\star\, a_2 = S_2 - S_1}{} \end{cases}$

익히는 방법

등비수열의 합 $S_n = Ar^n + B\,(A \neq 0, B \neq 0$인 상수) 꼴에서
$\begin{cases} S_0 = 0\text{이면 }0\text{순위인 첫째항부터 등비수열을 이룬다.} \\ S_0 \neq 0\text{이면 }0\text{순위가 아닌 둘째항부터 등비수열을 이룬다.} \end{cases}$

4 등비수열의 일반항 a_n의 특징

1) 첫째항부터 등비수열을 이룰 때 $\Rightarrow a_\triangle = a_{\textcircled{1}}\, r^{\overbrace{(n-1)}}$ 참고 첫째항부터 성립한다는 표시
   ex) $3, 6, 12, 24, 48, 96, 192, \cdots \Rightarrow a_n = 3 \cdot 2^{n-1}$ $(n \geq 1)$은 보통 생략한다.

2) 둘째항부터 등비수열을 이룰 때 $\Rightarrow a_\triangle = a_{\textcircled{2}}\, r^{\overbrace{n-2}}\ (n \geq 2)$
   ex) $78, 6, 12, 24, 48, 96, 192, \cdots \Rightarrow a_n = 6 \cdot 2^{n-2}\ (n \geq 2)$
   $\qquad\qquad\qquad\qquad\qquad\qquad\qquad\qquad a_1 = 78$

3) 셋째항부터 등비수열을 이룰 때 $\Rightarrow a_\triangle = a_{\textcircled{3}}\, r^{\overbrace{n-3}}\ (n \geq 3)$
   ex) $100, -32, 12, 24, 48, 96, \cdots \Rightarrow a_n = 12 \cdot 2^{n-3}\ (n \geq 3)$
   $\qquad\qquad\qquad\qquad\qquad\qquad\qquad a_1 = 100,\ a_2 = -32$

↳ 셋째항부터는 고등과정의 범위 밖이다.

익히는 방법 $\triangle = \bigcirc + \bigcirc\!\!\!\!\!\!\!\!\!\;$ ※ $a_n = 3 \cdot 2^{n-1} = 6 \cdot 2^{n-2} = 12 \cdot 2^{n-3}$

5 등비수열의 일반항 a_n에서 공비 r을 쉽게 구하는 방법

등비수열의 일반항 a_n의 지수가 n일 때, 밑이 공비 r 이다.

증명 등비수열의 일반항 $a_n = a_1 r^{n-1} = \dfrac{a_1}{r} r^n$이므로 지수가 n일 때, 밑이 공비 r 이다.

6 등비수열의 일반항 a_n과 합 S_n의 항의 개수 비교

i) 등비수열의 일반항 a_n은 항이 1개다. ($\because a_n = a_1 r^{n-1} = \dfrac{a_1}{r} r^n$, 즉 $a_n = Ar^n\ (A \neq 0)$ 꼴)

ii) 등비수열의 합 S_n은 항이 2개다. ($\because S_n = Ar^n + B\ (A \neq 0, B \neq 0)$ 꼴)

뿌리 2-5 등비수열의 일반항 a_n에서 공비 r을 쉽게 구하는 방법

다음 등비수열의 일반항 a_n에서 첫째항 a_1과 공비 r을 구하여라.

1) $a_n = 3^{2n+4}$　　　　2) $a_n = 5 \cdot 2^{2n-1}$　　　　3) $a_n = 2^n + 1$

핵심 등비수열의 일반항 a_n에서 지수가 n일 때, 밑이 r (공비)이다. [p.233 뿌리 1-2)의 팁]

풀이 1) $a_1 = 3^{2 \cdot 1 + 4} = 3^6 = \mathbf{729}$

　　공비는 지수가 n일 때 밑이므로

　　$3^{2n} = (3^2)^n = 9^n$　　$\therefore r = \mathbf{9}$

2) $a_1 = 5 \cdot 2^{2 \cdot 1 - 1} = 5 \cdot 2^1 = \mathbf{10}$

　　공비는 지수가 n일 때 밑이므로

　　$2^{2n} = (2^2)^n = 4^n$　　$\therefore r = \mathbf{4}$

3) 등비수열의 일반항 a_n은 항이 1개다.

　　그런데 주어진 일반항 a_n은 항이 2개이므로 **등비수열이 아니다.**

[줄기 2-5] 다음 등비수열의 일반항 a_n에서 첫째항 a_1과 공비 r을 구하여라.

1) $a_n = 3^{2-n}$　　　　2) $a_n = 2^{3-4n}$　　　　3) $a_n = 5^{n^2+4}$

7   등비수열의 합 S_n에서 공비 r을 쉽게 구하는 방법

등비수열의 합 $S_n = Ar^n + B$ $(A \neq 0, B \neq 0$인 상수$)$의 꼴이다.

따라서 등비수열의 합 S_n에서 Ar^n의 지수가 n일 때, 밑이 공비 r이다.

증명 $S_n = \dfrac{a_1(r^n - 1)}{r - 1} = \dfrac{a_1}{r-1}r^n + \dfrac{-a_1}{r-1}$, 즉 $S_n = Ar^n + B$ $(A \neq 0, B \neq 0$인 상수$)$ 꼴이므로

$\quad\quad S_n$에서 Ar^n의 지수가 n일 때, 밑이 공비 r이다.

뿌리 2-6 S_n과 a_n의 관계 − 등비수열 (1)

수열 $\{a_n\}$의 첫째항부터 제n항까지의 합을 S_n이라 할 때, 다음에서 일반항 a_n을 구하여라.

1) $S_n = 3^n - 1$ 2) $S_n = 3^n + 1$

풀이   1) $S_n = 3^n - 1$에서 공비를 r이라 하면

$\quad\quad S_n = Ar^n + B$ $(A = 1, B = -1, r = 3)$ 꼴이므로 수열 $\{a_n\}$은 등비수열이다.

$\quad\quad S_0 = 0$이므로 0순위인 첫째항부터 등비수열을 이룬다.

$\quad\quad a_1 = S_1 = 3^1 - 1 = 2$

$\quad\quad \therefore a_n = a_1 r^{n-1} = 2 \cdot 3^{n-1}$

2) $S_n = 3^n + 1$에서 공비를 r이라 하면

$\quad\quad S_n = Ar^n + B$ $(A = 1, B = 1, r = 3)$ 꼴이므로 수열 $\{a_n\}$은 등비수열이다.

$\quad\quad S_0 \neq 0$이므로 0순위가 아닌 둘째항부터 등비수열을 이룬다.

$\quad\quad a_2 = S_2 - S_1 = 10 - 4 = 6 \quad\quad \therefore a_n = a_2 r^{n-2} = 6 \cdot 3^{n-2} \ (n \geq 2)$

$\quad\quad a_1 = S_1 = 3^1 + 1 = 4$

$\quad\quad \therefore a_1 = 4, a_n = 6 \cdot 3^{n-2} \ (n \geq 2)$

참고   첫째항부터 성립한다는 $(n \geq 1)$인 표시는 보통 생략한다.

따라서 아무 표시가 없으면 첫째항부터 성립한다.

[줄기2-6] 수열 $\{a_n\}$의 첫째항부터 제n항까지의 합을 S_n이라 할 때, 다음에서 일반항 a_n을 구하여라.

1) $S_n = 2^{3n} - 1$ 2) $S_n = 2^{2n} + 1$

뿌리 2-7 S_n과 a_n의 관계 – 등비수열(2)

첫째항부터 제 n 항까지의 합을 S_n 이라 할 때, 다음 중 첫째항부터 등비수열을 이루는
수열의 합을 나타내는 것을 모두 골라라.

① $S_n = \dfrac{2}{3} - \left(\dfrac{2}{3}\right)^{n+1}$ ② $S_n = 3^{n+1} - 2$ ③ $S_n = \dfrac{1}{2} - \left(\dfrac{3}{2}\right)^{2n-1}$ ④ $S_n = \left(\dfrac{3}{2}\right)^{n-2} - \dfrac{4}{9}$

핵심 등비수열의 합 S_n은 $S_n = Ar^n + B$ ($A \ne 0$, $B \ne 0$인 상수)의 꼴이고,
i) 0순위인 첫째항부터 등비수열을 이루려면 $S_0 = 0$이다.
ii) 0순위가 아닌 둘째항부터 등비수열을 이루려면 $S_0 \ne 0$이다.

풀이 ① $S_n = \dfrac{2}{3} - \left(\dfrac{2}{3}\right)^{n+1}$에서

$S_0 = \dfrac{2}{3} - \dfrac{2}{3} = 0$이므로 0순위인 첫째항부터 등비수열을 이룬다.

② $S_n = 3^{n+1} - 2$에서
$S_0 = 3 - 2 \ne 0$이므로 0순위가 아닌 둘째항부터 등비수열을 이룬다.

③ $S_n = \dfrac{1}{2} - \left(\dfrac{3}{2}\right)^{2n-1}$에서

$S_0 = \dfrac{1}{2} - \dfrac{2}{3} \ne 0$이므로 0순위가 아닌 둘째항부터 등비수열을 이룬다.

④ $S_n = \left(\dfrac{3}{2}\right)^{n-2} - \dfrac{4}{9}$에서

$S_0 = \dfrac{4}{9} - \dfrac{4}{9} = 0$이므로 0순위인 첫째항부터 등비수열을 이룬다.

정답 ①, ④

[줄기2-7] 다음 물음에 답하여라.

1) 수열 $\{a_n\}$의 첫째항부터 제 n 항까지의 합이 $S_n = 3 \cdot 2^{n-1} + k$일 때, 수열 $\{a_n\}$이 첫째항부터 등비수열을 이루도록 하는 상수 k의 값을 구하여라.

2) 수열 $\{a_n\}$의 첫째항부터 제 n 항까지의 합이 $S_n = 2^{2n+1} - k$일 때, 수열 $\{a_n\}$이 첫째항부터 등비수열을 이루도록 하는 상수 k의 값을 구하여라.

[줄기2-8] 수열 $\{a_n\}$의 첫째항부터 제 n 항까지의 합이 $S_n = 3^{n+2} - \dfrac{5}{4}$인 일반항 a_n을 구하여라.

[줄기2-9] 수열 $\{a_n\}$의 첫째항부터 제 n 항까지의 합이 $S_n = 4^n + 2$일 때, a_1, a_5의 값을 구하여라.

뿌리 2-8 등비수열의 합의 활용

어느 회사에서 매년 일정한 비율로 데이터를 증량하여 저장하려고 한다. 2006년부터 2015년까지 10년 동안 저장한 데이터량은 9000기가이고 2006년부터 2010년까지 5년 동안 저장한 데이터량이 3000기가 일 때, 2011년에 저장한 데이터량은 2006년에 저장한 데이터량의 몇 배인지 구하여라.

핵심 일정한 비율로 증가 (감소)하는 문제는 등비수열 문제이다.
따라서 처음의 양을 a, 일정한 증가율 (감소율)을 r로 놓는다.

풀이 문제에 항의 번호를 기입하면 문제가 쉬워지므로 ~년 밑에 항의 번호를 표기한다.
2006년부터 2015년까지 10년 동안 저장한 데이터량은 9000기가이고 2006년부터 2010년까지
(첫째항)　　　(제10항)　　　　　　　　　　　　　　　　　　　　　　　(첫째항)　　　(제5항)
5년 동안 저장한 데이터량이 3000기가 일 때, 2011년에 저장한 데이터량은 2006년에 저장한
데이터량의 몇 배인지 구하여라.　　　　　　(제6항)　　　　　　　　　　　(첫째항)

2006년에 저장한 데이터량을 첫째항 a라 하고, 데이터 저장량의 매년 일정한 증가율을 r이라 하자.
$S_{10}=9000$
$$\therefore \frac{a(r^{10}-1)}{r-1}=9000 \quad \therefore \frac{a(r^5-1)(r^5+1)}{r-1}=9000 \cdots \bigcirc$$
$S_5=3000$
$$\therefore \frac{a(r^5-1)}{r-1}=3000 \cdots \bigcirc$$
$\bigcirc \div \bigcirc$을 하면 $r^5+1=3$ $\quad \therefore r^5=2$
$$\therefore a_6=ar^5=2a$$
따라서 2011년에 저장한 데이터량은 2006년에 저장한 데이터량의 **2배**이다.

[줄기 2-10] 경제발전으로 매년 일정한 비율로 실업자 수가 감소한다고 하자. 1996년부터 2015년까지 20년 동안의 실업자 수가 8만 명이고, 2006년부터 2015년까지 10년 동안의 실업자 수가 2만 명일 때, 2016년의 실업자 수는 1996년의 실업자 수의 몇 배인지 구하여라.

[줄기 2-11] 영희가 스마트폰을 구입하기 위해 용돈의 일부를 매년 일정한 비율로 증액하여 적립한다고 한다. 2015년에 적립한 금액은 2만 원이고 2019년에 적립하는 금액은 2015년에 적립한 금액의 16배가 된다고 할 때, 2015년부터 2020년까지 6년 동안 적립하는 총금액을 구하여라.

9 등비수열

잎 9-1

등비수열 $\{a_n\}$에 대하여 $a_3 = \sqrt{5}$일 때, $a_1 \times a_2 \times a_4 \times a_5$의 값은? [평가원 기출]

① $\sqrt{5}$　　　② 5　　　③ $5\sqrt{5}$　　　④ 25　　　⑤ $25\sqrt{5}$

잎 9-2

두 등비수열 $\{a_n\}$, $\{b_n\}$에 대하여 $a_4 b_4 = 3$, $a_7 b_7 = 6$일 때, $a_{16} b_{16}$의 값은? [교육청 기출]

① 30　　　② 36　　　③ 42　　　④ 48　　　⑤ 54

잎 9-3

다음 물음에 답하여라.

1) 모든 항이 양수인 등비수열 $\{a_n\}$에 대하여 $a_2 a_4 = 16$, $a_3 a_5 = 64$일 때, a_7의 값을 구하여라. [평가원 기출]

2) 모든 항이 음수인 등비수열 $\{a_n\}$에 대하여 $a_2 a_4 = 16$, $a_3 a_5 = 64$일 때, a_7의 값을 구하여라.

잎 9-4

등차수열 $\{a_n\}$과 등비수열 $\{b_n\}$은 다음 조건을 만족시킨다.

(가) $a_1 = 2$, $b_1 = 2$
(나) $a_2 = b_2$, $a_4 = b_4$

$a_5 + b_5$의 값을 구하여라. (단, 수열 $\{b_n\}$의 공비는 1이 아니다.) [교육청 기출]

잎 9-5

등비수열 $\{a_n\}$에 대하여 $a_1a_2 = 6$, $a_3a_4 = 12$일 때, a_7a_8의 값을 구하여라. [교육청 기출]

잎 9-6

등비수열 $\{a_n\}$에 대하여 $a_7 = 12$, $\dfrac{a_6a_{10}}{a_5} = 36$일 때, a_{15}의 값을 구하여라. [교육청 기출]

잎 9-7

등비수열 $3, a_1, a_2, a_3, \cdots, a_n, 192$에 대하여 이 수열의 공비가 -2일 때, 전체 항의 개수를 구하여라.

잎 9-8

도시 A의 인구는 매년 일정한 비율로 증가하여 10년 후에는 500만 명, 20년 후에는 1000만 명이 될 것으로 예상된다. 이때, 도시 A의 현재 인구를 구하여라.

잎 9-9

세 수 $a, a+b, 2a-b$는 이 순서대로 등차수열을 이루고, 세 수 $1, a-1, 3b+1$은 이 순서대로 공비가 양수인 등비수열을 이룬다. 이때, $a^2 + b^2$의 값을 구하여라. [수능 기출]

● 잎 9-10

공차가 0이 아닌 등차수열 $\{a_n\}$의 세 항 a_2, a_4, a_9가 이 순서대로 공비 r인 등비수열을 이룰 때, $6r$의 값을 구하여라. [수능 기출]

● 잎 9-11

두 자연수 a와 b에 대하여 세 수 a^n, $2^4 \times 3^6$, b^n이 이 순서대로 등비수열을 이룰 때, ab의 최솟값을 구하여라. (단, n은 자연수) [수능 기출]

● 잎 9-12

$a_1 = 3$, $a_{n+1}^2 = a_n a_{n+2}$ $(n = 1, 2, 3, \cdots)$일 때, $\dfrac{a_6}{a_1} + \dfrac{a_9}{a_4} + \dfrac{a_{12}}{a_7} = 12$이다. 이때, $\dfrac{a_{25}}{a_{10}}$의 값을 구하여라.

● 잎 9-13

첫째항이 a, 공비가 2인 등비수열의 첫째항부터 제6항까지의 합이 21일 때, a의 값은? [교육청 기출]

① 1   ② $\dfrac{1}{2}$ ③ $\dfrac{1}{3}$ ④ $\dfrac{1}{4}$ ⑤ $\dfrac{1}{5}$

● 잎 9-14

다음 물음에 답하여라.

1) 수열의 합 $0.9 + 0.99 + 0.999 + \cdots + 0.999999$의 값을 구하여라.
2) 수열 3, 33, 333, 3333, $\cdots$의 첫째항부터 제n항까지의 합을 구하여라.

● 잎 9-15

등비수열 $\{a_n\}$의 첫째항부터 제 n 항까지의 합 S_n에 대하여 $\dfrac{S_4}{S_2} = 9$일 때, $\dfrac{a_4}{a_2}$의 값은? [평가원 기출]

① 3   ② 4   ③ 6   ④ 8   ⑤ 9

● 잎 9-16

등비수열 $\{a_n\}$에 대하여 $a_2 = 6$, $a_5 = 162$일 때, $(a_1 + a_2 + a_3 + \cdots + a_n) \geq 1000$을 만족시키는 n의 최솟값은? [평가원 기출]

① 6   ② 7   ③ 8   ④ 9   ⑤ 10

● 잎 9-17

다음 물음에 답하여라.

1) 등비수열 $\{a_n\}$에서 첫째항부터 제 5 항까지의 합이 $\dfrac{31}{2}$이고 곱이 32일 때,

$\dfrac{1}{a_1} + \dfrac{1}{a_2} + \dfrac{1}{a_3} + \dfrac{1}{a_4} + \dfrac{1}{a_5}$의 값은? [교육청 기출]

① $\dfrac{31}{4}$ ② $\dfrac{31}{8}$ ③ $\dfrac{31}{12}$ ④ $\dfrac{8}{31}$ ⑤ $\dfrac{4}{31}$

2) 두 수 3과 40 사이에 10개의 수를 넣어 만든 등비수열 3, a_1, a_2, $\cdots$, a_{10}, 40이 있다.

등식 $3 + a_1 + a_2 + \cdots + a_{10} + 40 = k\left(\dfrac{1}{3} + \dfrac{1}{a_1} + \dfrac{1}{a_2} + \cdots + \dfrac{1}{a_{10}} + \dfrac{1}{40} \right)$을 만족시키는 상수 k의 값을 구하여라. [교육청 기출]

10. 수열의 합

① ∑의 뜻과 그 성질

1 ∑

∑는 영어 Sum의 첫 글자 S에 해당하는 그리스 알파벳의 대문자로 **시그마**라고 읽는다.

2 합의 기호 ∑ (시그마)의 뜻

수열 $\{a_n\}$의 첫째항부터 제n항까지의 합 $a_1+a_2+a_3+\cdots+a_n$을 기호 ∑를 써서 나타내면 다음과 같다.

$$a_1+a_2+a_3+\cdots+a_n=\overset{\overset{\text{제}n\text{항까지}}{\downarrow}}{\underset{\underset{\text{첫째항부터}}{\uparrow}}{\sum_{k=1}^{n}}} a_k \leftarrow \text{제}k\text{항 (일반항)}$$

ex) 제3항부터 제$(n-2)$항까지의 합

$$a_3+a_4+a_5+\cdots+a_{n-2}=\overset{\overset{\text{제}(n-2)\text{항까지}}{\downarrow}}{\underset{\underset{\text{제}3\text{항부터}}{\uparrow}}{\sum_{k=3}^{n-2}}} a_k \leftarrow \text{제}k\text{항 (일반항)}$$

씨앗. 1 ▗ 다음을 합의 기호 ∑를 써서 나타내어라.

1) $1+2+3+4+5+\cdots+10$

2) $2+4+6+8+10+\cdots+30$

3) $2+4+8+16+32+\cdots+256$

핵심 일반항 a_n을 구한 후, n 대신 k를 대입하여 일반항 a_k를 만든다. $\left(\because \displaystyle\sum_{k=1}^{n} a_k \text{를 이용한다.}\right)$

풀이 1) $a_1=1$, $d=1$인 등차수열이므로 $a_n=n$ ∴ $a_k=k$

$$1+2+3+4+5+\cdots+10=\sum_{k=1}^{10} \boldsymbol{k}$$

2) $a_1=2$, $d=2$인 등차수열이므로 $a_n=2n$ ∴ $a_k=2k$

$$2\cdot1+2\cdot2+2\cdot3+2\cdot4+2\cdot5+\cdots+2\cdot15=\sum_{k=1}^{15} \boldsymbol{2k}$$

3) $a_1=2$, $r=2$인 등비수열이므로 $a_n=2\cdot2^{n-1}=2^n$ ∴ $a_k=2^k$

$$2^1+2^2+2^3+2^4+2^5+\cdots+2^8=\sum_{k=1}^{8} \boldsymbol{2^k}$$

씨앗. 2 ㄱ 다음을 합의 기호 $\sum$ 를 사용하지 않은 합의 꼴로 나타내어라.

1) $\displaystyle\sum_{k=1}^{10}(2k-1)$ 2) $\displaystyle\sum_{k=2}^{10}(-1)^k \cdot k$ 3) $\displaystyle\sum_{t=3}^{8}(2t-1)$ 4) $\displaystyle\sum_{j=5}^{11}(-1)^j \cdot j^2$

풀이 1) $(2\cdot1-1)+(2\cdot2-1)+(2\cdot3-1)+\cdots+(2\cdot10-1)=1+3+5+\cdots+19$

2) $(-1)^2\cdot2+(-1)^3\cdot3+(-1)^4\cdot4+\cdots+(-1)^{10}\cdot10=2-3+4-\cdots+10$

3) $(2\cdot3-1)+(2\cdot4-1)+(2\cdot5-1)+\cdots+(2\cdot8-1)=5+7+9+\cdots+15$

4) $(-1)^5\cdot5^2+(-1)^6\cdot6^2+(-1)^7\cdot7^2+\cdots+(-1)^{11}\cdot11^2=-5^2+6^2-7^2+\cdots-11^2$

참고 $\displaystyle\sum_{k=1}^{n}a_k$ 에서 k 대신 $i, j, m, \cdots$ 등의 다른 문자를 사용하여 나타내기도 한다.

즉, $\displaystyle\sum_{k=1}^{n}a_k=\sum_{i=1}^{n}a_i=\sum_{j=1}^{n}a_j=\sum_{m=1}^{n}a_m=\sum_{p=1}^{n}a_p=\sum_{q=1}^{n}a_q=\cdots$

뿌리 1-1 $\sum$의 뜻

다음을 합의 기호 $\sum$ 를 사용하여 나타내어라.

1) $7+7+7+7+7+7+7+7$

2) $4+7+10+13+\cdots+31$

3) $3+6+12+24+\cdots+768$

4) $1+3+5+7+\cdots+(2n+1)$

핵심 일반항 a_n을 구한 후, n 대신 k를 대입하여 일반항 a_k를 만든다.
또, 일반항 a_n을 이용하여 항수를 구한다.

풀이 1) $a_1=7, a_2=7, a_3=7, \cdots, a_8=7$이므로 $a_n=7$ $\quad \therefore a_k=7$

$\quad$ 7을 8개 더했으므로 $n=8$ $\quad \therefore \displaystyle\sum_{k=1}^{8}a_k=\sum_{k=1}^{8}7$

2) $a_1=4, d=3$인 등차수열이므로 $a_n=3n+1$ $\quad \therefore a_k=3k+1$

$\quad 3n+1=31$에서 $n=10$ $\quad \therefore \displaystyle\sum_{k=1}^{10}a_k=\sum_{k=1}^{10}(3k+1)$

3) $a_1=3, r=2$인 등비수열이므로 $a_n=3\cdot2^{n-1}$ $\quad \therefore a_k=3\cdot2^{k-1}$

$\quad 3\cdot2^{n-1}=768$에서 $2^{n-1}=256, 2^{n-1}=2^8$ $\quad \therefore n=9$ $\quad \therefore \displaystyle\sum_{k=1}^{9}a_k=\sum_{k=1}^{9}3\cdot2^{k-1}$

4) $a_1=1, d=2$인 등차수열이므로 $a_n=2n-1$ $\quad \therefore a_k=2k-1$
$\quad$ 또, $2n+1$은 제 $(n+1)$ 항이다.
$\quad$ 따라서 수열 $\{a_n\}$의 제1항부터 제 $(n+1)$ 항까지의 합이므로 $\displaystyle\sum_{k=1}^{n+1}a_k=\sum_{k=1}^{n+1}(2k-1)$

3 Σ의 성질

1) $\displaystyle\sum_{k=1}^{n}(a_k+b_k)=\sum_{k=1}^{n}a_k+\sum_{k=1}^{n}b_k$

증명 $\displaystyle\sum_{k=1}^{n}(a_k+b_k)=(a_1+b_1)+(a_2+b_2)+(a_3+b_3)+\cdots+(a_n+b_n)$

$\qquad\qquad =(a_1+a_2+a_3+\cdots+a_n)+(b_1+b_2+b_3+\cdots+b_n)$

$\qquad\qquad =\displaystyle\sum_{k=1}^{n}a_k+\sum_{k=1}^{n}b_k$

2) $\displaystyle\sum_{k=1}^{n}(a_k-b_k)=\sum_{k=1}^{n}a_k-\sum_{k=1}^{n}b_k$

증명 $\displaystyle\sum_{k=1}^{n}(a_k-b_k)=(a_1-b_1)+(a_2-b_2)+(a_3-b_3)+\cdots+(a_n-b_n)$

$\qquad\qquad =(a_1+a_2+a_3+\cdots+a_n)-(b_1+b_2+b_3+\cdots+b_n)$

$\qquad\qquad =\displaystyle\sum_{k=1}^{n}a_k-\sum_{k=1}^{n}b_k$

3) $\displaystyle\sum_{k=1}^{n}ca_k=c\sum_{k=1}^{n}a_k$ (단, c는 상수)

증명 $\displaystyle\sum_{k=1}^{n}ca_k=ca_1+ca_2+ca_3+\cdots+ca_n=c(a_1+a_2+a_3+\cdots+a_n)=c\sum_{k=1}^{n}a_k$

4) $\displaystyle\sum_{k=1}^{n}c=cn$ (단, c는 상수)

증명 $\displaystyle\sum_{k=1}^{n}c=\underbrace{c+c+c+\cdots+c}_{n개}$ ($\because$ 제1항: c, 제2항: c, 제3항: c, $\cdots$, 제n항: c)

$\qquad\quad =c\times n$

$\displaystyle\sum_{k=1}^{n}(pa_k+qb_k-r)=\sum_{k=1}^{n}pa_k+\sum_{k=1}^{n}qb_k-\sum_{k=1}^{n}r=p\sum_{k=1}^{n}a_k+q\sum_{k=1}^{n}b_k-rn$ (p,q,r은 상수)

$\displaystyle\sum_{m=1}^{n}(tc_m-kd_m+s)=\sum_{m=1}^{n}tc_m-\sum_{m=1}^{n}kd_m+\sum_{m=1}^{n}s=t\sum_{m=1}^{n}c_m-k\sum_{m=1}^{n}d_m+sn$ (t,k,s는 상수)

참고 $\displaystyle\sum_{k=1}^{n}a_k$에서 k 대신 $i,j,m,\cdots$ 등의 다른 문자를 사용하여 나타내기도 한다.

즉, $\displaystyle\sum_{k=1}^{n}a_k=\sum_{i=1}^{n}a_i=\sum_{j=1}^{n}a_j=\sum_{m=1}^{n}a_m=\sum_{p=1}^{n}a_p=\sum_{q=1}^{n}a_q=\cdots$

뿌리 1-2 ∑의 성질

다음 물음에 답하여라.

1) $\displaystyle\sum_{k=1}^{15} a_k^2 = 7$, $\displaystyle\sum_{k=1}^{15} a_k = 4$일 때, $\displaystyle\sum_{k=1}^{15} (2a_k - 1)^2$의 값을 구하여라.

2) $\displaystyle\sum_{k=1}^{n} (2k+1)^2 - \sum_{k=1}^{n} (4k^2 + 4k)$의 값을 구하여라.

3) $\displaystyle\sum_{k=1}^{n} (k^5 + 3) - \sum_{k=3}^{n} (k^5 + 3)$의 값을 구하여라.

4) $\displaystyle\sum_{k=1}^{7} (2^k - 3)$의 값을 구하여라.

5) $\displaystyle\sum_{k=10}^{n} (2^{k-1} + 3)$의 값을 구하여라.

풀이

1) $\displaystyle\sum_{k=1}^{15} (2a_k - 1)^2 = \sum_{k=1}^{15} (4a_k^2 - 4a_k + 1) = 4\sum_{k=1}^{15} a_k^2 - 4\sum_{k=1}^{15} a_k + \sum_{k=1}^{15} 1 = 4 \cdot 7 - 4 \cdot 4 + 1 \cdot 15 = \mathbf{27}$

2) $\displaystyle\sum_{k=1}^{n} (2k+1)^2 - \sum_{k=1}^{n} (4k^2 + 4k) = \sum_{k=1}^{n} \{(2k+1)^2 - (4k^2 + 4k)\} = \sum_{k=1}^{n} 1 = 1 \cdot n = \boldsymbol{n}$

3) $\displaystyle\sum_{k=1}^{n} (k^5 + 3) - \sum_{k=3}^{n} (k^5 + 3) = \sum_{k=1}^{2} (k^5 + 3) = (1^5 + 3) + (2^5 + 3) = \mathbf{39}$

4) $\displaystyle\sum_{k=1}^{7} (2^k - 3) = \sum_{k=1}^{7} 2^k - \sum_{k=1}^{7} 3 = (2^1 + 2^2 + 2^3 + \cdots + 2^7) - 3 \cdot 7$

$\displaystyle = \frac{2 \cdot (2^7 - 1)}{2 - 1} - 21 = 256 - 2 - 21 = \mathbf{233}$

5) $\boxed{\displaystyle\sum_{k=m}^{n} a_k = \sum_{k=1}^{n} a_k - \sum_{k=1}^{m-1} a_k \,(\text{단},\, n \geq m)}$

$\displaystyle\sum_{k=10}^{n} (2^{k-1} + 3) = \sum_{k=1}^{n} (2^{k-1} + 3) - \sum_{k=1}^{9} (2^{k-1} + 3) = \sum_{k=1}^{n} 2^{k-1} + \sum_{k=1}^{n} 3 - \left(\sum_{k=1}^{9} 2^{k-1} + \sum_{k=1}^{9} 3 \right)$

$\displaystyle = \sum_{k=1}^{n} 2^{k-1} + \sum_{k=1}^{n} 3 - \sum_{k=1}^{9} 2^{k-1} - \sum_{k=1}^{9} 3$

$\displaystyle = (1 + 2 + 2^2 + \cdots + 2^{n-1}) + 3n - (1 + 2 + 2^2 + \cdots + 2^8) - 3 \cdot 9$

$\displaystyle = \frac{1 \cdot (2^n - 1)}{2 - 1} + 3n - \frac{1 \cdot (2^9 - 1)}{2 - 1} - 27 = \mathbf{2^n + 3n - 539}$

참고 $\displaystyle\sum_{k=1}^{n} r^k$ 꼴은 등비수열의 합의 공식을 이용하여 계산한다. $\left(\because \displaystyle\sum_{k=1}^{n} r^k = r + r^2 + r^3 + \cdots + r^n \right)$

[줄기1-1] 다음 물음에 답하여라.

1) $\displaystyle\sum_{k=1}^{10} a_k = 2$, $\displaystyle\sum_{k=1}^{10} a_k{}^2 = 3$일 때, $\displaystyle\sum_{k=1}^{10} (2a_k - 3)^2$의 값을 구하여라.

2) $\displaystyle\sum_{k=1}^{n} (2k+3)^2 - \sum_{k=1}^{n} (2k+5)(2k+1)$의 값을 구하여라.

4 **Σ의 성질에서 주의해야 할 것들**

1) $\displaystyle\sum_{k=1}^{n} a_k b_k \neq \sum_{k=1}^{n} a_k \sum_{k=1}^{n} b_k$ ◆증명◆ $(a_1 b_1 + a_2 b_2 + \cdots + a_n b_n) \neq (a_1 + a_2 + \cdots + a_n)(b_1 + b_2 + \cdots + b_n)$

2) $\displaystyle\sum_{k=1}^{n} \frac{a_k}{b_k} \neq \frac{\displaystyle\sum_{k=1}^{n} a_k}{\displaystyle\sum_{k=1}^{n} b_k}$ ◆증명◆ $\left(\dfrac{a_1}{b_1} + \dfrac{a_2}{b_2} + \cdots + \dfrac{a_n}{b_n}\right) \neq \dfrac{a_1 + a_2 + \cdots + a_n}{b_1 + b_2 + \cdots + b_n}$

$cf)$ ★ $\displaystyle\sum_{k=1}^{n}(a_k \pm b_k) = \sum_{k=1}^{n} a_k \pm \sum_{k=1}^{n} b_k$ (복부호 동순)

익히는 방법

$$\sum_{k=1}^{n}(a_k + b_k) = \sum_{k=1}^{n} a_k + \sum_{k=1}^{n} b_k, \quad \sum_{k=1}^{n}(a_k - b_k) = \sum_{k=1}^{n} a_k - \sum_{k=1}^{n} b_k$$

Σ는 합의 기호이므로 +와 −에서 Σ는 분배된다. 하지만

$$\sum_{k=1}^{n} a_k b_k \neq \sum_{k=1}^{n} a_k \sum_{k=1}^{n} b_k, \quad \sum_{k=1}^{n} \frac{a_k}{b_k} \neq \frac{\displaystyle\sum_{k=1}^{n} a_k}{\displaystyle\sum_{k=1}^{n} b_k}$$

Σ는 합의 기호이므로 ×와 ÷에서는 Σ는 분배되지 않는다.

[줄기1-2] 다음을 계산하여라.

1) $\displaystyle\sum_{k=1}^{n} k^7 - \sum_{k=1}^{n-1} k^7$

2) $\displaystyle\sum_{k=1}^{n}(k^2 - 1) - \sum_{k=1}^{n-1}(k^2 + 1)$

3) $\displaystyle\sum_{k=1}^{50}\left(2 \cdot 3^{k-1} + \frac{1}{50}\right)$

4) $\displaystyle\sum_{k=1}^{10} \frac{2^k + (-3)^k}{4^k}$

5) $\displaystyle\sum_{k=1}^{10} \frac{3^k - 2^k}{4^{k-1}}$

[줄기1-3] 다음 물음에 답하여라.

1) $\displaystyle\sum_{k=1}^{n} a_k = 6n, \ \sum_{k=1}^{n} b_k = 5n$ 일 때, $\displaystyle\sum_{n=1}^{5}\left\{\sum_{k=1}^{n}(3a_k - 4b_k + 5)\right\}$의 값을 구하여라.

2) $\displaystyle\sum_{k=1}^{n} a_k = 6n^2, \ \sum_{k=1}^{n} b_k = 5n^2$ 일 때, $\displaystyle\sum_{k=1}^{5}\left\{\sum_{k=1}^{n} \frac{(3a_k - 4b_k + 5n)}{n}\right\}$의 값을 구하여라.

02 자연수의 거듭제곱의 합

1 자연수의 거듭제곱의 합

1) $\displaystyle\sum_{k=1}^{n} k = 1 + 2 + 3 + \cdots + n = \boxed{\dfrac{n(n+1)}{2}}$

2) $\displaystyle\sum_{k=1}^{n} k^2 = 1^2 + 2^2 + 3^2 + \cdots + n^2 = \boxed{\dfrac{n(n+1)(2n+1)}{6}} = \dfrac{n(n+1)}{2} \cdot \dfrac{(2n+1)}{3}$

3) $\displaystyle\sum_{k=1}^{n} k^3 = 1^3 + 2^3 + 3^3 + \cdots + n^3 = \boxed{\left\{\dfrac{n(n+1)}{2}\right\}^2}$

증명 1) 등차수열 $1, 2, 3, \cdots, n$을 수열 $\{a_n\}$이라 하고, 공차를 d, 끝항을 l, 첫째항부터 제 n 항까지의 합을 S_n이라 하면 $a_1 = 1$, $l = n$, (항수) $= n$

이때, 등차수열의 합의 공식 $S_n = \dfrac{n\{(첫째항) + (끝항)\}}{2}$, 즉 $S_n = \dfrac{n(a_1 + l)}{2}$ 을 이용하면

$S_n = \dfrac{n(1+n)}{2}$ $\therefore \displaystyle\sum_{k=1}^{n} k = \dfrac{n(n+1)}{2}$

2) 항등식 $(k+1)^3 - k^3 = 3k^2 + 3k + 1$에 $k = 1, 2, 3, \cdots, n$을 차례로 대입하면

$k=1$일 때 $\quad 2^3 \ - \ 1^3 \ = 3 \cdot \boxed{1^2} + 3 \cdot \boxed{1} + 1$

$k=2$일 때 $\quad 3^3 \ - \ 2^3 \ = 3 \cdot 2^2 + 3 \cdot 2 + 1$

$k=3$일 때 $\quad 4^3 \ - \ 3^3 \ = 3 \cdot 3^2 + 3 \cdot 3 + 1$

$\quad\vdots\qquad\qquad\qquad\vdots$

$k=n$일 때 $(n+1)^3 - n^3 = 3 \cdot n^2 + 3 \cdot n + 1$

위의 식을 변끼리 더하면

$(n+1)^3 - 1^3 = 3(1^2 + 2^2 + 3^2 + \cdots + n^2) + 3(1 + 2 + 3 + \cdots + n) + n$

$\qquad\qquad\qquad = 3\displaystyle\sum_{k=1}^{n} k^2 + 3 \cdot \dfrac{n(n+1)}{2} + n$

$\therefore 3\displaystyle\sum_{k=1}^{n} k^2 = (n+1)^3 - 3 \cdot \dfrac{n(n+1)}{2} - (n+1) = (n+1)\left(n^2 + 2n - \dfrac{3}{2}n\right) = (n+1)\left(\dfrac{2n^2 + n}{2}\right)$

$\qquad\qquad = \dfrac{n(n+1)(2n+1)}{2}$

$\therefore \displaystyle\sum_{k=1}^{n} k^2 = \dfrac{n(n+1)(2n+1)}{6}$

3) 항등식 $(k+1)^4 - k^4 = 4k^3 + 6k^2 + 4k + 1$을 이용하여 2)번과 같은 방법으로 증명한다.

익히는 방법

1), 2), 3)의 모든 공식에 $\dfrac{n(n+1)}{2}$ 이 들어가 있다는 것을 생각하면서 ☐ 속의 공식을 익힌다.

뿌리 2-1 자연수의 거듭제곱의 합

다음을 계산하여라.

1) $\displaystyle\sum_{k=1}^{5}(2k^2-k-1)$ 2) $\displaystyle\sum_{k=1}^{7}(k^3+2^k-3)$ 3) $\displaystyle\sum_{k=1}^{n-1}(2k+1)$ 4) $\displaystyle\sum_{k=0}^{n-1}(2k+1)$

풀이 1) $\displaystyle\sum_{k=1}^{5}(2k^2-k-1)=2\sum_{k=1}^{5}k^2-\sum_{k=1}^{5}k-\sum_{k=1}^{5}1$

$$=2\cdot\frac{5(5+1)(2\cdot5+1)}{6}-\frac{5(5+1)}{2}-1\cdot5=110-15-5=\mathbf{90}$$

2) $\displaystyle\sum_{k=1}^{7}(k^3+2^k-3)=\sum_{k=1}^{7}k^3+\sum_{k=1}^{7}2^k-\sum_{k=1}^{7}3$

$$=\left\{\frac{7(7+1)}{2}\right\}^2+(2^1+2^2+2^3+\cdots+2^7)-3\cdot7$$

$$=28^2+\frac{2\cdot(2^7-1)}{2-1}-21=784+254-21=\mathbf{1017}$$

3) $\displaystyle\sum_{k=1}^{n-1}(2k+1)=2\sum_{k=1}^{n-1}k+\sum_{k=1}^{n-1}1=2\cdot\frac{(n-1)\{(n-1)+1\}}{2}+1\cdot(n-1)$

$$=n^2-n+n-1=\mathbf{n^2-1}$$

4) $\boxed{\displaystyle\sum_{k=0}^{n}a_k=a_0+\sum_{k=1}^{n}a_k}$

$$\sum_{k=0}^{n-1}(2k+1)=(2\cdot0+1)+\sum_{k=1}^{n-1}(2k+1)=1+2\sum_{k=1}^{n-1}k+\sum_{k=1}^{n-1}1$$

$$=1+2\cdot\frac{(n-1)\{(n-1)+1\}}{2}+1\cdot(n-1)=1+n^2-n+n-1=\mathbf{n^2}$$

[줄기 2-1] 다음을 계산하여라.

1) $\displaystyle\sum_{k=0}^{n}(3-2k)$ 2) $\displaystyle\sum_{k=n+1}^{2n}k^2$ 3) $\displaystyle\sum_{k=0}^{n}(k^3+2\cdot3^{k-1})$ 4) $\displaystyle\sum_{k=6}^{n+6}2(k-3)$

뿌리 2-2 Σ를 이용한 수열의 합(1)

다음 수열의 첫째항부터 제 n 항까지의 합을 구하여라.

$$1\cdot2,\ 2\cdot3,\ 3\cdot4,\ 4\cdot5,\cdots$$

풀이 주어진 수열의 일반항을 a_n이라 하면 $a_n=n(n+1)$ $\therefore a_k=k(k+1)$
따라서 수열 $\{a_n\}$의 첫째항부터 제 n 항까지의 합을 S_n이라 하면

$$S_n=\sum_{k=1}^{n}a_k=\sum_{k=1}^{n}k(k+1)=\sum_{k=1}^{n}(k^2+k)=\sum_{k=1}^{n}k^2+\sum_{k=1}^{n}k$$

$$=\frac{n(n+1)(2n+1)}{6}+\frac{n(n+1)}{2}=\frac{n(n+1)}{6}\cdot\{(2n+1)+3\}=\mathbf{\frac{n(n+1)(n+2)}{3}}$$

뿌리 2-3 Σ를 이용한 수열의 합(2)

다음 수열의 첫째항부터 제 n 항까지의 합을 구하여라.

1) $1^2, 3^2, 5^2, 7^2, 9^2, \cdots$　　　　2) $1, (1+2), (1+2+3), (1+2+3+4), \cdots$

풀이 1) 주어진 수열의 일반항을 a_n 이라 하면 $a_n = (2n-1)^2$　　$\therefore a_k = (2k-1)^2$
따라서 수열 $\{a_n\}$ 의 첫째항부터 제 n 항까지의 합을 S_n 이라 하면

$$S_n = \sum_{k=1}^{n} a_k = \sum_{k=1}^{n} (2k-1)^2 = \sum_{k=1}^{n} (4k^2 - 4k + 1) = 4\sum_{k=1}^{n} k^2 - 4\sum_{k=1}^{n} k + \sum_{k=1}^{n} 1$$

$$= 4 \cdot \frac{n(n+1)(2n+1)}{6} - 4 \cdot \frac{n(n+1)}{2} + 1 \cdot n = \frac{n}{3}\{2(n+1)(2n+1) - 3 \cdot 2 \cdot (n+1) + 3 \cdot 1\}$$

$$= \frac{n}{3}(4n^2 + 6n + 2 - 6n - 6 + 3) = \frac{n}{3}(4n^2 - 1) = \frac{n(2n-1)(2n+1)}{3}$$

2) 주어진 수열의 일반항을 a_n 이라 하면 $a_n = 1 + 2 + 3 + \cdots + n$

$$a_n = \frac{n(n+1)}{2} \qquad \therefore a_k = \frac{k(k+1)}{2}$$

따라서 수열 $\{a_n\}$ 의 첫째항부터 제 n 항까지의 합을 S_n 이라 하면

$$S_n = \sum_{k=1}^{n} a_k = \sum_{k=1}^{n} \frac{k(k+1)}{2} = \frac{1}{2}\sum_{k=1}^{n} k(k+1) = \frac{1}{2} \cdot \frac{n(n+1)(n+2)}{3} = \frac{n(n+1)(n+2)}{6}$$

참고 2) $\sum_{k=1}^{n} k(k+1) = \dfrac{n(n+1)(n+2)}{3}$ 는 매우 자주 쓰이므로 기억하자! [p.260 뿌리 2-2]

[줄기2-2] 다음 수열의 첫째항부터 제 n 항까지의 합을 구하여라.

1) $1^2, 4^2, 7^2, 10^2, \cdots$　　　　2) $1, (1+3), (1+3+3^2), (1+3+3^2+3^3), \cdots$

[줄기2-3] 다음 합을 구하여라.

1) $9 + 99 + 999 + \cdots + \underbrace{999\cdots 9}_{n개}$

2) $4 + 44 + 444 + \cdots + \underbrace{444\cdots 4}_{n개}$

3) $1 \cdot n + 2 \cdot (n-1) + 3 \cdot (n-2) + \cdots + (n-1) \cdot 2 + n \cdot 1$

4) $1 \cdot (2n-1) + 2 \cdot (2n-3) + 3 \cdot (2n-5) + \cdots + (n-1) \cdot 3 + n \cdot 1$

[줄기2-4] 다음 값을 구하여라.

1) $1 \cdot 20 + 2 \cdot 19 + 3 \cdot 18 + \cdots + 20 \cdot 1$

2) $1 \cdot 2 + 2 \cdot 3 + 3 \cdot 4 + \cdots + 19 \cdot 20$

3) $1 \cdot 2 + 3 \cdot 4 + 5 \cdot 6 + \cdots + 19 \cdot 20$

뿌리 2-4 ∑로 표현된 수열의 합과 일반항 사이의 관계(1)

다음 물음에 답하여라.

1) 수열 $\{a_n\}$에 대하여 $\sum_{k=1}^{n} a_k = n^2 + 2n$일 때, $\sum_{k=1}^{10} a_{2k}$의 값을 구하여라.

2) 수열 $\{a_n\}$에 대하여 $\sum_{k=1}^{n} a_k = \dfrac{n}{n+1}$일 때, $\sum_{k=1}^{n} \dfrac{1}{a_k}$의 값을 구하여라.

풀이 수열 $\{a_n\}$의 첫째항부터 제n항까지의 합을 S_n이라 하면

1) $\sum_{k=1}^{n} a_k = S_n = n^2 + 2n$ ⇨ S_n이 n에 대한 이차식이므로 수열 $\{a_n\}$은 등차수열이다.

$S_n = n^2 + 2n$에서 '이차항의 계수와 차수의 곱'이 공차이므로 공차를 d라 하면
$d = 1 \times 2 = 2$

(상수항)$=0$이므로 0순위인 첫째항부터 등차수열을 이룬다. $(n \geq 1)$

$a_1 = S_1 = 1^2 + 2 \cdot 1 = 3$ $\therefore a_n = 2n + 1 \ (n \geq 1)$

$\therefore a_{2k} = 2 \cdot 2k + 1 \left(2k \geq 1, \ \text{즉} \ k \geq \dfrac{1}{2}\right)$ ⇨ $k \geq \dfrac{1}{2}$이므로 a_{2k}는 $k = 1, 2, 3, \cdots$에서 성립한다.

$\therefore \sum_{k=1}^{10} a_{2k} = \sum_{k=1}^{10} (4k+1) = 4\sum_{k=1}^{10} k + \sum_{k=1}^{10} 1 = 4 \cdot \dfrac{10(10+1)}{2} + 10 = \mathbf{230}$

2) $\sum_{k=1}^{n} a_k = S_n = \dfrac{n}{n+1}$

i) $a_n = S_n - S_{n-1} \ (n \geq 2 \ \because n = 1$이면 S_0 (모순)이 나온다.$)$

$a_n = \dfrac{n}{n+1} - \dfrac{(n-1)}{(n-1)+1} = \dfrac{1}{n(n+1)} \ (n \geq 2)$

$\therefore a_n = \dfrac{1}{n(n+1)} \ (n \geq 2) \cdots \bigcirc$

ii) $n = 1$일 때, $a_1 = S_1 = \dfrac{1}{1+1} = \dfrac{1}{2}$

이때, $a_1 = \dfrac{1}{2}$은 $\bigcirc$에 $n = 1$을 대입한 것과 같으므로

$a_n = \dfrac{1}{n(n+1)} \ (n \geq 1)$ $\therefore a_k = \dfrac{1}{k(k+1)} \ (k \geq 1)$ $\therefore \dfrac{1}{a_k} = k(k+1) \ (k \geq 1)$

$\sum_{k=1}^{n} \dfrac{1}{a_k} = \sum_{k=1}^{n} (k^2 + k) = \sum_{k=1}^{n} k^2 + \sum_{k=1}^{n} k = \dfrac{n(n+1)(2n+1)}{6} + \dfrac{n(n+1)}{2}$

$= \dfrac{n(n+1)}{6} \cdot \{(2n+1) + 3\} = \dfrac{n(n+1)(2n+4)}{6} = \dfrac{\mathbf{n(n+1)(n+2)}}{\mathbf{3}}$

[줄기2-5] 다음 물음에 답하여라.

1) 수열 $\{a_n\}$에 대하여 $\sum_{k=1}^{n} a_k = n^2 + 2$일 때, $\sum_{k=1}^{2n} a_k$의 값을 구하여라.

2) 수열 $\{a_n\}$에 대하여 $\sum_{k=1}^{n} a_k = n^2 + 2$일 때, $\sum_{k=1}^{2n} a_{2k}$의 값을 구하여라.

뿌리 2-5 ∑로 표현된 수열의 합과 일반항 사이의 관계(2)

수열 $\{a_n\}$에 대하여 $\sum_{k=1}^{n} a_k = 5^n - 1$일 때, $\sum_{k=1}^{10} \dfrac{a_{3k}}{a_{3k-1}}$의 값을 구하여라.

풀이

$\sum_{k=1}^{n} a_k = S_n = 5^n - 1$

$\Rightarrow S_n = Ar^n + B \, (A=1, B=-1, r=5)$ 꼴이므로 수열 $\{a_n\}$은 등비수열이다.

$S_0 = 0$이므로 0순위인 첫째항부터 등비수열을 이룬다. $(n \geq 1)$

$a_1 = S_1 = 5^1 - 1 = 4 \qquad \therefore a_n = a_1 r^{n-1} = 4 \cdot 5^{n-1} \, (n \geq 1)$

$\therefore a_{3k} = 4 \cdot 5^{3k-1} \left(3k \geq 1, \text{ 즉 } \underline{k \geq \dfrac{1}{3}} \right) \Rightarrow \underline{k \geq \dfrac{1}{3}}$이므로 a_{3k}는 $k = 1, 2, 3, \cdots$에서 성립한다.

$\therefore a_{3k-1} = 4 \cdot 5^{(3k-1)-1} \left(3k-1 \geq 1, \text{ 즉 } \underline{k \geq \dfrac{2}{3}} \right) \Rightarrow \underline{k \geq \dfrac{2}{3}}$이므로 a_{3k-1}은 $k = 1, 2, 3, \cdots$에서 성립한다.

$\sum_{k=1}^{10} \dfrac{a_{3k}}{a_{3k-1}} = \sum_{k=1}^{10} \dfrac{4 \cdot 5^{3k-1}}{4 \cdot 5^{3k-2}} = \sum_{k=1}^{10} \dfrac{5^{3k-1}}{5^{3k-2}} = \sum_{k=1}^{10} 5^{(3k-1)-(3k-2)} = \sum_{k=1}^{10} 5 = 5 \cdot 10 = 50$

[줄기2-6] 다음 물음에 답하여라.

1) 수열 $\{a_n\}$에 대하여 $\sum_{k=1}^{n} a_k = 2^n - 1$일 때, $\sum_{k=1}^{2n} a_k$의 값을 구하여라.

2) 수열 $\{a_n\}$에 대하여 $\sum_{k=1}^{n} a_k = 3^n + 1$일 때, $\sum_{k=1}^{n} a_{2k}$의 값을 구하여라.

---

2 ∑ 속에 속한 문자가 변수인지 상수인지 구분해야 한다.

1) $\sum_{k=1}^{n} a_l b_k = a_l \sum_{k=1}^{n} b_k$

증명 $\sum_{k=1}^{n} a_l b_k$에서 k가 변수이고 l은 상수이므로

$\sum_{k=1}^{n} a_l b_k = a_l b_1 + a_l b_2 + \cdots + a_l b_n = a_l (b_1 + b_2 + \cdots + b_n) = a_l \sum_{k=1}^{n} b_k$

2) $\sum_{l=1}^{n} a_l b_k = b_k \sum_{l=1}^{n} a_l$

증명 $\sum_{l=1}^{n} a_l b_k$에서 l이 변수이고 k는 상수이므로

$\sum_{l=1}^{n} a_l b_k = a_1 b_k + a_2 b_k + \cdots + a_n b_k = b_k (a_1 + a_2 + \cdots + a_n) = b_k \sum_{l=1}^{n} a_l$

뿌리 2-6) Σ를 여러 개 포함한 식의 계산

다음 물음에 답하여라.

1) $\displaystyle\sum_{m=1}^{n}\left(\sum_{k=1}^{m}mk\right)$를 n의 식으로 나타내어라.

2) $\displaystyle\sum_{l=1}^{10}\left\{\sum_{k=1}^{5}(k+l)\right\}$을 계산하여라.

풀이 1) $\displaystyle\sum_{k=1}^{m}mk$에서 k가 변수이고 m은 상수이므로

$$\sum_{k=1}^{m}mk = m\sum_{k=1}^{m}k = m\cdot\frac{m(m+1)}{2} = \frac{m^2(m+1)}{2}$$

$\displaystyle\sum_{m=1}^{n}\frac{m^2(m+1)}{2}$에서 m이 변수이므로

$$\sum_{m=1}^{n}\frac{m^2(m+1)}{2} = \frac{1}{2}\sum_{m=1}^{n}(m^3+m^2) = \frac{1}{2}\left(\sum_{m=1}^{n}m^3 + \sum_{m=1}^{n}m^2\right)$$

$$= \frac{1}{2}\left[\left\{\frac{n(n+1)}{2}\right\}^2 + \frac{n(n+1)(2n+1)}{6}\right]$$

$$= \frac{1}{2}\cdot\frac{n(n+1)}{12}\cdot\{3n(n+1)+2(2n+1)\} = \frac{n(n+1)(3n^2+7n+2)}{24}$$

2) $\displaystyle\sum_{k=1}^{5}(k+l)$에서 k가 변수이고 l은 상수이므로

$$\sum_{k=1}^{5}(k+l) = \sum_{k=1}^{5}k + \sum_{k=1}^{5}l = \frac{5(5+1)}{2} + l\cdot5 = 15+5l$$

$\displaystyle\sum_{l=1}^{10}(5l+15)$에서 l이 변수이므로

$$\sum_{l=1}^{10}(5l+15) = 5\sum_{l=1}^{10}l + \sum_{l=1}^{10}15 = 5\cdot\frac{10(10+1)}{2} + 15\cdot10 = \mathbf{425}$$

참고 Σ가 여러 개 있는 경우 ⇨ Σ 속에 속한 문자가 변수인지 상수인지 구분해야 한다.

[줄기2-7] 다음 식을 간단히 하여라.

1) $\displaystyle\sum_{m=1}^{n}\left\{\sum_{l=1}^{m}\left(\sum_{k=1}^{l}2\right)\right\}$

2) $\displaystyle\sum_{l=1}^{n}\left(\sum_{k=1}^{8}2^{k-1}\cdot l\right)$

3) $\displaystyle\sum_{l=1}^{n}\left(\sum_{k=l+1}^{n}k\right)$

4) $\displaystyle\sum_{k=1}^{100}(k^2-2k+7) + \sum_{i=1}^{100}(-i^2+2i-3)$

03 여러 가지 수열의 합

일반항 a_n의 분모가 곱의 꼴인 수열의 합

분모가 곱의 꼴인 경우 ⇨ 부분분수로 변형한다. ※ 부분분수의 부분은 ★두 부분을 말한다.

1) $\dfrac{1}{AB} = \dfrac{1}{B-A}\left(\dfrac{1}{A} - \dfrac{1}{B}\right)$ (단, $A \neq B$ ∵ 분모는 0이 될 수 없다.)

2) $\dfrac{1}{ABC} = \dfrac{1}{C-A}\left(\dfrac{1}{AB} - \dfrac{1}{BC}\right)$ (단, $A \neq C$ ∵ 분모는 0이 될 수 없다.)

익히는 방법

1) 분모가 곱의 꼴이면 제일 먼저 ★두 부분으로 분할해 본다.

$$\dfrac{1}{AB} \Rightarrow \dfrac{1}{A} - \dfrac{1}{B}$$

$\dfrac{1}{A} - \dfrac{1}{B} = \dfrac{B-A}{AB}$ 이므로 $\dfrac{1}{AB} = \dfrac{1}{B-A}\left(\dfrac{1}{A} - \dfrac{1}{B}\right)$

2) 분모가 곱의 꼴이면 제일 먼저 ★두 부분으로 분할해 본다.

$$\dfrac{1}{ABC} \Rightarrow \dfrac{1}{AB} - \dfrac{1}{BC}$$

$\dfrac{1}{AB} - \dfrac{1}{BC} = \dfrac{C-A}{ABC}$ 이므로 $\dfrac{1}{ABC} = \dfrac{1}{C-A}\left(\dfrac{1}{AB} - \dfrac{1}{BC}\right)$

씨앗. 1 ┚ 다음 값을 구하여라.

1) $\displaystyle\sum_{k=1}^{10} \dfrac{1}{k(k+1)}$
2) $\displaystyle\sum_{k=1}^{9} \dfrac{1}{k(k+1)(k+2)}$

풀이 1) $\displaystyle\sum_{k=1}^{10} \dfrac{1}{k(k+1)} = \sum_{k=1}^{10}\left(\dfrac{1}{k} - \dfrac{1}{k+1}\right)$

$$= \left\{\left(\dfrac{1}{1} - \dfrac{1}{2}\right) + \left(\dfrac{1}{2} - \dfrac{1}{3}\right) + \left(\dfrac{1}{3} - \dfrac{1}{4}\right) + \cdots + \left(\dfrac{1}{10} - \dfrac{1}{11}\right)\right\} = \dfrac{10}{11}$$

첫째항   끝항

2) $\displaystyle\sum_{k=1}^{9} \dfrac{1}{k(k+1)(k+2)}$

$$= \sum_{k=1}^{9} \dfrac{1}{(k+2)-k}\left\{\dfrac{1}{k(k+1)} - \dfrac{1}{(k+1)(k+2)}\right\} = \dfrac{1}{2}\sum_{k=1}^{9}\left\{\dfrac{1}{k(k+1)} - \dfrac{1}{(k+1)(k+2)}\right\}$$

$$= \dfrac{1}{2}\left\{\left(\dfrac{1}{1\cdot2} - \dfrac{1}{2\cdot3}\right) + \left(\dfrac{1}{2\cdot3} - \dfrac{1}{3\cdot4}\right) + \left(\dfrac{1}{3\cdot4} - \dfrac{1}{4\cdot5}\right) + \cdots + \left(\dfrac{1}{9\cdot10} - \dfrac{1}{10\cdot11}\right)\right\} = \dfrac{27}{110}$$

첫째항   끝항

참고 부분분수의 합에서 첫째항의 앞의 것이 남으면 끝항의 뒤의 것이 남는다.

뿌리 3-1 분수 꼴인 수열의 합(1)

다음 수열의 첫째항부터 제n항까지의 합을 구하여라.

1) $\dfrac{1}{1\cdot3}$, $\dfrac{1}{3\cdot5}$, $\dfrac{1}{5\cdot7}$, $\dfrac{1}{7\cdot9}$, $\cdots$

2) $\dfrac{1}{2^2-1}$, $\dfrac{1}{3^2-1}$, $\dfrac{1}{4^2-1}$, $\dfrac{1}{5^2-1}$, $\cdots$

풀이 1) $a_n=\dfrac{1}{(2n-1)(2n+1)}$ $\therefore a_k=\dfrac{1}{(2k-1)(2k+1)}$

$S_n=\displaystyle\sum_{k=1}^{n}a_k=\sum_{k=1}^{n}\dfrac{1}{(2k-1)(2k+1)}=\sum_{k=1}^{n}\dfrac12\left(\dfrac{1}{2k-1}-\dfrac{1}{2k+1}\right)=\dfrac12\sum_{k=1}^{n}\left(\dfrac{1}{2k-1}-\dfrac{1}{2k+1}\right)$

$=\dfrac12\left\{\left(\dfrac11-\dfrac13\right)+\left(\dfrac13-\dfrac15\right)+\left(\dfrac15-\dfrac17\right)+\cdots+\left(\dfrac{1}{2n-1}-\dfrac{1}{2n+1}\right)\right\}=\dfrac{n}{2n+1}$

2) $a_n=\dfrac{1}{(n+1)^2-1}=\dfrac{1}{\{(n+1)-1\}\{(n+1)+1\}}=\dfrac{1}{n(n+2)}$ $\therefore a_k=\dfrac{1}{k(k+2)}$

$S_n=\displaystyle\sum_{k=1}^{n}a_k=\sum_{k=1}^{n}\dfrac{1}{k(k+2)}=\sum_{k=1}^{n}\dfrac12\left(\dfrac1k-\dfrac{1}{k+2}\right)=\dfrac12\sum_{k=1}^{n}\left(\dfrac1k-\dfrac{1}{k+2}\right)$

$=\dfrac12\left\{\underbrace{\left(\dfrac11-\dfrac13\right)}_{첫째항}+\underbrace{\left(\dfrac12-\dfrac14\right)}_{둘째항}+\left(\dfrac13-\dfrac15\right)+\left(\dfrac14-\dfrac16\right)+\left(\dfrac15-\dfrac17\right)+\cdots\right.$

$\left.+\underbrace{\left(\dfrac{1}{n-1}-\dfrac{1}{n+1}\right)}_{끝항의 앞항}+\underbrace{\left(\dfrac1n-\dfrac{1}{n+2}\right)}_{끝항}\right\}$

$=\dfrac12\left(\dfrac32-\dfrac{1}{n+1}-\dfrac{1}{n+2}\right)=\dfrac{n(3n+5)}{4(n+1)(n+2)}$

참고 부분분수의 합에서 첫째항과 둘째항의 앞의 것이 남으면 끝항의 앞항과 끝항의 뒤의 것이 남는다.

[줄기3-1] 다음 물음에 답하여라.

1) 수열 $\{a_n\}$에 대하여 $a_n=\displaystyle\sum_{k=1}^{n}k^2$일 때, $\displaystyle\sum_{k=1}^{n}\dfrac{2k+1}{a_k}$의 값을 구하여라.

2) $\dfrac11$, $\dfrac{1}{1+2}$, $\dfrac{1}{1+2+3}$, $\dfrac{1}{1+2+3+4}$, $\cdots$의 수열의 첫째항부터 제n항까지의 합을 구하여라.

[줄기3-2] 수열 $\{a_n\}$에 대하여 $\displaystyle\sum_{k=1}^{n}a_k=n^3-n+2$일 때, $\displaystyle\sum_{k=1}^{10}\dfrac{1}{a_k}$의 값을 구하여라.

[줄기3-3] 수열 $\{a_n\}$에 대하여 $\displaystyle\sum_{k=1}^{n}a_k=n^2+4n$일 때, $\displaystyle\sum_{k=1}^{n}\dfrac{1}{a_ka_{k+1}}$의 값을 구하여라.

뿌리 3-2 근호가 포함된 수열의 합(1)

다음 수열의 첫째항부터 제 n 항까지의 합을 구하여라.

1) $\dfrac{1}{1+\sqrt{2}}$, $\dfrac{1}{\sqrt{2}+\sqrt{3}}$, $\dfrac{1}{\sqrt{3}+\sqrt{4}}$, $\dfrac{1}{\sqrt{4}+\sqrt{5}}$, $\cdots$

2) 1, $\sqrt{2}-1$, $\sqrt{3}-\sqrt{2}$, $2-\sqrt{3}$, $\sqrt{5}-2$, $\cdots$

3) 1, $\dfrac{1}{\sqrt{2}+\sqrt{1}}$, $\dfrac{1}{\sqrt{3}+\sqrt{2}}$, $\dfrac{1}{\sqrt{4}+\sqrt{3}}$, $\dfrac{1}{\sqrt{5}+\sqrt{4}}$, $\cdots$

[풀이]

1) $\dfrac{1}{\sqrt{1}+\sqrt{2}}$, $\dfrac{1}{\sqrt{2}+\sqrt{3}}$, $\dfrac{1}{\sqrt{3}+\sqrt{4}}$, $\dfrac{1}{\sqrt{4}+\sqrt{5}}$, $\cdots$

$a_n = \dfrac{1}{\sqrt{n}+\sqrt{n+1}} = \dfrac{1 \cdot (\sqrt{n+1}-\sqrt{n})}{(\sqrt{n+1}+\sqrt{n})(\sqrt{n+1}-\sqrt{n})} = \sqrt{n+1}-\sqrt{n}$

$\therefore a_k = \sqrt{k+1}-\sqrt{k}$

$S_n = \displaystyle\sum_{k=1}^{n} a_k = \sum_{k=1}^{n}(\sqrt{k+1}-\sqrt{k})$

$\quad = \{(\sqrt{2}-\sqrt{1})+(\sqrt{3}-\sqrt{2})+(\sqrt{4}-\sqrt{3})+\cdots+(\sqrt{n+1}-\sqrt{n})\} = \boldsymbol{\sqrt{n+1}-1}$

2) $\sqrt{1}-\sqrt{0}$, $\sqrt{2}-\sqrt{1}$, $\sqrt{3}-\sqrt{2}$, $\sqrt{4}-\sqrt{3}$, $\sqrt{5}-\sqrt{4}$, $\cdots$

$a_n = \sqrt{n}-\sqrt{n-1} \quad \therefore a_k = \sqrt{k}-\sqrt{k-1}$

$S_n = \displaystyle\sum_{k=1}^{n} a_k = \sum_{k=1}^{n}(\sqrt{k}-\sqrt{k-1})$

$\quad = \{(\sqrt{1}-\sqrt{0})+(\sqrt{2}-\sqrt{1})+(\sqrt{3}-\sqrt{2})+\cdots+(\sqrt{n}-\sqrt{n-1})\}$

$\quad = \sqrt{n}-0 = \boldsymbol{\sqrt{n}}$

3) $\dfrac{1}{\sqrt{1}+\sqrt{0}}$, $\dfrac{1}{\sqrt{2}+\sqrt{1}}$, $\dfrac{1}{\sqrt{3}+\sqrt{2}}$, $\dfrac{1}{\sqrt{4}+\sqrt{3}}$, $\dfrac{1}{\sqrt{5}+\sqrt{4}}$, $\cdots$

$a_n = \dfrac{1}{\sqrt{n}+\sqrt{n-1}} = \dfrac{1 \cdot (\sqrt{n}-\sqrt{n-1})}{(\sqrt{n}+\sqrt{n-1})(\sqrt{n}-\sqrt{n-1})} = \sqrt{n}-\sqrt{n-1}$

$\therefore a_k = \sqrt{k}-\sqrt{k-1}$

$S_n = \displaystyle\sum_{k=1}^{n} a_k = \sum_{k=1}^{n}(\sqrt{k}-\sqrt{k-1})$

$\quad = \{(\sqrt{1}-\sqrt{0})+(\sqrt{2}-\sqrt{1})+(\sqrt{3}-\sqrt{2})+\cdots+(\sqrt{n}-\sqrt{n-1})\}$

$\quad = \sqrt{n}-0 = \boldsymbol{\sqrt{n}}$

[참고] 일반항 a_n의 분모에 근호가 있으면 분모를 유리화한다. ⇨ 계산하는 데 편리하다.

[줄기3-4] $\dfrac{1}{\sqrt{3}+\sqrt{1}} + \dfrac{1}{\sqrt{5}+\sqrt{3}} + \dfrac{1}{\sqrt{7}+\sqrt{5}} + \cdots + \dfrac{1}{\sqrt{2n+1}+\sqrt{2n-1}} = 6$ 을 만족하는 자연수 n의 값을 구하여라.

2 망원급수(Telescoping Sum) ※망원경은 먼 거리를 줄여 가까이 볼 수 있다.

많은 항들의 합을 특정한 항들로 줄여 가까이 볼 수 있는 수열의 합을 **망원급수**라 한다.

1) $\displaystyle\sum_{k=1}^{n}(a_{k+1}-a_k)=a_{n+1}-a_1,\ \sum_{k=1}^{n}(a_k-a_{k+1})=a_1-a_{n+1}$

증명 축차대입법, 즉 k에 1, 2, 3, …을 순서대로 대입하는 방법으로 증명하면 ※축(逐): 쫓을 축, 차(次): 차례 차

$$\sum_{k=1}^{n}(a_{k+1}-a_k)=(a_2-a_1)+(a_3-a_2)+(a_4-a_3)+\cdots+(a_{n+1}-a_n)=a_{n+1}-a_1$$

$$\sum_{k=1}^{n}(a_k-a_{k+1})=(a_1-a_2)+(a_2-a_3)+(a_3-a_4)+\cdots+(a_n-a_{n+1})=a_1-a_{n+1}$$

익히는 방법

$$\sum_{k=1}^{n}(a_{k+1}-a_k)=a_{n+1}-a_1,\quad \sum_{k=1}^{n}(a_k-a_{k+1})=a_1-a_{n+1}$$

1칸 차이   1개   1개   1칸 차이   1개   1개

큰 것은 항 번호가 큰 쪽에 대입하고, 작은 것은 항 번호가 작은 쪽에 대입한다. (큰큰 작작)

2) $\displaystyle\sum_{k=1}^{n}(a_{k+2}-a_k)=(a_{n+2}+a_{n+1})-(a_1+a_2),\ \sum_{k=1}^{n}(a_k-a_{k+2})=(a_1+a_2)-(a_{n+2}+a_{n+1})$

증명 1)번과 같이 축차대입법, 즉 k에 1, 2, 3, …을 순서대로 대입하는 방법을 이용하여 증명한다.

익히는 방법

$$\sum_{k=1}^{n}(a_{k+2}-a_k)=(a_{n+2}+a_{n+1})-(a_1+a_2),\quad \sum_{k=1}^{n}(a_k-a_{k+2})=(a_1+a_2)-(a_{n+2}+a_{n+1})$$

2칸 차이   2개   2개   2칸 차이   2개   2개

큰 것은 항 번호가 큰 쪽에 대입하고, 작은 것은 항 번호가 작은 쪽에 대입한다. (큰큰 작작)
이때, 2칸 차이는 2개가 필요하므로 큰 쪽에 n, $n-1$을 대입하고 작은 쪽에 1, 2를 대입한다.

씨앗. 2 ▪ 다음 값을 구하여라.

$$1)\ \sum_{k=1}^{10}\frac{1}{k(k+1)} \qquad\qquad 2)\ \sum_{k=1}^{9}\frac{1}{k(k+1)(k+2)}$$

풀이 1) $\displaystyle\sum_{k=1}^{10}\frac{1}{k(k+1)}=\sum_{k=1}^{10}\left(\frac{1}{k}-\frac{1}{k+1}\right)\ \to a_k=\frac{1}{k}$ 이면 $a_{k+1}=\frac{1}{k+1}$ 이므로

$$=\frac{1}{1}-\frac{1}{10+1}=\frac{10}{11}$$

2) $\displaystyle\sum_{k=1}^{9}\frac{1}{k(k+1)(k+2)}=\frac{1}{2}\sum_{k=1}^{9}\left\{\frac{1}{k(k+1)}-\frac{1}{(k+1)(k+2)}\right\}$

$\to a_k=\dfrac{1}{k(k+1)}$ 이면 $a_{k+1}=\dfrac{1}{(k+1)(k+2)}$ 이므로

$$=\frac{1}{2}\left\{\frac{1}{1\cdot(1+1)}-\frac{1}{(9+1)\cdot(9+2)}\right\}=\frac{27}{110}$$

분수 꼴인 수열의 합(2)

다음 값을 구하여라.

1) $\displaystyle\sum_{k=1}^{10} \frac{1}{(2k-1)(2k+1)}$　　　2) $\displaystyle\sum_{k=1}^{10} \frac{1}{k(k+2)}$　　　3) $\displaystyle\sum_{k=1}^{10} \frac{5}{(4k+1)(4k+5)}$

풀이

1) $\displaystyle\sum_{k=1}^{10} \frac{1}{(2k-1)(2k+1)} = \frac{1}{2}\sum_{k=1}^{10}\left(\frac{1}{2k-1} - \frac{1}{2k+1}\right)$ → $a_k = \frac{1}{2k-1}$ 이면 $a_{k+1} = \frac{1}{2k+1}$ 이므로

$\qquad = \frac{1}{2}\left(\frac{1}{2\cdot①-1} - \frac{1}{2\cdot⑩+1}\right) = \dfrac{10}{21}$

2) $\displaystyle\sum_{k=1}^{10} \frac{1}{k(k+2)} = \frac{1}{2}\sum_{k=1}^{10}\left(\frac{1}{k} - \frac{1}{k+2}\right)$ → $a_k = \frac{1}{k}$ 이면 $a_{k+2} = \frac{1}{k+2}$ 이므로

$\qquad = \frac{1}{2}\left\{\left(\frac{1}{①} + \frac{1}{2}\right) - \left(\frac{1}{⑩+2} + \frac{1}{9+2}\right)\right\} = \dfrac{175}{264}$

3) $\displaystyle\sum_{k=1}^{10} \frac{5}{(4k+1)(4k+5)} = \frac{5}{4}\sum_{k=1}^{10}\left(\frac{1}{4k+1} - \frac{1}{4k+5}\right)$ → $a_k = \frac{1}{4k+1}$ 이면 $a_{k+1} = \frac{1}{4k+5}$ 이므로

$\qquad = \frac{5}{4}\left(\frac{1}{4\cdot①+1} - \frac{1}{4\cdot⑩+5}\right) = \dfrac{2}{9}$

근호가 포함된 수열의 합(2)

다음 값을 구하여라.

1) $\displaystyle\sum_{k=1}^{81} \left(\sqrt{k} - \sqrt{k-1}\right)$　　　2) $\displaystyle\sum_{k=1}^{15} \left(\sqrt{2k+2} - \sqrt{2k}\right)$　　　3) $\displaystyle\sum_{k=1}^{7} \left(\sqrt{k+2} - \sqrt{k}\right)$

풀이

1) $\displaystyle\sum_{k=1}^{81} \left(\sqrt{k} - \sqrt{k-1}\right)$ → $a_k = \sqrt{k-1}$ 이면 $a_{k+1} = \sqrt{k}$ 이므로

$\qquad = \left(\sqrt{⑧①} - \sqrt{①-1}\right) = 9$

2) $\displaystyle\sum_{k=1}^{15} \left(\sqrt{2k+2} - \sqrt{2k}\right)$ → $a_k = \sqrt{2k}$ 이면 $a_{k+1} = \sqrt{2k+2}$ 이므로

$\qquad = \left(\sqrt{2\cdot⑮+2} - \sqrt{2\cdot①}\right) = 3\sqrt{2}$

3) $\displaystyle\sum_{k=1}^{7} \left(\sqrt{k+2} - \sqrt{k}\right)$ → $a_k = \sqrt{k}$ 이면 $a_{k+2} = \sqrt{k+2}$ 이므로

$\qquad = \left\{\left(\sqrt{⑦+2} + \sqrt{6+2}\right) - \left(\sqrt{①} + \sqrt{2}\right)\right\} = 2 + \sqrt{2}$

뿌리 3-5 근호가 포함된 수열의 합(3)

첫째항이 49이고 공차가 -2인 등차수열 $\{a_n\}$에 대하여 $\displaystyle\sum_{k=1}^{20} \frac{2}{\sqrt{a_{k+1}}+\sqrt{a_k}}$ 의 값을 구하여라.

풀이 $a_1=49$, 공차가 -2이므로 $a_n=-2n+51$

$$\sum_{k=1}^{20} \frac{2}{\sqrt{a_{k+1}}+\sqrt{a_k}}=\sum_{k=1}^{20}\frac{2(\sqrt{a_{k+1}}-\sqrt{a_k})}{(\sqrt{a_{k+1}}+\sqrt{a_k})(\sqrt{a_{k+1}}-\sqrt{a_k})}=\sum_{k=1}^{20}\frac{2(\sqrt{a_{k+1}}-\sqrt{a_k})}{a_{k+1}-a_k}$$

$$=\sum_{k=1}^{20}\frac{2(\sqrt{a_{k+1}}-\sqrt{a_k})}{-2} \quad (\because a_{k+1}-a_k=(\text{공차})=-2)$$

$$=\sum_{k=1}^{20}(\sqrt{a_k}-\sqrt{a_{k+1}})=(\sqrt{a_1}-\sqrt{a_{21}})=\sqrt{49}-\sqrt{9}=\mathbf{4}$$

뿌리 3-6 로그가 포함된 수열의 합

다음 값을 구하여라.

1) $\displaystyle\sum_{k=1}^{40}\log_3\frac{2k-1}{2k+1}$ 2) $\displaystyle\sum_{k=2}^{n}\log\sqrt[3]{1-\frac{1}{k^2}}$ 3) $\displaystyle\sum_{k=1}^{100}\log_3 3^{2k-1}$

풀이 1) $\displaystyle\sum_{k=1}^{40}\log_3\frac{2k-1}{2k+1}=\sum_{k=1}^{40}\{\log_3(2k-1)-\log_3(2k+1)\}$

$$=\log_3(2\cdot1-1)-\log_3(2\cdot40+1)=\log_3 1-\log_3 3^4=\mathbf{-4}$$

2) $\displaystyle\sum_{k=2}^{n}\log\sqrt[3]{1-\frac{1}{k^2}}=\frac{1}{3}\sum_{k=2}^{n}\log\left(1-\frac{1}{k^2}\right)=\frac{1}{3}\sum_{k=2}^{n}\log\left(\frac{k^2-1}{k^2}\right)=\frac{1}{3}\sum_{k=2}^{n}\log\frac{(k-1)(k+1)}{k^2}$

$$=\frac{1}{3}\left\{\sum_{k=2}^{n}\left(\log\frac{k-1}{k}+\log\frac{k+1}{k}\right)\right\}=\frac{1}{3}\left(\sum_{k=2}^{n}\log\frac{k-1}{k}+\sum_{k=2}^{n}\log\frac{k+1}{k}\right)$$

$$=\frac{1}{3}\left[\sum_{k=2}^{n}\{\log(k-1)-\log k\}+\sum_{k=2}^{n}\{\log(k+1)-\log k\}\right]$$

$$=\frac{1}{3}\left[\{\log(2-1)-\log n\}+\{\log(n+1)-\log 2\}\right]=\mathbf{\frac{1}{3}\log\frac{n+1}{2n}}$$

3) $\displaystyle\sum_{k=1}^{100}\log_3 3^{2k-1}=\sum_{k=1}^{100}(2k-1)\log_3 3=\sum_{k=1}^{100}(2k-1)=\mathbf{100^2}$

참고 3) 첫째항이 1인 홀수의 합 ※ 너무 자주 나와서 반드시 기억하고 있어야 한다.

$$\underset{\substack{\uparrow\\ \text{첫째항}}}{1}+3+5+\cdots+\underset{\substack{\uparrow\\ n\text{번째 항}}}{(2n-1)}=\sum_{k=1}^{n}(2k-1)=2\sum_{k=1}^{n}k-\sum_{k=1}^{n}1=2\cdot\frac{n(n+1)}{2}-n=\boldsymbol{n^2}$$

예) $\underset{\substack{\uparrow\\ \text{첫째항}}}{1}+3+5+\cdots+\underset{\substack{\uparrow\\ 23\text{번째 항}}}{45}=\mathbf{23^2}$, $\displaystyle\sum_{k=1}^{719}(2k-1)=\mathbf{719^2}$ $\llcorner$ 첫째항 $2\cdot1-1=1$

ex) $1, 1+3, 1+3+5, 1+3+5+7, \cdots$의 수열의 첫째항부터 제 10 항까지의 합을 구하여라.

$$a_n=1+3+5+\cdots+(2n-1)=n^2 \quad \therefore \sum_{k=1}^{10}a_k=\sum_{k=1}^{10}k^2=\frac{10(10+1)(20+1)}{6}=385$$

❹ 「특강」 계차수열

1 계차수열이 중요한 이유 ⇨ 광범위하게 이용되고 어려운 문제도 쉽게 풀 수 있게 해준다.

새 교육과정에서 '계차수열'이라는 명칭만 빠졌다.

p.276 ' **01** 수열의 귀납적 정의'의 ④ $a_{n+1} = a_n + f(n)$ 의 꼴로 정의된 수열에서 배운다.
그런데 그곳에서는 언급하는 정도로 넘어가므로 이곳에서 확실히 공부해 두어야 한다.

계차수열을 이용하지 않으면 고난도 문제가 되고, 계차수열을 이용하면 평범한 문제가 되는 경우가
비일비재하다

2 계차수열 $\{b_n\}$ ※ 계(階): 단계 계, 차(差): 빼기 차

원수열에서 한 단계 차(계차)를 거친 수열을 **계차수열**이라 한다.

원수열 $\{a_n\}$: $a_1,$ $a_2,$ $a_3,$ $a_4,$ $a_5, \cdots ,$ $a_{n-1},$ a_n

$a_2 - a_1$ $a_3 - a_2$ $a_4 - a_3$ $a_5 - a_4$ $\cdots$ $a_n - a_{n-1}$

‖ ‖ ‖ ‖ ‖

계차수열 $\{b_n\}$: b_1 b_2 b_3 b_4 $\cdots$ b_{n-1}

✓원수열 ※ 원(原): 원래 원
　수열 $\{a_n\}$의 계차수열이 $\{b_n\}$일 때, 원래 주어진 수열 $\{a_n\}$을 원수열이라 한다.

1) 수열 $\{a_n\}$에서 이웃하는 두 항의 *차((뒷항)−(앞항)), 즉 $b_n = a_{n+1} - a_n \, (n \geq 1)$을
　a_{n+1}과 a_n의 **계차**라 하고, 계차로 이루어진 수열 $\{b_n\}$을 $\{a_n\}$의 **계차수열**이라 한다.

2) $b_n = a_{n+1} - a_n$일 때, 원수열 $\{a_n\}$의 일반항은

$$a_n = a_1 + (b_1 + b_2 + b_3 + \cdots + b_{n-1}) = a_1 + \sum_{k=1}^{n-1} b_k \,(단, n \geq 2)$$

증명

$b_n = a_{n+1} - a_n$이면
$a_{n+1} = a_n + b_n$이므로
$a_2 = a_1 + b_1$
$a_3 = a_2 + b_2 = (a_1 + b_1) + b_2 = a_1 + (b_1 + b_2)$
$a_4 = a_3 + b_3 = \{a_1 + (b_1 + b_2)\} + b_3 = a_1 + (b_1 + b_2 + b_3)$
$a_5 = a_4 + b_4 = \{a_1 + (b_1 + b_2 + b_3)\} + b_4 = a_1 + (b_1 + b_2 + b_3 + b_4)$
$\vdots$
$a_n = a_{n-1} + b_{n-1} = \{a_1 + (b_1 + b_2 + b_3 + \cdots + b_{n-2})\} + b_{n-1}$
$\quad = a_1 + (b_1 + b_2 + b_3 + \cdots + b_{n-1})$
$\quad = a_1 + \sum_{k=1}^{n-1} b_k$ (단, $n \geq 2$ ∵ 항이 최소 2개 이상 있어야 계차가 존재한다.)

3 원수열 $\{a_n\}$의 계차수열이 $\{b_n\}$일 때, 원수열의 일반항 a_n

$$a_n = a_1 + \sum_{k=1}^{n-1} b_k \;(\text{단, } n \geq 2 \; \because \text{항이 최소 2개 이상 있어야 계차가 존재한다.})$$

익히는 방법

(원수열의 일반항)=(원수열의 첫째항)$+\displaystyle\sum_{k=1}^{n-1}$(계차수열의 일반항)

☆ 계차수열은 '원수열'을 구하기 위한 도구에 지나지 않는다.
즉, 주인공은 원수열이고 계차수열은 조연에 불과하다.

씨앗. 1 ▟ 수열 $2, 3, 6, 11, 18, \cdots$의 일반항 $\{a_n\}$을 구하여라.

방법 Ⅰ
「강추」

원수열 $\{a_n\}$: $2, 3, 6, 11, 18, \cdots$

계차수열 $\{b_n\}$: $1, 3, 5, 7, \cdots$

$b_1 = 1$, 공차가 2인 등차수열이므로 $b_n = 2n-1$ $\quad \therefore b_k = 2k-1$

원수열 $a_n = a_1 + \sum_{k=1}^{n-1} b_k = 2 + \sum_{k=1}^{n-1}(2k-1) = 2 + 2\sum_{k=1}^{n-1}k - \sum_{k=1}^{n-1}1 = 2 + 2 \cdot \dfrac{(n-1)n}{2} - 1 \cdot (n-1)$

$\qquad = n^2 - 2n + 3 \;(n \geq 2) \cdots \text{㉠}$

$\qquad a_1 = 2$

이때, $a_1 = 2$는 ㉠에 $n=1$을 대입한 것과 같으므로

$a_n = n^2 - 2n + 3$ ※ 첫째항부터 성립한다는 $(n \geq 1)$인 표시는 보통 생략한다.

방법 Ⅱ
「비추」

$a_1 = 2, \quad a_2 = 3, \quad a_3 = 6, \quad a_4 = 11, \quad a_5 = 18, \cdots$

$\qquad\qquad\quad 1 \qquad\quad 3 \qquad\quad 5 \qquad\quad 7$

$a_{n+1} = a_n + 2n - 1$의 n에 $1, 2, 3, \cdots, n-1$을 차례로 대입한 후 변끼리 더하면

$a_2 = a_1 + 1$ $\qquad\qquad\qquad\qquad$ ↳p.277 뿌리 1-1), 뿌리 1-2)의 초보적 풀이다.

$a_3 = a_2 + 3$

$a_4 = a_3 + 5$

$a_5 = a_4 + 7$

$\qquad \vdots$

$+\;\dfrac{\;a_n = a_{n-1} + 2(n-1) - 1\;}{}$

$a_n = a_1 + \sum_{k=1}^{n-1}(2k-1) = 2 + 2\sum_{k=1}^{n-1}k - \sum_{k=1}^{n-1}1 = 2 + 2 \cdot \dfrac{(n-1)n}{2} - 1 \cdot (n-1) = n^2 - 2n + 3$

$\therefore a_n = n^2 - 2n + 3$

☆☆ 방법 Ⅱ는 계산 과정이 쓸데없이 늘어지므로 비추이다.

10 수열의 합

● 잎 10-1

첫째항이 2인 등차수열 $\{a_n\}$에 대하여 $a_4 - a_2 = 4$일 때, $\displaystyle\sum_{k=11}^{20} a_k$의 값을 구하여라. [평가원 기출]

● 잎 10-2

n이 자연수일 때, x에 대한 이차방정식 $x^2 - 33x + n(n+1) = 0$의 두 근을 α_n, β_n이라 하자.

이때, $\displaystyle\sum_{n=1}^{10}\left(\dfrac{1}{\alpha_n} + \dfrac{1}{\beta_n}\right)$의 값을 구하여라. [교육청 기출]

● 잎 10-3

수열 $\{a_n\}$이 첫째항이 -1, 공차가 2인 등차수열일 때, $\displaystyle\sum_{k=2}^{13} \dfrac{1}{\sqrt{a_k} + \sqrt{a_{k+1}}}$의 값을 구하여라.

● 잎 10-4

$\displaystyle\sum_{k=1}^{12} k^2 + \sum_{k=2}^{12} k^2 + \sum_{k=3}^{12} k^2 + \cdots + \sum_{k=12}^{12} k^2$의 값은? [교육청 기출]

① 3376　　② 4356　　③ 5324　　④ 5840　　⑤ 6084

● 잎 10-5

$(1 + 2x + 3x^2 + 4x^3 + \cdots + 11x^{10})^2$의 전개식에서 x^{10}의 계수를 구하여라. [교육청 기출]

● 잎 10-6

수열 $\{a_n\}$에서 $a_1 + a_2 + a_3 + \cdots + a_n = \dfrac{1}{3}n(n+1)(n+2)$일 때, $\displaystyle\sum_{k=1}^{n}\dfrac{1}{a_k}$을 n에 대한 식으로 나타내어라.

● 잎 10-7

$S = \dfrac{3}{1^2} + \dfrac{5}{1^2 + 2^2} + \dfrac{7}{1^2 + 2^2 + 3^2} + \cdots + \dfrac{19}{1^2 + 2^2 + 3^2 + \cdots + 19^2}$일 때, S의 값을 구하여라.

● 잎 10-8

첫째항이 2이고, 각 항이 양수인 수열 $\{a_n\}$의 첫째항부터 제 n 항까지의 합을 S_n이라 하자.

$\sum\limits_{k=1}^{10} \dfrac{a_{k+1}}{S_k S_{k+1}} = \dfrac{1}{3}$ 일 때, S_{11}의 값은? [교육청 기출]

① 6   ② 7   ③ 8   ④ 9   ⑤ 10

● 잎 10-9

수열 $\{a_n\}$이 $a_1 = 3$이고 $a_{n+1} - a_n = 4n - 3$일 때, a_{10}의 값을 구하여라. [평가원 기출]

● 잎 10-10

수열 $\{a_n\}$이 $a_{n+1} - a_n = 2n$을 만족시킨다. $a_{10} = 94$일 때, a_1의 값은? [수능 기출]

① 5   ② 4   ③ 3   ④ 2   ⑤ 1

● 잎 10-11

등차수열 $\{a_n\}$에서 $a_3 = 40$, $a_8 = 30$일 때, $|a_2 + a_4 + \cdots + a_{2n}|$이 최소가 되는 자연수 n의 값을 구하여라. [교육청 기출]

● 잎 10-12

수열 $\{a_n\}$을 $a_n = \sum\limits_{k=1}^{n} 10^{k-1}$ $(n = 1, 2, 3, \cdots)$ 과 같이 정의한다. a_n을 3으로 나눈 나머지를 b_n이라 할 때, $\sum\limits_{n=1}^{30} b_n$의 값은? [교육청 기출]

① 30   ② 31   ③ 32   ④ 33   ⑤ 34

● 잎 10-13

수열 $\{a_n\}$에서 $a_n = 1 + \dfrac{1}{2} + \dfrac{1}{3} + \cdots + \dfrac{1}{n}$ $(n = 1, 2, 3, \cdots)$일 때,
$30a_{30} - (a_1 + a_2 + a_3 + \cdots + a_{29})$의 값을 구하여라. [교육청 기출]

11. 수학적 귀납법

연습문제

01 수열의 귀납적 정의

1 수열을 정의하는 방법

1) 일반항을 구체적인 식으로 나타내는 방법 ex) $a_n = 2n-1$ $(n=1, 2, 3, \cdots)$
2) 첫째항과 이웃하는 두 항 사이의 관계식으로 나타내는 방법
   ⇨ 수열의 귀납적 정의 ex) $a_1 = 1$, $a_{n+1} - a_n = 2$ $(n=1, 2, 3, \cdots)$

2 수열의 귀납적 정의 (약속)

첫째항 a_1과 이웃하는 두 항 a_n, a_{n+1} $(n \geq 1)$ 사이의 관계식으로 수열 $\{a_n\}$을 정의할 수 있다. 이와 같이 처음 몇 개의 항과 이웃하는 여러 항 사이의 관계식으로 정의하는 것을 수열의 **귀납적 정의**라 한다.
※ 이때, 이웃하는 두 항 사이의 관계식을 '점화식'이라고 한다.

> (이용하는 방법) 점화식 ※ 점(漸): 점차 점, 화(化): 변할 화, 식(式): 식 식
> 이웃하는 두 항 a_n, a_{n+1} $(n \geq 1)$ 사이의 관계식 ⋯㉠ ⇨ 쉽다.
> 이웃하는 두 항 a_{n-1}, a_n $(n \geq 2)$ 사이의 관계식 ⋯㉡ ⇨ 어렵다.
> 따라서 *㉡의 경우는 n 대신 $n+1$을 대입하여 ㉠의 꼴 $(n \geq 1)$로 변형시킨다. 예) 줄기 1-1) [p.277]

3 등차수열과 등비수열을 나타내는 관계식

수열 $\{a_n\}$에 대하여 $n=1, 2, 3, \cdots$ 일 때
1) $a_{n+1} - a_n = d$ (일정), 즉 $a_{n+1} = a_n + d$ ⇨ $\{a_n\}$은 **공차가 d인 등차수열**이다.
2) $a_{n+1} \div a_n = r$ (일정), 즉 $a_{n+1} = r a_n$ ⇨ $\{a_n\}$은 **공비가 r인 등비수열**이다.
3) $2a_{n+1} = a_n + a_{n+2}$ (a_{n+1}은 등차중항) ⇨ $\{a_n\}$은 **등차수열**이다.
4) $a_{n+1}^2 = a_n a_{n+2}$ (a_{n+1}은 등비중항) ⇨ $\{a_n\}$은 **등비수열**이다.

4 $a_{n+1} = a_n + f(n)$ 의 꼴로 정의된 수열

1) $a_{n+1} = a_n + f(n)$ 꼴
   $a_{n+1} - a_n = f(n)$이므로 $f(n)$은 원수열 $\{a_n\}$의 계차수열이다. [p.271 ②]
   $$\therefore a_n = a_1 + \sum_{k=1}^{n-1} f(k) \ (n \geq 2) \qquad \therefore a_n = a_1 + \sum_{k=1}^{n-1} f(k) \ (n \geq 1 \ \because \text{p.277} \ 팁)$$

뿌리 1-1 $a_{n+1}=a_n+f(n)$의 꼴로 정의된 수열(1)

> $a_1=2$, $a_{n+1}=a_n+6n$ $(n=1, 2, 3, \cdots)$으로 정의된 수열 $\{a_n\}$의 일반항 a_n을 구하여라.

핵심 *공차와 계차수열의 비교
1) $a_{n+1}=a_n+$ (상수) $\Rightarrow$ (상수)는 $\{a_n\}$의 공차이다.
2) $a_{n+1}=a_n+$ (n에 대한 관계식) $\Rightarrow$ (n에 대한 관계식)은 $\{a_n\}$의 계차수열이다.

풀이 $a_{n+1}=a_n+6n$에서 $\{a_n\}$의 계차수열이 $f(n)=6n$이므로
$a_n=a_1+\sum_{k=1}^{n-1}f(k)=2+\sum_{k=1}^{n-1}6k=3n^2-3n+2$ $(n\geq2)\cdots\bigcirc$
이때, $a_1=2$는 $\bigcirc$에 $n=1$을 대입한 것과 같으므로 $a_n=3n^2-3n+2$ $(n\geq1)$

팁 $a_{n+1}=a_n+f(n)$ $(n\geq1)$일 때의 $a_n=a_1+\sum_{k=1}^{n-1}f(k)$ $(n\geq2)$는 $n=1$일 때 항상 성립한다. ^^
$\therefore a_n=a_1+\sum_{k=1}^{n-1}f(k)$ $(n\geq1)$

뿌리 1-2 $a_{n+1}=a_n+f(n)$의 꼴로 정의된 수열(2)

> 다음과 같이 정의된 수열 $\{a_n\}$의 일반항 a_n을 구하여라.
> $a_1=3$, $a_{n+1}=a_n+2^n+3$ $(n=1, 2, 3, \cdots)$

방법 I 「강추」 $a_{n+1}=a_n+2^n+3$에서 $\{a_n\}$의 계차수열이 $f(n)=2^n+3$이므로
$a_n=a_1+\sum_{k=1}^{n-1}f(k)=3+\sum_{k=1}^{n-1}(2^k+3)=3+\dfrac{2^1(2^{n-1}-1)}{2-1}+3(n-1)=2^n+3n-2$

방법 II 「비추」 $a_{n+1}=a_n+2^n+3$의 n에 $1, 2, 3, \cdots, n-1$을 차례로 대입한 후 변끼리 더하면
$\cancel{a_2}=a_1+2^1+3$
$\cancel{a_3}=\cancel{a_2}+2^2+3$
$\cancel{a_4}=\cancel{a_3}+2^3+3$
$\vdots$
$+\underline{\left| a_n=\cancel{a_{n-1}}+2^{n-1}+3 \right.}$
$a_n=a_1+\sum_{k=1}^{n-1}(2^k+3)=3+\sum_{k=1}^{n-1}2^k+\sum_{k=1}^{n-1}3=3+\dfrac{2^1\cdot(2^{n-1}-1)}{2-1}+3\cdot(n-1)=2^n+3n-2$

참고 방법 II는 계산 과정이 쓸데없이 늘어지므로 비추이다.

[줄기1-1] $a_1=1$, $a_n=a_{n-1}-\dfrac{2}{n^2-1}$ $(n=2, 3, 4, \cdots)$로 정의된 수열 $\{a_n\}$의 일반항 a_n을 구하여라.

4　　$a_{n+1} = a_n f(n)$ 의 꼴로 정의된 수열

2) $a_{n+1} = a_n f(n)$ 꼴

$\dfrac{a_{n+1}}{a_n} = f(n)$ 으로 변형한 후 n에 $1, 2, 3, \cdots, n-1$을 차례로 대입하면

$\dfrac{a_2}{a_1} = f(1),\ \dfrac{a_3}{a_2} = f(2),\ \dfrac{a_4}{a_3} = f(3), \cdots,\ \dfrac{a_n}{a_{n-1}} = f(n-1)$ ⇨ 변끼리 곱한다.

$\dfrac{\cancel{a_2}}{a_1} \cdot \dfrac{\cancel{a_3}}{\cancel{a_2}} \cdot \dfrac{\cancel{a_4}}{\cancel{a_3}} \cdot \cdots \cdot \dfrac{a_n}{\cancel{a_{n-1}}} = f(1) \cdot f(2) \cdot f(3) \cdot \cdots \cdot f(n-1)$

$\therefore a_n = a_1 \cdot f(1) \cdot f(2) \cdot f(3) \cdot \cdots \cdot f(n-1)$

익히는 방법

1) $a_{n+1} = a_n + d$ ⇨ d는 공차 $\therefore a_n = a_1 + (n-1)d = a_1 + \displaystyle\sum_{k=1}^{n-1} d$

　$a_{n+1} = a_n + f(n)$ ⇨ $f(n)$은 계차(수열) $\therefore a_n = a_1 + \displaystyle\sum_{k=1}^{n-1} f(k)$

2) $a_{n+1} = ra_n$ ⇨ r은 공비 $\therefore a_n = a_1 r^{n-1} = a_1 \cdot \underbrace{r \cdot r \cdot \cdots \cdot r}_{(n-1)개}$

　$a_{n+1} = f(n)a_n$ ⇨ $f(n)$은 계비(수열) $\therefore a_n = a_1 \cdot f(1) \cdot f(2) \cdot \cdots \cdot f(n-1)$

뿌리 1-3　$a_{n+1} = a_n f(n)$ 의 꼴로 정의된 수열

다음과 같이 정의된 수열 $\{a_n\}$의 일반항 a_n을 구하여라.

1) $a_1 = 3,\ a_{n+1} = 2^n a_n\ (n = 1, 2, 3, \cdots)$

2) $a_1 = 2,\ a_{n+1} = \dfrac{n+2}{n} a_n\ (n = 1, 2, 3, \cdots)$

풀이　1) $a_{n+1} = 2^n a_n$에서 $\{a_n\}$의 계비수열이 $f(n) = 2^n$이므로

$a_n = a_1 f(1) f(2) f(3) \cdots f(n-1)$

$= 3 \cdot 2^1 \cdot 2^2 \cdot 2^3 \cdot \cdots \cdot 2^{n-1} = 3 \cdot 2^{1+2+3+\cdots+(n-1)} = \mathbf{3 \cdot 2^{\frac{(n-1)n}{2}}}$

2) $a_{n+1} = \dfrac{n+2}{n} a_n$에서 $\{a_n\}$의 계비수열이 $f(n) = \dfrac{n+2}{n}$이므로

$a_n = a_1 f(1) f(2) f(3) \cdots f(n-1)$

$= \cancel{2} \cdot \dfrac{3}{1} \cdot \dfrac{\cancel{4}}{\cancel{2}} \cdot \dfrac{5}{3} \cdot \dfrac{\cancel{6}}{\cancel{4}} \cdot \dfrac{7}{5} \cdot \cdots \cdot \dfrac{n}{\cancel{n-2}} \cdot \dfrac{n+1}{\cancel{n-1}} = \mathbf{n(n+1)}$

[줄기1-2] 수열 $\{a_n\}$이 $a_1 = 3,\ a_n = \dfrac{n^2-1}{n^2} a_{n-1}\ (n = 2, 3, 4, \cdots)$ 과 같이 정의될 때, 일반항 a_n을 구하여라.

4 $a_{n+1} = \dfrac{r a_n}{p a_n + q}$ 의 꼴로 정의된 수열

4) $a_{n+1} = \dfrac{r a_n}{p a_n + q}$ 꼴 ⇨ 역수를 취하면

$\dfrac{1}{a_{n+1}} = \dfrac{p a_n + q}{r a_n}$, $\dfrac{1}{a_{n+1}} = \dfrac{p}{r} + \dfrac{q}{r} \cdot \dfrac{1}{a_n}$ 에서 $\dfrac{1}{a_n} = b_n$으로 놓으면

$b_{n+1} = \dfrac{q}{r} b_n + \dfrac{p}{r}$

➔ 이것에서 일반항 b_n을 구한 후, b_n의 역수를 취하여 a_n을 구한다.

뿌리 1-4 $a_{n+1} = \dfrac{r a_n}{p a_n + q}$ 의 꼴로 정의된 수열

다음과 같이 정의된 수열 $\{a_n\}$의 일반항 a_n을 구하여라.

$$a_1 = 1, \ a_{n+1} = \dfrac{a_n}{1 + 2a_n} \ (n = 1, 2, 3, \cdots)$$

풀이 $a_{n+1} = \dfrac{a_n}{1 + 2a_n}$ 의 역수를 취하면 $\dfrac{1}{a_{n+1}} = \dfrac{1 + 2a_n}{a_n}$

$\dfrac{1}{a_{n+1}} = \dfrac{1}{a_n} + 2$ 에서 $\dfrac{1}{a_n} = b_n$으로 놓으면 $b_{n+1} = b_n + 2$

따라서 수열 $\{b_n\}$은 첫째항이 $b_1 = \dfrac{1}{a_1} = \dfrac{1}{1} = 1$이고 공차가 2인 등차수열이므로

$b_n = 2n - 1$ $\therefore \dfrac{1}{a_n} = 2n - 1$ $\therefore a_n = \dfrac{1}{2n - 1}$

[줄기1-3] 다음과 같이 정의된 수열 $\{a_n\}$의 일반항 a_n을 구하여라.

$$a_1 = \dfrac{1}{3}, \ a_{n+1} = \dfrac{a_n}{a_n + 2} \ (n = 1, 2, 3, \cdots)$$

5   여러 가지 수열의 귀납적 정의 ※축(逐): 쫓을 축, 차(次): 차례 차

점화식 ③, ④ 와 달리 수열 $\{a_n\}$ 의 일반항을 구할 수 없는 경우는 주어진 식의 n 에 축차대입, 즉 n 에 $1, 2, 3, \cdots$ 을 차례로 대입하여 항을 구한다.

뿌리 1-5   여러 가지 수열의 귀납적 정의(1)

수열 $\{a_n\}$ 이 $a_n + a_{n+1} = 2n \, (n=1, 2, 3, \cdots)$ 과 같이 정의될 때, $\displaystyle\sum_{k=1}^{100} a_k$ 의 값을 구하여라.

풀이 $a_n + a_{n+1} = 2n$ 의 n 에 $n = 1, 3, 5, \cdots, 99$ 를 차례로 대입하면

$a_1 + a_2 = 2$

$a_3 + a_4 = 6$

$a_5 + a_6 = 10$

$\qquad \vdots$

$a_{99} + a_{100} = 198$

$$\therefore \sum_{k=1}^{100} a_k = (a_1 + a_2) + (a_3 + a_4) + (a_5 + a_6) + \cdots + (a_{99} + a_{100})$$

$$= 2 + 6 + 10 + \cdots + 198$$

$$= \sum_{k=1}^{50} (4k - 2)$$

$$= 4 \cdot \frac{50 \cdot 51}{2} - 2 \cdot 50 = \mathbf{5000}$$

[줄기1-4] 수열 $\{a_n\}$ 이 $a_1 = 3$, $a_{n+1} = 2a_n + 4 \, (n = 1, 2, 3, \cdots)$ 와 같이 정의될 때, a_6 의 값을 구하여라.

뿌리 1-6 여러 가지 수열의 귀납적 정의(2)

$a_1 = 3$인 수열 $\{a_n\}$이 $a_{n+2} = 2^n a_n \, (n = 1, 2, 3, \cdots)$을 만족시킨다. $a_7 = a_8$일 때, a_2의 값을 구하여라.

주의 $a_{n+2} = 2^n a_n$은 계비수열 문제가 아니다. $cf)$ $a_{n+1} = 2^n a_n$일 때, 2^n은 계비수열 [p.278 ④]

풀이 $a_{n+2} = 2^n a_n$의 n에 $n = 1, 2, 3, \cdots$을 차례로 대입하면

$a_3 = 2^1 a_1 = 2 \cdot 3$

$a_4 = 2^2 a_2$

$a_5 = 2^3 a_3 = 2^3 \cdot 2 \cdot 3 = 2^4 \cdot 3$

$a_6 = 2^4 a_4 = 2^4 \cdot 2^2 a_2 = 2^6 a_2$

$a_7 = 2^5 a_5 = 2^5 \cdot 2^4 \cdot 3 = 2^9 \cdot 3$

$a_8 = 2^6 a_6 = 2^6 \cdot 2^6 a_2 = 2^{12} a_2$

이때, $a_7 = a_8$이므로 $2^9 \cdot 3 = 2^{12} a_2$ $\therefore a_2 = \dfrac{3}{8}$

[줄기1-5] 수열 $\{a_n\}$이 $a_1 = 3$, $a_{n+1} = (7a_n$을 5로 나누었을 때의 나머지$) \, (n = 1, 2, 3, \cdots)$와 같이 정의될 때, $a_{48} + a_{49} - a_{50}$의 값을 구하여라.

뿌리 1-7 S_n이 포함된 수열 $\{a_n\}$의 귀납적 정의(1)

수열 $\{a_n\}$의 첫째항부터 제n항까지 합을 S_n이라 할 때,
$a_1=-1$, $S_n=2a_n-3$ $(n=1, 2, 3, \cdots)$이 성립한다. 이때 a_{10}의 값을 구하여라.

풀이 $S_n=2a_n-3$ $(\underline{n\geq 1})$ $\cdots$㉠에서 n 대신 $n+1$을 대입하면
$S_{n+1}=2a_{n+1}-3$ $(n+1\geq 1,$ 즉 $\underline{n\geq 0})$ $\cdots$㉡
㉡$-$㉠을 하면
$S_{n+1}-S_n=(2a_{n+1}-3)-(2a_n-3)$ $(\underline{n\geq 1})$ $(\because \underline{n\geq 1}$과 $\underline{n\geq 0}$을 연립하면 $\underline{n\geq 1}$이 된다.$)$
$a_{n+1}=2a_{n+1}-2a_n$ $\therefore a_{n+1}=2a_n$
따라서 수열 $\{a_n\}$은 $a_1=-1$이고 공비가 2인 등비수열이므로
$a_n=(-1)\cdot 2^{n-1}$ $\therefore a_{10}=-2^9$

뿌리 1-8 S_n이 포함된 수열 $\{a_n\}$의 귀납적 정의(2)

수열 $\{a_n\}$의 첫째항부터 제n항까지 합을 S_n이라 할 때,
$S_1=1$, $S_{n+1}=2S_n+3$ $(n=1, 2, 3, \cdots)$이 성립한다. 이때 a_7의 값을 구하여라.

풀이 $S_{n+1}=2S_n+3$ $(\underline{n\geq 1})$ $\cdots$㉠에서 n 대신 $n-1$을 대입하면
$S_n=2S_{n-1}+3$ $(n-1\geq 1,$ 즉 $\underline{n\geq 2})$ $\cdots$㉡
㉠$-$㉡을 하면
$S_{n+1}-S_n=2(S_n-S_{n-1})$ $(\underline{n\geq 2})$ $(\because \underline{n\geq 1}$과 $\underline{n\geq 2}$를 연립하면 $\underline{n\geq 2}$가 된다.$)$
$\therefore a_{n+1}=2a_n$ $(n\geq 2)$
$S_2=2S_1+3=5$
$a_2=S_2-S_1=4$
$\therefore a_n=a_2\cdot 2^{n-2}=4\cdot 2^{n-2}=2^n$ $(n\geq 2)$
$\therefore a_7=2^7=128$

[줄기1-6] 수열 $\{a_n\}$의 첫째항부터 제n항까지 합을 S_n이라 할 때,
$a_1=1$, $S_n=\dfrac{a_n a_{n+1}}{2}$ $(n=1, 2, 3, \cdots)$이 성립한다. 이때 $a_2 a_{10}$의 값을 구하여라.

뿌리 1-9 수열의 귀납적 정의의 활용(1)

물탱크에 물이 180 L가 들어있다. 전날 물탱크 물의 $\frac{2}{3}$를 빼내고, 남아 있는 물의 양의 $\frac{2}{3}$만큼 새로 채워 넣기를 반복할 때, 5번 시행 후 물탱크에 남아 있는 물의 양을 구하여라.

핵심 반복 시행 ⇨ n번 시행한 a_n과 a_{n+1} 사이의 관계식을 구한다.

풀이 n번 시행 후 물탱크에 남아있는 물의 양을 a_n L라 하면

$$a_{n+1} = \frac{1}{3}a_n + \frac{1}{3}a_n \cdot \frac{2}{3} = \frac{5}{9}a_n$$

따라서 수열 $\{a_n\}$은 첫째항이 $a_1 = 180 \cdot \frac{5}{9} = 100$이고 공비가 $\frac{5}{9}$인 등비수열이므로

$$a_5 = 100 \cdot \left(\frac{5}{9}\right)^4$$

주의 $a_1 \neq 180$ (∵ 이와 같은 과정을 1번 시행 후 물탱크에 남아있는 물의 양을 a_1이라 하므로)

뿌리 1-10 수열의 귀납적 정의의 활용(2)

농도가 5 %인 소금물 200 g이 들어있는 그릇에서 소금물 50 g을 덜어낸 다음 농도가 10 %인 소금물 50 g을 넣고 잘 섞는다. 이와 같은 과정을 n번 반복한 후 소금물의 농도를 a_n %라 할 때, a_2의 값과 a_n과 a_{n+1} 사이의 관계식을 구하여라.

핵심 소금물에 관한 문제는 소금의 양이 key이다.

풀이 a_n %의 소금물 150 g에 들어있는 소금의 양은 $\frac{a_n}{100} \times 150 = \frac{3}{2}a_n$ (g)

10 %의 소금물 50 g에 들어있는 소금의 양은 $\frac{10}{100} \times 50 = 5$ (g)

$$\therefore a_{n+1} = \frac{\frac{3}{2}a_n + 5}{200} \times 100 = \frac{3}{4}a_n + \frac{5}{2}$$

$a_1 = \frac{3}{4} \cdot 5 + \frac{5}{2} = \frac{25}{4}$이므로 $a_2 = \frac{3}{4}a_1 + \frac{5}{2} = \frac{3}{4} \cdot \frac{25}{4} + \frac{5}{2} = \frac{115}{16}$

주의 $a_1 \neq 5$ (∵ 이와 같은 과정을 1번 반복한 후 소금물의 농도를 a_1이라 하므로)

[줄기1-7] 평면 위에서 어느 두 직선도 평행하지 않고 어느 세 직선도 한 점에서 만나지 않는 n개의 직선에 의해 나누어지는 영역의 개수를 a_n이라 했다. 예를 들어 오른쪽 그림에서 $a_3 = 7$이다. 이때 a_5의 값을 구하여라.

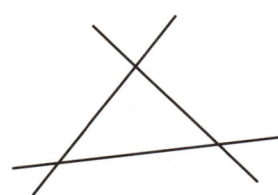

뿌리 1-11 수열의 귀납적 정의의 활용 – 하노이의 탑

하노이탑 게임은 세 개의 기둥 중 어느 하나의 기둥에 크기가 큰 것부터 아래에 차례대로 쌓인 원판을 다른 기둥으로 옮기는 게임으로 다음과 같은 규칙에 따라 옮길 수 있다.

[규칙 1] 원판은 한 번에 한 개씩만 한 기둥에서 다른 기둥으로 옮길 수 있다.
[규칙 2] 큰 원판은 작은 원판 위에 놓을 수 없다.

위의 두 규칙에 따라 크기가 다른 n개의 원판을 다른 위치로 옮길 때 최소 이동 횟수를 a_n이라고 하자. 이때, a_6의 값을 구하여라.

풀이

1) $n=1$일 때
① 기둥에 있는 제일 작은 원판을 다른 한 기둥으로 옮기는 최소 이동 횟수는 a_1
∴ $a_1=1$

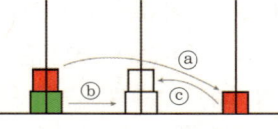

$n=2$일 때
ⓐ 기둥에 있는 제일 작은 원판을 다른 한 기둥으로 옮기는 최소 이동 횟수는 a_1
ⓑ 기둥에 있는 제일 큰 원판을 비어있는 기둥으로 옮기는 최소 이동 횟수는 1
ⓒ 이동한 제일 작은 원판을 제일 큰 원판이 있는 기둥으로 옮기는 최소 이동 횟수는 a_1

∴ $a_2=a_1+1+a_1$
    $=2a_1+1$
∴ $a_2=3\ (\because a_1=1)$

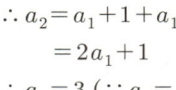
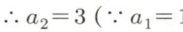

$n=3$일 때
Ⓐ 기둥에 있는 제일 작은 원판과 두 번째로 큰 원판을 다른 한 기둥으로 옮기는 최소 이동 횟수는 a_2
Ⓑ 기둥에 있는 제일 큰 원판을 비어있는 기둥으로 옮기는 최소 이동 횟수는 1
Ⓒ 이동한 제일 작은 원판과 두 번째로 큰 원판을 제일 큰 원판이 있는 기둥으로 옮기는 최소 이동 횟수는 a_2

∴ $a_3=a_2+1+a_2$
    $=2a_2+1$
∴ $a_3=7\ (\because a_2=3)$

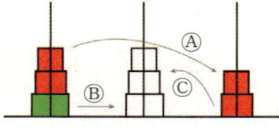

$n=4$일 때
∴ $a_4=a_3+1+a_3$
    $=2a_3+1$
∴ $a_4=15\ (\because a_3=7)$

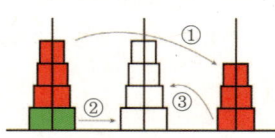

$n=5$일 때 위와 같은 방법으로 생각하면 된다.
∴ $a_5=a_4+1+a_4$
    $=2a_4+1$
∴ $a_5=31\ (\because a_4=15)$

$n=6$일 때 위와 같은 방법으로 생각하면 된다.
∴ $a_6=a_5+1+a_5$
    $=2a_5+1$
∴ $\boldsymbol{a_6=63}\ (\because a_5=31)$

⑫ 수학적 귀납법

1 　귀납법

개별적 사실에서 일반적 명제를 이끌어 내는 것을 **귀납법**이라 한다.

ex) 이순신도 죽었다. 왕건도 죽었다. (개별적 사실)
　　이순신도 왕건도 사람이다.
　　∴ 사람은 죽는다. (일반적 명제)

（익히는 방법） 같은 자음을 따서 익히면 쉽다.
ㄱ납법이므로 **ㄱ**개별적 사실에서 시작한다.

2 　연역법

일반적 명제에서 개별적 사실을 이끌어 내는 것을 **연역법**이라 한다.

ex) 사람은 죽는다. (일반적 명제)
　　이순신도 왕건도 사람이다.
　　∴ 이순신도 왕건도 죽었다. (개별적 사실)

（익히는 방법） 같은 자음을 따서 익히면 쉽다.
ㅇ연역법이므로 **ㅇ**일반적 명제에서 시작한다.

3 　수학적 귀납법 (개별적 사실에서 일반적 명제를 이끌어 내는 방법이다.)

자연수 n에 대한 명제 $p(n)$이 모든 자연수 n에 대하여 성립함을 증명하려면 다음 두 가지를 증명하면 된다.

i) $n=1$일 때, 명제 $p(n)$이 성립함을 증명한다.

ii) $n=k$일 때, 명제 $p(n)$이 성립한다. …㉠고 가정한 후, ㉠을 **이용하여** $n=k+1$일 때도 명제 $p(n)$이 성립함을 증명한다.

i)에 의하여 $p(1)$이 참, $p(1)$이 참이면 ii)에 의하여 $p(2)$가 참, $p(2)$가 참이면 ii)에 의하여 $p(3)$가 참, $p(3)$가 참이면 ii)에 의하여 $p(4)$가 참, $p(4)$가 참이면 ii)에 의하여 …, 이렇게 $n=1$부터 톱니바퀴처럼 맞물려서 모든 개별적 사실들이 참이 된다.

따라서 i), ii)를 증명하면 명제 $p(n)$이 모든 자연수 n에 대하여 성립함을 증명한 것이 된다.

이와 같은 방법으로 자연수에 대한 어떤 명제가 참임을 증명하는 방법을 **수학적 귀납법**이라 한다.

씨앗. 1 모든 자연수 n에 대하여 등식 $1+3+5+\cdots+(2n-1)=n^2$이 성립함을 수학적 귀납법으로 증명하여라.

증명 i) $n=1$일 때, (좌변)$=2\cdot1-1=1$, (우변)$=1^2=1$

따라서 (좌변)$=$(우변)이므로 $n=1$일 때 주어진 등식이 성립한다.

ii) $n=k$일 때, 주어진 등식이 성립한다고 가정하면

$$1+3+5+\cdots+(2k-1)=k^2 \cdots \text{㉠}$$

> $n=k+1$일 때,
> $1+3+5+\cdots+(2k+1)=(k+1)^2$이 성립함을 ★㉠을 이용하여 증명해야 하므로

㉠의 양변에 $2k+1$을 더하면

$$1+3+5+\cdots+(2k-1)+(2k+1)=k^2+(2k+1)$$
$$=(k+1)^2$$

따라서 $n=k+1$일 때도 주어진 등식이 성립한다.

i), ii)에 의하여 모든 자연수 n에 대하여 주어진 등식이 성립한다.

참고
$$1+3+5+\cdots+(2n-1)=n^2 \Leftrightarrow \sum_{k=1}^{n}(2k-1)=n^2$$

이므로 $n=1$일 때, (좌변)$=\displaystyle\sum_{k=1}^{1}(2k-1)=2\cdot1-1=1$, (우변)$=1^2=1$

씨앗. 2 부등식 $2^n>n+1\ (n=2, 3, 4, \cdots)$이 성립함을 수학적 귀납법으로 증명하여라.

증명 i) $n=2$일 때, (좌변)$=2^2=4$, (우변)$=2+1=3$

따라서 (좌변)$>$(우변)이므로 $n=2$일 때 주어진 부등식이 성립한다.

ii) $n=k\ (k\geq2)$일 때, 주어진 부등식이 성립한다고 가정하면

$$2^k>k+1 \cdots \text{㉠}$$

> $n=k+1$일 때,
> $2^{k+1}>k+2$가 성립함을 ★㉠을 이용하여 증명해야 하므로

㉠의 양변에 2를 곱하면

$$2^{k+1}>2(k+1)$$

이때 $k\geq2$이므로

$$2(k+1)-(k+2)=k>0$$
$$\therefore\ 2(k+1)>k+2$$
$$\therefore\ 2^{k+1}>2(k+1)>k+2$$
$$\therefore\ 2^{k+1}>k+2$$

따라서 $n=k+1$일 때도 주어진 부등식이 성립한다.

i), ii)에 의하여 $n\geq2$인 모든 자연수 n에 대하여 주어진 부등식이 성립한다.

수학적 귀납법을 이용한 등식의 증명(1)

모든 자연수 n에 대하여 다음 등식이 성립함을 수학적 귀납법으로 증명하여라.
$$1+2+2^2+2^3+\cdots+2^{n-1}=2^n-1$$

증명 i) $n=1$일 때, (좌변)$=2^{1-1}=2^0=1$, (우변)$=2^1-1=1$
따라서 (좌변)$=$(우변)이므로 $n=1$일 때 주어진 등식이 성립한다.

ii) $n=k$일 때, 주어진 등식이 성립한다고 가정하면
$$1+2+2^2+2^3+\cdots+2^{k-1}=2^k-1 \ \cdots\text{㉠}$$

> $n=k+1$일 때,
> $1+2+2^2+2^3+\cdots+2^k=2^{k+1}-1$이 성립함을 ★㉠을 이용하여 증명해야 하므로

㉠의 양변에 2^k을 더하면
$$\begin{aligned}1+2+2^2+2^3+\cdots+2^{k-1}+2^k&=2^k-1+2^k\\&=2\cdot2^k-1\\&=2^{k+1}-1\end{aligned}$$

따라서 $n=k+1$일 때도 주어진 등식이 성립한다.

i), ii)에 의하여 모든 자연수 n에 대하여 주어진 등식이 성립한다.

수학적 귀납법을 이용한 부등식의 증명(1)

다음 부등식이 성립함을 수학적 귀납법으로 증명하여라.
$$(1+h)^n>1+nh \ (\text{단, } h>0, \ n=2, 3, 4, \cdots)$$

증명 i) $n=2$일 때, (좌변)$=(1+h)^2=1+2h+h^2$, (우변)$=1+2h$
이때, $h^2>0$이므로 (좌변)$>$(우변)이다.
따라서 $n=2$일 때 주어진 부등식이 성립한다.

ii) $n=k$ $(k\geq2)$일 때, 주어진 부등식이 성립한다고 가정하면
$$(1+h)^k>1+kh \ \cdots\text{㉠}$$

> $n=k+1$일 때,
> $(1+h)^{k+1}>1+(k+1)h$가 성립함을 ★㉠을 이용하여 증명해야 하므로

$1+h>0$이므로 ㉠의 양변에 $1+h$를 곱하면
$$(1+h)^{k+1}>\underline{(1+kh)(1+h)}$$
이때 $h>0, k\geq2$이므로
$$\underline{(1+kh)(1+h)}-\{\underline{1+(k+1)h}\}=kh^2>0$$
$$\therefore \underline{(1+kh)(1+h)}>\underline{1+(k+1)h}$$
$$\therefore (1+h)^{k+1}>\underline{(1+kh)(1+h)}>\underline{1+(k+1)h}$$
$$\therefore (1+h)^{k+1}>\underline{1+(k+1)h}$$

따라서 $n=k+1$일 때도 주어진 부등식이 성립한다.

i), ii)에 의하여 $n\geq2$인 모든 자연수 n에 대하여 주어진 부등식이 성립한다.

뿌리 2-3 수학적 귀납법을 이용한 등식의 증명(2)

> 다음 등식이 성립함을 수학적 귀납법으로 증명하여라.
>
> $$\frac{1}{1\cdot 2} + \frac{1}{2\cdot 3} + \frac{1}{3\cdot 4} + \cdots + \frac{1}{n(n+1)} = \frac{n}{n+1} \ (n = 1, 2, 3, \cdots)$$

증명 i) $n=1$일 때, (좌변)$= \dfrac{1}{1\cdot(1+1)} = \dfrac{1}{2}$, (우변)$= \dfrac{1}{1+1} = \dfrac{1}{2}$

따라서 (좌변)$=$(우변)이므로 $n=1$일 때 주어진 등식이 성립한다.

ii) $n=k$일 때, 주어진 등식이 성립한다고 가정하면

$$\frac{1}{1\cdot 2} + \frac{1}{2\cdot 3} + \cdots + \frac{1}{k(k+1)} = \frac{k}{k+1} \ \cdots \text{㉠}$$

> $n=k+1$일 때,
>
> $\dfrac{1}{1\cdot 2} + \dfrac{1}{2\cdot 3} + \cdots + \dfrac{1}{(k+1)(k+2)} = \dfrac{k+1}{k+2}$ 이 성립함을 ★㉠을 이용하여 증명해야 하므로

㉠의 양변에 $\dfrac{1}{(k+1)(k+2)}$ 을 더하면

$$\frac{1}{1\cdot 2} + \frac{1}{2\cdot 3} + \cdots + \frac{1}{k(k+1)} + \frac{1}{(k+1)(k+2)} = \frac{k}{k+1} + \frac{1}{(k+1)(k+2)}$$

$$= \frac{k(k+2)+1}{(k+1)(k+2)} = \frac{k^2+2k+1}{(k+1)(k+2)}$$

$$= \frac{(k+1)^2}{(k+1)(k+2)}$$

$$= \frac{k+1}{k+2}$$

따라서 $n=k+1$일 때도 주어진 등식이 성립한다.

i), ii)에 의하여 모든 자연수 n에 대하여 주어진 등식이 성립한다.

참고

$$\frac{1}{1\cdot 2} + \frac{1}{2\cdot 3} + \frac{1}{3\cdot 4} + \cdots + \frac{1}{n(n+1)} = \frac{n}{n+1} \Leftrightarrow \sum_{k=1}^{n} \frac{1}{k(k+1)} = \frac{n}{n+1}$$

이므로 $n=1$일 때, (좌변)$= \displaystyle\sum_{k=1}^{1} \frac{1}{k(k+1)} = \frac{1}{1\cdot(1+1)} = \frac{1}{2}$, (우변)$= \dfrac{1}{1+1} = \dfrac{1}{2}$

[줄기2-1] 다음 부등식이 성립함을 수학적 귀납법으로 증명하여라.

$$2^n > n^2 \ (\text{단}, n = 5, 6, 7, \cdots)$$

[줄기2-2] 다음 부등식이 성립함을 수학적 귀납법으로 증명하여라.

$$2^n > 2n+1 \ (n = 3, 4, 5, \cdots)$$

$n \geq 2$인 자연수 n에 대하여 부등식

$$1 + \frac{1}{2^2} + \frac{1}{3^2} + \cdots + \frac{1}{n^2} < 2 - \frac{1}{n}$$

이 성립함을 수학적 귀납법으로 증명하여라.

 증명
i) $n = 2$일 때, (좌변) $= \frac{1}{1^2} + \frac{1}{2^2} = \frac{5}{4}$, (우변) $= 2 - \frac{1}{2} = \frac{3}{2}$

따라서 (좌변) < (우변)이므로 $n = 2$일 때 주어진 부등식이 성립한다.

ii) $n = k \, (k \geq 2)$일 때, 주어진 부등식이 성립한다고 가정하면

$$\frac{1}{1^2} + \frac{1}{2^2} + \frac{1}{3^2} + \cdots + \frac{1}{k^2} < 2 - \frac{1}{k} \quad \cdots \text{㉠}$$

$n = k+1$일 때,

$\frac{1}{1^2} + \frac{1}{2^2} + \frac{1}{3^2} + \cdots + \frac{1}{(k+1)^2} < 2 - \frac{1}{k+1}$ 가 성립함을 ★㉠을 이용하여 증명해야 하므로

㉠의 양변에 $\frac{1}{(k+1)^2}$ 을 더하면

$$\frac{1}{1^2} + \frac{1}{2^2} + \frac{1}{3^2} + \cdots + \frac{1}{k^2} + \frac{1}{(k+1)^2} < 2 - \frac{1}{k} + \frac{1}{(k+1)^2}$$

이때 $k \geq 2$이므로

$$\left\{ 2 - \frac{1}{k} + \frac{1}{(k+1)^2} \right\} - \left(2 - \frac{1}{k+1} \right) = \frac{1}{k+1} + \frac{1}{(k+1)^2} - \frac{1}{k}$$

$$= \frac{k(k+1) + k - (k+1)^2}{k(k+1)^2}$$

$$= \frac{-1}{k(k+1)^2}$$

$$< 0$$

$$\therefore \; 2 - \frac{1}{k} + \frac{1}{(k+1)^2} < 2 - \frac{1}{k+1}$$

$$\therefore \; \frac{1}{1^2} + \frac{1}{2^2} + \frac{1}{3^2} + \cdots + \frac{1}{k^2} + \frac{1}{(k+1)^2} < 2 - \frac{1}{k} + \frac{1}{(k+1)^2} < 2 - \frac{1}{k+1}$$

$$\therefore \; \frac{1}{1^2} + \frac{1}{2^2} + \frac{1}{3^2} + \cdots + \frac{1}{k^2} + \frac{1}{(k+1)^2} < 2 - \frac{1}{k+1}$$

따라서 $n = k+1$일 때도 주어진 부등식이 성립한다.

i), ii)에 의하여 $n \geq 2$인 모든 자연수 n에 대하여 주어진 부등식이 성립한다.

참고
$$\frac{1}{1^2} + \frac{1}{2^2} + \frac{1}{3^2} + \cdots + \frac{1}{n^2} < 2 - \frac{1}{n} \Leftrightarrow \sum_{k=1}^{n} \frac{1}{k^2} < 2 - \frac{1}{n}$$

이므로 $n = 2$일 때, (좌변) $= \sum_{k=1}^{2} \frac{1}{k^2} = \frac{1}{1^2} + \frac{1}{2^2} = \frac{5}{4}$, (우변) $= 2 - \frac{1}{2} = \frac{3}{2}$

● 잎 11-1

다음과 같이 정의된 수열 $\{a_n\}$이 있다.

$a_1 = 1$, $\dfrac{1}{a_{n+1}} - \dfrac{1}{a_n} = \dfrac{1}{2}$ $(n = 1, 2, 3, \cdots)$ 일 때, a_{20}의 값은? [교육청 기출]

① $\dfrac{2}{21}$　　② $\dfrac{4}{21}$　　③ $\dfrac{5}{21}$　　④ $\dfrac{2}{7}$　　⑤ $\dfrac{3}{7}$

● 잎 11-2

수열 $\{a_n\}$에 대하여 $a_1 = 2$, $a_{n+1} = 3a_n - 3$ $(n \geq 1)$이 성립할 때, $a_6 - a_5$의 값은? [교육청 기출]

① 27　　② 81　　③ 243　　④ 729　　⑤ 2187

● 잎 11-3

수열 $\{a_n\}$이 $a_1 = 1$이고, 모든 자연수 n에 대하여 $a_{n+1} = \dfrac{2n}{n+1} a_n$을 만족시킬 때, a_4의 값은?

[수능 기출]

① $\dfrac{3}{2}$　　② 2　　③ $\dfrac{5}{2}$　　④ 3　　⑤ $\dfrac{7}{2}$

● 잎 11-4

수열 $\{a_n\}$이 모든 자연수 n에 대하여 $2a_{n+1} = a_n + a_{n+2}$를 만족시킨다. $a_2 = -1$, $a_3 = 2$일 때, 수열 $\{a_n\}$의 첫째항부터 제 10 항까지의 합은? [수능 기출]

① 95　　② 90　　③ 85　　④ 80　　⑤ 75

● 잎 11-5

$a_1 = 2$, $a_{n+1} = 10a_n + 81 \, (n = 1, 2, 3, \cdots)$로 정의된 수열 $\{a_n\}$이 있다. 이때, a_{10}의 각 자리의 수의 합은? [교육청 기출]

① 68   ② 70   ③ 72   ④ 74   ⑤ 76

● 잎 11-6

두 수열 $\{a_n\}$, $\{b_n\}$은 첫째항이 모두 1이고 $a_{n+1} = 3a_n$, $b_{n+1} = (n+1)b_n \, (n = 1, 2, 3, \cdots)$을 만족시킨다. 수열 $\{C_n\}$을 $C_n = \begin{cases} a_n \, (a_n < b_n) \\ b_n \, (a_n \geq b_n) \end{cases}$ 이라 할 때, $\displaystyle\sum_{n=1}^{50} 2C_n$의 값은? [교육청 기출]

① $3^{50} - 20$ ② $3^{50} - 19$ ③ $3^{50} - 15$ ④ $3^{50} - 11$ ⑤ $3^{50} - 7$

● 잎 11-7

수열 $\{a_n\}$이 점화관계 $a_1 = 2$, $a_2 = 3$, $a_n + a_{n+1} + a_{n+2} = n+1 \, (n = 1, 2, 3, \cdots)$을 만족시킬 때, $\displaystyle\sum_{k=1}^{14} a_k$의 값은? [평가원 기출]

① 37   ② 38   ③ 39   ④ 40   ⑤ 41

● 잎 11-8

수열 $\{a_n\}$에 대하여 $a_1 = 3$, $a_n = 3 + \displaystyle\sum_{k=1}^{n-1} a_k \, (n = 2, 3, 4, \cdots)$가 성립할 때, a_6의 값을 구하여라.

[교육청 기출]

● 잎 11-9

$a_1 = 1$인 수열 $\{a_n\}$에 대하여 $3(a_1 + a_2 + a_3 + \cdots + a_n) = (n+2)a_n \, (n = 1, 2, 3, \cdots)$이 성립할 때, $a_k = 45$를 만족시키는 k의 값을 구하여라.

● 잎 11-10

수열 $\{a_n\}$은 $a_1 = 2$이고, $a_{n+1} = a_n + (-1)^n \dfrac{2n+1}{n(n+1)}$ $(n \geq 1)$을 만족한다. $a_{20} = \dfrac{q}{p}$ 일 때,

$p+q$의 값을 구하여라. (단, p, q는 서로소인 자연수이다.) [평가원 기출]

● 잎 11-11

모든 자연수 n에 대하여 $1 - \dfrac{1}{2} + \dfrac{1}{3} - \dfrac{1}{4} + \cdots + \dfrac{1}{2n-1} - \dfrac{1}{2n} = \dfrac{1}{n+1} + \dfrac{1}{n+2} + \cdots + \dfrac{1}{2n}$ 이
성립함을 수학적 귀납법으로 증명한 것이다.

---

i) $n=1$일 때, (좌변)=(우변)=$\boxed{\quad (가) \quad}$ 이므로 주어진 등식은 성립한다.

ii) $n=k\,(k \geq 1)$일 때, 성립한다고 가정하면

$$1 - \dfrac{1}{2} + \dfrac{1}{3} - \dfrac{1}{4} + \cdots + \dfrac{1}{2k-1} - \dfrac{1}{2k} = \dfrac{1}{k+1} + \dfrac{1}{k+2} + \cdots + \dfrac{1}{2k}$$

$n=k+1$일 때,

$$1 - \dfrac{1}{2} + \dfrac{1}{3} - \dfrac{1}{4} + \cdots + \dfrac{1}{2k-1} - \dfrac{1}{2k} + \boxed{\quad (나) \quad}$$

$$= \dfrac{1}{k+1} + \dfrac{1}{k+2} + \cdots + \dfrac{1}{2k} + \boxed{\quad (나) \quad}$$

$$= \dfrac{1}{k+2} + \dfrac{1}{k+3} + \cdots + \dfrac{1}{2k+1} + \boxed{\quad (다) \quad}$$

$$= \dfrac{1}{k+2} + \dfrac{1}{k+3} + \cdots + \dfrac{1}{2k+1} + \dfrac{1}{2k+2} \text{ 이다.}$$

그러므로 $n=k+1$일 때도 성립한다.

따라서 i), ii)에 의하여 모든 자연수 n에 대하여 주어진 등식은 성립한다.

위 증명에 (가) ~ (다)에 알맞은 것을 바르게 짝지은 것은? [교육청 기출]

	(가)	(나)	(다)
①	1	$\dfrac{1}{2k+2}$	$\dfrac{1}{2k} - \dfrac{1}{2k+2}$
②	1	$\dfrac{1}{2k+1} - \dfrac{1}{2k+2}$	$\dfrac{1}{k+1} - \dfrac{1}{2k+2}$
③	$\dfrac{1}{2}$	$\dfrac{1}{2k+2}$	$\dfrac{1}{2k} - \dfrac{1}{2k+2}$
④	$\dfrac{1}{2}$	$\dfrac{1}{2k+1} - \dfrac{1}{2k+2}$	$\dfrac{1}{k+1} - \dfrac{1}{2k+2}$
⑤	$\dfrac{1}{2}$	$\dfrac{1}{2k+1} - \dfrac{1}{2k+2}$	$\dfrac{1}{2k} - \dfrac{1}{2k+2}$

상 용 로 그 표

수	0	1	2	3	4	5	6	7	8	9	비례부분								
											1	2	3	4	5	6	7	8	9
1.0	.0000	.0043	.0086	.0128	.0170	.0212	.0253	.0294	.0334	.0374	4	8	12	17	21	25	29	33	37
1.1	.0414	.0453	.0492	.0531	.0569	.0607	.0645	.0682	.0719	.0755	4	8	11	15	19	23	26	30	34
1.2	.0792	.0828	.0864	.0899	.0934	.0969	.1004	.1038	.1072	.1106	3	7	10	14	17	21	24	28	31
1.3	.1139	.1173	1206	.1239	.1271	.1303	.1335	.1367	.1399	.1430	3	6	10	13	16	19	23	26	29
1.4	.1461	1492	.1523	.1553	.1584	.1614	.1644	.1673	.1703	.1732	3	6	9	12	15	18	21	24	27
1.5	.1761	.1790	.1818	.1847	.1875	.1903	.1931	.1959	.1987	.2014	3	6	8	11	14	17	20	22	25
1.6	.2041	.2068	.2095	.2122	.2148	.2175	.2201	.2227	.2253	.2279	3	5	8	11	13	16	18	21	24
1.7	.2304	.2330	.2355	.2380	.2405	.2430	.2455	.2480	.2504	.2529	2	5	7	10	12	15	17	20	22
1.8	.2553	.2577	.2601	.2625	.2648	.2672	.2695	.2718	.2742	.2765	2	5	7	9	12	14	16	19	21
1.9	.2788	.2810	.2833	.2856	.2878	.2900	.2923	.2945	.2967	2989	2	4	7	9	11	13	16	18	20
2.0	.3010	.3022	.3054	.3075	.3096	.3118	.3139	.3160	.3181	.3201	2	4	6	8	11	13	15	17	19
2.1	.3222	.3243	.3263	.3284	.3304	.3324	.3345	.3365	.3385	.3404	2	4	6	8	10	12	14	16	18
2.2	.3424	.3444	.3464	.3483	.3502	.3522	.3541	.3560	.3579	.3598	2	4	6	8	10	12	14	15	17
2.3	.3617	.3636	.3655	.3674	.3692	.3711	.3729	.3747	.3766	.3784	2	4	6	7	9	11	13	15	17
2.4	.3802	.3820	.3838	.3856	.3874	.3892	.3909	.3927	.3945	.3962	2	4	5	7	9	11	12	14	16
2.5	.3979	3997	.4014	.4031	.4048	.4065	.4082	.4099	.4116	.4133	2	3	5	7	9	10	12	14	15
2.6	.4150	.4166	.4183	.4200	.4216	.4232	.4249	.4265	.4281	.4298	2	3	5	7	8	10	11	13	15
2.7	.4314	.4330	.4346	.4362	.4378	.4393	.4409	.4425	.4440	.4456	2	3	5	6	8	9	11	13	14
2.8	.4472	.4487	.4502	.4518	.4533	.4548	.4564	.4579	.4594	.4609	2	3	5	6	8	9	11	12	14
2.9	.4624	.4639	.4654	.4669	.4683	.4698	.4713	.4728	.4742	.4757	1	3	4	6	7	9	10	12	13
3.0	.4771	.4786	.4800	.4814	.4829	.4843	.4857	.4871	.4886	.4900	1	3	4	6	7	9	10	11	13
3.1	.4914	.4928	.4942	.4955	.4969	.4983	.4997	.5011	.5024	.5038	1	3	4	6	7	8	10	11	12
3.2	.5051	.5065	.5079	.5092	.5105	.5119	.5132	.5145	.5159	.5172	1	3	4	5	7	8	9	11	12
3.3	.5185	.5198	.5211	.5224	.5237	.5250	.5263	.5276	.5289	.5302	1	3	4	5	6	8	9	10	12
3.4	.5315	.5328	.5340	.5353	.5366	.5378	.5391	.5403	.5416	.5428	1	3	4	5	6	8	9	10	11
3.5	.5441	.5453	.5465	.5478	.5490	.5502	.5514	.5527	.5539	.5551	1	2	4	5	6	7	9	10	11
3.6	.5563	.5575	.5587	.5599	.5611	.5623	.5635	.5647	.5658	.5670	1	2	4	5	6	7	8	10	11
3.7	.5682	.5694	.5705	.5717	.5729	.5740	.5752	.5763	.5775	.5786	1	2	3	5	6	7	8	9	10
3.8	.5798	.5809	.5821	.5832	.5843	.5855	.5866	.5877	.5888	.5899	1	2	3	5	6	7	8	9	10
3.9	.5911	.5922	.5933	.5944	.5955	.5966	.5977	.5988	.5999	.6010	1	2	3	4	5	7	8	9	10
4.0	.6021	.6031	.6042	.6053	.6064	.6075	.6085	.6096	.6107	.6117	1	2	3	4	5	7	8	9	10
4.1	.6128	.6138	.6149	.6160	.6170	.6180	.6191	.6201	.6212	.6222	1	2	3	4	5	6	7	8	9
4.2	.6232	.6243	.6253	.6263	.6274	.6284	.6294	.6304	.6314	.6325	1	2	3	4	5	6	7	8	9
4.3	.6335	.6345	.6355	.6365	.6375	.6385	.6395	.6405	.6415	.6425	1	2	3	4	5	6	7	8	9
4.4	.6435	.6444	.6454	.6464	.6474	.6484	.6493	.6503	.6513	.6522	1	2	3	4	5	6	7	8	9
4.5	.6532	.6542	.6551	.6561	.6571	.6580	.6590	.6599	.6609	.6618	1	2	3	4	5	6	7	8	9
4.6	.6628	.6637	.6646	.6656	.6665	.6675	.6684	.6693	.6702	.6712	1	2	3	4	5	6	7	7	8
4.7	.6721	.6730	.6739	.6749	.6758	.6767	.6776	.6785	.6794	.6803	1	2	3	4	5	5	6	7	8
4.8	.6812	.6821	.6830	.6839	.6848	.6857	.6866	.6875	.6884	.6893	1	2	3	4	4	5	6	7	8
4.9	.6902	.6911	.6920	.6928	.6937	.6946	.6955	.6964	.6972	.6981	1	2	3	4	4	5	6	7	8
5.0	.6990	.6998	.7007	.7016	.7024	.7033	.7042	.7050	.7059	.7067	1	2	3	3	4	5	6	7	8
5.1	.7076	.7084	.7093	.7101	.7110	.7118	.7126	.7135	.7143	.7152	1	2	3	3	4	5	6	7	8
5.2	.7160	.7168	.7177	.7185	.7193	.7202	.7210	.7218	.7226	.7235	1	2	2	3	4	5	6	7	7
5.3	.7243	.7251	.7259	.7267	.7275	.7284	.7292	.7300	.7308	.7316	1	2	2	3	4	5	6	6	7
5.4	.7324	.7332	.7340	.7348	.7356	.7364	.7372	.7380	.7388	.7396	1	2	2	3	4	5	6	6	7
5.5	.7404	.7412	.7419	.7427	.7435	.7443	.7451	.7459	.7466	.7474	1	2	2	3	4	5	5	6	7
5.6	.7482	.7490	.7497	.7505	.7513	.7520	.7528	.7536	.7543	.7551	1	2	2	3	4	5	5	6	7
5.7	.7559	.7566	.7574	.7582	.7589	.7597	.7604	.7612	.7619	.7627	1	2	2	3	4	5	5	6	7
5.8	.7634	.7642	.7649	.7657	.7664	.7672	.7679	.7686	.7694	.7701	1	1	2	3	4	4	5	6	7
5.9	.7709	.7716	.7723	.7731	.7738	.7745	.7752	.7760	.7767	.7774	1	1	2	3	4	4	5	6	7
6.0	.7782	.7789	.7796	.7803	.7810	.7818	.7825	.7832	.7839	.7846	1	1	2	3	4	4	5	6	6
6.1	.7853	.7860	.7868	.7875	.7882	.7889	.7896	.7903	.7910	.7917	1	1	2	3	4	4	5	6	6
6.2	.7924	.7931	.7938	.7945	.7952	.7959	.7966	.7973	.7980	.7987	1	1	2	3	3	4	5	6	6
6.3	.7993	.8000	.8007	.8014	.8021	.8028	.8035	.8041	.8048	.8055	1	1	2	3	3	4	5	5	6

수	0	1	2	3	4	5	6	7	8	9	비례부분								
											1	2	3	4	5	6	7	8	9
6.4	.8062	.8069	.8075	.8082	.8089	.8096	.8102	.8109	.8116	.8122	1	1	2	3	3	4	5	5	6
6.5	.8129	.8136	.8142	.8149	.8156	.8162	.8169	.8176	.8182	.8189	1	1	2	3	3	4	5	5	6
6.6	.8195	.8202	.8209	.8215	.8222	.8228	.8235	.8241	.8248	.8254	1	1	2	3	3	4	5	5	6
6.7	.8261	.8267	.8274	.8280	.8287	.8293	.8299	.8306	.8312	.8319	1	1	2	3	3	4	5	5	6
6.8	.8325	.8331	.8338	.8344	.8351	.8357	.8363	.8370	.8376	.8382	1	1	2	3	3	4	4	5	6
6.9	.8388	.8395	.8401	.8407	.8414	.8420	.8426	.8432	.8439	.8445	1	1	2	2	3	4	4	5	6
7.0	.8451	.8457	.8463	.8470	.8476	.8482	.8488	.8494	.8500	.8506	1	1	2	2	3	4	4	5	6
7.1	.8513	.8519	.8525	.8531	.8537	.8543	.8549	.8555	.8561	.8567	1	1	2	2	3	4	4	4	5
7.2	.8573	.8579	.8585	.8591	.8597	.8603	.8609	.8615	.8621	.8627	1	1	2	2	3	4	4	5	5
7.3	.8633	.8639	.8645	.8651	.8657	.8663	.8669	.8675	.8681	.8686	1	1	2	2	3	4	4	5	5
7.4	.8692	.8698	.8704	.8710	.8716	.8722	.8727	.8733	.8739	.8745	1	1	2	2	3	4	4	5	5
7.5	.8751	.8756	.8762	.8768	.8774	.8779	.8785	.8791	.8797	.8802	1	1	2	2	3	3	4	5	5
7.6	.8808	.8814	.8820	.8825	.8831	.8837	.8842	.8848	.8854	.8859	1	1	2	2	3	3	4	5	5
7.7	.8865	.8871	.8876	.8882	.8887	.8893	.8899	.8904	.8910	.8915	1	1	2	2	3	3	4	4	5
7.8	.8921	.8927	.8932	.8938	.8943	.8949	.8954	.8960	.8965	.8971	1	1	2	2	3	3	4	4	5
7.9	.8976	.8982	.8987	.8993	.8998	.9004	.9009	.9015	.9020	.9025	1	1	2	2	3	3	4	4	5
8.0	.9031	.9036	.9042	.9047	.9053	.9058	.9063	.9069	.9074	.9079	1	1	2	2	3	3	4	4	5
8.1	.9085	.9090	.9096	.9101	.9106	.9112	.9117	.9122	.9128	.9133	1	1	2	2	3	3	4	4	5
8.2	.9138	.9143	.9149	.9154	.9159	.9165	.9170	.9175	.9180	.9186	1	1	2	2	3	3	4	4	5
8.3	.9191	.9196	.9201	.9206	.9212	.9217	.9222	.9227	.9232	.9238	1	1	2	2	3	3	4	4	5
8.4	.9243	.9248	.9253	.9258	.9263	.9269	.9274	.9879	.9284	.9289	1	1	2	2	3	3	4	4	5
8.5	.9294	.9299	.9304	.9309	.9315	.9320	.9325	.9330	.9335	.9340	1	1	2	2	3	3	4	4	5
8.6	.9345	.9350	.9355	.9360	.9365	.9370	.9375	.9380	.9385	.9390	1	1	2	2	3	3	4	4	5
8.7	.9395	.9400	.9405	.9410	.9415	.9420	.9425	.9430	.9435	.9440	0	1	1	2	2	3	3	4	4
8.8	.9445	.9450	.9455	.9460	.9465	.9469	.9474	.9479	.9484	.9489	0	1	1	2	2	3	3	4	4
8.9	.9494	.9499	.9504	.9509	.9513	.9518	.9523	.9528	.9533	.9538	0	1	1	2	2	3	3	4	4
9.0	.9542	.9547	.9552	.9557	.9562	.9566	.9571	.9576	.9581	.9586	0	1	1	2	2	3	3	4	4
9.1	.9590	.9595	.9600	.9605	.9609	.9614	.9619	.9624	.9628	.9633	0	1	1	2	2	3	3	4	4
9.2	.9638	.9643	.9647	.9652	.9657	.9661	.9666	.9671	.9675	.9680	0	1	1	2	2	3	3	4	4
9.3	.9685	.9689	.9694	.9699	.9703	.9708	.9713	.9717	.9722	.9727	0	1	1	2	2	3	3	4	4
9.4	.9731	.9736	.9741	.9745	.9750	.9754	.9759	.9763	.9768	.9773	0	1	1	2	2	3	3	4	4
9.5	.9777	.9782	.9786	.9791	.9795	.9800	.9805	.9809	.9814	.9818	0	1	1	2	2	3	3	4	4
9.6	.9823	.9827	.9832	.9836	.9841	.9845	.9850	.9854	.9859	.9863	0	1	1	2	2	3	3	4	4
9.7	.9868	.9872	.9877	.9881	.9886	.9890	.9894	.9899	.9903	.9908	0	1	1	2	2	3	3	4	4
9.8	.9912	.9917	.9921	.9926	.9930	.9934	.9939	.9943	.9948	.9952	0	1	1	2	2	3	3	4	4
9.9	.9956	.9961	.9965	.9969	.9974	.9978	.9983	.9987	.9991	.9996	0	1	1	2	2	3	3	3	4

수학 고수들의 비법

❶ 하나를 알아도 정확하게 알아라!

⇨ 고등수학은 결국 '**개념 싸움**'이다. 개념을 정확히 알면 문제는 자연스럽게 풀린다.

❷ 문제를 완전히 이해하고 풀어라!

⇨ 문제를 정확히 이해하는 순간, 이미 절반은 푼 것이다. (시작이 반이다!)

❸ 수학은 미지수를 찾는 게임이다.

⇨ 규칙을 배웠다면 반드시 직접 손으로 풀어보아라.

　설명만 보면 아는 것 같지만, 직접 풀지 않으면 절대 실력이 늘지 않는다.

　반드시 스스로 풀어 보고, 자신의 답과 정답이 일치하는지 확인하라.

❹ 개념과 공식은 '외우는 것'이 아니라 '체득하는 것'이다.

⇨ 친구 이름처럼 억지로 외우지 말고, 친구 별명처럼 특징을 붙여 이해하라.

　특징을 잡아 이해한 공식은 쉽게 잊히지 않고 오래 남는다.

❺ 조건을 철저히 따지는 습관을 길러라!

⇨ 조건을 놓치면 잘 푼 것 같은데 꼭 답이 틀린다.

❻ 수학의 풀이 과정에서 우연은 없다!

⇨ 단계마다 넘어가는 이유가 반드시 있다.

　그 이유를 설명할 수 있어야 진짜 이해한 것이다.

❼ 노력보다 더 큰 재능은 없다!

⇨ 누구든 노력하면 수학을 잘할 수 있다.

　수학 실력은 타고나는 것이 아니라 만들어지는 것이다.

보다 **빨리** | 보다 **쉽게** | 보다 **완벽하게**
MATH PAIN ZERO

파본은 구입처에서 교환해 드립니다.
이 책은 저작권법에 따라
보호받는 저작물이므로
무단으로 복사, 복제할 수 없습니다.

값 19,000원

53410

ISBN 979-11-7223-129-3

수학 고백

ZER

대 수

정답 및 풀이

밥북
B·O·O·K

정답 및 풀이

대 수

1 지수

본문 p.11

✏️ 풀이 줄기 문제

[줄기 1-1]

핵심 $\sqrt[m]{\sqrt[n]{a}}=\sqrt[mn]{a}$, $\sqrt[n]{a}=a^{\frac{1}{n}}$, $\sqrt[n]{a^m}=a^{\frac{m}{n}}$ $(a>0)$ 과 $\boxed{8}$ 지수가 유리수일 때의 지수법칙[p.24]을 함께 이용한다.

풀이 1) $\sqrt[5]{32^4} \div (\sqrt[3]{2})^9 \times \sqrt[4]{\sqrt{256}}$

$= 32^{\frac{4}{5}} \div (2^{\frac{1}{3}})^9 \times \sqrt[8]{2^8}$

$= (2^5)^{\frac{4}{5}} \div 2^{\frac{1}{3}\times 9} \times |2|$

$= 2^{5\times\frac{4}{5}} \div 2^3 \times 2 = 2^{4-3+1} = 2^2 = 4$

2) $(\sqrt[4]{3}-1)(\sqrt[4]{3}+1)$

$= (3^{\frac{1}{4}}-1)(3^{\frac{1}{4}}+1) = (3^{\frac{1}{4}})^2 - 1^2$

$= 3^{\frac{1}{4}\times 2} - 1 = 3^{\frac{1}{2}} - 1 = \sqrt{3}-1$

3) $\sqrt[3]{\sqrt[4]{216}}$

$= \sqrt[12]{2^3 \cdot 3^3} = (2^3 \cdot 3^3)^{\frac{1}{12}} = 2^{3\times\frac{1}{12}} \cdot 3^{3\times\frac{1}{12}}$

$= 2^{\frac{1}{4}} \cdot 3^{\frac{1}{4}} = (2 \cdot 3)^{\frac{1}{4}} = \sqrt[4]{6}$

정답 1) 4 2) $\sqrt{3}-1$ 3) $\sqrt[4]{6}$

[줄기 1-2]

풀이 1) 3, 2의 최소공배수는 6이므로

$\sqrt[3]{3} = \sqrt[6]{3^2}$, $\sqrt{2} = \sqrt[6]{2^3}$
　　　1위　　　　　2위

$\therefore \sqrt{2} < \sqrt[3]{3}$

2) 2, 4, 3의 최소공배수는 12이므로

$\sqrt{3} = \sqrt[12]{3^6}$, $\sqrt[4]{8} = \sqrt[12]{8^3}$, $\sqrt[3]{5} = \sqrt[12]{5^4}$
　　1위　　　　　3위　　　　　2위

$\therefore \sqrt[4]{8} < \sqrt[3]{5} < \sqrt{3}$

3) 2, 3, 4, 6의 최소공배수는 12이므로

$\sqrt{3} = \sqrt[12]{3^6}$, $\sqrt[3]{4} = \sqrt[12]{4^4}$, $\sqrt[4]{5} = \sqrt[12]{5^3}$,
　1위　　　　　2위　　　　　3위

$\sqrt[6]{7} = \sqrt[12]{7^2}$
　4위

$\therefore \sqrt[6]{7} < \sqrt[4]{5} < \sqrt[3]{4} < \sqrt{3}$

정답 1) $\sqrt{2} < \sqrt[3]{3}$
　　2) $\sqrt[4]{8} < \sqrt[3]{5} < \sqrt{3}$
　　3) $\sqrt[6]{7} < \sqrt[4]{5} < \sqrt[3]{4} < \sqrt{3}$

[줄기 1-3]

풀이 1) $\sqrt{\dfrac{\sqrt[4]{a}}{\sqrt[5]{a}}} \times \sqrt[5]{\dfrac{a}{\sqrt[4]{a}}} \times \sqrt[4]{\dfrac{\sqrt[5]{a}}{\sqrt{a}}}$

$= \dfrac{\sqrt[2\times4]{a}}{\sqrt[2\times5]{a}} \times \dfrac{\sqrt[5]{a}}{\sqrt[5\times4]{a}} \times \dfrac{\sqrt[4\times5]{a}}{\sqrt[4\times2]{a}}$

$= \dfrac{\sqrt[8]{a}}{\sqrt[10]{a}} \times \dfrac{\sqrt[5]{a}}{\sqrt[20]{a}} \times \dfrac{\sqrt[20]{a}}{\sqrt[8]{a}}$

$= \dfrac{\sqrt[5]{a}}{\sqrt[10]{a}} = a^{\frac{1}{5}-\frac{1}{10}} = a^{\frac{1}{10}} = \sqrt[10]{a}$

2) $\sqrt[4]{\dfrac{\sqrt[3]{a}}{\sqrt{a}}} \times \sqrt[3]{\dfrac{\sqrt{a}}{\sqrt[4]{a}}} \times \sqrt{\dfrac{\sqrt[4]{a}}{\sqrt[3]{a}}}$

$= \dfrac{\sqrt[4\times3]{a}}{\sqrt[4\times2]{a}} \times \dfrac{\sqrt[3\times2]{a}}{\sqrt[3\times4]{a}} \times \dfrac{\sqrt[2\times4]{a}}{\sqrt[2\times3]{a}}$

$= \dfrac{\sqrt[12]{a}}{\sqrt[8]{a}} \times \dfrac{\sqrt[6]{a}}{\sqrt[12]{a}} \times \dfrac{\sqrt[8]{a}}{\sqrt[6]{a}} = 1$

3) $\sqrt[4]{\dfrac{\sqrt[3]{a}}{\sqrt{a}}} \div \sqrt[3]{\dfrac{\sqrt{a}}{\sqrt[4]{a}}} \div \sqrt{\dfrac{\sqrt[4]{a}}{\sqrt[3]{a}}}$

$= \dfrac{\sqrt[4\times3]{a}}{\sqrt[4\times2]{a}} \div \dfrac{\sqrt[3\times2]{a}}{\sqrt[3\times4]{a}} \div \dfrac{\sqrt[2\times4]{a}}{\sqrt[2\times3]{a}}$

$= \dfrac{\sqrt[12]{a}}{\sqrt[8]{a}} \times \dfrac{\sqrt[12]{a}}{\sqrt[6]{a}} \times \dfrac{\sqrt[6]{a}}{\sqrt[8]{a}} = \dfrac{a^{\frac{1}{12}} \times a^{\frac{1}{12}}}{a^{\frac{1}{8}} \times a^{\frac{1}{8}}}$

$= \dfrac{a^{\frac{2}{12}}}{a^{\frac{2}{8}}} = a^{\frac{1}{6}-\frac{1}{4}} = a^{-\frac{1}{12}} = \dfrac{1}{a^{\frac{1}{12}}} = \dfrac{1}{\sqrt[12]{a}}$

정답 1) $\sqrt[10]{a}$　2) 1　3) $\dfrac{1}{\sqrt[12]{a}}$

[줄기 2-1]

핵심 $a>0$, $b>0$이므로 밑이 모두 양수이다. 따라서 지수가 실수일 때 지수법칙을 이용할 수 있다.

풀이 1) $a^4 \div a^{-2} \times a^3 = a^{4-(-2)+3} = a^9$

2) $a^{-3} \div a^2 \div a^{-4} = a^{(-3)-2-(-4)} = a^{-1} = \dfrac{1}{a}$

3) $\sqrt{a\sqrt{a\sqrt{a\sqrt{a}}}}$

$= \sqrt{a} \times \sqrt[2\times2]{a} \times \sqrt[2\times2\times2]{a} \times \sqrt[2\times2\times2\times2]{a}$

$= \sqrt{a} \times \sqrt[4]{a} \times \sqrt[8]{a} \times \sqrt[16]{a}$

$= a^{\frac{1}{2}+\frac{1}{4}+\frac{1}{8}+\frac{1}{16}} = a^{\frac{15}{16}}$

4) $(a^{-2}b^4)^{-\frac{3}{2}} = a^{(-2)\times\left(-\frac{3}{2}\right)}b^{4\times\left(-\frac{3}{2}\right)} = a^3b^{-6}$

5) $\{(a^2b^{-3})^{-3}\}^{-1} = \{a^{2\times(-3)}b^{(-3)\times(-3)}\}^{-1}$

$= (a^{-6}b^9)^{-1}$

$= a^{(-6)\times(-1)}b^{9\times(-1)}$

$= a^6b^{-9}$

6) $\sqrt[5]{a^2} \div \sqrt{a} = a^{\frac{2}{5}} \div a^{\frac{1}{2}} = a^{\frac{2}{5}-\frac{1}{2}} = a^{-\frac{1}{10}}$

7) $\sqrt[4]{a^3b^7} \div \sqrt[3]{a^2b} = (a^3b^7)^{\frac{1}{4}} \div (a^2b)^{\frac{1}{3}}$

$= a^{\frac{3}{4}}b^{\frac{7}{4}} \div a^{\frac{2}{3}}b^{\frac{1}{3}}$

$= a^{\left(\frac{3}{4}-\frac{2}{3}\right)}b^{\left(\frac{7}{4}-\frac{1}{3}\right)}$

$= a^{\frac{1}{12}}b^{\frac{17}{12}}$

8) $\sqrt{\dfrac{\sqrt{a}}{a} \times \sqrt[3]{a}} = \dfrac{\sqrt[2\times2]{a}}{\sqrt{a}} \times \sqrt[2\times3]{a}$

$= \dfrac{\sqrt[4]{a}}{\sqrt{a}} \times \sqrt[6]{a}$

$= a^{\frac{1}{4}-\frac{1}{2}+\frac{1}{6}} = a^{-\frac{1}{12}}$

9) $a\sqrt{a^3} \times \sqrt[4]{a^3} \div \sqrt[4]{a} = a \cdot a^{\frac{3}{2}} \times a^{\frac{3}{4}} \div a^{\frac{1}{4}}$

$= a^{\frac{5}{2}} \times a^{\frac{3}{4}} \div a^{\frac{1}{4}}$

$= a^{\frac{5}{2}+\frac{3}{4}-\frac{1}{4}} = a^3$

정답 1) a^9 2) a^{-1} 3) $a^{\frac{15}{16}}$

4) a^3b^{-6} 5) a^6b^{-9} 6) $a^{-\frac{1}{10}}$

7) $a^{\frac{1}{12}}b^{\frac{17}{12}}$ 8) $a^{-\frac{1}{12}}$ 9) a^3

[줄기 2-2]

풀이 1) $(a+b^{-1}) \div (a^{\frac{1}{3}}+b^{-\frac{1}{3}})$

$= (a^{\frac{1}{3}}+b^{-\frac{1}{3}})(a^{\frac{2}{3}}-a^{\frac{1}{3}}b^{-\frac{1}{3}}+b^{-\frac{2}{3}}) \div (a^{\frac{1}{3}}+b^{-\frac{1}{3}})$

$= a^{\frac{2}{3}}-a^{\frac{1}{3}}b^{-\frac{1}{3}}+b^{-\frac{2}{3}}$

2) $(a^{\frac{1}{3}}+b^{\frac{1}{3}})(a^{\frac{2}{3}}-a^{\frac{1}{3}}b^{\frac{1}{3}}+b^{\frac{2}{3}})$

$= (a^{\frac{1}{3}})^3+(b^{\frac{1}{3}})^3 = a+b$

3) $(a^{\frac{1}{2}}-a^{\frac{1}{4}}b^{\frac{1}{4}}+b^{\frac{1}{2}})(a^{\frac{1}{2}}+a^{\frac{1}{4}}b^{\frac{1}{4}}+b^{\frac{1}{2}})$

$= \left\{(a^{\frac{1}{2}}+b^{\frac{1}{2}})-a^{\frac{1}{4}}b^{\frac{1}{4}}\right\}\left\{(a^{\frac{1}{2}}+b^{\frac{1}{2}})+a^{\frac{1}{4}}b^{\frac{1}{4}}\right\}$

$= (a^{\frac{1}{2}}+b^{\frac{1}{2}})^2-(a^{\frac{1}{4}}b^{\frac{1}{4}})^2$

$= a+b+2a^{\frac{1}{2}}b^{\frac{1}{2}}-a^{\frac{1}{2}}b^{\frac{1}{2}} = a+b+a^{\frac{1}{2}}b^{\frac{1}{2}}$

4)

$(a^{\frac{2}{3}}+a^{-\frac{2}{3}}+1)(a^{\frac{2}{3}}-a^{-\frac{2}{3}})(a^{\frac{2}{3}}+a^{-\frac{2}{3}}-1)$

$= (a^{\frac{2}{3}}+a^{-\frac{2}{3}}+1)(a^{\frac{1}{3}}-a^{-\frac{1}{3}})$

$\qquad\qquad \times (a^{\frac{1}{3}}+a^{-\frac{1}{3}})(a^{\frac{2}{3}}+a^{-\frac{2}{3}}-1)$

i) $(a^{\frac{1}{3}}-a^{-\frac{1}{3}})(a^{\frac{2}{3}}+a^{-\frac{2}{3}}+1)$

$= (a^{\frac{1}{3}}-a^{-\frac{1}{3}})(a^{\frac{2}{3}}+a^{\frac{1}{3}}a^{-\frac{1}{3}}+a^{-\frac{2}{3}})$

$= (a^{\frac{1}{3}})^3-(a^{-\frac{1}{3}})^3 = a-a^{-1}$

ii) $(a^{\frac{1}{3}}+a^{-\frac{1}{3}})(a^{\frac{2}{3}}+a^{-\frac{2}{3}}-1)$

$= (a^{\frac{1}{3}}+a^{-\frac{1}{3}})(a^{\frac{2}{3}}-a^{\frac{1}{3}}a^{-\frac{1}{3}}+a^{-\frac{2}{3}})$

$= (a^{\frac{1}{3}})^3+(a^{-\frac{1}{3}})^3 = a+a^{-1}$

따라서 i), ii)에 의하여

$(a^{\frac{2}{3}}+a^{-\frac{2}{3}}+1)(a^{\frac{2}{3}}-a^{-\frac{2}{3}})(a^{\frac{2}{3}}+a^{-\frac{2}{3}}-1)$

$= (a-a^{-1})(a+a^{-1}) = a^2-(a^{-1})^2$

$= a^2-a^{-2}$

정답 1) $a^{\frac{2}{3}}-a^{\frac{1}{3}}b^{-\frac{1}{3}}+b^{-\frac{2}{3}}$ 2) $a+b$

3) $a+b+a^{\frac{1}{2}}b^{\frac{1}{2}}$ 4) a^2-a^{-2}

[줄기 2-3]

핵심 합과 곱의 값을 알면 답을 구할 수 있다.

풀이 1) $x^{\frac{1}{2}} + x^{-\frac{1}{2}} = 3$ (합), $x^{\frac{1}{2}}x^{-\frac{1}{2}} = 1$ (곱)

i) $x + x^{-1} = \left(x^{\frac{1}{2}} + x^{-\frac{1}{2}}\right)^2 - 2x^{\frac{1}{2}}x^{-\frac{1}{2}}$

$\qquad = 3^2 - 2 \cdot 1 = 7$

ii) $x^2 + x^{-2} = (x + x^{-1})^2 - 2xx^{-1}$

$\qquad = 7^2 - 2 \cdot 1 = 47$

iii) $x^{\frac{3}{2}} + x^{-\frac{3}{2}} = (x^{\frac{1}{2}})^3 + (x^{-\frac{1}{2}})^3$

$\qquad = (x^{\frac{1}{2}} + x^{-\frac{1}{2}})^3$

$\qquad \quad -3x^{\frac{1}{2}}x^{-\frac{1}{2}}(x^{\frac{1}{2}} + x^{-\frac{1}{2}})$

$\qquad = 3^3 - 3 \cdot 1 \cdot 3 = 18$

2) $x + x^{-1} = 6$ (합의 값), $xx^{-1} = 1$ (곱의 값)

방법 I ⇨ 지수의 절댓값이 큰 식의 합과 곱의 값
을 이용하여 지수의 절댓값이 작은 식의
값은 구할 수 없다. ㅠㅠ

2) $x^{\frac{1}{2}} + x^{-\frac{1}{2}} = k$ (합), $x^{\frac{1}{2}}x^{-\frac{1}{2}} = 1$ (곱)

방법 II ⇨ *지수의 절댓값이 작은 식의 합과 곱의
값을 이용하여 지수의 절댓값이 큰 식의
값을 구할 수 있다. ^^

$\left(x^{\frac{1}{2}} + x^{-\frac{1}{2}}\right)^2 = x + x^{-1} + 2x^{\frac{1}{2}}x^{-\frac{1}{2}}$

$k^2 = 6 + 2 \cdot 1 = 8$

$k = \sqrt{8} \quad \left(\because \sqrt{x} + \dfrac{1}{\sqrt{x}} = k > 0\right)$

정답 1) 7, 47, 18   2) $2\sqrt{2}$

[줄기 2-4]

풀이 $x^{-2} = 3$에서 $\dfrac{1}{x^2} = 3$ $\quad \therefore x^2 = \dfrac{1}{3}$

1) *주어진 식의 분모 $x - x^{-1}$ 속에 있는 x^{-1},
즉 $\dfrac{1}{x}$의 분모를 먼저 없애 본다.

따라서 주어진 식의 분모, 분자에 x를 곱하면

$\dfrac{x^3 + x^{-3}}{x - x^{-1}} = \dfrac{(x^3 + x^{-3})x}{(x - x^{-1})x}$

$\qquad = \dfrac{x^4 + x^{-2}}{x^2 - 1} = \dfrac{(x^2)^2 + (x^2)^{-1}}{x^2 - 1}$

$\qquad = \dfrac{\left(\frac{1}{3}\right)^2 + 3}{\frac{1}{3} - 1} = \dfrac{\frac{28}{9}}{-\frac{2}{3}}$

$\qquad = -\dfrac{28 \times 3}{9 \times 2} = -\dfrac{14}{3}$

2) *주어진 식의 분모 $x^3 + x^{-3}$ 속에 있는 x^{-3},
즉 $\dfrac{1}{x^3}$의 분모를 먼저 없애 본다.

주어진 식의 분모, 분자에 x^3을 곱하면

$\dfrac{x^3 - x^{-3}}{x^3 + x^{-3}} = \dfrac{(x^3 - x^{-3})x^3}{(x^3 + x^{-3})x^3}$

$\qquad = \dfrac{x^6 - 1}{x^6 + 1} = \dfrac{(x^2)^3 - 1}{(x^2)^3 + 1}$

$\qquad = \dfrac{\left(\frac{1}{3}\right)^3 - 1}{\left(\frac{1}{3}\right)^3 + 1} = \dfrac{-\frac{26}{27}}{\frac{28}{27}}$

$\qquad = -\dfrac{26 \times 27}{27 \times 28} = -\dfrac{13}{14}$

3) *주어진 식의 분모 $x + x^{-1}$ 속에 있는
x^{-1}, 즉 $\dfrac{1}{x}$의 분모를 먼저 없애 본다.

주어진 식의 분모, 분자에 x를 곱하면

$\dfrac{x^3 + x^{-3}}{x + x^{-1}} = \dfrac{(x^3 + x^{-3})x}{(x + x^{-1})x} = \dfrac{x^4 - x^{-2}}{x^2 + 1}$

$\qquad = \dfrac{(x^2)^2 + (x^2)^{-1}}{x^2 + 1} = \dfrac{\left(\frac{1}{3}\right)^2 + 3}{\frac{1}{3} + 1}$

$\qquad = \dfrac{\frac{28}{9}}{\frac{4}{3}} = \dfrac{28 \times 3}{9 \times 4} = \dfrac{7}{3}$

정답 1) $-\dfrac{14}{3}$ 2) $-\dfrac{13}{14}$ 3) $\dfrac{7}{3}$

[줄기 2-5]

풀이 주어진 식의 분모, 분자에 3^x를 곱하면

$$\frac{27^x - 27^{-x}}{3^x + 3^{-x}} = \frac{3^{3x} - 3^{-3x}}{3^x + 3^{-x}} = \frac{(3^{3x} - 3^{-3x}) \cdot 3^x}{(3^x + 3^{-x}) \cdot 3^x}$$

$$= \frac{3^{4x} - 3^{-2x}}{3^{2x} + 1} = \frac{(3^{2x})^2 - (3^{2x})^{-1}}{3^{2x} + 1}$$

$$= \frac{\left(\frac{1}{5}\right)^2 - 5}{\frac{1}{5} + 1} = \frac{-\frac{124}{25}}{\frac{6}{5}} = -\frac{62}{15}$$

정답 $-\dfrac{62}{15}$

[줄기 2-6]

방법 I 주어진 식의 좌변의 분모, 분자에 a^x를 곱하면

$$\frac{(a^{3x} + a^{-3x})a^x}{(a^x + a^{-x})a^x} = 1, \quad \frac{a^{4x} + a^{-2x}}{a^{2x} + 1} = 1,$$

$a^{4x} + a^{-2x} = a^{2x} + 1$

$a^{2x} = t$로 놓으면 $t^2 + t^{-1} = t + 1$이므로 양변에 $t\,(t > 0)$를 곱하면

$t^3 + 1 = t^2 + t, \quad t^3 - t^2 - t + 1 = 0,$

$(t-1)(t^2-1) = 0, \quad (t-1)^2(t+1) = 0$

$\therefore t = 1 \ (\because t = a^{2x} > 0)$

$\therefore a^{2x} = 1 \quad \therefore (a^x)^2 = 1$

$\therefore a^x = 1 \ (\because a^x > 0)$

방법 II $\dfrac{a^{3x} + a^{-3x}}{a^x + a^{-x}} = \dfrac{(a^x + a^{-x})(a^{2x} - 1 + a^{-2x})}{a^x + a^{-x}}$

$$= a^{2x} - 1 + a^{-2x} = 1$$

$a^x = t$로 놓으면 $t^2 - 1 + t^{-2} = 1$이므로 양변에 $t^2\,(t > 0)$를 곱하면

$t^4 - t^2 + 1 = t^2, \quad t^4 - 2t^2 + 1 = 0,$

$(t^2 - 1)^2 = 0, \quad t^2 = 1$

$\therefore (a^x)^2 = 1$

$\therefore a^x = 1 \ (\because a^x > 0)$

정답 1

[줄기 2-7]

방법 I $272^m = 64$에서

$$272 = 64^{\frac{1}{m}} = (2^6)^{\frac{1}{m}} = 2^{\frac{6}{m}} \cdots ㉠$$

$34^n = 8$에서

$$34 = 8^{\frac{1}{n}} = (2^3)^{\frac{1}{n}} = 2^{\frac{3}{n}} \cdots ㉡$$

$㉠ \div ㉡$을 하면 $\dfrac{272}{34} = 2^{\frac{6}{m}} \div 2^{\frac{3}{n}}$

$2^{\frac{6}{m} - \frac{3}{n}} = 8, \quad 2^{\frac{6}{m} - \frac{3}{n}} = 2^3 \quad \therefore \dfrac{6}{m} - \dfrac{3}{n} = 3$

방법 II 「강추」 로그를 배운 후 꼭 해보자!

$272^m = 64$에서 $m = \log_{272} 64$

$34^n = 8$에서 $n = \log_{34} 8$

$$\frac{6}{m} - \frac{3}{n} = \frac{6}{\log_{272} 64} - \frac{3}{\log_{34} 8}$$

$$= 6\log_{64} 272 - 3\log_8 34$$

$$= 6\log_{2^6} 272 - 3\log_{2^3} 34$$

$$= \frac{6}{6}\log_2 272 - \frac{3}{3}\log_2 34$$

$$= \log_2 272 - \log_2 34 = \log_2 \frac{272}{34}$$

$$= \log_2 8 = \log_2 2^3 = 3\log_2 2 = 3$$

정답 3

[줄기 2-8]

핵심 $12 = 2^2 \cdot 3$이므로 2, 3을 a, b로 나타낸다.

풀이 $2^3 = a$에서 $2 = a^{\frac{1}{3}}$

$3^5 = b$에서 $3 = b^{\frac{1}{5}}$

$12^{10} = (2^2 \cdot 3)^{10}$이므로

$$12^{10} = \left\{(a^{\frac{1}{3}})^2 \cdot (b^{\frac{1}{5}})\right\}^{10} = a^{\frac{1}{3} \times 2 \times 10} \cdot b^{\frac{1}{5} \times 10}$$

$$= a^{\frac{20}{3}} b^2$$

정답 $a^{\frac{20}{3}} b^2$

5

[줄기 2-9]

핵심 $2^x = 4^y = 8^z = k \ (k>0)$로 놓으면
$\Rightarrow 2^x = k, \ 4^y = k, \ 8^z = k$

방법 I $2^x = 4^y = 8^z = k \ (k>0)$로 놓으면

$xyz \neq 0$이므로 $*k \neq 1$

$2^x = k$에서 $2 = k^{\frac{1}{x}} \cdots \text{㉠}$

$4^y = k$에서 $4 = k^{\frac{1}{y}} \cdots \text{㉡}$

$8^z = k$에서 $8 = k^{\frac{1}{z}} \cdots \text{㉢}$

$xy + yz - 2zx$에서 $xyz \neq 0$이므로

$xy + yz - 2zx = xyz\left(\dfrac{1}{z} + \dfrac{1}{x} - \dfrac{2}{y}\right)$

$\dfrac{1}{z} + \dfrac{1}{x} - \dfrac{2}{y}$의 값을 구하기 위하여

㉢$\times$㉠$\div$㉡^{2}을 하면

$k^{\frac{1}{z}} \times k^{\frac{1}{x}} \div (k^{\frac{1}{y}})^2 = 8 \times 2 \div 4^2$

$k^{\frac{1}{z} + \frac{1}{x} - \frac{2}{y}} = 1 \qquad \therefore k^{\frac{1}{z} + \frac{1}{x} - \frac{2}{y}} = k^0 \ (\because *k \neq 1)$

$\therefore \dfrac{1}{z} + \dfrac{1}{x} - \dfrac{2}{y} = 0$

따라서 $xy + yz - 2zx = xyz\left(\dfrac{1}{z} + \dfrac{1}{x} - \dfrac{2}{y}\right) = 0$

방법 II 「강추」 로그를 배운 후 꼭 해보자!

$2^x = 4^y = 8^z = k \ (k>0)$로 놓으면

$xyz \neq 0$이므로 $*k \neq 1$

$2^x = k$에서 $x = \log_2 k$

$4^y = k$에서 $y = \log_4 k$

$8^z = k$에서 $z = \log_8 k$

$xy + yz - 2zx$

$= \log_2 k \cdot \log_4 k + \log_4 k \cdot \log_8 k - 2\log_8 k \cdot \log_2 k$

$= \log_2 k \cdot \log_{2^2} k + \log_{2^2} k \cdot \log_{2^3} k$
$\qquad\qquad\qquad - 2\log_{2^3} k \cdot \log_2 k$

$= \log_2 k \cdot \dfrac{1}{2}\log_2 k + \dfrac{1}{2}\log_2 k \cdot \dfrac{1}{3}\log_2 k$
$\qquad\qquad\qquad - \dfrac{2}{3}\log_2 k \cdot \log_2 k$

$= \dfrac{1}{2}(\log_2 k)^2 + \dfrac{1}{6}(\log_2 k)^2 - \dfrac{2}{3}(\log_2 k)^2$

$= 0$

정답 0

풀이 잎 문제

● **잎 1-1**

풀이 $\sqrt[n]{2} \times \sqrt[n]{8} = \sqrt[8]{2}$

(좌변) $= \sqrt[n]{2} \cdot \sqrt[n]{2^3} = \sqrt[n]{2 \cdot 2^3} = \sqrt[n]{2^4} = 2^{\frac{4}{n}}$

(우변) $= \sqrt[8]{2} = 2^{\frac{1}{8}}$

(좌변) = (우변)이므로 $2^{\frac{4}{n}} = 2^{\frac{1}{8}}$

$\dfrac{4}{n} = \dfrac{1}{8} \qquad \therefore \dfrac{n}{4} = 8 \qquad \therefore n = 32$

정답 32

● **잎 1-2**

풀이 $\left\{\dfrac{\sqrt{a^3}}{\sqrt{\sqrt[3]{a^4}}} \times \sqrt{\left(\dfrac{1}{a}\right)^{-4}}\right\}^6$

$= \left(\dfrac{\sqrt{a^3}}{\sqrt[6]{a^4}} \cdot \sqrt{a^4}\right)^6 = \left(\dfrac{a^{\frac{3}{2}}}{a^{\frac{4}{6}}} \cdot a^{\frac{4}{2}}\right)^6$

$= \left(a^{\frac{3}{2} - \frac{2}{3} + 2}\right)^6 = a^{9-4+12} = a^{17} = a^k$

$\therefore k = 17$

정답 17

● **잎 1-3**

핵심 m, n이 자연수임을 이용해야 한다.

풀이 $1 \leq m \leq 3, \ 1 \leq n \leq 8$인 두 자연수 m, n에 대하여 $\sqrt[3]{n^m}$이 자연수가 되어야 하므로

$\sqrt[3]{n^m} = k \ (k \text{는 자연수}) \Leftrightarrow n^{\frac{m}{3}} = k$

그런데 지수가 분수 꼴이면 자연수의 성질을 계산에 이용하기 어려우므로

$(n^{\frac{m}{3}})^3 = k^3 \qquad \therefore n^m = k^3 \cdots \text{㉠}$

「강추」 **방법 I** $1 \leq m \leq 3$인 자연수, 즉 $m = 1, 2, 3$이므로 ㉠을 만족시키는 각각의 순서쌍 (m, n)을 구하면 (단, $1 \leq n \leq 8$인 자연수)

i) $m = 1$일 때 : $n = 1, 8$

ii) $m = 2$일 때 : $n = 1, 8$

iii) $m=3$일 때 : $n=1, 2, 3, \cdots, 8$

따라서 구하는 순서쌍 (m, n)은

$(1, 1), (1, 8) / (2, 1), (2, 8) /$

$(3, 1), (3, 2), (3, 3), (3, 4), (3, 5),$

$(3, 6), (3, 7), (3, 8)$로 개수는 12이다.

「비추」방법 II
$1 \leq n \leq 8$인 자연수, 즉 $n=1, 2, \cdots, 8$이므로
㉠을 만족시키는 각각의 순서쌍 (m, n)을
구한다. (단, $1 \leq m \leq 3$인 자연수)

i) $n=1$일 때 : $m=1, 2, 3$

ii) $n=2$일 때 : $m=3$

iii) $n=3$일 때 : $m=3$

$\vdots$

vii) $n=7$일 때 : $m=3$

viii) $n=8$일 때 : $m=1, 2, 3$

따라서 구하는 순서쌍 (m, n)은

$(1, 1), (2, 1), (3, 1) / (3, 2) / (3, 3) /$

$(3, 4) / (3, 5) / (3, 6) / (3, 7) / (1, 8),$

$(2, 8), (3, 8)$로 개수는 12이다.

참고 방법 II는 8가지의 경우를 따져줘야 하므로
귀찮다. ∴ 비추
방법 I은 3가지의 경우를 따져줘야 하므로
편하다. ∴ 강추

정답 12

● **잎 1-4**

핵심 합과 곱의 값을 알면 곱셈공식을 이용하여
답을 구할 수 있다.

방법 I $3^x + 3^{1-x} = 10$에서

$3^x + \dfrac{3}{3^x} = 10$ (합), $3^x \cdot \dfrac{3}{3^x} = 3$ (곱)

$9^x + 9^{1-x} = 9^x + \dfrac{9}{9^x} = (3^x)^2 + \left(\dfrac{3}{3^x}\right)^2$

$= \left(3^x + \dfrac{3}{3^x}\right)^2 - 2\left(3^x \cdot \dfrac{3}{3^x}\right)$

$= 10^2 - 2 \cdot 3 = 94$

방법 II「강추」 $3^x + 3^{1-x} = 10$ (합), $3^x \cdot 3^{1-x} = 3$ (곱)

$9^x + 9^{1-x} = 3^{2x} + 3^{2(1-x)}$

$= (3^x + 3^{1-x})^2 - 2 \cdot 3^x \cdot 3^{1-x}$

$= 10^2 - 2 \cdot 3 = 94$

정답 ④

● **잎 1-5**

방법 I「강추」 ★주어진 식의 분모 $2^a - 2^{-a}$ 속에 있는 2^{-a},

즉 $\dfrac{1}{2^a}$의 분모를 먼저 없애 본다.

$\dfrac{2^a + 2^{-a}}{2^a - 2^{-a}} = -2$에서 좌변의 분모, 분자에

2^a를 곱하면

$\dfrac{(2^a + 2^{-a})2^a}{(2^a - 2^{-a})2^a} = -2$

$\dfrac{2^{2a} + 1}{2^{2a} - 1} = -2$, $4^a + 1 = -2(4^a - 1)$,

$3 \cdot 4^a = 1$ ∴ $4^a = \dfrac{1}{3}$

∴ $4^a + 4^{-a} = 4^a + (4^a)^{-1} = \dfrac{1}{3} + \left(\dfrac{1}{3}\right)^{-1}$

$= \dfrac{1}{3} + 3 = \dfrac{10}{3}$

방법 II $\dfrac{2^a + 2^{-a}}{2^a - 2^{-a}} = -2$

$2^a + 2^{-a} = -2 \cdot 2^a + 2 \cdot 2^{-a}$, $3 \cdot 2^a = 2^{-a}$,

$3 \cdot 2^a = \dfrac{1}{2^a}$, $(2^a)^2 = \dfrac{1}{3}$, $2^{2a} = \dfrac{1}{3}$ ∴ $4^a = \dfrac{1}{3}$

∴ $4^a + 4^{-a} = 4^a + (4^a)^{-1} = \dfrac{1}{3} + \left(\dfrac{1}{3}\right)^{-1}$

$= \dfrac{1}{3} + 3 = \dfrac{10}{3}$

정답 ②

● **잎 1-6**

방법 I ★주어진 식의 분모 $3^{2x} + 3^{-2x} + 1$ 속에 있는

3^{-2x}, 즉 $\dfrac{1}{3^{2x}}$의 분모를 먼저 없애 보면

$\dfrac{3^{4x} + 3^{-4x} + 1}{3^{2x} + 3^{-2x} + 1} = \dfrac{(3^{4x} + 3^{-4x} + 1)3^{2x}}{(3^{2x} + 3^{-2x} + 1)3^{2x}}$

$= \dfrac{3^{6x} + 3^{-2x} + 3^{2x}}{3^{4x} + 1 + 3^{2x}}$

⇨ 문제가 풀리지 않는다. ㅠㅠ

방법 Ⅱ $(3^x)^2 - 3 \cdot 3^x = -1$일 때, 양변을 3^x으로

나누면 $3^x - 3 = -\dfrac{1}{3^x}$ $\therefore 3^x + \dfrac{1}{3^x} = 3$

$3^x + 3^{-x} = 3$ (합의 값), $3^x \cdot 3^{-x} = 1$ (곱의 값)

$3^{2x} + 3^{-2x} = (3^x + 3^{-x})^2 - 2(3^x \cdot 3^{-x})$
$\qquad\qquad = 3^2 - 2 = 7$

$3^{4x} + 3^{-4x} = (3^{2x} + 3^{-2x})^2 - 2(3^{2x} \cdot 3^{-2x})$
$\qquad\qquad = 7^2 - 2 = 47$

$\therefore \dfrac{3^{4x} + 3^{-4x} + 1}{3^{2x} + 3^{-2x} + 1} = \dfrac{47+1}{7+1} = \dfrac{48}{8} = 6$

정답 6

잎 1-7

핵심 $a \diamond b = a^b \, b^{-\frac{a}{2}}$ 꼴의 문제는 좌변의 문자의 위치를 기준으로 의미를 파악한다. 따라서 좌변 $a \diamond b$의 경우에서 a의 위치가 앞이므로 a를 '앞의 것'으로, b의 위치가 뒤이므로 b를 '뒤의 것'으로 가정한다.
그러면 우변의 a도 '앞의 것'으로, b도 '뒤의 것'으로 가정할 수 있다.
⇨ 연산 $\diamond$의 의미를 '앞의 것'과 '뒤의 것'의 관계로 파악할 수 있다.

풀이 $2 \diamond 4 = 2^4 \cdot 4^{-\frac{2}{2}} = 2^4 \cdot 4^{-1} = 2^4 \cdot (2^2)^{-1}$
$\qquad = 2^4 \cdot 2^{-2} = 2^{4+(-2)} = 2^2 = 4$

$(2 \diamond 4) \diamond x = 4 \diamond x = 4^x \cdot x^{-\frac{4}{2}} = 4^x \cdot x^{-2}$

따라서 주어진 식은 $4^x \cdot x^{-2} = 8 \cdot x^{-2}$이므로

$4^x \cdot x^{-2} = 8 \cdot x^{-2}$ $\left(\because \dfrac{1}{x^2} > 0 \right)$

$4^x = 8$, $2^{2x} = 2^3$ $\therefore 2x = 3$ $\therefore x = \dfrac{3}{2}$

참고 양의 실수 전체의 집합에서 정의되었으므로
$x > 0$ $\therefore \dfrac{1}{x^2} > 0$

정답 $\dfrac{3}{2}$

잎 1-8

풀이 $a = \sqrt{2}$ 에서 $a = 2^{\frac{1}{2}}$

$b^3 = \sqrt{3}$ 에서 $b = (3^{\frac{1}{2}})^{\frac{1}{3}} = 3^{\frac{1}{6}}$

$\therefore (ab)^2 = a^2 b^2 = (2^{\frac{1}{2}})^2 \cdot (3^{\frac{1}{6}})^2 = 2 \cdot 3^{\frac{1}{3}}$

정답 ①

잎 1-9

풀이 $3^{x+1} - 3^x = 3 \cdot 3^x - 3^x = 2 \cdot 3^x = a$ $\therefore 3^x = \dfrac{a}{2}$

$2^{x+1} + 2^x = 2 \cdot 2^x + 2^x = 3 \cdot 2^x = b$ $\therefore 2^x = \dfrac{b}{3}$

$\therefore 12^x = (2^2 \cdot 3)^x = 2^{2x} \cdot 3^x$
$\qquad = (2^x)^2 \cdot 3^x = \left(\dfrac{b}{3} \right)^2 \cdot \dfrac{a}{2} = \dfrac{ab^2}{18}$

정답 ④

잎 1-10

풀이 $2^{x+y} = A$, $2^{x-y} = B$ 로 놓으면
$(2^{x+y} + 2^{x-y})^2 - (2^{x+y} - 2^{x-y})^2$
$= (A+B)^2 - (A-B)^2$
$= \{(A+B) - (A-B)\}\{(A+B) + (A-B)\}$
$= 2B \cdot 2A$
$= 4AB$
$= 4 \cdot 2^{x+y} \cdot 2^{x-y}$
$= 2^2 \cdot 2^{x+y} \cdot 2^{x-y} = 2^{2+(x+y)+(x-y)}$
$= 2^{2+2x}$

정답 ②

잎 1-11

핵심 허수는 대소 관계가 없으므로 양수, 음수는 실수에게만 쓸 수 있는 말이다.

풀이 2의 네제곱근은 $x^4 = 2$의 근이므로
$x = \pm \sqrt[4]{2}$ $\therefore x = \sqrt[4]{2}$ ($\because x$는 양수)

$$x^n = (2^{\frac{1}{4}})^n = 2^{\frac{n}{4}} \cdots \text{㉠}$$

이때, n은 자연수이므로 ㉠이 3자리의 자연수가 되려면

$$2^{\frac{n}{4}} = 2^7 (=128) \text{ 또는 } 2^{\frac{n}{4}} = 2^8 (=256)$$

또는 $2^{\frac{n}{4}} = 2^9 (=512)$이어야 한다.

$$\therefore \frac{n}{4} = 7 \text{ 또는 } \frac{n}{4} = 8 \text{ 또는 } \frac{n}{4} = 9$$

$\therefore n = 28$ 또는 $n = 32$ 또는 $n = 36$

따라서 구하는 모든 자연수 n의 값의 합은

$28 + 32 + 36 = 96$

참고

★$x^n = a$ (a는 실수)의 실근의 개수
                (단, 중근은 하나의 근으로 본다.)
1) n이 홀수일 때, 실근은 1개만 존재한다.
   $x = \sqrt[n]{a}$
2) n이 짝수일 때, 실근은 2개 이하로 존재한다.
   ① $a > 0$일 때, $x = \pm \sqrt[n]{a}$ (실근 2개)
   ② $a = 0$일 때, $x = 0$ (실근 1개)
   ③ $a < 0$일 때, 실근은 없다.

정답 ①

잎 1-12

풀이 $\left(\dfrac{1}{2^{10}}\right)^{\frac{1}{n}} = (2^{-10})^{\frac{1}{n}} = 2^{-\frac{10}{n}}$

$2^{-\frac{10}{n}}$이 자연수가 되려면 지수 $-\dfrac{10}{n}$이 음이 아닌 정수이어야 하므로 $-n$이 10의 양의 약수이어야 한다.

$\therefore -n = 1, 2, 5, 10$

$\therefore n = -1, -2, -5, -10$

팁

$2^{10} = 1024$를 기억하는 방법

$2^{\boxed{10}} = \boxed{10} \, 2 \, 4$이므로 2^{10}은 102☆다.

이때 ☆은 4이다.

(∵ 천사같이 기억하기 쉬운 착한 수이다.)

정답 $-1, -2, -5, -10$

잎 1-13

풀이 $a^8 = 3, b^5 = 5, c^4 = 13$에서

$$a = 3^{\frac{1}{8}}, b = 5^{\frac{1}{5}}, c = 13^{\frac{1}{4}}$$

$$\therefore (abc)^n = (3^{\frac{1}{8}} \cdot 5^{\frac{1}{5}} \cdot 13^{\frac{1}{4}})^n = 3^{\frac{n}{8}} \cdot 5^{\frac{n}{5}} \cdot 13^{\frac{n}{4}}$$

이때 $(abc)^n$, 즉 $3^{\frac{n}{8}} \cdot 5^{\frac{n}{5}} \cdot 13^{\frac{n}{4}}$이 자연수가 되려면 $\dfrac{n}{8}, \dfrac{n}{5}, \dfrac{n}{4}$이 모두 자연수이어야 한다.

따라서 자연수 n의 최솟값은 세 수 8, 5, 4의 최소공배수인 40이다.

정답 40

잎 1-14

풀이 $(\sqrt[3]{3^5})^{\frac{1}{2}}$이 자연수 N의 n제곱근이라 하면

$$\left\{(\sqrt[3]{3^5})^{\frac{1}{2}}\right\}^n = (3^{\frac{5}{3}})^{\frac{n}{2}} = 3^{\frac{5n}{6}} = N$$

따라서 $3^{\frac{5n}{6}}$이 자연수가 되려면 $5n$은 6의 배수가 되어야 하므로 n은 6의 배수이어야 한다.

이때 $2 \leq n \leq 100$이므로 자연수 n은 6, 12, 18, $\cdots$, 96$(= 6 \times 16)$의 16개이다.

정답 16

잎 1-15

풀이 $x^2 - 4\sqrt[3]{2}\,x + \sqrt[3]{4} = 0$의 두 근을 α, β이므로 근과 계수의 관계에 의하여

$\alpha + \beta = 4\sqrt[3]{2}, \alpha\beta = \sqrt[3]{4}$

$\begin{aligned} \alpha^3 + \beta^3 &= (\alpha + \beta)^3 - 3\alpha\beta(\alpha + \beta) \\ &= (4\sqrt[3]{2})^3 - 3 \cdot \sqrt[3]{4} \cdot 4\sqrt[3]{2} \\ &= 4^3 \cdot 2 - 12 \cdot \sqrt[3]{8} \\ &= 64 \cdot 2 - 12 \cdot 2 \\ &= 104 \end{aligned}$

정답 104

● 잎 1-16

핵심 합과 곱의 값을 알면 답을 구할 수 있다. 만약 합과 곱의 값만으로 답을 구할 수 없으면 차의 값을 마저 알면 답을 구할 수 있다.

풀이 $a^{\frac{1}{2}} + a^{-\frac{1}{2}} = \sqrt{5}$ (합), $a^{\frac{1}{2}} a^{-\frac{1}{2}} = 1$ (곱)

$a^{\frac{3}{2}} - a^{-\frac{3}{2}}$

$= (a^{\frac{1}{2}})^3 - (a^{-\frac{1}{2}})^3$

$= (a^{\frac{1}{2}} - a^{-\frac{1}{2}})^3 + 3a^{\frac{1}{2}} a^{-\frac{1}{2}} (a^{\frac{1}{2}} - a^{-\frac{1}{2}})$

$= (a^{\frac{1}{2}} - a^{-\frac{1}{2}})^3 + 3(a^{\frac{1}{2}} - a^{-\frac{1}{2}})$ …㉠

$(x-y)^2 = (x+y)^2 - 4xy$를 이용하면 차의 값을 알 수 있다.

$(a^{\frac{1}{2}} - a^{-\frac{1}{2}})^2 = (a^{\frac{1}{2}} + a^{-\frac{1}{2}})^2 - 4a^{\frac{1}{2}} a^{-\frac{1}{2}}$

$\qquad\qquad\qquad = 5 - 4 = 1$

$\therefore a^{\frac{1}{2}} - a^{-\frac{1}{2}} = \pm 1$ …㉡

㉡을 ㉠에 대입하면

$(\pm 1)^3 + 3 \cdot (\pm 1) = \pm 4$ (복부호 동순)

따라서 $a^{\frac{3}{2}} - a^{-\frac{3}{2}}$의 값은 ± 4이다.

정답 ± 4

● 잎 1-17

풀이 $a + a^{-1} = k$ (합), $a \cdot a^{-1} = 1$ (곱)

$(a + a^{-1})^2 = a^2 + a^{-2} + 2a \cdot a^{-1}$

$k^2 = 14 + 2 = 16$

$\therefore k = 4 \ (\because a + a^{-1} > 0)$

$a^{\frac{1}{2}} + a^{-\frac{1}{2}} = t$ (합), $a^{\frac{1}{2}} a^{-\frac{1}{2}} = 1$ (곱)

$\left(a^{\frac{1}{2}} + a^{-\frac{1}{2}}\right)^2 = a + a^{-1} + 2a^{\frac{1}{2}} a^{-\frac{1}{2}}$

$t^2 = 4 + 2 = 6$

$\therefore t = \sqrt{6} \ (\because a^{\frac{1}{2}} + a^{-\frac{1}{2}} > 0)$

따라서 $\dfrac{a + a^{-1}}{a^{\frac{1}{2}} + a^{-\frac{1}{2}}} = \dfrac{4}{\sqrt{6}} = \dfrac{4\sqrt{6}}{6} = \dfrac{2\sqrt{6}}{3}$

정답 $\dfrac{2\sqrt{6}}{3}$

● 잎 1-18

방법 I $2^x = 9^y = 12^z = k \ (k > 0)$라 하면

$2^x = k$에서 $2 = k^{\frac{1}{x}}$

$9^y = k$에서 $9 = k^{\frac{1}{y}}$

$12^z = k$에서 $12 = k^{\frac{1}{z}}$

$\dfrac{2a}{x} + \dfrac{1}{y} = \dfrac{2}{z}$이므로 $k^{\frac{2a}{x} + \frac{1}{y}} = k^{\frac{2}{z}}$, 즉

$k^{\frac{2a}{x}} \cdot k^{\frac{1}{y}} = k^{\frac{2}{z}}$

$\left(k^{\frac{1}{x}}\right)^{2a} \cdot k^{\frac{1}{y}} = \left(k^{\frac{1}{z}}\right)^2$

$2^{2a} \cdot 9 = (12)^2 = (2^2 \cdot 3)^2 = 2^4 \cdot 9$

$\therefore 2a = 4 \qquad \therefore a = 2$

방법 II 로그를 이용하면 더 쉽게 풀 수 있다.
「강추」
$2^x = 9^y = 12^z = k \ (k > 0)$라 하면

$2^x = k$에서 $x = \log_2 k$

$9^y = k$에서 $y = \log_9 k$

$12^z = k$에서 $z = \log_{12} k$

$\dfrac{2a}{x} + \dfrac{1}{y} = \dfrac{2}{z}$이므로

$\dfrac{2a}{\log_2 k} + \dfrac{1}{\log_9 k} = \dfrac{2}{\log_{12} k}$

$2a \log_k 2 + \log_k 9 = 2 \log_k 12$

$\log_k (2^{2a} \cdot 9) = \log_k 12^2$

$2^{2a} \cdot 9 = (12)^2 = (2^2 \cdot 3)^2 = 2^4 \cdot 9$

$\therefore 2a = 4 \qquad \therefore a = 2$

정답 2

● 잎 1-19

방법 I $4^{ab+bc} = 4^{ab} \cdot 4^{bc}$

$\qquad\qquad = (4^b)^a \cdot (4^b)^c$

$\qquad\qquad = (5^c)^a \cdot (3^a)^c \ (\because 3^a = 4^b = 5^c)$

$\qquad\qquad = 15^{ac} = 15^2 \ (\because ac = 2)$

$\qquad\qquad = 225$

방법 II $3^a = 4^b = 5^c = k \ (k > 0)$라 하면

$3^a = k$에서 $a = \log_3 k$

$4^b = k$에서 $b = \log_4 k$

$5^c = k$에서 $c = \log_5 k$

$ac = 2$이므로

$\log_3 k \cdot \log_5 k = 2$

$4^{ab+bc} = 4^{\log_3 k \cdot \log_4 k + \log_4 k \cdot \log_5 k}$

⇨ 로그를 이용하면 풀기 힘든 문제도 있다.

☆ 로그를 배운 후에는 로그를 이용하여 먼저 풀어보고 풀기 힘들면 빨리 다른 방법을 찾는다.

정답 225

CHAPTER

2 로그

본문 p.35

✎ 풀이 **줄기 문제**

[줄기 1-1]

풀이

1) $\log_{16} 0.25 = x$에서

$16^x = \dfrac{1}{4}$, $(2^4)^x = 2^{-2}$, $2^{4x} = 2^{-2}$

$\therefore 4x = -2$ $\therefore x = -\dfrac{1}{2}$

2) $\log_{\frac{1}{8}} \dfrac{1}{16} = x$에서

$\left(\dfrac{1}{8}\right)^x = \dfrac{1}{16}$, $(2^{-3})^x = 2^{-4}$, $2^{-3x} = 2^{-4}$

$\therefore -3x = -4$ $\therefore x = \dfrac{4}{3}$

3) $\log_x 16 = -\dfrac{4}{3}$에서

$x^{-\frac{4}{3}} = 16$, $x^{-\frac{4}{3}} = 2^4$,

$\left(x^{-\frac{4}{3}}\right)^{-\frac{3}{4}} = (2^4)^{-\frac{3}{4}}$

$\therefore x = 2^{-3} = \dfrac{1}{2^3} = \dfrac{1}{8}$

4) $\log_{101} x = 0$에서 $x = 101^0$ $\therefore x = 1$

5) $\log_{17} x = 1$에서 $x = 17^1$ $\therefore x = 17$

6) $\log_3 (\log_8 x) = -1$에서

$\log_8 x = 3^{-1}$, $\log_8 x = \dfrac{1}{3}$

$\therefore x = 8^{\frac{1}{3}}$ $\therefore x = (2^3)^{\frac{1}{3}} = 2$

7) 밑의 조건: (밑)>0, (밑)$\neq 1$

$\log_2 (\log_x 4) = 1$에서 $\log_x 4 = 2^1$

$\therefore x^2 = 4$ $\therefore x = 2$ ($\because x > 0$, $x \neq 1$)

정답 1) $x = -\dfrac{1}{2}$ 2) $x = \dfrac{4}{3}$ 3) $x = \dfrac{1}{8}$
4) $x = 1$ 5) $x = 17$ 6) $x = 2$
7) $x = 2$

[줄기 1-2]

풀이

1) (밑)>0, (밑)$\neq 1$에서 $a>0$, $a \neq 1$ $\cdots$㉠
(진수)>0에서 $a>0$ $\cdots$㉡
㉠, ㉡의 공통범위를 구하면 $a>0$, $a \neq 1$

2) (밑)>0, (밑)$\neq 1$에서 $b-1>0$, $b-1 \neq 1$
$\therefore b>1$, $b \neq 2$ $\cdots$㉠
(진수)>0에서 $-2b^2 + 7b - 5 > 0$
$2b^2 - 7b + 5 < 0$, $(b-1)(2b-5) < 0$
$\therefore 1 < b < \dfrac{5}{2}$ $\cdots$㉡

㉠, ㉡의 공통범위를 구하면

$1 < b < 2$ 또는 $2 < b < \dfrac{5}{2}$

정답 1) $a>0$, $a \neq 1$
2) $1 < b < 2$ 또는 $2 < b < \dfrac{5}{2}$

[줄기 1-3]

풀이 (밑)>0, (밑)$\neq 1$에서 $x>0$, $x \neq 1$ $\cdots$㉠
(진수)>0에서 $-x^2 + x + 6 > 0$
$x^2 - x - 6 < 0$, $(x+2)(x-3) < 0$
$\therefore -2 < x < 3$ $\cdots$㉡
㉠, ㉡의 공통범위를 구하면
$0 < x < 1$ 또는 $1 < x < 3$

정답 $0 < x < 1$ 또는 $1 < x < 3$

[줄기 1-4]

풀이 (밑)>0, (밑)$\neq$1에서 $a>0$, $a\neq1$ $\cdots$㉠

(진수)>0 $\therefore x^2-2ax+3a+10>0$ $\cdots$㉡

그런데 ㉡은 모든 실수 x에 대하여 성립해야 하므로 이차함수 $y=x^2-2ax+3a+10$의 그래프를 그리면 오른쪽 그림과 같다.

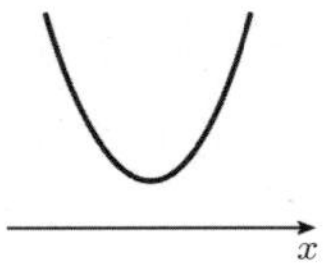

따라서 이차방정식 $x^2-2ax+3a+10=0$의 판별식 $D<0$이다.

$\dfrac{D}{4}=a^2-(3a+10)<0$, $a^2-3a-10<0$

$(a+2)(a-5)<0$ $\therefore -2<a<5$ $\cdots$㉢

㉠, ㉢의 공통범위를 구하면

$0<a<1$ 또는 $1<a<5$

정답 $0<a<1$ 또는 $1<a<5$

[줄기 2-1]

풀이 1) $\log_{10}\sqrt[3]{60^2}$

$=\log_{10}60^{\frac{2}{3}}=\dfrac{2}{3}\log_{10}(2\cdot3\cdot10)$

$=\dfrac{2}{3}(\log_{10}2+\log_{10}3+\log_{10}10)$

$=\dfrac{2}{3}(a+b+1)$

2) $\log_{10}(3\div5)^{-10}$

$=\log_{10}\left(\dfrac{3}{5}\right)^{-10}=-10\log_{10}\dfrac{2\cdot3}{10}$

$=-10\{\log_{10}(2\cdot3)-\log_{10}10\}$

$=-10(\log_{10}2+\log_{10}3-1)$

$=-10(a+b-1)$

3) $\log_{10}\dfrac{10}{9\cdot2}$

$=\log_{10}\dfrac{10}{3^2\cdot2}=\log_{10}10-\log_{10}(3^2\cdot2)$

$=1-(2\log_{10}3+\log_{10}2)$

$=1-(2b+a)=1-2b-a$

정답 1) $\dfrac{2}{3}(a+b+1)$ 2) $-10(a+b-1)$

3) $1-2b-a$

[줄기 2-2]

풀이 1) $\log_{10}\dfrac{1}{4}=\log_{10}2^{-2}=-2\log_{10}2=a$

$\therefore \log_{10}2=-\dfrac{a}{2}$

$\log_{10}9=\log_{10}3^2=2\log_{10}3=b$

$\therefore \log_{10}3=\dfrac{b}{2}$

$\log_{144}36=\dfrac{\log_{10}36}{\log_{10}144}=\dfrac{\log_{10}(2^2\cdot3^2)}{\log_{10}(2^4\cdot3^2)}$

$=\dfrac{2\log_{10}2+2\log_{10}3}{4\log_{10}2+2\log_{10}3}$

$=\dfrac{2\left(-\dfrac{a}{2}\right)+2\left(\dfrac{b}{2}\right)}{4\left(-\dfrac{a}{2}\right)+2\left(\dfrac{b}{2}\right)}=\dfrac{-a+b}{-2a+b}$

2) $\log_5\dfrac{2}{3}=a$에서 $\log_52-\log_53=a$ $\cdots$㉠

$\log_5\dfrac{8}{9}=b$에서 $\log_52^3-\log_53^2=b$

$\therefore 3\log_52-2\log_53=b$ $\cdots$㉡

㉡$-$㉠$\times2$를 하면 $\log_52=b-2a$ $\cdots$㉢

㉢을 ㉠에 대입하면 $(b-2a)-\log_53=a$

$\therefore \log_53=b-3a$

$\log_5\dfrac{80}{81}=\log_5\dfrac{2^4\cdot5}{3^4}$

$=\log_5(2^4\cdot5)-\log_53^4$

$=4\log_52+\log_55-4\log_53$

$=4(b-2a)+1-4(b-3a)$

$=4a+1$

정답 1) $\dfrac{-a+b}{-2a+b}$ 2) $4a+1$

[줄기 2-3]

풀이 1) $x^2-5x+5=0$의 두 근이 α,β이므로 근과 계수의 관계에 의하여

$\alpha+\beta=5$, $\alpha\beta=5$

$(\alpha-\beta)^2=(\alpha+\beta)^2-4\alpha\beta$

$=5^2-4\cdot5=5$

$\therefore a^2 = 5$

$\therefore a = \sqrt{5}$ ($\because a$는 밑, 즉 (밑)>0, (밑)$\neq 1$)

$\therefore \log_a \alpha + \log_a \beta = \log_a \alpha\beta = \log_{\sqrt{5}} 5$

$\qquad = \log_{5^{\frac{1}{2}}} 5^1$

$\qquad = \dfrac{1}{\frac{1}{2}} \log_5 5 = \dfrac{1}{\frac{1}{2}} = 2$

2) $x^2 - 9x + 4 = 0$의 두 근이 α, β이므로 근과 계수의 관계에 의하여

$\alpha + \beta = 9, \ \alpha\beta = 4$

$\left(\alpha + \dfrac{1}{\beta}\right)\left(\beta + \dfrac{1}{\alpha}\right) = \left(\alpha\beta + 1 + 1 + \dfrac{1}{\alpha\beta}\right)$

$\qquad = \left(\alpha\beta + 2 + \dfrac{1}{\alpha\beta}\right)$

$\qquad = \left(4 + 2 + \dfrac{1}{4}\right)$

$\qquad = \dfrac{25}{4} = \left(\dfrac{5}{2}\right)^2$

$\log_{\frac{2}{5}}\left(\alpha + \dfrac{1}{\beta}\right) + \log_{\frac{2}{5}}\left(\beta + \dfrac{1}{\alpha}\right)$

$= \log_{\left(\frac{5}{2}\right)^{-1}}\left(\dfrac{5}{2}\right)^2 = \dfrac{2}{-1}\log_{\frac{5}{2}}\dfrac{5}{2} = -2$

정답 1) 2 2) -2

[줄기 2-4]

풀이 1) $48^x = 8$에서 $x = \log_{48} 8$ $\therefore \dfrac{1}{x} = \log_8 48$

$6^y = 32$에서 $y = \log_6 32$ $\therefore \dfrac{1}{y} = \log_{32} 6$

$\dfrac{3}{x} - \dfrac{5}{y} = 3\left(\dfrac{1}{x}\right) - 5\left(\dfrac{1}{y}\right)$

$\qquad = 3(\log_8 48) - 5(\log_{32} 6)$

$\qquad = 3(\log_{2^3} 48) - 5(\log_{2^5} 6)$

$\qquad = 3\left(\dfrac{1}{3}\log_2 48\right) - 5\left(\dfrac{1}{5}\log_2 6\right)$

$\qquad = \log_2 48 - \log_2 6 = \log_2 \dfrac{48}{6}$

$\qquad = \log_2 8 = \log_2 2^3 = 3\log_2 2 = 3$

2) $\log_3 7 = a$에서 $\log_7 3 = \dfrac{1}{a}$

$\log_7 \dfrac{175}{27} = \log_7 \dfrac{5^2 \cdot 7}{3^3}$

$\qquad = \log_7 5^2 + \log_7 7 - \log_7 3^3$

$\qquad = 2\log_7 5 + 1 - 3\log_7 3$

$\qquad = 2b + 1 - 3 \cdot \dfrac{1}{a}$

3) $\log_a b = \dfrac{1}{\log_b a}$

$\log_a b > 1$이므로 $\log_a b = t \ (t > 1)$라 하면

$\log_a b + \log_b a = \dfrac{5}{2}$에서

$t + \dfrac{1}{t} = \dfrac{5}{2} \ (t > 1)$

$\Rightarrow$ 양변에 $2t$를 곱하면

$2t^2 + 2 = 5t, \ 2t^2 - 5t + 2 = 0,$

$(2t - 1)(t - 2) = 0$

$\therefore t = 2 \ (\because t > 1)$

$\therefore \log_a b = 2$

$\therefore b = a^2$

따라서

$\dfrac{a^6 + b}{a^2 + b^3} = \dfrac{a^6 + a^2}{a^2 + (a^2)^3} = \dfrac{a^6 + a^2}{a^2 + a^6} = 1$

4) $g(f(x)) = g\left(\dfrac{3}{2}\log_8 \sqrt{x}\right)$

$\qquad = 2^{2\left(\frac{3}{2}\log_8 \sqrt{x}\right)}$

$\qquad = 2^{3\log_{2^3} x^{\frac{1}{2}}}$

$\qquad = 2^{3 \times \frac{1}{3} \cdot \frac{1}{2}\log_2 x}$

$\qquad = 2^{\frac{1}{2}\log_2 x}$

$\qquad = x^{\frac{1}{2}\log_2 2}$

$\qquad = x^{\frac{1}{2}}$

$\qquad = \sqrt{x}$

정답 1) 3 2) $2b + 1 - \dfrac{3}{a}$ 3) 1 4) $\sqrt{x}$

[줄기 3-1]

풀이 상용로그표를 이용하므로 진수의 숫자 배열은
*1.00에서 9.99까지의 수를 이용한다. [p.50 ②]

$\log 62.5 = 1.7959$에서 $\log 6.25 = 0.7959$

⇨ 숫자 배열 6.25를 이용한다.

1) $\log x = 5 + 0.7959$

정수 부분이 ⑤이므로 진수 x는 6자리의 수이다. ($\because 10^5$: 6자리)

소수 부분이 0.7959이므로 진수 x의 숫자 배열은 6.25이다.

$$\therefore x = 10^5 \times 6.25 = 100000 \times 6.25$$
$$= 625000$$

2) $\log x = -2 + 0.7959$

정수 부분이 -2이므로 진수 x는 소수점 아래 2째 자리에서 처음으로 0이 아닌 숫자가 나타난다. ($\because 10^{-2}$: 소수 2째 자리)

소수 부분이 0.7959이므로 진수 x의 숫자 배열은 6.25이다.

$$\therefore x = 10^{-2} \times 6.25 = 0.01 \times 6.25$$
$$= 0.0625$$

3) $-4 + (-0.2041) = -4 - 1 + (1 - 0.2041)$
$$= -5 + 0.7959$$
$$(\because 0 \leq (\text{소수 부분}) < 1)$$

정수 부분이 -5이므로 진수 x는 소수점 아래 5째 자리에서 처음으로 0이 아닌 숫자가 나타난다. ($\because 10^{-5}$: 소수 5째 자리)

소수 부분이 0.7959이므로 진수 x의 숫자 배열은 6.25이다.

$$\therefore x = 10^{-5} \times 6.25 = 0.00001 \times 6.25$$
$$= 0.0000625$$

정답 1) 625000　　2) 0.0625
　　　　3) 0.0000625

[줄기 3-2]

풀이 1) $\log(2^{10} \times 3^{100}) = \log 2^{10} + \log 3^{100}$
$$= 10 \log 2 + 100 \log 3$$
$$= 10 \times 0.3010$$
$$+ 100 \times 0.4771$$
$$= 50.72$$

$\log(2^{10} \times 3^{100})$의 정수 부분이 ㊿이므로 $2^{10} \times 3^{100}$은 51자리의 정수이다.
($\because 10^{50}$: 51자리)

2) $\log 5^{20} = 20 \log \dfrac{10}{2} = 20(\log 10 - \log 2)$
$$= 20(1 - 0.3010) = 13.980$$

$\log 5^{20}$의 정수 부분이 ⑬이므로 5^{20}은 14자리의 정수이다.
($\because 10^{13}$: 14자리)

정답 1) 51자리　　2) 14자리

[줄기 3-3]

풀이 $\log 3^{16} = 16 \log 3 = 16 \times 0.4771 = 7.6336$

$\log 3^{16}$의 소수 부분이 $\boxed{0.6336}$이고

$\log 4 = 2 \log 2 = 0.6020$

$\log 5 = \log \dfrac{10}{2} = 1 - \log 2 = 0.6990$ 이므로

$0.6020 < \boxed{0.6336} < 0.6990$

$\log 4 < \boxed{0.6336} < \log 5$

$\therefore \log 4 < \log 4.\times\times < \log 5$

$\therefore 3^{16}$의 숫자의 배열이 $4.\times\times$임을 알 수 있다.
따라서 최고 자리의 숫자는 4이다.

정답 4

[줄기 3-4]

풀이 $\log_3(\log x) = 4$, $\log x = 3^4$ $\therefore \log x = 81 + 0$

$\log x$의 정수 부분이 ⑧①이므로 x는 82자리의 수이다. ($\because 10^{81}$: 82자리)

상용로그표를 이용하므로 진수의 숫자 배열은 1.00에서 9.99까지의 수를 이용한다. [p.50 ②]

$\log x$의 소수 부분이 0이므로 x의 숫자 배열은 1.00이다.

$$\therefore x = 1.00 \times 10^{81}$$

따라서 x의 최고 자리의 숫자는 1이다.

정답 82자리, 1

[줄기 3-5]

[풀이] $\log A = n + \alpha$ (n은 정수, $0 \le \alpha < 1$)라 하면
n과 α는 이차방정식 $2x^2 - 7x + k = 0$의 두
근이므로 근과 계수의 관계에 의하여

$$n + \alpha = \frac{7}{2}, \ n\alpha = \frac{k}{2}$$

이때 $n + \alpha = \dfrac{7}{2} = 3 + \dfrac{1}{2}$

$$(\because n\text{은 정수}, \ 0 \le \alpha < 1)$$

$$\therefore n = 3, \ \alpha = \frac{1}{2}$$

$$\therefore k = 2n\alpha = 2 \cdot 3 \cdot \frac{1}{2} = 3$$

[정답] 3

[줄기 3-6]

[풀이] 두 상용로그의 소수 부분이 같으면
(두 상용로그의 차)=(정수)이므로

$$\log x - \log \sqrt{x} = \log x - \frac{1}{2}\log x = \frac{1}{2}\log x$$

$$\therefore \boxed{\frac{1}{2}\log x} = (\text{정수})$$

$1 < x < 1000$에 상용로그를 취하면

$$\log 1 < \log x < \log 10^3$$

$$\therefore 0 < \log x < 3 \cdots \text{㉠}$$

㉠의 각 변에 $\dfrac{1}{2}$를 곱하면 $0 < \boxed{\dfrac{1}{2}\log x} < \dfrac{3}{2}$

이때, $\dfrac{1}{2}\log x$는 정수이므로 $\dfrac{1}{2}\log x = 1$

$$\therefore \log x = 2 \quad \therefore x = 10^2 = 100$$

[정답] 100

[줄기 3-7]

[풀이] $\log x^2$과 $\log \dfrac{1}{x}$의 소수 부분이 같으면
(두 상용로그의 차)=(정수)이므로

$$\log x^2 - \log \frac{1}{x} = 2\log x - (-\log x) = 3\log x$$

$$\therefore \boxed{3\log x} = (\text{정수})$$

x는 3자리의 수이므로 $\log x$의 정수 부분은
②이다. ($\because 10^2$: 3자리)

$\log x = 2.\times\times\times\times \qquad \therefore 2 \le \log x < 3 \cdots \text{㉠}$

㉠의 각 변에 3을 곱하면 $6 \le \boxed{3\log x} < 9$

이때, $3\log x$는 정수이므로

$$3\log x = 6 \ \text{또는} \ 3\log x = 7 \ \text{또는} \ 3\log x = 8$$

$$\log x = 2 \ \text{또는} \ \log x = \frac{7}{3} \ \text{또는} \ \log x = \frac{8}{3}$$

$$\therefore x = 10^2 \ \text{또는} \ x = 10^{\frac{7}{3}} \ \text{또는} \ x = 10^{\frac{8}{3}}$$

[정답] $100, \ \sqrt[3]{10^7}, \ \sqrt[3]{10^8}$

[줄기 3-8]

[풀이] 두 상용로그의 소수 부분의 합이 1이면
(두 상용로그의 합)=(정수)이므로

$$\log x + \log x^3 = \log x + 3\log x = 4\log x$$

$$\therefore \boxed{4\log x} = (\text{정수})$$

$100 < x \le 1000$에서 상용로그를 취하면

$$\log 10^2 < \log x \le \log 10^3$$

$$\therefore 2 < \log x \le 3 \ (\times)$$

$\left(\begin{array}{l}\because \log x = 3\text{은 소수 부분이 0이므로 } \log x^3\text{의} \\ \text{소수 부분과 더해서 1이 될 수 없다.}\end{array}\right)$

$$2 < \log x < 3 \ (\bigcirc) \cdots \text{㉠}$$

㉠의 각 변에 4를 곱하면 $8 < \boxed{4\log x} < 12$

이때, $4\log x$는 정수이므로

$$4\log x = 9 \ \text{or} \ 4\log x = 10 \ \text{or} \ 4\log x = 11$$

$$\therefore \log x = \frac{9}{4} \ \text{or} \ \log x = \frac{5}{2} \ \text{or} \ \log x = \frac{11}{4}$$

$$\therefore x = 10^{\frac{9}{4}} \ \text{또는} \ x = 10^{\frac{5}{2}} \ \text{또는} \ x = 10^{\frac{11}{4}}$$

[정답] $\sqrt[4]{10^9}, \ \sqrt{10^5}, \ \sqrt[4]{10^{11}}$

[줄기 3-9]

[풀이] 두 상용로그의 소수 부분의 합이 1이면
(두 상용로그의 합)=(정수)이므로

$$\log x + \log x^2 = \log x + 2\log x = 3\log x$$

$$\therefore \boxed{3\log x} = (\text{정수})$$

x는 4자리의 수이므로 $\log x$의 정수 부분은
③이다. ($\because 10^3$: 4자리)

$\log x$의 정수 부분이 3이므로

$3 \le \log x < 4$ (×)

$\left(\begin{array}{l} \because \log x = 3$은 소수 부분이 0이므로 $\log x^2$의 \\ 소수 부분과 더해서 1이 될 수 없다. \end{array} \right)$

$3 < \log x < 4$ (○) $\cdots$ ㉠

㉠의 각 변에 3을 곱하면 $9 < \boxed{3\log x} < 12$

이때, $3\log x$는 정수이므로

$3\log x = 10$ 또는 $3\log x = 11$

$\therefore \log x = \dfrac{10}{3}$ 또는 $\log x = \dfrac{11}{3}$

$\therefore x = 10^{\frac{10}{3}}$ 또는 $x = 10^{\frac{11}{3}}$

정답 $\sqrt[3]{10^{10}}$, $\sqrt[3]{10^{11}}$

줄기 3-10

풀이 두 상용로그의 소수 부분의 합이 1이면
(두 상용로그의 합)=(정수)이므로

$\log x + \log \sqrt{x} = \log x + \dfrac{1}{2}\log x = \dfrac{3}{2}\log x$

$\therefore \boxed{\dfrac{3}{2}\log x = (정수)}$

x는 6자리의 수이므로 $\log x$의 정수 부분은
⑤이다. $(\because 10^{⑤}: 6자리)$

$\log x$의 정수 부분이 5이므로

$5 \le \log x < 6$ (×)

$\left(\begin{array}{l} \because \log x = 5$는 소수 부분이 0이므로 $\log \sqrt{x}$ \\ 의 소수 부분과 더해서 1이 될 수 없다. \end{array} \right)$

$5 < \log x < 6$ (○) $\cdots$ ㉠

㉠의 각 변에 $\dfrac{3}{2}$를 곱하면

$\dfrac{15}{2} < \boxed{\dfrac{3}{2}\log x} < 9$

이때, $\dfrac{3}{2}\log x$는 정수이므로

$\dfrac{3}{2}\log x = 8$

$\therefore \log x = \dfrac{16}{3}$ $\therefore x = 10^{\frac{16}{3}}$

정답 $\sqrt[3]{10^{16}}$

줄기 3-11

풀이 초기 온도가 20°C인 화재실에서 화재가 발생
한 지 $\dfrac{9}{8}$분 후의 온도가 365°C이므로

$365 = 20 + k\log\left(8 \cdot \dfrac{9}{8} + 1\right)$

$k\log 10 = 345$ $\therefore k = 345$

또 화재가 발생한 지 a분 후의 온도가 710°C
이므로

$710 = 20 + 345\log(8a+1)$

$345\log(8a+1) = 690$

$\log(8a+1) = 2$, $8a+1 = 100$ $\therefore a = \dfrac{99}{8}$

정답 ①

풀이 잎 문제

잎 2-1

풀이 (밑)>0, (밑)≠1에서 $x-3>0$, $x-3 \ne 1$

$\therefore x > 3$, $x \ne 4$ $\cdots$ ㉠

(진수)>0에서 $-x^2 + 11x - 24 > 0$

$x^2 - 11x + 24 < 0$, $(x-3)(x-8) < 0$

$\therefore 3 < x < 8$ $\cdots$ ㉡

㉠, ㉡의 공통범위를 구하면

$3 < x < 4$ 또는 $4 < x < 8$

따라서 만족하는 정수 x는 5, 6, 7이므로

$5+6+7 = 18$

정답 18

잎 2-2

핵심 $\log_a b = \dfrac{\log_\star b}{\log_\star a} = \dfrac{\log_{10} b}{\log_{10} a} = \dfrac{\log b}{\log a}$

풀이 $\log_3 4^3 \cdot \log_2 9^3 = 3\log_3 4 \cdot 3\log_2 9$

$= 3\log_3 2^2 \cdot 3\log_2 3^2$

$= 6\log_3 2 \cdot 6\log_2 3$

$= 6 \cdot 6 \cdot \dfrac{\log 2}{\log 3} \cdot \dfrac{\log 3}{\log 2}$

$= 6 \cdot 6 = 36$

정답 36

● 잎 2-3

방법 I 「강추」 $3^a = 6$에서 $a = \log_3 6$

$12^b = 6$에서 $b = \log_{12} 6$

$\dfrac{1}{a} + \dfrac{1}{b} = \dfrac{1}{\log_3 6} + \dfrac{1}{\log_{12} 6}$

$\qquad = \log_6 3 + \log_6 12$

$\qquad = \log_6 (3 \cdot 12) = \log_6 36$

$\qquad = \log_6 6^2$

$\qquad = 2 \log_6 6$

$\qquad = 2$

방법 II $3^a = 6$에서 $3 = 6^{\frac{1}{a}}$ ··· ㉠

$12^b = 6$에서 $12 = 6^{\frac{1}{b}}$ ··· ㉡

㉠×㉡을 하면 $3 \cdot 12 = 6^{\frac{1}{a}} \cdot 6^{\frac{1}{b}}$

$6^{\frac{1}{a}+\frac{1}{b}} = 36$, $6^{\frac{1}{a}+\frac{1}{b}} = 6^2$ ∴ $\dfrac{1}{a}+\dfrac{1}{b} = 2$

정답 ①

● 잎 2-4

풀이 $2^a = c$에서 $a = \log_2 c$

$2^b = d$에서 $b = \log_2 d$

ㄱ. (좌변): $c^b = c^{\log_2 d} = d^{\log_2 c}$

(우변): $d^a = d^{\log_2 c}$

∴ (좌변)=(우변) (참)

ㄴ. $a + b = \log_2 c + \log_2 d = \log_2 cd$ (참)

ㄷ. $\dfrac{a}{b} = \dfrac{\log_2 c}{\log_2 d} = \log_d c$ (거짓)

정답 ㄱ. 참 ㄴ. 참 ㄷ. 거짓

● 잎 2-5

풀이 $\begin{cases} \log_2 ab^2 c = 5 \quad ∴ ab^2 c = 2^5 \cdots ㉠ \\ \log_2 abc^2 = 8 \quad ∴ abc^2 = 2^8 \cdots ㉡ \\ \log_2 a^2 bc = 7 \quad ∴ a^2 bc = 2^7 \cdots ㉢ \end{cases}$

㉠×㉡×㉢ $= a^4 b^4 c^4 = 20^{20}$ ∴ $(abc)^4 = 2^{20}$

∴ $abc = \pm \sqrt[4]{2^{20}} = \pm 2^5$

∴ $abc = 2^5$ (∵ a, b, c는 양수) ···㉣

㉠÷㉣을 하면 $b = 1$

㉡÷㉣을 하면 $c = 2^3$

㉢÷㉣을 하면 $a = 2^2$

∴ $a + b + c = 4 + 1 + 8 = 13$

정답 13

● 잎 2-6

핵심 $a^{\log_c b} = b^{\log_c a}$, $a^{k \log_c b} = b^{k \log_c a}$

⇨ 지수가 로그일 때, 밑과 지수인 로그의 진수는 위치를 서로 바꿀 수 있다.

풀이 $2^a = 2^{2\log_2(\sqrt{2}-1)} = (\sqrt{2}-1)^{2\log_2 2}$

$\qquad = (\sqrt{2}-1)^2 = 3 - 2\sqrt{2}$

$2^{-a} = 2^{-2\log_2(\sqrt{2}-1)} = (\sqrt{2}-1)^{-2\log_2 2}$

$\qquad = (\sqrt{2}-1)^{-2}$

$\qquad = \dfrac{1}{(\sqrt{2}-1)^2} = \dfrac{1}{3 - 2\sqrt{2}}$

$\qquad = \dfrac{1 \cdot (3 + 2\sqrt{2})}{(3 - 2\sqrt{2})(3 + 2\sqrt{2})} = 3 + 2\sqrt{2}$

따라서

$2^a + 2^{-a} = (3 - 2\sqrt{2}) + (3 + 2\sqrt{2}) = 6$

정답 6

● 잎 2-7

핵심 A, B, C, D의 꼴이 비슷하고

$A = B = C = D$일 때,

$A = B = C = D = k$로 놓으면 k에 관한 식으로 변환할 수 있다.

풀이 $\log_a 2 = \log_b 5 = \log_c 10 = \log_{abc} x = k$라 하면

$\log_a 2 = k$에서 $a^k = 2$

$\log_b 5 = k$에서 $b^k = 5$

$\log_c 10 = k$에서 $c^k = 10$

$\log_{abc} x = k$에서 $x = (abc)^k$

∴ $x = a^k b^k c^k = 2 \cdot 5 \cdot 10 = 100$

정답 ⑤

잎 2-8

풀이 $5^{\log b}=a^{2\log 5}$에서 $5^{\log b}=5^{2\log a}$이므로

$\log b=2\log a$, $\log b=\log a^2$ $\therefore b=a^2$ $\cdots$㉠

또, $2a-b=0$ $\therefore b=2a$ $\cdots$㉡

㉠, ㉡에서 $a^2=2a$, $a(a-2)=0$

$\therefore a=2$ ($\because a, b$는 양수) $\therefore b=4$

정답 $a=2$, $b=4$

잎 2-9

풀이 $x^2-9x+4=0$의 두 근이 $\log a$, $\log b$일 때, 근과 계수의 관계에 의하여

$\log a+\log b=9$, $\log a\cdot\log b=4$

$$\log_a b+\log_b a=\frac{\log b}{\log a}+\frac{\log a}{\log b}$$

$$=\frac{(\log b)^2+(\log a)^2}{\log a\cdot\log b}$$

$$=\frac{(\log a+\log b)^2-2\log a\cdot\log b}{\log a\cdot\log b}$$

$$=\frac{9^2-2\cdot 4}{4}=\frac{73}{4}$$

정답 $\dfrac{73}{4}$

잎 2-10

풀이 $\log_{12}180=\dfrac{\log 180}{\log 12}=\dfrac{\log(2\cdot 3^2\cdot 10)}{\log(2^2\cdot 3)}$

$$=\frac{\log 2+2\log 3+1}{2\log 2+\log 3}=\frac{a+2b+1}{2a+b}$$

정답 $\dfrac{a+2b+1}{2a+b}$

잎 2-11

풀이 상용로그의 정수 부분이 1인 양수를 x라 하면

$1\le\log x<2$이므로 $10\le x<10^2$이다.

이 중 $x\in A$인 원소는 2^4, 2^5, 2^6, 즉 16, 32, 64이므로

$16+32+64=112$

정답 ①

잎 2-12

핵심 자릿수는 달라도 숫자 배열이 같으면 상용로그의 소수 부분이 같다. $(1\le$(숫자 배열)$<10)$

풀이 집합 A는 1 이상 150 이하의 자연수들의 상용로그의 소수 부분의 집합이다.

이때, 자릿수는 다르지만 그 숫자 배열이 같은 수들은 상용로그의 소수 부분이 서로 같다.

예를 들어 1, 10, 100은 자릿수는 다르지만 숫자 배열이 1.00으로 서로 같으므로 상용로그의 소수 부분이 같다.

하나 더 예를 들자면 15, 150은 자릿수는 다르지만 숫자 배열이 1.50으로 서로 같으므로 상용로그의 소수 부분이 같다.

따라서 1 이상 150 이하의 자연수 중에서 숫자 배열이 서로 같은 수들의 순서쌍은

(1, 10, 100)

(2, 20), (3, 30), (4, 40), (5, 50),

(6, 60), (7, 70), (8, 80), (9, 90)

(11, 110), (12, 120), (13, 130),

(14, 140), (15, 150)

이므로 집합 A의 원소의 개수, 즉 1 이상 150 이하의 자연수 중에서 상용로그의 소수 부분이 서로 다른 수들의 개수는

$150-2-8-5=135$(개)

정답 ③

잎 2-13

풀이 $\log x=-\dfrac{4}{5}$이므로

$\log x^2=2\log x=2\times\left(-\dfrac{4}{5}\right)=-1.6$

$\qquad\quad=-2+0.4$

따라서 $\log x^2$의 정수 부분이 -2이므로 진수 x^2은 소수점 아래 2번째 자리에서 처음으로 0이 아닌 숫자가 나온다.

$\therefore a=2$

또한, $\log x^2$의 소수 부분이 $\boxed{0.4}$이므로

$\log 2<\boxed{0.4}<\log 3$ ($\because \log 2=0.30$, $\log 3=0.48$)

$\therefore \log 2<\log 2.\times\times<\log 3$

x^2의 숫자 배열이 $2.\times\times$이다.

따라서 $x^2 = (2.\times\times) \times 10^{-2}$이므로 $b = 2$

$\therefore a + b = 2 + 2 = 4$

정답 ②

잎 2-14

풀이

1) $\log N$의 정수 부분이 3이므로

$3 \leq \log N < 4$, $\log 10^3 \leq \log N < \log 10^4$

$\therefore 10^3 \leq N < 10^4$

따라서 자연수 N은

$1000, 1001, 1002, \cdots, 9999$이므로

$9999 - 999 = 9000$(개)

2) $\log \dfrac{1}{N}$의 정수 부분이 -3이므로

$-3 \leq \log \dfrac{1}{N} < -2$, $-3 \leq -\log N < -2$,

$2 < \log N \leq 3$

$\log 10^2 < \log N \leq \log 10^3$

$\therefore 10^2 < N \leq 10^3$

따라서 자연수 N의 최댓값은 $10^3 = 1000$,

최솟값은 $10^2 + 1 = 101$

3) $\log \dfrac{1}{2} = -\log 2 = -1 + (1 - \log 2)$

$\qquad\qquad = -1 + (\log 10 - \log 2) = -1 + \log 5$

$\therefore \left(\log \dfrac{1}{2}$의 소수 부분$\right) = \log 5$

$\log n$의 소수 부분이 $\log 5$보다 작고, n이

2자리의 자연수이므로

$1 \leq \log n < 2$ $(\times)$

$1 \leq \log n < 1 + \log 5$ $(\bigcirc)$

$\log 10 \leq \log n < \log 50$

$\therefore 10 \leq n < 50$

따라서 자연수 n은

$10, 11, 12, \cdots, 49$이므로

$49 - 9 = 40$(개)

정답 1) 9000개
2) 최댓값 : 1000, 최솟값 : 101
3) 40

잎 2-15

풀이 $\log x$의 정수 부분은 3, 소수 부분을 α라 하면

$\log x = 3 + \alpha$ $(0 \leq \alpha < 1)$

$\log \sqrt{x} = \dfrac{1}{2} \log x = \dfrac{1}{2}(3 + \alpha) = \dfrac{3}{2} + \dfrac{\alpha}{2}$

$\qquad\qquad = 1 + \dfrac{1}{2} + \dfrac{\alpha}{2}$ $\left(\dfrac{1}{2} \leq \dfrac{1}{2} + \dfrac{\alpha}{2} < 1\right)$

따라서

$\log \sqrt{x}$의 소수 부분은 $\dfrac{1}{2} + \dfrac{\alpha}{2}$ $\cdots \bigcirc$

$\log x$의 소수 부분과 $\log \sqrt{x}$의 소수 부분의

합이 $\dfrac{4}{5}$이므로

$\alpha + \left(\dfrac{1}{2} + \dfrac{\alpha}{2}\right) = \dfrac{4}{5}$ $\Rightarrow$ 양변에 10을 곱하면

$10\alpha + 5 + 5\alpha = 8$, $15\alpha = 3$ $\quad \therefore \alpha = \dfrac{1}{5}$

$\log \sqrt{x}$의 소수 부분을 $\bigcirc$에서 구하면

$\dfrac{1}{2} + \dfrac{1}{2} \cdot \dfrac{1}{5} = \dfrac{6}{10} = \dfrac{3}{5}$

정답 $\dfrac{3}{5}$

잎 2-16

핵심 $^\star[\log A]$는 $\log A$보다 크지 않은 최대의 정수
이므로 $\log A$의 정수 부분을 의미한다.
$\Rightarrow \log A = n + \alpha$ (n은 정수, $0 \leq \alpha < 1$)
$\therefore n = [\log A]$, $\alpha = \log A - [\log A]$

풀이 $\log A$의 정수 부분은 n, 소수 부분을 α라 하면

$\log A = n + \alpha$ $(0 \leq \alpha < 1)$ $\cdots \bigcirc$

$[\log A] + \log \dfrac{1}{A} = -\dfrac{2}{3}$에서

$[\log A] - \log A = -\dfrac{2}{3}$ $\cdots \bigcirc$이므로

$\bigcirc$을 $\bigcirc$에 대입하면

$[n + \alpha] - (n + \alpha) = -\dfrac{2}{3}$

$n - (n + \alpha) = -\dfrac{2}{3}$, $-\alpha = -\dfrac{2}{3}$ $\quad \therefore \alpha = \dfrac{2}{3}$

그런데 $\log A$의 소수 부분, 즉 $\dfrac{2}{3}$가 방정식

$3x^2 - ax - 2 = 0$의 근이므로

$$3 \cdot \left(\frac{2}{3}\right)^2 - a\left(\frac{2}{3}\right) - 2 = 0$$

$$\frac{4}{3} - \frac{2}{3}a - 2 = 0 \Rightarrow \text{양변에 3을 곱하면}$$

$$4 - 2a - 6 = 0, \ 2a = -2$$

$$\therefore a = -1$$

[정답] -1

잎 2-17

[핵심] $*[\log A]$는 $\log A$보다 크지 않은 최대의 정수이므로 $\log A$의 정수 부분을 의미한다.
$\Rightarrow \log A = n + \alpha$ (n은 정수, $0 \leq \alpha < 1$)
$\therefore n = [\log A], \ \alpha = \log A - [\log A]$

[풀이] (가): $\log x$의 정수 부분이 2이므로
$$2 \leq \log x < 3 \cdots \bigcirc$$

(나): $\log x^{15} - [\log x^{15}]$은 $\log x^{15}$의 소수 부분이고, $\log x^{13} - [\log x^{13}]$은 $\log x^{13}$의 소수 부분이므로 $\log x^{15}$와 $\log x^{13}$의 소수 부분이 같다.
따라서
$$\log x^{15} - \log x^{13} = 15\log x - 13\log x$$
$$= \boxed{2\log x = (\text{정수})}$$

$\bigcirc$의 각 변에 2를 곱하면 $4 \leq \boxed{2\log x} < 6$
이때, $2\log x$는 정수이므로
$$2\log x = 4 \ \text{또는} \ 2\log x = 5$$
$$\therefore \log x = 2 \ \text{또는} \ \log x = \frac{5}{2}$$
$$\therefore x = 10^2 = 100 \ \text{또는} \ x = 10^{\frac{5}{2}} = \sqrt{10^5}$$

[정답] $100, \sqrt{10^5}$

잎 2-18

[풀이] 두 상용로그의 소수 부분의 합이 1이면
(두 상용로그의 합)=(정수)이므로
$\log a + \log b = (\text{정수})$ $\therefore \boxed{\log ab = (\text{정수})}$
a, b는 100보다 작은 자연수이므로
$0 \leq \log a < 2, \ 0 \leq \log b < 2 \ (\times) \ (\because \text{주의})$
$0 < \log a < 2, \ 0 < \log b < 2 \ (\bigcirc)$
$\therefore 0 < \log a + \log b < 4$

$\therefore 0 < \log ab < 4$
이때, $\log ab$는 정수이므로 $\log ab = 1, 2, 3$
따라서 $ab = 10, 100, 1000$이므로
(단, $a < b, 1 < a < 100, 1 < b < 100$)
a, b의 순서쌍은
$(2, 5), (2, 50),$
$(4, 25), (5, 20),$
$(20, 50), (25, 40)$
이다.
따라서 순서쌍
(a, b)의 개수는
6개이다.

ab	a	b
10	2	5
100	2	50
	4	25
	5	20
1000	20	50
	25	40

[주의] 두 상용로그의 소수 부분의 합이 1인 경우
$\Rightarrow$ 소수 부분이 0인 상용로그가 포함되지 않도록 한다.
($\because$ 한 소수 부분이 0이면 두 소수 부분을 더해서 1이 될 수 없다.)

[정답] ③

잎 2-19

[풀이] 1) 두 상용로그의 소수 부분의 합이 1이면
(두 상용로그의 합)=(정수)이므로
$$\log x^2 + \log \sqrt{x} = 2\log x + \frac{1}{2}\log x$$
$$= \boxed{\frac{5}{2}\log x = (\text{정수})}$$

$\log x$의 정수 부분이 2이므로
$2 \leq \log x < 3 \ (\times)$

$\left(\begin{array}{c} \because \log x = 2, \ \text{즉} \ \log x^2 = 4\text{는 소수 부분} \\ \text{이 0이므로} \ \log \sqrt{x}\text{의 소수 부분과} \\ \text{더해서 1이 될 수 없다.} \end{array}\right)$

$2 < \log x < 3 \ (\bigcirc) \cdots \bigcirc$

$\bigcirc$의 각 변에 $\frac{5}{2}$를 곱하면 $5 < \frac{5}{2}\log x < \frac{15}{2}$

이때, $\frac{5}{2}\log x$는 정수이므로 $\frac{5}{2}\log x = 6, 7$

$\therefore \frac{5}{2}\log x = 6 \ \text{또는} \ \frac{5}{2}\log x = 7$

$\therefore \log x = \frac{12}{5} \ \text{또는} \ \log x = \frac{14}{5}$

$\therefore x = 10^{\frac{12}{5}} \ \text{또는} \ x = 10^{\frac{14}{5}}$

2) 두 상용로그의 소수 부분이 같으면
(두 상용로그의 차)=(정수)이므로

$$\log x^2 - \log \sqrt{x} = 2\log x - \frac{1}{2}\log x$$
$$\boxed{= \frac{3}{2}\log x} = (\text{정수})$$

$\log x$의 정수 부분이 2이므로

$$2 \le \log x < 3 \cdots \text{㉠}$$

㉠의 각 변에 $\frac{3}{2}$를 곱하면 $3 \le \boxed{\frac{3}{2}\log x} < \frac{9}{2}$

이때, $\frac{3}{2}\log x$는 정수이므로

$$\frac{3}{2}\log x = 3 \text{ 또는 } \frac{3}{2}\log x = 4$$

$$\therefore \log x = 2 \text{ 또는 } \log x = \frac{8}{3}$$

$$\therefore x = 10^2 \text{ 또는 } x = 10^{\frac{8}{3}}$$

정답 1) $\sqrt[5]{10^{12}}$, $\sqrt[5]{10^{14}}$ 2) 100, $\sqrt[3]{10^8}$

● **잎 2-20**

방법 I $A=B=C$를 $A=B=C=k$로 놓으면

$$\frac{3a}{\log_a b} = \frac{b}{2\log_b a} = \frac{3a+b}{3} = k$$

$$\frac{3a}{\log_a b} = k, \quad \frac{b}{2\log_b a} = k, \quad \frac{3a+b}{3} = k$$

⇨ 문제가 풀리지 않는다.

즉, A, B, C 꼴이 비슷하고 $A=B=C$일 때 $A=B=C=k$로 놓는다. 예) 잎 2-7)

방법 II $\frac{3a}{\log_a b} = \frac{3a+b}{3}$에서 $\frac{\log_a b}{3a} = \frac{3}{3a+b}$

$$\therefore \log_a b = \frac{9a}{3a+b} \cdots \text{㉠}$$

$\frac{b}{2\log_b a} = \frac{3a+b}{3}$에서 $\frac{b}{2}\log_a b = \frac{3a+b}{3}$

$$\therefore \log_a b = \frac{6a+2b}{3b} \cdots \text{㉡}$$

㉠=㉡이므로 $\frac{9a}{3a+b} = \frac{6a+2b}{3b}$

$27ab = (6a+2b)(3a+b)$

$18a^2 - 15ab + 2b^2 = 0$, $(6a-b)(3a-2b)=0$

$$\therefore b=6a \text{ 또는 } b = \frac{3}{2}a$$

i) $b=6a$를 ㉠에 대입하면 $\log_a b = 1$이므로
만족하지 않는다. ($\because \log_a b > 1$)

ii) $b = \frac{3}{2}a$를 ㉠에 대입하면 $\log_a b = 2$이므로

$$10\log_a b = 10 \cdot 2 = 20$$

정답 20

● **잎 2-21**

풀이 어떤 음원에서 $1\,\text{m}$만큼 떨어진 지점에서 측정된 소리의 상대적 세기가 80 (데시벨) 이므로

$r=1$, $P=80$을 주어진 식에 대입하면

$$80 = 10\left(12 + \log \frac{I}{1^2}\right)$$
$$= 120 + 10\log I$$

$10\log I = -40$ $\quad \therefore \log I = -4 \cdots \text{㉠}$

따라서 같은 음원으로부터 $10\,\text{m}$만큼 떨어진 지점에서 측정된 소리의 상대적 세기 a는

$$a = 10\left(12 + \log \frac{I}{10^2}\right)$$
$$= 120 + 10\log \frac{I}{10^2}$$
$$= 120 + 10(\log I - 2)$$
$$= 120 + 10(-4-2) \ (\because \text{㉠})$$
$$= 120 - 60$$
$$= 60$$

정답 ③

CHAPTER

3 지수함수

본문 p.65

[줄기 1-1]

풀이 $y = 2^{-x+a} - b$에서 $2^{-x+a} > 0$이므로 점근선은 직선 $y = -b$이다.

$$\therefore -b = -1 \quad \therefore b = 1$$

또 그래프가 점 $(0, 1)$을 지나므로

$$1 = 2^a - 1, \ 2^a = 2 \quad \therefore a = 1$$

정답 $a=1$, $b=1$

[줄기 2-1]

[풀이] 1) $f(x) = -x^2 + 2x + 3$로 놓으면

$f(x) = -(x-1)^2 + 4$ ∴ $f(x) \leq 4$

$y = a^{-x^2+2x+3} = a^{f(x)}$에서 $0 < a < 1$이면

감소함수이므로 함수 $y = a^{f(x)}$은

$f(x) = 4$일 때 최솟값 $\dfrac{1}{16}$을 갖는다.

즉, $a^4 = \dfrac{1}{16}$ ∴ $a = \dfrac{1}{2}$ ($\because 0 < a < 1$)

2) $f(x) = -x^2 + 6x - 9$로 놓으면

$f(x) = -(x-3)^2$

$-1 \leq x \leq 2$일 때, $f(x)$는 $x = -1$에서

최솟값 -16, $x = 2$에서 최댓값 -1을

가지므로

$-16 \leq f(x) \leq -1$

$y = \left(\dfrac{1}{3}\right)^{-x^2+6x-9} = \left(\dfrac{1}{3}\right)^{f(x)}$ 에서

$0 < (밑) < 1$이면 감소함수이므로

$y = \left(\dfrac{1}{3}\right)^{f(x)}$ 은 $f(x) = -1$일 때 최솟값

$\left(\dfrac{1}{3}\right)^{-1} = 3$을 갖는다.

3) $f(x) = |x|$로 놓으면

$-2 \leq x \leq 1$일 때, $f(x)$는 $x = 0$에서 최솟값 0, $x = -2$에서 최댓값 2를 가지므로

$0 \leq f(x) \leq 2$

$y = 2^{|x|} = 2^{f(x)}$에서 $(밑) > 1$이면 증가함수이므로

$y = 2^{f(x)}$은 $f(x) = 0$ 즉 $x = 0$일 때 최솟값 2^0, $f(x) = 2$ 즉 $x = -2$일 때 최댓값 2^2을 갖는다.

∴ $a = 0$, $b = 1$, $c = -2$, $d = 4$

[정답] 1) $\dfrac{1}{2}$ 2) 3
3) $a = 0$, $b = 1$, $c = -2$, $d = 4$

[줄기 2-2]

[풀이] 1) $y = 4^x - 2^{x-a} + 5$

$= (2^x)^2 - 2^{-a} \cdot (2^x) + 5$이므로

$2^x = t$ $(t > 0)$로 놓으면

주어진 함수는

$y = t^2 - 2^{-a}t + 5$

$= (t - 2^{-a-1})^2 - 2^{-2a-2} + 5$

$-2^{-2a-2} + 5$

따라서 $t = 2^{-a-1}$ ($\because 2^{-a-1} > 0$)일 때,

최솟값 $-2^{-2a-2} + 5$를 가지므로

$-2^{-2a-2} + 5 = 1$, $2^{-2a-2} = 4 = 2^2$

$-2a - 2 = 2$ ∴ $a = -2$

2) $y = 2 + k \cdot 3^{x+1} - 9^x$

$= -(3^x)^2 - 3k \cdot 3^x + 2$이므로

$3^x = t$ $(t > 0)$로 놓으면

주어진 함수는

$y = -t^2 + 3kt + 2$

$= -(t^2 - 3kt) + 2$

$= -\left(t - \dfrac{3}{2}k\right)^2 + \dfrac{9}{4}k^2 + 2$

따라서 $t = \dfrac{3}{2}k > 0$일 때, 최댓값 11을 가지므로

$\dfrac{9}{4}k^2 + 2 = 11$, $k^2 = 4$ ∴ $k = 2$ ($\because k > 0$)

[주의] $t = \dfrac{3}{2}k \leq 0$일 때는 최솟값이 존재하지 않는다.

[정답] 1) -2 2) 2

[줄기 2-3]

[풀이] 1) $5^{2x-2} > 0$, $5^{4-2x} > 0$이므로 산술평균과 기하평균의 관계에 의하여

$5^{2x-2} + 5^{4-2x} \geq 2\sqrt{5^{2x-2} \cdot 5^{4-2x}}$

$= 2\sqrt{5^2} = 10$

단, 등호는 $5^{2x-2} = 5^{4-2x}$일 때 성립하므로

$2x - 2 = 4 - 2x$ ∴ $x = \dfrac{3}{2}$

∴ $a = \dfrac{3}{2}$, $b = 10$

2) $\left(\dfrac{1}{3}\right)^x + \left(\dfrac{1}{3}\right)^{-x} = t$라 하면

$\left(\dfrac{1}{3}\right)^x > 0$, $\left(\dfrac{1}{3}\right)^{-x} > 0$이므로 산술평균과 기하평균의 관계에 의하여

$$\left(\frac{1}{3}\right)^x+\left(\frac{1}{3}\right)^{-x}\geq 2\sqrt{\left(\frac{1}{3}\right)^x\cdot\left(\frac{1}{3}\right)^{-x}}=2$$

(단, 등호는 $\left(\frac{1}{3}\right)^x=\left(\frac{1}{3}\right)^{-x}$일 때 성립)

$$\therefore *t\geq 2$$

$$y=\left(\frac{1}{9}\right)^x+\left(\frac{1}{9}\right)^{-x}$$
$$\qquad -4\left\{\left(\frac{1}{3}\right)^x+\left(\frac{1}{3}\right)^{-x}\right\}+4$$

$$=\left\{\left(\frac{1}{3}\right)^x+\left(\frac{1}{3}\right)^{-x}\right\}^2-2$$
$$\qquad -4\left\{\left(\frac{1}{3}\right)^x+\left(\frac{1}{3}\right)^{-x}\right\}+4$$

$$=t^2-4t+2=(t-2)^2-2 \ (*t\geq 2)$$

따라서 주어진 함수는 $t=2$에서 최솟값 $0-2=-2$를 갖는다.

정답 1) $a=\dfrac{3}{2}$, $b=10$ 2) -2

[줄기 3-1]

풀이 1) $\left(\frac{1}{4}\right)^x+\left(\frac{1}{2}\right)^x=6$에서

$$\left\{\left(\frac{1}{2}\right)^x\right\}^2+\left(\frac{1}{2}\right)^x-6=0$$

$\left(\frac{1}{2}\right)^x=t\ (t>0)$라 하면

$$t^2+t-6=0,\quad (t+3)(t-2)=0$$
$$\therefore t=2\ (t>0)$$

즉 $\left(\frac{1}{2}\right)^x=2$, $2^{-x}=2^1$ $\quad\therefore x=-1$

2) $3^{-2x+1}-10\cdot 3^{-x}+3=0$에서

$$3\cdot(3^{-x})^2-10\cdot 3^{-x}+3=0$$

$3^{-x}=t\ (t>0)$라 하면

$$3t^2-10t+3=0,\ (3t-1)(t-3)=0$$
$$\therefore t=\frac{1}{3}\ \text{또는}\ t=3$$

즉, $3^{-x}=\frac{1}{3}=3^{-1}$ 또는 $3^{-x}=3^1$

$$\therefore x=1\ \text{또는}\ x=-1$$

정답 1) $x=-1$
2) $x=-1$ 또는 $x=1$

[줄기 3-2]

풀이 $\begin{cases}2^{x+2}+2^{y+2}=48\\2^{x+y-3}=4\end{cases}$에서 $\begin{cases}4\cdot 2^x+4\cdot 2^{y+2}=48\\\frac{1}{8}\cdot 2^x\cdot 2^y=4\end{cases}$

$2^x=X\ (X>0)$, $2^y=Y\ (Y>0)$라 하면

$$\begin{cases}4X+4Y=48\\\frac{1}{8}XY=4\end{cases},\ \text{즉}\ \begin{cases}X+Y=12\\XY=32\end{cases}$$

이 연립방정식을 풀면

$X=4, Y=8$ 또는 $X=8, Y=4$

즉, $2^x=4, 2^y=8$ 또는 $2^x=8, 2^y=4$

$\therefore x=2, y=3$ 또는 $x=3, y=2$

$\therefore \alpha^2+\beta^2=2^2+3^2=13$

정답 13

[줄기 3-3]

풀이 $9^x-3^{x+2}+8=0$에서 $(3^x)^2-9\cdot 3^x+8=0$

$3^x=t\ (t>0)$로 놓으면 $t^2-9t+8=0\ \cdots\ ㉠$

방정식 ㉠의 두 근이 $3^\alpha, 3^\beta$이므로 이차방정식의 근과 계수의 관계에 의하여

$$3^\alpha+3^\beta=9,\ 3^\alpha\cdot 3^\beta=8$$

$$\therefore 3^{2\alpha}+3^{2\beta}=(3^\alpha+3^\beta)^2-2\cdot 3^\alpha\cdot 3^\beta$$
$$=9^2-2\cdot 8=81-16=65$$

정답 65

[줄기 3-4]

풀이 $2^x+2^{2-x}=5$에서 $2^x+\dfrac{4}{2^x}=5$

$2^x\neq 0$이므로 양변에 2^x를 곱하면

$$(2^x)^2+4=5\cdot 2^x$$
$$(2^x)^2-5\cdot 2^x+4=0\ \cdots\ ㉠$$

$2^x=t\ (t>0)$로 놓으면 $t^2-5t+4=0\ \cdots\ ㉡$

방정식 ㉠의 두 근을 α, β라 하면 방정식 ㉡의 두 근이 $2^\alpha, 2^\beta$이므로 이차방정식의 근과 계수의 관계에 의하여

(이차방정식 ㉡의 두 근의 곱)$=2^\alpha\cdot 2^\beta=4$

$$2^{\alpha+\beta}=2^2\quad\therefore \alpha+\beta=2$$

정답 2

[줄기 4-1]

풀이 $\dfrac{1}{27}<\dfrac{1}{3^x}<\dfrac{1}{9}$ 에서 $3^{-3}<3^{-x}<3^{-2}$

(밑)>1이므로 $-3<-x<-2$

$\therefore 2<x<3$ ··· ㉠

$\left(\dfrac{1}{2}\right)^x<16<\left(\dfrac{1}{4}\right)^{x-5}$ 에서 $2^{-x}<2^4<2^{-2x+10}$

(밑)>1이므로 $-x<4<-2x+10$

$-x<4,\ 4<-2x+10$

$\therefore -4<x<3$ ··· ㉡

㉠, ㉡의 공통 범위는 $2<x<3$

정답 $2<x<3$

[줄기 4-2]

풀이 1) $x^{x^2-4}>x^{3x}\ (x>0)$에서

ⅰ) $0<x<1$일 때, $0<$(밑)<1이므로

$x^2-4<3x,\quad x^2-3x-4<0,$

$(x+1)(x-4)<0\quad \therefore -1<x<4$

그런데 $0<x<1$이므로 $0<x<1$

ⅱ) $x=1$일 때, $1^{-3}>1^3$이므로 부등식이

성립하지 않는다.

ⅲ) $x>1$일 때, (밑)>1이므로

$x^2-4>3x,\quad x^2-3x-4>0,$

$(x+1)(x-4)>0$

$\therefore x<-1$ 또는 $x>4$

그런데 $x>1$이므로 $x>4$

따라서 ⅰ), ⅲ)에서 $0<x<1$ 또는 $x>4$

2) $(x^2-2x+1)^{x-1}<1$에서

$|x-1|^{2x-2}<|x-1|^0$

ⅰ) $0<|x-1|<1\ (0<\pm(x-1)<1)$일 때,

$0<$(밑)<1이므로

$2x-2>0\quad \therefore x>1$

그런데 $0<x<1$ 또는 $1<x<2$이므로

$1<x<2$

ⅱ) $|x-1|=1\ (x=0$ 또는 $x=2)$일 때,

$1<1$이므로 부등식이 성립하지 않는다.

ⅲ) $|x-1|>1\ (x<0$ 또는 $x>2)$일 때,

(밑)>1이므로

$2x-2<0\quad \therefore x<1$

그런데 $x<0$ 또는 $x>2$이므로 $x<0$

따라서 ⅰ), ⅲ)에서 $x<0$ 또는 $1<x<2$

정답 1) $0<x<1$ 또는 $x>4$
　　　 2) $x<0$ 또는 $1<x<2$

[줄기 4-3]

풀이 $\left(\dfrac{1}{4}\right)^x-3\cdot\left(\dfrac{1}{2}\right)^{x-2}+32<0$에서

$\left\{\left(\dfrac{1}{2}\right)^x\right\}^2-12\cdot\left(\dfrac{1}{2}\right)^x+32<0$

$\left(\dfrac{1}{2}\right)^x=t\ (t>0)$라 하면 $t^2-12t+32<0$

$(t-4)(t-8)<0\quad \therefore 4<t<8$

$\left(\dfrac{1}{2}\right)^{-2}<\left(\dfrac{1}{2}\right)^x<\left(\dfrac{1}{2}\right)^{-3}$

$0<$(밑)<1이므로 $-2>x>-3$

$\therefore -3<x<-2$

정답 $-3<x<-2$

[줄기 4-4]

풀이 ⅰ) $3^{2x}+3^{x+2}>3^{x-2}+1$에서

$(3^x)^2+9\cdot3^x>\dfrac{1}{9}\cdot3^x+1$

$3^x=t\ (t>0)$라 하면

$t^2+\dfrac{80}{9}t-1>0$

분수가 있으면 계산이 쉽지 않으므로 양변에 9를 곱하면

$9t^2+80t-9>0,\ (9t-1)(t+9)>0$

$\therefore t>\dfrac{1}{9}$ 또는 $t<-9\ (\because t>0)$

즉 $3^x>\dfrac{1}{9},\ 3^x>3^{-2}$

(밑)>1이므로 $x>-2$

ⅱ) $\left(\dfrac{1}{3}\right)^{2x+1}<\left(\dfrac{1}{3}\right)^{3x-4}$

$0<$(밑)<1이므로 $2x+1>3x-4\quad \therefore x<5$

따라서 ⅰ), ⅱ)에 의하여 $-2<x<5$

정답 $-2<x<5$

[줄기 4-5]

풀이

$9^x - 2k \cdot 3^x + 16 > 0$에서

$(3^x)^2 - 2k \cdot 3^x + 16 > 0$

$3^x = t \, (t > 0)$라 하면 $t^2 - 2kt + 16 > 0$ ··· ㉠

$f(t) = t^2 - 2kt + 16 = (t-k)^2 - k^2 + 16$으로 놓으면

i) 축 $t = k$가 t의 범위 $(t > 0)$ 내에 있을 때
   즉, $k > 0$일 때 ··· ㉡
   $t = k$에서 최솟값 $-k^2 + 16$을 갖는다. ($\because \smallsetminus\!/$)
   따라서 $t > 0$인 모든 실수 t에 대하여 부등식 ㉠이 성립하려면
   $-k^2 + 16 > 0$,
   $k^2 - 16 < 0$,
   $(k-4)(k+4) < 0$
   $\therefore -4 < k < 4$
   그런데 $k > 0$이므로
   $0 < k < 4$

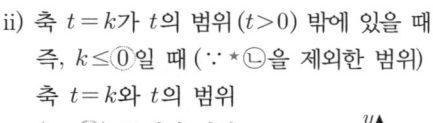

ii) 축 $t = k$가 t의 범위 $(t > 0)$ 밖에 있을 때
   즉, $k \leq 0$일 때 ($\because$ *㉡을 제외한 범위)
   축 $t = k$와 t의 범위
   $(t > 0)$ 중에서 가장 가까운 $t = 0$에서 16을 갖는다.
   따라서 $k \leq 0$일 때 $t > 0$인 모든 실수 t에 대하여 부등식 ㉠이 성립한다.

i), ii)에서 k의 값의 범위는 $k < 4$

정답 $k < 4$

 **잎 문제**

잎 3-1

핵심 밑의 값에 관계가 없으려면 지수가 0이 되면 된다. ⇨ (밑)$^0 = 1$

풀이

$y = a^{3x-1} + 3$에서

$3x - 1 = 0 \left(x = \dfrac{1}{3} \right)$일 때

$y = a^0 + 3 = 1 + 3 = 4$

따라서 항상 일정한 점 $\left(\dfrac{1}{3}, \, 4 \right)$를 지난다.

$\therefore \alpha = \dfrac{1}{3}, \, \beta = 4$

정답 $\alpha = \dfrac{1}{3}, \, \beta = 4$

잎 3-2

풀이 지수함수 $y = a^x$의 그래프를 y축에 대하여 대칭이동시키면

$y = a^{-x}$ ··· ㉠

㉠을 다시 x축의 방향으로 3만큼, y축의 방향으로 2만큼 평행이동시키면

$y - 2 = a^{-(x-3)}$ $\therefore y = a^{-(x-3)} + 2$ ··· ㉡

이때, ㉡의 그래프가 점 $(1, 4)$를 지나므로

$4 = a^{-1+3} + 2$, $a^2 = 2$ $\therefore a = \sqrt{2} \, (\because a > 0)$

따라서 양수 a의 값은 $\sqrt{2}$이다.

정답 ①

잎 3-3

풀이

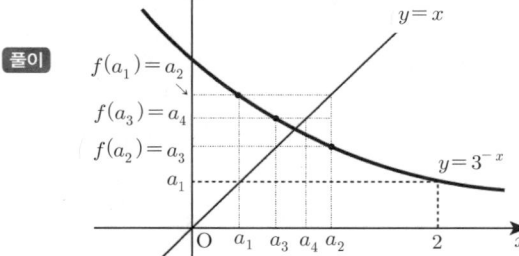

$a_1 = f(2)$, $a_{n+1} = f(a_n)$이므로 위 그림에서

$a_2 = f(a_1)$

$a_3 = f(a_2)$

$a_4 = f(a_3)$

이므로 위의 그림에서 $a_1 < a_3 < a_4 < a_2$

정답 ⑤

잎 3-4

핵심 $f(ab) = \{f(b)\}^a$이므로 좌변의 a를 '앞의 것'으로 b를 '뒤의 것'으로 가정하면 우변은 $\{f(뒤의 것)\}^{앞의 것}$으로 파악된다.

풀이 $f(1) = 64$이고 $f(ab) = \{f(b)\}^a$이 임의의 양의 실수에서 만족하므로

$$f\left(\frac{1}{2}\right) = f\left(\frac{1}{2} \cdot 1\right) = \{f(1)\}^{\frac{1}{2}} = (64)^{\frac{1}{2}} = (8^2)^{\frac{1}{2}}$$

$$f\left(\frac{1}{3}\right) = f\left(\frac{1}{3} \cdot 1\right) = \{f(1)\}^{\frac{1}{3}} = (64)^{\frac{1}{3}} = (4^3)^{\frac{1}{3}}$$

$$f\left(\frac{1}{6}\right) = f\left(\frac{1}{6} \cdot 1\right) = \{f(1)\}^{\frac{1}{6}} = (64)^{\frac{1}{6}} = (2^6)^{\frac{1}{6}}$$

$$\therefore f\left(\frac{1}{2}\right) + f\left(\frac{1}{3}\right) + f\left(\frac{1}{6}\right) = 8 + 4 + 2 = 14$$

정답 ③

잎 3-5

풀이 곡선 $y = 2^{x-2}$은 $y = 2^x$을 x축의 방향으로 2만큼 평행이동한 것이므로 $\overline{P_k Q_k}$의 길이는 2로 일정하다.

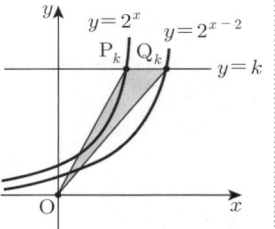

이때, $\triangle OP_k Q_k$의 넓이 A_k는

$$A_k = \frac{1}{2} \overline{P_k Q_k} \cdot k = \frac{1}{2} \cdot 2 \cdot k = k$$

$$\therefore A_1 = 1, \ A_4 = 4, \ A_7 = 7, \ A_{10} = 10$$

$$\therefore A_1 + A_4 + A_7 + A_{10} = 1 + 4 + 7 + 10 = 22$$

정답 22

잎 3-6

풀이 두 지수함수 $f(x) = a^{bx-1}$, $g(x) = a^{1-bx}$의 그래프는 한 점에서 만난다.

(가) 두 함수 $y = f(x)$, $y = g(x)$의 그래프가 직선 $x = 2$에 대하여 서로 대칭이므로 두 그래프의 교점의 x좌표는 2이다.

$$\therefore a^{2b-1} = a^{1-2b}$$

$$즉, 2b-1 = 1-2b \quad \therefore b = \frac{1}{2}$$

(나) $f(4) + g(4) = \frac{5}{2}$이므로

$$a + a^{-1} = \frac{5}{2}, \quad a + \frac{1}{a} = \frac{5}{2}$$

분수가 있으면 계산이 쉽지 않으므로 양변에 $2a$를 곱하면

$$2a^2 - 5a + 2 = 0, \ (2a-1)(a-2) = 0$$

$$\therefore a = \frac{1}{2} \ (\because 0 < a < 1)$$

$$\therefore a + b = \frac{1}{2} + \frac{1}{2} = 1$$

정답 ①

잎 3-7

풀이 함수와 역함수의 그래프의 교점은 직선 $y = x$ 위의 점이므로 두 교점의 좌표는 $(1, 1), (3, 3)$이다.

$f(x) = a^{x-m} = a^x \cdot \frac{1}{a^m} = \frac{a^x}{a^m}$이므로

$$1 = \frac{a}{a^m}, \ 3 = \frac{a^3}{a^m}$$

위의 두 식을 연립하여 풀면

$$a^2 = 3 \quad \therefore a = \sqrt{3} \ (\because a > 0, \ a \neq 1)$$

$1 = \frac{a}{a^m}$에 $a = \sqrt{3}$을 대입하면

$$1 = (\sqrt{3})^{1-m}$$

$$즉, 1 - m = 0 \quad \therefore m = 1$$

$$\therefore a + m = \sqrt{3} + 1$$

주의 지수함수 $f(x) = a^{x-m}$이라고 했으므로 $a > 0$, $a \neq 1$이라는 조건이 주어진 것이다.

정답 ③

잎 3-8

풀이 $f(x) = 2^x$의 그래프를 x축의 방향으로 m만큼, y축의 방향으로 n만큼 평행이동시키면

$$g(x) = 2^{x-m} + n \cdots \text{㉠}$$

$A(1, f(1))$를 x축의 방향으로 m만큼, y축의 방향으로 n만큼 평행이동시키면 $A'(3, g(3))$으로 이동되므로

$$(1+m, 2+n) = (3, 2^{3-m} + n) \ (\because f(1) = 2)$$

따라서 $m=2$이고, 이것을 ㉠에 대입하면
$g(x)=2^{x-2}+n$
$g(x)$가 점 $(0, 1)$을 지나므로
$1=2^{-2}+n$ $\quad \therefore n=\dfrac{3}{4}$
$\therefore m+n=2+\dfrac{3}{4}=\dfrac{11}{4}$

정답 ①

● 잎 3-9

풀이 $f(x+2)=f(x)$는 주기가 2인 함수이다.
즉, $-\dfrac{1}{2} \leq x < \dfrac{3}{2}$에서 그려진 함수의 그래프
는 2의 간격이므로 같은 모양이 계속 나온다.

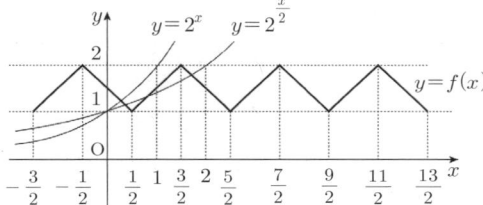

i) $n=1$일 때, $y=2^x$의 그래프는 두 점
$(0, 1)$, $(1, 2)$를 지나므로 교점은 1개다.

ii) $n=2$일 때, $y=2^{\frac{x}{2}}$의 그래프는 두 점
$(0, 1)$, $(2, 2)$를 지나므로 교점은 3개다.

iii) $n=3$일 때, $y=2^{\frac{x}{3}}$의 그래프는 두 점
$(0, 1)$, $(3, 2)$를 지나므로 교점은 3개다.

iv) $n=4$일 때, $y=2^{\frac{x}{4}}$의 그래프는 두 점
$(0, 1)$, $(4, 2)$를 지나므로 교점은 5개다.

v) $n=5$일 때, $y=2^{\frac{x}{5}}$의 그래프는 두 점
$(0, 1)$, $(5, 2)$를 지나므로 교점은 5개다.

vi) $n=6$일 때, $y=2^{\frac{x}{6}}$의 그래프는 두 점
$(0, 1)$, $(6, 2)$를 지나므로 교점은 7개다.

iv), v)에서 교점의 개수가 5가 되므로 모든
n의 값의 합은
$4+5=9$

정답 ②

● 잎 3-10

풀이 (가)에서
$-2 \leq x < -1$일 때, $f(x)=-x-2$
$-1 \leq x \leq 0$일 때, $f(x)=x$
(나)에서 모든 실수 x에 대하여
$f(x)+f(-x)=0 \Leftrightarrow f(-x)=-f(x)$
이므로 함수 $y=f(x)$의 그래프는 원점에
대하여 대칭이다.
(다)에서 모든 실수 x에 대하여
$f(2-x)=f(2+x)$이므로 함수 $y=f(x)$의
그래프는 직선 $x=2$에 대하여 대칭이다.
두 함수 $y=f(x)$와 $y=\left(\dfrac{1}{2}\right)^x$의 그래프는
다음 그림과 같다.

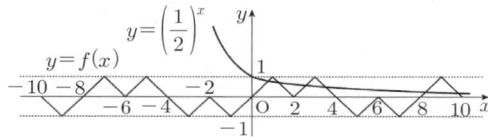

따라서 두 그래프의 교점의 개수는 6이다.

정답 ⑤

● 잎 3-11

풀이 $\left(\dfrac{1}{\sqrt{3}}\right)^{3x}=9^{3-x}$에서 $\left(\dfrac{1}{3^{\frac{1}{2}}}\right)^{3x}=(3^2)^{3-x}$

$(3^{-\frac{1}{2}})^{3x}=(3^2)^{3-x}$, $3^{-\frac{3}{2}x}=3^{6-2x}$

즉, $-\dfrac{3}{2}x=6-2x$ $\quad \therefore x=12$

정답 12

● 잎 3-12

풀이 $(2^x-8)(3^{2x}-9)=0$에서
$2^x=8$ 또는 $3^{2x}=9$
$\therefore 2^x=2^3$ 또는 $3^{2x}=3^2$
$\therefore x=3$ 또는 $x=1$
$\therefore \alpha^2+\beta^2=9+1=10$

정답 10

잎 3-13

풀이 $2^x + 2^{2-x} = 5$에서 $2^x + \dfrac{4}{2^x} = 5$

분수가 있으면 계산이 쉽지 않으므로 양변에 2^x을 곱하면

$(2^x)^2 + 4 = 5 \cdot 2^x$

$(2^x)^2 - 5 \cdot 2^x + 4 = 0$에서 $2^x = t \, (t > 0)$라 하면

$t^2 - 5t + 4 = 0, \ (t-1)(t-4) = 0$

$\therefore t = 1$ 또는 $t = 4$

$\therefore 2^x = 1$ 또는 $2^x = 4$

$\therefore x = 0$ 또는 $x = 2$

따라서 모든 실근의 합은 2이다.

정답 ⑤

잎 3-14

풀이 $\begin{cases} 3 \cdot 2^x - 2 \cdot 3^y = 6 \\ 2^{x-2} - 3^{y-1} = -1 \end{cases}$ 이므로

$2^{x-2} - 3^{y-1} = -1$에서 $\dfrac{2^x}{4} - \dfrac{3^y}{3} = -1$

분수가 있으면 계산이 쉽지 않으므로 양변에 12을 곱하면

$3 \cdot 2^x - 4 \cdot 3^y = -12$

$2^x = a$, $3^y = b$로 놓으면 $3a - 4b = -12 \cdots$ ㉠

이때, $3 \cdot 2^x - 2 \cdot 3^y = 6$는 $3a - 2b = 6 \cdots$ ㉡

㉠, ㉡을 연립하여 풀면 $a = 8$, $b = 9$

$\therefore 2^x = 8$, $3^y = 9$　$\therefore x = 3$, $y = 2$

$\therefore \alpha = 3$, $\beta = 2$

$\therefore \alpha^2 + \beta^2 = 3^2 + 2^2 = 13$

정답 13

잎 3-15

풀이 x절편 2이고, y절편 4인 직선 $\dfrac{x}{2} + \dfrac{y}{4} = 1$

$\therefore y = -2x + 4$

점 (a, b)가 이 직선 위의 점이므로

$b = -2a + 4 \cdots$ ㉠

$4^a - 2^b = 6$에서 $4^a - 2^{-2a+4} = 6 \ (\because$ ㉠$)$

$4^a - \dfrac{16}{4^a} = 6 \Rightarrow$ 양변에 4^a을 곱하면

$(4^a)^2 - 16 = 6 \cdot 4^a$

$4^a = t \, (t > 0)$라 하면

$t^2 - 6t - 16 = 0$

$(t+2)(t-8) = 0$　$\therefore t = 8 \, (\because t > 0)$

$4^a = 8$, $2^{2a} = 2^3$　$\therefore 2a = 3$　$\therefore a = \dfrac{3}{2}$

$a = \dfrac{3}{2}$를 ㉠에 대입하면 $b = 1$

$\therefore 4^a + 2^b = 8 + 2 = 10$

정답 ③

잎 3-16

풀이 $\dfrac{Q_A}{Q_B} = \dfrac{0.01 \times 20^{1.25} \times 8^{0.25}}{0.05 \times 20^{0.75} \times 8^{0.30}}$

$= \dfrac{20^{0.50}}{5 \times 8^{0.05}} = \dfrac{(2^2 \times 5)^{0.50}}{5 \times 2^{0.15}}$

$= 2^{0.85} \times 5^{-0.50}$

$\therefore a = 0.85$, $b = -0.50$

$\therefore a + b = 0.85 + (-0.50) = 0.35$

정답 ②

잎 3-17

풀이 $k = \dfrac{(\text{B회사의 연평균 성장률})}{(\text{A회사의 연평균 성장률})}$

$= \dfrac{\left(\dfrac{484}{121}\right)^{\frac{1}{10}} - 1}{\left(\dfrac{200}{100}\right)^{\frac{1}{10}} - 1} = \dfrac{4^{\frac{1}{10}} - 1}{2^{\frac{1}{10}} - 1}$

이때, $2^{\frac{11}{10}} = 2.14$이므로 $2 \cdot 2^{\frac{1}{10}} = 2.14$

$\therefore 2^{\frac{1}{10}} = 1.07$

$k = \dfrac{(1.07)^2 - 1}{1.07 - 1} = \dfrac{(1.07+1)(1.07-1)}{1.07 - 1}$

$= 1.07 + 1 = 2.07$

$\therefore 100k = 207$

정답 207

잎 3-18

풀이 1991년 말 인구를 A(명), 매년 인구 증가율을 r이라 하면 15년 동안 인구가 2배 증가하였으므로

$$A(1+r)^{15}=2A \qquad \therefore (1+r)^{15}=2 \cdots \text{㉠}$$

이때, 6년 후인 1997년 말 인구는

$$A(1+r)^6=A\left\{(1+r)^{15}\right\}^{\frac{2}{5}}$$
$$=2^{\frac{2}{5}}A \ (\because \text{㉠})$$

여기서 $x=2^{\frac{2}{5}}$이라 하고 양변에 상용로그를 취하면

$$\log x=\frac{2}{5}\log 2=\frac{2}{5}\cdot 0.30=0.12$$

따라서 상용로그표에 의하여 $x=1.32$이므로 1997년 말 인구는 1991년 말 보다 32% 증가하였다.

정답 ③

잎 3-19

풀이 점 A의 x좌표를 k라 하면 점 B의 x좌표는 $k+2$, 점 C의 x좌표는 $k+4$이다.

$$a^k+2=\frac{12}{5}$$에서 $$a^k=\frac{2}{5} \cdots \text{㉠}$$

$$a^{k+2}+2=\frac{9}{2}$$에서 $$a^{k+2}=\frac{5}{2} \cdots \text{㉡}$$

㉡ ÷ ㉠을 하면

$$a^2=\left(\frac{5}{2}\right)^2 \qquad \therefore a=\frac{5}{2}$$

$$\therefore h=a^{k+4}+2=a^k\cdot a^4+2$$
$$=\frac{2}{5}\cdot\left(\frac{5}{2}\right)^4+2 \ (\because \text{㉠})$$
$$=\frac{125}{8}+2$$
$$=\frac{141}{8}$$

정답 ④

잎 3-20

풀이 $(3^x-5)(3^x-100)<0$에서

$3^x=t \ (t>0)$로 놓으면

$$(t-5)(t-100)<0$$

$$\therefore 5<t<100 \qquad \therefore 5<3^x<100 \cdots \text{㉠}$$

㉠을 만족하는 x의 값은

$3^2=9$, $3^3=27$, $3^4=81$이므로

$x=2, \ 3, \ 4$

따라서 구하는 값은

$2+3+4=9$

정답 ③

잎 3-21

풀이 $2^x>0$, $2^{-x}>0$이므로 산술평균과 기하평균의 관계에 의하여

$$2^x+2^{-x}\geq 2\sqrt{2^x\cdot 2^{-x}}=2$$

(단, 등호는 $\underline{2^x=2^{-x}}$, 즉 $x=0$일 때 성립)
$$\llcorner x=-x, \ 2x=0 \quad \therefore x=0$$

즉, 2^x+2^{-x}의 최솟값은 2이다.

따라서 $f(x)=\dfrac{8}{2^x+2^{-x}}$은 2^x+2^{-x}이 최소일 때 최대가 되므로 $f(x)$의 최댓값은 $\dfrac{8}{2}=4$이다.

정답 4

잎 3-22

풀이 $3^x+3^{-x}=t \ (t>0)$라 하면

$3^x>0$, $3^{-x}>0$이므로 산술평균과 기하평균의 관계에 의하여

$$t=3^x+3^{-x}\geq 2\sqrt{3^x\cdot 3^{-x}}=2$$

(단, 등호는 $\underline{3^x=3^{-x}}$, 즉 $x=0$일 때 성립)
$$\llcorner x=-x, \ 2x=0 \quad \therefore x=0$$

$$\therefore t\geq 2$$

$9^x+9^{-x}=(3^x+3^{-x})^2-2=t^2-2$이므로

$$y=9^x+9^{-x}-2k(3^x+3^{-x})-1$$
$$=t^2-2kt-3$$
$$=(t-k)^2-k^2-3 \cdots \text{㉠}$$

⊙은 대칭축 $t=k$이고 아래로 볼록한 이차함수이다. ($\vee$)

이때, 대칭축 $t=k$가 t의 범위 ($t \geq 2$) 밖에 있으므로 ($\because k < ②$)

대칭축 $t=k$와 t의 범위 ($t \geq 2$) 중에서 가장 가까운 $t=2$에서 최솟값 $-4k+1$을 갖는다.

그런데 최솟값이 -3이므로

$-4k+1=-3$ $\therefore k=1$

정답 1

● 잎 3-23

풀이 $k \cdot 2^x \leq 4^x - 2^x + 4$에서

$(2^x)^2 - (k+1) \cdot 2^x + 4 \geq 0$

$2^x = t \, (t>0)$라 하면

$t^2 - (k+1)t + 4 \geq 0 \; \cdots \text{⊙}$

$f(t) = t^2 - (k+1)t + 4$

$= \left(t - \dfrac{k+1}{2} \right)^2 - \dfrac{k^2+2k-15}{4}$

i) 축 $t = \dfrac{k+1}{2}$가 t의 범위 ($t>0$) 내에 있을 때 ($\dfrac{k+1}{2} > 0$, 즉 $k > -1$일 때 $\cdots$ ⓛ)

$t = \dfrac{k+1}{2}$에서 최솟값 $-\dfrac{k^2+2k-15}{4}$을 갖는다. ($\because \vee$)

따라서 $t>0$인 모든 실수 t에 대하여 부등식 ⊙이 성립하려면

$-\dfrac{k^2+2k-15}{4} \geq 0$, $k^2+2k-15 \leq 0$,

$(k+5)(k-3) \leq 0$ $\therefore -5 \leq k \leq 3$

그런데 $k > -1$이므로 $-1 < k \leq 3$

ii) 축 $t = \dfrac{k+1}{2}$가 t의 범위 ($t>0$) 밖에 있을 때 ($k \leq -1$일 때 $\because$ *ⓛ을 제외한 범위)

축 $t = \dfrac{k+1}{2}$과 t의 범위 ($t>0$) 중에서 가장 가까운 $t=0$에서 4를 갖는다.

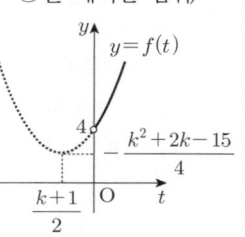

따라서 $k \leq -1$일 때 $t>0$인 모든 실수 t에 대하여 부등식 ⊙이 성립한다.

i), ii)에서 k의 값의 범위는 $k \leq 3$

정답 ④

● 잎 3-24

풀이 올해의 물가지수를 A라 하고, 앞으로 n년 후에 물가지수가 올해의 2배 이상이 된다고 하면

$A(1+0.04)^n \geq 2A$, $1.04^n \geq 2$

이 식의 양변에 상용로그를 취하면

$n \log 1.04 \geq \log 2$이고,

$\log 2 = 0.301$, $\log 1.04 = 0.017$을 대입하면

$0.017n \geq 0.301$ $\therefore n \geq 17.7 \times \times \times$

따라서 물가지수가 처음으로 올해의 2배 이상이 되는 해는 앞으로 18년 후이다.

정답 ②

● 잎 3-25

풀이 처음 빵의 개당 무게를 A라 하고, 무게를 10%씩 줄이는 시행을 n번 적용한 빵의 개당 무게를 A_n이라 하면

$A_n = A\left(1 - \dfrac{1}{10}\right)^n = A\left(\dfrac{9}{10}\right)^n$

한편, 빵의 개당 가격을 B라 하면 각 빵의 단위 무게당 가격은

$\dfrac{B}{A}$, $\dfrac{B}{A_n} = \dfrac{B}{A}\left(\dfrac{10}{9}\right)^n$

이때, 무게를 10%씩 줄이는 시행을 n번 적용한 빵의 단위 무게당 가격이 처음 빵의 1.5배 이상이 되려면

$\dfrac{B}{A}\left(\dfrac{10}{9}\right)^n \geq 1.5 \times \dfrac{B}{A}$, $\left(\dfrac{10}{9}\right)^n \geq \dfrac{3}{2}$

양변에 상용로그를 취하면

$n(1 - 2\log 3) \geq \log 3 - \log 2$이고,

$\log 2 = 0.3010$, $\log 3 = 0.4771$을 대입하면

$0.0458n \geq 0.1761$ $\therefore n \geq 3.8449 \cdots$

따라서 빵의 무게를 10%씩 줄이는 시행을 최소한 4번은 적용해야 한다.

정답 ②

CHAPTER 4 로그함수

 **줄기 문제**

[줄기 1-1]

풀이 $y = \log_2\left(\dfrac{x}{8} - 1\right) = \log_2 \dfrac{1}{8}(x-8)$

$\qquad = \log_2 \dfrac{1}{8} + \log_2(x-8)$

$\qquad = \log_2(x-8) - 3$

따라서 함수 $y = \log_2\left(\dfrac{x}{8} - 1\right)$의 그래프는

함수 $y = \log_2 x$의 그래프를 x축의 방향으로

8만큼 y축의 방향으로 -3만큼 평행이동한

것이다.

$\therefore m = 8, \ n = -3$

정답 $m = 8, \ n = -3$

[줄기 1-2]

풀이 1) $\log_9 25 = \log_{3^2} 5^2 = \log_3 5 = \log_{3^3} 5^3 = \log_{27} 125$

$\log_3 4 = \log_{3^3} 4^3 = \log_{27} 64$

$\log_{27} 16$

$1 = \log_{27} 27$

$16 < 27 < 64 < 125$에서 $y = \log_{27} x$는 x의

값이 증가하면 y의 값도 증가하므로

$\log_{27} 16 < \log_{27} 27 < \log_{27} 64 < \log_{27} 125$

$\therefore \log_{27} 16 < 1 < \log_3 4 < \log_9 25$

2) $\log_{\frac{1}{5}} 2, \ \log_{\frac{1}{5}} 3, \ \log_{\frac{1}{5}} 4, \ \log_{\frac{1}{5}} \dfrac{1}{2}$

$\dfrac{1}{2} < 2 < 3 < 4$에서 $y = \log_{\frac{1}{5}} x$는 x의 값이

증가하면 y의 값은 감소하므로

$\log_{\frac{1}{5}} \dfrac{1}{2} > \log_{\frac{1}{5}} 2 > \log_{\frac{1}{5}} 3 > \log_{\frac{1}{5}} 4$

$\therefore \log_{\frac{1}{5}} 4 < \log_{\frac{1}{5}} 3 < \log_{\frac{1}{5}} 2 < \log_{\frac{1}{5}} \dfrac{1}{2}$

정답 1) $\log_{27} 16 < 1 < \log_3 4 < \log_9 25$

2) $\log_{\frac{1}{5}} 4 < \log_{\frac{1}{5}} 3 < \log_{\frac{1}{5}} 2 < \log_{\frac{1}{5}} \dfrac{1}{2}$

[줄기 2-1]

풀이 $y = -\log_5(x-a) = \log_{\frac{1}{5}}(x-a)$에서

$0 < (밑) < 1$인 감소함수이다.

따라서 $x = 6$일 때,

최댓값 $\log_{\frac{1}{5}}(6-a) = -1$이므로

$6 - a = 5 \qquad \therefore a = 1$

따라서 $x = 126$일 때,

최솟값 $\log_{\frac{1}{5}} 125 = -3$을 갖는다.

정답 -3

[줄기 2-2]

풀이 1) $f(x) = -x^2 + 4x - 3$으로 놓으면

$f(x) = -(x-2)^2 + 1 \qquad \therefore f(x) \le 1$

$y = \log_{\frac{1}{3}}(-x^2 + 4x - 3) = \log_{\frac{1}{3}} f(x)$에

서 $0 < (밑) < 1$인 감소함수이므로

$y = \log_{\frac{1}{3}} f(x)$는 $f(x) = 1$, 즉 $x = 2$일

때 최솟값 $\log_{\frac{1}{3}} 1 = 0$을 갖는다.

$\therefore a = 2, \ b = 0$

2) $a > 1$일 때

$y = \log_a(2x^2 - 4x + 10)$은 $2x^2 - 4x + 10$

이 최대일 때 최대가 된다.

그런데 $2x^2 - 4x + 10$의 최댓값은 존재하

지 않으므로

$y = \log_a(2x^2 - 4x + 10)$의 최댓값도 존재

하지 않는다.

$0 < a < 1$일 때

$y = \log_a(2x^2 - 4x + 10)$은 $2x^2 - 4x + 10$

이 최소일 때 최대가 된다.

$2x^2 - 4x + 10 = 2(x-1)^2 + 8$이므로

$2x^2 - 4x + 10$은 $x = 1$에서 최솟값 8을

갖는다.

따라서 $y=\log_a(2x^2-4x+10)$은 $x=1$
에서 최댓값 $y=\log_a 8$을 갖고, 이 최댓
값이 -3이므로

$\log_a 8=-3, \ 8=a^{-3}, \ a^3=\dfrac{1}{8}$

$\therefore a=\dfrac{1}{2} \ (\because 0<a<1)$

3) $a>1$일 때

$y=\log_a(-x^2+4x+12)$는

$-x^2+4x+12$가 최소일 때 최소가 된다.
그런데 $-x^2+4x+12$의 최솟값은 존재하
지 않으므로

$y=\log_a(-x^2+4x+12)$의 최솟값도 존
재 하지 않는다.

$0<a<1$일 때

$y=\log_a(-x^2+4x+12)$는

$-x^2+4x+12$가 최대일 때 최소가 된다.

$-x^2+4x+12=-(x-2)^2+16$이므로

$-x^2+4x+12$는 $x=2$에서 최댓값 16을
갖는다.

따라서 $y=\log_a(-x^2+4x+12)$은 $x=2$
에서 최솟값 $y=\log_a 16$을 갖고, 이 최솟
값이 -4이므로

$\log_a 16=-4, \ 16=a^{-4}, \ a^4=\dfrac{1}{16}$

$\therefore a=\dfrac{1}{2} \ (\because 0<a<1)$

정답 1) $a=2, \ b=0$　2) $\dfrac{1}{2}$　3) $\dfrac{1}{2}$

[줄기 2-3]

풀이　1) $y=-2(\log x)^2+\log x^4$

$\qquad =-2(\log x)^2+4\log x$

$\log x=t$로 놓으면

$y=-2t^2+4t=-2(t-1)^2+2 \cdots \bigcirc$

$\bigcirc$은 $t=1$, 즉 $t=\log 10$에서 최댓값 2
를 가지므로

$a=10, \ b=2$

2) $y=2(\log_3 x)^2+a\log_{\frac{1}{3}} x+b$

$\qquad =2(\log_3 x)^2-a\log_3 x+b$

$\log_3 x=t$로 놓으면

$y=2t^2-at+b \cdots \bigcirc$

$\bigcirc$은 $x=\dfrac{1}{3}$, 즉 $t=\log_3 \dfrac{1}{3}=-1$에서

최솟값 1을 가지므로

$y=2(t+1)^2+1=2t^2+4t+3$

$\therefore a=-4, \ b=3$

3) $y=(\log_2 4x)\left(\log_2 \dfrac{x}{2}\right)$

$\qquad =(\log_2 x+2)(\log_2 x-1)$

$\qquad =(\log_2 x)^2+\log_2 x-2$

$\log_2 x=t$로 놓으면 $\dfrac{1}{2}\le x\le 8$에서

$\log_2 \dfrac{1}{2}\le \log_2 x\le \log_2 8 \quad \therefore \star-1\le t\le 3$

이때, 주어진 함수는

$y=t^2+t-2$

$\qquad =\left(t+\dfrac{1}{2}\right)^2-\dfrac{9}{4} \ (\star-1\le t\le 3)$

i) $t=-\dfrac{1}{2}$일 때, 최솟값 $-\dfrac{9}{4} \ (\because \vee)$

ii) $t=3$일 때, 최댓값 10

정답 1) $a=10, \ b=2$
　　　2) $a=-4, \ b=3$
　　　3) 최댓값 : 10, 최솟값 : $-\dfrac{9}{4}$

[줄기 2-4]

풀이　1) $f(x)=-x^2+4x$로 놓으면

$f(x)=-(x-2)^2+4$

$1\le x\le 3$일 때, $f(x)$는 $x=2$에서 최댓
값 4, $x=1$ 또는 $x=3$에서 최솟값 3을
가지므로

$3\le f(x)\le 4$

$y=\log_{\frac{1}{2}}(-x^2+4x)=\log_{\frac{1}{2}} f(x)$에서

$0<(밑)<1$인 감소함수이므로

$y=\log_{\frac{1}{2}} f(x)$는 $f(x)=3$일 때 최댓값

$\log_{\frac{1}{2}} 3$, $f(x) = 4$일 때 최솟값 -2를 갖는다.

2) $f(x) = x^2 - 3x + 4$로 놓으면

$$f(x) = \left(x - \frac{3}{2}\right)^2 + \frac{7}{4}$$

$0 \leq x \leq 4$일 때, $f(x)$는 $x = \frac{3}{2}$에서 최솟값 $\frac{7}{4}$, $x = 4$에서 최댓값 8을 가지므로

$$\frac{7}{4} \leq f(x) \leq 8$$

$y = \log_a f(x)$에서 $0 < a < 1$인 감소함수이므로

$y = \log_a f(x)$는 $f(x) = 8$일 때 최솟값 -2를 갖는다.

즉, $\log_a 8 = -2$이므로

$$a^{-2} = 8, \quad (a^{-2})^{-1} = 8^{-1}, \quad a^2 = \frac{1}{8}$$

$$\therefore a = \frac{1}{\sqrt{8}} \ (\because 0 < a < 1)$$

정답 1) 최댓값 : $-\log_2 3$, 최솟값 : -2

2) $\dfrac{2\sqrt{2}}{8}$

[줄기 2-5]

풀이 1) $y = 9x^2 \div x^{\log_3 x}$의 양변에 밑이 3인 로그를 취하면

$$\log_3 y = \log_3 (3^2 x^2 \div x \log_3 x)$$
$$= \log_3 3^2 + \log_3 x^2 - \log_3 x^{\log x}$$
$$= 2 + 2\log_3 x - \log_3 x \cdot \log_3 x$$

$\log_3 x = t$로 놓으면

$$\log_3 y = -t^2 + 2t + 2$$
$$= -(t-1)^2 + 3$$

따라서 $\log_3 y$는 $t = 1$일 때 최솟값 3을 가지므로

$\log_3 x = 1$에서 $x = 3$ $\quad \therefore a = 3$

$\log_3 y = 3$에서 $y = 3^3$ $\quad \therefore b = 27$

---

2) $y = 10x^{1 - \log x}$의 양변에 상용로그를 취하면

$$\log y = \log(10 x^{1 - \log x})$$
$$= \log 10 + \log x^{1 - \log x}$$
$$= 1 + (1 - \log x)\log x$$
$$= -(\log x)^2 + \log x + 1$$

$\log x = t$로 놓으면

$1 \leq x \leq 100$에서 $\star 0 \leq t \leq 2$

$$\log y = -t^2 + t + 1$$
$$= -\left(t - \frac{1}{2}\right)^2 + \frac{5}{4} \ (\star 0 \leq t \leq 2)$$

따라서 $\log y$는 $t = \frac{1}{2}$일 때 최댓값 $\frac{5}{4}$, $t = 2$일 때 최솟값 -1을 가지므로

$$-1 \leq \log y \leq \frac{5}{4} \quad \therefore 10^{-1} \leq y \leq 10^{\frac{5}{4}}$$

따라서 주어진 함수의 최댓값은 $10^{\frac{5}{4}}$, 최솟값은 10^{-1}이다.

3) $y = \dfrac{4x^4}{x^{\log_2 x}}$의 양변에 밑이 2인 로그를 취하면

$$\log_2 y = \log_2 \frac{4x^4}{x^{\log_2 x}}$$
$$= \log_2 4x^4 - \log_2 x^{\log_2 x}$$
$$= \log_2 4 + \log_2 x^4 - (\log_2 x)^2$$
$$= -(\log_2 x)^2 + 4\log_2 x + 2$$

$\log_2 x = t$로 놓으면

$1 \leq x \leq 16$에서 $\star 0 \leq t \leq 4$

$$\log_2 y = -t^2 + 4t + 2$$
$$= -(t-2)^2 + 6 \ (\star 0 \leq t \leq 4)$$

따라서 $\log_2 y$는 $t = 2$일 때 최댓값 6, $t = 0$ 또는 $t = 4$일 때 최솟값 2를 가지므로

$$2 \leq \log_2 y \leq 6 \quad \therefore 2^2 \leq y \leq 2^6$$

따라서 주어진 함수의 최댓값은 64, 최솟값은 4이다.

정답 1) $a = 3$, $b = 27$

2) 최댓값 : $10^{\frac{5}{4}}$, 최솟값 : $\dfrac{1}{10}$

3) 최댓값 : 64, 최솟값 : 4

[줄기 3-1]

풀이 1) $\log_2(x-2)+\log_2(x-4)=3$에서

$\log_2(x-2)(x-4)=\log_2 2^3$

$(x-2)(x-4)=8,\ x^2-6x=0,$

$x(x-6)=0$

$\therefore x=0$ 또는 $x=6$ ⋯㉠

그런데 ㉠을 원식의 진수에 대입하면 $x=0$은 진수의 조건을 만족시키지 못하고, $x=6$은 진수의 조건을 만족하므로 $x=6$

2) $\log_3(x-3)=\log_9(x+1)+1$에서

$\log_{3^2}(x-3)^2=\log_9(x+1)+\log_9 9$

$\log_9(x-3)^2=\log_9 9(x+1)$

$(x-3)^2=9(x+1),\ x^2-15x=0,$

$x(x-15)=0$

$\therefore x=0$ 또는 $x=15$ ⋯㉠

그런데 ㉠을 원식의 진수에 대입하면 $x=0$은 진수의 조건을 만족시키지 못하고, $x=15$는 진수의 조건을 만족하므로 $x=15$

정답 1) 6   2) 15

[줄기 3-2]

풀이 $\log_{x^2-5x+5}(2-x)=\log_{11}(2-x)$에서 진수가 같으므로 밑이 같거나 진수가 1이다.

i) $x^2-5x+5=11$일 때,

$x^2-5x-6=0,\ (x+1)(x-6)=0$

$\therefore x=-1$ 또는 $x=6$ ⋯㉠

그런데 ㉠을 원식의 진수와 밑에 대입하면 $x=6$은 밑의 조건은 만족하지만 진수의 조건을 만족시키지 못하고, $x=-1$은 진수의 조건과 밑의 조건을 모두 만족하므로 $x=-1$

ii) $2-x=1$일 때, $x=1$ ⋯㉠

그런데 ㉠을 원식의 진수와 밑에 대입하면 $x=1$은 밑의 조건은 만족하지만 진수의 조건을 만족시키지 못한다.

따라서 i)에서 $x=-1$

정답 -1

[줄기 3-3]

풀이 1) $(\log_2 x)^2=\log_2 x^2+8$에서

$(\log_2 x)^2-2\log_2 x-8=0$

$\log_2 x=t$로 놓으면

$t^2-2t-8=0,\ (t+2)(t-4)=0$

$\therefore t=-2$ 또는 $t=4$

즉, $\log_2 x=-2$ 또는 $\log_2 x=4$이므로

$x=2^{-2}=\dfrac{1}{4}$ 또는 $x=2^4=16$ ⋯㉠

이때, ㉠을 원식의 진수에 대입하면 진수의 조건을 만족시키므로

$x=\dfrac{1}{4}$ 또는 $x=16$

2) $3\log_3 x+3\log_x 3-10=0$에서

$3\log_3 x+\dfrac{3}{\log_3 x}-10=0$

$\log_3 x=t$로 놓으면

$3t+\dfrac{3}{t}-10=0,\ 3t^2-10t+3=0$

$(3t-1)(t-3)=0$

$\therefore t=\dfrac{1}{3}$ 또는 $t=3$

즉, $\log_3 x=\dfrac{1}{3}$ 또는 $\log_3 x=3$이므로

$x=3^{\frac{1}{3}}=\sqrt[3]{3}$ 또는 $x=3^3=27$ ⋯㉠

이때, ㉠을 원식의 진수와 밑에 대입하면 진수의 조건과 밑의 조건을 모두 만족시키므로

$x=\sqrt[3]{3}$ 또는 $x=27$

정답 1) $x=\dfrac{1}{4}$ 또는 $x=16$

2) $x=\sqrt[3]{3}$ 또는 $x=27$

[줄기 3-4]

풀이 1) $x^{\log x}=\dfrac{x^3}{100}$의 양변에 상용로그를 취하면

$\log x^{\log x}=\log\dfrac{x^3}{100},$

$\log x\cdot\log x=3\log x-2$

$(\log x)^2-3\log 2+2=0$

$\log x = t$로 놓으면

$t^2 - 3t + 2 = 0$, $(t-1)(t-2) = 0$

$\therefore t = 1$ 또는 $t = 2$

즉, $\log x = 1$ 또는 $\log x = 2$이므로

$x = 10$ 또는 $x = 100$ $\cdots$ ㉠

이때, ㉠을 원식의 진수에 대입하면 진수의 조건을 만족시키므로

$x = 10$ 또는 $x = 100$

2) $x^{\log_2 x} = 8x^2$의 양변에 밑이 2인 로그를 취하면

$\log_2 x^{\log_2 x} = \log_2 8x^2$

$\log_2 x \cdot \log_2 x = \log_2 2^3 + \log_2 x^2$

$(\log_2 x)^2 - 2\log_2 x - 3 = 0$

$\log_2 x = t$로 놓으면

$t^2 - 2t - 3 = 0$, $(t+1)(t-3) = 0$

$\therefore t = -1$ 또는 $t = 3$

즉, $\log_2 x = -1$ 또는 $\log_2 x = 3$이므로

$x = \dfrac{1}{2}$ 또는 $x = 8$ $\cdots$ ㉠

이때, ㉠을 원식의 진수에 대입하면 진수의 조건을 만족시키므로

$x = \dfrac{1}{2}$ 또는 $x = 8$

3) $x^{\log 2} \cdot 2^{\log x} - 3(x^{\log 2} + 2^{\log x}) + 8 = 0$에서

$x^{\log 2} = 2^{\log x}$이므로

$2^{\log x} \cdot 2^{\log x} - 3(2^{\log x} + 2^{\log x}) + 8 = 0$

$\therefore (2^{\log x})^2 - 6 \cdot 2^{\log x} + 8 = 0$

$2^{\log x} = t \ (t > 0)$로 놓으면

$t^2 - 6t + 8 = 0$, $(t-2)(t-4) = 0$

$\therefore t = 2$ 또는 $t = 4$

즉, $2^{\log x} = 2$ 또는 $2^{\log x} = 4$이므로

$\log x = 1$ 또는 $\log x = 2$

$\therefore x = 10$ 또는 $x = 100$ $\cdots$ ㉠

이때, ㉠을 원식의 진수에 대입하면 진수의 조건을 만족시키므로

$x = 10$ 또는 $x = 100$

정답 1) $x = 10$ 또는 $x = 100$
2) $x = \dfrac{1}{2}$ 또는 $x = 8$
3) $x = 10$ 또는 $x = 100$

[줄기 3-5]

풀이 $\log_3 x \cdot \log_2 y = 4$에서 $\dfrac{\log x}{\log 3} \cdot \dfrac{\log y}{\log 2} = 4$

$\dfrac{\log x}{\log 2} \cdot \dfrac{\log y}{\log 3} = 4$

$\therefore \log_2 x \cdot \log_3 y = 4$

$\log_2 x = X$, $\log_3 y = Y$로 놓으면

$\begin{cases} X + Y = 5 & \cdots ㉠ \\ XY = 4 & \cdots ㉡ \end{cases}$

㉠, ㉡을 연립하여 풀면

$X = 1$, $Y = 4$ 또는 $X = 4$, $Y = 1$

즉, $\log_2 x = 1$, $\log_3 y = 4$ 또는

$\log_2 x = 4$, $\log_3 y = 1$이므로

$x = 2$, $y = 81$ 또는 $x = 16$, $y = 3$ $\cdots$ ㉢

이때, ㉢을 원식의 진수에 대입하면 진수의 조건을 만족시키므로

$x = 2$, $y = 81$ 또는 $x = 16$, $y = 3$

$\therefore \alpha = 2$, $\beta = 81$ 또는 $\alpha = 16$, $\beta = 3$

따라서 $\alpha > \beta$이므로 $\alpha = 16$, $\beta = 3$

$\therefore \alpha - \beta = 16 - 3 = 13$

정답 13

[줄기 3-6]

풀이 1) $\log_2 x - \dfrac{1}{2}\log_x 2^2 + k = 0$에서

$\log_2 x - \log_x 2 + k = 0$

$\therefore \log_2 x - \dfrac{1}{\log_2 x} + k = 0 \cdots$ ㉠

$\log_x 2$에서 $x \neq 1$이므로 $*\log_2 x \neq 0$이다.

따라서 ㉠의 양변에 $\log_2 x$를 곱하면

$(\log_2 x)^2 + k\log_2 x - 1 = 0 \cdots$ ㉡

$\log_2 x = t$로 놓으면

$t^2 + kt - 1 = 0 \ (*t \neq 0) \cdots$ ㉢

방정식 ㉡의 두 근을 α, β라 하면 방정식 ㉢의 두 근은 $\log_2 \alpha$, $\log_2 \beta$이므로 근과 계수의 관계에 의하여

$\log_2 \alpha + \log_2 \beta = -k$, 즉 $\log_2 \alpha\beta = -k$

이때, $\alpha\beta = 4$이므로

$\log_2 4 = -k$ $\quad \therefore k = -2$

2) $x^2-(1+\log pq^2)x+\log p^3q^2=0$의 두 근이 2, 3이므로 근과 계수의 관계에 의하여

$2+3=1+\log pq^2$, $2\cdot3=\log p^3q^2$

$\log p+2\log q=4$ $\cdots$ ㉠

$3\log p+2\log q=6$ $\cdots$ ㉡

㉠, ㉡을 연립하여 풀면

$\log p=1$, $\log q=\dfrac{3}{2}$ $\therefore p=10$, $q=10^{\frac{3}{2}}$

3) $(\log a+1)x^2-2(\log a+1)x+1=0$이 이차방정식이므로

$\log a+1\neq0$ $\cdots$ ㉠

주어진 이차방정식이 중근을 가져야 하므로 이 이차방정식의 판별식을 D라 하면

$\dfrac{D}{4}=(\log a+1)^2-(\log a+1)=0$

$(\log a)^2-\log a=0$, $\log a(\log a+1)=0$

$\therefore \log a=0$ ($\because$ ㉠)

$\therefore a=1$ $\cdots$ ㉡

이때, ㉡을 원식의 진수에 대입하면 진수의 조건을 만족시키므로

$a=1$

4) $\log_3 4x\cdot\log_3 ax=4$에서

$(\log_3 4+\log_3 x)(\log_3 a+\log_3 x)=4$

$(\log_3 x)^2+(\log_3 a+\log_3 4)(\log_3 x)$

$\qquad+\log_3 a\cdot2\log_3 2-4=0$ $\cdots$ ㉠

$\log_3 x=t$로 놓으면

$t^2+(\log_3 a+\log_3 4)t$

$\qquad+\log_3 a\cdot2\log_3 2-4=0$ $\cdots$ ㉡

방정식 ㉠의 두 근을 α, β라 하면 방정식 ㉡의 두 근은 $\log_3\alpha$, $\log_3\beta$이므로 근과 계수의 관계에 의하여

$\log_3\alpha+\log_3\beta=-(\log_3 a+\log_3 4)$

즉, $\log_3\alpha\beta=-\log_3 4a$

이때, $\alpha\beta=\dfrac{1}{27}$이므로 $\log_3\dfrac{1}{27}=\log_3\dfrac{1}{4a}$

$\therefore \dfrac{1}{27}=\dfrac{1}{4a}$ $\therefore 27=4a$ $\therefore a=\dfrac{27}{4}$

정답 1) -2 　 2) $p=10$, $q=10^{\frac{3}{2}}$

　　　 3) 1 　 4) $\dfrac{27}{4}$

[줄기 4-1]

풀이 1) 진수의 조건에서 $2-x>0$

$\therefore x<2$ $\cdots$ ㉠

$\log_3(2-x)<-1$, 즉

$\log_3(2-x)<\log_3 3^{-1}$에서 (밑)$>1$이므로

$2-x<\dfrac{1}{3}$ $\therefore x>\dfrac{5}{3}$ $\cdots$ ㉡

따라서 ㉠, ㉡의 공통 범위는

$\dfrac{5}{3}<x<2$

2) 진수의 조건에서 $x-2>0$

$\therefore x>2$ $\cdots$ ㉠

$\log_{0.5}(x-2)\leq2\log_{0.5}(x-2)$, 즉

$\log_{0.5}(x-2)\leq\log_{0.5}(x-2)^2$에서

$0<$(밑)<1이므로

$x-2\geq(x-2)^2$

$x^2-5x+6\leq0$, $(x-2)(x-3)\leq0$

$\therefore 2\leq x\leq3$ $\cdots$ ㉡

따라서 ㉠, ㉡의 공통 범위는

$2<x\leq3$

3) 진수의 조건에서 $2x+1>0$, $x-1>0$

$\therefore x>1$ $\cdots$ ㉠

$\log_4(2x+1)\leq\log_2(x-1)$, 즉

$\log_4(2x+1)\leq\log_{2^2}(x-1)^2$

$\log_4(2x+1)\leq\log_4(x-1)^2$에서

(밑)>1이므로

$2x+1\leq(x-1)^2$

$x^2-4x\geq0$, $x(x-4)\geq0$

$\therefore x\leq0$ 또는 $x\geq4$ $\cdots$ ㉡

따라서 ㉠, ㉡의 공통 범위는

$x\geq4$

4) 진수의 조건에서

$x>0$, $2x-3>0$, $x-2>0$

$\therefore x>2$ $\cdots$ ㉠

$\log_2 x-\log_4(2x-3)>\log_4(x-2)$, 즉

$\log_2 x>\log_4(x-2)+\log_4(2x-3)$

$\log_{2^2}x^2>\log_4(x-2)(2x-3)$

$\log_4 x^2>\log_4(x-2)(2x-3)$에서

(밑)>1이므로

$x^2>(x-2)(2x-3)$

$x^2-7x+6<0,\ (x-1)(x-6)<0$

$\therefore 1<x<6\ \cdots\ \textcircled{\scriptsize L}$

따라서 ㉠, ㉡의 공통 범위는

$2<x<6$

정답 1) $\dfrac{5}{3}<x<2$ 2) $2<x\le3$

3) $x\ge4$ 4) $2<x<6$

[줄기 4-2]

풀이 1) 진수의 조건에서 $x>0,\ 4-x>0$

$\therefore 0<x<4$

$\log_a x-\log_a(4-x)-1>0$에서

$\log_a x>\log_a(4-x)+1$

$\therefore \log_a x>\log_a a(4-x)$

i) $a>1$일 때

$x>a(4-x),\ (a+1)x>4a,$

$x>\dfrac{4a}{a+1}$

이때, 해가 $\dfrac{8}{3}<x<4$이므로 $\dfrac{4a}{a+1}=\dfrac{8}{3}$

$\therefore a=2$

ii) $0<a<1$일 때

$x<a(4-x),\ (a+1)x<4a,$

$x<\dfrac{4a}{a+1}$

이때, 해가 $\dfrac{8}{3}<x<4$이므로 이를 만족

시키는 a의 값은 없다.

따라서 i)에 의하여 구하는 a의 값은 2이다.

2) 진수의 조건에서 $x>0,\ 4-x>0$

$\therefore 0<x<4$

$\log_a x-\log_a(4-x)-1>0$에서

$\log_a x>\log_a(4-x)+1$

$\therefore \log_a x>\log_a a(4-x)$

i) $a>1$일 때

$x>a(4-x),\ (a+1)x>4a,$

$x>\dfrac{4a}{a+1}$

이때, 해가 $0<x<4$이므로 이를 만족

시키는 a의 값은 없다.

---

ii) $0<a<1$일 때

$x<a(4-x),\ (a+1)x<4a,$

$x<\dfrac{4a}{a+1}$

이때, 해가 $0<x<2$이므로 $\dfrac{4a}{a+1}=2$

$\therefore a=1$

따라서 ii)에 의하여 구하는 a의 값은 1이다.

정답 1) 2   2) 1

[줄기 4-3]

풀이 1) 진수의 조건에서 $x^4>0,\ x>0$

$\therefore x>0\ \cdots\ \textcircled{\scriptsize ㄱ}$

$\log_2 x^4>(\log_2 x)^2$에서

$(\log_2 x)^2-4\log_2 x<0$

$\log_2 x=t$로 놓으면

$t^2-4t<0,\ t(t-4)<0\quad \therefore 0<t<4$

즉, $0<\log_2 x<4$이므로

$\log_2 2^0<\log_2 x<\log_2 2^4$

(밑)>1이므로 $1<x<16\ \cdots\ \textcircled{\scriptsize L}$

따라서 ㉠, ㉡의 공통 범위는

$1<x<16$

2) 진수의 조건에서 $x>0,\ x^3>0$

$\therefore x>0\ \cdots\ \textcircled{\scriptsize ㄱ}$

$2(\log x)^2+\log x^3>2$에서

$2(\log x)^2+3\log x-2>0$

$\log x=t$로 놓으면

$2t^2+3t-2>0,\ (t+2)(2t-1)>0$

$\therefore t<-2$ 또는 $t>\dfrac{1}{2}$

즉, $\log x<-2$ 또는 $\log x>\dfrac{1}{2}$이므로

$\log x<\log 10^{-2}$ 또는 $\log x>\log 10^{\frac{1}{2}}$

(밑)>1이므로 $x<10^{-2}$ 또는 $x>10^{\frac{1}{2}}\cdots\ \textcircled{\scriptsize L}$

따라서 ㉠, ㉡의 공통 범위는

$0<x<\dfrac{1}{100}$ 또는 $x>\sqrt{10}$

3) 진수의 조건에서 $x>0$, $4x>0$

$\therefore x>0 \cdots \bigcirc$

$\log_{\frac{1}{2}} x \cdot \log_{\frac{1}{2}} 4x \geq 3$에서

$\log_{\frac{1}{2}} x \left(\log_{\frac{1}{2}} 4 + \log_{\frac{1}{2}} x\right) \geq 3$

$\log_{\frac{1}{2}} x \left(\log_{\frac{1}{2}} x - 2\right) \geq 3$

$\left(\log_{\frac{1}{2}} x\right)^2 - 2\log_{\frac{1}{2}} x - 3 \geq 0$

$\log_{\frac{1}{2}} x = t$로 놓으면

$t^2 - 2t - 3 \geq 0$, $(t+1)(t-3) \geq 0$

$\therefore t \leq -1$ 또는 $t \geq 3$

즉, $\log_{\frac{1}{2}} x \leq -1$ 또는 $\log_{\frac{1}{2}} x \geq 3$이므로

$\log_{\frac{1}{2}} x \leq \log_{\frac{1}{2}} \left(\frac{1}{2}\right)^{-1}$

또는 $\log_{\frac{1}{2}} x \geq \log_{\frac{1}{2}} \left(\frac{1}{2}\right)^3$

$0 < (밑) < 1$이므로

$x \geq 2$ 또는 $x \leq \frac{1}{8} \cdots \bigcirc\!\bigcirc$

따라서 $\bigcirc$, $\bigcirc\!\bigcirc$의 공통 범위는

$0 < x \leq \frac{1}{8}$ 또는 $x \geq 2$

정답 1) $1 < x < 16$

2) $0 < x < \frac{1}{100}$ 또는 $x > \sqrt{10}$

3) $0 < x \leq \frac{1}{8}$ 또는 $x \geq 2$

[줄기 4-4]

풀이 진수의 조건에서 $x>0 \cdots \bigcirc$

$x^{\log x} \leq \frac{100}{x}$ 의 양변에 상용로그를 취하면

$\log x^{\log x} \leq \log \frac{100}{x}$,

$\log x \cdot \log x \leq \log 10^2 - \log x$

$\therefore (\log x)^2 + \log x - 2 \leq 0$

$\log x = t$로 놓으면

$t^2 + t - 2 \leq 0$, $(t+2)(t-1) \leq 0$

$\therefore -2 \leq t \leq 1$

즉, $-2 \leq \log x \leq 1$이므로

$\log 10^{-2} \leq \log x \leq \log 10^1$

$(밑) > 1$이므로 $\frac{1}{100} \leq x \leq 10 \cdots \bigcirc\!\bigcirc$

따라서 $\bigcirc$, $\bigcirc\!\bigcirc$의 공통 범위는

$\frac{1}{100} \leq x \leq 10$

정답 $\frac{1}{100} \leq x \leq 10$

[줄기 4-5]

풀이 진수의 조건에서 $\underline{\log_2 x - 1 > 0}$, $x > 0$

$\underline{\log_2 x > 1}$, 즉

$\log_2 x > \log_2 2$에서 $(밑) > 1$이므로

$x > 2 \cdots \bigcirc$

$\log_3 (\log_2 x - 1) \leq 1$, 즉

$\log_3 (\log_2 x - 1) \leq \log_3 3$에서 $(밑) > 1$이므로

$\log_2 x - 1 \leq 3$, $\log_2 x \leq 4$, $\log_2 x \leq \log_2 2^4$

$\therefore x \leq 16 \cdots \bigcirc$

따라서 $\bigcirc$, $\bigcirc\!\bigcirc$의 공통 범위는

$2 < x \leq 16$

정답 $2 < x \leq 16$

[줄기 4-6]

풀이 1) 진수의 조건에서 $x > 0$, $k > 0 \cdots \bigcirc$

$\left(\log_{\frac{1}{3}} x\right)^2 - 2\log_{\frac{1}{3}} x + \log_{\frac{1}{3}} k > 0$에서

$\log_{\frac{1}{3}} x = t$로 놓으면

$t^2 - 2t + \log_{\frac{1}{3}} k > 0 \cdots \bigcirc\!\bigcirc$

$x > 0$에서 주어진 부등식이 성립하려면 모든 실수 t에 대하여 $\bigcirc\!\bigcirc$이 성립해야 하므로 이차방정식 $t^2 - 2t + \log_{\frac{1}{3}} k = 0$의 판별식을 D라 하면

$\frac{D}{4} = 1 - \log_{\frac{1}{3}} k < 0$,

$\log_{\frac{1}{3}} k > 1$, $\log_{\frac{1}{3}} k > \log_{\frac{1}{3}} \frac{1}{3}$

$0 < (밑) < 1$이므로 $k < \frac{1}{3} \cdots \bigcirc\!\bigcirc\!\bigcirc$

따라서 ㉠, ㉡의 공통 범위는 $0 < k < \dfrac{1}{3}$

2) 진수의 조건에서 $a > 0$ ⋯ ㉠
주어진 이차부등식이 모든 실수 x에 대하여 성립하므로
$x^2 + 2(1 - \log a)x - 3(\log a - 1) = 0$인 이차방정식의 판별식을 D라 하면

$\dfrac{D}{4} = (1 - \log a)^2 - \{-3(\log a - 1)\} < 0$

$(\log a)^2 + \log_3 a - 2 < 0$

$\log a = t$로 놓으면

$t^2 + t - 2 < 0,\ (t + 2)(t - 1) < 0$

$\therefore -2 < t < 1$

즉, $-2 < \log a < 1$이므로

$\log 10^{-2} < \log a < \log 10$

(밑)> 1이므로 $\dfrac{1}{100} < a < 10$ ⋯ ㉡

따라서 ㉠, ㉡의 공통 범위는 $\dfrac{1}{100} < a < 10$

정답 1) $0 < k < \dfrac{1}{3}$ 2) $\dfrac{1}{100} < a < 10$

✏️ **풀이** **잎 문제**

잎 4-1

풀이 $\log_3(x - 4) = \log_9(5x + 4)$에서

$\log_{3^2}(x - 4)^2 = \log_9(5x + 4)$,

$\log_9(x^2 - 8x + 16) = \log_9(5x + 4)$

양변의 밑이 9로 같으므로

$x^2 - 8x + 16 = 5x + 4$

$x^2 - 13x + 12 = 0,\ (x - 1)(x - 12) = 0$

$\therefore x = 1$ 또는 $x = 12$ ⋯ ㉠

그런데 ㉠을 원식의 진수에 대입하면

$x = 1$은 진수의 조건을 만족시키지 못하고,

$x = 12$는 진수의 조건을 만족하므로

$x = 12$

정답 12

잎 4-2

풀이 $\log_3 x \cdot \log_2 y = 6$에서 $\dfrac{\log x}{\log 3} \cdot \dfrac{\log y}{\log 2} = 6$

$\dfrac{\log x}{\log 2} \cdot \dfrac{\log y}{\log 3} = 6$

$\therefore \log_2 x \cdot \log_3 y = 6$

$\log_2 x = X,\ \log_3 y = Y$로 놓으면

$\begin{cases} X + Y = 5 \cdots ㉠ \\ XY = 6 \quad\ \cdots ㉡ \end{cases}$

㉠, ㉡을 연립하여 풀면

$X = 2,\ Y = 3$ 또는 $X = 3,\ Y = 2$

즉, $\log_2 x = 2,\ \log_3 y = 3$ 또는

$\log_2 x = 3,\ \log_3 y = 2$이므로

$x = 4,\ y = 27$ 또는 $x = 8,\ y = 9$ ⋯ ㉢

이때, ㉢을 원식의 진수에 대입하면 진수의 조건을 만족시키므로

$x = 4,\ y = 27$ 또는 $x = 8,\ y = 9$

$\therefore \alpha = 4,\ \beta = 27$ 또는 $\alpha = 8,\ \beta = 9$

따라서 $\beta - \alpha$의 최댓값은 $27 - 4 = 23$

정답 23

잎 4-3

풀이 (가) $a\log_{500} 2 + b\log_{500} 5 = c$에서

$\log_{500} 2^a + \log_{500} 5^b = c$

$\log_{500}(2^a \cdot 5^b) = \log_{500} 500^c$

$\therefore 2^a \cdot 5^b = 500^c$

$\therefore 2^a \cdot 5^b = 500^c = (2^2 \cdot 5^3)^c = 2^{2c} \cdot 5^{3c}$

$\therefore a = 2c,\ b = 3c$

(나) $a = 2c,\ b = 3c,\ c$의 최대공약수가 2이므로

$c = 2$

$\therefore a = 4,\ b = 6$

$\therefore a + b + c = 4 + 6 + 2 = 12$

정답 ②

● 잎 4-4

풀이 진수의 조건에서 $x>0,\ 3x>0$

$\therefore x>0\ \cdots\ \bigcirc$

$\log_2 x \le \log_4(12x+28)$, 즉

$\log_{2^2}x^2 \le \log_4(12x+28)$

$\log_4 x^2 \le \log_4(12x+28)$

(밑)>1이므로

$x^2 \le 12x+28$

$x^2-12x-28\le 0,\ (x+2)(x-14)\le 0$

$\therefore -2\le x\le 14\ \cdots\ \bigcirc$

$\bigcirc,\ \bigcirc$의 공통 범위를 구하면

$0<x\le 14$

따라서 구하는 자연수 x는 $1,\ 2,\ 3,\cdots,\ 14$ 이므로 개수는 14이다.

정답 14

● 잎 4-5

풀이 진수의 조건에서 $x>0,\ 3x>0$

$\therefore x>0\ \cdots\ \bigcirc$

$(\log_3 x)(\log_3 3x)\le 20$에서

$(\log_3 x)(\log_3 3+\log_3 x)\le 20$

$(\log_3 x)(\log_3 x+1)\le 20$

$(\log_3 x)^2+\log_3 x-20\le 0$

$\log_3 x=t$로 놓으면

$t^2+t-20\le 0,\ (t+5)(t-4)\le 0$

$\therefore -5\le t\le 4$

즉, $-5\le \log_3 x\le 4$이므로

$\log_3 3^{-5}\le \log_3 x\le \log_3 3^4$

(밑)>1이므로

$\dfrac{1}{243}\le x\le 81\ \cdots\ \bigcirc$

$\bigcirc,\ \bigcirc$의 공통 범위를 구하면

$\dfrac{1}{243}\le x\le 81$

따라서 주어진 부등식을 만족시키는 자연수 x의 최댓값은 81이다.

정답 81

● 잎 4-6

풀이 진수의 조건에서 $x>0\ \cdots\ \bigcirc$

해가 $\dfrac{1}{3}<x<9$이므로 $\bigcirc$을 만족한다.

$(1+\log_3 x)(a-\log_3 x)>0$에서

$(\log_3 x+1)(\log_3 x-a)<0$

$(\log_3 x)^2+(1-a)\log_3 x-a<0$

$\log_3 x=t$로 놓으면

$t^2+(1-a)t-a<0$

$(t+1)(t-a)<0\ \cdots\ \bigcirc$

해가 $\dfrac{1}{3}<x<9$이어야 하므로

$\log_3 \dfrac{1}{3}<\log_3 x<\log_3 9$, 즉 $-1<\log_3 x<2$

$\therefore -1<t<2$

따라서 $\bigcirc$의 해가 $-1<t<2$이므로 $a=2$

정답 ②

● 잎 4-7

풀이 진수의 조건에서 $x-2>0,\ 4-x>0$

$\therefore 2<x<4\ \cdots\ \bigcirc$

$a^{x-1}<a^{2x+1}$의 해가 $x<-2$이려면

i) $a>1$일 때,

$\quad x-1<2x+1\quad \therefore x>-2\ (\times)$

ii) $0<a<1$일 때,

$\quad x-1>2x+1\quad \therefore x<-2\ (\bigcirc)$

$\log_a(x-2)<\log_a(4-x)$에서

$0<a<1$이므로

$x-2>4-x\quad \therefore x>3\ \cdots\ \bigcirc$

$\bigcirc,\ \bigcirc$의 공통 범위를 구하면

$3<x<4$

정답 ②

● 잎 4-8

풀이 진수의 조건에서 $x^2>0,\ 5x-8>0$

$\therefore x>\dfrac{8}{5}\ \cdots\ \bigcirc$

$1+\log_{\frac{1}{2}}x^2>\log_{\frac{1}{2}}(5x-8)$, 즉

$\log_{\frac{1}{2}}\frac{1}{2}x^2>\log_{\frac{1}{2}}(5x-8)$

$0<(밑)<1$이므로

$\frac{1}{2}x^2<5x-8$

$x^2-10x+16<0$, $(x-2)(x-8)<0$

$\therefore 2<x<8 \cdots \bigcirc$

$\bigcirc$, $\bigcirc$의 공통 범위를 구하면

$2<x<8$

$\therefore \alpha=2$, $\beta=8$

$\therefore \alpha\beta=16$

정답 16

● 잎 4-9

풀이 진수의 조건에서 $x^2>0$, $|x|>0$

$\therefore x\neq 0 \cdots \bigcirc$

$\log_2 x^2-\log_2|x|\leq 3$에서

$\log_2|x|^2-\log_2|x|\leq 3$

$2\log_2|x|-\log_2|x|\leq 3$

$\log_2|x|\leq 3$

$\log_2|x|\leq \log_2 2^3$

$\log_2|x|\leq \log_2 8$

$(밑)>1$이므로

$|x|\leq 8$

$\therefore -8\leq x\leq 8 \cdots \bigcirc$

$\bigcirc$, $\bigcirc$의 공통 범위를 구하면

$-8\leq x<0$ 또는 $0<x\leq 8$

따라서 구하는 정수 x는 ± 1, ± 2, ± 3, $\cdots$, ± 8이므로 개수는 16이다.

정답 ⑤

● 잎 4-10

풀이 1) 진수의 조건에서 $a>0 \cdots \bigcirc$

이차방정식이므로 $\log_3 a+3\neq 0$

$\log_3 a\neq -3$ $\therefore a\neq 3^{-3} \cdots \bigcirc$

주어진 이차방정식의 판별식을 D라 하면

$\frac{D}{4}=(\log_3 a+3)^2-(\log_3 a+3)>0$

$(\log_3 a)^2+\log_3 a-2>0$

$\log_3 a=t$로 놓으면

$t^2+t-2>0$, $(t+2)(t-1)>0$

$\therefore t<-2$ 또는 $t>1$

즉, $\log_3 a<-2$ 또는 $\log_3 a>1$이므로

$\log_3 a<\log_3 3^{-2}$ 또는 $\log_3 a>\log_3 3$

$(밑)>1$이므로

$a<\frac{1}{9}$ 또는 $a>3 \cdots \bigcirc$

$\bigcirc$, $\bigcirc$, $\bigcirc$에서 a의 값의 범위는

$0<a<\frac{1}{27}$ 또는 $\frac{1}{27}<a<\frac{1}{9}$ 또는 $a>3$

2) 진수의 조건에서 $k>0 \cdots \bigcirc$

주어진 이차부등식이 모든 실수 x에 대하여 성립하므로

i) $1-\log k>0$

$\log k<1$, $\log k<\log 10$

$\therefore k<10 \cdots \bigcirc$

ii) $\frac{D}{4}=(1-\log k)^2-(1-\log k)\log k<0$

$2(\log k)^2-3\log k+1<0$

$\log k=t$로 놓으면

$2t^2-3t+1<0$, $(2t-1)(t-1)<0$

$\therefore \frac{1}{2}<t<1$

즉, $\frac{1}{2}<\log k<1$이므로

$\log 10^{\frac{1}{2}}<\log k<\log 10$

$(밑)>1$이므로

$\sqrt{10}<k<10 \cdots \bigcirc$

$\bigcirc$, $\bigcirc$, $\bigcirc$의 공통 범위는

$\sqrt{10}<k<10$

정답 1) $0<a<\frac{1}{27}$

또는 $\frac{1}{27}<a<\frac{1}{9}$

또는 $a>3$

2) $\sqrt{10}<k<10$

• 잎 4-11

방법 I $x \geq 1$, $y \geq 1$에서 $\log x > 0$, $\log y > 0$이므로 산술평균과 기하평균의 관계에 의하여

$$\log x + \log y \geq 2\sqrt{\log x \cdot \log y}$$

(단, 등호는 $\log x = \log y$일 때 성립)

$\log x + \log y = \log xy = \log 10^4 = 4$이므로

$$4 \geq 2\sqrt{\log x \cdot \log y}$$
$$2 \geq \sqrt{\log x \cdot \log y}$$
$$4 \geq \log x \cdot \log y > 0 \ (\because \log x > 0, \ \log y > 0)$$
$$\therefore 0 < \log x \cdot \log y \leq 4$$

따라서 $\log x \cdot \log y$의 최댓값은 4이다.

방법 II $\log x = X$, $\log y = Y$라 하면 $x \geq 1$, $y \geq 1$이므로

$$X > 0, \ Y > 0 \ \cdots \ ㉠$$

$xy = 10000$의 양변에 상용로그를 취하면

$$\log xy = \log 10^4$$
$$\log x + \log y = 4$$

즉, $X + Y = 4$이므로 $Y = 4 - X$

㉠에서 $Y > 0$이므로 $4 - X > 0$

$$\therefore X < 4 \ \cdots \ ㉡$$

㉠, ㉡에서 $0 < X < 4$

$$\log x \cdot \log y = XY = X(4 - X)$$
$$= -X^2 + 4X$$
$$= -(X-2)^2 + 4 \ (0 < X < 4)$$

따라서 대칭축 $X = 2$가 X의 범위 $(0 < X < 4)$의 내에 있으므로 $X = 2$에서 최댓값 4를 갖는다. ($\because$ 위로 볼록한 이차함수 $\bigcap$)

정답 4

• 잎 4-12

풀이 $y = \log_2(ax + b)$가 두 점 $(-1, 0)$, $(0, 2)$를 지나므로

$$\log_2(-a + b) = 0 \quad \therefore -a + b = 1 \ \cdots \ ㉠$$
$$\log_2 b = 2 \quad \therefore b = 2^2 = 4 \ \cdots \ ㉡$$

㉡을 ㉠에 대입하면

$$-a + 4 = 1 \quad \therefore a = 3$$
$$\therefore a + b = 3 + 4 = 7$$

정답 ②

• 잎 4-13

핵심 지수함수와 로그함수가 같이 주어지면 서로 역함수의 관계가 아닌지 확인해보자.

풀이 $y = 2^x - 1 \iff y + 1 = 2^x \ \cdots \ ㉠$

$y = \log_2(x+1) \iff 2^y = x + 1 \ \cdots \ ㉡$

㉠에서 x와 y를 서로 바꾸면 ㉡과 같으므로 ㉠과 ㉡은 역함수 관계이다.

즉, ㉠과 ㉡은 직선 $y = x$에 대하여 대칭이다.

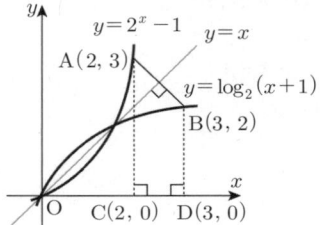

따라서 $A(2, 3)$이면 $B(3, 2)$이므로 $C(2, 0)$이고 $D(3, 0)$이다.

사각형 ACDB의 넓이를 S라 하면

$$S = \frac{1}{2} \begin{vmatrix} 2 & 2 & 3 & 3 & 2 \\ 3 & 0 & 0 & 2 & 3 \end{vmatrix}$$
$$= \frac{1}{2} |(6 + 9) - (6 + 4)|$$
$$= \frac{1}{2} \cdot 5 = \frac{5}{2}$$

정답 ①

• 잎 4-14

핵심 지수함수와 로그함수가 같이 주어지면 서로 역함수의 관계가 아닌지 확인해보자.

풀이 $y = 2^{x-2} + 1 \iff y - 1 = 2^{x-2} \ \cdots \ ㉠$

$y = \log_2(x-1) + 2 \iff y - 2 = \log_2(x-1)$
$$\iff 2^{y-2} = x - 1 \ \cdots \ ㉡$$

㉠에서 x와 y를 서로 바꾸면 ㉡과 같으므로 ㉠과 ㉡은 역함수 관계이다.

$$\therefore f(x) = g^{-1}(x) \ \text{또는} \ g(x) = f^{-1}(x)$$

ㄱ. $f^{-1}(5) = g(5)$
$$= \log_2(5-1) + 2 = 2 + 2 = 4$$
$$\therefore f^{-1}(5) \cdot \{g(5) + 1\} = 4 \cdot (4 + 1) = 20$$

(참)

ㄴ. 두 함수는 역함수 관계이므로 그 그래프는 직선 $y=x$에 대하여 대칭이다. (참)

ㄷ. 방정식 $f(x)=x$,
즉 $2^{x-2}+1=x$의 해가
$x=2$ 또는 $x=3$
이므로 두 함수
$y=f(x)$,
$y=g(x)$의
그래프는 두 점
$(2, 2)$, $(3, 3)$에
서 만난다. (거짓)

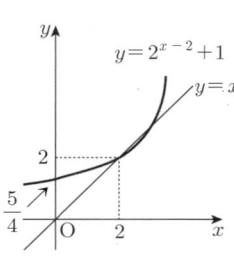

정답 ㄱ. 참 ㄴ. 참 ㄷ. 거짓

● 잎 4-15

풀이 $y=a^{-x-2}=a^{-(x+2)}$에서 $y=\left(\dfrac{1}{a}\right)^{x+2}$

$a>1$이면 $0<\dfrac{1}{a}<1$이므로 $y=\left(\dfrac{1}{a}\right)^{x+2}$ 은 감소함수이다.

$y=\log_a(x-2)$는 $a>1$이므로 증가함수이다.

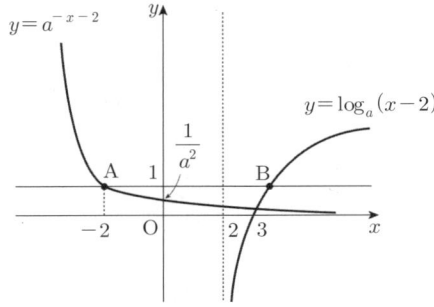

$y=a^{-x-2}$에서 $1=a^{-x-2}$

$\therefore -x-2=0$ $\therefore x=-2$ $\therefore A(-2, 1)$

$y=\log_a(x-2)$에서 $1=\log_a(x-2)$

$\therefore x-2=a$ $\therefore x=a+2$ $\therefore B(a+2, 1)$

$\overline{AB}=8$이므로

$\overline{AB}=|(a+2)-(-2)|=a+4=8$

$\therefore a=4$

정답 ②

● 잎 4-16

풀이 $y=c^x$의 역함수는 $y=\log_c x$

이때, 세 함수
$y=\log_a x$, $y=\log_b x$, $y=\log_c x$의 그래프와
직선 $y=1$과의 교점의 x좌표를 각각 구하여 표시하면 다음 그림과 같다.

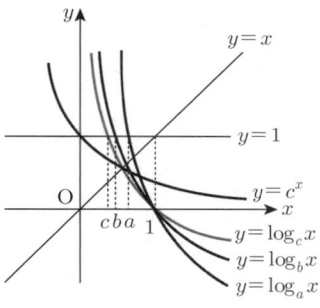

$\therefore a>b>c$

참고 $y=\log_c x$의 그래프를 그리는 요령

1st
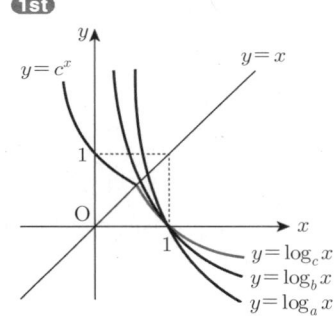

2nd
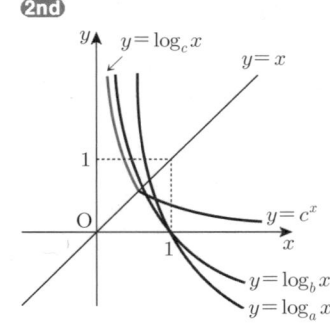

정답 ①

43

잎 4-17

풀이 $y=\log_6(x+1)$을 x축의 방향으로 2만큼,

y축의 방향으로 -4만큼 평행이동하면

$y=\log_6(x-1)-4$가 되므로

두 곡선

$y=\log_6(x+1)$, $y=\log_6(x-1)-4$와

두 직선

$y=-2x$, $y=-2x+8$로 둘러싸인 부분의

넓이는 평행사변형 OABD의 넓이와 같다.

(∵ 도형 ODE ≡ 도형 ABC)

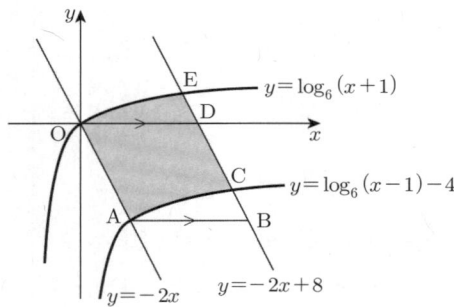

점 D는 직선 $y=-2x+8$과 x축이 만나는

점이므로

$0=-2x+8$ ∴ $x=4$ ∴ D$(4, 0)$

또, $y=\log_6(x+1)$ 위의 점 O$(0, 0)$을 x축

의 방향으로 2만큼, y축의 방향으로 -4만큼

평행이동한 점이 A이므로

A$(2, -4)$

따라서 평행사변형 OABD의 밑변의 길이는

4, 높이는 4이므로 그 넓이는 $4\times4=16$이

다.

정답 16

CHAPTER

5 삼각함수

풀이 ## 줄기 문제

[줄기 1-1]

풀이 ① $520°=360°+160°$ ⇨ 제2사분면

② $1000°=720°+280°$ ⇨ 제4사분면

③ $1600°=1440°+160°$ ⇨ 제2사분면

④ $-820°=-1080°+260°$ ⇨ 제3사분면

⑤ $-1700°=-1800°+100°$ ⇨ 제2사분면

정답 ④

[줄기 1-2]

풀이 1) θ가 제3사분면의 각이므로

$360°n+180°<\theta<360°n+270°$

(n은 정수)

∴ $90°n+45°<\dfrac{\theta}{4}<90°n+67.5°$

i) $n=4k$ (k는 정수)일 때,

$360°k+45°<\dfrac{\theta}{4}<360°k+67.5°$

∴ 제1사분면

ii) $n=4k+1$ (k는 정수)일 때,

$360°k+135°<\dfrac{\theta}{4}<360°k+157.5°$

∴ 제2사분면

iii) $n=4k+2$ (k는 정수)일 때,

$360°k+225°<\dfrac{\theta}{4}<360°k-247.5°$

∴ 제3사분면

iv) $n=4k+3$ (k는 정수)일 때,

$360°k+315°<\dfrac{\theta}{4}<360°k-337.5°$

∴ 제4사분면

이상에서 $\dfrac{\theta}{4}$는 제1사분면 또는 제2사분

면 또는 제3사분면 또는 제4사분면의 각

이다.

2) 2θ가 제3사분면의 각이므로

$360°n+180°<2\theta<360°n+270°$

$(n$은 정수$)$

$\therefore 180°n+90°<\theta<180°n+135°$

i) $n=2k$ (k는 정수)일 때,

$360°k+90°<\theta<360°k+135°$

$\therefore$ 제2사분면

ii) $n=2k+1$ (k는 정수)일 때,

$360°k+270°<\theta<360°k+315°$

$\therefore$ 제4사분면

이상에서 θ는 제2사분면 또는 제4사분면의 각이다.

정답 1) 제1사분면 또는 제2사분면 또는 제3사분면 또는 제4사분면
2) 제2사분면 또는 제4사분면

[줄기 2-1]

풀이 부채꼴의 넓이를 S라 하면 $S=4$이고, 둘레의 길이는 $2r+l=8$이다.

$\therefore l=8-2r$ ★(단, $0<r<4$)

$S=\frac{1}{2}rl=\frac{1}{2}r(8-2r)=-r^2+4r$

$4=-r^2+4r,\quad (r-2)^2=0 \quad \therefore r=2$

$S=\frac{1}{2}r^2\theta$에서 $4=\frac{1}{2}\cdot2^2\cdot\theta \quad \therefore \theta=2$

$l=r\theta$에서 $l=2\cdot2=4$

정답 $r=2,\ l=4,\ \theta=2$

[줄기 2-2]

풀이 원뿔의 전개도는 오른쪽 그림과 같고, 부채꼴의 호의 길이는

$2\pi\cdot4=8\pi$

따라서 옆면인 부채꼴의 넓이는

$\frac{1}{2}\cdot9\cdot8\pi=36\pi$

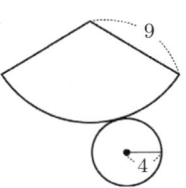

또, 밑면인 원의 넓이는 $\pi\cdot4^2=16\pi$이므로 구하는 원뿔의 겉넓이는 $36\pi+16\pi=52\pi$

정답 52π

[줄기 3-1]

풀이 원 O의 반지름의 길이는

$r=\overline{OP}=\sqrt{(-5)^2+12^2}=13$

반지름 13인 원 O와 동경 OP와의 교점 P$(-5,12)$일 때 $\cos\theta$는 점 P의 x좌표를 반지름 13으로 나눈 것이므로

$\frac{-5}{13}$

$\tan\theta$는 동경 OP의 기울기이므로

$\frac{12-0}{-5-0}=\frac{12}{-5}$

$\therefore \frac{13\cos\theta\tan\theta}{24}=\frac{13\cdot\left(-\frac{5}{13}\right)\cdot\left(-\frac{12}{5}\right)}{24}=\frac{1}{2}$

정답 $\frac{1}{2}$

[줄기 3-2]

풀이 P$(-\sqrt{3},a)$에서 $\tan\theta=\frac{a}{-\sqrt{3}}$이므로

$\frac{a}{-\sqrt{3}}=\sqrt{3} \quad \therefore a=-3$

따라서 점 P의 좌표가 $(-\sqrt{3},-3)$이므로

$r=\overline{OP}=\sqrt{(-\sqrt{3})^2+(-3)^2}=\sqrt{12}$

정답 $a=-3,\ r=2\sqrt{3}$

[줄기 3-3]

풀이 $-\dfrac{\pi}{6}=-30°$

이므로 우측
그림과 같이
단위원 O와
동경 OP의
교점의 좌표

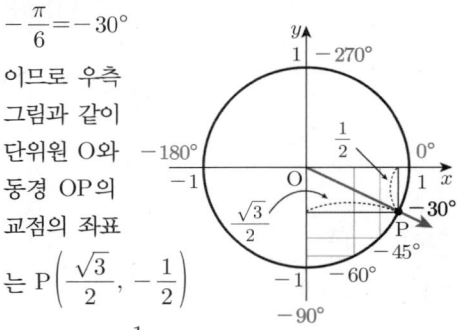

는 $P\left(\dfrac{\sqrt{3}}{2},\ -\dfrac{1}{2}\right)$

$$\therefore \sin\theta=-\dfrac{1}{2},$$

$$\cos\theta=\dfrac{\sqrt{3}}{2},$$

$$\tan\theta=\dfrac{-\dfrac{1}{2}}{\dfrac{\sqrt{3}}{2}}=-\dfrac{1}{\sqrt{3}}$$

$$\therefore 2\sqrt{3}\sin\theta+2\cos\theta+\sqrt{3}\tan\theta$$

$$=2\sqrt{3}\cdot\left(-\dfrac{1}{2}\right)+2\cdot\left(\dfrac{\sqrt{3}}{2}\right)+\sqrt{3}\cdot\left(-\dfrac{1}{\sqrt{3}}\right)$$

$$=-\sqrt{3}+\sqrt{3}-1=-1$$

정답 -1

[줄기 3-4]

풀이 1) θ가 제1사
분면의 각이
므로 각 θ를
나타내는 동
경을 OP라
할 때,

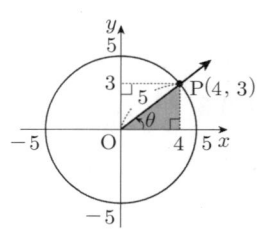

$\cos\theta=\dfrac{4}{5}$에서

점 P를 $P(4,\ k)$ (단, $k>0$)로 놓을 수
있다.

이때, $\overline{OP}=\sqrt{4^2+k^2}=5$이므로

$16+k^2=25,\quad k^2=9$

$\therefore k=3\ (\because k>0)$

$\therefore \sin\theta=\dfrac{3}{5},\ \tan\theta=\dfrac{3}{4}$

2) θ가 제3사
분면의 각이
므로 각 θ를
나타내는 동
경을 OP라
할 때,

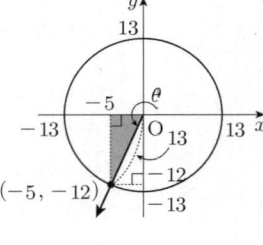

$\sin\theta=-\dfrac{12}{13}=\dfrac{-12}{13}$에서

점 P를 $P(k,\ -12)$ (단, $k<0$)로 놓을 수
있다.

이때, $\overline{OP}=\sqrt{k^2+(-12)^2}=13$이므로

$k^2+144=169,\quad k^2=25$

$\therefore k=-5\ (\because k<0)$

$\therefore \cos\theta=\dfrac{-5}{13},\ \tan\theta=\dfrac{-12}{-5}$

3) θ가 제4사
분면의 각이
므로 각 θ를
나타내는 동
경을 OP라
할 때,

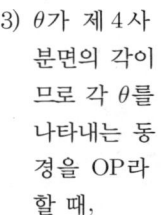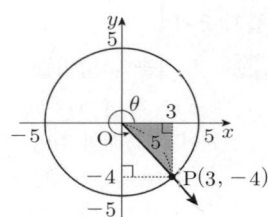

$\tan\theta=-\dfrac{4}{3}=\dfrac{-4}{3}$에서

점 P를 $P(3,\ -4)$로 놓을 수 있다.

이때, $\overline{OP}=\sqrt{3^2+(-4)^2}=5$이므로

$\sin\theta=\dfrac{-4}{5},\ \cos\theta=\dfrac{3}{5}$

정답 1) $\sin\theta=\dfrac{3}{5},\ \tan\theta=\dfrac{3}{4}$

2) $\cos\theta=-\dfrac{5}{13},\ \tan\theta=\dfrac{12}{5}$

3) $\sin\theta=-\dfrac{4}{5},\ \cos\theta=\dfrac{3}{5}$

[줄기 3-5]

풀이 1) θ가 제2사분면의 각이므로

$\sin\theta>0$, $\cos\theta<0$, $\tan\theta<0$

따라서 $\sin\theta-\cos\theta>0$이므로

$|\sin\theta-\cos\theta|-\sqrt{\tan^2\theta}$
$+\sqrt[3]{(\cos\theta-\sin\theta)^3}$

$=\sin\theta-\cos\theta-|\tan\theta|+\cos\theta-\sin\theta$

$=-|\tan\theta|$

$=\tan\theta$

2) θ가 제2사분면의 각이므로

$\sin\theta>0$, $\cos\theta<0$

따라서 $\cos\theta-\sin\theta<0$이므로

$\sqrt{(\cos\theta-\sin\theta)^2}-|-\sin\theta|+\sqrt[3]{\cos^3\theta}$

$=|\cos\theta-\sin\theta|-|\sin\theta|+\cos\theta$

$=-(\cos\theta-\sin\theta)-\sin\theta+\cos\theta$

$=0$

정답 1) $\tan\theta$　2) 0

[줄기 3-6]

풀이 $\dfrac{\sqrt{\cos\theta}}{\sqrt{\sin\theta}}=-\sqrt{\dfrac{\cos\theta}{\sin\theta}}$ 에서

$\sin\theta<0$, $\cos\theta>0$

따라서 θ는 제4사분면의 각이므로

$\sin\theta<0$, $\cos\theta>0$, $\tan\theta<0$

$\therefore \sqrt{\sin^2\theta}+\sqrt{\tan^2\theta}-\sqrt{(\tan\theta-\cos\theta)^2}$
$+\sqrt{(\sin\theta-\cos\theta)^2}$

$=|\sin\theta|+|\tan\theta|-|\tan\theta-\cos\theta|$
$+|\sin\theta-\cos\theta|$

$=-\sin\theta-\tan\theta+(\tan\theta-\cos\theta)$
$-(\sin\theta-\cos\theta)$

$=-2\sin\theta$

정답 $-2\sin\theta$

[줄기 4-1]

풀이 1) $\sin\theta=-\dfrac{12}{13}$에서 $|\sin\theta|=\dfrac{12}{13}$이므로

$\sin\alpha=\dfrac{12}{13}$ $\left(0<\alpha<\dfrac{\pi}{2}\right)$를 그리면 아래

그림과 같다.

$\therefore \cos\alpha=|\cos\theta|=\dfrac{5}{13}$,

$\tan\alpha=|\tan\theta|=\dfrac{12}{5}$

$\dfrac{3}{2}\pi<\theta<2\pi$이므로

$\cos\theta>0$, $\tan\theta<0$

$\therefore \cos\theta=\dfrac{5}{13}$, $\tan\theta=-\dfrac{12}{5}$

$\therefore \dfrac{1}{\cos\theta}+\tan\theta=\dfrac{13}{5}+\left(-\dfrac{12}{5}\right)=\dfrac{1}{5}$

2) $\tan\theta=-\dfrac{1}{2}$에서 $|\tan\theta|=\dfrac{1}{2}$이므로

$\tan\alpha=\dfrac{1}{2}$ $\left(0<\alpha<\dfrac{\pi}{2}\right)$를 그리면 아래

그림과 같다.

$\therefore \sin\alpha=|\sin\theta|=\dfrac{1}{\sqrt{5}}$,

$\cos\alpha=|\cos\theta|=\dfrac{2}{\sqrt{5}}$

$\dfrac{\pi}{2}<\theta<\pi$이므로

$\sin\theta>0$, $\cos\theta<0$

$\therefore \sin\theta=\dfrac{1}{\sqrt{5}}$, $\tan\theta=-\dfrac{2}{\sqrt{5}}$

$\therefore \sin\theta+\cos\theta=\dfrac{1}{\sqrt{5}}-\dfrac{2}{\sqrt{5}}=-\dfrac{1}{\sqrt{5}}$

정답 1) $\dfrac{1}{5}$　2) $-\dfrac{\sqrt{5}}{5}$

[줄기 4-2]

풀이 1) $\dfrac{1+\tan\theta}{1-\tan\theta}=2+\sqrt{3}$ 에서

$1+\tan\theta=(2+\sqrt{3})(1-\tan\theta)$

$(3+\sqrt{3})\tan\theta=1+\sqrt{3}$

$\therefore \tan\theta=\dfrac{1+\sqrt{3}}{3+\sqrt{3}}=\dfrac{3-\sqrt{3}+3\sqrt{3}-3}{6}=\dfrac{\sqrt{3}}{3}$

$\tan\theta = \dfrac{\sqrt{3}}{3}$ 에서 $|\tan\theta| = \dfrac{\sqrt{3}}{3}$ 이므로

$\tan\alpha = \dfrac{\sqrt{3}}{3}$ $(0 < \alpha < \dfrac{\pi}{2})$ 를 그리면 아래

그림과 같다.

$\therefore \cos\alpha = |\cos\theta|$

$= \dfrac{3}{2\sqrt{3}}$

$\pi < \theta < \dfrac{3}{2}\pi$ 이므로

$\cos\theta < 0$

$\therefore \cos\theta = -\dfrac{3}{2\sqrt{3}} = -\dfrac{\sqrt{3}}{2}$

2) $\dfrac{1}{1+\cos\theta} + \dfrac{1}{1-\cos\theta}$

$= \dfrac{1-\cos\theta + (1+\cos\theta)}{1-\cos^2\theta} = \dfrac{2}{\sin^2\theta}$

따라서 $\dfrac{2}{\sin^2\theta} = \dfrac{5}{2}$ 이므로 $\sin^2\theta = \dfrac{4}{5}$

즉, $|\sin\theta| = \dfrac{2}{\sqrt{5}}$ 이므로

$\sin\alpha = \dfrac{2}{\sqrt{5}}$ $(0 < \alpha < \dfrac{\pi}{2})$ 를 그리면 아래

그림과 같다.

$\therefore \tan\alpha = |\tan\theta|$

$= \dfrac{2}{1}$

$\dfrac{\pi}{2} < \theta < \pi$ 이므로

$\tan\theta < 0$

$\therefore \tan\theta = -\dfrac{2}{1} = -2$

정답 1) $-\dfrac{\sqrt{3}}{2}$ 2) -2

[줄기 4-3]

풀이   1) $\cos^4\theta - \sin^4\theta + 2\sin^2\theta$

$= (\cos^2\theta - \sin^2\theta)(\cos^2\theta + \sin^2\theta) + 2\sin^2\theta$

$= \cos^2\theta - \sin^2\theta + 2\sin^2\theta$

$= \cos^2\theta + \sin^2\theta$

$= 1$

2) $\dfrac{1}{\sin^2\theta} + \dfrac{1}{\cos^2\theta} - \left(\tan\theta - \dfrac{1}{\tan\theta}\right)^2$

$= \dfrac{1}{\sin^2\theta} + \dfrac{1}{\cos^2\theta} - \left(\tan^2\theta - 2 + \dfrac{1}{\tan^2\theta}\right)$

$= \dfrac{1}{\sin^2\theta} + \dfrac{1}{\cos^2\theta} - \dfrac{\sin^2}{\cos^2\theta} + 2 - \dfrac{\cos^2\theta}{\sin^2\theta}$

$= \left(\dfrac{1}{\sin^2\theta} - \dfrac{\cos^2\theta}{\sin^2\theta}\right) + \left(\dfrac{1}{\cos^2\theta} - \dfrac{\sin^2}{\cos^2\theta}\right) + 2$

$= \dfrac{1-\cos^2\theta}{\sin^2\theta} + \dfrac{1-\sin^2\theta}{\cos^2\theta} + 2$

$= \dfrac{\sin^2\theta}{\sin^2\theta} + \dfrac{\cos^2\theta}{\cos^2\theta} + 2$

$= 1 + 1 + 2 = 4$

정답 1) 1   2) 4

[줄기 4-4]

풀이 $\dfrac{1+\sin\theta}{\cos\theta} + \dfrac{\cos\theta}{1+\sin\theta} = \dfrac{(1+\sin\theta)^2 + \cos^2\theta}{\cos\theta(1+\sin\theta)}$

$= \dfrac{1 + 2\sin\theta + \sin^2\theta + \cos^2\theta}{\cos\theta(1+\sin\theta)}$

$= \dfrac{2(1+\sin\theta)}{\cos\theta(1+\sin\theta)}$

$= \dfrac{2}{\cos\theta}$

즉, $\dfrac{2}{\cos\theta} = -4$ 에서 $\cos\theta = -\dfrac{1}{2}$

$|\cos\theta| = \dfrac{1}{2}$ 이므로 $\cos\alpha = \dfrac{1}{2}$ $(0 < \alpha < \dfrac{\pi}{2})$ 을

그리면 오른쪽 그림과
같다.

$\therefore \sin\alpha = |\sin\theta|$

$= \dfrac{\sqrt{3}}{2}$

$\tan\alpha = |\tan\theta|$

$= \dfrac{\sqrt{3}}{1}$

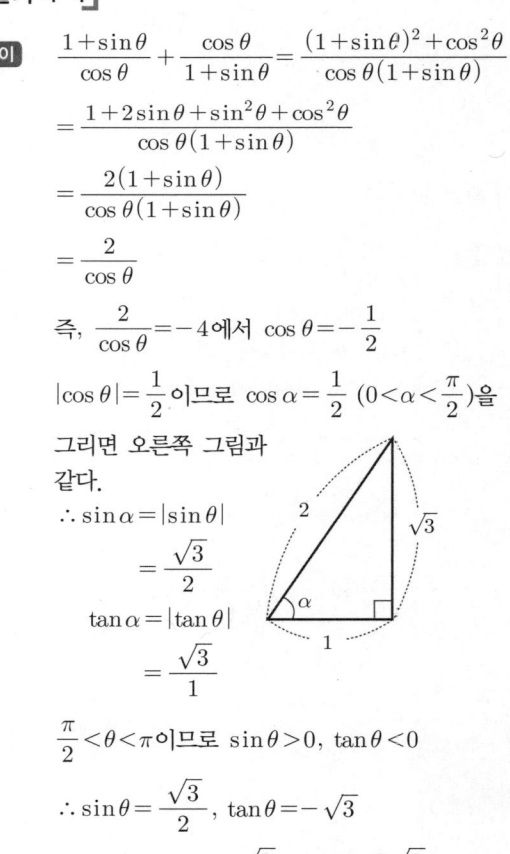

$\dfrac{\pi}{2} < \theta < \pi$ 이므로 $\sin\theta > 0$, $\tan\theta < 0$

$\therefore \sin\theta = \dfrac{\sqrt{3}}{2}$, $\tan\theta = -\sqrt{3}$

$\therefore \sin\theta - \tan\theta = \dfrac{\sqrt{3}}{2} + \sqrt{3} = \dfrac{3\sqrt{3}}{2}$

정답 $\dfrac{3\sqrt{3}}{2}$

[줄기 4-5]

풀이
$$(\sin\theta - \cos\theta)^2 = \sin^2\theta + \cos^2\theta - 2\sin\theta\cos\theta$$
$$= 1 - 2\sin\theta\cos\theta$$
$$= 1 - 2\cdot\left(-\frac{3}{8}\right)$$
$$= \frac{7}{4}$$

$\dfrac{3}{2}\pi < \theta < 2\pi$ 에서 $\sin\theta < 0$, $\cos\theta > 0$ 이므로
$$\sin\theta - \cos\theta < 0$$
$$\therefore \sin\theta - \cos\theta = -\frac{\sqrt{7}}{2}$$

정답 $-\dfrac{\sqrt{7}}{2}$

[줄기 4-6]

풀이
$\tan\theta + \dfrac{1}{\tan\theta} = 6$ 에서
$$\frac{\sin\theta}{\cos\theta} + \frac{\cos\theta}{\sin\theta} = 6$$
$$\frac{\sin^2\theta + \cos^2\theta}{\sin\theta\cos\theta} = 6, \quad \frac{1}{\sin\theta\cos\theta} = 6$$
$$\therefore \sin\theta\cos\theta = \frac{1}{6}$$
$$(\sin\theta + \cos\theta)^2 = \sin^2\theta + \cos^2\theta + 2\sin\theta\cos\theta$$
$$= 1 + 2\cdot\frac{1}{6} = \frac{4}{3}$$

$\pi < \theta < \dfrac{3}{2}\pi$ 에서 $\sin\theta < 0$, $\cos\theta < 0$ 이므로
$$\sin\theta + \cos\theta < 0$$
$$\therefore \sin\theta + \cos\theta = -\sqrt{\frac{4}{3}} = -\frac{2}{\sqrt{3}} = -\frac{2\sqrt{3}}{3}$$

정답 $-\dfrac{2\sqrt{3}}{3}$

[줄기 4-7]

풀이
$\sin\theta + \cos\theta = -\dfrac{\sqrt{2}}{2}$ 의 양변을 제곱하면
$$\sin^2\theta + \cos^2\theta + 2\sin\theta\cos\theta = \frac{1}{2}$$
$$1 + 2\sin\theta\cos\theta = \frac{1}{2}$$
$$\therefore \sin\theta\cos\theta = -\frac{1}{4}$$
$$(\sin\theta - \cos\theta)^2 = \sin^2\theta + \cos^2\theta - 2\sin\theta\cos\theta$$
$$= 1 - 2\cdot\left(-\frac{1}{4}\right) = \frac{3}{2}$$

$\dfrac{3}{2}\pi < \theta < 2\pi$ 에서 $\sin\theta < 0$, $\cos\theta > 0$ 이므로
$$\sin\theta - \cos\theta < 0$$
$$\therefore \sin\theta - \cos\theta = -\sqrt{\frac{3}{2}} = -\frac{\sqrt{3}}{\sqrt{2}} = -\frac{\sqrt{6}}{2}$$
$$\therefore \sin^2\theta - \cos^2\theta = (\sin\theta - \cos\theta)(\sin\theta + \cos\theta)$$
$$= \left(-\frac{\sqrt{6}}{2}\right)\cdot\left(-\frac{\sqrt{2}}{2}\right)$$
$$= \frac{\sqrt{3}}{2}$$

정답 $\dfrac{\sqrt{3}}{2}$

잎 문제

● **잎 5-1**

풀이 $\pi = 180°$ 에서 $\dfrac{\pi}{6} = 30°$, $\dfrac{\pi}{4} = 45°$, $\dfrac{\pi}{3} = 60°$

① $\dfrac{4}{3}\pi = \dfrac{\pi}{3}\times 4 = 60°\times 4 = 240°$

② $\dfrac{11}{6}\pi = \dfrac{\pi}{6}\times 11 = 30°\times 11 = 330°$

③ $\dfrac{5}{4}\pi = \dfrac{\pi}{4}\times 5 = 45°\times 5 = 225°$

④ $\dfrac{2}{5}\pi = \dfrac{\pi}{5}\times 2 = 36°\times 2 = 72°$

⑤ $\dfrac{7}{12}\pi = \dfrac{\pi}{12}\times 7 = 15°\times 7 = 105°$

정답 ⑤

• 잎 5-2

풀이 $360° \times 1 = 360°,\ 360° \times 2 = 720°,$
$360° \times 3 = 1080°,\ 360° \times 4 = 1440°,$
$360° \times 5 = 1800°$

① $1305° = 1080° + 225°$ 이므로
　$1305°$는 제3사분면의 각이다.

② $-1560° = -1800° + 240°$ 이므로
　$-1560°$는 제3사분면의 각이다.

③ $\dfrac{7}{6}\pi = \dfrac{\pi}{6} \times 7 = 30° \times 7 = 210°$ 이므로
　$\dfrac{7}{6}\pi$는 제3사분면의 각이다.

④ $\pi = 180°$ 에서
　$\dfrac{180°}{\pi} = 1 \qquad \therefore 57° \fallingdotseq 1\ (\because \pi \fallingdotseq 3.14)$
　$3 = 1 \times 3$
　　$\fallingdotseq 57° \times 3 = 171°$
　따라서 3은 제2사분면의 각이다.

⑤ $\pi = 180°$ 에서
　$\dfrac{180°}{\pi} = 1 \qquad \therefore 57° \fallingdotseq 1\ (\because \pi \fallingdotseq 3.14)$
　$-\sqrt{3} = 1 \times (-\sqrt{3}\,)$
　　$\fallingdotseq 57° \times (-1.7) = -96.9°$
　따라서 $-\sqrt{3}$은 제3사분면의 각이다.

정답 ④

• 잎 5-3

풀이 $432° = \dfrac{432°}{180°}\pi = \dfrac{12}{5}\pi,\ 540° = \dfrac{540°}{180°}\pi = 3\pi$

$\dfrac{12}{5}\pi < \dfrac{100}{k}\pi < 3\pi \ \Rightarrow$ 각 변을 π로 나누면

$\dfrac{12}{5} < \dfrac{100}{k} < 3 \ \Rightarrow$ 각 변에 $5k > 0$를 곱하면

$12k < 500 < 15k$

$\Leftrightarrow 12k < 500,\ 500 < 15k$

$\quad k < 41.\times\times\times,\ k > 33.\times\times\times$

$\therefore 33.\times\times\times < k < 41.\times\times\times$

$\therefore$ 최솟값 $m = 34$, 최댓값 $M = 41$

$\therefore M - m = 41 - 34 = 7$

정답 7

• 잎 5-4

풀이 $0° < \theta < 1440°$ 에서 $\theta = \dfrac{a}{5}\pi$ 이므로

$0° < \dfrac{a}{5}\pi < 1440° \ \Rightarrow$ 각 변을 π로 나누면

$\dfrac{0°}{180°} < \dfrac{a}{5} < \dfrac{1440°}{180°}$

$0 < \dfrac{a}{5} < 8 \ \Rightarrow$ 각 변에 5를 곱하면

$0 < a < 40$

즉, $a = 1,\ 2,\ 3,\ \cdots,\ 39$이므로 39개

이 중에서 5의 배수는 7개

따라서 θ의 개수는 $39 - 7 = 32$

정답 32

• 잎 5-5

핵심 두 동경이 원점에 대하여 대칭이다.
⇔ 두 동경이 일직선 위에 있고 방향이 반대이다.

풀이 ② 두 각 $\alpha,\ \beta$의 동경이 y축에 대하여 대칭
　　이면 $\alpha + \beta = 2n\pi + \pi = (2n+1)\pi$이다.

④ 두 각 $\alpha,\ \beta$의 동경이 원점에 대하여 대칭
　이면 $\alpha - \beta = 2n\pi + \pi$이다.
　⇔ 두 각 $\alpha,\ \beta$의 동경이 일직선 위에 있고
　　방향이 반대이면 $\alpha - \beta = 2n\pi + \pi$이다.

정답 ④

• 잎 5-6

풀이 두 동경과 단위원 O와 만나는 두 교점이 원점에 대하여 대칭이므로 두 동경은 원점에 대하여 대칭, 즉 두 동경은 일직선 위에 있고 방향이 반대이므로

$6\theta - \theta = 2n\pi + \pi$ (n은 정수)

$5\theta = (2n+1)\pi$

$\theta = \dfrac{2n+1}{5}\pi \cdots \text{㉠}$

그런데 $270° < \theta < 360°$이므로

$\dfrac{3}{2}\pi < \dfrac{2n+1}{5}\pi < 2\pi \ \Rightarrow$ 각 변에 $\dfrac{10}{\pi}$를 곱하면

$15 < 2(2n+1) < 20$

$\therefore \dfrac{13}{4} < n < \dfrac{18}{4}$

n은 정수이므로 $n=4$

이것을 ㉠에 대입하면 $\theta=\dfrac{9}{5}\pi$

정답 ④

● 잎 5-7

풀이 두 동경과 단위원 O와의 두 교점 $P(x_1, y_1)$, $Q(x_2, y_2)$가 $x_1=x_2$이고 $y_1+y_2=0$이면 두 교점 P, Q는 x축에 대하여 대칭이다. 따라서 두 동경도 x축에 대하여 대칭이므로 $3\theta+5\theta=2n\pi$ (n은 정수)

$\therefore \theta=\dfrac{n}{4}\pi \cdots ㉠$

그런데 $90°<\theta<180°$이므로

$\dfrac{\pi}{2}<\dfrac{n}{4}\pi<\pi \Rightarrow$ 각 변에 $\dfrac{4}{\pi}$를 곱하면

$2<n<4$

n은 정수이므로 $n=3$

이것을 ㉠에 대입하면 $\theta=\dfrac{3}{4}\pi$

정답 ②

● 잎 5-8

핵심 반지름이 1인 원 O와 각 θ를 나타내는 동경 OP의 교점의 좌표는 $P(\cos\theta, \sin\theta)$ [p.140 결론]

풀이 반지름이 1인 원 O와 동경 OP의 교점의 좌표는 $P(\cos 60°, \sin 60°)$이므로

$P\left(\dfrac{1}{2}, \dfrac{\sqrt{3}}{2}\right)$

따라서 두 점 $B(0, 1)$, $P\left(\dfrac{1}{2}, \dfrac{\sqrt{3}}{2}\right)$을 지나는 직선의 기울기는

$\dfrac{\dfrac{\sqrt{3}}{2}-1}{\dfrac{1}{2}-0}=\dfrac{\dfrac{\sqrt{3}-2}{2}}{\dfrac{1}{2}}=\sqrt{3}-2$

$\therefore a=-2,\ b=1$

$\therefore 20(a^2+b^2)=20(4+1)=100$

정답 100

● 잎 5-9

핵심 반지름이 r인 원 O와 각 θ를 나타내는 동경 OP의 교점의 좌표는 $P(r\cos\theta, r\sin\theta)$ [p.140 결론]

풀이 반지름이 $\sqrt{3}$인 원 O와 동경 OP의 교점의 좌표는 $P(\sqrt{3}\cos 30°, \sqrt{3}\sin 30°)$이므로

$P\left(\dfrac{3}{2}, \dfrac{\sqrt{3}}{2}\right)$

따라서 두 점 $B(0, \sqrt{3})$, $P\left(\dfrac{3}{2}, \dfrac{\sqrt{3}}{2}\right)$을 지나는 직선의 기울기는

$\dfrac{\dfrac{\sqrt{3}}{2}-\sqrt{3}}{\dfrac{3}{2}-0}=\dfrac{-\dfrac{\sqrt{3}}{2}}{\dfrac{3}{2}}=-\dfrac{\sqrt{3}}{3}$

$\therefore a=-\dfrac{1}{3}$

$\therefore 9a=9\cdot\left(-\dfrac{1}{3}\right)=-3$

정답 -3

● 잎 5-10

풀이 오른쪽 그림과 같이 $\triangle ABC$의 점 C가 원점에 오도록 좌표 평면 위에 나타내면 점 A의 좌표가 $(-3, 4)$이므로

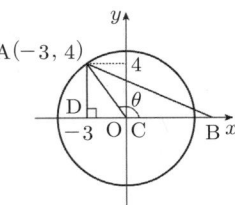

$\overline{AC}=\sqrt{(-3)^2+4^2}=5$

따라서 $\sin\theta=\dfrac{4}{5}$, $\cos\theta=\dfrac{-3}{5}$이므로

$\sin\theta+\cos\theta=\dfrac{4}{5}-\dfrac{3}{5}=\dfrac{1}{5}$

정답 $\dfrac{1}{5}$

잎 5–11

풀이 $\sin\theta<0$, $\cos\theta>0$이므로 θ는 제4사분면의 각이다.

~~$\dfrac{3}{2}\pi<\theta<2\pi$~~ ($\because$ *θ가 이것만 있는 게 아니다.)

$2n\pi+\dfrac{3}{2}\pi<\theta<2n\pi+2\pi$ (n은 정수)

$\therefore n\pi+\dfrac{3}{4}\pi<\dfrac{\theta}{2}<n\pi+\pi$ (n은 정수)

i) $n=2k$ (k는 정수)일 때,

$2k\pi+\dfrac{3}{4}\pi<\dfrac{\theta}{2}<2k\pi+\pi$ $\therefore$ 제2사분면

ii) $n=2k+1$ (k는 정수)일 때,

$2k\pi+\dfrac{7}{4}\pi<\dfrac{\theta}{2}<2k\pi+2\pi$ $\therefore$ 제4사분면

이상에서 $\dfrac{\theta}{2}$가 존재하는 사분면은 제2사분면 또는 제4사분면이다.

정답 제2사분면 또는 제4사분면

잎 5–12

핵심 $\sin\theta\pm\cos\theta$의 값을 알면 $(\sin\theta\pm\cos\theta)^2$을 이용하여 *$\sin\theta\cos\theta$의 값도 알 수 있다.

풀이 $\sin\theta-\cos\theta=\dfrac{1}{2}$의 양변을 제곱하면

$\sin^2\theta+\cos^2\theta-2\sin\theta\cos\theta=\dfrac{1}{4}$

$1-2\sin\theta\cos\theta=\dfrac{1}{4}$

$\therefore \sin\theta\cos\theta=\dfrac{3}{8}$

$\therefore \dfrac{1}{\sin\theta\cos\theta}=\dfrac{8}{3}$

정답 ③

잎 5–13

풀이 $x^2-px+q=0$에서 근과 계수의 관계에 의하여

$\cos\alpha+\cos\beta=p$, $\cos\alpha\cos\beta=q$

$x^2-rx+s=0$에서 근과 계수의 관계에 의

하여

$\dfrac{1}{\cos\alpha}+\dfrac{1}{\cos\beta}=r$, $\dfrac{1}{\cos\alpha\cos\beta}=s$

$\therefore rs=\left(\dfrac{1}{\cos\alpha}+\dfrac{1}{\cos\beta}\right)\dfrac{1}{\cos\alpha\cos\beta}$

$\qquad =\dfrac{\cos\beta+\cos\alpha}{\cos\alpha\cos\beta}\cdot\dfrac{1}{\cos\alpha\cos\beta}$

$\qquad =\dfrac{p}{q}\cdot\dfrac{1}{q}=\dfrac{p}{q^2}$

정답 ⑤

잎 5–14

풀이 $x^2-2\sqrt{3}x+2=0$에서 근과 계수의 관계에 의하여

$\alpha+\beta=2\sqrt{3}$, $\alpha\beta=2$

$(\alpha-\beta)^2=(\alpha+\beta)^2-4\alpha\beta$

$(\alpha-\beta)^2=(2\sqrt{3})^2-4\cdot2=4$

$\therefore \alpha-\beta=2$ ($\because \alpha>\beta$)

따라서 $\tan\theta=\dfrac{\alpha-\beta}{\alpha+\beta}=\dfrac{2}{2\sqrt{3}}=\dfrac{1}{\sqrt{3}}$이므로

$\theta=\dfrac{\pi}{6}$

정답 ①

CHAPTER 본문 p.153

6 삼각함수의 그래프

풀이 **줄기 문제**

[줄기 1–1]

풀이 1) **최댓값** : $1+1=2$, **최솟값** : $-1+1=0$,

주기 : $\dfrac{2\pi}{\frac{1}{4}}=4\pi$

$y=\sin\dfrac{x}{2}+1$의 그래프는 $y=\sin x$의 그래프를 x축의 방향으로 2배하고, y축의 방향으로 1만큼 평행이동한 것이므로 다음 그림과 같다.

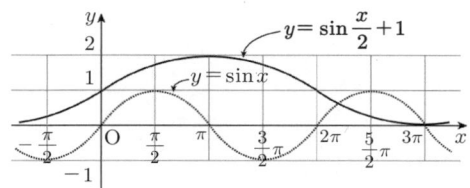

2) 최댓값 : $|-1|-1=0$

　최솟값 : $-|-1|-1=-2$

　주기 : $\dfrac{2\pi}{1}=2\pi$

$y=-\sin x-1$의 그래프는 $y=\sin x$의 그래프를 x축에 대하여 대칭이동한 후, y축의 방향으로 -1만큼 평행이동한 것이므로 다음 그림과 같다.

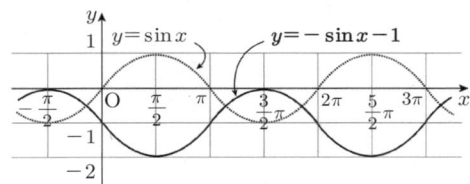

정답 풀이 참조

[줄기 1-2]

풀이　1) 최댓값 : $1-1=0$

　　　최솟값 : $-1-1=-2$

　　　주기 : $\dfrac{2\pi}{\frac{1}{3}}=6\pi$

$y=\cos\dfrac{x}{3}-1$의 그래프는 $y=\cos x$의 그래프를 x축의 방향으로 3배하고, y축의 방향으로 -1만큼 평행이동한 것이므로 다음 그림과 같다.

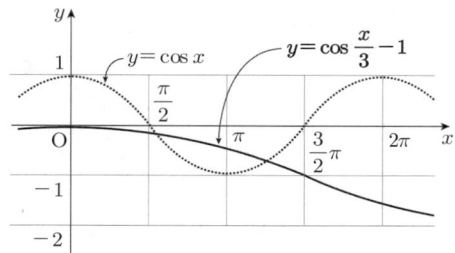

2) 최댓값 : $\left|-\dfrac{1}{2}\right|+1=\dfrac{3}{2}$

　최솟값 : $-\left|-\dfrac{1}{2}\right|+1=\dfrac{1}{2}$

　주기 : $\dfrac{2\pi}{1}=2\pi$

$y=-\dfrac{1}{2}\cos x+1$의 그래프는 $y=\cos x$의 그래프를 y축의 방향으로 $\dfrac{1}{2}$배하고, x축에 대하여 대칭이동한 후, y축의 방향으로 1만큼 평행이동한 것이므로 다음 그림과 같다.

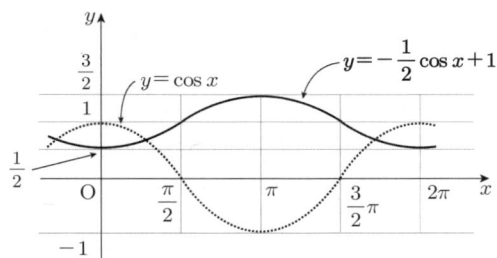

정답 풀이 참조

[줄기 1-3]

풀이　1) 주기 : $\dfrac{\pi}{3}$

$y=2\tan 3x$의 그래프는 $y=\tan x$의 그래프를 y축의 방향으로 2배하고, x축의 방향으로 $\dfrac{1}{3}$배한 것이므로 다음 그림과 같다.

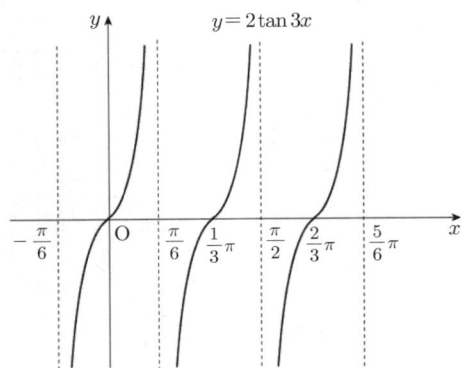

$y = 2\tan 3x$

점근선의 방정식 : $3x = n\pi + \dfrac{\pi}{2}$ 에서

$$x = \dfrac{n}{3}\pi + \dfrac{\pi}{6} \ (n\text{은 정수})$$

2) 주기 : π

$y = \dfrac{1}{2}\tan\left(x - \dfrac{\pi}{2}\right) + 1$ 의 그래프는 $y = \tan x$

의 그래프를 y축의 방향으로 $\dfrac{1}{2}$ 배하고,

x축의 방향으로 $\dfrac{\pi}{2}$ 만큼, y축의 방향으로

1만큼 평행이동한 것이므로 다음 그림과

같다.

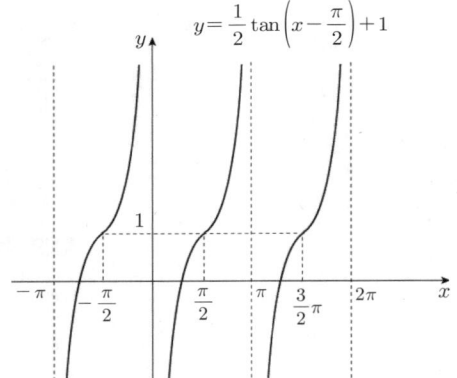

$y = \dfrac{1}{2}\tan\left(x - \dfrac{\pi}{2}\right) + 1$

점근선의 방정식 : $x - \dfrac{\pi}{2} = n\pi + \dfrac{\pi}{2}$ 에서

$$x = n\pi + \pi \ (n\text{은 정수})$$
$$= (n+1)\pi$$
$$\therefore x = n\pi \ (n\text{은 정수})$$

※ $x = (n+1)\pi \ (n\text{은 정수})$
$\Leftrightarrow x = n\pi \ (n\text{은 정수})$

[정답] 풀이 참조

[줄기 1-4]

[풀이] 1) 최댓값 : $|-2| + 1 = 3$

최솟값 : $-|-2| + 1 = -1$

주기 : $\dfrac{2\pi}{3} = \dfrac{2}{3}\pi$

2) 최댓값 : $\dfrac{1}{2} - 3 = -\dfrac{5}{2}$

최솟값 : $-\dfrac{1}{2} - 3 = -\dfrac{7}{2}$

주기 : $\dfrac{2\pi}{\pi} = 2$

3) 최댓값 : 없다.

최솟값 : 없다.

주기 : $\dfrac{\pi}{2\pi} = \dfrac{1}{2}$

[정답] 1) 최댓값 : 3, 최솟값 : -1, 주기 : $\dfrac{2}{3}\pi$

2) 최댓값 : $-\dfrac{5}{2}$, 최솟값 : $-\dfrac{7}{2}$, 주기 : 2

3) 최댓값 : 없다. 최솟값 : 없다. 주기 : $\dfrac{1}{2}$

[줄기 1-5]

[풀이] $y = 2\cos\dfrac{\pi}{3}x$ 의 그래프를 x축의 방향으로

$-\dfrac{\pi}{6}$ 만큼 평행이동하면

$$y = 2\cos\left\{\dfrac{\pi}{3}\left(x + \dfrac{\pi}{6}\right)\right\} - 1$$

이것을 x축에 대하여 대칭이동하면

$$-y = 2\cos\dfrac{\pi}{3}\left(x + \dfrac{\pi}{6}\right) - 1$$

$$\therefore y = -2\cos\dfrac{\pi}{3}\left(x + \dfrac{\pi}{6}\right) + 1$$

[정답] $y = -2\cos\dfrac{\pi}{3}\left(x - \dfrac{\pi}{6}\right) + 1$

[줄기 1-6]

[풀이] 최솟값이 -4이고 $a > 0$이므로

$$-a + c = -4 \cdots \text{㉠}$$

주기가 $\dfrac{4}{3}\pi$이고 $b>0$이므로 $\dfrac{2\pi}{|b|}=\dfrac{4}{3}\pi$에서

$6\pi=4b\pi$ $\quad\therefore b=\dfrac{3}{2}$

$f(x)=a\sin\left(\dfrac{3}{2}x-\dfrac{\pi}{3}\right)+c$에서

$f\left(\dfrac{\pi}{9}\right)=a\sin\left(\dfrac{3}{2}\cdot\dfrac{\pi}{9}-\dfrac{\pi}{3}\right)+c$

$\qquad\quad=a\sin\left(-\dfrac{\pi}{6}\right)+c$

$\qquad\quad=-a\sin\dfrac{\pi}{6}+c=1$

$\therefore -\dfrac{1}{2}a+c=1 \cdots \bigcirc$

㉠, ㉡을 연립하여 풀면 $a=10$, $c=6$

정답 $a=10$, $b=\dfrac{3}{2}$, $c=6$

[줄기 1-7]

풀이 주어진 그래프에서 함수의 최댓값이 1, 최솟
값이 -2이고 $a>0$이므로
$a+d=1$, $-a+d=-3$
위의 두 식을 연립하여 풀면 $a=2$, $d=-1$
또 주기가 $2\cdot\left(\dfrac{3}{2}-\dfrac{1}{2}\right)=2$이고 $b>0$이므로

$\dfrac{2\pi}{b}=2$에서 $2\pi=2b\pi$ $\quad\therefore b=1$

따라서 주어진 함수의 식은
$y=2\cos\pi(x+c)+d$이고, 이 그래프가

점 $\left(\dfrac{1}{2},\,-3\right)$을 지나므로

$-3=2\cos\pi\left(\dfrac{1}{2}+c\right)-1$

$\cos\pi\left(\dfrac{1}{2}+c\right)=-1$

$0<c<1$에서 $\dfrac{1}{2}<\dfrac{1}{2}+c<\dfrac{3}{2}$,

$\dfrac{\pi}{2}<\pi\left(\dfrac{1}{2}+c\right)<\dfrac{3}{2}\pi$이므로

$\pi\left(\dfrac{1}{2}+c\right)=\pi$ $\quad\therefore c=\dfrac{1}{2}$

정답 $a=2$, $b=1$, $c=\dfrac{1}{2}$, $d=-1$

[줄기 1-8]

풀이 $y=|3\sin 2x|$의 그래프는 $y=3\sin 2x$의 그
래프에서 $y\geq 0$인 부분은 그대로 두고, $y<0$
인 부분을 x축에 대칭이동한 것이므로 다음
그림과 같다.

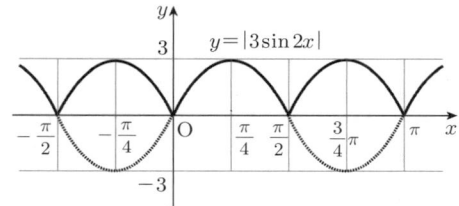

$\therefore$ 최댓값 : 3, 최솟값 : 0, 주기 : $\dfrac{\pi}{2}$

정답 최댓값 : 3, 최솟값 : 0, 주기 : $\dfrac{\pi}{2}$

[줄기 1-9]

풀이 주기는 $\dfrac{\pi}{\pi}=1$ $\quad\therefore a=1$

$0\leq|\sin\pi x|\leq 1$이므로
$-1\leq 3|\sin\pi x|-1\leq 2$
따라서 최댓값은 2, 최솟값은 -1이므로
$b=2$, $c=-1$
$\therefore a+b+c=1+2+(-1)=2$

정답 2

[줄기 1-10]

풀이 $f(x)=a|\cos b(x-\pi)|+c$의 최댓값이
5이고 $a>0$이므로
$a+c=5 \cdots \bigcirc$

주기가 $\dfrac{\pi}{3}$이고 $b>0$이므로

$\dfrac{\pi}{b}=\dfrac{\pi}{3}$ $\quad\therefore b=3$

$f\left(\dfrac{10}{9}\pi\right)=3$에서

$a\left|\cos 3\left(\dfrac{10}{9}\pi-\pi\right)\right|+c=a\left|\cos\dfrac{\pi}{3}\right|+c$

$\qquad\qquad\qquad\qquad\quad=\dfrac{a}{2}+c=3$

$\therefore a+2c=6 \cdots \text{ⓛ}$

ⓞ, ⓛ을 연립하여 풀면 $a=4$, $c=1$

$\therefore abc=4 \cdot 3 \cdot 1=12$

정답 12

[줄기 2-1]

풀이 1) $\cos(-225°)=\cos 225°=-\cos(-45°)$

$$=-\cos 45°=-\frac{\sqrt{2}}{2}$$

2) $\sin\left(-\dfrac{10}{3}\pi\right)=-\sin\dfrac{10}{3}\pi$

$$=-\sin\left(2\pi+\frac{4}{3}\pi\right)$$

$$=-\sin\frac{4}{3}\pi=-\sin\left(-\frac{\pi}{3}\right)$$

$$=\sin\frac{\pi}{3}=\frac{\sqrt{3}}{2}$$

3) $\tan(-135°)=-\tan 135°$

$$=-(-\tan 45°)$$

$$=\tan 45°=1$$

정답 1) $-\dfrac{\sqrt{2}}{2}$ 2) $\dfrac{\sqrt{3}}{2}$ 3) 1

[줄기 2-2]

풀이 1) $\tan\left(\theta+\dfrac{\pi}{3}\right)=\dfrac{1}{\tan\left(\dfrac{\pi}{6}-\theta\right)}$ 이므로

$\tan\left(\theta+\dfrac{\pi}{3}\right)\tan\left(\theta-\dfrac{\pi}{6}\right)$

$$=\frac{1}{\tan\left(\dfrac{\pi}{6}-\theta\right)}\cdot\left\{-\tan\left(\frac{\pi}{6}-\theta\right)\right\}$$

$$=-1$$

2) $\tan 1°\times\tan 2°\times\cdots\times\tan 88°\times\tan 89°$에서 $\tan$의 개수는 89개이고, 정중앙 $\tan$의 각도는 $\dfrac{1°+89°}{2}=45°$이므로

$\tan 1°\times\tan 2°\times\cdots\times\tan 88°\times\tan 89°$

$=\tan 1°\times\tan 2°\times\cdots\times\tan 45°$

$$\times\cdots\times\frac{1}{\tan 2°}\times\frac{1}{\tan 1°}$$

$$=\underbrace{1\times 1\times\cdots\times 1}_{44\text{개}}\times\tan 45°=1$$

3) $\sin^2 0°+\sin^2 1°+\cdots+\sin^2 89°+\sin^2 90°$ 에서

$\sin 89°=\cos 1°$, $\sin 88°=\cos 2°,\cdots,$

$\sin 46°=\cos 44°$이므로

$\sin^2 0°+\sin^2 1°+\sin^2 2°+\cdots$

$\qquad\qquad +\sin^2 89°+\sin^2 90°$

$=\sin^2 0°+\sin^2 1°+\sin^2 2°+\cdots$

$\quad +\sin^2 44°+\sin^2 45°+\sin^2 46°+\cdots +$

$\quad +\sin^2 88°+\sin^2 89°+\sin^2 90°$

$=\sin^2 0°+(\sin^2 1°+\sin^2 89°)$

$\qquad +(\sin^2 2°+\sin^2 88°)$

$\qquad +\cdots+(\sin^2 44°+\sin^2 46°)$

$\qquad +\sin^2 45°+\sin^2 90°$

$=\sin^2 0°+(\sin^2 1°+\cos^2 1°)$

$\qquad +(\sin^2 2°+\cos^2 2°)$

$\qquad +\cdots+(\sin^2 44°+\cos^2 44°)$

$\qquad +\sin^2 45°+\sin^2 90°$

$=0+\underbrace{1+1+\cdots+1}_{44\text{개}}+\dfrac{1}{2}+1$

$=45+\dfrac{1}{2}=\dfrac{91}{2}$

정답 1) -1 2) 1   3) $\dfrac{91}{2}$

[줄기 2-3]

풀이 $6\theta=\dfrac{\pi}{2}$에서 $\theta=\dfrac{\pi}{12}$이므로

$\sin 5\theta=\sin\left(\dfrac{\pi}{2}-\theta\right)=\cos\theta,$

$\sin 4\theta=\sin\left(\dfrac{\pi}{2}-2\theta\right)=\cos 2\theta$

따라서

$$\sin^2\theta+\sin^2 2\theta+\sin^2 3\theta+\sin^2 4\theta+\sin^2 5\theta$$

$$=(\sin^2\theta+\sin^2 5\theta)+(\sin^2 2\theta+\sin^2 4\theta)$$
$$+\sin^2 3\theta$$

$$=(\sin^2\theta+\cos^2\theta)+(\sin^2 2\theta+\cos^2 2\theta)$$
$$+\sin^2\frac{\pi}{4}$$

$$=1+1+\frac{1}{2}=\frac{5}{2}$$

정답 $\dfrac{5}{2}$

[줄기 3-1]

풀이 1) $\sin(x+\pi)=\sin(-x)=-\sin x$

$\cos\left(x-\dfrac{\pi}{2}\right)=\cos\left(\dfrac{\pi}{2}-x\right)=\sin x$

$\therefore y=2\sin(x+\pi)-\cos\left(x-\dfrac{\pi}{2}\right)-5$

$\qquad =-2\sin x-\sin x-5$

$\qquad =-3\sin x-5$

이때, $-1\le\sin x\le 1$이므로

$3\ge-3\sin x\ge-3$

$-3\le-3\sin x\le 3$

$-8\le-3\sin x-5\le-2$

$\therefore$ 최댓값 : -2, 최솟값 : -8

2) $-1\le\cos x\le 1$이므로

$-\dfrac{3}{2}\le\cos x-\dfrac{1}{2}\le\dfrac{1}{2}$

$\therefore 0\le\left|\cos x-\dfrac{1}{2}\right|\le\dfrac{3}{2}$

$\therefore 1\le\left|\cos x-\dfrac{1}{2}\right|+1\le\dfrac{5}{2}$

$\therefore$ 최댓값 : $\dfrac{5}{2}$, 최솟값 : 1

3) $-1\le\cos x\le 1$이므로

$-4\le\cos x-3\le-2$

$\therefore 2\le|\cos x-3|\le 4$

$\therefore-4\le-|\cos x-3|\le-2$

$\therefore 0\le-|\cos x-3|+4\le 2$

$\therefore$ 최댓값 : 2, 최솟값 : 0

4) $y=|1-2\sin x|-3$ (어렵다.)

$y=|2\sin x-1|-3$ (쉽다.)

$-1\le\sin x\le 1$이므로 $-2\le 2\sin x\le 2$

$\therefore-3\le 2\sin x-1\le 1$

$\therefore 0\le|2\sin x-1|\le 3$

$\therefore-3\le|2\sin x-1|-3\le 0$

$\therefore$ 최댓값 : 0, 최솟값 : -3

정답 1) 최댓값 : -2, 최솟값 : -8
2) 최댓값 : $\dfrac{5}{2}$, 최솟값 : 1
3) 최댓값 : 2, 최솟값 : 0
4) 최댓값 : 0, 최솟값 : -3

[줄기 3-2]

풀이 $-1\le\sin 2x\le 1$이므로

$-4\le\sin 2x-3\le-2$

$\therefore 2\le|\sin 2x-3|\le 4$

이때, $a>0$이므로

$2a\le a|\sin 2x-3|\le 4a$

$\therefore 2a+b\le a|\sin 2x-3|+b\le 4a+b$

따라서 $4a+b=5$, $2a+b=1$

이 두 식을 연립하여 풀면 $a=2$, $b=-3$

정답 $a=2$, $b=-3$

[줄기 3-3]

풀이 1) $y=2\sin^2 x-4\cos^2 x$

$\qquad =2\sin^2 x-4(1-\sin^2 x)$

$\qquad =6\sin^2 x-4$

$\sin x=t$로 놓으면 $-1\le t\le 1$이고

$y=6t^2-4$

대칭축 $t=0$이 t의 범위 $(-1\le t\le 1)$ 내에 있으므로 $t=0$에서 최솟값 -4를 갖는다. ($\because\searrow\nearrow$)

대칭축 $t=0$과 t의 범위 ($-1\le t\le 1$) 중에서 가장 멀리 있는 $t=-1$ 또는 $t=1$에서 최댓값 2를 갖는다.

2) $y=\tan^2 x-4\tan x+3$에서

  $\tan x=t$로 놓으면

  $0\le t\le\dfrac{\pi}{4}$에서 $0\le t\le 1$이고

  $y=t^2-4t+3$

  $\quad=(t-2)^2-1\ (0\le t\le 1)$

대칭축 $t=2$가 t의 범위 $(0\le t\le 1)$의 밖
에 있으므로

대칭축 $t=2$와 t의 범위 $(0\le t\le ①)$ 중에
서 가장 가까이 있는 $t=1$에서 최솟값 0
을 갖는다. $(\because \lor)$

또, 대칭축 $t=2$와 t의 범위 $(⓪\le t\le 1)$
중에서 가장 멀리 있는 $t=0$에서 최댓값 3
을 갖는다.

3) $\cos\left(x+\dfrac{\pi}{2}\right)=\sin(-x)=-\sin x$

  $\sin(x+\pi)=\sin(-x)=-\sin x$

  $y=\cos^2\left(x+\dfrac{\pi}{2}\right)-3\cos^2 x+4\sin(x+\pi)$

  $\quad=(-\sin x)^2-3(1-\sin^2 x)-4\sin x$

  $\quad=4\sin^2 x-4\sin x-3$

  $\sin x=t$로 놓으면 $-1\le t\le 1$이고

  $y=4t^2-4t-3=4\left(t-\dfrac{1}{2}\right)^2-4$

대칭축 $t=\dfrac{1}{2}$이 t의 범위 $(-1\le t\le 1)$

내에 있으므로 $t=\dfrac{1}{2}$에서 최솟값 -4를

갖는다. $(\because \lor)$

대칭축 $t=\dfrac{1}{2}$과 t의 범위 $(-1\le t\le 1)$

중에서 가장 멀리 있는 $t=-1$에서 최댓
값 5를 갖는다.

> **정답** 1) 최댓값 : 2, 최솟값 : -4
> 2) 최댓값 : 3, 최솟값 : 0
> 3) 최댓값 : 5, 최솟값 : -4

[줄기 3-4]

풀이 1) $y=\dfrac{-2\cos x}{\cos x+2}$에서

  $\cos x=t$로 놓으면 $-1\le t\le 1$이고

$y=\dfrac{-2t}{t+2}=\dfrac{-2(t+2)+4}{t+2}$

$\quad=\dfrac{4}{t+2}-2$

$-1\le t\le 1$에서
그래프는 오른쪽
그림과 같으므로
$t=-1$일 때,
최댓값은 2
$t=1$일 때,
최솟값은 $-\dfrac{2}{3}$

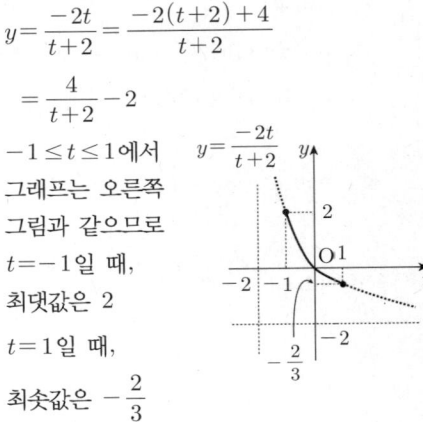

2) $y=\dfrac{2\tan x+3}{\tan x+1}$에서 $\tan x=t$로 놓으면

  $0\le t\le\dfrac{\pi}{4}$에서 $0\le t\le 1$이고

  $y=\dfrac{2t+3}{t+1}=\dfrac{2(t+1)+1}{t+1}$

  $\quad=\dfrac{1}{t+1}+2$

$0\le t\le 1$에서
그래프는 오른쪽
그림과 같으므로
$t=0$일 때,
최댓값은 3
$t=1$일 때,
최솟값은 $\dfrac{5}{2}$

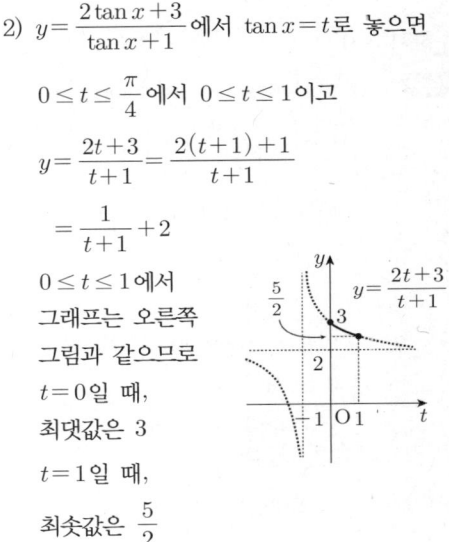

3) $y=\dfrac{(\cos x-1)^2+\sin^2 x-2}{2+\cos x}$

  $\quad=\dfrac{\cos^2 x-2\cos x+1+\sin^2 x-2}{2+\cos x}$

  $\quad=\dfrac{(\cos^2 x+\sin^2 x)-2\cos x+1-2}{2+\cos x}$

  $\quad=\dfrac{-2\cos x}{2+\cos x}$

따라서 1)번과 같은 문제이다.

> **정답** 1) 최댓값 : 2, 최솟값 : $-\dfrac{2}{3}$
>
> 2) 최댓값 : 3, 최솟값 : $\dfrac{5}{2}$
>
> 3) 최댓값 : 2, 최솟값 : $-\dfrac{2}{3}$

[줄기 4-1]

풀이 1) $2\sin x - \sqrt{2} = 0$, 즉 $\sin x = \dfrac{\sqrt{2}}{2}$ 의 해는

$y = \sin x$ 의 그래프와 직선 $y = \dfrac{\sqrt{2}}{2}$ 의

교점의 x좌표이므로 다음 그림에서

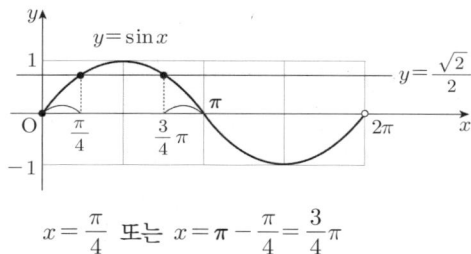

$x = \dfrac{\pi}{4}$ 또는 $x = \pi - \dfrac{\pi}{4} = \dfrac{3}{4}\pi$

2) $\tan x + \sqrt{3} = 0$, 즉 $\tan x = -\sqrt{3}$ 의 해는

$y = \tan x$ 의 그래프와 직선 $y = -\sqrt{3}$ 의

교점의 x좌표이므로 다음 그림에서

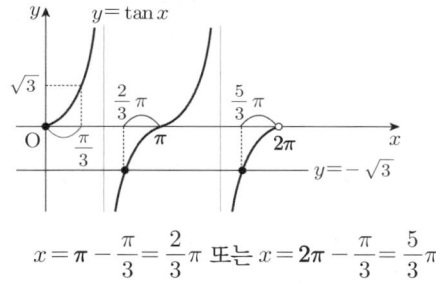

$x = \pi - \dfrac{\pi}{3} = \dfrac{2}{3}\pi$ 또는 $x = 2\pi - \dfrac{\pi}{3} = \dfrac{5}{3}\pi$

정답 1) $x = \dfrac{\pi}{4}$ 또는 $x = \dfrac{3}{4}\pi$

2) $x = \dfrac{2}{3}\pi$ 또는 $x = \dfrac{5}{3}\pi$

[줄기 4-2]

풀이 1) $2\cos \dfrac{x}{2} = -1$ 에서 $\cos \dfrac{x}{2} = -\dfrac{1}{2}$

$\dfrac{x}{2} = t$ 로 놓으면 $\cos t = -\dfrac{1}{2}$

$0 \le x < 2\pi$ 에서 $0 \le \dfrac{x}{2} < \pi$

$\therefore 0 \le t < \pi$ ··· ㉠

㉠의 범위에서 $y = \cos t$ 의 그래프와 직선

$y = -\dfrac{1}{2}$ 의 교점의 t좌표를 구하면

오른쪽 그림과 같이

$\pi - \dfrac{\pi}{3} = \dfrac{2}{3}\pi$ 이므로

$\dfrac{x}{2} = \dfrac{2}{3}\pi$

$\therefore x = \dfrac{4}{3}\pi$

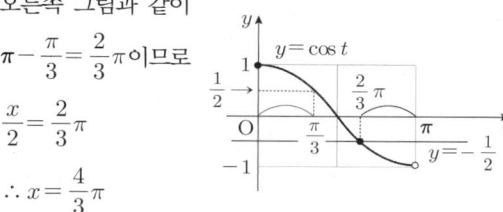

2) $\tan\left(x + \dfrac{\pi}{6}\right) - 1 = 0$ 에서 $\tan\left(x + \dfrac{\pi}{6}\right) = 1$

$x + \dfrac{\pi}{6} = t$ 로 놓으면 $\tan t = 1$

$0 \le x < 2\pi$ 에서 $\dfrac{\pi}{6} \le x + \dfrac{\pi}{6} < \dfrac{13}{6}\pi$

$\therefore \dfrac{\pi}{6} \le t < \dfrac{13}{6}\pi$ ··· ㉠

㉠의 범위에서 $y = \tan t$ 의 그래프와 직선

$y = 1$ 의 교점의 t좌표를 구하면 다음 그림

과 같이

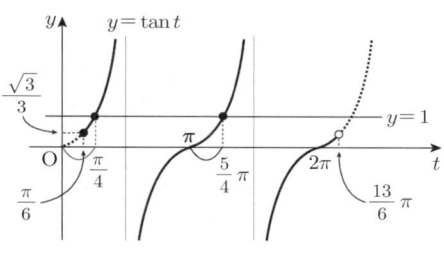

$\dfrac{\pi}{4}$, $\pi + \dfrac{\pi}{4} = \dfrac{5}{4}\pi$ 이므로

$x + \dfrac{\pi}{6} = \dfrac{\pi}{4}$, $x + \dfrac{\pi}{6} = \dfrac{5}{4}\pi$

$\therefore x = \dfrac{\pi}{12}$ 또는 $x = \dfrac{13}{12}\pi$

정답 1) $x = \dfrac{4}{3}\pi$

2) $x = \dfrac{\pi}{12}$ 또는 $x = \dfrac{13}{12}\pi$

[줄기 4-3]

풀이 1) $3\tan x \ge \sqrt{3}$ 에서 $\tan x \ge \dfrac{\sqrt{3}}{3}$

$\tan x \ge \dfrac{\sqrt{3}}{3}$ 의 해는 $y = \tan x$ 의 그래프가

직선 $y = \dfrac{\sqrt{3}}{3}$ 보다 위쪽에 있는 x의 값의

범위이므로 다음 그림에서

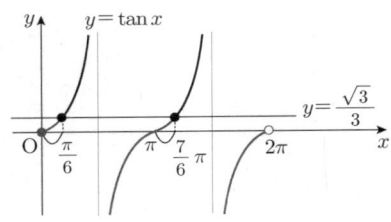

$$\frac{\pi}{6} \le x < \frac{\pi}{2} \ \text{또는} \ \frac{7}{6}\pi \le x < \frac{3}{2}\pi$$

2) $x + \dfrac{\pi}{6} = t$로 놓으면 $0 \le x < 2\pi$에서

$$\frac{\pi}{6} \le x + \frac{\pi}{6} < \frac{13}{6}\pi \quad \therefore \frac{\pi}{6} \le t < \frac{13}{6}\pi$$

이때, 주어진 부등식은 $\cos t \le \dfrac{1}{2}$ $\cdots$ ㉠

다음 그림에서 ㉠을 만족시키는 t의 값의 범위를 구하면

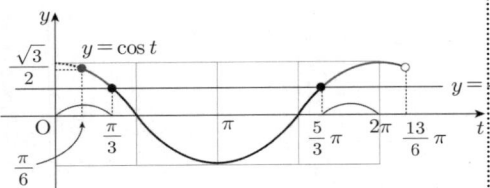

$$\frac{\pi}{3} \le t \le \frac{5}{3}\pi$$

$$\frac{\pi}{3} \le x + \frac{\pi}{6} \le \frac{5}{3}\pi \quad \therefore \frac{\pi}{6} \le x \le \frac{2}{3}\pi$$

정답 1) $\dfrac{\pi}{6} \le x < \dfrac{\pi}{2}$ 또는 $\dfrac{7}{6}\pi \le x < \dfrac{3}{2}\pi$

2) $\dfrac{\pi}{6} \le x \le \dfrac{2}{3}\pi$

[줄기 4-4]

풀이 $x - \dfrac{\pi}{3} = t$로 놓으면 $0 \le x \le \pi$에서

$$-\frac{\pi}{3} \le x - \frac{\pi}{3} \le \frac{2}{3}\pi \quad \therefore -\frac{\pi}{3} \le t \le \frac{2}{3}\pi$$

이때, 주어진 부등식은 $\cos t \le \dfrac{1}{2}$ $\cdots$ ㉠

다음 그림에서 ㉠을 만족시키는 t의 값의 범위를 구하면

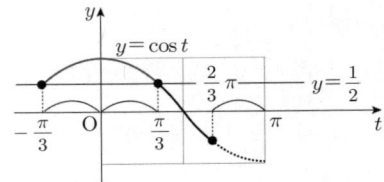

$$t = -\frac{\pi}{3} \ \text{또는} \ \frac{\pi}{3} \le t \le \frac{2}{3}\pi$$

$$x - \frac{\pi}{3} = -\frac{\pi}{3} \ \text{또는} \ \frac{\pi}{3} \le x - \frac{\pi}{3} \le \frac{2}{3}\pi$$

$$\therefore x = 0 \ \text{또는} \ \frac{2}{3}\pi \le x \le \pi$$

정답 $x = 0$ 또는 $\dfrac{2}{3}\pi \le x \le \pi$

[줄기 4-5]

풀이 $\sin x \le \cos x$의 해는 $y = \cos x$의 그래프가 $y = \sin x$의 그래프보다 위쪽(경계 포함)에 있는 x의 값의 범위이므로 다음 그림에서

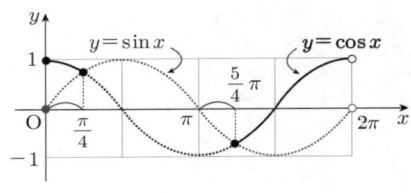

$$0 \le x \le \frac{\pi}{4} \ \text{또는} \ \frac{5}{4}\pi \le x < 2\pi$$

정답 $0 \le x \le \dfrac{\pi}{4}$ 또는 $\dfrac{5}{4}\pi \le x < 2\pi$

[줄기 4-6]

풀이 $\sin\left(x + \dfrac{3}{2}\pi\right) = -\sin\left(\dfrac{\pi}{2} - x\right) = -\cos x$

$2\sin^2\left(x + \dfrac{3}{2}\pi\right) + 3\sin x - 3 \ge 0$에서

$$2\cos^2 x + 3\sin x - 3 \ge 0$$

$$2(1 - \sin^2 x) + 3\sin x - 3 \ge 0$$

$$2\sin^2 x - 3\sin x + 1 \le 0$$

$$(2\sin x - 1)(\sin x - 1) \le 0$$

$$\therefore \frac{1}{2} \le \sin x \le 1$$

따라서 다음 그림에서 x의 값의 범위는

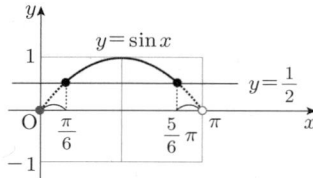

$$\frac{\pi}{6} \le x \le \frac{5}{6}\pi$$

[정답] $\dfrac{\pi}{6} \le x \le \dfrac{5}{6}\pi$

[줄기 4-7]

[풀이] $x^2 - 4x\sin\theta + 1 = 0$이 실근을 가지므로 판별식을 D라 하면

$$\frac{D}{4} = (-2\sin\theta)^2 - 1 \ge 0$$

$$(2\sin\theta)^2 - 1 \ge 0$$

$$(2\sin\theta - 1)(2\sin\theta + 1) \ge 0$$

$$\therefore \sin\theta \le -\frac{1}{2} \ \text{또는} \ \sin\theta \ge \frac{1}{2}$$

따라서 다음 그림에서 θ의 값의 범위는

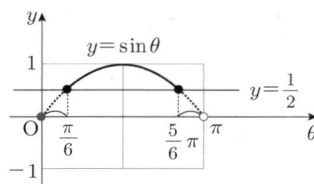

$$\frac{\pi}{6} \le \theta \le \frac{5}{6}\pi$$

[정답] $\dfrac{\pi}{6} \le \theta \le \dfrac{5}{6}\pi$

[줄기 4-8]

[풀이] 1) 이차함수 $y = x^2 + 2x + \tan\theta$의 그래프가 x축과 만나지 않으면 이차방정식 $x^2 + 2x + \tan\theta = 0$이 허근을 가져야 하므로 이 이차방정식의 판별식을 D라 하면

$$\frac{D}{4} = 1 - \tan\theta < 0 \quad \therefore \tan\theta > 1$$

따라서 다음 그림에서 θ의 값의 범위는

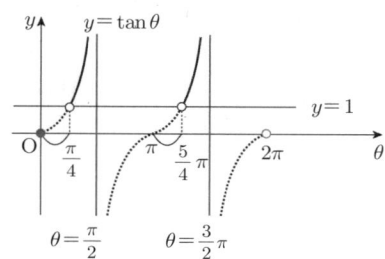

$$\frac{\pi}{4} < \theta < \frac{\pi}{2} \ \text{또는} \ \frac{5}{4}\pi < \theta < \frac{3}{2}\pi$$

2) $f(x) = x^2 + 4x\cos\theta + 1$ 이라 하면 $f(x) = 0$의 두 근 사이에 1이 있어야 하므로 함수 $y = f(x)$의 그래프는 오른쪽 그림과 같아야 한다.

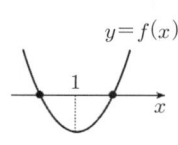

따라서 $f(1) < 0$이므로

$$1 + 4\cos\theta + 1 < 0 \quad \therefore \cos\theta < -\frac{1}{2}$$

따라서 다음 그림에서 θ의 값의 범위는

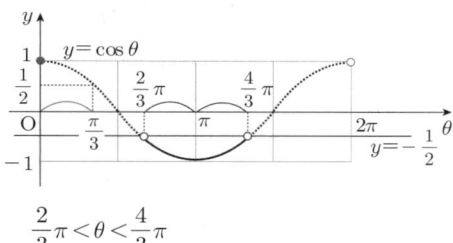

$$\frac{2}{3}\pi < \theta < \frac{4}{3}\pi$$

[정답] 1) $\dfrac{\pi}{4} < \theta < \dfrac{\pi}{2}$ 또는 $\dfrac{5}{4}\pi < \theta < \dfrac{3}{2}\pi$

2) $\dfrac{2}{3}\pi < \theta < \dfrac{4}{3}\pi$

[풀이] **잎 문제**

● **잎 6-1**

[핵심] 주기함수의 사칙연산의 주기는 각각의 함수의 주기의 양의 정수배 중에서 공통이면서 가장 작은 수이다. [p.154 ② 3)]

[방법 I] $\sin x$의 주기 : 2π, $|\sin x|$의 주기 : π
「강추」

$\sin x$의 주기의 양의 정수배 :

$\underline{2\pi}$, $\underline{4\pi}$, $\underline{6\pi}$, $\underline{8\pi}$, $\cdots$

$|\sin x|$의 주기의 양의 정수배 :

π, $\underline{2\pi}$, 3π, $\underline{4\pi}$, 5π, $\underline{6\pi}$, 7π, $\underline{8\pi}$, $\cdots$

$\therefore \sin x + |\sin x|$의 주기는 2π

방법Ⅱ $y = \sin x + |\sin x|$

i) $\sin x \geq 0$일 때

$\quad y = 2\sin x$

ii) $\sin x < 0$일 때

$\quad y = 0$

$y = \sin x + |\sin x|$
의 그래프는 우측
그림과 같으므로
주기는 2π이다.

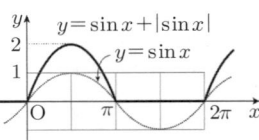

정답 2π

• 잎 6-2

핵심 평행이동은 그래프의 모양을 변화시키지 못하므로 주기에 영향을 주지 못한다.

풀이 $\sin 3x$의 주기 : $\dfrac{2\pi}{|3|} = \dfrac{2}{3}\pi$

$\cos 2x$의 주기 : $\dfrac{2\pi}{|2|} = \pi$

$\sin 3x$의 주기의 양의 정수배 :

$\dfrac{2}{3}\pi$, $\dfrac{4}{3}\pi$, $\overline{2\pi}$, $\dfrac{8}{3}\pi$, $\dfrac{10}{3}\pi$, $\overline{4\pi}$, $\dfrac{14}{3}\pi$, $\cdots$

$\cos 2x$의 주기의 양의 정수배 :

π, $\underline{2\pi}$, 3π, $\underline{4\pi}$, 5π, 6π, 7π, 8π, $\cdots$

따라서 $y = \sin 3x + \cos 2x$의 주기는 2π이고
$y = \sin 3x + \cos 2x + 1$은 y축을 1만큼 평행
이동한 것이다. 하지만 평행이동은 주기에 영
향주지 못하므로

$p = 2\pi$

$f(2p) = f(4\pi)$

$\qquad = \sin 12\pi + \cos 8\pi + 1$

$\qquad = \sin 0 + \cos 0 + 1$

$\qquad = 0 + 1 + 1 = 2$

정답 $p = 2\pi$, $f(2p) = 2$

• 잎 6-3

풀이 주어진 $y = a\sin b\left(x + \dfrac{\pi}{4}\right)$의 그래프에서

최댓값이 3, 최솟값이 -3이므로

$|a| = 3$

또, 주기가 $\dfrac{5}{4}\pi - \dfrac{\pi}{4} = \pi$이므로

$\dfrac{2\pi}{|b|} = \pi$ $\quad \therefore |b| = 2$

$\therefore a^2 + b^2 = |a|^2 + |b|^2 = 3^2 + 2^2 = 13$

정답 13

• 잎 6-4

풀이 오른쪽 그림과 같이
직선 $x = 3$에 대하여
대칭이므로 주기가
$3 + 3 = 6$이다.
따라서

$\dfrac{2\pi}{|b|} = 6$

$\therefore |b| = \dfrac{\pi}{3}$

$\therefore b = \pm\dfrac{\pi}{3}$

도형의 밑변의 길이 : $5 - 1 = 4$

도형의 높이 : $f(1) = a\cos b$

$\qquad\qquad = a\cos\left(\pm\dfrac{\pi}{3}\right)$

$\qquad\qquad = a\cos\dfrac{\pi}{3} = \dfrac{a}{2}$

도형의 넓이가 20이므로

$4 \cdot \dfrac{a}{2} = 20$ $\quad \therefore a = 10$

정답 10

• 잎 6-5

풀이 $y = \sin 2x$의 그래프는 주기가 $\dfrac{2\pi}{2} = \pi$이다.

따라서 주기 π의 $\dfrac{1}{4}$배는 $\dfrac{\pi}{4}$이므로

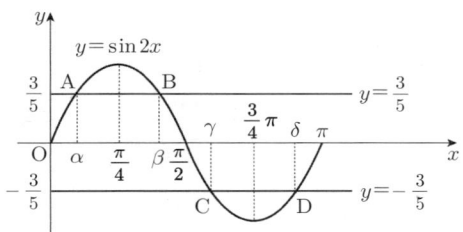

α와 β는 $\frac{\pi}{4}$에 대하여 대칭, β와 γ는 $\frac{\pi}{2}$에 대하여 대칭, γ와 δ는 $\frac{3}{4}\pi$에 대하여 대칭이다.

즉, $\dfrac{\alpha+\beta}{2}=\dfrac{\pi}{4}$, $\dfrac{\beta+\gamma}{2}=\dfrac{\pi}{2}$, $\dfrac{\gamma+\delta}{2}=\dfrac{3}{4}\pi$ 이므로

$\alpha+\beta=\dfrac{\pi}{2}$, $\beta+\gamma=\pi$, $\gamma+\delta=\dfrac{3}{2}\pi$

$\therefore \alpha+2\beta+2\gamma+\delta=(\alpha+\beta)+(\beta+\gamma)+(\gamma+\delta)$

$\qquad\qquad\qquad\quad=\dfrac{\pi}{2}+\pi+\dfrac{3}{2}\pi$

$\qquad\qquad\qquad\quad=3\pi$

[정답] ③

● 잎 6-6

[풀이] $y=\sin\pi x$의 그래프는 주기가 $\dfrac{2\pi}{\pi}=2$이다.

따라서 주기 2의 $\dfrac{1}{4}$배는 $\dfrac{1}{2}$이므로

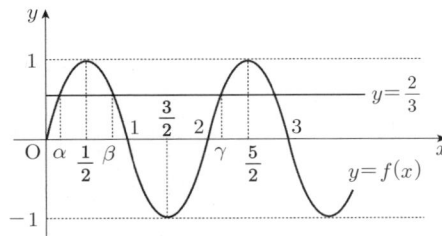

α와 β는 $\dfrac{1}{2}$에 대하여 대칭, β와 γ는 $\dfrac{3}{2}$에 대하여 대칭이다.

즉, $\dfrac{\alpha+\beta}{2}=\dfrac{1}{2}$, $\dfrac{\beta+\gamma}{2}=\dfrac{3}{2}$이므로

$\alpha+\beta=1$, $\beta+\gamma=3$

i) $f(\alpha+\beta+\gamma+1)=f(1+\gamma+1)$

$\qquad\qquad\qquad\quad=f(2+\gamma)$

$\qquad\qquad\qquad\quad=f(\gamma)$ ($\because$ 주기가 2)

$\qquad\qquad\qquad\quad=\dfrac{2}{3}$

ii) $f\left(\alpha+\beta+\dfrac{1}{2}\right)=f\left(\dfrac{3}{2}\right)=-1$

$\therefore f(\alpha+\beta+\gamma+1)+f\left(\alpha+\beta+\dfrac{1}{2}\right)$

$\qquad=\dfrac{2}{3}+(-1)=-\dfrac{1}{3}$

[정답] ②

● 잎 6-7

[풀이] $\cos(\pi+\theta)+\sin\left(\dfrac{\pi}{2}-\theta\right)+\tan(-\theta)$

$=-\cos(-\theta)+\cos\theta-\tan\theta$

$=-\cos\theta+\cos\theta-\tan\theta$

$=-\tan\theta$

직선 $x-3y+3=0$, 즉 $y=\dfrac{1}{3}x+1$의 기울기는 $\dfrac{1}{3}$이므로

$\tan\theta=\dfrac{1}{3}$

$\therefore \cos(\pi+\theta)+\sin\left(\dfrac{\pi}{2}-\theta\right)+\tan(-\theta)=-\dfrac{1}{3}$

[정답] ②

● 잎 6-8

[풀이] $\tan 198°=\tan(180°+18°)$

$\qquad\qquad\quad=-\tan(-18°)$

$\qquad\qquad\quad=\tan 18°$

삼각형 ABC에서 오른쪽 그림과 같이 $\sin 18°=a$ 이므로 피타고라스 정리에 의하여

$\overline{AB}=\sqrt{1-a^2}$

$\therefore \tan 198°=\tan 18°=\dfrac{a}{\sqrt{1-a^2}}$

[정답] ④

63

• 잎 6-9

풀이 $\sin(\pi-\theta)=\sin\theta$

$\cos(\pi+\theta)=-\cos(-\theta)=-\cos\theta$

이므로

$\sin(\pi-\theta)+\cos(\pi+\theta)$

$=\sin\theta-\cos\theta$

오른쪽 그림과 같이

직선 $y=-\dfrac{4}{3}x$ 위의

점 $\mathrm{P}(a,b)$는 $a<0$이

면 $b>0$이므로 제2사

분면에 존재한다.

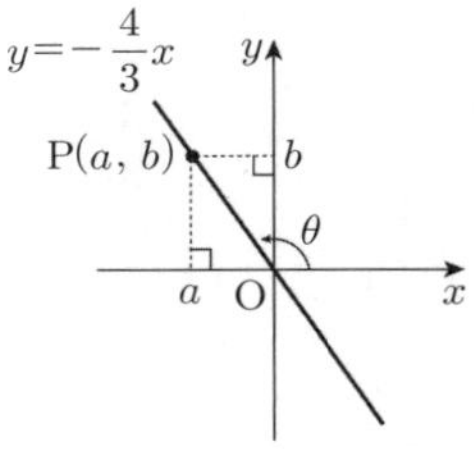

$\therefore \sin\theta>0,\ \cos\theta<0,\ \tan\theta<0$

$\tan\theta=-\dfrac{4}{3}$ 에서

$|\tan\theta|=\dfrac{4}{3}$ 이므로

$\tan\alpha=\dfrac{4}{3}\ (0<\alpha<\dfrac{\pi}{2})$를

그리면 우측 그림과 같다.

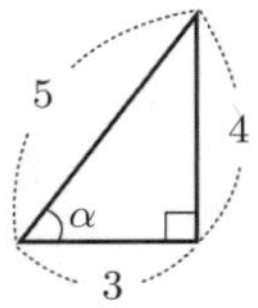

$\therefore \sin\alpha=|\sin\theta|=\dfrac{4}{5},\ \cos\alpha=|\cos\theta|=\dfrac{3}{5}$

$\therefore \sin\theta=\dfrac{4}{5},\ \cos\theta=-\dfrac{3}{5}$

$\therefore \sin(\pi-\theta)+\cos(\pi+\theta)=\sin\theta-\cos\theta$

$\qquad\qquad\qquad\qquad\qquad =\dfrac{4}{5}-\left(-\dfrac{3}{5}\right)$

$\qquad\qquad\qquad\qquad\qquad =\dfrac{7}{5}$

정답 ①

• 잎 6-10

풀이 $\sin(\pi+\theta)=\sin(-\theta)$

$\qquad\qquad\qquad =-\sin\theta$

$\cos\left(\dfrac{\pi}{2}+\theta\right)=\sin(-\theta)$

$\qquad\qquad\qquad =-\sin\theta$

$\cos(\pi+\theta)=-\cos(-\theta)$

$\qquad\qquad\qquad =-\cos\theta$

$\cos\left(\dfrac{3}{2}\pi-\theta\right)=\cos\left(\dfrac{\pi}{2}+\theta\right)$

$\qquad\qquad\qquad =\sin(-\theta)=-\sin\theta$

$f(\theta)=\dfrac{\sin(\pi+\theta)}{1+\cos\left(\dfrac{\pi}{2}+\theta\right)}=\dfrac{-\sin\theta}{1-\sin\theta}$

$g(\theta)=\dfrac{\cos(\pi+\theta)}{1+\cos\left(\dfrac{3}{2}\pi-\theta\right)}=\dfrac{-\cos\theta}{1-\sin\theta}$

$\therefore f(\theta)f(-\theta)g(\theta)g(-\theta)$

$=\dfrac{-\sin\theta}{1-\sin\theta}\cdot\dfrac{-\sin(-\theta)}{1-\sin(-\theta)}\cdot\dfrac{-\cos\theta}{1-\sin\theta}\cdot\dfrac{-\cos(-\theta)}{1-\sin(-\theta)}$

$=\dfrac{-\sin\theta}{1-\sin\theta}\cdot\dfrac{\sin\theta}{1+\sin\theta}\cdot\dfrac{-\cos\theta}{1-\sin\theta}\cdot\dfrac{-\cos\theta}{1+\sin\theta}$

$=\dfrac{-\sin^2\theta}{1-\sin^2\theta}\cdot\dfrac{\cos^2\theta}{1-\sin^2\theta}$

$=\dfrac{-\sin^2\theta}{\cos^2\theta}\cdot\dfrac{\cos^2\theta}{\cos^2\theta}$

$=-\left(\dfrac{\sin\theta}{\cos\theta}\right)^2=-\tan^2\theta$

정답 ②

• 잎 6-11

풀이 $0<A<\pi,\ 0<B<\pi\ (0<A+B<2\pi)$일 때,

$\sin A=\sin B$이면 $A+B=\pi$이다.

ㄱ. $\sin\dfrac{A+B}{2}=\sin\dfrac{\pi}{2}=1$ (참)

ㄴ. $A+B=\pi$에서 $B=\pi-A$이므로

$\quad \sin\dfrac{A}{2}-\cos\dfrac{B}{2}=\sin\dfrac{A}{2}-\cos\left(\dfrac{\pi}{2}-\dfrac{A}{2}\right)$

$\qquad\qquad\qquad\qquad =\sin\dfrac{A}{2}-\sin\dfrac{A}{2}$

$\qquad\qquad\qquad\qquad =0$ (참)

ㄷ. $A+B=\pi$에서 $B=\pi-A$이므로

$\quad \tan A+\tan B=\tan A+\tan(\pi-A)$

$\qquad\qquad\qquad =\tan A-\tan A$

$\qquad\qquad\qquad =0$ (참)

정답 ㄱ. 참   ㄴ. 참   ㄷ. 참

● 잎 6-12

풀이 $\pi < \alpha < 2\pi$, $\pi < \beta < 2\pi$ $(2\pi < \alpha + \beta < 4\pi)$일 때,

$\sin\alpha = \cos\beta$이면 $\alpha + \beta = 2\pi + \dfrac{\pi}{2}$ 이다.

또, $\sin\alpha = \cos\beta$에서 $\ast\sin\alpha = \cos(-\beta)$이므로

$\pi < \alpha < 2\pi$, $-2\pi < -\beta < -\pi$ $(-\pi < \alpha - \beta < \pi)$

일 때, $\alpha + (-\beta) = \dfrac{\pi}{2}$ 이다.

ㄱ. $\sin(\alpha + \beta) = 1$

　[반례]

　　$\alpha - \beta = \dfrac{\pi}{2}$, 즉 $\alpha = \dfrac{\pi}{2} + \beta$일 때

　　$\sin(\alpha + \beta) = \sin\left(\dfrac{\pi}{2} + \beta + \beta\right)$

　　　　　　　　$= \cos(-2\beta)$

　　　　　　　　$= \cos 2\beta$ (거짓)

ㄴ. $\sin\alpha = \cos\beta$이므로

　　$\cos^2\alpha + \cos^2\beta = \cos^2\alpha + \sin^2\alpha = 1$ (참)

ㄷ. $\tan\alpha + \tan\beta = 1$

　[반례]

　　$\alpha - \beta = \dfrac{\pi}{2}$, 즉 $\alpha = \dfrac{\pi}{2} + \beta$일 때

　　$\tan\alpha + \tan\beta = \tan\left(\dfrac{\pi}{2} + \beta\right) + \tan\beta$

　　　　　　　　　$= \dfrac{1}{\tan(-\beta)} + \tan\beta$

　　　　　　　　　$= \dfrac{1}{-\tan\beta} + \tan\beta$

　　　　　　　　　$= \dfrac{-1 + \tan^2\beta}{\tan\beta}$ (거짓)

정답　ㄱ. 거짓　ㄴ. 참　ㄷ. 거짓

● 잎 6-13

풀이 i) $\sin 3\theta = \cos 5\theta$이므로

　　$3\theta + 5\theta = 2n\pi + \dfrac{\pi}{2}$ (n은 정수)

　　$\therefore \theta = \dfrac{n}{4}\pi + \dfrac{\pi}{16}$ …㉠

　　$0 < \theta < \pi$에서 ㉠을 만족하는 정수 n은

　　$n = 0, 1, 2, 3$

　　$\therefore \theta = \dfrac{\pi}{16}, \dfrac{5}{16}\pi, \dfrac{9}{16}\pi, \dfrac{13}{16}\pi$

ii) $\sin 3\theta = \cos(-5\theta)$이므로

　　$3\theta + (-5\theta) = 2n\pi + \dfrac{\pi}{2}$ (n은 정수)

　　$\therefore \theta = -n\pi - \dfrac{\pi}{4}$ …㉡

　　$0 < \theta < \pi$에서 ㉡을 만족하는 정수 n은

　　$n = -1$

　　$\therefore \theta = \dfrac{3}{4}\pi$

i), ii)에 의하여 구하는 θ의 개수는 5개다.

정답　①

● 잎 6-14

풀이 $y = -4(1 - \sin^2 x) + 4\sin x + 3$

　　$= 4\sin^2 x + 4\sin x - 1$

$\sin x = t$로 놓으면 $-1 \le t \le 1$이고

$y = 4t^2 + 4t + 1 = 4\left(t + \dfrac{1}{2}\right)^2 - 2$

대칭축 $t = -\dfrac{1}{2}$이 t의 범위 $(-1 \le t \le 1)$ 내

에 있으므로 $t = -\dfrac{1}{2}$에서 최솟값 -2를 갖

는다. ($\because \lor$)

대칭축 $t = -\dfrac{1}{2}$과 t의 범위 $(-1 \le t \le ①)$

중에서 가장 멀리 있는 $t = 1$에서 최댓값 7을

갖는다.

따라서 $M = 7$, $m = -2$

$\therefore M + m = 7 - 2 = 5$

정답　⑤

● 잎 6-15

풀이 $\sin^2\theta = 1 - \cos^2\theta$이므로

$y = x^2 - 2x\cos\theta - \sin^2\theta$

　$= x^2 - 2x\cos\theta - (1 - \cos^2\theta)$

　$= x^2 - 2x\cos\theta + \cos^2\theta - 1$

　$= (x - \cos\theta)^2 - 1$

$\therefore$ 꼭짓점의 좌표는 $(\cos\theta, -1)$

이 꼭짓점이 직선 $y = 2x$ 위에 있으므로

$$-1 = 2\cos\theta \quad \therefore \cos\theta = -\frac{1}{2}$$

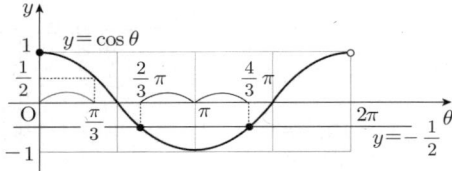

위 그림에서 θ의 값은

$$\theta = \frac{2}{3}\pi \ \text{또는} \ \theta = \frac{4}{3}\pi$$

따라서 모든 θ의 값의 합은 2π이다.

정답 ③

잎 6-16

풀이 $\sin x = t$로 놓으면 $-1 \le t \le 1$이고 주어진
방정식은 $t^2 - t = 1 - k$가 된다.

따라서 $t^2 - t - 1 = -k$가 $-1 \le t \le 1$에서
실근을 가져야 하므로

$$f(t) = t^2 - t - 1$$
$$= \left(t - \frac{1}{2}\right)^2 - \frac{5}{4}$$

라 하면 $y = f(t)$의
그래프는 우측 그림
과 같으므로
$y = f(t)$의 그래프와
직선 $y = -k$가 만나
기 위해서는

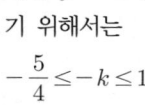

$$-\frac{5}{4} \le -k \le 1$$

$$\therefore -1 \le k \le \frac{5}{4}$$

즉, $M = \frac{5}{4}$, $m = -1$이므로

$$20M + m = 25 - 1 = 24$$

정답 24

잎 6-17

풀이 두 함수 $y = \sin x$와 $y = -\sin x + a$에서
$\sin x = -\sin x + a$, 즉 $2\sin x = a$

따라서 $N(a)$는
$0 \le x \le 2\pi$에서
두 함수
$y = 2\sin x$,
$y = a$
의 그래프가 만
나는 점의 개수
와 같다.

ㄱ. $a = 0$이면 $2\sin x = 0$이므로
$\quad x = 0$ 또는 $x = \pi$ 또는 $x = 2\pi$
$\quad \therefore N(0) = 3$ (참)

ㄴ. $|a| > 2$, 즉 $a < -2$ 또는 $a > 2$이므로
두 함수 $y = 2\sin x$, $y = a$의 그래프는
만나지 않는다. $\quad \therefore N(a) = 0$ (참)

ㄷ. $N(a) = 2$이면 $-2 < a < 0$ 또는 $0 < a < 2$
또, $0 < -a < 2$ 또는 $-2 < -a < 0$이므로
$\quad N(-a) = 2$ (참)

※ $N(-a)$는 $0 \le x \le 2\pi$에서 두 함수
$y = 2\sin x$, $y = -a$의 그래프가 만나는
점의 개수이다.

정답 ㄱ. 참 ㄴ. 참 ㄷ. 참

잎 6-18

핵심 $f(x)$의 주기가 p이다. $\overset{\underline{\bigcirc}}{\times}$ $f(x+p) = f(x)$
즉, $f(x+4) = f(x)$를 만족하는 $f(x)$의 주기
는 4가 아니라 $\frac{4}{n}$ (n은 양의 정수) [p.154 주의]
따라서 $f(x)$의 주기를 p라 하면 $p = \frac{4}{n}$, 즉
$np = 4$ (n은 양의 정수)를 만족한다.

풀이 $f(x-4) = f(x) \rightarrow$ 어렵다.
따라서 x 대신 $x+4$를 대입하면
$f(x) = f(x+4) \rightarrow$ 쉽다.

① $f(x) = \sin \pi x \quad \therefore$ (주기) $= \frac{2\pi}{\pi} = 2$
주기가 2이므로 $2 \cdot 2 = 4$ ($\bigcirc$)

② $f(x) = \sin \frac{\pi}{2}x \quad \therefore$ (주기) $= \frac{2\pi}{\frac{\pi}{2}} = 4$
주기가 4이므로 $4 \cdot 1 = 4$ ($\bigcirc$)

③ $f(x)=\cos\dfrac{3}{2}\pi x$ $\quad\therefore$ (주기) $=\dfrac{2\pi}{\dfrac{3}{2}\pi}=\dfrac{4}{3}$

주기가 $\dfrac{4}{3}$ 이므로 $\dfrac{4}{3}\cdot 3=4$ (○)

④ $f(x)=\tan\dfrac{4}{3}\pi x$ $\quad\therefore$ (주기) $=\dfrac{\pi}{\dfrac{4}{3}\pi}=\dfrac{3}{4}$

주기가 $\dfrac{3}{4}$ 이므로 $\dfrac{3}{4}\cdot ☆=4$ (×)

($\because$ 양의 정수인 ☆ 이 존재하지 않는다.)

⑤ $f(x)=\tan\dfrac{5}{2}\pi x$ $\quad\therefore$ (주기) $=\dfrac{\pi}{\dfrac{5}{2}\pi}=\dfrac{2}{5}$

주기가 $\dfrac{2}{5}$ 이므로 $\dfrac{2}{5}\cdot 10=4$ (○)

정답 ④

잎 6-19

핵심 $f(x)$ 의 주기가 p 이다. $\dfrac{\bigcirc}{\times} f(x+p)=f(x)$
즉, $f(x+24)=f(x)$ 를 만족하는 $f(x)$ 의 주기는 24가 아니라 $\dfrac{24}{n}$ (n 은 양의 정수)이다.
[p.154 주의]
따라서 $f(x)$ 의 주기를 p 라 하면 $p=\dfrac{24}{n}$, 즉 $np=24$ (n 은 양의 정수)를 만족한다.

풀이 $f(x-4)+f(x+4)=f(x)$ $\cdots\bigcirc$

$\bigcirc$ 에서 x 대신 $x+4$ 를 대입하면
$f(x)+f(x+8)=f(x+4)$ $\cdots\bigcirc\!\!\!\!\!-$

$\bigcirc+\bigcirc\!\!\!\!\!-$을 하면
$f(x-4)+f(x+4)+f(x)+f(x+8)$
$\qquad\qquad\qquad =f(x)+f(x+4)$
$f(x-4)+f(x+8)=0$
$f(x-4)=-f(x+8)$ $\cdots\bigcirc\!\!\!\!\!=$

$\bigcirc\!\!\!\!\!=$에서 x 대신 $x+4$ 를 대입하면
$f(x)=-f(x+12)$ $\cdots$ ㄹ

ㄹ에서 x 대신 $x-12$ 를 대입하면
$f(x-12)=-f(x)$ $\cdots$ ㅁ

따라서 ㄹ을 ㅁ에 대입하면
$f(x-12)=f(x+12)$ $\cdots$ ㅂ

ㅂ에서 x 대신 $x+12$ 를 대입하면
$f(x)=f(x+24)$

---

① 주기가 48이므로 $48\cdot ☆=24$ (×)
($\because$ 양의 정수인 ☆ 이 존재하지 않는다.)

② 주기가 8이므로 $8\cdot 3=24$ (○)

③ 주기가 $\dfrac{1}{2}$ 이므로 $\dfrac{1}{2}\cdot 48=24$ (○)

④ 주기가 $\dfrac{3}{5}$ 이므로 $\dfrac{3}{5}\cdot 40=24$ (○)

⑤ 주기가 $\dfrac{5}{6}$ 이므로 $\dfrac{5}{6}\cdot ☆=24$ (×)
($\because$ 양의 정수인 ☆ 이 존재하지 않는다.)

정답 ①, ⑤

잎 6-20

풀이 1) $f\left(\dfrac{\pi}{2}-x\right)=f\left(\dfrac{\pi}{2}+x\right)$ 의 그래프

$\Rightarrow$ 직선 $x=\dfrac{\pi}{2}$ 에 대하여 대칭 [p.88]

①
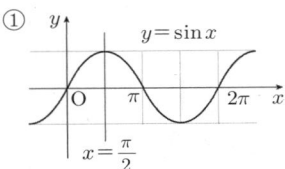

$y=\sin x$ 의 그래프는 직선 $x=\dfrac{\pi}{2}$ 에 대하여 대칭이다.

②
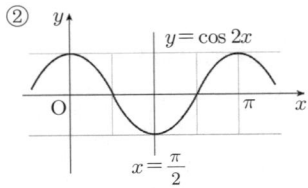

$y=\cos 2x$ 의 그래프는 직선 $x=\dfrac{\pi}{2}$ 에 대하여 대칭이다.

③
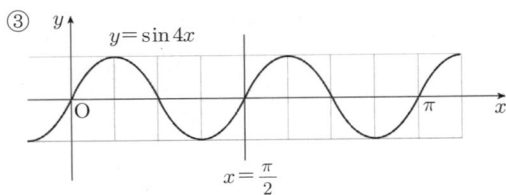

$y=\sin 4x$ 의 그래프는 직선 $x=\dfrac{\pi}{2}$ 에 대하여 대칭이 아니다.

2) $f\left(\dfrac{\pi}{4}+x\right)=f\left(\dfrac{3}{4}\pi-x\right)$의 그래프

$\Rightarrow$ 직선 $x=\dfrac{\left(\dfrac{\pi}{4}+x\right)+\left(\dfrac{3}{4}\pi-x\right)}{2}=\dfrac{\pi}{2}$

에 대하여 대칭이다. [p.88]
따라서 1)번과 동일한 문제이다.

3) $f(x)=f(\pi-x)$의 그래프

$\Rightarrow$ 직선 $x=\dfrac{x+(\pi-x)}{2}=\dfrac{\pi}{2}$에 대하여

대칭이다. [p.88]
따라서 1)번과 동일한 문제이다.

정답 1) ①, ②   2) ①, ②   3) ①, ②

CHAPTER
7 삼각함수의 활용
본문 p.**189**

 **줄기 문제**

[줄기 1-1]

풀이 1) 사인법칙에 의하여

$\dfrac{6}{\sin 60°}=\dfrac{c}{\sin 45°}$이므로

$c=6\times\dfrac{1}{\sin 60°}\times\sin 45°$

$=6\times\dfrac{2}{\sqrt{3}}\times\dfrac{\sqrt{2}}{2}=2\sqrt{6}$

2) 사인법칙에 의하여

$\dfrac{1}{\sin 45°}=\dfrac{\sqrt{2}}{\sin C}$이므로

$\sin C=\sqrt{2}\times\sin 45°$ $\therefore \sin C=1$

$0°<C<180°$이므로 $C=90°$

$\therefore B=45°$ $(\because A+B+C=180°)$

또, 사인법칙에 의하여

$\dfrac{1}{\sin 45°}=\dfrac{b}{\sin 45°}$ $\therefore b=1$

3) 사인법칙에 의하여

$\dfrac{5}{\sin 30°}=\dfrac{5\sqrt{3}}{\sin C}$이므로

$\sin C=5\sqrt{3}\times\sin 30°\times\dfrac{1}{5}$

$\therefore \sin C=\dfrac{\sqrt{3}}{2}$

$0°<C<180°$이므로
$C=60°$ 또는 $C=120°$

i) $C=60°$일 때 $A=90°$이므로
사인법칙에 의하여

$\dfrac{5}{\sin 30°}=\dfrac{a}{\sin 90°}$ $\therefore a=10$

ii) $C=120°$일 때 $A=30°$이므로
사인법칙에 의하여

$\dfrac{5}{\sin 30°}=\dfrac{a}{\sin 30°}$ $\therefore a=5$

4) $A=180°\times\dfrac{5}{12}=75°$,

$B=180°\times\dfrac{4}{12}=60°$,

$C=180°\times\dfrac{3}{12}=45°$이다.

사인법칙에 의하여

$\dfrac{2}{\sin 45°}=\dfrac{b}{\sin 60°}$이므로

$b=2\times\dfrac{1}{\sin 45°}\times\sin 60°$

$=2\times\dfrac{2}{\sqrt{2}}\times\dfrac{\sqrt{3}}{2}=\sqrt{6}$

정답 1) $c=2\sqrt{6}$
2) $B=45°$, $C=90°$, $b=1$
3) $a=5$ 또는 $a=10$
4) $b=\sqrt{6}$

[줄기 1-2]

풀이 삼각형의 내각의 합은 $180°$이므로
$A=60°$

이때 $\triangle ABC$의 외접원의 반지름을 R이라
하면 사인법칙에 의하여

$\dfrac{a}{\sin A}=2R$이므로 $\dfrac{3}{\sin 60°}=2R$

$$\therefore R = 3 \times \frac{1}{\sin 60°} \times \frac{1}{2} = 3 \times \frac{2}{\sqrt{3}} \times \frac{1}{2} = \sqrt{3}$$

따라서 외접원의 넓이는 $\pi \cdot (\sqrt{3})^2 = 3\pi$

정답 3π

[줄기 1-3]

풀이

1) $\dfrac{a+b}{6} = \dfrac{b+c}{5} = \dfrac{c+a}{7} = k \ (k>0)$라 하면

$a+b = 6k, \ b+c = 5k, \ c+a = 7k \ \cdots \ \bigcirc$

위의 세 식을 변끼리 더하면

$2a+2b+2c = 18k$

$\therefore a+b+c = 9k \ \cdots \ \bigcirc$

$\bigcirc$에서 $\bigcirc$의 각 식을 빼면

$c = 3k, \ a = 4k, \ b = 2k$

따라서

$\sin A : \sin B : \sin C = a : b : c$
$\qquad\qquad\qquad\qquad = 4k : 2k : 3k$
$\qquad\qquad\qquad\qquad = 4 : 2 : 3$

2) $(a+b) : (b+c) : (c+a) = 5 : 4 : 3$이므로
양수 k에 대하여

$a+b = 5k, \ b+c = 4k, \ c+a = 3k \ \cdots \ \bigcirc$

로 놓을 수 있다.

위의 세 식을 변끼리 더하면

$2a+2b+2c = 12k$

$\therefore a+b+c = 6k \ \cdots \ \bigcirc$

$\bigcirc$에서 $\bigcirc$의 각 식을 빼면

$c = k, \ a = 2k, \ b = 3k$

$\sin A : \sin B : \sin C = a : b : c$
$\qquad\qquad\qquad\qquad = 2k : 3k : k$
$\qquad\qquad\qquad\qquad = 2 : 3 : 1$

따라서 양수 t에 대하여

$\sin A = 2t, \ \sin B = 3t, \ \sin C = t$라 하면

$\dfrac{\sin B - \sin C}{\sin A} = \dfrac{3t - t}{2t} = 1$

정답 1) $4 : 2 : 3$ 2) 1

[줄기 1-4]

풀이

1) $\triangle ABC$의 외접원의 반지름을 R이라 하면 사인법칙에 의하여

$$\sin A = \frac{a}{2R}, \ \sin B = \frac{b}{2R}, \ \sin C = \frac{c}{2R}$$

이므로 이것을 주어진 식에 대입하면

$$\frac{a^3}{2R} = \frac{b^3}{2R} = \frac{c^3}{2R}$$

$$a^3 = b^3 = c^3$$

이때 a, b, c는 길이이므로 $a>0, b>0,$ $c>0$, 즉 양수(양의 실수)이다.

$\therefore a = b = c$

따라서 $\triangle ABC$는 정삼각형이다.

2) $\cos^2 A + \cos^2 B - \cos^2 C = 1$에서

$(1 - \sin^2 A) + (1 - \sin^2 B)$
$\qquad\qquad\qquad - (1 - \sin^2 C) = 1$

$\therefore \sin^2 A + \sin^2 B - \sin^2 C = 0 \ \cdots \ \bigcirc$

$\triangle ABC$의 외접원의 반지름을 R이라 하면 사인법칙에 의하여

$$\sin A = \frac{a}{2R}, \ \sin B = \frac{b}{2R},$$
$$\sin C = \frac{c}{2R} \ \cdots \ \bigcirc$$

$\bigcirc$을 $\bigcirc$에 대입하여 각을 없애면

$$\frac{a^2}{4R^2} + \frac{b^2}{4R^2} - \frac{c^2}{4R^2} = 0$$

$a^2 + b^2 - c^2 = 0 \qquad \therefore a^2 + b^2 = c^2$

따라서 $C = 90°$인 직각삼각형이다.

정답 1) 정삼각형   2) $C = 90°$인 직각삼각형

[줄기 2-1]

풀이

1) 코사인법칙에 의하여

$$\cos C = \frac{7^2 + 8^2 - 13^2}{2 \cdot 7 \cdot 8}$$
$$= \frac{49 + 64 - 169}{2 \cdot 7 \cdot 8}$$
$$= -\frac{1}{2}$$

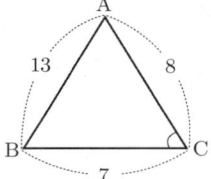

$0° < C < 180°$이므로

$C = 120°$

2) 코사인법칙에 의하여

$$a^2 = (2\sqrt{2})^2 + (\sqrt{6}+\sqrt{2})^2$$
$$\qquad - 2 \cdot 2\sqrt{2} \cdot (\sqrt{6}+\sqrt{2})\cos 60°$$
$$= 8 + 8 + 4\sqrt{3} - 4\sqrt{3} - 4$$
$$= 12$$
$$\therefore a = 2\sqrt{3}$$
$$(\because a > 0)$$

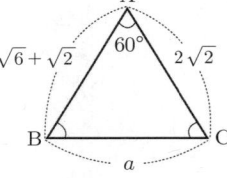

사인법칙에 의하여

$$\frac{2\sqrt{3}}{\sin 60°} = \frac{2\sqrt{2}}{\sin B}$$

$$\therefore \sin B = 2\sqrt{2} \cdot \frac{1}{2\sqrt{3}} \cdot \frac{\sqrt{3}}{2}$$
$$= \frac{\sqrt{2}}{2}$$

$0° < B < 180°$이므로

$B = 45°$ 또는 $B = 135°$

그런데 $B = 135°$이면 $A + B > 180°$가 되어 모순이다.　$\therefore B = 45°$

따라서 $A + B + C = 180°$이므로

$$C = 180° - (60° + 45°) = 75°$$

> **정답** 1) $C = 120°$
> 2) $a = 2\sqrt{3}$, $B = 45°$, $C = 75°$

[줄기 2-2]

풀이 삼각형에서 가장 짧은 변의 대각이 최소각이므로 세변의 길이를 $a = 2$, $b = \sqrt{2}$, $c = \sqrt{3}+1$ 이라 하면 최소각은 B 이다.

따라서 코사인법칙에 의하여

$$\cos B = \frac{2^2 + (\sqrt{3}+1)^2 - (\sqrt{2})^2}{2 \cdot 2 \cdot (\sqrt{3}+1)}$$
$$= \frac{4 + (4+2\sqrt{3}) - 2}{2 \cdot 2 \cdot (\sqrt{3}+1)}$$
$$= \frac{6 + 2\sqrt{3}}{4(\sqrt{3}+1)} = \frac{3 + \sqrt{3}}{2(\sqrt{3}+1)}$$
$$= \frac{\sqrt{3}(\sqrt{3}+1)}{2(\sqrt{3}+1)}$$
$$= \frac{\sqrt{3}}{2}$$

$0° < B < 180°$이므로 $B = 30°$

> **정답** $30°$

[줄기 2-3]

풀이 $\dfrac{\sin A}{3} = \dfrac{\sin B}{5} = \dfrac{\sin C}{t} = k \, (k \neq 0)$ 라 하면

$$\sin A = 3k, \ \sin B = 5k, \ \sin C = tk$$

사인법칙에 의하여

$$a : b : c = \sin A : \sin B : \sin C$$
$$= 3k : 5k : tk$$

$$\therefore a = 3k, \ b = 5k, \ c = tk$$

최대각의 크기가 $C = 120°$이므로

$$\cos 120° = \frac{(3k)^2 + (5k)^2 - (tk)^2}{2 \cdot 3k \cdot 5k}$$
$$= \frac{34 - t^2}{30} = -\frac{1}{2}$$

따라서 $34 - t^2 = -15$, $t^2 = 49$

$$\therefore t = 7 \ (\because t > 0)$$

> **정답** 7

[줄기 2-4]

풀이 1) △ABC의 외접원의 반지름을 R 이라 하면

$$\sin B = \frac{b}{2R}, \ \sin C = \frac{c}{2R},$$

$$\cos A = \frac{b^2 + c^2 - a^2}{2bc}$$

이것을 주어진 식에 대입하면

$$\frac{b}{2R} = 2 \cdot \frac{b^2 + c^2 - a^2}{2bc} \cdot \frac{c}{2R}$$

$$b^2 = b^2 + c^2 - a^2, \ c^2 - a^2 = 0,$$

$$(c - a)(c + a) = 0$$

$$\therefore c - a = 0 \ (\because c + a > 0)$$

따라서 $a = c$인 이등변삼각형이다.

2) $\cos A : \cos B = b : a$에서

$$a \cos A = b \cos B \cdots \bigcirc$$

$$\cos A = \frac{b^2 + c^2 - a^2}{2bc}, \ \cos B = \frac{a^2 + c^2 - b^2}{2ac}$$

이것을 $\bigcirc$에 대입하면

$$a \cdot \frac{b^2 + c^2 - a^2}{2bc} = b \cdot \frac{a^2 + c^2 - b^2}{2ac}$$

양변에 $2abc$를 곱하면

$$a^2(b^2 + c^2 - a^2) = b^2(a^2 + c^2 - b^2)$$

$$a^2 b^2 + a^2 c^2 - a^4 = a^2 b^2 + b^2 c^2 - b^4$$

$a^2c^2 - b^2c^2 - a^4 + b^4 = 0$

$c^2(a^2-b^2) - (a^4-b^4) = 0$

$c^2(a^2-b^2) - (a^2-b^2)(a^2+b^2) = 0$

$(a^2-b^2)\{c^2 - (a^2+b^2)\} = 0$

$(a-b)(a+b)\{c^2 - (a^2+b^2)\} = 0$

$\therefore a = b$ 또는 $a^2 + b^2 = c^2$ $(\because a+b > 0)$

즉, $a = b$인 이등변삼각형 또는 $C = 90°$

인 직각삼각형이다.

정답 1) $a = c$인 이등변삼각형
2) $a = b$인 이등변삼각형 또는
$C = 90°$인 직각삼각형

[줄기 3-1]

풀이 1) $6\sqrt{3} = \dfrac{1}{2} \cdot 8 \cdot 3 \cdot \sin A$

$\therefore \sin A = \dfrac{\sqrt{3}}{2}$

$0° < A < 180°$이므로

$A = 60°$ 또는 $A = 120°$

2) $6 = \dfrac{1}{2} \cdot 4 \cdot 3\sqrt{2} \cdot \sin A$

$\therefore \sin A = \dfrac{1}{\sqrt{2}}$

$0° < A < 180°$이므로

$A = 45°$ 또는 $A = 135°$

i) $\cos 45° = \dfrac{\sqrt{2}}{2}$

ii) $\cos 135° = -\dfrac{\sqrt{2}}{2}$

따라서 $\cos A$의 값은 $\dfrac{\sqrt{2}}{2}$ 또는 $-\dfrac{\sqrt{2}}{2}$

정답 1) $60°$ 또는 $120°$
2) $\dfrac{\sqrt{2}}{2}$ 또는 $-\dfrac{\sqrt{2}}{2}$

[줄기 3-2]

풀이 $\triangle ABC = \triangle CAD + \triangle CBD$

에서 $\overline{CD} = x$로 놓으면

$\dfrac{1}{2} \cdot 4 \cdot 8 \cdot \sin 60° = \dfrac{1}{2} \cdot 4 \cdot x \cdot \sin 30° + \dfrac{1}{2} \cdot 8 \cdot x \cdot \sin 30°$

$8\sqrt{3} = x + 2x, \quad 3x = 8\sqrt{3}$

$\therefore x = \dfrac{8\sqrt{3}}{3}$

정답 $\dfrac{8\sqrt{3}}{3}$

[줄기 3-3]

풀이 1) $a : b : c = \sin A : \sin B : \sin C$

$= 7 : 8 : 13$

$a = 7k, b = 8k, c = 13k \ (k > 0)$라 하면

헤론의 공식에서

$s = \dfrac{7k + 8k + 13k}{2} = 14k$

$\triangle ABC$의 넓이는

$\sqrt{14k(14k-7k)(14k-8k)(14k-13k)}$

$= \sqrt{14 \cdot 7 \cdot 6 \cdot 1}\, k^2 = 14\sqrt{3}\, k^2$

즉, $14\sqrt{3}\, k^2 = 56\sqrt{3}$ 이므로 $k^2 = 4$

$\therefore k = 2 \ (\because k > 0)$

따라서 a의 값은 $7 \cdot 2 = 14$

2) $a : b : c = \sin A : \sin B : \sin C$

$= \sqrt{2} : 1 : 2$

$a = \sqrt{2}k, b = k, c = 2k \ (k > 0)$라 하면

코사인법칙에서

$\cos C = \dfrac{(\sqrt{2}k)^2 + k^2 - (2k)^2}{2 \cdot \sqrt{2}k \cdot k} = \dfrac{-1}{2\sqrt{2}}$

$0° < C < 180°$에서 $\sin C > 0$이므로

$\sin C = \sqrt{1 - \cos^2 C} = \sqrt{\dfrac{7}{8}} = \dfrac{\sqrt{7}}{2\sqrt{2}}$

$\triangle ABC$의 넓이는

$\dfrac{1}{2}ab\sin C = \dfrac{1}{2} \cdot \sqrt{2}k \cdot k \cdot \dfrac{\sqrt{7}}{2\sqrt{2}}$

즉, $\dfrac{\sqrt{7}}{4}k^2 = 3\sqrt{7}$ 이므로 $k^2 = 12$

$\therefore k = 2\sqrt{3} \ (\because k > 0)$

따라서 a의 값은 $\sqrt{2} \cdot 2\sqrt{3} = 2\sqrt{6}$

정답 1) 14 2) $2\sqrt{6}$

[줄기 3-4]

풀이 삼각형의 두 변의 길이의 합은 나머지 한 변의 길이보다 크므로

$3+(x+1)>6-x$ ∴ $x>1$ … ㉠

$3+(6-x)>x+1$ ∴ $x<4$ … ㉡

$(x+1)+(6-x)>3$ ∴ x는 모든 실수… ㉢

㉠, ㉡, ㉢에서 $1<x<4$

헤론의 공식을 이용하면

$$s=\frac{3+(x+1)+(6-x)}{2}=5$$

이므로 주어진 삼각형의 넓이를 S라 하면

$$S=\sqrt{5(5-3)\{5-(x+1)\}\{5-(6-x)\}}$$
$$=\sqrt{10(-x+4)(x-1)}$$
$$=\sqrt{-10x^2+50x-40}$$
$$=\sqrt{-10\left(x-\frac{5}{2}\right)^2+\frac{45}{2}}$$

$1<x<4$에서 $x=\frac{5}{2}$일 때 S의 최댓값은

$$\sqrt{\frac{45}{2}}=\frac{\sqrt{45}}{\sqrt{2}}=\frac{3\sqrt{5}}{\sqrt{2}}=\frac{3\sqrt{10}}{2}$$

정답 $\dfrac{3\sqrt{10}}{2}$

[줄기 3-5]

풀이 1) 코사인법칙을 이용하면

$$\cos C=\frac{(\sqrt{3})^2+2^2-3^2}{2\cdot\sqrt{3}\cdot2}=\frac{-1}{2\sqrt{3}}$$

$0°<C<180°$에서 $\sin C>0$이므로

$$\sin C=\sqrt{1-\cos^2 C}=\sqrt{\frac{11}{12}}=\frac{\sqrt{11}}{2\sqrt{3}}$$

$\triangle ABC$의 넓이 S는

$$S=\frac{1}{2}ab\sin C$$
$$=\frac{1}{2}\cdot\sqrt{3}\cdot2\cdot\frac{\sqrt{11}}{2\sqrt{3}}$$
$$=\frac{\sqrt{11}}{2}$$

2) $S=\dfrac{abc}{4R}$에서 $\dfrac{\sqrt{11}}{2}=\dfrac{\sqrt{3}\cdot2\cdot3}{4R}$

$$\therefore R=\frac{3\sqrt{33}}{11}$$

3) $S=\dfrac{1}{2}r(a+b+c)$에서

$$\frac{\sqrt{11}}{2}=\frac{1}{2}r(\sqrt{3}+2+3)$$

$$\therefore r=\frac{\sqrt{11}}{5+\sqrt{3}}=\frac{\sqrt{11}(5-\sqrt{3})}{22}$$

정답 1) $\dfrac{\sqrt{11}}{2}$ 2) $\dfrac{3\sqrt{33}}{11}$

3) $\dfrac{\sqrt{11}(5-\sqrt{3})}{22}$

[줄기 3-6]

풀이 1) 평행사변형 ABCD의 넓이를 S라 하면

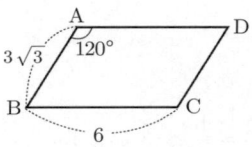

$$S=\triangle ABD+\triangle BCD$$
$$=\triangle ABD\times2\ (\because\triangle ABD\equiv\triangle BCD)$$

$\overline{AD}=\overline{BC}=6$이므로

$$S=\frac{1}{2}\cdot6\cdot3\sqrt{3}\cdot\sin120°\times2$$
$$=\frac{1}{2}\cdot6\cdot3\sqrt{3}\cdot\sin60°\times2$$
$$=27$$

2) 등변사다리꼴이므로 두 대각선의 길이가 같다. 이때, 대각선을 a라 하면

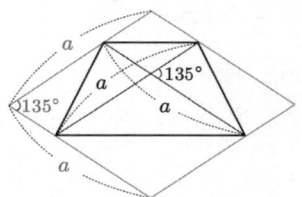

$$4\sqrt{2}=\frac{1}{2}\cdot a\cdot a\cdot\sin135°$$
$$=\frac{1}{2}a^2\cdot\sin45°$$

$$\therefore a^2=16\quad\therefore a=4\ (\because a>0)$$

정답 1) 27   2) 4

[줄기 3-7]

방법 I $\overline{AB}=\overline{BC}$, $\overline{AD}=\overline{CD}$, $\overline{BD}$는 공통이므로

$\triangle ABD \equiv \triangle CBD$ (SSS합동)

$\therefore \angle ABD = \angle CBD = 45°$

$\triangle ABD$의 넓이를 S라 하면

$$S = \frac{1}{2}\cdot\sqrt{3}\cdot\overline{BD}\cdot\sin 45° = \frac{\sqrt{6}}{2}$$

$\therefore \overline{BD}=2$

방법 II 오른쪽 그림과 같이

$\overline{AC}=\sqrt{3+3}=\sqrt{6}$

이고, $\overline{AD}=\overline{CD}$이

므로 두 대각선 AC

와 BD는 서로 수직

으로 만난다.

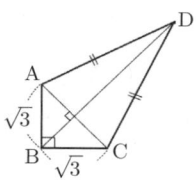

따라서 □ABCD에서 두 대각선이 이루는

각의 크기가 90°이므로

$$\square ABCD = \frac{1}{2}\cdot\overline{AC}\cdot\overline{BD}\cdot\sin 90°$$

이때, $\square ABCD = \sqrt{6}$ 이므로

$\sqrt{6}=\frac{1}{2}\cdot\sqrt{6}\cdot\overline{BD}\cdot 1$ $\therefore \overline{BD}=2$

정답 2

[줄기 3-8]

풀이 $\triangle ABC$에서 $\overline{AC}=x$라 하면

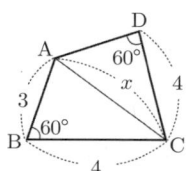

$x^2 = 3^2 + 4^2 - 2\cdot 3\cdot 4\cdot\cos 60° = 13$

$\therefore x = \sqrt{13} \ (\because x>0)$

또, $\triangle ACD$에서 $\overline{AD}=y$라 하면

$(\sqrt{13})^2 = y^2 + 4^2 - 2\cdot y\cdot 4\cdot\cos 60°$

$y^2 - 4y + 3 = 0, \quad (y-1)(y-3)=0$

$\therefore y = 3 \ (\because y>2)$

$\square ABCD = \triangle ABC + \triangle ACD$

$= \frac{1}{2}\cdot 3\cdot 4\cdot\sin 60° + \frac{1}{2}\cdot 3\cdot 4\cdot\sin 60°$

$= 6\sqrt{3}$

정답 $6\sqrt{3}$

[줄기 3-9]

풀이 평행사변형 ABCD의
대각선 AC와 BD의
교점을 O라 하자.
평행사변형의 두 대각
선은 서로 다른 것을
이등분하므로

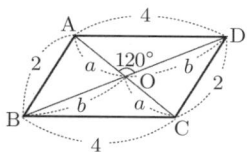

$\overline{AC}=2a$, $\overline{BD}=2b$라

하자.

$\triangle AOD$에서 코사인법칙을 이용하면

$$\cos 120° = \frac{a^2+b^2-4^2}{2ab}$$

$$-\frac{1}{2} = \frac{a^2+b^2-16}{2ab}$$

$\therefore -ab = a^2+b^2-16 \ \cdots\ \text{㉠}$

또, $\triangle AOB$에서 코사인법칙을 이용하면

$$\cos 60° = \frac{a^2+b^2-2^2}{2ab}$$

$$\frac{1}{2} = \frac{a^2+b^2-4}{2ab}$$

$\therefore ab = a^2+b^2-4 \ \cdots\ \text{㉡}$

㉡$-$㉠을 하면 $2ab=12$ $\therefore ab=6$

따라서 평행사변형 ABCD의 넓이는

$\frac{1}{2}\cdot 2a\cdot 2b\cdot\sin 120° = 2\cdot ab\cdot\sin 60°$

$= 2\cdot 6\cdot\frac{\sqrt{3}}{2} = 6\sqrt{3}$

정답 $6\sqrt{3}$

[줄기 3-10]

풀이 평행사변형 ABCD의
넓이는

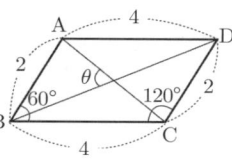

$2\cdot 4\cdot\sin 60° = 4\sqrt{3}$

$\triangle ABC$에서 코사인법칙을 이용하면

$\overline{AC}^2 = 2^2 + 4^2 - 2\cdot 2\cdot 4\cdot\cos 60°$

$= 12$

$\therefore \overline{AC}=2\sqrt{3} \ (\because \overline{AC}>0)$

또, $\triangle BCD$에서 코사인법칙을 이용하면

$\overline{BD}^2 = 4^2 + 2^2 - 2\cdot 4\cdot 2\cdot\cos 120°$

$= 4^2 + 2^2 + 2\cdot 4\cdot 2\cdot\cos 60°$

$= 28$

$\therefore \overline{BD} = 2\sqrt{7}\ (\because \overline{BD} > 0)$

평행사변형 ABCD의 넓이가 $4\sqrt{3}$, 두 대각
선의 길이가 각각 $2\sqrt{3}$, $2\sqrt{7}$, 두 대각선이
이루는 각의 크기가 θ이므로

$\dfrac{1}{2} \cdot 2\sqrt{3} \cdot 2\sqrt{7} \cdot \sin\theta = 4\sqrt{3}$

$\therefore \sin\theta = \dfrac{2}{\sqrt{7}}$

정답 $\dfrac{2\sqrt{7}}{7}$

✏️풀이 **잎 문제**

● 잎 7-1

핵심 삼각형의 외접원이 나오면 항상 사인법칙을 염두에 두고 있어야 한다.

풀이 원주각의 성질에 의하여
$\angle ACB = \angle ADB = 30°$이므로
△ABD에서 사인법칙을 이용하면

$\dfrac{16\sqrt{2}}{\sin 30°} = \dfrac{\overline{AD}}{\sin 45°}$

$\overline{AD} = 16\sqrt{2} \cdot \dfrac{1}{\sin 30°} \cdot \sin 45°$

$= 16\sqrt{2} \cdot \dfrac{2}{1} \cdot \dfrac{\sqrt{2}}{2}$

$= 32$

정답 32

● 잎 7-2

풀이

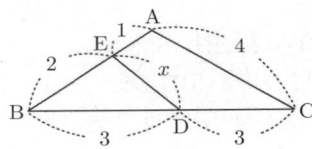

△ABC에서 코사인법칙을 이용하면

$\cos B = \dfrac{6^2 + 3^2 - 4^2}{2 \cdot 6 \cdot 3} = \dfrac{29}{36}$

또, △EBD에서 코사인법칙을 이용하면

$x^2 = 2^2 + 3^2 - 2 \cdot 2 \cdot 3 \cdot \cos B$

$= 13 - 12 \cdot \dfrac{29}{36}$

$= \dfrac{10}{3}$

$\therefore x = \sqrt{\dfrac{10}{3}}\ (\because x > 0)$

정답 ③

● 잎 7-3

핵심 삼각형의 외접원이 나오면 항상 사인법칙을 염두에 두고 있어야 한다.

풀이 $\overline{BC} = a$라 하면 △ABC에서 코사인법칙에 의하여

$a^2 = 5^2 + 6^2 - 2 \cdot 5 \cdot 6 \cdot \cos A$

$= 25$

$\therefore a = 5\ (\because a > 0)$

$0° < A < 180°$에서 $\sin A > 0$이므로

$\sin A = \sqrt{1 - \cos^2 A} = \sqrt{1 - \dfrac{9}{25}} = \dfrac{4}{5}$

또, △ABC에서 사인법칙을 이용하면

$\dfrac{a}{\sin A} = 2R$에서 $\dfrac{5}{\frac{4}{5}} = 2R$

$2R = \dfrac{25}{4} \qquad \therefore R = \dfrac{25}{8}$

$\therefore 16R = 16 \cdot \dfrac{25}{8} = 50$

정답 50

• 잎 7-4

핵심 삼각형의 외접원이 나오면 항상 사인법칙을 염두에 두고 있어야 한다.

풀이 $\triangle ABC$에서 코사인법칙을 이용하면

$$\overline{BC}^2 = \overline{AB}^2 + \overline{AC}^2 - 2 \cdot \overline{AB} \cdot \overline{AC} \cdot \cos 60°$$
$$= 80^2 + 100^2 - 2 \cdot 80 \cdot 100 \cdot \frac{1}{2}$$
$$= 8400$$
$$\therefore \overline{BC} = \sqrt{8400} \ (\because \overline{BC} > 0)$$

이때, 원의 반지름의 길이를 R이라 하면 사인법칙에 의하여

$$\frac{\overline{BC}}{\sin 60°} = 2R \text{에서} \quad \frac{\sqrt{8400}}{\frac{\sqrt{3}}{2}} = 2R$$

$$2R = \frac{2\sqrt{8400}}{\sqrt{3}} \quad \therefore R = \sqrt{\frac{8400}{3}} = \sqrt{2800}$$

따라서 구하는 원의 넓이는

$$\pi \cdot R^2 = 2800\pi$$

정답 ⑤

• 잎 7-5

핵심 삼각형의 외접원이 나오면 항상 사인법칙을 염두에 두고 있어야 한다.

풀이 $\overline{AQ}$와 $\overline{PQ}$는 수직이고, $\overline{AR}$과 $\overline{PR}$도 수직이므로

$\overline{AP}$가 원의 지름이고 사각형 AQPR에 외접하는 원 O를 그릴 수 있다.

$\triangle AQR$에서 사인법칙을 이용하면

$$\frac{\overline{QR}}{\sin A} = \overline{AP} = 6$$

이때, $\triangle ABC$에서 $\sin A = \frac{6}{10} = \frac{3}{5}$

따라서

$$\overline{QR} = 6 \cdot \sin A = 6 \cdot \frac{3}{5} = \frac{18}{5}$$

정답 ⑤

• 잎 7-6

풀이 ㄱ. $a = 5$이면 삼각형의 변의 길이의 비가 $5:4:3$인 직각삼각형이므로 $\overline{BC}$는 원의 지름이다. $\therefore R = \frac{5}{2}$ (참)

ㄴ. 사인법칙에 의하여

$$\frac{a}{\sin A} = 2R \text{에서} \quad a = 2R \sin A$$

$R = 4$이면 $a = 8\sin A$ (참)

ㄷ. 코사인법칙에 의하여

$$\cos A = \frac{3^2 + 4^2 - a^2}{2 \cdot 3 \cdot 4} = \frac{25 - a^2}{24}$$

$1 < a \le \sqrt{13}$ 의 각 변을 제곱하면

$1 < a^2 \le 13$이므로

$-13 \le -a^2 < -1$, $12 \le 25 - a^2 < 24$,

$$\frac{1}{2} \le \frac{25 - a^2}{24} < 1$$

$$\therefore \frac{1}{2} \le \cos A < 1$$

$0° < A < 180°$이므로 $0° < A \le 60°$

따라서 $\angle A$의 최댓값은 $60°$이다. (참)

정답 ㄱ. 참 ㄴ. 참 ㄷ. 참

• 잎 7-7

풀이
$$\triangle ABC = \frac{1}{2} \cdot \overline{AB} \cdot \overline{AC} \cdot \sin A = 18$$

$$\triangle ALM = \frac{1}{2} \cdot \overline{AL} \cdot \overline{AN} \cdot \sin A$$
$$= \frac{1}{2} \cdot \frac{2}{3}\overline{AB} \cdot \frac{1}{3}\overline{AC} \cdot \sin A$$
$$= \frac{2}{9} \cdot \overline{AB} \cdot \overline{AC} \cdot \sin A$$
$$= \frac{2}{9}\triangle ABC = 4$$

같은 방법으로

$$\triangle BML = \frac{1}{6}\triangle ABC = 3$$

$$\triangle CNM = \frac{1}{3}\triangle ABC = 6$$

$$\therefore \triangle LMN = \triangle ABC - (\triangle ALM + \triangle BML + \triangle CNM)$$
$$= 18 - (4 + 3 + 6) = 5$$

잎 7-8

풀이 1) $\overline{BC}^2 = b^2 + c^2 - 2bc\cos 60°$에서

$$3^2 = b^2 + c^2 - 2bc \cdot \frac{1}{2}$$
$$= b^2 + c^2 - bc$$
$$= (b+c)^2 - 3bc$$
$$9 = 6^2 - 3bc$$
$$\therefore bc = 9$$

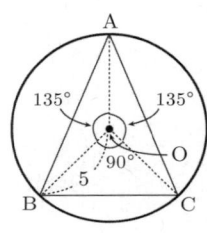

따라서

$$\triangle ABC = \frac{1}{2}bc\sin A$$
$$= \frac{1}{2} \cdot 9 \cdot \sin 60°$$
$$= \frac{9\sqrt{3}}{4}$$

2) 우측 그림과 같이 외접원의 중심을 O라 하면, 호의 길이는 중심 각의 크기에 비례 하므로

$$\angle AOB : \angle BOC : \angle COA = 3 : 2 : 3$$
$$\angle AOB = \frac{3}{3+2+3} \times 360° = 135°$$
$$\angle BOC = \frac{2}{3+2+3} \times 360° = 90°$$
$$\angle COA = \frac{3}{3+2+3} \times 360° = 135°$$

따라서

$$\triangle ABC = \triangle AOB + \triangle BOC + \triangle COA$$
$$= \frac{1}{2} \cdot 5^2 \cdot \sin 135°$$
$$+ \frac{1}{2} \cdot 5^2 \cdot \sin 90°$$
$$+ \frac{1}{2} \cdot 5^2 \cdot \sin 135°$$
$$= \frac{25\sqrt{2}}{4} + \frac{25}{2} + \frac{25\sqrt{2}}{4}$$
$$= \frac{25\sqrt{2} + 25}{2}$$

정답 1) $\dfrac{9\sqrt{3}}{4}$ 2) $\dfrac{25\sqrt{2}+25}{2}$

잎 7-9

풀이 $l = r\theta$, $S = \frac{1}{2}rl = \frac{1}{2}r^2\theta$을 여백에 적어놓고 문제를 푼다. (그래야 쓸 공식이 보인다) 활꼴의 넓이는 부채꼴 OAB에서 △OAB를 뺀 것과 같으므로

$$\frac{1}{2} \cdot r^2 \cdot \frac{\pi}{6} - \frac{1}{2} \cdot r \cdot r \cdot \sin\frac{\pi}{6}$$
$$= \frac{1}{12}(27 - 10\sqrt{2})(\pi - 3)$$
$$\frac{1}{2}r^2\left(\frac{\pi}{6} - \frac{1}{2}\right) = \frac{1}{12}(27 - 10\sqrt{2})(\pi - 3)$$

양변에 12를 곱하면

$$r^2(\pi - 3) = (27 - 10\sqrt{2})(\pi - 3)$$
$$\therefore r^2 = 27 - 10\sqrt{2}$$

정답 ⑤

잎 7-10

풀이 원의 지름에 대한 원주각은 90°이므로

$$\angle ADB = 90°,$$
$$\angle ACB = 90°$$

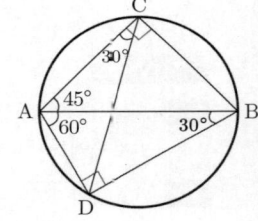

따라서 △ABD에서

$$\angle ABD = 90° - 60°$$
$$= 30°$$

또, 한 호에 대한 원주각의 크기가 같으므로

$$\angle ABD = \angle ACD = 30°$$

△CBD와 △CAD에서 $\overline{CD}$가 공통임을 이용하면

$$\triangle CBD = \frac{1}{2} \cdot \overline{CD} \cdot \overline{CB} \cdot \sin 60°$$
$$\triangle CAD = \frac{1}{2} \cdot \overline{CD} \cdot \overline{CA} \cdot \sin 30°$$
$$\frac{\triangle CBD}{\triangle CAD} = \frac{\frac{1}{2} \cdot \overline{CD} \cdot \overline{CB} \cdot \sin 60°}{\frac{1}{2} \cdot \overline{CD} \cdot \overline{CA} \cdot \sin 30°}$$
$$= \frac{\overline{CB}}{\overline{CA}} \cdot \sqrt{3}$$
$$= \tan 45° \cdot \sqrt{3} = \sqrt{3}$$

정답 ②

• 잎 7-11

풀이

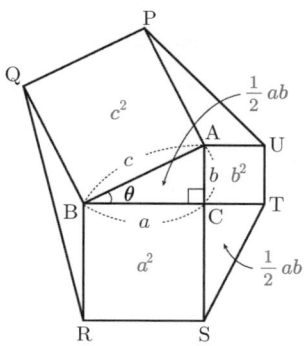

$\angle ABC = \theta$라 하면

$\angle BAC = \dfrac{\pi}{2} - \theta$, $\angle PAU = \dfrac{\pi}{2} + \theta$,

$\angle QBR = \pi - \theta$

$\sin\theta = \dfrac{b}{c}$, $\cos\theta = \dfrac{a}{c}$

i) $\triangle AUP = \dfrac{1}{2}bc\left\{\sin\left(\dfrac{\pi}{2} + \theta\right)\right\}$

$\qquad\quad = \dfrac{1}{2}bc\cos(-\theta)$

$\qquad\quad = \dfrac{1}{2}bc\cos\theta$

$\qquad\quad = \dfrac{1}{2}ab$

ii) $\triangle BQR = \dfrac{1}{2}ac\sin(\pi - \theta)$

$\qquad\quad = \dfrac{1}{2}ac\sin\theta$

$\qquad\quad = \dfrac{1}{2}ab$

$\triangle ABC = \dfrac{1}{2}ab$, $\triangle CST = \dfrac{1}{2}ab$

$\square APQB = c^2$, $\square BRSC = a^2$

$\square CTUA = b^2$

따라서 육각형 PQRSTU의 넓이는

$\dfrac{1}{2}ab + \dfrac{1}{2}ab + \dfrac{1}{2}ab + \dfrac{1}{2}ab + c^2 + a^2 + b^2$

$= 2ab + a^2 + b^2 + c^2$

$= 2ab + 2c^2 \ (\because a^2 + b^2 = c^2)$

$= 2(c^2 + ab)$

정답 ③

---

8 등차수열

풀이 줄기 문제

[줄기 2-1]

풀이 1) $a_1 = -7$, 공차를 d라 하면

$d = -4 - (-7) = 3$

$a_n = a_1 + (n-1)d$

$\quad = -7 + (n-1)\cdot 3$

$\quad = 3n - 10$

2) $a_4 = -1$, $a_9 = -11$, 공차를 d라 하면

$a_9 - a_4 = 5d = -10$ ∴ $d = -2$

$a_n = a_4 + (n-4)d$

$\quad = -1 + (n-4)\cdot(-2)$

$\quad = -2n + 7$

정답 1) $a_n = 3n - 10$ 2) $a_n = -2n + 7$

[줄기 2-2]

풀이 1) 공차를 d라 하면

$a_5 + a_7 = (a_1 + 4d) + (a_1 + 6d) = 40$

∴ $2a_1 + 10d = 40 \cdots$ ㉠

$a_{10} + a_{13} = (a_1 + 9d) + (a_1 + 12d) = 73$

∴ $2a_1 + 21d = 73 \cdots$ ㉡

㉠, ㉡을 연립하여 풀면

$a_1 = 5$, $d = 3$

∴ $a_{31} = a_1 + 30d = 5 + 30\cdot 3 = 95$

2) 공차를 d라 하면

$a_7 - a_{12} = -5d = 30$ ∴ $d = -6 \cdots$ ㉠

$a_6 = 4a_2$에서 $a_1 + 5d = 4(a_1 + d)$

$3a_1 - d = 0 \cdots$ ㉡

㉠, ㉡을 연립하여 풀면

$a_1 = -2$, $d = -6$

∴ $a_{16} = a_1 + 15d = -2 + 15\cdot(-6) = -92$

정답 1) $a_{31} = 95$ 2) $a_{16} = -92$

[줄기 2-3]

핵심 등차수열의 일반항 a_n은 n에 대한 일차식이고, *공차 d는 n의 계수이다.

풀이 1) $a_1 = \dfrac{5}{4}$, 공차 $d = \dfrac{3}{4} - \dfrac{5}{4} = -\dfrac{1}{2}$

i) $a_n = -\dfrac{1}{2}n + \bigstar$

ii) $\dfrac{5}{4} = \left(-\dfrac{1}{2}\right) \cdot 1 + \bigstar \ \left(\because a_1 = \dfrac{5}{4}\right)$

$\therefore \bigstar = \dfrac{7}{4}$

$\therefore a_n = -\dfrac{1}{2}n + \dfrac{7}{4}$

2) $a_2 = 4\sqrt{2}$, 공차 $d = \sqrt{2}$

i) $a_n = \sqrt{2}\,n + \bigstar$

ii) $4\sqrt{2} = \sqrt{2} \cdot 2 + \bigstar \ (\because a_2 = 4\sqrt{2})$

$\therefore \bigstar = 2\sqrt{2}$

$\therefore a_n = \sqrt{2}\,n + 2\sqrt{2}$

정답 1) $a_n = -\dfrac{1}{2}n + \dfrac{7}{4}$ 2) $a_n = \sqrt{2}\,n + 2\sqrt{2}$

[줄기 2-4]

풀이 1) $a_3 = 4$, $a_6 = 13$, 공차를 d라 하면

$a_6 - a_3 = 3d = 9 \quad \therefore d = 3$

$a_n = a_3 + (n-3)d$

$\quad = 4 + (n-3) \cdot 3$

$\quad = 3n - 5$

$\therefore 3n - 5 = 202 \quad \therefore n = 69$

2) 등차수열 $\{a_n\}$의 일반항 $a_n = 2n - 3$에서 공차를 d라 하면

$a_1 = 2 \cdot 1 - 3 = -1$, 공차 d는 n의 계수이므로 수열 $\{a_n\}$의 공차 $d = 2$

등차수열 $\{b_n\}$의 일반항 $b_n = -3n + 5$에서 공차를 d'이라 하면

$b_1 = -3 \cdot 1 + 5 = 2$, 공차 d'은 n의 계수이므로 수열 $\{b_n\}$의 공차 $d' = -3$

3) 공차를 d라 하면

$a_3 = -a_5$ (∵ 절댓값이 같고 부호가 반대)

$a_1 + 2d = -(a_1 + 4d)$

$2a_1 = -6d \quad \therefore a_1 = -3d \ \cdots \ \boxed{\scriptstyle ㄱ}$

$a_7 = 9$에서 $a_1 + 6d = 9 \ \cdots \ \boxed{\scriptstyle ㄴ}$

$\boxed{\scriptstyle ㄱ}$, $\boxed{\scriptstyle ㄴ}$을 연립하여 풀면 $a_1 = -9$, $d = 3$

$\therefore a_n = 3n - 12$

정답 1) 제 69 항
2) $a_1 = -1$, $d = 2$, $b_1 = 2$, $d' = -3$
3) $a_n = 3n - 12$

[줄기 2-5]

풀이 등차수열 $\{a_n\}$의 공차를 d라 하면

$a_5 + a_8 = (a_1 + 4d) + (a_1 + 7d) = 63$

$\therefore 2a_1 + 11d = 63 \ \cdots \ \boxed{\scriptstyle ㄱ}$

이때 $a_3 + a_7 = 3a_5$이므로

$(a_1 + 2d) + (a_1 + 6d) = 3(a_1 + 4d)$

$2a_1 + 8d = 3a_1 + 12d$

$\therefore a_1 = -4d \ \cdots \ \boxed{\scriptstyle ㄴ}$

$\boxed{\scriptstyle ㄱ}$, $\boxed{\scriptstyle ㄴ}$을 연립하여 풀면 $a_1 = -84$, $d = 21$

$\therefore a_n = 21n + (\text{상수}) \ (\because d = 21)$

$\therefore a_n = 21n - 105 \ (\because a_1 = -84)$

$\therefore a_{10} = 21 \cdot 10 - 105 = 105$

정답 105

[줄기 2-6]

풀이 등차수열을 $\{a_n\}$이라 할 때, 공차를 d라 하면

$d = -34 - (-38) = 4$

i) $a_n = 4n + (\text{상수})$

ii) $-38 = 4 \cdot 1 + (\text{상수}) \ (\because a_1 = -38)$

$\therefore (\text{상수}) = -42$

$\therefore a_n = 4n - 42$

제 n 항에서 처음으로 20보다 커진다고 하면

$a_n = 4n - 42 > 20$

$4n > 62, \quad n > \dfrac{31}{2} \quad \therefore n > 15.5$

n은 자연수이므로 n의 최솟값은 16이다.

따라서 제 16 항에서 처음으로 20보다 커진다.

정답 제 16 항

[줄기 2-7]

풀이 방정식 $x^3-9x^2+26x+k=0$의 세 근을 각각 $a-d$, a, $a+d$로 놓으면 삼차방정식의 근과 계수의 관계에 의하여

$(a-d)+a+(a+d)=9$, $3a=9$ $\therefore a=3$

따라서 한 근이 3이므로 $x=3$을 주어진 방정식에 대입하면

$3^3-9 \cdot 3^2+26 \cdot 3+k=0$

$27-81+78+k=0$, $k+24=0$

$\therefore k=-24$

정답 -24

[줄기 2-8]

풀이 등차수열 -2, x_1, x_2, x_3, $\cdots$, x_n, 34에서 첫째항이 -2, 제$(n+2)$ 항이 34, 공차가 3이므로 제$(n+2)$ 항은

$34=-2+(n+1) \cdot 3$

$36=(n+1) \cdot 3$, $12=n+1$

$\therefore n=11$

정답 11

[줄기 3-1]

풀이 등차수열을 $\{a_n\}$, 공차를 d, 끝항을 l, 첫째항부터 제n 항까지의 합을 S_n이라 하면

1) $a_1=-5$, $d=2$, $n=10$이므로

$$S_{10}=\frac{10\{2 \cdot(-5)+(10-1) \cdot 2\}}{2}=40$$

2) $a_1=-7$, $l=17$, $n=13$이므로

$$S_{13}=\frac{13(-7+17)}{2}=65$$

3) $a_1=1$, $l=(n-1)$, 항수 : $n-1$개이므로

$$S_{n-1}=\frac{(n-1)\{1+(n-1)\}}{2}$$

$$=\frac{(n-1)n}{2}=\frac{n(n-1)}{2}$$

정답 1) 40 2) 65 3) $\dfrac{n(n-1)}{2}$

[줄기 3-2]

풀이 1) $S_5=50$, $S_{10}=200$

$S_5=50$에서 $\dfrac{5\{2a_1+(5-1)d\}}{2}=50$

$\therefore a_1+2d=10 \cdots \bigcirc$

$S_{10}=200$에서 $\dfrac{10\{2a_1+(10-1)d\}}{2}=200$

$\therefore 2a_1+9d=40 \cdots \bigcirc$

$\bigcirc$, $\bigcirc$을 연립하여 풀면 $a_1=2$, $d=4$

$\therefore S_{20}=\dfrac{20\{2 \cdot 2+(20-1) \cdot 4\}}{2}=800$

2) $a_1=3$, $S_{2n}=4S_n$

$S_{2n}=4S_n$에서

$$\frac{2n\{2a_1+(2n-1)d\}}{2}=4 \cdot \frac{n\{2a_1+(n-1)d\}}{2}$$

$2a_1+2nd-d=4a_1+2nd-2d$

$d=2a_1$ $\therefore d=2 \cdot 3=6$

정답 1) 800 2) 6

[줄기 3-3]

풀이 1) 공차가 -2, 첫째항이 -4이고 -34는 제$(n+2)$ 항이므로

$-34=-4+(n+1) \cdot(-2)$

$(n+1) \cdot(-2)=-30$

$n+1=15$ $\therefore n=14$

따라서 전체 항의 개수는 $n+2$이므로 16이다.

2) 공차를 d라 할 때, 첫째항은 -4이고 50은 제10 항이므로 $50=-4+9d$

$\therefore d=6$

또 첫째항이 -4, 끝항이 50, 항수는 10인 등차수열의 합은 $\dfrac{10 \cdot\{(-4)+50\}}{2}=230$

3) 첫째항이 4, 끝항이 -14이고 항수는 $n+2$인 등차수열의 합이 -95이므로

$\dfrac{(n+2)\{4+(-14)\}}{2}=-95$ $\therefore n=17$

따라서 -14는 제19 항이므로

$-14=4+18d$ $\therefore d=-1$

정답 1) 16

2) 공차 : 6, 합 : 230

3) $n=17$, $d=-1$

[줄기 3-4]

풀이 $a_1=-25$, $d=3$ $\therefore a_n=3n-28$

1) $3n-28>0$, $n>\dfrac{28}{3}$ $\therefore n>9.\times\times\times$

따라서 제 10 항에서 처음으로 양수가 된다.

($\because n$은 자연수)

강추 방법 I 2) 1)번에서 제 10 항부터 양수가 나오므로 제 9 항까지의 합이 최소가 된다.

비추 방법 II 2) $S_n=\dfrac{n\{2\cdot(-25)+(n-1)\cdot3\}}{2}$

$=\dfrac{n(3n-53)}{2}=\dfrac{1}{2}(3n^2-53n)$

$=\dfrac{3}{2}\left(n^2-\dfrac{53}{3}n\right)$

$=\dfrac{3}{2}\left(n-\dfrac{53}{6}\right)^2-\dfrac{3\cdot53^2}{72}$

$\therefore n=\dfrac{53}{6}$ 일 때 최솟값 $-\dfrac{3\cdot53^2}{72}$ 이지만

n은 자연수이므로 대칭축 $n=\dfrac{53}{6}$에 가장

가까운 항에서 최솟값을 갖는다.

$\dfrac{48}{6}$ (제 8 항), $\dfrac{53}{6}$, $\dfrac{54}{6}$ (제 9 항)

$\therefore$ 제 9 항까지의 합이 최소가 된다.

3) $S_n=\dfrac{n\{2\cdot(-25)+(n-1)\cdot3\}}{2}>0$

$n(3n-53)>0$

$n<0$ 또는 $n>\dfrac{53}{3}=17.\times\times\times$

($\because n$은 자연수)

따라서 제 18 항까지의 합이 처음으로 양수가 된다.

정답 1) 제 10 항 2) 제 9 항 3) 제 18 항

[줄기 4-1]

풀이 1) $S_n=5n^2-n-108$이 n에 대한 이차식이 므로 수열 $\{a_n\}$은 등차수열이다. 따라서 공차를 d라 하면

$d=5\times2=10$

(상수항)$\neq0$이므로 0순위가 아닌 둘째항 부터 등차수열이다. ($n\geq2$)

$a_2=S_2-S_1=(-90)-(-104)=14$

$\therefore a_n=10n+☆=10n-6$ ($\because a_2=14$)

$a_1=S_1=5\cdot1^2-1-108=-104$

$\therefore a_1=-104$, $a_n=10n-6$ ($n\geq2$)

이때, $a_n<45$이려면

$10n-6<45$, $10n<51$ $\therefore n<5.1$

따라서 n의 최댓값은 5이다. ($\because n$은 자연수)

2) $S_n=n^2+1$이 n에 대한 이차식이므로 수열 $\{a_n\}$은 등차수열이다. 따라서 공차를 d라 하면

$d=1\times2=2$

(상수항)$\neq0$이므로 0순위가 아닌 둘째항 부터 등차수열이다. ($n\geq2$)

$a_2=S_2-S_1=5-2=3$

$\therefore a_n=2n+☆=2n-1$ ($\because a_2=3$)

$a_1=S_1=1^2+1=2$

$\therefore a_1=2$, $a_n=2n-1$ ($n\geq2$)

이때, $a_n>100$이려면

$2n-1>100$, $2n>101$ $\therefore n>50.5$

따라서 n의 최솟값은 51이다. ($\because n$은 자연수)

3) $S_n=3n^2-2n-1$에서 '이차항의 계수와 차수의 곱'이 공차이므로

$d=3\times2=6$

$a_{15}=S_{15}-S_{14}$

$=(3\cdot15^2-2\cdot15-1)$

$\qquad -(3\cdot14^2-2\cdot14-1)$

$=3\cdot(15^2-14^2)-2\cdot(15-14)$

$=3\cdot(15-14)(15+14)-2\cdot1$

$=3\cdot29-2=87-2=85$

정답 1) 5 2) 51 3) $d=6$, $a_{15}=85$

[줄기 4-2]

풀이 $S_n = -3n^2 + n$이 n에 대한 이차식이므로 수열 $\{a_n\}$은 등차수열이다. 따라서 공차를 d라 하면

$d = (-3) \times 2 = -6$

(상수항)=0이므로 0순위인 첫째항부터 등차수열을 이룬다. $(n \geq 1)$

$a_1 = S_1 = -3 + 1 = -2$

$\therefore a_n = -6n + 4$

1) $a_1 + a_3 + a_5 + \cdots + a_{19}$

$= \dfrac{10(a_1 + a_{19})}{2}$

$= \dfrac{10(-2 - 110)}{2} = 10(-56) = -560$

2) $a_2 + a_4 + a_6 + \cdots + a_{20}$

$= \dfrac{10(a_2 + a_{20})}{2}$

$= \dfrac{10(-8 - 116)}{2} = 10(-62) = -620$

정답 1) -560　2) -620

[줄기 4-3]

풀이 1) 공차를 d라 하면

$a_1 + a_2 + a_3 + \cdots + a_{10} = 80$에서

$\dfrac{10(a_1 + a_{10})}{2} = \dfrac{10\{a_1 + (a_1 + 9d)\}}{2}$

$\qquad = 10a_1 + 45d = 80 \cdots \bigcirc$

$a_{11} + a_{12} + a_{13} + \cdots + a_{20} = 280$에서

$\dfrac{10(a_{11} + a_{20})}{2} = \dfrac{10\{(a_1 + 10d) + (a_1 + 19d)\}}{2}$

$\qquad = 10a_1 + 145d = 280 \cdots \bigcirc$

$\bigcirc$, $\bigcirc$을 연립하여 풀면 $a_1 = -1$, $d = 2$

$a_{21} + a_{22} + a_{23} + \cdots + a_{40}$

$= \dfrac{20(a_{21} + a_{40})}{2}$

$= \dfrac{20(a_1 + 20d + a_1 + 39d)}{2}$

$= 20a_1 + 590d$

$= 20 \cdot (-1) + 590 \cdot 2 = 1160$

2) 공차를 d라 하면

$S_5 = \dfrac{5\{2a_1 + (5-1)d\}}{2} = -5$

$\therefore a_1 + 2d = -1 \cdots \bigcirc$

$S_{20} = \dfrac{20\{2a_1 + (20-1)d\}}{2} = -320$

$\therefore 2a_1 + 19d = -32 \cdots \bigcirc$

$\bigcirc$, $\bigcirc$을 연립하여 풀면

$a_1 = 3$, $d = -2$

$a_6 + a_7 + a_8 + \cdots + a_{25}$

$= \dfrac{20(a_6 + a_{25})}{2}$

$= \dfrac{20(a_1 + 5d + a_1 + 24d)}{2}$

$= 20a_1 + 290d$

$= 20 \cdot 3 + 290 \cdot (-2) = -520$

정답 1) 1160　2) -520

✏️ 풀이 잎 문제

● 잎 8-1

풀이 공차를 d라 하면

$a_6 - a_4 = 2d = 4$ $\therefore d = 2$

$a_{10} = a_3 + 7d = 5 + 7 \cdot 2 = 19$

정답 19

● 잎 8-2

풀이 네 수 1, x, y, z가 등차수열을 이루므로 공차를 d라 하면

첫째항 : 1

제 2 항 : $x = 1 + d$

제 3 항 : $y = 1 + 2d$

제 4 항 : $z = 1 + 3d$

$6x + z = 5y$에서

$6(1 + d) + (1 + 3d) = 5(1 + 2d)$

$6 + 6d + 1 + 3d = 5 + 10d$ $\therefore d = 2$

따라서 $x = 3$, $y = 5$, $z = 7$이므로

$x + y + z = 3 + 5 + 7 = 15$

정답 15

● 잎 8-3

핵심 $|\bigcirc| = |\square|$일 때 ⇨ 2가지 경우가 있다.

i) $\bigcirc = \square$, 즉 $\bigcirc$와 $\square$이 부호까지 같을 때

ii) $\bigcirc = -\square$, 즉 $\bigcirc$와 $\square$이 부호만 다를 때

풀이 공차가 6이므로

$|a_2 - 3| = |a_3 - 3|$이므로

$|(a_1 + 6) - 3| = |(a_1 + 2 \cdot 6) - 3|$

$|a_1 + 3| = |a_1 + 9|$

i) $a_1 + 3 = a_1 + 9$일 때

    $3 \neq 9$ $\therefore a_1$이 존재하지 않는다.

ii) $a_1 + 3 = -(a_1 + 9)$일 때

    $2a_1 = -12$ $\therefore a_1 = -6$

따라서 $a_5 = -6 + 4 \cdot 6 = 18$

정답 ②

● 잎 8-4

풀이 공차를 d라 하면

$a_2 - a_3 + a_4 - a_5 + a_6$

$= (a_2 - a_3) + (a_4 - a_5) + a_6$

$= -d + (-d) + a_6$

$= -d - d + a_1 + 5d$

$= a_1 + 3d$

이때, $a_1 + 3d = 15$ ···㉠이므로

$a_1 = a$, $d = a + 1$을 ㉠에 대입하면

$a + 3(a + 1) = 15$ $\therefore a = 3$

$\therefore a_7 = a_1 + 6d = a + 6(a + 1)$

        $= 7a + 6 = 7 \cdot 3 + 6 = 27$

정답 27

● 잎 8-5

풀이 $a_1 = 3$, $a_n = 3d$ (d는 공차)

$a_n = a_1 + (n-1)d$에서 $3 + (n-1)d = 3d$

    $\therefore (n-4)d = -3$

이때, n, d가 모두 자연수이므로 위 식을 만족하려면

i) $d = 1$일 때, $n - 4 = -3$ $\therefore n = 1$

ii) $d = 3$일 때, $n - 4 = -1$ $\therefore n = 3$

따라서 모든 자연수 d의 값의 합은

$1 + 3 = 4$

정답 ②

● 잎 8-6

풀이 등차수열 $\{a_n\}$의 공차를 d라 하면

$a_3 + a_5 = 36$에서 $(a_1 + 2d) + (a_1 + 4d) = 36$

    $\therefore a_1 + 3d = 18$ ···㉠

$a_2 a_4 = 180$에서 $(a_1 + d)(a_1 + 3d) = 180$

    $\therefore (a_1 + d) \cdot 18 = 180$ ($\because$ ㉠)

    $\therefore a_1 + d = 10$ ···㉡

㉠과 ㉡을 연립하여 풀면 $a_1 = 6$, $d = 4$

    $\therefore a_n = 4n + 2$

이때, $a_n < 100$이려면

$4n+2<100,\quad 4n<98\qquad \therefore n<24.5$

따라서 n의 최댓값은 24이다. ($\because n$은 자연수)

정답 24

잎 8-7

핵심

$2a_{n+1}=a_n+a_{n+2}\Leftrightarrow a_{n+1}=\dfrac{a_n+a_{n+2}}{2}$

$\therefore a_{n+1}$은 등차중항이다.

$\therefore \{a_n\}$은 등차수열이다.

풀이 $2a_{n+1}=a_n+a_{n+2}$이므로 $\{a_n\}$은 등차수열!

이때, 공차를 d라 하면

$a_9-a_3=6d=12\qquad \therefore d=2$

$a_n=2n+(\text{상수})\ (\because d=2)$

$a_n=2n+1\ (\because a_3=7)$

정답 $a_n=2n+1$

잎 8-8

풀이 $a_1=1$, 공차를 d라 하면

$a_2+a_4=2(a_5-4)$에서

(좌변): $a_2+a_4=(a_1+d)+(a_1+3d)$

$\qquad\qquad =2+4d\ (\because a_1=1)$

(우변): $2(a_5-4)=2(a_1+4d-4)$

$\qquad\qquad\quad =-6+8d\ (\because a_1=1)$

(좌변)=(우변)에서

$2+4d=-6+8d\qquad \therefore d=2$

첫째항부터 제n항까지의 합을 S_n이라 하면

$S_{10}=\dfrac{10\{2\cdot1+(10-1)\cdot2\}}{2}=100$

정답 100

잎 8-9

풀이 $a_1=2$, 공차를 d라 하면

$a_4-a_2=2d=4\qquad \therefore d=2$

$S_{20}=\dfrac{20\{2\cdot2+(20-1)\cdot2\}}{2}=420$

$S_{10}=\dfrac{10\{2\cdot2+(10-1)\cdot2\}}{2}=110$

$\therefore S_{20}-S_{10}=420-110=310$

정답 310

잎 8-10

풀이 수열 $\{a_n\}$, $\{b_n\}$이 각각 등차수열이므로

$(a_1+a_2+a_3+\cdots+a_{10})=\dfrac{10(a_1+a_{10})}{2}$

$\qquad\qquad\qquad\qquad\qquad =5(a_1+a_{10})$

$(b_1+b_2+b_3+\cdots+b_{10})=\dfrac{10(b_1+b_{10})}{2}$

$\qquad\qquad\qquad\qquad\qquad =5(b_1+b_{10})$

$5(a_1+a_{10})+5(b_1+b_{10})=500$

$\therefore (a_1+b_1)+(a_{10}+b_{10})=100$

$a_1+b_1=45$이므로

$45+(a_{10}+b_{10})=100\qquad \therefore a_{10}+b_{10}=55$

정답 55

잎 8-11

핵심 등차수열의 합 $S_n=\dfrac{n\{(\text{첫째항})+(\text{끝항})\}}{2}$

풀이 등차수열 $1,\ a_1,\ a_2,\ \cdots,\ a_n,\ 2$에서 첫째항은

1, 끝항은 2, 전체 항의 개수는 $n+2$이므로

$S_{n+2}=\dfrac{(n+2)(1+2)}{2}=24$

$(n+2)\cdot3=48,\quad n+2=16\qquad \therefore n=14$

정답 ④

• 잎 8-12

핵심 두 수 사이에 수를 넣어 만든 수열
⇨ 두 수가 첫째항과 끝항이 된다. 이것이
   key이다.

풀이 1과 2 사이에 n개의 수를 넣은

$1, a_1, a_2, \cdots, a_n, 2$가 등차수열을 이룬다.

첫째항이 1, 2는 제 $(n+2)$ 항이므로

$2 = 1 + (n+1)d$ ∴ $d = \dfrac{1}{n+1}$

따라서 제 $(n-1)$ 항은

$1 + (n-2)d = 1 + \dfrac{n-2}{n+1} = \dfrac{2n-1}{n+1}$

정답 ②

• 잎 8-13

풀이 1) $a_1 + a_{10} = a_3 + a_8 = 16$ (∵ p.217 참고)
     합 11   합 11

$S_{10} = \dfrac{10(a_1 + a_{10})}{2} = \dfrac{10 \cdot 16}{2} = 80$

2) $a_1 + a_{15} = a_5 + a_{11} = k$로 놓으면
   합 16   합 16

$(a_1 + a_{15}) + (a_5 + a_{11}) = k + k = 52$

∴ $k = 26$

$a_1 + a_2 + a_3 + \cdots + a_{15}$

$= \dfrac{15(a_1 + a_{15})}{2}$

$= \dfrac{15k}{2} = \dfrac{15 \cdot 26}{2} = 195$

정답 1) 80   2) 195

• 잎 8-14

풀이 1) $S_9 = \dfrac{9(a_1 + a_9)}{2} = 9\left(\dfrac{a_1 + a_9}{2}\right)$

방법 I
$= 9 \cdot a_5$ (∵ p.215 익히는 방법)

$= 9 \cdot 7 = 63$

1) $a_1 + a_9 = a_5 + a_5 = 2 \cdot a_5 = 14$ (∵ p.217)
방법 II 합 10   합 10   참고

$S_9 = \dfrac{9(a_1 + a_9)}{2} = \dfrac{9 \cdot 14}{2} = 63$

2) $a_3 + a_6 + a_9 + \cdots + a_{27}$

방법 I
$= \dfrac{9(a_3 + a_{27})}{2} = 9\left(\dfrac{a_3 + a_{27}}{2}\right)$

$= 9 \cdot a_{15}$ (∵ p.215 익히는 방법)

$= 9 \cdot 8 = 72$

2) $a_3 + a_{27} = a_{15} + a_{15} = 2 \cdot a_{15} = 16$ (∵ p.217)
방법 II 합 30   합 30   참고

$a_3 + a_6 + a_9 + \cdots + a_{27}$

$= \dfrac{9(a_3 + a_{27})}{2} = \dfrac{9 \cdot 16}{2} = 72$

정답 1) 63   2) 72

• 잎 8-15

풀이 1) $a_3 = -15$, $a_{12} = 3$, 공차를 d라 하면

$a_{12} - a_3 = 9d = 18$ ∴ $d = 2$

∴ $a_n = 2n - 21$

$a_n < 0$에서 $2n - 21 < 0$

∴ $n < \dfrac{21}{2} = 10.5$

따라서 첫째항부터 제10 항까지 음수이고,
제11 항부터 양수이므로

$|a_1| + |a_2| + |a_3| + \cdots + |a_{20}|$

$= -(a_1 + a_2 + \cdots + a_{10}) + (a_{11} + a_{12} + \cdots + a_{20})$

$= -\dfrac{10(a_1 + a_{10})}{2} + \dfrac{10(a_{11} + a_{20})}{2}$

※ $a_n = 2n - 21$에서 $a_1 = -19$, $a_{10} = -1$,
                      $a_{11} = 1$, $a_{20} = 19$

$= -\dfrac{10(-19-1)}{2} + \dfrac{10(1+19)}{2}$

$= 100 + 100 = 200$

2) $S_n = -\dfrac{3}{2}n^2 + \dfrac{29}{2}n$이 n에 대한 이차식이

므로 수열 $\{a_n\}$은 등차수열이다. 따라서
공차를 d라 하면

$d = -\dfrac{3}{2} \times 2 = -3$

(상수항)$=0$이므로 0순위인 첫째항부터
등차수열을 이룬다. $(n \geq 1)$

$a_1 = S_1 = -\dfrac{3}{2} \cdot 1^2 + \dfrac{29}{2} = 13$

$\therefore a_n = -3n + 16$

$a_n < 0$에서 $-3n + 16 < 0$

$\therefore n > \dfrac{16}{3} = 5.\times\times\times$

따라서 첫째항부터 제5항까지 양수이고,
제6항부터 음수이므로

$|a_1| + |a_2| + |a_3| + \cdots + |a_{20}|$

$= (a_1 + a_2 + \cdots + a_5) - (a_6 + a_7 + \cdots + a_{20})$

$= \dfrac{5(a_1 + a_5)}{2} - \dfrac{15(a_6 + a_{20})}{2}$

$= 5 \cdot a_3 - 15 \cdot a_{13} \ (\because p.214)$

※ $a_n = -3n + 16$에서 $a_3 = 7$, $a_{13} = -23$

$= 5 \cdot 7 - 15 \cdot (-23)$

$= 35 + 345 = 380$

정답 1) 200　　2) 380

● **잎 8-16**

풀이　$a_9 = S_9 - S_8 = (2^9 - 1) - (2^8 - 1)$

　　　$= 2^9 - 2^8 = 2^8(2 - 1) = 2^8 = 16^2 = 256$

참고　$16^2 = \underline{256} \quad (6 \cdot \underline{25}\text{전쟁})$

정답 256

● **잎 8-17**

풀이　$a_1 = 18$, $S_9 = 18$

　　　$S_9 = 18$에서 $\dfrac{9\{2 \cdot 18 + (9 - 1)d\}}{2} = 18$

　　　$18 + 4d = 2 \quad \therefore d = -4$

　　　따라서 $a_n = -4n + 22$

방법 I　$a_n = -4n + 22 < 0, \quad n > \dfrac{11}{2} \quad \therefore n > 5.5$

따라서 제6항에서 처음으로 음수가 된다.

$\therefore$ 제5항까지의 합이 최대가 된다.

방법 II　$a_n = -4n + 22 > 0, \quad n < \dfrac{11}{2} \quad \therefore n < 5.5$

따라서 첫째항부터 제5항까지는 양수가 된다.

$\therefore$ 제5항까지의 합이 최대가 된다.

방법 III (비추)　$S_n = \dfrac{n\{2 \cdot 18 + (n - 1) \cdot (-4)\}}{2}$

　　　$= n(-2n + 20) = -2n^2 + 20n$

　　　$= -2(n^2 - 10n) = -2(n - 5)^2 + 50$

$\therefore n = 5$일 때, 최댓값 50

따라서 제5항까지의 합이 최대가 된다.

정답 제5항

● **잎 8-18**

방법 I　$S_n = n^2 + n$이 n에 대한 이차식이므로 수열
$\{a_n\}$은 등차수열이다. 따라서 공차를 d라
하면

$d = 1 \times 2 = 2$

(상수항) $= 0$이므로 0순위인 첫째항부터
등차수열을 이룬다. $(n \geq 1)$

$a_1 = S_1 = 1^2 + 1 = 2$

$\therefore a_n = 2n \qquad \therefore a_{47} = 2 \cdot 47 = 94$

방법 II　$a_{47} = S_{47} - S_{46}$

　　　$= (47^2 + 47) - (46^2 + 46)$

　　　$= (47^2 - 46^2) + (47 - 46)$

　　　$= (47 - 46)(47 + 46) + (47 - 46)$

　　　$= 1 \cdot 93 + 1 = 94$

정답 94

● **잎 8-19**

방법 I　$S_n = n^2 + kn + 1$은 $^\star S_n = n^2 + kn$과 같은 꼴
의 일반항 a_n을 가지므로

$S_n = n^2 + kn$에서 일반항 a_n을 구하면

$d = 1 \times 2 = 2$

$a_1 = S_1 = 1 + k \qquad \therefore a_n = 2n + k - 1$

$S_n = n^2 + kn + 1$은 둘째항부터 등차수열을 이
루므로 $(n \geq 2)$

$a_1 = S_1 = k + 2$, $a_n = 2n + k - 1 \ (n \geq 2)$

$\therefore a_{10} = 20 + k - 1 = 17 \qquad \therefore k = -2$

$\therefore a_1 = 0$

$\therefore a_1 + k = 0 + (-2) = -2$

방법 Ⅱ
「강추」
$a_{10} = S_{10} - S_9$

$\qquad = (10k + 101) - (9k + 82)$

$\qquad = k + 19 = 17$

$\therefore k = -2$

$a_1 = S_1 = 1^2 - 2 + 1 = 0$

$\therefore a_1 + k = 0 + (-2) = -2$

정답 -2

잎 8-20

주의 $S_n = n^2 + 2^n$에서 2^n이 있으므로 S_n은 n에 대한 이차식이 아니다.
따라서 수열 $\{a_n\}$은 등차수열이 아니다.

풀이 $S_n = n^2 + 2^n$일 때,

$a_1 = S_1 = 1^2 + 2^1 = 3$

$a_5 = S_5 - S_4$

$\qquad = (5^2 + 2^5) - (4^2 + 2^4)$

$\qquad = (25 + 32) - (16 + 16) = 25$

정답 ②

잎 8-21

풀이 $\{S_{2n-1}\}$, 즉 $S_1, \ S_3, \ S_5, \cdots, \ S_{2n-1}, \cdots$
인 수열은 공차가 -3인 등차수열이므로 수열 $\{S_{2n-1}\}$을 수열 $\{A_n\}$이라 놓으면
$A_1, \ A_2, \ A_3, \cdots, \ A_n, \cdots$ 인 수열 $\{A_n\}$은 공차가 -3인 등차수열이다. 따라서
$A_n = A_1 + (n-1) \cdot (-3)$

$\qquad = S_1 - 3n + 3 \ (\because A_1 = S_1)$

$\therefore S_{2n-1} = S_1 - 3n + 3 \ (\because A_n = S_{2n-1})$

$\{S_{2n}\}$, 즉 $S_2, \ S_4, \ S_6, \cdots, \ S_{2n}, \cdots$인 수열
은 공차가 2인 등차수열이므로 수열 $\{S_{2n}\}$을 수열 $\{B_n\}$이라 놓으면
$B_1, \ B_2, \ B_3, \cdots, \ B_n, \cdots$인 수열 $\{B_n\}$은 공차가 2인 등차수열이다. 따라서
$B_n = B_1 + (n-1) \cdot 2$

$\qquad = S_2 + 2n - 2 \ (\because B_1 = S_2)$

$\therefore S_{2n} = S_2 + 2n - 2 \ (\because B_n = S_{2n})$

따라서 $a_8 = S_8 - S_7$

$\qquad = (S_2 + 2 \cdot 4 - 2) - (S_1 - 3 \cdot 4 + 3)$

$\qquad = S_2 - S_1 + 15$

$\qquad = a_2 + 15 = 16$

정답 16

CHAPTER
본문 p.229

9 등비수열

풀이 **줄기 문제**

[줄기 1-1]

풀이 1) $a_1 + a_3 = 10$에서 $a_1 + a_1 r^2 = 10$

$\qquad \therefore a_1(1 + r^2) = 10 \ \cdots \㉠$

$\qquad a_3 + a_5 = 160$에서 $a_1 r^2 + a_1 r^4 = 160$

$\qquad \therefore a_1 r^2 (1 + r^2) = 160 \ \cdots \㉡$

$\qquad ㉡ \div ㉠$을 하면 $r^2 = 16 \qquad \therefore r = \pm 4$

2) $a_n = 5 \cdot 3^{2n-1}$에서

$\qquad a_1 = 5 \cdot 3^{2 \cdot 1 - 1} = 5 \cdot 3 = 15$

$\qquad a_2 = 5 \cdot 3^{2 \cdot 2 - 1} = 5 \cdot 3^3 = 135$

$\qquad \therefore r = \dfrac{a_2}{a_1} = \dfrac{135}{15} = 9$

정답 1) $r = \pm 4$ 2) $a_1 = 15, \ r = 9$

[줄기 1-2]

풀이 1) $a_2 = -3$, $a_5 = 81$, 공비를 r이라 하면

$$\frac{a_5}{a_2} = r^3 = -27 \qquad \therefore r = -3$$

$$\therefore a_n = a_2 r^{n-2} = -3 \cdot (-3)^{n-2} = (-3)^{n-1}$$

$$\therefore a_{10} = (-3)^{10-1} = (-3)^9 = -3^9$$

2) 공비를 r이라 하면

$$a_2 - a_5 = a_1 r - a_1 r^4$$
$$= a_1 r(1 - r^3) = -36 \cdots \text{㉠}$$
$$a_2 + a_3 + a_4 = a_1 r + a_1 r^2 + a_1 r^3$$
$$= a_1 r(1 + r + r^2) = -12 \cdots \text{㉡}$$

㉠÷㉡을 하면

$$\frac{a_1 r(1-r^3)}{a_1 r(1+r+r^2)} = \frac{(1-r)(1+r+r^2)}{(1+r+r^2)}$$
$$= 1 - r = 3$$

$$\therefore r = -2$$

이것을 ㉠에 대입하면

$$a_1 \cdot (-2)(1+8) = -36 \qquad \therefore a_1 = 2$$

$$\therefore a_{10} = a_1 r^9 = 2 \cdot (-2)^9 = -2^{10} = -1024$$

정답 1) $a_{10} = -3^9$ 2) -1024

[줄기 1-3]

풀이 공비를 r이라 하면 $\dfrac{a_n}{a_{n-1}} = \dfrac{1}{3}$ $(n \geq 2)$에서

$$\frac{a_2}{a_1} = \frac{a_3}{a_2} = \frac{a_4}{a_3} = \cdots = \frac{a_n}{a_{n-1}} = \frac{1}{3} \quad \therefore r = \frac{1}{3}$$

따라서 $a_n = 2 \cdot \left(\dfrac{1}{3}\right)^{n-1}$ $\underline{(n \geq 1)}$

($\underline{n \geq 1}$인 이유 : $\dfrac{a_2}{a_①} = \dfrac{a_3}{a_2} = \cdots = \dfrac{1}{3}$이므로)

정답 $a_n = 2 \cdot \left(\dfrac{1}{3}\right)^{n-1}$

[줄기 1-4]

풀이 공비가 -2, 첫째항이 -3,
-192는 제 $(n+2)$ 항이므로

$$-192 = -3 \cdot (-2)^{n+1}$$
$$(-2)^{n+1} = 64$$
$$(-2)^{n+1} = (-2)^6$$
$$n + 1 = 6 \qquad \therefore n = 5$$

따라서 전체 항의 개수는 $n+2$이므로 7개

정답 7개

[줄기 1-5]

풀이 공비를 r이라 할 때, 첫째항은 5이고
30은 제 22 항이므로

$$30 = 5r^{21} \qquad \therefore r^{21} = 6$$

이때, a_1, a_{20}은 각각 제 2항, 제 21 항이므로

$$a_1 = 5r, \quad a_{20} = 5r^{20}$$

$$\therefore a_1 a_{20} = (5r) \cdot (5r^{20}) = 25 \cdot r^{21} = 25 \cdot 6 = 150$$

정답 150

[줄기 1-6]

풀이 $x+3$은 $x+2$와 x의 등비중항이므로

$$(x+3)^2 = x(x+2)$$
$$x^2 + 6x + 9 = x^2 + 2x, \quad 4x = -9$$
$$\therefore x = -\frac{9}{4}$$

정답 $-\dfrac{9}{4}$

[줄기 1-7]

풀이 $2x$는 $x+1$과 $2x+3$의 등비중항이므로

$$(2x)^2 = (x+1)(2x+3)$$
$$4x^2 = 2x^2 + 5x + 3, \quad 2x^2 - 5x - 3 = 0,$$
$$(2x+1)(x-3) = 0$$
$$\therefore x = 3 \, (\because x > 0)$$

따라서 주어진 등비수열은 $4, 6, 9, \cdots$이므로

$$a_1 = 4, \quad r = 6 \div 4 = \frac{3}{2} \qquad \therefore a_5 = 4 \cdot \left(\frac{3}{2}\right)^4$$

정답 $\dfrac{81}{4}$

[줄기 1-8]

풀이 주어진 곡선과 직선의 교점의 x좌표는
삼차방정식 $x^3-2x^2+2x=x+k$, 즉
$x^3-2x^2+x-k=0$의 세 실근이다.
세 근이 등비수열이므로 세 근을 a, ar, ar^2으로
놓으면 근과 계수의 관계에서

i) $a+ar+ar^2=2$ $\therefore a(1+r+r^2)=2$ $\cdots\text{㉠}$

ii) $a\cdot ar+ar\cdot ar^2+ar^2\cdot a=1$
    $\therefore a^2r(1+r+r^2)=1$ $\cdots\text{㉡}$

iii) $a\cdot ar\cdot ar^2=k$ $\therefore (ar)^3=k$ $\cdots\text{㉢}$

㉡÷㉠을 하면 $ar=\dfrac{1}{2}$

$ar=\dfrac{1}{2}$을 ㉢에 대입하면 $\left(\dfrac{1}{2}\right)^3=k$ $\therefore k=\dfrac{1}{8}$

정답 $\dfrac{1}{8}$

[줄기 1-9]

풀이

 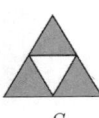 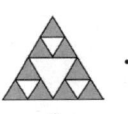 $\cdots$
$\qquad S_1 \qquad\quad S_2 \qquad \cdots$

한 변의 길이가 2인 정삼각형의 넓이는
$\dfrac{\sqrt{3}}{4}\cdot 2^2=\sqrt{3}$ 이고, 한 번의 시행 후 도형의
넓이는 시행 전의 도형의 $\dfrac{3}{4}$이므로 등비수열을
이룬다.

$\therefore S_1=\sqrt{3}\times\dfrac{3}{4}$, $S_2=\sqrt{3}\times\left(\dfrac{3}{4}\right)^2$, $\cdots$,

$$S_{10}=\sqrt{3}\times\left(\dfrac{3}{4}\right)^{10}$$

정답 $\sqrt{3}\times\left(\dfrac{3}{4}\right)^{10}$

[줄기 2-1]

풀이 등비수열을 $\{a_n\}$, 공비를 r, 첫째항부터
제 n 항까지의 합을 S_n이라 하면

1) $a_1=\dfrac{1}{4}$, $r=2$이므로 128을 제 n 항이라
하면

$\dfrac{1}{4}\cdot 2^{n-1}=128$, $2^{n-1}=512$,

$2^{n-1}=2^9$ $\therefore n=10$

$\therefore S_{10}=\dfrac{\dfrac{1}{4}\cdot(2^{10}-1)}{2-1}=\dfrac{1}{4}(1024-1)$

$\qquad\qquad =\dfrac{1023}{4}$

2) $a_1=1$, $r=-\dfrac{1}{2}$이므로 $-\dfrac{1}{512}$을 제 n 항
이라 하면

$1\cdot\left(-\dfrac{1}{2}\right)^{n-1}=-\dfrac{1}{512}$, $\left(-\dfrac{1}{2}\right)^{n-1}=\left(-\dfrac{1}{2}\right)^9$

$\therefore n=10$

$\therefore S_{10}=\dfrac{1\cdot\left\{1-\left(-\dfrac{1}{2}\right)^{10}\right\}}{1-\left(-\dfrac{1}{2}\right)}$

$\qquad =\dfrac{2}{3}\left(1-\dfrac{1}{2^{10}}\right)=\dfrac{341}{512}$

정답 1) $\dfrac{1023}{4}$ 2) $\dfrac{341}{512}$

[줄기 2-2]

풀이 $a_1=-3$, $a_5=-48$, 공비를 r, 첫째항부터
제 n 항까지의 합을 S_n이라 하면

$\dfrac{a_5}{a_1}=r^4=-16$ $\therefore r=-2$ ($\because r<0$)

$\therefore S_{10}=\dfrac{-3\{1-(-2)^{10}\}}{1-(-2)}$

$\qquad\quad =-(1-1024)=1023$

정답 1023

[줄기 2-3]

풀이 공비를 r이라 하면
$a_1+a_3=2$에서 $a_1+a_1r^2=2$

$\therefore a_1(1+r^2)=2$ $\cdots\text{㉠}$

$a_5+a_7=32$에서 $a_1r^4+a_1r^6=32$

$\therefore a_1r^4(1+r^2)=32$ $\cdots\text{㉡}$

㉡÷㉠을 하면 $r^4=16$

$\therefore r=-2$ ($\because$ 공비가 음수, 즉 $r<0$)

$r=-2$를 ㉠에 대입하면 $a_1=\dfrac{2}{5}$

$\therefore a_n=\dfrac{2}{5}\cdot(-2)^{n-1}$

$$\therefore S_n = \frac{\frac{2}{5} \cdot \{1-(-2)^n\}}{1-(-2)} = \frac{2}{15}\{1-(-2)^n\}$$

정답 $a_n = \frac{2}{5} \cdot (-2)^{n-1}, \ S_n = \frac{2}{15}\{1-(-2)^n\}$

[줄기 2-4]

풀이 등비수열을 $\{a_n\}$, 공비를 r, 첫째항부터
제 n 항까지의 합을 S_n이라 하면

1) $a_1 = 1, \ r = x$, 항수 : $n+1$

    i) $x=1$일 때

$$S_{n+1} = 1 \cdot (n+1) = n+1$$

    ii) $x \neq 1$일 때

$$S_{n+1} = \frac{1 \cdot (x^{n+1}-1)}{x-1} = \frac{x^{n+1}-1}{x-1}$$

2) $S_3 = 5, \ S_6 = 45$

    i) $r=1$일 때

$$S_3 = 3a_1 = 5, \ S_6 = 6a_1 = 45$$

    따라서 $r=1$일 때는 만족하지 않는다.

    ($\because 5 \times 2 \neq 45$)

    ii) $r \neq 1$일 때

$$S_3 = 5에서 \ \frac{a_1(r^3-1)}{r-1} = 5 \ \cdots \bigcirc$$

$$S_6 = 45에서 \ \frac{a_1(r^6-1)}{r-1} = 45$$

$$\therefore \frac{a_1(r^3-1)(r^3+1)}{r-1} = 45 \ \cdots \bigcirc\bigcirc$$

    $\bigcirc\bigcirc \div \bigcirc$을 하면

$$r^3+1 = 9, \quad r^3 = 8 \quad \therefore r = 2$$

    $r=2$를 $\bigcirc$에 대입하면

$$7a_1 = 5 \quad \therefore a_1 = \frac{5}{7}$$

$$\therefore S_8 = \frac{\frac{5}{7} \cdot (2^8-1)}{2-1} = \frac{5}{7}(256-1)$$

$$= \frac{1275}{7}$$

정답 1) $x=1$일 때, $n+1$

$$x \neq 1일 때, \ \frac{x^{n+1}-1}{x-1}$$

2) $\dfrac{1275}{7}$

[줄기 2-5]

핵심 등비수열의 일반항 a_n에서 지수가 n일 때,
밑이 r (공비)이다.

풀이 1) $a_1 = 3^{2-1} = 3$

    공비는 지수가 n일 때 밑이므로

$$3^{-n} = (3^{-1})^n = \left(\frac{1}{3}\right)^n$$

$$\therefore r = \frac{1}{3}$$

2) $a_1 = 2^{3-4 \cdot 1} = 2^{-1} = \frac{1}{2}$

    공비는 지수가 n일 때 밑이므로

$$2^{-4n} = (2^{-4})^n = \left(\frac{1}{2^4}\right)^n = \left(\frac{1}{16}\right)^n$$

$$\therefore r = \frac{1}{16}$$

3) 등비수열의 일반항 a_n의 지수는 n에 대한
일차식이다. 그런데 주어진 a_n의 지수는
n에 대한 일차식이 아니므로 등비수열이
아니다.

정답 1) $a_1 = 3, \ r = \dfrac{1}{3}$

2) $a_1 = \dfrac{1}{2}, \ r = \dfrac{1}{16}$

3) 등비수열이 아니다.

[줄기 2-6]

풀이 1) $S_n = 2^{3n}-1$, 즉 $S_n = 8^n - 1$

$S_n = Ar^n + B \, (A=1, B=-1, r=8)$
꼴이므로 수열 $\{a_n\}$은 등비수열이다.

$S_0 = 0$이므로 0순위인 첫째항부터 등비수
열을 이룬다.

$$a_1 = S_1 = 8-1 = 7$$

$$\therefore a_n = a_1 r^{n-1} = 7 \cdot 8^{n-1}$$

2) $S_n = 2^{2n}+1$, 즉 $S_n = 4^n + 1$

$S_n = Ar^n + B \, (A=1, B=1, r=4)$ 꼴
이므로 수열 $\{a_n\}$은 등비수열이다.

$S_0 \neq 0$이므로 0순위가 아닌 둘째항부터
등비수열을 이룬다.

$a_2 = S_2 - S_1 = 17 - 5 = 12$

$\therefore a_n = a_2 r^{n-2} = 12 \cdot 4^{n-2} \ (n \geq 2)$

$a_1 = S_1 = 4 + 1 = 5$

$\therefore a_1 = 5, \ a_n = 12 \cdot 4^{n-2} \ (n \geq 2)$

정답   1) $a_n = 7 \cdot 8^{n-1}$

       2) $a_1 = 5, \ a_n = 12 \cdot 4^{n-2} \ (n \geq 2)$

[줄기 2-7]

풀이   1) $S_n = 3 \cdot 2^{n-1} + k$에서 첫째항부터 등비수열
을 이루려면 $S_0 = 0$이어야 하므로

$$3 \cdot 2^{-1} + k = 0, \quad \frac{3}{2} + k = 0 \quad \therefore k = -\frac{3}{2}$$

2) $S_n = 2^{2n+1} - k$에서 첫째항부터 등비수열을
이루려면 $S_0 = 0$이어야 하므로

$$2^1 - k = 0, \quad 2 + (-k) = 0 \quad \therefore k = 2$$

정답   1) $-\dfrac{3}{2}$ 2) 2

[줄기 2-8]

풀이 $S_n = 3^{n+2} - \dfrac{5}{4}$, 즉 $S_n = 9 \cdot 3^n - \dfrac{5}{4}$

$S_n = Ar^n + B \left(A = 9, \ B = -\dfrac{5}{4}, \ r = 3 \right)$ 꼴이
므로 수열 $\{a_n\}$은 등비수열이다.

$S_0 \neq 0$이므로 0순위가 아닌 둘째항부터 등비
수열을 이룬다.

$a_2 = S_2 - S_1 = \left(3^4 - \dfrac{5}{4} \right) - \left(3^3 - \dfrac{5}{4} \right) = 54$

$\therefore a_n = a_2 r^{n-2} = 54 \cdot 3^{n-2} \ (n \geq 2)$

$a_1 = S_1 = 27 - \dfrac{5}{4} = \dfrac{103}{4}$

$\therefore a_1 = \dfrac{103}{4}, \ a_n = 54 \cdot 3^{n-2} \ (n \geq 2)$

정답 $a_1 = \dfrac{103}{4}, \ a_n = 54 \cdot 3^{n-2} \ (n \geq 2)$

[줄기 2-9]

방법 I $S_n = 4^n + 2$

$S_n = Ar^n + B \ (A = 1, \ B = 2, \ r = 4)$ 꼴
이므로 수열 $\{a_n\}$은 등비수열이다.

$S_0 \neq 0$이므로 0순위가 아닌 둘째항부터
등비수열을 이룬다.

$a_2 = S_2 - S_1 = (4^2 + 2) - (4^1 + 2) = 12$

$\therefore a_n = a_2 r^{n-2} = 12 \cdot 4^{n-2} \ (n \geq 2)$

$a_1 = S_1 = 4 + 2 = 6$

$\therefore a_5 = 12 \cdot 4^{5-2}$

$\qquad = 12 \cdot 64$

$\qquad = 768$

방법 II $a_1 = S_1 = 4 + 2 = 6$

$a_5 = S_5 - S_4 = (4^5 + 2) - (4^4 + 2)$

$\qquad = 4^5 - 4^4 = 4^4 (4 - 1) = 256 \cdot 3 = 768$

정답 $a_1 = 6, \ a_5 = 768$

[줄기 2-10]

풀이   문제에 항의 번호를 기입하면 쉬워진다.

<u>1996년</u>부터 <u>2015년</u>까지 20년 동안의 실업
(첫째항)   (제 20 항)
(첫째항)
자수가 8만 명이고, <u>2006년</u>부터 <u>2015년</u>까
           (제 11 항)   (제 20 항)
지 10년 동안의 실업자 수가 2만 명일 때,
<u>2016년</u>의 실업자 수는 <u>1996년</u>의 실업자 수
(제 21 항)   (첫째항)
의 몇 배인지 구하여라.

1996년 실업자 수를 첫째항 a라 하고, 실업
자 수의 매년 일정한 감소율을 r이라 하자.

$S_{20} = 8$

$\therefore \dfrac{a(r^{20} - 1)}{r - 1} = 8$

$\therefore \dfrac{a(r^{10} - 1)(r^{10} + 1)}{r - 1} = 8 \quad \cdots \ㄱ$

$S_{20} - S_{10} = 2$

$\therefore S_{10} = 6 \ (\because S_{20} = 8)$

$\therefore \dfrac{a(r^{10} - 1)}{r - 1} = 6 \quad \cdots \ㄴ$

㉠÷㉡을 하면

$r^{10}+1=\dfrac{4}{3}$ $\therefore r^{10}=\dfrac{1}{3}$

$a_{21}=ar^{20}=a(r^{10})^2=a\cdot\left(\dfrac{1}{3}\right)^2=\dfrac{1}{9}a$이므로

2016년의 실업자 수는 1996년의 실업자 수의 $\dfrac{1}{9}$배이다.

정답 $\dfrac{1}{9}$ 배

줄기 2-11

풀이 문제에 항의 번호를 기입하면 쉬워진다.

2015년에 적립한 금액은 2만 원이고 2019년
(첫째항)   (제 5 항)
에 적립하는 금액은 2015년에 적립한 금액의
                  (첫째항)
16배가 된다고 할 때, 2015년부터 2020년
            (첫째항)   (제 6 항)
까지 6년 동안 적립하는 총 금액을 구하여라.

2015년 적립금을 첫째항 a라 하고, 적립금의 매년 일정한 증가율을 r이라 하자.

$a=2$

$a_5=2r^4=2\cdot 16$ $\therefore r=2\ (\because r>0)$

$S_6=\dfrac{2(r^6-1)}{r-1}=\dfrac{2(2^6-1)}{2-1}=126$(만 원)

정답 126만 원

✎ 풀이 잎 문제

● 잎 9-1

풀이 등비수열 $\{a_n\}$의 공비를 r이라 하면

$a_3=a_1r^2=\sqrt{5}$

$a_1\cdot a_2\cdot a_4\cdot a_5=a_1\cdot a_1r\cdot a_1r^3\cdot a_1r^4=a_1^4r^8$
$=(a_1r^2)^4=(\sqrt{5})^4=25$

정답 ④

● 잎 9-2

풀이 $\{a_n\}$의 공비를 A, $\{b_n\}$의 공비를 B라 하면

$a_4b_4=a_1A^3\cdot b_1B^3=3$

$\therefore a_1b_1(AB)^3=3\ \cdots㉠$

$a_7b_7=a_1A^6\cdot b_1B^6=6$

$\therefore a_1b_1(AB)^6=6\ \cdots㉡$

㉡÷㉠을 하면 $(AB)^3=2$

$(AB)^3=2$을 ㉠에 대입하면

$a_1b_1\cdot 2=3$ $\therefore a_1b_1=\dfrac{3}{2}$

$a_{16}b_{16}=a_1A^{15}\cdot b_1B^{15}=a_1b_1(AB)^{15}$
$\phantom{a_{16}b_{16}}=a_1b_1\{(AB)^3\}^5=\dfrac{3}{2}\cdot 2^5=3\cdot 2^4=48$

정답 ④

● 잎 9-3

핵심 공비 $r>0$이면 등비수열의 항의 부호가 모두 같다. [p.231 참고]

풀이 공비를 r이라 하면

$a_2a_4=a_1r\cdot a_1r^3=16$ $\therefore a_1^2r^4=16\ \cdots㉠$

$a_3a_5=a_1r^2\cdot a_1r^4=64$ $\therefore a_1^2r^6=64\ \cdots㉡$

㉡÷㉠을 하면 $r^2=4$

1) $r=2\ (\because$ 모든 항이 양수이므로 $\star r>0)$

이것을 ㉠에 대입하면

$16a_1^2=16$ $\therefore a_1^2=1$

$\therefore a_1=1\ (\because$ 모든 항이 양수)

$\therefore a_n=a_1r^{n-1}=1\cdot 2^{n-1}$ $\therefore a_7=2^6$

2) $r=2\ (\because$ 모든 항이 음수이므로 $\star r>0)$

이것을 ㉠에 대입하면

$16a_1^2=16$ $\therefore a_1^2=1$

$\therefore a_1=-1\ (\because$ 모든 항이 음수)

$\therefore a_n=a_1r^{n-1}=-1\cdot 2^{n-1}$ $\therefore a_7=-2^6$

주의 공비 $r<0$이면 등비수열의 항의 부호가 교대로 바뀐다. [p.231 참고]

정답 1) 64   2) -64

• 잎 9-4

풀이 등차수열 $\{a_n\}$의 공차를 d라 하고, 등비수열 $\{b_n\}$의 공비를 r이라 하면

$a_2 = b_2$에서 $2 + d = 2r$ $\therefore d = 2r - 2$ $\cdots$ ㉠

$a_4 = b_4$에서 $2 + 3d = 2r^3$ $\cdots$ ㉡

㉠을 ㉡에 대입하면

$2 + 3(2r - 2) = 2r^3$, $2r^3 - 6r + 4 = 0$,

$r^3 - 3r + 2 = 0$, $(r-1)^2(r+2) = 0$

$\therefore r = -2$ ($\because r \neq 1$)

이것을 ㉠에 대입하면 $d = -6$

$\therefore a_5 = 2 + 4 \cdot (-6) = -22$

$\therefore b_5 = 2 \cdot (-2)^4 = 32$

따라서 $a_5 + b_5 = -22 + 32 = 10$

정답 10

• 잎 9-5

풀이 공비를 r이라 하면

$a_1 a_2 = a_1 \cdot a_1 r = 6$ $\therefore a_1^2 r = 6$ $\cdots$ ㉠

$a_3 a_4 = a_1 r^2 \cdot a_1 r^3 = 12$ $\therefore a_1^2 r^5 = 12$ $\cdots$ ㉡

㉡$\div$㉠을 하면 $r^4 = 2$ $\cdots$ ㉢

$a_7 a_8 = a_1 r^6 \cdot a_1 r^7 = a_1^2 r^{13}$

$= a_1^2 r \cdot (r^4)^3 = 6 \cdot 2^3$ ($\because$ ㉠, ㉢)

정답 48

• 잎 9-6

풀이 공비를 r이라 하면

$a_7 = a_1 r^6 = 12$ $\cdots$ ㉠

$\dfrac{a_6 a_{10}}{a_5} = \dfrac{a_1 r^5 \cdot a_1 r^9}{a_1 r^4} = 36$ $\therefore a_1 r^{10} = 36$ $\cdots$ ㉡

㉡$\div$㉠을 하면 $r^4 = 3$ $\cdots$ ㉢

$a_{15} = a_1 r^{14}$

$= a_1 r^6 \cdot (r^4)^2 = 12 \cdot 3^2$ ($\because$ ㉠, ㉢)

정답 108

• 잎 9-7

핵심 두 수 사이에 수를 넣어 만든 수열
⇨ 두 수가 첫째항과 끝항이 된다. 이것이 key이다.

풀이 공비가 -2, 첫째항이 3이고
192는 제$(n+2)$항이므로

$192 = 3 \cdot (-2)^{n+1}$

$(-2)^{n+1} = 64$, $(-2)^{n+1} = (-2)^6$ $\therefore n = 5$

따라서 전체 항의 개수는 $n+2$이므로 7개

정답 7개

• 잎 9-8

핵심 일정한 비율로 증가 (감소)하는 문제는 등비수열 문제이다.
따라서 처음의 양을 a, 일정한 증가율(감소율)을 r로 놓는다.

풀이 문제에 항의 번호를 기입하면 쉬워진다.

도시 A의 인구는 매년 일정한 비율로 증가하여
<u>10년 후에는 500만 명</u>, <u>20년 후에는 1000만</u>
　　(제11 항)　　　　　　　(제21 항)
명이 될 것으로 예상된다. 이때, 도시 A의
<u>현재 인구</u>를 구하여라.
(첫째항)

도시 A의 현재 인구를 첫째항 a라 하고,
인구의 매년 일정한 증가율을 r이라 하자.

$a_{11} = ar^{10} = 500$ $\cdots$ ㉠

$a_{21} = ar^{20} = 1000$ $\cdots$ ㉡

㉡$\div$㉠을 하면

$r^{10} = 2$

이것을 ㉠에 대입하면

$2a = 500$

$\therefore a = 250$ (만 명)

정답 250만 명

● 잎 9-9

풀이 세 수 a, $a+b$, $2a-b$가 이 순서대로 등차수열을 이루므로 $a+b$는 a와 $2a-b$의 등차중항

$2(a+b) = a + (2a-b)$ $\therefore a = 3b$ ···㉠

세 수 1, $a-1$, $3b+1$이 이 순서대로 등비수열을 이루므로 $a-1$은 1과 $3b+1$의 등비중항

$(a-1)^2 = 1 \cdot (3b+1)$ ···㉡

㉠를 ㉡에 대입하면

$(3b-1)^2 = (3b+1)$

$9b^2 - 6b + 1 = 3b + 1$, $9b(b-1) = 0$

$\therefore b = 0$ 또는 $b = 1$

이것을 ㉠에 대입하면 $a = 0$ 또는 $a = 3$

이때, $a=0$, $b=0$이면 등비수열의 공비가 -1이 되므로 공비가 양수라는 조건을 만족하지 않는다.

따라서 $a=3$, $b=1$이므로

$a^2 + b^2 = 9 + 1 = 10$

정답 10

● 잎 9-10

풀이 공차를 d라 하면

$a_2 = a_1 + d$, $a_4 = a_1 + 3d$, $a_9 = a_1 + 8d$ ··· ㉠

또, 이 순서대로 등비수열을 이룬다.

따라서 a_4는 a_2와 a_9의 등비중항이므로

$a_4{}^2 = a_2 a_9$, $(a_1 + 3d)^2 = (a_1 + d)(a_1 + 8d)$

$a_1{}^2 + 6a_1 d + 9d^2 = a_1{}^2 + 9a_1 d + 8d^2$

$d^2 = 3a_1 d$

$\therefore d = 3a_1 \ (\because d \neq 0)$

이것을 ㉠에 대입하면

$a_2 = 4a_1$, $a_4 = 10a_1$, $a_9 = 25a_1$

이때, a_2, a_4, a_9가 이 순서대로 공비 r인 등비수열을 이루므로

$r = \dfrac{a_4}{a_2} = \dfrac{10a_1}{4a_1} = \dfrac{5}{2}$

$\therefore 6r = 6 \cdot \dfrac{5}{2} = 15$

정답 15

● 잎 9-11

풀이 세 수 a^n, $2^4 \times 3^6$, b^n이 이 순서대로 등비수열을 이루므로 $2^4 \times 3^6$은 a^n과 b^n의 등비중항이다.

$(2^4 \times 3^6)^2 = a^n \times b^n$

$\therefore (ab)^n = 2^8 \times 3^{12}$ ···㉠

a, b, n이 모두 자연수이므로 ㉠에서 n은 8과 12의 공약수이고, ab의 값이 최소이려면 n은 8과 12의 최대공약수이어야 한다.

따라서 ab의 최솟값은 $n=4$일 때이므로

$(ab)^n = 2^8 \times 3^{12} = (2^2 \times 3^3)^4$

$\therefore ab = 2^2 \times 3^3 = 4 \times 27 = 108$

정답 108

● 잎 9-12

핵심 $a_{n+1}{}^2 = a_n a_{n+2} \iff a_{n+1}$은 등비중항이다.

$\therefore \{a_n\}$은 등비수열이다.

풀이 $a_{n+1}{}^2 = a_n a_{n+2}$이면 수열 $\{a_n\}$은 등비수열이다. 이때, 공비를 r이라 하면

$\dfrac{a_6}{a_1} + \dfrac{a_9}{a_4} + \dfrac{a_{12}}{a_7} = r^5 + r^5 + r^5 = 12$

$3r^5 = 12$ $\therefore r^5 = 4$

$\therefore \dfrac{a_{25}}{a_{10}} = r^{15} = (r^5)^3 = 4^3 = 64$

정답 64

● 잎 9-13

풀이 주어진 등비수열을 $\{a_n\}$이라 하고, 공비를 r, 첫째항부터 제n항까지의 합을 S_n이라 하면

$a_1 = a$, $r = 2$

$S_6 = 21$에서 $\dfrac{a(2^6 - 1)}{2-1} = 21$ $\therefore a = \dfrac{21}{63}$

정답 ③

•잎 9-14

풀이 1) $0.9 + 0.99 + 0.999 + \cdots + 0.999999$

$$= (1 - 0.1) + (1 - 0.1^2) + (1 - 0.1^3) + \cdots$$
$$+ (1 - 0.1^6)$$
$$= 6 - (0.1 + 0.1^2 + 0.1^3 + \cdots + 0.1^6)$$
$$= 6 - \frac{0.1 \cdot (1 - 0.1^6)}{1 - 0.1}$$
$$= 6 - \frac{0.999999}{9}$$
$$= 6 - 0.111111 = 5.888889$$

2) $3 + 33 + 333 + \cdots + \underbrace{33\cdots3}_{n개}$

$$= \frac{1}{3}(9 + 99 + 999 + \cdots + \underbrace{99\cdots9}_{n개})$$
$$= \frac{1}{3}\{(10 - 1) + (10^2 - 1) + (10^3 - 1) + \cdots$$
$$+ (10^n - 1)\}$$
$$= \frac{1}{3}\{(10 + 10^2 + 10^3 + \cdots + 10^n) - n\}$$
$$= \frac{1}{3}\left\{\frac{10(10^n - 1)}{10 - 1} - n\right\}$$
$$= \frac{1}{3}\left(\frac{10^{n+1} - 9n - 10}{9}\right)$$
$$= \frac{10^{n+1} - 9n - 10}{27}$$

정답 1) 5.888889 2) $\dfrac{10^{n+1} - 9n - 10}{27}$

•잎 9-15

핵심 등비수열의 합에서 공비의 값이 미정이면
i) (공비)$= 1$, ii) (공비)$\neq 1$로 구분하여 생각
한다.

풀이 i) $r = 1$일 때

$$\frac{S_4}{S_2} = \frac{4a_1}{2a_1} = 2 \neq 9$$

따라서 $r = 1$일 때는 만족하지 않는다.

ii) $r \neq 1$일 때

$$S_2 = \frac{a_1(r^2 - 1)}{r - 1} = \frac{a_1(r - 1)(r + 1)}{r - 1}$$
$$= a_1(r + 1)$$

$$S_4 = \frac{a_1(r^4 - 1)}{r - 1} = \frac{a_1(r^2 - 1)(r^2 + 1)}{r - 1}$$
$$= \frac{a_1(r - 1)(r + 1)(r^2 + 1)}{r - 1}$$
$$= a_1(r + 1)(r^2 + 1)$$

$$\frac{S_4}{S_2} = \frac{a_1(r + 1)(r^2 + 1)}{a_1(r + 1)} = 9$$

$$\therefore r^2 + 1 = 9 \quad \therefore r^2 = 8$$

$$\therefore \frac{a_4}{a_2} = r^2 = 8$$

정답 ④

•잎 9-16

풀이 $a_2 = 6$, $a_5 = 162$, 공비를 r, 첫째항부터
제 n 항까지의 합을 S_n이라 하면

$$\frac{a_5}{a_2} = r^3 = 27 \quad \therefore r = 3$$

$$a_2 = a_1 r = a_1 \cdot 3 = 6 \quad \therefore a_1 = 2$$

$$S_n = \frac{2(3^n - 1)}{3 - 1} \geq 1000, \quad 3^n - 1 \geq 1000,$$

$$3^n \geq 1001$$

$n = 6$일 때 $3^6 = 729$, $n = 7$일 때 $3^7 = 2187$
이므로 $3^n \geq 1001$을 만족시키는 n의 최솟값
은 7이다.

정답 ②

•잎 9-17

핵심 등비수열의 합에서 공비의 값이 미정이면
i) (공비)$= 1$, ii) (공비)$\neq 1$로 구분하여 생각
한다.

풀이 1) 공비를 r, 첫째항부터 제 n 항까지의 합을
S_n이라 하면

$$S_5 = \frac{31}{2}, \ a_1 \cdot a_2 \cdot a_3 \cdot a_4 \cdot a_5 = 32$$

i) $r = 1$일 때

$$S_5 = 5a_1 = \frac{31}{2} \quad \therefore a_1 = \frac{31}{10}$$

$$a_1 \cdot a_2 \cdot a_3 \cdot a_4 \cdot a_5 = (a_1)^5 = 32$$

따라서 $r = 1$일 때는 만족하지 않는다.

ii) $r \neq 1$일 때

$S_5 = \dfrac{31}{2}$에서 $\dfrac{a_1(r^5-1)}{r-1} = \dfrac{31}{2}$

$\therefore \dfrac{r^5-1}{r-1} = \dfrac{31}{2a_1}$ $\cdots$ ㉠

$a_1 \cdot a_2 \cdot a_3 \cdot a_4 \cdot a_5 = 32$에서

$a_1 \cdot a_1 r \cdot a_1 r^2 \cdot a_1 r^3 \cdot a_1 r^4 = 32$

$\therefore a_1^5 r^{10} = 32$ $\quad \therefore (a_1 r^2)^5 = 2^5$

$\therefore a_1 r^2 = 2$ $\cdots$ ㉡

$\dfrac{1}{a_1} + \dfrac{1}{a_2} + \dfrac{1}{a_3} + \dfrac{1}{a_4} + \dfrac{1}{a_5}$

$= \dfrac{1}{a_1} + \dfrac{1}{a_1 r} + \dfrac{1}{a_1 r^2} + \dfrac{1}{a_1 r^3} + \dfrac{1}{a_1 r^4}$

$= \dfrac{\dfrac{1}{a_1}\left\{1-\left(\dfrac{1}{r}\right)^5\right\}}{1-\dfrac{1}{r}} = \dfrac{\dfrac{1}{a_1}\left(\dfrac{r^5-1}{r^5}\right)}{\dfrac{r-1}{r}}$

$= \dfrac{r^5-1}{a_1 r^4(r-1)} = \dfrac{1}{a_1 r^4} \cdot \dfrac{r^5-1}{r-1}$

$= \dfrac{1}{a_1 r^4} \cdot \dfrac{31}{2a_1}$ $(\because ㉠)$

$= \dfrac{31}{2(a_1 r^2)^2}$ $(\because ㉡)$

$= \dfrac{31}{2 \cdot 2^2} = \dfrac{31}{8}$

2) 수열 $3, a_1, a_2, \cdots, a_{10}, 40$이 등비수열이
므로 공비를 r이라 하면 첫째항이 3이고,
제12항이 40이므로

$40 = 3r^{11}$ $\cdots$ ㉠

또, 수열 $\dfrac{1}{3}, \dfrac{1}{a_1}, \dfrac{1}{a_2}, \cdots, \dfrac{1}{a_{10}}, \dfrac{1}{40}$도

공비가 $\dfrac{1}{r}$인 등비수열이므로

$\dfrac{1}{3} + \dfrac{1}{a_1} + \dfrac{1}{a_2} + \cdots + \dfrac{1}{a_{10}} + \dfrac{1}{40}$

$= \dfrac{\dfrac{1}{3}\left\{1-\left(\dfrac{1}{r}\right)^{12}\right\}}{1-\dfrac{1}{r}} = \dfrac{\dfrac{1}{3}\left(\dfrac{r^{12}-1}{r^{12}}\right)}{\dfrac{r-1}{r}}$

$= \dfrac{r^{12}-1}{3r^{11}(r-1)}$

이때,

$3 + a_1 + a_2 + \cdots + a_{10} + 40$

$= k\left(\dfrac{1}{3} + \dfrac{1}{a_1} + \dfrac{1}{a_2} + \cdots + \dfrac{1}{a_{10}} + \dfrac{1}{40}\right)$

이므로

$\dfrac{3(r^{12}-1)}{r-1} = \dfrac{k(r^{12}-1)}{3r^{11}(r-1)}$

$\therefore k = 9r^{11}$

$\therefore k = 9r^{11} = 3 \cdot 3r^{11} = 3 \cdot 40$ $(\because ㉠)$

$= 120$

정답 1) ② 2) 120

CHAPTER

10 수열의 합

본문 p.253

풀이 **줄기 문제**

[줄기 1-1]

풀이 1) $\displaystyle\sum_{k=1}^{10}(2a_k-3)^2 = \sum_{k=1}^{10}(4a_k^2-12a_k+9)$

$= 4\sum_{k=1}^{10} a_k^2 - 12\sum_{k=1}^{10} a_k + \sum_{k=1}^{10} 9$

$= 4 \cdot 3 - 12 \cdot 2 + 9 \cdot 10 = 78$

2) $\displaystyle\sum_{k=1}^{n}(2k+3)^2 - \sum_{k=1}^{n}(2k+5)(2k+1)$

$= \sum_{k=1}^{n}(4k^2+12k+9) - \sum_{k=1}^{n}(4k^2+12k+5)$

$= \sum_{k=1}^{n}(4k^2+12k+9-4k^2-12k-5)$

$= \sum_{k=1}^{n} 4 = 4n$

정답 1) 78 2) $4n$

[줄기 1-2]

[방법 I] 1) $\displaystyle\sum_{k=1}^{n} k^7 - \sum_{k=1}^{n-1} k^7$

$= \{1^7 + 2^7 + 3^7 + \cdots + (n-1)^7 + n^7\}$
$\quad - \{1^7 + 2^7 + 3^7 + \cdots + (n-1)^7\}$
$= n^7$

[방법 II] 1) $\displaystyle\sum_{k=1}^{n} k^7 - \sum_{k=1}^{n-1} k^7 = n^7 + \sum_{k=1}^{n-1} k^7 - \sum_{k=1}^{n-1} k^7 = n^7$
「강추」

2) $\displaystyle\sum_{k=1}^{n} (k^2 - 1) - \sum_{k=1}^{n-1} (k^2 + 1)$

$= (n^2 - 1) + \displaystyle\sum_{k=1}^{n-1} (k^2 - 1) - \sum_{k=1}^{n-1} (k^2 + 1)$

$= (n^2 - 1) + \displaystyle\sum_{k=1}^{n-1} \{(k^2 - 1) - (k^2 + 1)\}$

$= (n^2 - 1) + \displaystyle\sum_{k=1}^{n-1} (-2)$

$= (n^2 - 1) + (-2)(n-1) = n^2 - 2n + 1$

3) $\displaystyle\sum_{k=1}^{50} \left(2 \cdot 3^{k-1} + \frac{1}{50}\right)$

$= \displaystyle\sum_{k=1}^{50} 2 \cdot 3^{k-1} + \sum_{k=1}^{50} \frac{1}{50}$

$= 2 \displaystyle\sum_{k=1}^{50} 3^{k-1} + \frac{1}{50} \cdot 50$

$= 2 \cdot (1 + 3^1 + 3^2 + \cdots + 3^{49}) + 1$

$= 2 \cdot \dfrac{1 \cdot (3^{50} - 1)}{3 - 1} + 1 = 3^{50}$

4) $\displaystyle\sum_{k=1}^{10} \frac{2^k + (-3)^k}{4^k}$

$= \displaystyle\sum_{k=1}^{10} \left\{\left(\frac{2}{4}\right)^k + \left(-\frac{3}{4}\right)^k\right\}$

$= \displaystyle\sum_{k=1}^{10} \left(\frac{2}{4}\right)^k + \sum_{k=1}^{10} \left(-\frac{3}{4}\right)^k$

$= \dfrac{\frac{1}{2}\left\{1 - \left(\frac{1}{2}\right)^{10}\right\}}{1 - \frac{1}{2}} + \dfrac{-\frac{3}{4}\left\{1 - \left(-\frac{3}{4}\right)^{10}\right\}}{1 - \left(-\frac{3}{4}\right)}$

$= \left\{1 - \left(\frac{1}{2}\right)^{10}\right\} - \frac{3}{7}\left\{1 - \left(-\frac{3}{4}\right)^{10}\right\}$

$= 1 - \left(\frac{1}{2}\right)^{10} - \frac{3}{7} + \frac{3}{7}\left(\frac{3}{4}\right)^{10}$

$= \frac{4}{7} - \left(\frac{1}{2}\right)^{10} + \frac{3}{7}\left(\frac{3}{4}\right)^{10}$

5) $\displaystyle\sum_{k=1}^{10} \frac{3^k - 2^k}{4^{k-1}}$

$= \displaystyle\sum_{k=1}^{10} \left\{4\left(\frac{3}{4}\right)^k - 4\left(\frac{2}{4}\right)^k\right\}$

$= 4 \displaystyle\sum_{k=1}^{10} \left(\frac{3}{4}\right)^k - 4\sum_{k=1}^{10} \left(\frac{1}{2}\right)^k$

$= 4 \cdot \dfrac{\frac{3}{4}\left\{1 - \left(\frac{3}{4}\right)^{10}\right\}}{1 - \frac{3}{4}} - 4 \cdot \dfrac{\frac{1}{2}\left\{1 - \left(\frac{1}{2}\right)^{10}\right\}}{1 - \frac{1}{2}}$

$= 12\left\{1 - \left(\frac{3}{4}\right)^{10}\right\} - 4\left\{1 - \left(\frac{1}{2}\right)^{10}\right\}$

$= 12 - 12\left(\frac{3}{4}\right)^{10} - 4 + 4\left(\frac{1}{2}\right)^{10}$

$= 8 - 12\left(\frac{3}{4}\right)^{10} + 4\left(\frac{1}{2}\right)^{10}$

$= 8 - 12\left(\frac{3}{4}\right)^{10} + \left(\frac{1}{2}\right)^{8}$

[정답] 1) n^7 2) $n^2 - 2n + 1$ 3) 3^{50}
4) $\dfrac{4}{7} - \left(\dfrac{1}{2}\right)^{10} + \dfrac{3}{7}\left(\dfrac{3}{4}\right)^{10}$
5) $8 - 12\left(\dfrac{3}{4}\right)^{10} + \left(\dfrac{1}{2}\right)^{8}$

[줄기 1-3]

[풀이] 1) $\displaystyle\sum_{k=1}^{n} (3a_k - 4b_k + 5)$

$= 3\displaystyle\sum_{k=1}^{n} a_k - 4\sum_{k=1}^{n} b_k + \sum_{k=1}^{n} 5$

$= 3(6n) - 4(5n) + 5 \cdot n = 3n$

$\displaystyle\sum_{n=1}^{5} \left\{\sum_{k=1}^{n} (3a_k - 4b_k + 5)\right\}$

$= \displaystyle\sum_{n=1}^{5} 3n = 3\sum_{n=1}^{5} n$

$= 3 \cdot (1 + 2 + 3 + 4 + 5) = 45$

2) $\displaystyle\sum_{k=1}^{n} \frac{(3a_k - 4b_k + 5n)}{n}$

$= \frac{1}{n} \displaystyle\sum_{k=1}^{n} (3a_k - 4b_k + 5n)$

$= \frac{1}{n} \left(3\displaystyle\sum_{k=1}^{n} a_k - 4\sum_{k=1}^{n} b_k + 5\sum_{k=1}^{n} n\right)$

$$= \frac{1}{n}\{3(6n^2) - 4(5n^2) + 5(n \cdot n)\}$$

$$= 18n - 20n + 5n = 3n$$

따라서

$$\sum_{k=1}^{5}\left\{\sum_{k=1}^{n}\frac{(3a_k - 4b_k + 5n)}{n}\right\}$$

$$= \sum_{k=1}^{5}3n = 3\sum_{k=1}^{5}n$$

$$= 3(n+n+n+n+n)$$

$$= 3(n \times 5) = 15n$$

참고 cf
$$\begin{cases} \sum_{k=1}^{5}k = 1+2+3+4+5 = 15 \\ \sum_{k=1}^{5}n = n+n+n+n+n = 5n \end{cases}$$

정답 1) 45 2) $15n$

[줄기 2-1]

풀이 1) $\sum_{k=0}^{n}a_k = a_0 + \sum_{k=1}^{n}a_k$

$$\sum_{k=0}^{n}(3-2k) = (3-2\cdot 0) + \sum_{k=1}^{n}(3-2k)$$

$$= 3 + \sum_{k=1}^{n}3 - 2\sum_{k=1}^{n}k$$

$$= 3 + 3\cdot n - 2\cdot\frac{n(n+1)}{2}$$

$$= -n^2 + 2n + 3$$

2) $\sum_{k=m}^{n}a_k = \sum_{k=1}^{n}a_k - \sum_{k=1}^{m-1}a_k$ (단, $n \geq m$)

$$\sum_{k=n+1}^{2n}k^2 = \sum_{k=1}^{2n}k^2 - \sum_{k=1}^{n}k^2$$

$$= \frac{2n(2n+1)(2\cdot 2n+1)}{6}$$

$$\qquad - \frac{n(n+1)(2n+1)}{6}$$

$$= \frac{n(2n+1)}{6}$$
$$\qquad \cdot\{2(4n+1)-(n+1)\}$$

$$= \frac{n(2n+1)(7n+1)}{6}$$

3) $\sum_{k=0}^{n}(k^3 + 2\cdot 3^{k-1})$

$$= (0 + 2\cdot 3^{-1}) + \sum_{k=1}^{n}(k^3 + 2\cdot 3^{k-1})$$

$$= \frac{2}{3} + \sum_{k=1}^{n}k^3 + 2\sum_{k=1}^{n}3^{k-1}$$

$$= \frac{2}{3} + \left\{\frac{n(n+1)}{2}\right\}^2$$
$$\qquad + 2\cdot(3^0 + 3^1 + 3^2 + \cdots + 3^{n-1})$$

$$= \frac{2}{3} + \left\{\frac{n(n+1)}{2}\right\}^2 + 2\cdot\frac{1\cdot(3^n - 1)}{3-1}$$

$$= \left\{\frac{n(n+1)}{2}\right\}^2 + 3^n - \frac{1}{3}$$

4) $\sum_{k=6}^{n+6}2(k-3)$

$$= \sum_{k=1}^{n+6}(2k-6) - \sum_{k=1}^{5}(2k-6)$$

$$= 2\sum_{k=1}^{n+6}k - \sum_{k=1}^{n+6}6 - \left(2\sum_{k=1}^{5}k - \sum_{k=1}^{5}6\right)$$

$$= 2\cdot\frac{(n+6)(n+7)}{2} - 6(n+6)$$
$$\qquad - 2\cdot\frac{5\cdot 6}{2} + 6\cdot 5$$

$$= n^2 + 13n + 42 - 6n - 36 - 30 + 30$$

$$= n^2 + 7n + 6$$

정답 1) $-n^2 + 2n + 3$
2) $\frac{n(2n+1)(7n+1)}{6}$
3) $\left\{\frac{n(n+1)}{2}\right\}^2 + 3^n - \frac{1}{3}$
4) $n^2 + 7n + 6$

[줄기 2-2]

풀이 1) 주어진 수열의 일반항을 a_n이라 하면

$$a_n = (3n-2)^2 \qquad \therefore a_k = (3k-2)^2$$

따라서 수열 $\{a_n\}$의 첫째항부터 제 n 항까지의 합을 S_n이라 하면

$$S_n = \sum_{k=1}^{n} a_k = \sum_{k=1}^{n} (3k-2)^2$$

$$= 9\sum_{k=1}^{n} k^2 - 12\sum_{k=1}^{n} k + \sum_{k=1}^{n} 4$$

$$= 9 \cdot \frac{n(n+1)(2n+1)}{6} - 12 \cdot \frac{n(n+1)}{2} + 4 \cdot n$$

$$= \frac{n}{2}\{3(n+1)(2n+1) - 12(n+1) + 8\}$$

$$= \frac{n}{2}(6n^2 + 9n + 3 - 12n - 12 + 8)$$

$$= \frac{n(6n^2 - 3n - 1)}{2}$$

2) 주어진 수열의 일반항을 a_n이라 하면

$$a_n = 1 + 3 + 3^2 + \cdots + 3^{n-1}$$

$$a_n = \frac{1 \cdot (3^n - 1)}{3-1} \qquad \therefore a_k = \frac{3^k - 1}{2}$$

따라서 수열 $\{a_n\}$의 첫째항부터 제 n 항까지의 합을 S_n이라 하면

$$S_n = \sum_{k=1}^{n} a_k = \sum_{k=1}^{n} \frac{3^k - 1}{2} = \frac{1}{2}\sum_{k=1}^{n}(3^k - 1)$$

$$= \frac{1}{2}\left(\sum_{k=1}^{n} 3^k - \sum_{k=1}^{n} 1\right)$$

$$= \frac{1}{2}\left\{\frac{3(3^n - 1)}{3-1} - n\right\}$$

$$= \frac{1}{2}\left(\frac{3^{n+1} - 3 - 2n}{2}\right)$$

$$= \frac{3^{n+1} - 2n - 3}{4}$$

정답 1) $\dfrac{n(6n^2 - 3n - 1)}{2}$

2) $\dfrac{3^{n+1} - 2n - 3}{4}$

[줄기 2-3]

풀이 주어진 수열의 제 n 항을 a_n이라 하고, 첫째항부터 제 n 항까지의 합을 S_n이라 하면

1) $a_1 = 10 - 1$, $a_2 = 10^2 - 1$, $a_3 = 10^3 - 1$,

$\cdots$, $a_n = 10^n - 1 \qquad \therefore a_k = 10^k - 1$

$$S_n = \sum_{k=1}^{n} a_k = \sum_{k=1}^{n} (10^k - 1)$$

$$= \sum_{k=1}^{n} 10^k - \sum_{k=1}^{n} 1 = \frac{10(10^n - 1)}{10 - 1} - n$$

2) $a_1 = \dfrac{4}{9}(10 - 1)$, $a_2 = \dfrac{4}{9}(10^2 - 1)$,

$a_3 = \dfrac{4}{9}(10^3 - 1), \cdots \qquad \therefore a_n = \dfrac{4}{9}(10^n - 1)$

$$\therefore a_k = \frac{4}{9}(10^k - 1)$$

$$S_n = \sum_{k=1}^{n} a_k = \sum_{k=1}^{n} \frac{4}{9}(10^k - 1)$$

$$= \frac{4}{9}\sum_{k=1}^{n}(10^k - 1) = \frac{4}{9}\left(\sum_{k=1}^{n} 10^k - \sum_{k=1}^{n} 1\right)$$

$$= \frac{4}{9}\left\{\frac{10(10^n - 1)}{10 - 1} - 1 \cdot n\right\}$$

3) a_n을 구하기 어려우면 바로 a_k를 구한다.

$$a_k = k\{n - (k-1)\} = (n+1)k - k^2$$

$$S_n = \sum_{k=1}^{n} a_k = \sum_{k=1}^{n}\{(n+1)k - k^2\}$$

$$= (n+1)\sum_{k=1}^{n} k - \sum_{k=1}^{n} k^2$$

$$= (n+1) \cdot \frac{n(n+1)}{2} - \frac{n(n+1)(2n+1)}{6}$$

$$= \frac{n(n+1)}{6} \cdot \{3(n+1) - (2n+1)\}$$

$$= \frac{n(n+1)(n+2)}{6}$$

4) a_n을 구하기 어려우면 바로 a_k를 구한다.

$$a_k = k\{2n - (2k-1)\} = (2n+1)k - 2k^2$$

$$S_n = \sum_{k=1}^{n} a_k = \sum_{k=1}^{n}\{(2n+1)k - 2k^2\}$$

$$= (2n+1)\sum_{k=1}^{n} k - 2\sum_{k=1}^{n} k^2$$

$$= (2n+1) \cdot \frac{n(n+1)}{2} - 2 \cdot \frac{n(n+1)(2n+1)}{6}$$

$$= \frac{n(n+1)(2n+1)}{6} \cdot (3-2)$$

$$= \frac{n(n+1)(2n+1)}{6}$$

정답 1) $\dfrac{10(10^n-1)}{9}-n$ 2) $\dfrac{4}{9}\left\{\dfrac{10(10^n-1)}{9}-n\right\}$

3) $\dfrac{n(n+1)(n+2)}{6}$ 4) $\dfrac{n(n+1)(2n+1)}{6}$

[줄기 2-4]

핵심 1) $1\cdot n+2\cdot(n-1)+3\cdot(n-2)+\cdots+n\cdot 1$

$=\dfrac{n(n+1)(n+2)}{6}$ ∵ 줄기 2-3)의 3) [p.261]

2) $1\cdot 2+2\cdot 3+3\cdot 4+\cdots+n(n+1)$

$=\dfrac{n(n+1)(n+2)}{3}$ ∵ 뿌리 2-2) [p.260]

풀이 1) $1\cdot 20+2\cdot 19+3\cdot 18+\cdots+20\cdot 1$

$=\dfrac{20\cdot 21\cdot 22}{6}=1540$

2) $1\cdot 2+2\cdot 3+3\cdot 4+\cdots+19\cdot 20$

$=\dfrac{19\cdot 20\cdot 21}{3}=2660$

3) $1\cdot 2+3\cdot 4+5\cdot 6+\cdots+19\cdot 20$

$a_n=(2n-1)\cdot 2n=4n^2-2n$ 이고

$(2n-1)\cdot 2n=19\cdot 20$ 에서 $n=10$

$\therefore \displaystyle\sum_{k=1}^{10}(4k^2-2k)=4\cdot\dfrac{10\cdot 11\cdot 21}{6}-2\cdot\dfrac{10\cdot 11}{2}$

$=1540-110=1430$

정답 1) 1540   2) 2660   3) 1430

[줄기 2-5]

풀이 수열 $\{a_n\}$ 의 첫째항부터 제 n 항까지의 합을 S_n 이라 하면

$\displaystyle\sum_{k=1}^{n}a_k=S_n=n^2+2$

$S_n=n^2+2$ 이 n 에 대한 이차식이므로 수열 $\{a_n\}$ 은 등차수열이다.

$S_n=n^2+2$ 는 $^{\star}S_n=n^2$ 과 같은 꼴의 일반항 a_n 을 갖는다. 따라서

$S_n=n^2$ 에서 일반항 a_n 을 구하면

$d=1\times 2=2$

$a_1=S_1=1$ $\therefore a_n=2n-1$

$S_n=n^2+2$ 는 둘째항부터 등차수열을 이루므로

$a_1=S_1=1^2+2=3$, $a_n=2n-1\ (n\geq 2)$

1) $a_1=3$, $a_k=2k-1\ (k\geq 2)$

$\displaystyle\sum_{k=1}^{2n}a_k=\sum_{k=1}^{2n}(2k-1)-\sum_{k=1}^{1}(2k-1)+3$

$=\left\{2\cdot\dfrac{2n(2n+1)}{2}-2n\right\}-1+3$

$=4n^2+2$

2) $a_n=2n-1\ (n\geq 2)$, $a_1=3$

$\therefore a_{2k}=2\cdot 2k-1\ (2k\geq 2)$, $a_1=3$

$\therefore a_{2k}=4k-1\ (\underline{k\geq 1})$, $a_1=3$

$\underline{\underline{k\geq 1}}$ 이므로 a_{2k} 는 $k=1,\ 2,\ 3,\cdots$ 에서 성립한다.

$\displaystyle\sum_{k=1}^{2n}a_{2k}=\sum_{k=1}^{2n}(4k-1)$

$=4\cdot\dfrac{2n(2n+1)}{2}-1\cdot 2n$

$=8n^2+2n$

정답 1) $4n^2+2$ 2) $8n^2+2n$

[줄기 2-6]

풀이 수열 $\{a_n\}$ 의 첫째항부터 제 n 항까지의 합을 S_n 이라 하면

1) $\displaystyle\sum_{k=1}^{n}a_k=S_n=2^n-1$

$\Rightarrow S_n=Ar^n+B\ (A=1,\ B=-1,\ r=2)$

꼴이므로 수열 $\{a_n\}$ 은 등비수열이다.

$S_0=0$ 이므로 0순위인 첫째항부터 등비수열을 이룬다. $(n\geq 1)$

$a_1=S_1=2^1-1=1$

$\therefore a_n=a_1 r^{n-1}=1\cdot 2^{n-1}\ (n\geq 1)$

$\therefore a_k=2^{k-1}\ (k\geq 1)$

$\displaystyle\sum_{k=1}^{2n}a_k=\sum_{k=1}^{2n}2^{k-1}=\dfrac{2^{1-1}\cdot(2^{2n}-1)}{2-1}$

$=\dfrac{2^0\cdot(2^{2n}-1)}{1}=2^{2n}-1$

$=4^n-1$

2) $\displaystyle\sum_{k=1}^{n} a_k = S_n = 3^n + 1$

⇨ $S_n = Ar^n + B \, (A=1, B=1, r=3)$

꼴이므로 수열 $\{a_n\}$은 등비수열이다.

$S_0 \neq 0$이므로 둘째항부터 등비수열을 이룬다. $(n \geq 2)$

$a_2 = S_2 - S_1 = (3^2 + 1) - (3^1 + 1) = 6$

$\therefore a_n = a_2 r^{n-2} = 6 \cdot 3^{n-2} \, (n \geq 2)$

$a_1 = S_1 = 3^1 + 1 = 4$

$\therefore a_n = 6 \cdot 3^{n-2} \, (n \geq 2), \ a_1 = 4$

$\therefore a_{2k} = 6 \cdot 3^{2k-2} \, (2k \geq 2), \ a_1 = 4$

$\therefore \underline{\underline{a_{2k} = 6 \cdot 9^{k-1} \, (\underline{k \geq 1})}}, \ a_1 = 4$

$k \geq 1$이므로 a_{2k}는 $k = 1, 2, 3, \cdots$에서 성립한다.

$$\sum_{k=1}^{n} a_{2k} = \sum_{k=1}^{n} 6 \cdot 9^{k-1} = 6 \sum_{k=1}^{n} 9^{k-1}$$

$$= 6 \cdot \frac{9^{1-1} \cdot (9^n - 1)}{9 - 1}$$

$$= \frac{6 \cdot 1 \cdot (9^n - 1)}{8}$$

$$= \frac{3 \cdot (9^n - 1)}{4}$$

정답 1) $4^n - 1$ 2) $\dfrac{3(9^n - 1)}{4}$

[줄기 2-7]

풀이 1) $\displaystyle\sum_{k=1}^{l} 2$에서 k가 변수이므로 $\displaystyle\sum_{k=1}^{l} 2 = 2l$

$\displaystyle\sum_{l=1}^{m} 2l$에서 l이 변수이므로

$$\sum_{l=1}^{m} 2l = 2 \sum_{l=1}^{m} l = 2 \cdot \frac{m(m+1)}{2} = m^2 + m$$

$\displaystyle\sum_{m=1}^{n} (m^2 + m)$에서 m이 변수이므로

$$\sum_{m=1}^{n} (m^2 + m) = \sum_{m=1}^{n} m^2 + \sum_{m=1}^{n} m$$

$$= \frac{n(n+1)(2n+1)}{6}$$
$$+ \frac{n(n+1)}{2}$$

$$= \frac{n(n+1)}{6} \cdot \{(2n+1) + 3\}$$

$$= \frac{n(n+1)(2n+4)}{6}$$

$$= \frac{n(n+1)(n+2)}{3}$$

2) $\displaystyle\sum_{k=1}^{8} 2^{k-1} \cdot l$에서 k는 변수, l은 상수이므로

$$\sum_{k=1}^{8} 2^{k-1} \cdot l = l \sum_{k=1}^{8} 2^{k-1}$$

$$= l \cdot \frac{1 \cdot (2^8 - 1)}{2 - 1} = 255l$$

$\displaystyle\sum_{l=1}^{n} 255l$에서 l이 변수이므로

$$\sum_{l=1}^{n} 255l = 255 \sum_{l=1}^{n} l = 255 \cdot \frac{n(n+1)}{2}$$

3) $\displaystyle\sum_{k=m}^{n} a_k = \sum_{k=1}^{n} a_k - \sum_{k=1}^{m-1} a_k \, (단, \ n \geq m)$

$\displaystyle\sum_{k=l+1}^{n} k$에서 k가 변수이므로

$$\sum_{k=l+1}^{n} k = \sum_{k=1}^{n} k - \sum_{k=1}^{l} k$$

$$= \frac{n(n+1)}{2} - \frac{l(l+1)}{2}$$

$$= \frac{n^2 + n}{2} - \frac{l^2 + l}{2}$$

$\displaystyle\sum_{l=1}^{n} \left(\frac{n^2 + n}{2} - \frac{l^2 + l}{2} \right)$에서 l이 변수이고 n은 상수이므로

$$\sum_{l=1}^{n} \left(\frac{n^2 + n}{2} - \frac{l^2 + l}{2} \right)$$

$$= \sum_{l=1}^{n} \frac{n^2 + n}{2} - \sum_{l=1}^{n} \frac{l^2 + l}{2}$$

$$= \left(\frac{n^2 + n}{2} \right) \cdot n - \frac{1}{2} \left(\sum_{l=1}^{n} l^2 + \sum_{l=1}^{n} l \right)$$

$$= \frac{n^3 + n^2}{2}$$
$$- \frac{1}{2} \left\{ \frac{n(n+1)(2n+1)}{6} + \frac{n(n+1)}{2} \right\}$$

$$= \frac{n^3 + n^2}{2} - \frac{1}{2} \cdot \frac{n(n+1)}{6} \{(2n+1) + 3\}$$

$$= \frac{n^2(n+1)}{2} - \frac{n(n+1)(n+2)}{6}$$

$$= \frac{n(n+1)}{6} \cdot \{3n-(n+2)\}$$
$$= \frac{n(n+1)(2n-2)}{6}$$
$$= \frac{n(n+1)(n-1)}{3}$$

4) $\displaystyle\sum_{k=1}^{100}(k^2-2k+7)+\sum_{i=1}^{100}(-i^2+2i-3)$
$$= \sum_{k=1}^{100}(k^2-2k+7)+\sum_{k=1}^{100}(-k^2+2k-3)$$
$$= \sum_{k=1}^{100}(k^2-2k+7-k^2+2k-3)$$
$$= \sum_{k=1}^{100}4=4\cdot100=400$$

정답 1) $\dfrac{n(n+1)(n+2)}{3}$ 2) $\dfrac{255n(n+1)}{2}$

3) $\dfrac{n(n^2-1)}{3}$ 4) 400

[줄기 3-1]

풀이 1) $a_n=\displaystyle\sum_{k=1}^{n}k^2$에서 $a_n=\dfrac{n(n+1)(2n+1)}{6}$

$$\therefore a_k=\frac{k(k+1)(2k+1)}{6}$$

$$\sum_{k=1}^{n}\frac{2k+1}{a_k}$$
$$= \sum_{k=1}^{n}\frac{6(2k+1)}{k(k+1)(2k+1)}$$
$$= \sum_{k=1}^{n}\frac{6}{k(k+1)}=6\sum_{k=1}^{n}\left(\frac{1}{k}-\frac{1}{k+1}\right)$$
$$= 6\left\{\left(\frac{1}{1}-\frac{1}{2}\right)+\left(\frac{1}{2}-\frac{1}{3}\right)+\left(\frac{1}{3}-\frac{1}{4}\right)+\cdots+\left(\frac{1}{n}-\frac{1}{n+1}\right)\right\}$$
$$= \frac{6n}{n+1}$$

2) $a_n=\dfrac{1}{1+2+3+\cdots+n}=\dfrac{1}{\frac{n(n+1)}{2}}$

$$\therefore a_k=\frac{2}{k(k+1)}$$

$$S_n=\sum_{k=1}^{n}a_k=\sum_{k=1}^{n}\frac{2}{k(k+1)}$$
$$= 2\sum_{k=1}^{n}\frac{1}{k(k+1)}=2\sum_{k=1}^{n}\left(\frac{1}{k}-\frac{1}{k+1}\right)$$
$$= 2\left\{\left(\frac{1}{1}-\frac{1}{2}\right)+\left(\frac{1}{2}-\frac{1}{3}\right)+\left(\frac{1}{3}-\frac{1}{4}\right)+\cdots+\left(\frac{1}{n}-\frac{1}{n+1}\right)\right\}$$
$$= \frac{2n}{n+1}$$

정답 1) $\dfrac{6n}{n+1}$ 2) $\dfrac{2n}{n+1}$

[줄기 3-2]

풀이 수열 $\{a_n\}$의 첫째항부터 제 n 항까지의 합을 S_n이라 하면

$$\sum_{k=1}^{n}a_k=S_n=n^3-n+2$$
$$a_n=S_n-S_{n-1}\,(n\geq2)$$
$$= (n^3-n+2)-\{(n-1)^3-(n-1)+2\}$$
$$= 3n^2-3n=3n(n-1)\,(n\geq2)\cdots\text{㉠}$$
$$a_1=S_1=1-1+2=2\quad\therefore a_1=2$$

$a_1=2$는 ㉠에 $n=1$을 대입한 것과 같지 않다.

$$\therefore a_1=2,\,a_n=3n(n-1)\,(n\geq2)$$

$$S_n=\sum_{k=1}^{10}\frac{1}{a_k}=\frac{1}{2}+\sum_{k=2}^{10}\frac{1}{3k(k-1)}$$
$$= \frac{1}{2}+\frac{1}{3}\sum_{k=2}^{10}\frac{1}{(k-1)k}$$
$$= \frac{1}{2}+\frac{1}{3}\sum_{k=2}^{10}\left(\frac{1}{k-1}-\frac{1}{k}\right)$$
$$= \frac{1}{2}+\frac{1}{3}\left\{\left(\frac{1}{1}-\frac{1}{2}\right)+\left(\frac{1}{2}-\frac{1}{3}\right)+\cdots+\left(\frac{1}{9}-\frac{1}{10}\right)\right\}$$
$$= \frac{1}{2}+\frac{3}{10}=\frac{8}{10}=\frac{4}{5}$$

정답 $\dfrac{4}{5}$

[줄기 3-3]

풀이 수열 $\{a_n\}$의 첫째항부터 제n항까지의 합을 S_n이라 하면

$$\sum_{k=1}^{n} a_k = S_n = n^2 + 4n$$

$S_n = n^2 + 4n$이 n에 대한 이차식이므로 수열 $\{a_n\}$은 등차수열이다.

$S_n = n^2 + 4n$에서 '이차항의 계수와 차수의 곱'이 공차이므로 공차를 d라 하면

$$d = 1 \times 2 = 2$$

(상수항)$=0$이므로 0순위인 첫째항부터 등차수열을 이룬다. ($n \geq 1$)

$$\therefore a_1 = S_1 = 1^2 + 4 \cdot 1 = 5$$
$$\therefore a_n = 2n + 3 \ (n \geq 1)$$
$$\therefore a_k = 2k + 3 \ (k \geq 1)$$
$$\therefore a_{k+1} = 2(k+1) + 3 \ (k+1 \geq 1)$$
$$\therefore a_{k+1} = 2k + 5 \ (\underline{k \geq 0})$$

$\underline{\underline{k \geq 0}}$이므로 a_{k+1}은 $k = 1, 2, 3, \cdots$에서 성립한다.

$$\sum_{k=1}^{n} \frac{1}{a_k a_{k+1}}$$
$$= \sum_{k=1}^{n} \frac{1}{(2k+3)(2k+5)}$$
$$= \frac{1}{2} \sum_{k=1}^{n} \left(\frac{1}{2k+3} - \frac{1}{2k+5} \right)$$
$$= \frac{1}{2} \left\{ \left(\frac{1}{5} - \frac{1}{7} \right) + \left(\frac{1}{7} - \frac{1}{9} \right) + \left(\frac{1}{9} - \frac{1}{11} \right) + \right.$$
$$\left. \cdots + \left(\frac{1}{2n+3} - \frac{1}{2n+5} \right) \right\}$$
$$= \frac{1}{2} \left(\frac{1}{5} - \frac{1}{2n+5} \right) = \frac{1}{2} \left\{ \frac{2n+5-5}{5(2n+5)} \right\}$$
$$= \frac{n}{5(2n+5)}$$

정답 $\dfrac{n}{5(2n+5)}$

[줄기 3-4]

풀이 $\dfrac{1}{\sqrt{3} + \sqrt{1}}, \ \dfrac{1}{\sqrt{5} + \sqrt{3}}, \ \dfrac{1}{\sqrt{7} + \sqrt{5}},$

$\cdots, \ \dfrac{1}{\sqrt{2n+1} + \sqrt{2n-1}}$

을 수열 $\{a_n\}$이라 하면

$$a_n = \frac{1}{\sqrt{2n+1} + \sqrt{2n-1}}$$
$$= \frac{1 \cdot (\sqrt{2n+1} - \sqrt{2n-1})}{(\sqrt{2n+1} + \sqrt{2n-1})(\sqrt{2n+1} - \sqrt{2n-1})}$$
$$= \frac{\sqrt{2n+1} - \sqrt{2n-1}}{2}$$
$$\therefore a_k = \frac{\sqrt{2k+1} - \sqrt{2k-1}}{2}$$

주어진 식의 좌변은 수열 $\{a_n\}$의 첫째항부터 제n항까지의 합이므로

$$\sum_{k=1}^{n} a_k = \sum_{k=1}^{n} \left(\frac{\sqrt{2k+1} - \sqrt{2k-1}}{2} \right)$$
$$= \frac{1}{2} \sum_{k=1}^{n} (\sqrt{2k+1} - \sqrt{2k-1})$$
$$= \frac{1}{2} \{ (\sqrt{3} - \sqrt{1}) + (\sqrt{5} - \sqrt{3})$$
$$+ (\sqrt{7} - \sqrt{5})$$
$$+ \cdots + (\sqrt{2n+1} - \sqrt{2n-1}) \}$$
$$= \frac{1}{2} (\sqrt{2n+1} - 1)$$

(좌변)$=$(우변)이므로

$$\frac{1}{2} (\sqrt{2n+1} - 1) = 6, \quad \sqrt{2n+1} - 1 = 12,$$
$$\sqrt{2n+1} = 13, \quad 2n+1 = 169 \quad \therefore n = 84$$

정답 84

✏️ 풀이 잎 문제

● 잎 10-1

풀이 $a_1 = 2$이고, 공차를 d라 하면

$$a_4 - a_2 = 2d = 4 \quad \therefore d = 2$$
$$\therefore a_n = 2n \quad \therefore a_k = 2k$$
$$\sum_{k=11}^{20} a_k = \sum_{k=1}^{20} 2k - \sum_{k=1}^{10} 2k = 2 \sum_{k=1}^{20} k - 2 \sum_{k=1}^{10} k$$
$$= 2 \cdot \frac{20 \cdot 21}{2} - 2 \cdot \frac{10 \cdot 11}{2}$$
$$= 420 - 110 = 310$$

정답 310

잎 10-2

풀이 이차방정식의 근과 계수의 관계에 의하여

$$\alpha_n + \beta_n = 33, \quad \alpha_n \beta_n = n(n+1)$$

$$\sum_{n=1}^{10}\left(\frac{1}{\alpha_n} + \frac{1}{\beta_n}\right) = \sum_{n=1}^{10}\frac{\beta_n + \alpha_n}{\alpha_n \beta_n}$$

$$= \sum_{n=1}^{10}\frac{33}{n(n+1)}$$

$$= 33\sum_{n=1}^{10}\frac{1}{n(n+1)}$$

$$= 33\sum_{n=1}^{10}\left(\frac{1}{n} - \frac{1}{n+1}\right)$$

$$= 33\left(\frac{1}{1} - \frac{1}{10+1}\right) \quad \overset{\llcorner}{(\because \text{p.268 }\boxed{2})}$$

$$= 33\cdot\frac{10}{11}$$

$$= 30$$

정답 30

잎 10-3

풀이 $a_1 = -1$, $d = 2$인 등차수열이므로

$$a_n = 2n - 3$$

$$\sum_{k=2}^{13}\frac{1}{\sqrt{a_k} + \sqrt{a_{k+1}}}$$

$$= \sum_{k=2}^{13}\frac{\sqrt{a_k} - \sqrt{a_{k+1}}}{(\sqrt{a_k} + \sqrt{a_{k+1}})(\sqrt{a_k} - \sqrt{a_{k+1}})}$$

$$= \sum_{k=2}^{13}\frac{\sqrt{a_k} - \sqrt{a_{k+1}}}{a_k - a_{k+1}}$$

$$= \sum_{k=2}^{13}\frac{\sqrt{a_k} - \sqrt{a_{k+1}}}{-2} \quad (\because a_{k+1} - a_k = 2)$$

$$= -\frac{1}{2}\sum_{k=2}^{13}(\sqrt{a_k} - \sqrt{a_{k+1}})$$

$$= -\frac{1}{2}\cdot(\sqrt{a_2} - \sqrt{a_{14}}) \quad (\because \text{p.268 }\boxed{2})$$

$$= -\frac{1}{2}\cdot(\sqrt{1} - \sqrt{25})$$

$$= 2$$

정답 2

잎 10-4

방법 I $\displaystyle\sum_{k=m}^{n} a_k = \sum_{k=1}^{n} a_k - \sum_{k=1}^{m-1} a_k \ (\text{단},\ n \geq m)$

$$\sum_{k=1}^{12}k^2 + \sum_{k=2}^{12}k^2 + \sum_{k=3}^{12}k^2 + \cdots + \sum_{k=12}^{12}k^2$$

$$= \sum_{k=1}^{12}k^2 + \left(\sum_{k=1}^{12}k^2 - \sum_{k=1}^{1}k^2\right) + \left(\sum_{k=1}^{12}k^2 - \sum_{k=1}^{2}k^2\right)$$

$$+ \cdots + \left(\sum_{k=1}^{12}k^2 - \sum_{k=1}^{11}k^2\right)$$

⇨ 계산하는 데 시간이 너무 많이 걸린다.

방법 II 세로로 정리하는 방법을 익히자!

주어진 식을 세로로 정리해 보면

$$\sum_{k=1}^{12}k^2 = 1^2 + 2^2 + 3^2 + \cdots + 12^2$$

$$\sum_{k=2}^{12}k^2 = \qquad 2^2 + 3^2 + \cdots + 12^2$$

$$\sum_{k=3}^{12}k^2 = \qquad\qquad 3^2 + \cdots + 12^2$$

$$\vdots$$

$$\sum_{k=12}^{12}k^2 = \qquad\qquad\qquad\qquad 12^2$$

좌변과 우변을 각각 더하면

$$\sum_{k=1}^{12}k^2 + \sum_{k=2}^{12}k^2 + \sum_{k=3}^{12}k^2 + \cdots + \sum_{k=12}^{12}k^2$$

$$= 1^2 + 2\cdot2^2 + 3\cdot3^2 + \cdots + 12\cdot12^2$$

$$= 1^3 + 2^3 + 3^3 + \cdots + 12^3 \quad (\because 1^2 = 1^3)$$

$$= \sum_{k=1}^{12}k^3 = \left(\frac{12\cdot13}{2}\right)^2 = 6^2\cdot13^2 = 6084$$

정답 ⑤

잎 10-5

풀이 $(1+2x+\cdots+11x^{10})(1+2x+\cdots+11x^{10})$

의 전개식에서 x^{10}항들은

$1\times 11x^{10},\ 2x\times 10x^9,\cdots,\ 11x^{10}\times 1$이므로

x^{10}의 계수는

$\{(1\times 11)+(2\times 10)+\cdots+(11\times 1)\}$이다.

$\therefore \displaystyle\sum_{k=1}^{11}k(12-k)=12\sum_{k=1}^{11}k-\sum_{k=1}^{11}k^2$

$=12\cdot\dfrac{11\cdot 12}{2}-\dfrac{11\cdot 12\cdot 23}{6}$

$=792-506=286$

정답 286

잎 10-6

핵심 $a_1+a_2+a_3+\cdots+a_n=\displaystyle\sum_{k=1}^{n}a_k=S_n$

풀이 $\displaystyle\sum_{k=1}^{n}a_k=S_n$이라 하면

$S_n=\dfrac{1}{3}n(n+1)(n+2)$

$a_n=S_n-S_{n-1}\ (n\geq 2)$

$=\dfrac{1}{3}n(n+1)(n+2)-\dfrac{1}{3}(n-1)n(n+1)$

$=\dfrac{1}{3}n(n+1)\{(n+2)-(n-1)\}$

$=n(n+1)\ (n\geq 2)$

$a_1=S_1=\dfrac{1}{3}\cdot 1\cdot 2\cdot 3=2$

$a_1=2$는 ㉠에 $n=1$을 대입한 것과 같으므로

$a_n=n(n+1)\ (n\geq 1)$

따라서

$\displaystyle\sum_{k=1}^{n}\dfrac{1}{a_k}=\sum_{k=1}^{n}\dfrac{1}{k(k+1)}$

$=\displaystyle\sum_{k=1}^{n}\left(\dfrac{1}{k}-\dfrac{1}{k+1}\right)$

$=\left(\dfrac{1}{1}-\dfrac{1}{n+1}\right)\ (\because \text{p.268}\ 2)$

$=\dfrac{n}{n+1}$

정답 $\dfrac{n}{n+1}$

잎 10-7

풀이 $S=\displaystyle\sum_{k=1}^{9}\dfrac{2k+1}{\dfrac{k(k+1)(2k+1)}{6}}$

$=\displaystyle\sum_{k=1}^{9}\dfrac{6}{k(k+1)}=6\sum_{k=1}^{9}\dfrac{1}{k(k+1)}$

$=6\displaystyle\sum_{k=1}^{9}\left(\dfrac{1}{k}-\dfrac{1}{k+1}\right)$

$=6\left(\dfrac{1}{1}-\dfrac{1}{9+1}\right)\ (\because \text{p.268}\ 2)$

$=6\cdot\dfrac{9}{10}=\dfrac{27}{5}$

정답 $\dfrac{27}{5}$

잎 10-8

풀이 $\displaystyle\sum_{k=1}^{10}\dfrac{a_{k+1}}{S_kS_{k+1}}=\sum_{k=1}^{10}\dfrac{S_{k+1}-S_k}{S_kS_{k+1}}$

$=\displaystyle\sum_{k=1}^{10}\left(\dfrac{1}{S_k}-\dfrac{1}{S_{k+1}}\right)$

$=\dfrac{1}{S_1}-\dfrac{1}{S_{11}}\ (\because \text{p.268}\ 2)$

$=\dfrac{1}{3}$

이때, $S_1=a_1=2$이므로

$\dfrac{1}{2}-\dfrac{1}{S_{11}}=\dfrac{1}{3}$ $\therefore \dfrac{1}{S_{11}}=\dfrac{1}{2}-\dfrac{1}{3}=\dfrac{1}{6}$

$\therefore S_{11}=6$

정답 ①

잎 10–9

핵심
 i) $a_{n+1}-a_n=$(상수)
   $\Rightarrow$ (상수)는 $\{a_n\}$의 공차이다.
 ii) $a_{n+1}-a_n=$(n에 대한 식)
   $\Rightarrow$ (n에 대한 식)은 $\{a_n\}$의 계차수열이다.

방법 I 「강추」 $a_{n+1}-a_n=4n-3$
원수열 $\{a_n\}$의 계차수열을 $\{b_n\}$이라 하면
$b_n=4n-3$이므로
$$a_n=a_1+\sum_{k=1}^{n-1}b_k=3+\sum_{k=1}^{n-1}(4k-3)$$
$$=2n^2-5n+6\ (n\geq2)$$
$$\therefore a_n=2n^2-5n+6\ (n\geq1)\ (\because a_1=3)$$
$$\therefore a_{10}=2\cdot10^2-5\cdot10+6=156$$

참고 계차수열은 원수열을 구하기 위한 도구에 지나지 않는다.

팁 수열의 귀납적 정의의 $a_{n+1}=a_n+f(n)$ 꼴과 같은 유형의 문제이다. [p.277]

방법 II $a_{n+1}-a_n=4n-3$, 즉
$a_{n+1}=a_n+4n-3$의 n에 $1,2,3,\cdots,n-1$을 차례로 대입한 후 변끼리 더하면
$$\begin{aligned} a_2&=a_1+1\\ a_3&=a_2+5\\ a_4&=a_3+9\\ a_5&=a_4+13\\ &\vdots\\ +)\ a_n&=a_{n-1}+4(n-1)-3\\ \hline a_n&=a_1+\sum_{k=1}^{n-1}(4k-3)\end{aligned}$$
$$=3+4\sum_{k=1}^{n-1}k-\sum_{k=1}^{n-1}3$$
$$=3+4\cdot\frac{(n-1)n}{2}-3\cdot(n-1)$$
$$=2n^2-5n+6$$
$$\therefore a_{10}=2\cdot10^2-5\cdot10+6=156$$

정답 156

잎 10–10

핵심
 i) $a_{n+1}-a_n=$(상수)
   $\Rightarrow$ (상수)는 $\{a_n\}$의 공차이다.
 ii) $a_{n+1}-a_n=$(n에 대한 관계식)
   $\Rightarrow$ (n에 대한 관계식)은 $\{a_n\}$의 계차수열이다.

방법 I 「강추」 $a_{n+1}-a_n=2n$
원수열 $\{a_n\}$의 계차수열을 $\{b_n\}$이라 하면
$b_n=2n$이므로
$$a_n=a_1+\sum_{k=1}^{n-1}b_k=a_1+\sum_{k=1}^{n-1}2k$$
$$=a_1+(n-1)n\ (n\geq2)$$
$$\therefore a_n=a_1+(n-1)n\ (n\geq2)$$
$$\therefore a_{10}=a_1+9\cdot10=94\quad\therefore a_1=4$$

참고 계차수열은 원수열을 구하기 위한 도구에 지나지 않는다.

팁 수열의 귀납적 정의의 $a_{n+1}=a_n+f(n)$ 꼴과 같은 유형의 문제이다. [p.277]

방법 II $a_{n+1}-a_n=2n$, 즉
$a_{n+1}=a_n+2n$의 n에 $1,2,3,\cdots,n-1$을 차례로 대입한 후 변끼리 더하면
$$\begin{aligned} a_2&=a_1+2\\ a_3&=a_2+4\\ a_4&=a_3+6\\ a_5&=a_4+8\\ &\vdots\\ +)\ a_n&=a_{n-1}+2(n-1)\\ \hline a_n&=a_1+\sum_{k=1}^{n-1}2k=a_1+2\sum_{k=1}^{n-1}k\end{aligned}$$
$$=a_1+2\cdot\frac{(n-1)n}{2}$$
$$=a_1+(n-1)n$$
$$\therefore a_{10}=a_1+9\cdot10=94\quad\therefore a_1=4$$

정답 4

105

잎 10-11

풀이 $a_3 = 40$, $a_8 = 30$이고, 공차를 d라 하면

$$a_8 - a_3 = 5d = -10 \quad \therefore d = -2$$

$$\therefore a_n = -2n + 46$$

$$\therefore a_2 + a_4 + \cdots + a_{2n} = \sum_{k=1}^{n} a_{2k} = \sum_{k=1}^{n}(-4k + 46)$$

$$= -4 \cdot \frac{n(n+1)}{2} + 46n$$

$$= -2n^2 + 44n$$

$f(n) = |-2n^2 + 44n|$
이라 하면 함수 $f(n)$
의 그래프는 오른쪽
그림과 같으므로 최소
가 되는 자연수 n은
22이다.

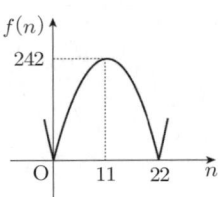

정답 22

잎 10-12

풀이 $a_n = \sum_{k=1}^{n} 10^{k-1} = \frac{10^{1-1} \cdot (10^n - 1)}{10 - 1}$

$$= \frac{1 \cdot (10^n - 1)}{9} = \frac{10^n - 1}{9}$$

수열 $\{a_n\}$의 각 항을 구해보면
$a_1 = 1$, $a_2 = 11$, $a_3 = 111$, $a_4 = 1111$,
$$a_5 = 11111, \cdots$$

3으로 나눈 나머지는 0, 1, 2 중 하나이다.

a_n을 3으로 나눈 나머지 $\{b_n\}$의 각 항은
$b_1 = 1$, $b_2 = 2$, $b_3 = 0$,
$b_4 = 1$ ($\because a_4 = 1110 + 1$)
$b_5 = 2$ ($\because a_5 = 11100 + 11$)
$b_6 = 0$ ($\because a_6 = 111111$)
$b_7 = 1$ ($\because a_7 = 1111110 + 1$)
$b_8 = 2$ ($\because a_8 = 11111100 + 11$)
$b_9 = 0$ ($\because a_9 = 111111111$)
$$\vdots$$

$\therefore \sum_{n=1}^{30} b_n = \{(b_1 + b_2 + b_3) + (b_4 + b_5 + b_6)$
$$+ \cdots + (b_{28} + b_{29} + b_{30})\}$$
$$= (1 + 2 + 0) \times 10 = 30$$

참고 3의 배수 : 각 자릿수의 합이 3의 배수이다.

정답 ①

잎 10-13

풀이 세로로 정리하는 방법을 익히자!

$$a_{30} = 1 + \frac{1}{2} + \frac{1}{3} + \cdots + \frac{1}{29} + \frac{1}{30}$$

$$30a_{30} = 1 \cdot 30 + \frac{1}{2} \cdot 30 + \frac{1}{3} \cdot 30 + \cdots + \frac{1}{29} \cdot 30 + \frac{1}{30} \cdot 30$$

$a_1 + a_2 + a_3 + \cdots + a_{29}$를 세로로 정리해 보면
$a_1 = 1$

$a_2 = 1 + \frac{1}{2}$

$a_3 = 1 + \frac{1}{2} + \frac{1}{3}$

$$\vdots$$

$a_{29} = 1 + \frac{1}{2} + \frac{1}{3} + \cdots + \frac{1}{29}$

좌변과 우변을 각각 더하면
$a_1 + a_2 + a_3 + \cdots + a_{29}$
$$= 1 \cdot 29 + \frac{1}{2} \cdot 28 + \frac{1}{3} \cdot 27 + \cdots + \frac{1}{29} \cdot 1$$

따라서
$30a_{30} - (a_1 + a_2 + a_3 + \cdots + a_{29})$
$$= 1 \cdot 30 + \frac{1}{2} \cdot 30 + \frac{1}{3} \cdot 30 + \cdots + \frac{1}{29} \cdot 30 + \frac{1}{30} \cdot 30$$
$$- \left(1 \cdot 29 + \frac{1}{2} \cdot 28 + \frac{1}{3} \cdot 27 + \cdots + \frac{1}{29} \cdot 1\right)$$
$$= 1 \cdot (30 - 29) + \frac{1}{2} \cdot (30 - 28) + \frac{1}{3} \cdot (30 - 27)$$
$$+ \cdots + \frac{1}{29} \cdot (30 - 1)$$
$$+ \frac{1}{30} \cdot 30$$
$$= 1 \cdot 1 + \frac{1}{2} \cdot 2 + \frac{1}{3} \cdot 3 + \cdots + \frac{1}{29} \cdot 29 + \frac{1}{30} \cdot 30$$
$$= 1 + 1 + 1 + \cdots + 1 + 1 = 30$$

정답 30

CHAPTER

11 수학적 귀납법

본문 p.275

줄기 문제

[줄기 1-1]

풀이 $a_n = a_{n-1} - \dfrac{2}{n^2-1}$ $(n \geq 2)$ (어렵다.)

양변에 n 대신 $n+1$을 대입하면

$a_{n+1} = a_n - \dfrac{2}{(n+1)^2-1}$ $(n+1 \geq 2,$ 즉
$\qquad\qquad\qquad\qquad n \geq 1)$ (쉽다.)

$\{a_n\}$의 계차수열을 $f(n)$이라 하면

$f(n) = -\dfrac{2}{(n+1)^2-1} = \dfrac{-2}{n(n+2)}$

$\therefore a_n = a_1 + \displaystyle\sum_{k=1}^{n-1} f(k) = 1 - \sum_{k=1}^{n-1} \dfrac{2}{k(k+2)}$

$= 1 - \displaystyle\sum_{k=1}^{n-1}\left(\dfrac{1}{k} - \dfrac{1}{k+2}\right)$

$= 1 - \left\{\left(\dfrac{1}{1} + \dfrac{1}{2}\right) - \left(\dfrac{1}{n+1} + \dfrac{1}{n}\right)\right\}$

$= -\dfrac{1}{2} + \dfrac{1}{n} + \dfrac{1}{n+1}$ $\quad\hookrightarrow(\because$ p.268 $\boxed{2})$

$= \dfrac{-n(n+1) + 2(n+1) + 2n}{2n(n+1)}$

$= \dfrac{-n^2 + 3n + 2}{2n(n+1)}$

정답 $a_n = \dfrac{-n^2+3n+2}{2n(n+1)}$

[줄기 1-2]

풀이 $a_n = \dfrac{n^2-1}{n^2} a_{n-1}$ $(n \geq 2)$ (어렵다.)

양변에 n 대신 $n+1$을 대입하면

$a_{n+1} = \dfrac{(n+1)^2-1}{(n+1)^2} a_n$ $(n+1 \geq 2,$ 즉
$\qquad\qquad\qquad\qquad n \geq 1)$ (쉽다.)

$\{a_n\}$의 계비수열을 $f(n)$이라 하면

$f(n) = \dfrac{(n+1)^2-1}{(n+1)^2} = \dfrac{n(n+2)}{(n+1)^2}$

$= \dfrac{n}{n+1} \cdot \dfrac{n+2}{n+1}$

$\therefore a_n = a_1 f(1) f(2) f(3) \cdots f(n-1)$

$= 3 \cdot \dfrac{1}{2} \cdot \dfrac{3}{2} \cdot \dfrac{2}{3} \cdot \dfrac{4}{3} \cdot \dfrac{3}{4} \cdot \dfrac{5}{4} \cdots$

$\qquad\qquad \cdots \cdot \dfrac{n-1}{n} \cdot \dfrac{n+1}{n}$

$= 3 \cdot \dfrac{n+1}{2n}$

정답 $a_n = \dfrac{3(n+1)}{2n}$

[줄기 1-3]

풀이 $a_{n+1} = \dfrac{a_n}{a_n+2}$ 의 역수를 취하면

$\dfrac{1}{a_{n+1}} = \dfrac{a_n+2}{a_n}$

$\therefore \dfrac{1}{a_{n+1}} = 1 + \dfrac{2}{a_n} \Rightarrow \dfrac{1}{a_n} = b_n$ 이라 하면

$b_{n+1} = 2b_n + 1$을 $(b_{n+1} - \alpha) = 2(b_n - \alpha)$ $\cdots$ ㉠

로 놓으면

$\alpha = 2\alpha + 1$ $\quad \therefore \alpha = -1$

$\alpha = -1$을 ㉠에 대입하면

$(b_{n+1} + 1) = 2(b_n + 1)$

따라서 $\{b_n + 1\}$은 첫째항이

$b_1 + 1 = \dfrac{1}{a_1} + 1 = 3 + 1 = 4$이고 공비가 2인

등비수열이므로

$b_n + 1 = 4 \cdot 2^{n-1}$ $\quad \therefore b_n = 2^{n+1} - 1$

$\therefore \dfrac{1}{a_n} = 2^{n+1} - 1$ $\quad \therefore a_n = \dfrac{1}{2^{n+1}-1}$

정답 $a_n = \dfrac{1}{2^{n+1}-1}$

줄기 1-4

풀이 $a_{n+1}=2a_n+4$의 n에 $n=1,2,3,\cdots$을 차례로 대입하면

$a_2=2a_1+4=2\cdot3+4=10$

$a_3=2a_2+4=2\cdot10+4=24$

$a_4=2a_3+4=2\cdot24+4=52$

$a_5=2a_4+4=2\cdot52+4=108$

$\therefore a_6=2a_5+4=2\cdot108+4=220$

정답 220

줄기 1-5

풀이 $a_1=3$

$a_2=(21을\ 5로\ 나누었을\ 때의\ 나머지)=1$

$a_3=(7을\ 5로\ 나누었을\ 때의\ 나머지)=2$

$a_4=(14를\ 5로\ 나누었을\ 때의\ 나머지)=4$

$a_5=(28을\ 5로\ 나누었을\ 때의\ 나머지)=3$

$\vdots$

$\therefore a_n=\begin{cases}3\ (n=4k-3)\\1\ (n=4k-2)\\2\ (n=4k-1)\\4\ (n=4k)\end{cases}$ (k는 자연수)

이때 $a_{48}+a_{49}-a_{50}$의 $48=4\cdot12$, $49=4\cdot13-3$, $50=4\cdot13-2$이므로

$a_{48}+a_{49}-a_{50}=4+3-1=6$

정답 6

줄기 1-6

풀이 $S_n=\dfrac{a_na_{n+1}}{2}$에 $n=1$을 대입하면

$S_1=\dfrac{a_1a_2}{2}$

$S_1=a_1=1$이므로 $a_2=2$

$S_n=\dfrac{a_na_{n+1}}{2}$에서

$2S_n=a_na_{n+1}\ (n\geq1)\ \cdots\ ㉠$

$2S_{n+1}=a_{n+1}a_{n+2}\ (n+1\geq1,\ 즉\ n\geq0)\ \cdots\ ㉡$

㉡$-$㉠을 하면

$2(S_{n+1}-S_n)=a_{n+1}(a_{n+2}-a_n)\ (n\geq1)$

$2a_{n+1}=a_{n+1}(a_{n+2}-a_n)$

$\therefore a_{n+2}-a_n=2\ (n\geq1)$

즉 $a_{n+2}=a_n+2$에 $n=1,2,3,\cdots$를 차례로 대입하면

$a_3=a_1+2=3$

$a_4=a_2+2=4$

$a_5=a_3+2=5$

$\vdots$

즉 $\{a_n\}$은 $a_1=1$, 공차가 1인 등차수열이므로

$a_n=n$

$\therefore a_2a_{10}=2\cdot10=20$

정답 20

줄기 1-7

풀이 n개의 직선에 1개의 직선을 추가하면 이 직선은 기존의 n개의 직선과 각각 한 번씩 만나므로 n개의 새로운 교점이 생긴다.

따라서 $(n+1)$개의 새로운 영역이 생기므로

$a_{n+1}=a_n+n+1$

이때, $a_3=7$이므로

$a_4=a_3+3+1=7+3+1=11$

$a_5=a_4+4+1=11+4+1=16$

정답 16

[줄기 2-1]

 $2^n > n^2$ (단, $n=5, 6, 7, \cdots$)

i) $n=5$일 때,

(좌변)$=2^5=32$, (우변)$=5^2=25$

따라서 (좌변)$>$(우변)이므로

$n=5$일 때 주어진 부등식이 성립한다.

ii) $n=k$ $(k \geq 5)$일 때, 주어진 부등식이 성립

한다고 가정하면

$2^k > k^2$ $\cdots$㉠

$n=k+1$일 때,

$2^{k+1} > \underline{(k+1)^2}$이 성립함을 ㉠을 이용하

여 증명해야 하므로

㉠의 양변에 2를 곱하면

$2^{k+1} > \underline{2k^2}$

이때 $k \geq 5$이므로

$\underline{2k^2} - \underline{(k+1)^2} = k^2 - 2k - 1$
$\qquad\qquad\qquad = (k-1)^2 - 2$
$\qquad\qquad\qquad > 0$

$\therefore \underline{2k^2} > \underline{(k+1)^2}$

$\therefore 2^{k+1} > \underline{2k^2} > \underline{(k+1)^2}$

$\therefore 2^{k+1} > \underline{(k+1)^2}$

따라서 $n=k+1$일 때도 주어진 부등식이

성립한다.

i), ii)에 의하여 $n \geq 5$인 모든 자연수 n에

대하여 주어진 부등식이 성립한다.

[줄기 2-2]

 $2^n > 2n+1$ (단, $n=3, 4, 5, \cdots$)

i) $n=3$일 때,

(좌변)$=2^3=8$, (우변)$=2 \cdot 3 + 1 = 7$

따라서 (좌변)$>$(우변)이므로

$n=3$일 때 주어진 부등식이 성립한다.

ii) $n=k$ $(k \geq 3)$일 때, 주어진 부등식이 성립

한다고 가정하면

$2^k > 2k+1$ $\cdots$㉠

$n=k+1$일 때,

$2^{k+1} > \underline{2(k+1)+1}$이 성립함을 ㉠을 이

용하여 증명해야 하므로

㉠의 양변에 2를 곱하면

$2^{k+1} > \underline{2(2k+1)}$

이때 $k \geq 3$이므로

$\underline{2(2k+1)} - \{\underline{2(k+1)+1}\} = 2k-1$
$\qquad\qquad\qquad\qquad\qquad > 0$

$\therefore \underline{2(2k+1)} > \underline{2(k+1)+1}$

$\therefore 2^{k+1} > \underline{2(2k+1)} > \underline{2(k+1)+1}$

$\therefore 2^{k+1} > \underline{2(k+1)+1}$

따라서 $n=k+1$일 때도 주어진 부등식이

성립한다.

i), ii)에 의하여 $n \geq 3$인 모든 자연수 n에

대하여 주어진 부등식이 성립한다.

 잎 문제

● 잎 11-1

풀이 $\dfrac{1}{a_{n+1}} - \dfrac{1}{a_n} = \dfrac{1}{2}$ 에서 $\dfrac{1}{a_n} = b_n$이라 하면

$b_{n+1} - b_n = \dfrac{1}{2}$

따라서 수열 $\{b_n\}$은 첫째항이 $b_1 = \dfrac{1}{a_1} = 1$,

공차가 $\dfrac{1}{2}$인 등차수열이므로

$b_n = \dfrac{1}{2}n + \dfrac{1}{2}$ $\quad \therefore \dfrac{1}{a_n} = \dfrac{n+1}{2}$

$\therefore a_n = \dfrac{2}{n+1}$ $\quad \therefore a_{20} = \dfrac{2}{20+1} = \dfrac{2}{21}$

정답 ①

• 잎 11-2

풀이 $a_{n+1}=3a_n-3$의 n에 $n=1, 2, 3, \cdots$을 차례로 대입하면

$a_2=3a_1-3=3\cdot2-3=3$

$a_3=3a_2-3=3\cdot3-3=6$

$a_4=3a_3-3=3\cdot6-3=15$

$a_5=3a_4-3=3\cdot15-3=42$

$a_6=3a_5-3=3\cdot42-3=123$

$\therefore a_6-a_5=123-42=81$

정답 ②

• 잎 11-3

풀이 $a_{n+1}=\dfrac{2n}{n+1}a_n$의 계비수열을 $f(n)$이라 하면

$f(n)=\dfrac{2n}{n+1}$

$\therefore a_n=a_1f(1)f(2)f(3)\cdots f(n-1)$

$\qquad=1\cdot\dfrac{2\cdot1}{2}\cdot\dfrac{2\cdot2}{3}\cdot\dfrac{2\cdot3}{4}\cdot\cdots\cdot\dfrac{2(n-1)}{n}$

$\qquad=1\cdot\dfrac{\overbrace{2^{1+1+1+\cdots+1}}^{n-1개}}{n}$

$\qquad=1\cdot\dfrac{2^{n-1}}{n}$

$\therefore a_4=\dfrac{2^{4-1}}{4}=\dfrac{8}{4}=2$

정답 ②

• 잎 11-4

풀이 $2a_{n+1}=a_n+a_{n+2}$에서 a_{n+1}은 a_n과 a_{n+2}의 등차중항이므로 $\{a_n\}$은 등차수열이다.

$a_2=-1$, $a_3=2$이고, 공차를 d라 하면

$a_3-a_2=d=3$

$\therefore a_n=3n-7$

$\sum\limits_{k=1}^{10}a_k=\sum\limits_{k=1}^{10}(3k-7)=3\sum\limits_{k=1}^{10}k-\sum\limits_{k=1}^{10}7$

$\qquad=3\cdot\dfrac{10\cdot11}{2}-7\cdot10=165-70=95$

정답 ①

• 잎 11-5

풀이 $a_{n+1}=10a_n+81$의 n에 $n=1, 2, 3, \cdots$을 차례로 대입하면

$a_2=10a_1+81=10\cdot2+81=101$

$a_3=10a_2+81=10\cdot101+81=1091$

$a_4=10a_3+81=10\cdot1091+81=10991$

$a_5=10a_4+81=10\cdot10991+81=109991$

$\vdots$

$a_{10}=10999999991$

따라서 a_{10}의 각 자리수의 합은

$1+9\times8+1=74$

정답 ④

• 잎 11-6

풀이 $a_{n+1}=3a_n$이므로 $\{a_n\}$은 공비가 3인 등비수열

$\therefore a_n=a_1r^{n-1}=1\cdot3^{n-1}=3^{n-1}$

$b_{n+1}=(n+1)b_n$의 계비수열 $f(n)=n+1$이므로

$b_n=b_1f(1)f(2)f(3)\cdots f(n-1)$

$\qquad=1\cdot2\cdot3\cdot4\cdot\cdots\cdot n$

$\qquad=n!$

n	1	2	3	4	5	$\cdots$
a_n	1	3	9	27	81	$\cdots$
b_n	1	2	6	24	120	$\cdots$
C_n	1	2	6	24	81	$\cdots$

$1\leq n\leq4$이면 $a_n\geq b_n$이므로 $C_n=b_n$

$n\geq5$이면 $a_n<b_n$이므로 $C_n=a_n$

$\therefore \sum\limits_{n=1}^{50}2C_n=2\sum\limits_{n=1}^{4}n!+2\sum\limits_{n=5}^{50}3^{n-1}$

$\qquad=2(1+2+6+24)$

$\qquad\qquad+2\cdot\dfrac{3^4(3^{46}-1)}{3-1}$

$\qquad=3^{50}-15$

정답 ③

잎 11-7

방법 I $a_n + a_{n+1} + a_{n+2} = n+1$에서

$n=1, 4, 7, 10, 13$을 각각 대입하면

$a_1 + a_2 + a_3 = 2$

$a_4 + a_5 + a_6 = 5$

$a_7 + a_8 + a_9 = 8$

$a_{10} + a_{11} + a_{12} = 11$

$a_{13} + a_{14} + a_{15} = 14$

위의 식들을 변끼리 더하면

$(a_1 + a_2 + a_3) + (a_4 + a_5 + a_6) + \cdots$
$$+ (a_{13} + a_{14} + a_{15}) = 40$$

⇨ a_{15}때문에 답이 맞지 않는다. ㅜㅜ

방법 II a_1, a_2의 값은 알고 있으므로

$a_1 + a_2 = 5$

$a_n + a_{n+1} + a_{n+2} = n+1$에서
$n=3, 6, 9, 12$를 각각 대입하면

$a_3 + a_4 + a_5 = 4$

$a_6 + a_7 + a_8 = 7$

$a_9 + a_{10} + a_{11} = 10$

$a_{12} + a_{13} + a_{14} = 13$

위의 식들을 변끼리 더하면

$(a_1 + a_2) + (a_3 + a_4 + a_5) + (a_6 + a_7 + a_8)$
$$+ \cdots + (a_{12} + a_{13} + a_{14}) = 39$$

$$\therefore \sum_{k=1}^{14} a_k = 39$$

정답 ③

잎 11-8

풀이 수열 $\{a_n\}$에 대하여 첫째항부터 제 n 항까지의 합을 S_n이라 하면

$a_n = 3 + \sum_{k=1}^{n-1} a_k \ (n \geq 2)$에서

$S_n - S_{n-1} = 3 + S_{n-1} \ (n \geq 2)$

$\therefore S_n = 2S_{n-1} + 3 \ (n \geq 2) \cdots \text{㉠}$

㉠의 양변에 n 대신 $n+1$을 대입하면

$S_{n+1} = 2S_n + 3 \ (n+1 \geq 2, \ \text{즉} \ n \geq 1) \cdots \text{㉡}$

㉡－㉠을 하면

$S_{n+1} - S_n = 2(S_n - S_{n-1}) \ (n \geq 2)$

$\therefore a_{n+1} = 2a_n \ (n \geq 2)$

$S_2 = 2S_1 + 3 = 9 \ (\because S_1 = a_1 = 3)$

$a_2 = S_2 - S_1 = 6$

$\therefore a_n = a_2 \cdot 2^{n-2} = 6 \cdot 2^{n-2} \ (n \geq 2)$

$\therefore a_6 = 6 \cdot 2^4 = 96$

정답 96

잎 11-9

풀이 수열 $\{a_n\}$의 첫째항부터 제 n 항까지의 합을 S_n이라 하면

$3S_n = (n+2)a_n \ (n \geq 1) \cdots \text{㉠}$

㉠의 양변에 n 대신 $n-1$을 대입하면

$3S_{n-1} = (n+1)a_{n-1} \ (n-1 \geq 1, \ \text{즉}$
$$n \geq 2) \cdots \text{㉡}$$

㉠－㉡을 하면

$3a_n = (n+2)a_n - (n+1)a_{n-1} \ (n \geq 2)$

$(n-1)a_n = (n+1)a_{n-1} \ (n \geq 2) \cdots \text{㉢}$

㉢의 양변에 n 대신 $n+1$을 대입하면

$na_{n+1} = (n+2)a_n \ (n+1 \geq 2, \ \text{즉} \ n \geq 1)$

$a_{n+1} = \dfrac{n+2}{n} a_n$의 계비수열을 $f(n)$이라 하면

$f(n) = \dfrac{n+2}{n}$

$\therefore a_n = a_1 f(1) f(2) f(3) \cdots f(n-1)$

$\quad = 1 \cdot \dfrac{3}{1} \cdot \dfrac{4}{2} \cdot \dfrac{5}{3} \cdot \dfrac{6}{4} \cdot \dfrac{7}{5} \cdot \dfrac{8}{6} \cdot$

$$\cdots \cdot \dfrac{n}{n-2} \cdot \dfrac{n+1}{n-1}$$

$\quad = \dfrac{n(n+1)}{2}$

$a_k = \dfrac{k(k+1)}{2}$이므로 $a_k = 45$일 때, k의 값은

$\dfrac{k(k+1)}{2} = 45, \quad k^2 + k - 90 = 0,$

$(k+10)(k-9) = 0$

$\therefore k = 9 \ (\because k \text{는 자연수})$

정답 9

잎 11-10

풀이 $a_{n+1} = a_n + (-1)^n \dfrac{2n+1}{n(n+1)}$ 에서

수열 $\{a_n\}$의 계차수열을 $f(n)$이라 하면

방법 I $f(n) = (-1)^n \dfrac{2n+1}{n(n+1)}$

$\qquad = (-1)^n (2n+1)\left(\dfrac{1}{n} - \dfrac{1}{n+1}\right) \cdots \text{㉠}$

▷ 일반적인 부분분수로 변형하니 ㉠은
계산이 너무 힘들다. ㅠㅠ;

방법 II $f(n) = (-1)^n \dfrac{2n+1}{n(n+1)}$

$\qquad = (-1)^n \left(\dfrac{1}{n} + \dfrac{1}{n+1}\right) \cdots \text{㉡}$

▷ 부분분수를 덧셈으로 변형하니 ㉡이
㉠보다 계산이 더 편리하다. ^^

$\therefore a_n = a_1 + \displaystyle\sum_{k=1}^{n-1} f(k)$

$\qquad = 2 + \displaystyle\sum_{k=1}^{n-1} (-1)^k \left(\dfrac{1}{k} + \dfrac{1}{k+1}\right)$

$\qquad = 2 - \left(\dfrac{1}{1} + \dfrac{1}{2}\right) + \left(\dfrac{1}{2} + \dfrac{1}{3}\right) - \left(\dfrac{1}{3} + \dfrac{1}{4}\right)$

$\qquad\quad + \cdots + (-1)^{n-1}\left(\dfrac{1}{n-1} + \dfrac{1}{n}\right)$

$\therefore a_{20} = 2 - \left(\dfrac{1}{1} + \dfrac{1}{2}\right) + \left(\dfrac{1}{2} + \dfrac{1}{3}\right) - \left(\dfrac{1}{3} + \dfrac{1}{4}\right)$

$\qquad\quad + \cdots + \left(\dfrac{1}{18} + \dfrac{1}{19}\right) - \left(\dfrac{1}{19} + \dfrac{1}{20}\right)$

$\qquad = 2 - 1 - \dfrac{1}{20} = \dfrac{19}{20} = \dfrac{q}{p}$

$\therefore p+q = 20 + 19 = 39$

방법 III $a_{n+1} = a_n + (-1)^n \dfrac{2n+1}{n(n+1)}$

$\qquad = a_n + (-1)^n \dfrac{n+(n+1)}{n(n+1)}$

$\qquad = a_n + (-1)^n \left(\dfrac{1}{n} + \dfrac{1}{n+1}\right) \cdots \text{㉢}$

㉢의 n에 $n = 1, 2, 3, \cdots, 19$를 차례로 대입
하면

$a_2 = a_1 - 1 - \dfrac{1}{2}$

$a_3 = a_2 + \dfrac{1}{2} + \dfrac{1}{3} = a_1 - 1 - \dfrac{1}{2} + \dfrac{1}{2} + \dfrac{1}{3}$

$\qquad = a_1 - 1 + \dfrac{1}{3}$

$a_4 = a_3 - \dfrac{1}{3} - \dfrac{1}{4} = a_1 - 1 + \dfrac{1}{3} - \dfrac{1}{3} - \dfrac{1}{4}$

$\qquad = a_1 - 1 - \dfrac{1}{4}$

$\vdots$

$a_{20} = a_1 - 1 - \dfrac{1}{20} = 2 - 1 - \dfrac{1}{20}$

$\qquad = \dfrac{19}{20} = \dfrac{q}{p}$

$\therefore p+q = 20 + 19 = 39$

정답 39

● 잎 11-11

풀이

$$\frac{1}{1} - \frac{1}{2} + \frac{1}{3} - \frac{1}{4} + \cdots + \frac{1}{2n-1} - \frac{1}{2n}$$

$$= \frac{1}{n+1} + \frac{1}{n+2} + \cdots + \frac{1}{2n}$$

i) $n=1$일 때,

$$(좌변) = \frac{1}{2 \cdot 1 - 1} - \frac{1}{2 \cdot 1} = \frac{1}{2}$$

$$(우변) = \frac{1}{1+1} = \frac{1}{2}$$

$n=1$일 때, (좌변)=(우변)=$\boxed{\dfrac{1}{2}}$이므로

주어진 등식이 성립한다.

ii) $n=k\,(k \geq 1)$일 때, 주어진 등식이 성립

한다고 가정하면

$$1 - \frac{1}{2} + \frac{1}{3} - \frac{1}{4} + \cdots + \frac{1}{2k-1} - \frac{1}{2k}$$

$$= \frac{1}{k+1} + \frac{1}{k+2} + \cdots + \frac{1}{2k} \cdots ㉠$$

$n=k+1$일 때,

$$1 - \frac{1}{2} + \frac{1}{3} - \frac{1}{4} + \cdots + \frac{1}{2k+1} - \frac{1}{2k+2}$$

$$= \frac{1}{k+2} + \frac{1}{k+3} + \cdots + \frac{1}{2k+2}$$ 이 성립함

을 ㉠을 이용하여 증명해야 하므로

㉠의 양변에 $\dfrac{1}{2k+1} - \dfrac{1}{2k+2}$ 을 더하면

$$1 - \frac{1}{2} + \frac{1}{3} - \frac{1}{4} + \cdots + \frac{1}{2k-1} - \frac{1}{2k}$$
$$+ \boxed{\frac{1}{2k+1} - \frac{1}{2k+2}}$$

$$= \frac{1}{k+1} + \frac{1}{k+2} + \cdots + \frac{1}{2k}$$
$$+ \boxed{\frac{1}{2k+1} - \frac{1}{2k+2}}$$

$$= \frac{1}{k+2} + \frac{1}{k+3} + \cdots + \frac{1}{2k} + \frac{1}{2k+1}$$
$$+ \boxed{\frac{1}{k+1} - \frac{1}{2k+2}}$$

$$= \frac{1}{k+2} + \frac{1}{k+3} + \cdots + \frac{1}{2k} + \frac{1}{2k+1}$$
$$+ \frac{1}{2k+2}$$

참고

$$\left(\frac{1}{1} - \frac{1}{2} \right) + \left(\frac{1}{3} - \frac{1}{4} \right) + \cdots + \left(\frac{1}{2n-1} - \frac{1}{2n} \right)$$

$$= \frac{1}{n+1} + \frac{1}{n+2} + \cdots + \frac{1}{2n}$$

$$\Leftrightarrow \sum_{k=1}^{n} \left(\frac{1}{2k-1} - \frac{1}{2k} \right) = \sum_{k=1}^{\boxed{n}} \frac{1}{\boxed{n}+k}$$

이므로 $n=1$일 때,

$$(좌변) = \sum_{k=1}^{1} \left(\frac{1}{2k-1} - \frac{1}{2k} \right) = \frac{1}{2-1} - \frac{1}{2} = \frac{1}{2}$$

$$(우변) = \sum_{k=1}^{\textcircled{1}} \frac{1}{\textcircled{1}+k} = \frac{1}{1+1} = \frac{1}{2}$$

정답 ④